中　外　物　理　学　精　品　书　系

本书出版得到“国家出版基金”资助

中外物理学精品书系

前沿系列 · 67

托卡马克磁流体力学理论

〔美〕朱平 编著

图书在版编目 (CIP) 数据

托卡马克磁流体力学理论 / (美) 朱平编著 . 北京 : 北京大学出版社，2024. 8. --ISBN 978-7-301-35260-1

Ⅰ. O361.3

中国国家版本馆 CIP 数据核字第 2024JP8978 号

书　　名　托卡马克磁流体力学理论
TUOKAMAKE CILIUTI LIXUE LILUN

著作责任者　〔美〕朱平 编著

责 任 编 辑　刘啸

标 准 书 号　ISBN 978-7-301-35260-1

出 版 发 行　北京大学出版社

地　　址　北京市海淀区成府路 205 号　100871

网　　址　http://www.pup.cn

电 子 邮 箱　zpup@pup.cn

新 浪 微 博　@ 北京大学出版社

电　　话　邮购部010-62752015　发行部010-62750672　编辑部010-62754271

印 刷 者　北京中科印刷有限公司

经 销 者　新华书店

730 毫米 ×980 毫米　16 开本　21 印张　411 千字

2024 年 8 月第 1 版　2024 年 8 月第 1 次印刷

定　　价　75. 00 元

“中外物理学精品书系”

（三期）

编　委　会

序 言

物理学是研究物质、能量以及它们之间相互作用的科学。她不仅是化学、生命、材料、信息、能源和环境等相关学科的基础,同时还与许多新兴学科和交叉学科的前沿紧密相关。在科技发展日新月异和国际竞争日趋激烈的今天,物理学不再囿于基础科学和技术应用研究的范畴,而是在国家发展与人类进步的历史进程中发挥着越来越关键的作用。

我们欣喜地看到,随着中国政治、经济、科技、教育等各项事业的蓬勃发展,我国物理学取得了跨越式的进步,成长出一批具有国际影响力的学者,做出了很多为世界所瞩目的研究成果。今日的中国物理,正在经历一个历史上少有的黄金时代。

为积极推动我国物理学研究、加快相关学科的建设与发展,特别是集中展现近年来中国物理学者的研究水平和成果,在知识传承、学术交流、人才培养等方面发挥积极作用,北京大学出版社在国家出版基金的支持下于 2009 年推出了“中外物理学精品书系”项目。书系编委会集结了数十位来自全国顶尖高校及科研院所的知名学者。他们都是目前各领域十分活跃的知名专家,从而确保了整套丛书的权威性和前瞻性。

这套书系内容丰富、涵盖面广、可读性强,其中既有对我国物理学发展的梳理和总结,也有对国际物理学前沿的全面展示。可以说,“中外物理学精品书系”力图完整呈现近现代世界和中国物理科学发展的全貌,是一套目前国内为数不多的兼具学术价值和阅读乐趣的经典物理丛书。

“中外物理学精品书系”的另一个突出特点是,在把西方物理的精华要义“请进来”的同时,也将我国近现代物理的优秀成果“送出去”。这套丛书首次成规模地将中国物理学者的优秀论著以英文版的形式直接推向国际相关研究的主流领域,使世界对中国物理学的过去和现状有更多、更深入的了解,不仅充分展示出中国物理学研究和积累的“硬实力”,也向世界主动传播我国科技文化领域不断创新发展的“软实力”,对全面提升中国科学教育领域的国际形象起到一定的促进作用。

习近平总书记2020年在科学家座谈会上的讲话强调:“希望广大科学家和科技工作者肩负起历史责任,坚持面向世界科技前沿、面向经济主战场、面向国家重大需求、面向人民生命健康,不断向科学技术广度和深度进军。”中国未来的发展在于创新,而基础研究正是一切创新的根本和源泉。我相信“中外物理学精品书系”会持续努力,不仅可以使所有热爱和研究物理学的人们从书中获取思想的启迪、智力的挑战和阅读的乐趣,也将进一步推动其他相关基础科学更好更快地发展,为我国的科技创新和社会进步做出应有的贡献。

“中外物理学精品书系”编委会主任

中国科学院院士,北京大学教授

王恩哥

2022年7月于燕园

前　言

本书根据编者近年来在华中科技大学讲授研究生课程“磁流体力学”过程中所编撰使用的讲义整理而成. 托卡马克是目前主流磁约束聚变装置的代表, 其宏观平衡及稳定性是其物理过程的首要方面, 可以用磁流体力学较为准确地描述, 而托卡马克磁流体力学也发展成为当今等离子体磁流体力学学科的核心内容之一. 本书从磁流体力学理论基础出发, 系统介绍托卡马克中的磁流体平衡、磁流体 Alfvén 波, 以及几种主要的理想与电阻磁流体不稳定性的理论及其推导过程, 着重阐述传统磁流体力学理论与托卡马克磁流体物理研究前沿和最新成果之间的关系. 通过以上内容, 本书试图为托卡马克磁流体物理研究领域的研究生搭建一座连接传统基础理论与研究前沿的桥梁.

自从 20 世纪 50 年代磁约束聚变物理研究开展以来, 关于托卡马克磁流体力学的专著和教材也陆续问世, 其中不少成为本领域的经典教材和标准参考工具. 随着研究领域的发展, 每个阶段的理论和方法经过沉淀、成熟和完善, 应被用来更新、补充和扩展已有的学科体系和教材内容. 本书在写作过程中, 广泛综合等离子体物理、托卡马克物理, 以及磁流体力学等领域诸多优秀经典教材精华, 主要参考 Hartmut Zohm 的《托卡马克磁流体力学稳定性》(*Magnetohydrodynamic Stability of Tokamaks*. John Wiley & Sons, 2015) 的体系结构, 相对更为有效地梳理、组织目前托卡马克磁流体力学理论研究基础和前沿领域丰富而繁杂的内容, 旨在摸索一条便捷连接传统理论与当今重点研究方向的通道. 在此基础上, 面向聚变燃烧等离子体的磁流体力学问题, 本书在环形 Alfvén 波、高能量粒子效应等物理和理论推导方面进行了系统的补充和扩展, 在研究成果的教材化、传统与前沿知识体系的整合方面做了初步探索.

本书的编撰, 离不开华中科技大学电气与电子工程学院和聚变与等离子体研究所的领导、老师和同事们的大力支持. 本书在编写过程中, 得到了研究生刘家兴、马方圆、万遂、薛世炜、张志、王楠、曾市勇、付炜敏等的帮助. 大连理工大学魏来教授对全书做了仔细的审阅. 本书还获得国家出版基金、华中科技大学研究生教材建设项目的支持. 在此表示感谢!

由于编者水平有限, 所以书中一定存在不少缺点和错误, 恳切希望读者批评指正!

朱平
2023 年 12 月

目　录

第一章　概述及磁流体方程

本章首先将对本书所涉及的理论和实验做一个概述. 之后我们会推导磁流体力学方程, 并讨论磁流体力学模型的有效性. 接下来, 我们聚焦于理想磁流体力学方程, 并探讨磁冻结条件.

§1.1　引　　言

托卡马克 (tokamak) 是当今磁约束等离子体装置的代表, 是人类目前最有希望实现受控热核聚变的途径之一. 托卡马克等离子体通常被称作高温等离子体, 其内部物理过程跨越广泛的特征时空尺度. 以国际热核聚变实验堆 (ITER, 见图 1.1) 为例 (见图 1.2): 在时间上, 从磁化等离子体各种特征运动周期中尺度最短的电子等离子体振荡、电子回旋运动 ($\sim 10^{-12}$ s) 开始, 经历离子回旋运动 ($\sim 10^{-10}$ s)、Alfvén 波传播 ($\sim (10^{-8} \sim 10^{-6})$ s)、抗磁漂移流体转动 ($\sim (10^{-4} \sim 10^{-2})$ s), 到等离子体能量约束时间 ($\sim (10^{-1} \sim 1)$ s) 和全局电阻磁场扩散时间 ($\sim (10^{3} \sim 10^{4})$ s), 时间跨度约为 10^{16}; 在空间上, 特征运动长度开始于最短的 Debye 半径或电子回旋半径 ($\sim 10^{-5}$ m), 依次经过电子趋肤深度 ($\sim 10^{-4}$ m)、离子回旋半径 ($\sim (10^{-3} \sim 10^{-2})$ m)、离子趋肤深度 ($\sim (10^{-2} \sim 10^{-1})$ m), 进入宏观磁流体平衡剖面梯度尺度区间 (~ 1 m)、装置的几何尺寸 (~ 10 m), 直到粒子有效平均自由程($\sim (10^{3} \sim 10^{4})$ m), 空间跨度约有 10^{9}. 托卡马克聚变等离子体中跨越广泛特征时空尺度的运动过程及其相互耦合, 包含极其丰富和复杂的物理内容, 如何构造合适的理论模型, 发展相应的分析计算技术, 也一直是等离子体物理研究的重点和难点之一.

对以托卡马克为代表的聚变等离子体物理, 通常运用三类形式的理论和计算模型进行研究, 即动理学模型、流体模型、混合模型. 其中, 动理学模型从等离子体系统的微观状态统计出发, 描述该多体系统相空间分布的时间演化, 而这一微观描述可以从以 Klimontovich 方程为代表的粒子表象或者以 Bogoliubov-Born-Green-Kirkwook-Yvon (BBGKY) 方程为代表的连续表象出发. 可以证明, 这两种多体系统微观表象彼此等价, 经过一系列近似假设, 都可以推导出适用于托卡马克等离子体的约化动理学模型方程, 其中最为常用的是 Landau 动理学方程和 Vlasov 方程, 后者是前者在无碰撞极限下的特例. 这些动理学模型包含高温等离子体系统微观状态最主要的统计物理, 因此能提供关于托卡马克等离子体从微观到宏观尺度物理过程最为完整的描述. 然而作为经典多体系统的等离子体, 其完整动理学模型方程

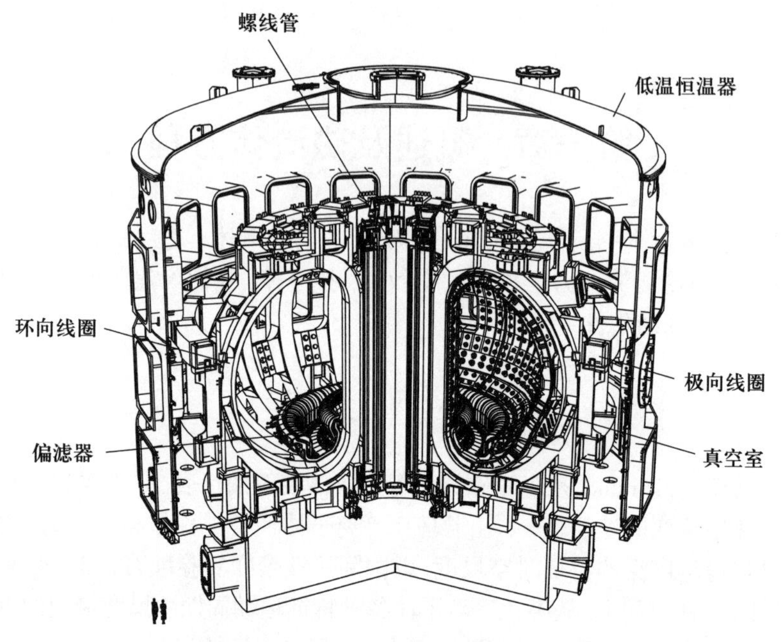

图 1.1 ITER 结构示意图[1]

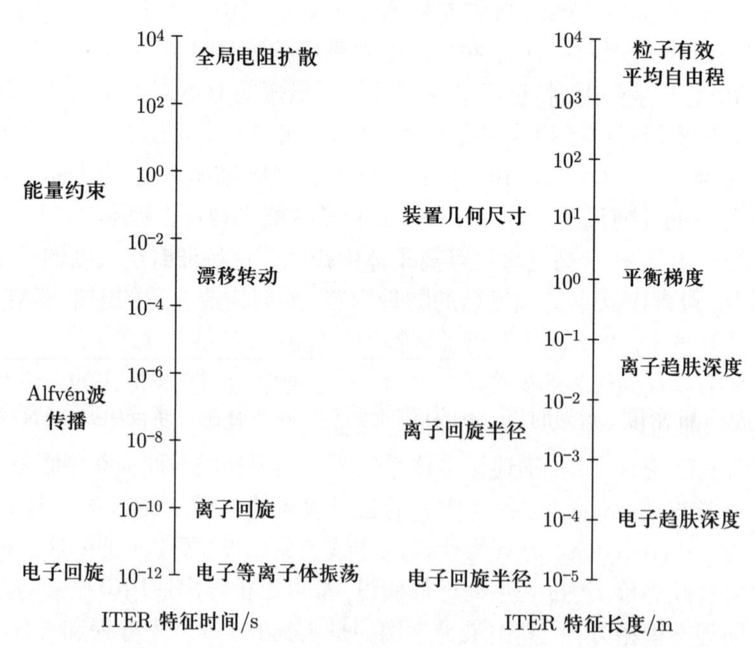

图 1.2 ITER 等离子体的特征时间与特征空间尺度

建立在 6 维相空间, 一般情况下, 这种高维度相空间动理学方程及其与电磁场方程的耦合, 为其解析和数值求解都会带来极大困难. 因此, 通常需要通过位形空间局域化和回旋周期平均降维等方法, 得到约化的动理学方程, 以使动理学模型的解析和数值分析得以开展.

等离子体系统的宏观尺度过程, 理论上往往使用流体模型进行描述和研究, 而流体模型是动理学模型的低阶矩方程组近似. 动理学模型中的分布函数方程, 在数学上, 等价于该分布函数所对应的矩方程组. 由于低阶矩方程与高阶矩方程的耦合, 相邻阶数的矩方程彼此关联, 直至无穷. 通过阶数截断、输运理论、本构关系等闭合近似, 矩方程组可以在有限阶数上实现封闭. 这些闭合的矩方程组是托卡马克等离子体流体模型的基础, 在不同参数区域, 分别可以进一步约化为各种磁流体力学 (MHD) 模型, 包括理想、电阻性、Hall、电子、双流体等模型. 此外, 为了研究宏观与微观尺度物理过程的耦合, 几种动理学 – 磁流体混合模型也被发展出来, 例如动理学离子和流体电子, 以及动理学快粒子和流体热粒子等. 半个多世纪以来, 基于以上三类物理模型的托卡马克解析理论和数值计算程序已经得到系统发展.

本书主要以托卡马克为例, 系统介绍和讨论磁约束聚变等离子体理想和电阻磁流体力学模型. 在单流体表象下, 等离子体磁流体力学模型可以用以下偏微分方程组定义:

$$\frac{\mathrm{d}\rho_m}{\mathrm{d}t} = -\rho_m \nabla \cdot \boldsymbol{u}, \tag{1.1.1}$$

$$\rho_m \frac{\mathrm{d}\boldsymbol{u}}{\mathrm{d}t} = -\nabla p + \boldsymbol{J} \times \boldsymbol{B}, \tag{1.1.2}$$

$$\frac{n}{\gamma - 1}\frac{\mathrm{d}T}{\mathrm{d}t} = -\frac{p}{2}\nabla \cdot \boldsymbol{u}, \tag{1.1.3}$$

$$\frac{\partial \boldsymbol{B}}{\partial t} = -\nabla \times \boldsymbol{E}, \tag{1.1.4}$$

$$\mu_0 \boldsymbol{J} = \nabla \times \boldsymbol{B}, \tag{1.1.5}$$

$$\boldsymbol{E} = -\boldsymbol{u} \times \boldsymbol{B} + \eta \boldsymbol{J}, \tag{1.1.6}$$

其中 ρ_m 为质量密度、t 为时间、$\boldsymbol{u}$ 为粒子流速、p 为压强、$\boldsymbol{J}$ 为电流 (密度)、n 为粒子数密度、γ 为绝热指数、T 为温度、$\boldsymbol{E}$ 为电场强度、$\boldsymbol{B}$ 为磁感应强度、η 为电阻率. 上面的单流体模型忽略了各种非电阻性的非理想效应, 包括 Hall、电子、双流体、快粒子动理学过程等.

自 20 世纪初的天体物理领域开始, 磁流体力学模型已经被广泛应用于研究自然界与实验室中各种宏观等离子体动力学过程. 从对宇宙磁场起源的探索到 Alfvén 波的发现, 早期磁流体力学是描述宇宙等离子体的主要模型. 20 世纪 50 年代空间时代的开启, 使得太阳、磁层等日地空间等离子体物理的磁流体力学理论迅速发展, 从而磁重联等核心概念被提出. 近年来天体和空间物理观测的发展, 也进一步推动了磁流体力学在诸如黑洞吸积盘转动和喷流、太阳活动、磁层亚暴、太阳风和星际物质湍流等方面的应用及其自身理论体系的发展.

磁流体力学在实验室中的应用也开始于 20 世纪 50 年代, 主要由磁约束热核聚变实验的兴起所推动. 经过七十多年的探索, 对于以实现受控聚变为主要目标的各种磁约束位形下的等离子体宏观行为, 特别是其稳定性的研究, 极大地丰富了磁流体力学理论的内涵. 其中, 托卡马克是目前在物理参数上最接近聚变堆点火条件、最有希望实现受控聚变的磁约束位形, 托卡马克等离子体的磁流体力学理论也得到了最为系统、全面和深入的建立与发展. 与此同时, 仿星器、反场箍缩等其他类型磁约束位形装置等离子体的磁流体力学理论也得到相应发展, 使得磁约束等离子体磁流体力学逐渐成为一门独立学科分支. 近年来, 实验室天体物理和高能量密度等离子体物理研究的迅速兴起, 也在很大程度上推动了磁约束等离子体磁流体力学理论分支的发展.

本书主要目的是通过系统介绍托卡马克磁流体力学平衡和稳定性理论的基本概念和方法, 搭建等离子体物理基础与托卡马克磁流体力学前沿研究领域之间的桥梁.

磁流体力学理论的出发点是磁流体方程组, 其常用的数学形式有单流体表象和双流体表象. 本章首先从等离子体动理学方程的 Boltzmann 形式出发, 推导等离子体的多流体方程组, 包括其单流体表象和双流体表象.

§1.2 磁流体力学方程组的推导

磁约束等离子体磁流体力学方程组的数学推导, 通常可以从等离子体中每一种类粒子 α 的分布函数 $f_\alpha(\boldsymbol{x},\boldsymbol{v},t)$ 所满足的 Boltzmann 形式动理学方程

$$\frac{\partial f_\alpha}{\partial t}+\boldsymbol{v}\cdot\nabla f_\alpha+\frac{q_\alpha}{m_\alpha}(\boldsymbol{E}+\boldsymbol{v}\times\boldsymbol{B})\cdot\frac{\partial f_\alpha}{\partial \boldsymbol{v}}=\left(\frac{\partial f_\alpha}{\partial t}\right)_{\text{碰}} \tag{1.2.1}$$

出发, 其中, $\boldsymbol{x}$ 和 $\boldsymbol{v}$ 分别是相空间的位置和速度坐标, 时间坐标为 t, q_α 和 m_α 分别是 α 类粒子的电荷和质量, 而影响粒子运动的电磁场由宏观长程平均电场 $\boldsymbol{E}$ 和磁场 $\boldsymbol{B}$, 以及提供 “碰撞” 力 $(\partial f_\alpha/\partial t)_{\text{碰}}$ 的微观短程涨落场构成. 常用的 “碰撞” 力 $(\partial f_\alpha/\partial t)_{\text{碰}}$ 模型只考虑二体 Coulomb 碰撞, 如 Landau 碰撞算子及其简化形式, 即 Lorentz 碰撞算子. 对于无碰撞参数区域的等离子体, 其动理学方程即为 Vlasov 方程.

等离子体粒子分布函数 f_α 与其流体模型通过速度矩相联系. 分布函数 f_α 的 k 阶速度矩由下式给出:

$$n_\alpha\langle\boldsymbol{v}^k\rangle=\int\boldsymbol{v}^k f_\alpha\mathrm{d}\boldsymbol{v}, \tag{1.2.2}$$

其中 n_α 为等离子体位形空间的粒子数密度. 一般流体动力学场量是低阶矩: 数密度 $n_\alpha = \int f_\alpha \mathrm{d}\boldsymbol{v}$ 是 0 阶矩, 流体速度 $n_\alpha \boldsymbol{u}_\alpha = \int \boldsymbol{v} f_\alpha \mathrm{d}\boldsymbol{v}$ 是 1 阶矩, 压强张量 $\boldsymbol{P}_\alpha = m_\alpha \int (\boldsymbol{u}_\alpha - \boldsymbol{v})(\boldsymbol{u}_\alpha - \boldsymbol{v}) f_\alpha \mathrm{d}\boldsymbol{v}$ 是 2 阶矩 …… 对于各向同性等离子体, 压强张量简化为 $\boldsymbol{P}_\alpha = p_\alpha \boldsymbol{I} + \boldsymbol{\Pi}_\alpha$, 其中

$$\frac{3}{2} p_\alpha = \int \frac{m_\alpha}{2} (\boldsymbol{v} - \boldsymbol{u}_\alpha)^2 f_\alpha \mathrm{d}\boldsymbol{v}. \tag{1.2.3}$$

根据以上定义, 可以推导得到等离子体动理学方程 (1.2.1) 所对应的速度矩级联方程组, 其中低阶矩所满足的方程组构成等离子体的多流体方程 (Euler 描述):

(1) 质量守恒:

$$\frac{\partial n_\alpha}{\partial t} + \nabla \cdot (n_\alpha \boldsymbol{u}_\alpha) = 0; \tag{1.2.4}$$

(2) 动量守恒:

$$\frac{\partial (m_\alpha n_\alpha \boldsymbol{u}_\alpha)}{\partial t} + \nabla \cdot (m_\alpha n_\alpha \boldsymbol{u}_\alpha \boldsymbol{u}_\alpha + \boldsymbol{P}_\alpha) = n_\alpha q_\alpha (\boldsymbol{E} + \boldsymbol{u}_\alpha \times \boldsymbol{B}) + \sum_\beta \boldsymbol{R}_{\alpha\beta}; \tag{1.2.5}$$

(3) 能量守恒:

$$\frac{\partial p_\alpha}{\partial t} + \nabla \cdot (p_\alpha \boldsymbol{u}_\alpha) = -(\gamma_\alpha - 1) p_\alpha \nabla \cdot \boldsymbol{u}_\alpha. \tag{1.2.6}$$

(1.2.5) 式中 α 与 β 种类粒子间的摩擦力密度 $\boldsymbol{R}_{\alpha\beta}$ 是碰撞项的一阶速度矩:

$$\boldsymbol{R}_{\alpha\beta} = \int m_\alpha \boldsymbol{v} \left(\frac{\partial f_\alpha}{\partial t} \right)_{\text{碰}} \mathrm{d}\boldsymbol{v}. \tag{1.2.7}$$

以上多流体方程组也常采用以下 Lagrange 描述:

(1) 连续性:

$$\frac{\mathrm{d} n_\alpha}{\mathrm{d}t} = -n_\alpha \nabla \cdot \boldsymbol{u}_\alpha; \tag{1.2.8}$$

(2) 力平衡:

$$m_\alpha n_\alpha \frac{\mathrm{d} \boldsymbol{u}_\alpha}{\mathrm{d}t} = -\nabla \cdot \boldsymbol{P}_\alpha + n_\alpha q_\alpha (\boldsymbol{E} + \boldsymbol{u}_\alpha \times \boldsymbol{B}) + \sum_\beta \boldsymbol{R}_{\alpha\beta}; \tag{1.2.9}$$

(3) 绝热压缩:

$$\frac{\mathrm{d} p_\alpha}{\mathrm{d}t} = -\gamma_\alpha p_\alpha \nabla \cdot \boldsymbol{u}_\alpha. \tag{1.2.10}$$

这里随体导数的定义建立了 Lagrange 描述和 Euler 描述的联系:

$$\frac{\mathrm{d}}{\mathrm{d}t} = \frac{\partial}{\partial t} + \boldsymbol{u}_\alpha \cdot \nabla. \tag{1.2.11}$$

以上多组磁流体方程组可以通过其单流体表象来描述. 在单流体表象中, 多流体速度矩通过重新组合得到以下用以描述单流体模型的基本场量:

(1) 质量密度:

$$\rho_m = \sum_\alpha n_\alpha m_\alpha = \sum_{\mathrm{i}} n_{\mathrm{i}} m_{\mathrm{i}} + n_{\mathrm{e}} m_{\mathrm{e}} \approx \sum_{\mathrm{i}} n_{\mathrm{i}} m_{\mathrm{i}} = n m_{\mathrm{i}}, \tag{1.2.12}$$

其中, 下标 i, e 分别代表离子和电子, 最右边对应只有一种离子的情况. 为简化表述, 下面进而假设这种情况下该唯一种类离子的电荷数为 1.

(2) 电荷密度:

$$\rho_e = \sum_\alpha n_\alpha q_\alpha = \left(\sum_{\mathrm{i}} n_{\mathrm{i}} Z_{\mathrm{i}} - n_{\mathrm{e}}\right) e = (n_{\mathrm{i}} - n_{\mathrm{e}}) e \approx 0 \quad (L_{\mathrm{MHD}} \gg \lambda_{\mathrm{D}}). \tag{1.2.13}$$

(3) 流体元质心速度:

$$\rho_m \boldsymbol{u} = \sum_\alpha n_\alpha m_\alpha \boldsymbol{u}_\alpha = \sum_{\mathrm{i}} n_{\mathrm{i}} m_{\mathrm{i}} \boldsymbol{u}_{\mathrm{i}} + n_{\mathrm{e}} m_{\mathrm{e}} \boldsymbol{u}_{\mathrm{e}} \approx \sum_{\mathrm{i}} n_{\mathrm{i}} m_{\mathrm{i}} \boldsymbol{u}_{\mathrm{i}} = n m_{\mathrm{i}} \boldsymbol{u}_{\mathrm{i}}. \tag{1.2.14}$$

(4) 电流密度:

$$\boldsymbol{J} = \sum_\alpha n_\alpha q_\alpha \boldsymbol{u}_\alpha = \left(\sum_{\mathrm{i}} n_{\mathrm{i}} Z_{\mathrm{i}} \boldsymbol{u}_{\mathrm{i}} - n_{\mathrm{e}} \boldsymbol{u}_{\mathrm{e}}\right) e = ne(\boldsymbol{u}_{\mathrm{i}} - \boldsymbol{u}_{\mathrm{e}}) \quad (L_{\mathrm{MHD}} \gg \lambda_{\mathrm{D}}). \tag{1.2.15}$$

(5) 流体压强张量和压强:

$$\boldsymbol{P} = \sum_\alpha \boldsymbol{P}_\alpha = \boldsymbol{P}_{\mathrm{i}} + \boldsymbol{P}_{\mathrm{e}}, \qquad p = \sum_\alpha p_\alpha = p_{\mathrm{i}} + p_{\mathrm{e}}. \tag{1.2.16}$$

相应地, 多组分磁流体速度矩方程通过重新组合, 可以得到其单流体方程组:

(1) 连续性:

$$\frac{\partial \rho_m}{\partial t} + \nabla \cdot (\rho_m \boldsymbol{u}) = 0; \tag{1.2.17}$$

(2) 电荷连续性和准中性:

$$\frac{\partial \rho_e}{\partial t} + \nabla \cdot \boldsymbol{J} = 0, \qquad \nabla \cdot \boldsymbol{J} = 0; \tag{1.2.18}$$

(3) 力平衡:

$$\rho_m\left(\frac{\partial \boldsymbol{u}}{\partial t}+\boldsymbol{u}\cdot\nabla\boldsymbol{u}\right)=-\nabla\cdot\boldsymbol{P}+\boldsymbol{J}\times\boldsymbol{B}=-\nabla p+\boldsymbol{J}\times\boldsymbol{B}; \tag{1.2.19}$$

(4) 绝热方程:

$$\frac{\partial p}{\partial t}+\boldsymbol{u}\cdot\nabla p=-\gamma p\nabla\cdot\boldsymbol{u}. \tag{1.2.20}$$

这些单流体方程组进而与以下多组分等离子体低频区域的 Maxwell 方程组和 Ohm 定律耦合, 得到封闭的方程组:

(1) 无散度约束:

$$\nabla\cdot\boldsymbol{B}=0; \tag{1.2.21}$$

(2) Ampère 定律:

$$\nabla\times\boldsymbol{B}=\mu_0\boldsymbol{J}; \tag{1.2.22}$$

(3) Faraday 定律:

$$\nabla\times\boldsymbol{E}=-\frac{\partial\boldsymbol{B}}{\partial t}; \tag{1.2.23}$$

(4) 广义 Ohm 定律 (例如电子流体动量方程):

$$\boldsymbol{E}+\boldsymbol{u}\times\boldsymbol{B}=\eta\boldsymbol{J}+\underbrace{\underbrace{\frac{1}{n_{\mathrm{e}}e}(\boldsymbol{J}\times\boldsymbol{B}-\nabla p_{\mathrm{e}})}_{\text{Hall 项}}-\underbrace{\frac{m_{\mathrm{e}}}{e}\frac{\mathrm{d}\boldsymbol{u}_{\mathrm{e}}}{\mathrm{d}t}}_{\text{电子质量项}}}_{\text{双流体项}}. \tag{1.2.24}$$

这些封闭的方程组构成磁流体力学模型的单流体表象, 是常用的磁流体模型数学形式.

§1.3 单流体磁流体力学模型的适用区域

与完整的多流体电磁方程组相比, 磁流体模型适用于电中性、低频电磁场变化区域的磁化等离子体过程. 通过应用特定的适用条件, 完整的多流体电磁方程组可以约化成单流体表象下的磁流体力学方程组. 理解这些适用条件, 是正确应用磁流体模型解决等离子体物理问题的前提.

首先, 磁流体模型适用的等离子体主体和过程需要满足磁化等离子体条件, 即主离子回旋半径远远小于系统宏观特征空间尺度:

$$\rho_{\rm i}=\frac{\sqrt{m_{\rm i}kT_{\rm i}}}{eB}\ll L_{\rm MHD}\quad 或者\quad \rho^*\equiv\frac{\rho_{\rm i}}{L_{\rm MHD}}\to 0. \tag{1.3.1}$$

其次, 磁流体模型假设等离子体在空间局域满足 Maxwell 分布 $f_\alpha\sim f_{\alpha,\rm M}$, 这意味着离子 – 离子碰撞时间 $\tau_{\rm coll}$ 远远小于系统宏观特征时间 $\tau_{\rm MHD}$, 离子运动平均自由程 $\lambda_{\rm mfp}$ 远远小于系统宏观特征空间尺度 $L_{\rm MHD}$, 即

$$\tau_{\rm coll}\sim\frac{T^{3/2}}{n}\ll\tau_{\rm MHD}\quad 或者\quad \lambda_{\rm mfp}\sim\frac{T^2}{n}\ll L_{\rm MHD}. \tag{1.3.2}$$

还可以用碰撞度 (collisionality) ν^* 表示, 有

$$\nu^*\equiv\frac{\tau_{\rm MHD}}{\tau_{\rm coll}}\sim\frac{L_{\rm MHD}}{\lambda_{\rm mfp}}\to\infty. \tag{1.3.3}$$

应该指出的是, 在典型托卡马克装置中, 以上局域 Maxwell 分布条件通常只在垂直磁场方向满足, 而在平行磁场方向往往不满足. 因此对于涉及平行磁场方向物理过程的托卡马克问题, 需要将磁流体模型推广为动理学 – 磁流体力学模型.

此外, 对于单流体磁流体力学模型所描述的等离子体, 通常其流场产生的电动效应显著, 满足 $u/v_{\rm th,i}\gg\rho_\alpha/L_{\rm MHD}$ (α 代表 ${\rm i,e}$). 而对于离子回旋半径效应相对显著的尺度和过程, 需要通过保留广义 Ohm 定律中 Hall 项或者电子惯性项, 将单流体模型推广到双流体磁流体力学模型.

在更为广泛的等离子体参数范围内, 通过理想磁流体特征时间与电阻扩散时间之比、磁流体特征速度与系统热速度之比, 以及离子回旋半径与系统特征长度之比进行比较, 理想、电阻、双流体磁流体力学区域可以得到界定. 电阻扩散时间定义为

$$\tau_R=\frac{\mu_0L_{\rm MHD}^2}{\eta}\sim L_{\rm MHD}^2T^{3/2}, \tag{1.3.4}$$

其中电阻率 η 在常用的 Spitzer 模型中, 反比于等离子体温度的 3/2 次幂 $T^{3/2}$. 相应地, 在这些不同的磁流体力学区域, 广义 Ohm 定律具有依次增加的非理想项, 代表在各区域需要考虑的特定物理效应:

(1) 理想磁流体力学区域 ($\tau_R/\tau_{\rm MHD}\gg 1$, $u/v_{\rm th,i}\gg\rho_\alpha/L_{\rm MHD}$ (α 代表 ${\rm i,e}$)):

$$\boldsymbol{E}+\boldsymbol{u}\times\boldsymbol{B}=0; \tag{1.3.5}$$

(2) 电阻磁流体力学区域 ($\tau_R/\tau_{\rm MHD}\lesssim 1$, $u/v_{\rm th,i}\gg\rho_\alpha/L_{\rm MHD}$ (α 代表 ${\rm i,e}$)):

$$\boldsymbol{E}+\boldsymbol{u}\times\boldsymbol{B}=\eta\boldsymbol{J}; \tag{1.3.6}$$

(3) 双流体或 Hall 磁流体力学模型区域 ($\tau_R/\tau_{\text{MHD}} \lesssim 1,\ u/v_{\text{th,i}} \lesssim \rho_\alpha/L_{\text{MHD}}$ (α 代表 i, e)):

$$\boldsymbol{E}+\boldsymbol{u}\times\boldsymbol{B}=\eta\boldsymbol{J}+\underbrace{\underbrace{\frac{1}{n_{\text{e}}e}(\boldsymbol{J}\times\boldsymbol{B}-\nabla p_{\text{e}})}_{\text{Hall 项}}-\underbrace{\frac{m_{\text{e}}}{e}\frac{\text{d}\boldsymbol{u}_{\text{e}}}{\text{d}t}}_{\text{电子质量项}}}_{\text{双流体项}}\ . \tag{1.3.7}$$

§1.4 磁冻结与磁扩散

理想磁流体模型中, 由于不考虑电阻效应, 通过理想磁流体区域任意给定截面的磁通守恒, 这直接导致理想磁流体中磁场线运动与流体垂直于磁场线方向的运动完全同步, 即出现所谓 “磁冻结” 现象, 这成为理想磁流体的重要特质之一. 数学上, 理想磁流体模型的磁冻结性质可以分别从积分和微分两种形式进行证明, 这里先给出积分形式的推导要点.

如图 1.3 所示, 考虑封闭环路 C 包围的等离子体流体以速度 $\boldsymbol{u}_C=\text{d}\boldsymbol{\xi}/\text{d}t$ 穿过磁场 $\boldsymbol{B}$ 中的磁场线. 穿过 C 的磁通为 $\Psi=\displaystyle\int\boldsymbol{B}\cdot\text{d}\boldsymbol{S}$, 其变化率是

$$\frac{\text{d}\Psi}{\text{d}t}=\int\frac{\partial\boldsymbol{B}}{\partial t}\cdot\text{d}\boldsymbol{S}-\oint\boldsymbol{u}_C\times\boldsymbol{B}\cdot\text{d}\boldsymbol{l} \tag{1.4.1}$$

$$=\oint(\boldsymbol{u}-\boldsymbol{u}_C)\times\boldsymbol{B}\cdot\text{d}\boldsymbol{l} \tag{1.4.2}$$

$$=0\ (\text{如果 }\boldsymbol{u}_C=\boldsymbol{u}), \tag{1.4.3}$$

其中用到了理想磁流体 Ohm 定律 $\boldsymbol{E}+\boldsymbol{u}\times\boldsymbol{B}=0$. 因此, 理想磁流体中, 磁场线可以形象地看作 “冻结在等离子体中”, 与磁流体一起运动. 磁冻结定理的微分形式证明留作本章习题.

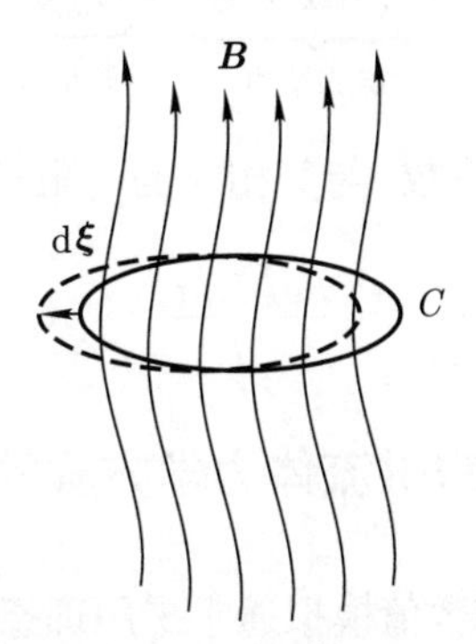

图 1.3 封闭环路 C 包围的等离子体流体以速度 $\boldsymbol{u}_C=\text{d}\boldsymbol{\xi}/\text{d}t$ 穿过磁场 $\boldsymbol{B}$ 中的磁场线

在 Hall 磁流体模型中, 离子流体与电子流体运动分离, 磁场线冻结在电子流体而不是离子流体中. 类似地, 这可以由以下积分形式推导证明. 考虑封闭环路 C 以速度 $\boldsymbol{u}_C$ 穿过等离子体. 穿过 C 的磁通 $\Psi = \int \boldsymbol{B}\cdot \mathrm{d}\boldsymbol{S}$ 的变化是

$$\frac{\mathrm{d}\Psi}{\mathrm{d}t} = \int \frac{\partial \boldsymbol{B}}{\partial t}\cdot \mathrm{d}\boldsymbol{S} - \oint \boldsymbol{u}_C \times \boldsymbol{B}\cdot \mathrm{d}\boldsymbol{l} \tag{1.4.4}$$

$$= \oint \left(\boldsymbol{u} - \frac{\boldsymbol{J}}{n_\mathrm{e} e} - \boldsymbol{u}_C\right) \times \boldsymbol{B}\cdot \mathrm{d}\boldsymbol{l} \tag{1.4.5}$$

$$= 0 \left(\text{如果 } \boldsymbol{u}_C = \boldsymbol{u} - \frac{\boldsymbol{J}}{n_\mathrm{e} e} = \boldsymbol{u}_\mathrm{e}\right), \tag{1.4.6}$$

其中 $\boldsymbol{u}_\mathrm{e}$ 为电子流体速度. 以上推导用到了 Hall 磁流体 Ohm 定律

$$\boldsymbol{E} + \boldsymbol{u}\times \boldsymbol{B} = \frac{1}{n_\mathrm{e} e}(\boldsymbol{J}\times \boldsymbol{B} - \nabla p_\mathrm{e}), \tag{1.4.7}$$

以及在磁约束等离子体中通常满足的条件 $\mathrm{d}\boldsymbol{l}\cdot \nabla p_\mathrm{e} = 0$. 因此, 在 Hall 磁流体模型中, 磁场线被认为 “冻结” 在电子流体上. 磁场线与 (电子) 流体 “冻结” 的直接后果是磁流体运动过程中磁场线没有拓扑结构变化. 理想磁流体的磁冻结性质已被广泛应用于理解中子星、θ 箍缩、场反位形等磁约束等离子体的磁场结构.

从磁冻结定理的证明可以看到, 有限电阻的引入会导致磁场线与磁流体的相对运动, 其后果之一就是磁场线在电阻磁流体中的扩散. 这也可以从 Faraday 定律、电阻 Ohm 定律, 以及 Ampère 定律的微分形式直接得到:

$$\frac{\partial \boldsymbol{B}}{\partial t} = -\nabla \times \boldsymbol{E} \tag{1.4.8}$$

$$= \nabla \times (\boldsymbol{u}\times \boldsymbol{B} - \eta \boldsymbol{J}) \tag{1.4.9}$$

$$= \nabla \times \left(\boldsymbol{u}\times \boldsymbol{B} - \frac{\eta}{\mu_0}\nabla \times \boldsymbol{B}\right) \tag{1.4.10}$$

$$= \underbrace{\nabla \times (\boldsymbol{u}\times \boldsymbol{B})}_{\text{磁冻结项}} + \underbrace{D_\mathrm{m}\nabla^2 \boldsymbol{B}}_{\text{磁扩散项}}, \tag{1.4.11}$$

其中 $D_\mathrm{m} = \eta/\mu_0$ 是磁场扩散系数, 与其相应的电阻扩散时间

$$\tau_R = \frac{L_\mathrm{MHD}^2}{D_\mathrm{m}} = \frac{\mu_0 L_\mathrm{MHD}^2}{\eta} \sim L_\mathrm{MHD}^2 T^{3/2}. \tag{1.4.12}$$

§1.5 理想磁流体力学方程的数学形式

磁流体模型的解析推导和数值模拟通常采用理想磁流体方程的无量纲形式, 然而其具体形式不是唯一的, 而是取决于归一化单位的选择. 对于理想磁流体力学方

程的 8 个磁流体场, 可以选取的归一化单位 $x_0, t_0, \rho_{m0}, u_0, p_0, B_0$ 共有 6 个, 例如 $\boldsymbol{x}/x_0 \to \boldsymbol{x}$, $t/t_0 \to t$, 等等. 无量纲理想磁流体方程组可以表达为以下形式:

$$\frac{\partial \rho_m}{\partial t} + \left[\frac{u_0 t_0}{x_0}\right] \nabla \cdot (\rho_m \boldsymbol{u}) = 0, \tag{1.5.1}$$

$$\rho_m \left(\frac{\partial \boldsymbol{u}}{\partial t} + \left[\frac{u_0 t_0}{x_0}\right] \boldsymbol{u} \cdot \nabla \boldsymbol{u}\right) = -\left[\frac{u_0 t_0}{x_0}\right]\left[\frac{1}{\gamma M_0^2}\right] \nabla p + \left[\frac{u_0 t_0}{x_0}\right]\left[\frac{1}{\gamma \beta_0 M_0^2}\right] (\nabla \times \boldsymbol{B}) \times \boldsymbol{B}, \tag{1.5.2}$$

$$\frac{\partial p}{\partial t} + \left[\frac{u_0 t_0}{x_0}\right] \boldsymbol{u} \cdot \nabla p = -\left[\frac{u_0 t_0}{x_0}\right] \gamma p \nabla \cdot \boldsymbol{u}, \tag{1.5.3}$$

$$\frac{\partial \boldsymbol{B}}{\partial t} = \left[\frac{u_0 t_0}{x_0}\right] \nabla \times (\boldsymbol{u} \times \boldsymbol{B}), \tag{1.5.4}$$

其中, 关于 3 组无量纲参数 $[u_0 t_0/x_0]$, $M_0 \equiv u_0/\sqrt{\gamma p_0/\rho_{m0}}$ 和 $\beta_0 \equiv \mu_0 p_0/B_0^2$ 的任意设定都构成 6 个归一化单位相应的 3 个约束条件, 具体如:

(1) $u_0 = x_0/t_0$;

(2) $u_0^2 = B_0^2/(\mu_0 \rho_{m0}) \equiv u_{A0}^2 \Rightarrow M_0 = u_0/\sqrt{\gamma p_0/\rho_{m0}} = 1/\sqrt{\gamma}$;

(3) $\mu_0 p_0 = B_0^2 \Rightarrow \beta_0 = \mu_0 p_0/B_0^2 = 1$.

此后仅剩 3 个归一化单位可以自由选择. 通过以上无量纲参数和归一化单位的选择, 我们得到理想磁流体方程组以下几种常用的无量纲形式.

(1) 非保守形式:

$$\frac{\partial \rho_m}{\partial t} + \boldsymbol{u} \cdot \nabla \rho_m = -\rho_m \nabla \cdot \boldsymbol{u}, \tag{1.5.5}$$

$$\rho_m \left(\frac{\partial \boldsymbol{u}}{\partial t} + \boldsymbol{u} \cdot \nabla \boldsymbol{u}\right) = -\nabla p + (\nabla \times \boldsymbol{B}) \times \boldsymbol{B}, \tag{1.5.6}$$

$$\frac{\partial p}{\partial t} + \boldsymbol{u} \cdot \nabla p = -\gamma p \nabla \cdot \boldsymbol{u}, \tag{1.5.7}$$

$$\frac{\partial \boldsymbol{B}}{\partial t} = \nabla \times (\boldsymbol{u} \times \boldsymbol{B}). \tag{1.5.8}$$

以上 8 个偏微分方程 (注意方程 (1.5.6) 和 (1.5.8) 是有 3 个分量的矢量方程) 对应 8 个原始变量形式的磁流体场量, 此外磁场 $\boldsymbol{B}$ 还须满足无散约束 $\nabla \cdot \boldsymbol{B} = 0$. 非保守形式的磁流体方程组物理含义直接, 而在数值模拟计算中也经常使用全保守和半保守形式.

(2) 全保守形式:

$$\frac{\partial \rho_m}{\partial t} = -\nabla \cdot (\rho_m \boldsymbol{u}), \tag{1.5.9}$$

$$\frac{\partial(\rho_m \boldsymbol{u})}{\partial t} = -\nabla\cdot\left[\rho_m \boldsymbol{u}\boldsymbol{u} + \left(p+\frac{B^2}{2}\right)\boldsymbol{I} - \boldsymbol{B}\boldsymbol{B}\right], \tag{1.5.10}$$

$$\frac{\partial U}{\partial t} = -\nabla\cdot[(U+p)\boldsymbol{u} - (\boldsymbol{u}\times\boldsymbol{B})\times\boldsymbol{B}], \tag{1.5.11}$$

$$\frac{\partial \boldsymbol{B}}{\partial t} = -\nabla\cdot(\boldsymbol{u}\boldsymbol{B} - \boldsymbol{B}\boldsymbol{u}), \tag{1.5.12}$$

其中, 总能量密度

$$U = \frac{\rho_m u^2}{2} + \frac{p}{\gamma-1} + \frac{B^2}{2}. \tag{1.5.13}$$

以上全保守形式的磁流体方程组适合构造某类数值格式 (如有限体积法), 然而对于托卡马克等强磁约束等离子体, 比压 β 往往较低, 总能量密度 U 中磁能密度占极大比例, 会导致等离子体内能的计算结果误差较大. 因此, 为避免此类问题, 可以采用只有等离子体部分保持保守形式的半保守形式磁流体方程组.

(3) 半保守形式:

$$\frac{\partial \rho_m}{\partial t} = -\nabla\cdot(\rho_m \boldsymbol{u}), \tag{1.5.14}$$

$$\frac{\partial \rho_m \boldsymbol{u}}{\partial t} = -\nabla\cdot(\rho_m \boldsymbol{u}\boldsymbol{u} + p\boldsymbol{I}) + (\nabla\times\boldsymbol{B})\times\boldsymbol{B}, \tag{1.5.15}$$

$$\frac{\partial \varepsilon}{\partial t} = -\nabla\cdot[(\varepsilon+p)\boldsymbol{u}] - (\nabla\times\boldsymbol{B})\cdot(\boldsymbol{u}\times\boldsymbol{B})], \tag{1.5.16}$$

$$\frac{\partial \boldsymbol{B}}{\partial t} = \nabla\times(\boldsymbol{u}\times\boldsymbol{B}), \tag{1.5.17}$$

其中, 等离子体总能量密度

$$\varepsilon = \frac{\rho_m u^2}{2} + \frac{p}{\gamma-1}. \tag{1.5.18}$$

小　　结

本章主要讨论了以下内容:

(1) 从动理学方程推导出磁流体力学方程.

(2) 磁流体力学模型的有效条件.

(3) 理想和 Hall 磁流体模型中的磁冻结.

(4) 电阻磁流体模型中的磁扩散时间.

(5) 理想磁流体方程组的无量纲化和形式化.

习 题

1. 从方程 (1.2.1) 出发推导单流体方程 (1.2.8) $\sim$ (1.2.10).
2. 证明在双流体或者 Hall 磁流体区域, $\tau_R \lesssim \tau_{\mathrm{MHD}}, u/v_{\mathrm{th,i}} \lesssim \rho_\alpha/L_{\mathrm{MHD}}$ (α 代表 $\mathrm{i,e}$).
3. 从磁场的 Clebsch 表达式 $\boldsymbol{B} = \nabla\alpha \times \nabla\beta$ 出发, 推导理想磁流体模型的磁冻结定理.
4. 估计 ITER, J-TEXT 和太阳日冕等离子体中的典型电阻磁扩散时间 τ_R.
5. 列举和查阅 $3 \sim 5$ 个关于磁流体力学的参考文献或参考书 (常用的磁流体力学参考书包括外文文献 [2–9] 和中文文献 [10] 等).

参 考 文 献

[1] https://www.iter.org/newsline/-/3477.

[2] Bateman G. MHD Instabilities. MIT Press, 1978.

[3] Freidberg J P. Ideal Magnetohydrodynamics. Plenum Publishing Corpration, 1987.

[4] Freidberg J P. Ideal MHD. Cambridge University Press, 2014.

[5] Wesson J. Tokamaks. Oxford University Press, 1987.

[6] Hazeltine R D and Meiss J D. Plasma Confinement. Dover Publications, 2003.

[7] White R B. The Theory of Toroidally Confined Plasmas. 3rd ed. Imperial College Press, 2013.

[8] Zohm H. Magnetohydrodynamic Stability of Tokamaks. John Wiley & Sons, 2015.

[9] Biskamp D. Nonlinear Magnetohydrodynamics. Cambridge University Press, 1993.

[10] 王龙. 磁约束等离子体实验物理. 北京：科学出版社，2018.

第二章 磁流体平衡与 Grad-Shafranov 方程

本章首先讨论磁流体力学平衡. 之后, 我们分别讨论一维平衡和二维平衡. 在讨论中, 我们将引入对 Z 箍缩、θ 箍缩、螺旋箍缩等线性装置, 以及托卡马克等轴向对称环形装置的介绍.

§2.1 磁流体力学平衡

磁流体力学平衡由定态形式 (即 $\partial/\partial t = 0$) 的动量方程描述:

$$\rho_m \boldsymbol{u} \cdot \nabla \boldsymbol{u} + \nabla \cdot \boldsymbol{P} = \boldsymbol{J} \times \boldsymbol{B} \tag{2.1.1}$$

或

$$\rho_m \boldsymbol{u} \cdot \nabla \boldsymbol{u} + \nabla p = \boldsymbol{J} \times \boldsymbol{B}. \tag{2.1.2}$$

如果满足以下条件, 磁流体力学平衡可以认为是静态的:

$$\nabla p \gg \rho_m \boldsymbol{u} \cdot \nabla \boldsymbol{u} \Rightarrow \frac{p}{L_{\mathrm{MHD}}} \gg \frac{\rho_m u^2}{L_{\mathrm{MHD}}} \Rightarrow \sqrt{\frac{p}{\rho_m}} \approx c_{\mathrm{s}} \gg u. \tag{2.1.3}$$

或者等价地, 当马赫数 $M = u/c_{\mathrm{s}} \ll 1$ 时, 则有静态磁流体力学平衡方程

$$\nabla p = \boldsymbol{J} \times \boldsymbol{B}. \tag{2.1.4}$$

静态磁流体力学平衡方程 (2.1.4) 描述了建立在热压力和 Lorentz 力之间的平衡, 也可以写成

$$\nabla p = \frac{1}{\mu_0}(\nabla \times \boldsymbol{B}) \times \boldsymbol{B} = -\nabla_{\perp} \frac{B^2}{2\mu_0} + \frac{B^2}{\mu_0}\boldsymbol{\kappa}, \tag{2.1.5}$$

其中磁场线曲率 $\boldsymbol{\kappa}$ 定义为

$$\boldsymbol{\kappa} = \frac{\boldsymbol{B}}{B} \cdot \nabla \frac{\boldsymbol{B}}{B}. \tag{2.1.6}$$

方程 (2.1.5) 表明, 静态磁流体力学平衡中, 热压梯度与磁场线压缩和弯曲导致的恢复力之间实现了力学平衡.

§2.2 一维线性装置

磁约束等离子体的磁流体力学平衡, 根据其坐标依赖关系, 即自由坐标变量数目, 可分为一维、二维和三维平衡. 其中, 一维磁流体平衡直接适用于各种线性, 即圆柱位形磁约束装置, 例如 Z 箍缩、θ 箍缩、螺旋箍缩, 以及磁镜等. 然而, 由于其简洁性, 一维磁流体平衡也常作为其他环形磁约束装置, 特别是托卡马克平衡的近似模型, 广泛应用于构建、分析不包含环位形效应的解析理论和数值模拟. 本节以 Z 箍缩、θ 箍缩和螺旋箍缩为例, 具体讨论一维磁流体平衡.

2.2.1 Z 箍缩

对于 Z 箍缩 (见图 2.1, $2\pi R_0$ 为圆柱轴线长度), 磁流体力学平衡只须满足小半径 r 方向的方程

$$\begin{aligned}\frac{\mathrm{d}p}{\mathrm{d}r} &= -J_z B_\theta = -\frac{B_\theta}{\mu_0 r}\frac{\mathrm{d}(rB_\theta)}{\mathrm{d}r} \\ &= -\frac{B_\theta^2}{\mu_0 r} - \frac{\mathrm{d}}{\mathrm{d}r}\left(\frac{B_\theta^2}{2\mu_0}\right),\end{aligned} \tag{2.2.1}$$

其中要用到 Ampère 定律

$$J_z = \frac{1}{\mu_0 r}\frac{\mathrm{d}(rB_\theta)}{\mathrm{d}r}. \tag{2.2.2}$$

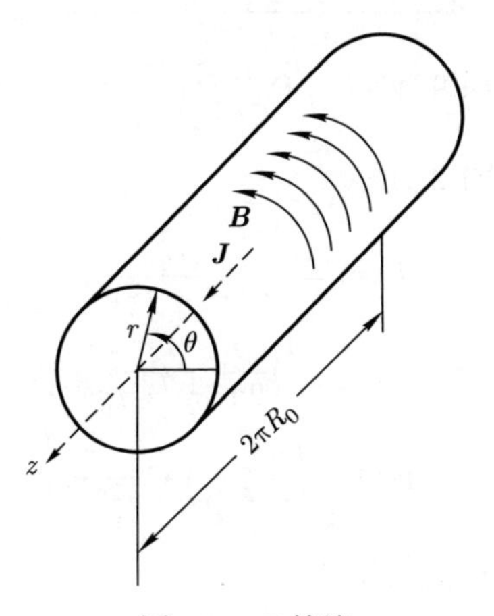

图 2.1 Z 箍缩

以上 Z 箍缩的磁流体力学平衡可以更直接地表达为磁压和热压的总压强梯度与磁场线弯曲恢复力间的相互平衡:

$$\frac{\mathrm{d}}{\mathrm{d}r}\left(p + \frac{B_\theta^2}{2\mu_0}\right) + \frac{B_\theta^2}{\mu_0 r} = 0. \tag{2.2.3}$$

Z 箍缩常见径向剖面如下:

(1) 恒定电流密度 (见图 2.2):

$$J_z(r)=\begin{cases}\dfrac{I_{\mathrm{p}}}{\pi a^2}, & r\leqslant a,\\ 0, & r>a,\end{cases}\tag{2.2.4}$$

$$B_\theta(r)=\begin{cases}\dfrac{\mu_0 I_{\mathrm{p}} r}{2\pi a^2}, & r\leqslant a,\\ \dfrac{\mu_0 I_{\mathrm{p}}}{2\pi r}, & r>a,\end{cases}\tag{2.2.5}$$

$$p(r)=\begin{cases}\dfrac{\mu_0 I_{\mathrm{p}}^2}{4\pi^2 a^2}\left[1-\left(\dfrac{r}{a}\right)^2\right], & r\leqslant a,\\ 0, & r>a,\end{cases}\tag{2.2.6}$$

其中 I_{p} 代表等离子体电流, a 为等离子体半径.

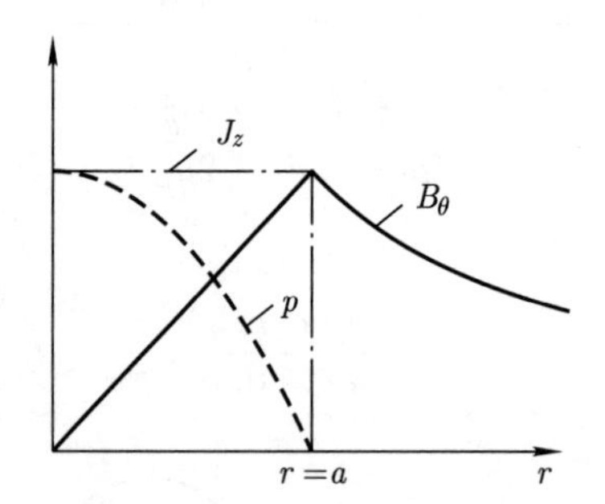

图 2.2 典型恒定电流密度下的 $J_z(r), B_\theta(r)$ 和 $p(r)$ 归一化剖面

(2) Bennett 分布 (见图 2.3):

$$J_z(r)=\frac{I_{\mathrm{p}}}{\pi}\frac{r_0^2}{(r^2+r_0^2)^2},\tag{2.2.7}$$

$$B_\theta(r)=\frac{\mu_0 I_{\mathrm{p}}}{2\pi}\frac{r}{r^2+r_0^2},\tag{2.2.8}$$

$$p(r)=\frac{\mu_0 I_{\mathrm{p}}^2}{8\pi^2}\frac{r_0^2}{(r^2+r_0^2)^2}.\tag{2.2.9}$$

经常会用到体平均的极向比压 β_{p}:

$$\beta_{\mathrm{p}}=\beta_\theta=\frac{\displaystyle\int p\mathrm{d}S_{\mathrm{p}}\Big/\int \mathrm{d}S_{\mathrm{p}}}{B_a^2/2\mu_0}=\frac{\langle p\rangle_V}{B_a^2/2\mu_0}.\tag{2.2.10}$$

对于 Z 箍缩, $\beta_{\mathrm{p}}=1$ 而且与压强或电流密度曲线无关, 即满足所谓的 “Bennett 箍缩关系”, 其证明如下:

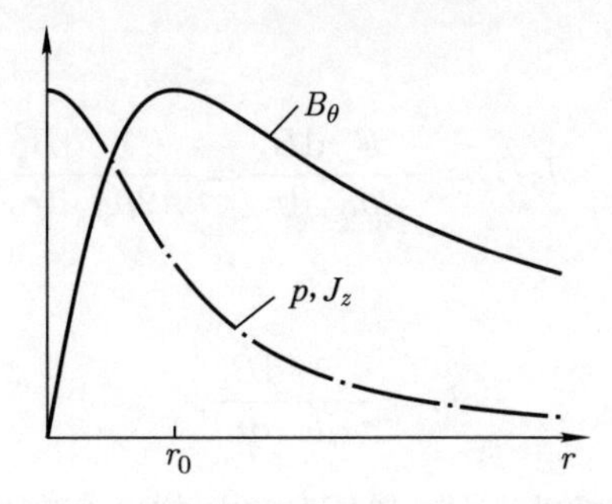

图 2.3 典型 Bennett 分布下的 $J_z(r), B_\theta(r)$ 和 $p(r)$ 归一化剖面

$$\langle p\rangle_V = \frac{2}{a^2}\int_0^a r\mathrm{d}rp(r) = -\frac{1}{a^2}\int_0^a \mathrm{d}rr^2\frac{\mathrm{d}p}{\mathrm{d}r} + r^2p\Big|_{r=0}^{a}. \tag{2.2.11}$$

运用关系 (I_{t} 代表 "环" 向电流)

$$J_z(r) = \frac{1}{2\pi r}\frac{\mathrm{d}I_{\mathrm{t}}(r)}{\mathrm{d}r}, \quad B_\theta(r) = \frac{\mu_0 I_{\mathrm{t}}(r)}{2\pi r}, \tag{2.2.12}$$

有

$$\langle p\rangle_V = \frac{\mu_0}{(2\pi a)^2}\int_0^a \mathrm{d}rI_{\mathrm{t}}\frac{\mathrm{d}I_{\mathrm{t}}}{\mathrm{d}r} = \frac{\mu_0}{(2\pi a)^2}\frac{I_{\mathrm{p}}^2}{2} = \frac{B_a^2}{2\mu_0}. \tag{2.2.13}$$

由此得到 Bennett 箍缩关系: $\beta_{\mathrm{p}} = \beta_\theta = 1$. 需要提及的是, 这一关系的成立, 依赖于以上推导过程中所用到的边界条件 $p(a) = 0$, 因此, Bennett 箍缩关系在严格意义上只对满足这一边界条件的平衡分布剖面成立.

2.2.2 θ 箍缩或角向箍缩

对 θ 箍缩 (见图 2.4), 磁流体力学平衡也是一维的, 即只须满足 r 方向的力平

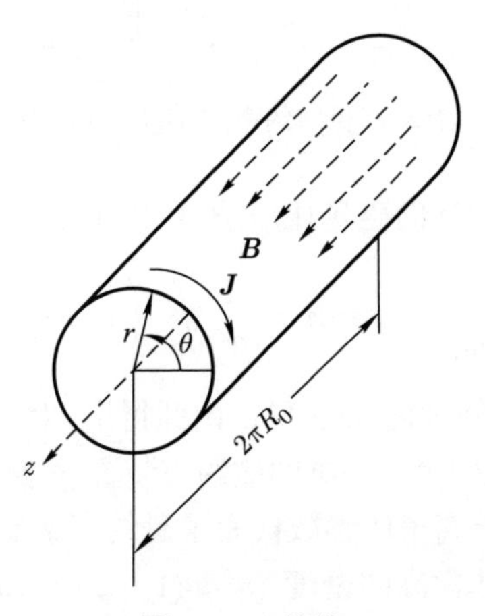

图 2.4 θ 箍缩

衡方程

$$\frac{\mathrm{d}p}{\mathrm{d}r} = J_\theta B_z = -\frac{B_z}{\mu_0}\frac{\mathrm{d}B_z}{\mathrm{d}r} = -\frac{1}{2\mu_0}\frac{\mathrm{d}B_z^2}{\mathrm{d}r}, \tag{2.2.14}$$

其中利用了 Ampère 定律

$$J_\theta = -\frac{1}{\mu_0}\frac{\mathrm{d}B_z}{\mathrm{d}r}. \tag{2.2.15}$$

由于 θ 箍缩平衡磁场线纯粹为直线, 热压和磁压梯度存在显式平衡关系

$$\frac{\mathrm{d}}{\mathrm{d}r}\left(p + \frac{B_z^2}{2\mu_0}\right) = 0, \quad p + \frac{B_z^2}{2\mu_0} = \frac{B_{\mathrm{vac}}^2}{2\mu_0}. \tag{2.2.16}$$

满足磁流体平衡的 θ 箍缩剖面中, 以下是一种具有良好径向约束的典型剖面 (见图 2.5):

$$B_z(r) = B_{\mathrm{vac}}\sqrt{1 - \beta_0 \mathrm{e}^{-r^2/a^2}}, \tag{2.2.17}$$

$$p(r) = p_0 \mathrm{e}^{-r^2/a^2}. \tag{2.2.18}$$

这里的 $\beta_0 = 2\mu_0 p_0 / B_{\mathrm{vac}}^2$ 是磁轴处热压强与真空磁场压强相比得到的等离子体比压 β.

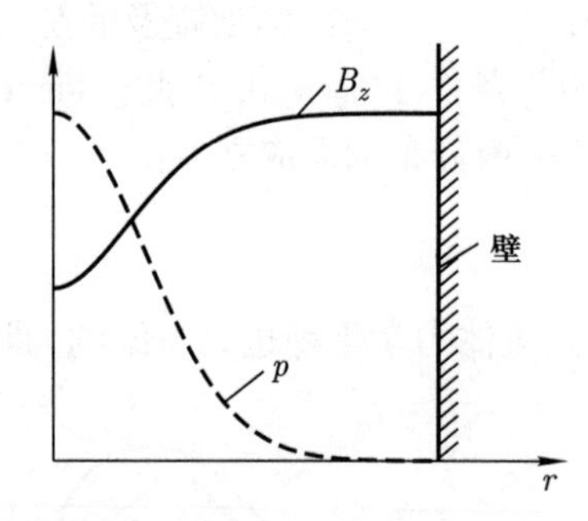

图 2.5 典型具有较好径向约束的 $B_z(r)$ 和 $p(r)$ 归一化剖面

对于 θ 箍缩, 其体平均环向磁场比压 $\bar{\beta}_{\mathrm{t}}$ 可以由下式给出:

$$\bar{\beta}_{\mathrm{t}} = \frac{4\mu_0}{a^2 B_{\mathrm{vac}}^2}\int_0^a pr\mathrm{d}r = \frac{2}{a^2}\int_0^a \left(1 - \frac{B_z^2}{B_{\mathrm{vac}}^2}\right) r\mathrm{d}r, \tag{2.2.19}$$

其中第二个等式运用了平衡剖面 (2.2.18). 由此得出, 对于 θ 箍缩, $0 < \bar{\beta}_{\mathrm{t}} < 1$.

实验上发现, 作为一种线性、一维的磁约束装置, θ 箍缩等离子体具有优越的聚变性能, 其所达到的聚变等离子体参数代表了磁约束聚变路线的早期成功之一. 使用内爆加热方法, 通常以非常高的密度 ($n \approx (1 \sim 2) \times 10^{22}\ \mathrm{m}^{-3}$) 获得离子温度为

$1 \sim 4$ keV 的 θ 箍缩等离子体, 其中心轴线处的比压 β 峰值通常可以达到 $0.7 \sim 0.9$, 这对应于体平均比压 $\bar{\beta}_{\mathrm{t}} \approx 0.05$. 历史上, θ 箍缩是第一个成功生产出大量热核中子的实验室设备. 后面章节的讨论可以看到, 角向箍缩等离子体这种高参数的聚变性能, 主要归因于其特别的磁流体力学稳定性 (见图 2.6).

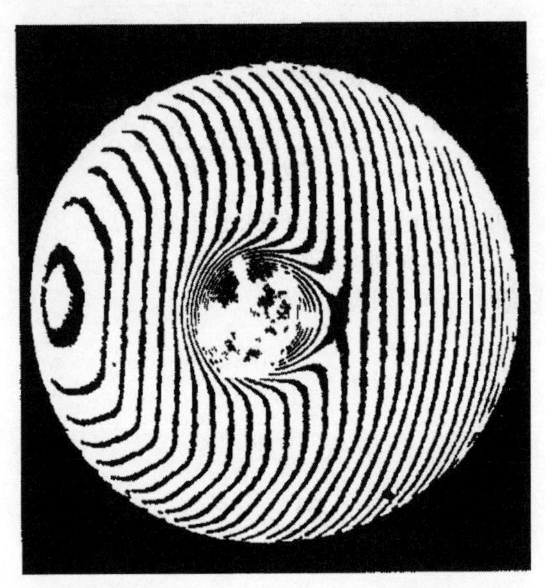

图 2.6　全息干涉法测量到嵌套的圆形磁通剖面[1], 显示出优良的径向约束, 并且没有宏观不稳定性的迹象

2.2.3　螺旋箍缩

对于螺旋箍缩 (见图 2.7), 磁流体力学平衡依然是径向一维的:

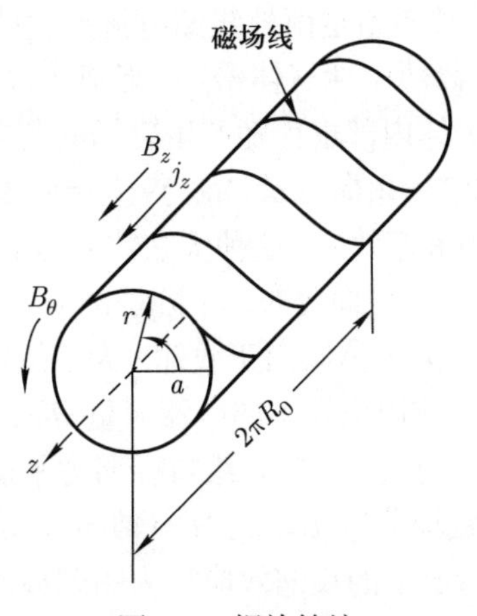

图 2.7　螺旋箍缩

$$\frac{\mathrm{d}p}{\mathrm{d}r} = J_\theta B_z - J_z B_\theta. \tag{2.2.20}$$

利用 Ampère 定律

$$J_\theta = -\frac{1}{\mu_0}\frac{\mathrm{d}B_z}{\mathrm{d}r}, \quad J_z = \frac{1}{\mu_0 r}\frac{\mathrm{d}(rB_\theta)}{\mathrm{d}r}, \tag{2.2.21}$$

压力和线弯曲力之间的径向平衡表达为

$$\frac{\mathrm{d}}{\mathrm{d}r}\left(p + \frac{B_\theta^2 + B_z^2}{2\mu_0}\right) + \frac{B_\theta^2}{\mu_0 r} = 0. \tag{2.2.22}$$

周期性螺旋箍缩可以看作一种 “直的托卡马克” 位形, 其平衡状态的磁场线和等离子体物理量在 z 方向有周期性, 周期为 $2\pi R_0$, 其中 $z \to R_0\zeta$. 通常可以用安全因子 q 描述磁场线旋转变换:

$$q = \frac{\text{环向圈数}}{\text{极向圈数}}. \tag{2.2.23}$$

沿着一条磁场线, $B_\theta/B_z = r\Delta\theta/R\Delta\zeta$, 因此

$$q = \frac{\Delta\zeta}{\Delta\theta} = \frac{rB_z}{RB_\theta}. \tag{2.2.24}$$

磁剪切定义为

$$s(r) = \frac{r}{q}\frac{\mathrm{d}q}{\mathrm{d}r}. \tag{2.2.25}$$

假设环向磁场分量为常数, 即 $B_z =$ 常数, 以上螺旋箍缩平衡物理量的径向剖面 (见图 2.8) 可以从环向电流密度剖面确定: $J_z(r) = J_0[1-(r/a)^2]^\mu$.

下面讨论一下螺旋箍缩的顺磁性和抗磁性. 螺旋箍缩等离子体磁流体力学平衡的轴向磁场分量 B_z, 通常初始是由外线圈电流产生的真空场 B_{z0}. 当外加轴向感应电场将注入真空场的稀薄中性气体击穿, 形成等离子体和相应的初始轴向等离子体电流 J_{z0} 时, 等离子体内部也伴随产生磁场的角向分量 $B_{\theta 0}$. 这种初始等离子体电流 J_{z0} 与其伴生的磁场角向分量 $B_{\theta 0}$ 产生指向轴心的 Lorentz 力径向分量 $J_{z0}B_{\theta 0}$, 形成对等离子体的箍缩效应. 这种箍缩效应的动力学后果主要取决于初始等离子体压强 p 和电流 J_{z0} 的径向分布. 当 $|\mathrm{d}p/\mathrm{d}r| < J_{z0}B_{\theta 0}$, 或等价地, 热压小于角向磁压, 即 $\beta_\theta < 1$ 时, 等离子体倾向于收缩. 为了抗衡这种指向轴心的 Lorentz 力径向分量 $J_{z0}B_{\theta 0}$, 等离子体内引发角向电流分量 $J_{\theta 1}$, 与真空轴向磁场 B_{z0} 共同形成向外的 Lorentz 力径向分量 $J_{\theta 1}B_{z0}$, 维持径向力平衡. 而诱发的角向电流分量 $J_{\theta 1}$ 产生相应的诱发轴向磁场分量 B_{z1} 与真空轴向磁场 B_{z0} 平行, 从而使其增强, 形成顺磁效应, 因此这种情况下的箍缩效应称为顺磁箍缩. 类似地, 对于抗磁箍缩,

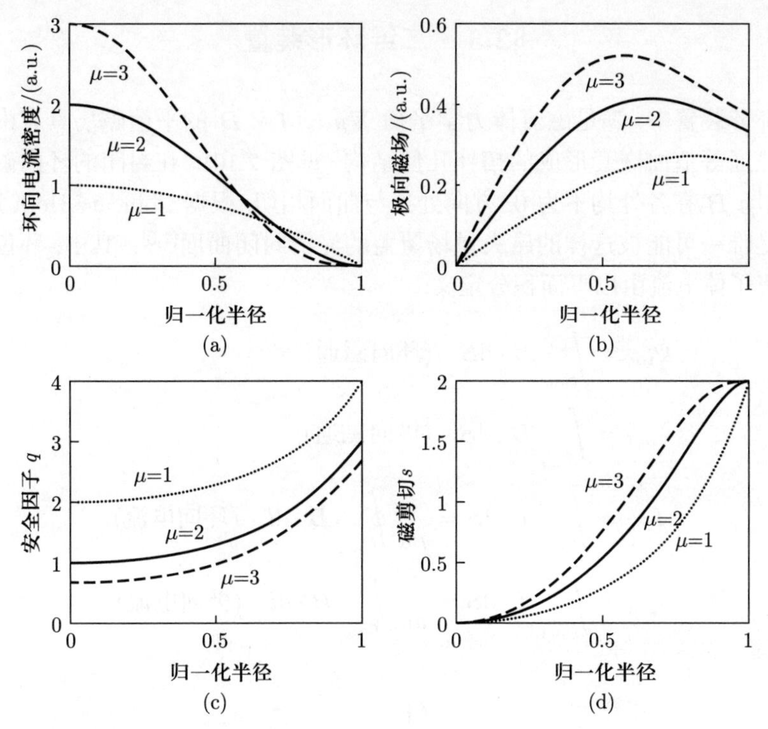

图 2.8 典型螺旋箍缩的剖面. (a) $J_z(r) = J_0[1-(r/a)^2]^{\mu}$, (b) $B_\theta(r)$, (c) $q(r)$, (d) $s = (r/q)(\mathrm{d}q/\mathrm{d}r)$

$|\mathrm{d}p/\mathrm{d}r| > J_{z0}B_{\theta 0}$, $\beta_\theta > 1$, 等离子体倾向于膨胀, 等离子体内引发的角向电流分量 $J_{\theta 1}$ 反向, 形成向内指向轴心的 Lorentz 力径向分量 $J_{\theta 1}B_{z0}$, 以维持径向力平衡. 这种情况下, $J_{\theta 1}$ 诱发的轴向磁场分量 B_{z1} 与真空轴向磁场 B_{z0} 反向平行, 从而使其减弱, 形成抗磁效应, 相应的箍缩效应称为抗磁箍缩. 图 2.9 直观展示了顺磁性和抗磁性. 在后面的讨论中会看到, 螺旋箍缩的顺磁性和抗磁性概念和特性在环形托卡马克等离子体磁流体力学平衡中也同样适用.

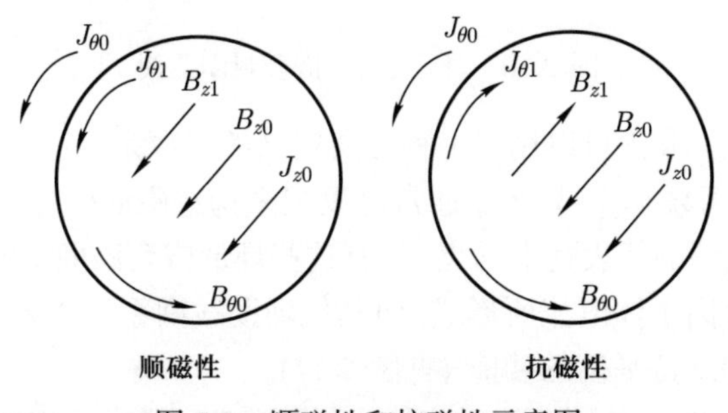

图 2.9 顺磁性和抗磁性示意图

§2.3 二维环形装置

在环形装置中, 满足磁流体力学平衡 $\nabla p = \boldsymbol{J} \times \boldsymbol{B}$ 的平衡磁场具有由环向或者极向磁通等值面嵌套形成的拓扑几何结构 (见图 2.10). 在封闭的环向磁通等值面上, 磁场 $\boldsymbol{B}$ 在各处均不为 0, 方向处处与曲面相切, 根据 Poincaré-Hopf 定理, 环形表面是唯一可能被这样的磁矢量场覆盖的光滑封闭曲面[2,3]. 其中, 环位形中磁面和等离子体电流由以下面积分定义:

$$\Psi_{\text{tor}} = \int_{S_{\text{tor}}} \boldsymbol{B} \cdot \mathrm{d}\boldsymbol{S} \quad (\text{环向磁通}), \tag{2.3.1}$$

$$\Psi_{\text{pol}} = \int_{S_{\text{pol}}} \boldsymbol{B} \cdot \mathrm{d}\boldsymbol{S} \quad (\text{极向磁通}), \tag{2.3.2}$$

$$I_{\text{tor}} = \int_{S_{\text{tor}}} \boldsymbol{J} \cdot \mathrm{d}\boldsymbol{S} = \frac{1}{\mu_0} \oint_{C_{\text{pol}}} \boldsymbol{B} \cdot \mathrm{d}\boldsymbol{l} \quad (\text{环向电流}), \tag{2.3.3}$$

$$I_{\text{pol}} = \int_{S_{\text{pol}}} \boldsymbol{J} \cdot \mathrm{d}\mathbf{S} = \frac{1}{\mu_0} \oint_{C_{\text{tor}}} \boldsymbol{B} \cdot \mathrm{d}\boldsymbol{l} \quad (\text{极向电流}). \tag{2.3.4}$$

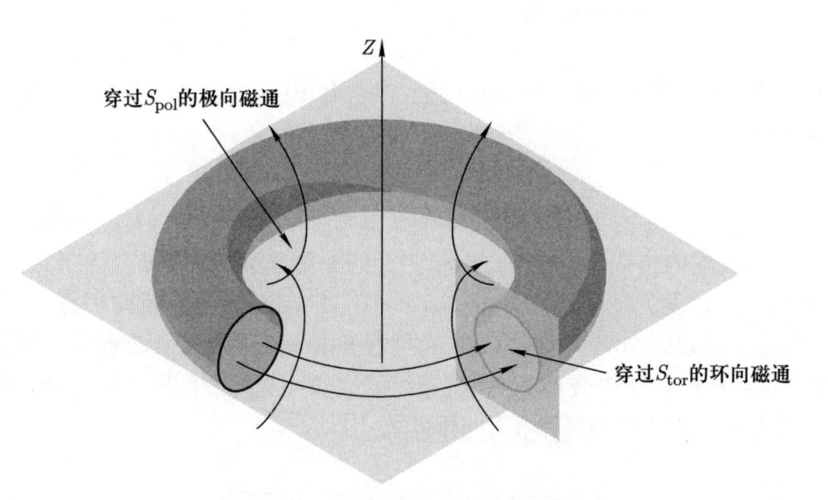

图 2.10 环形装置: 嵌套封闭磁面

这些空间上的环形嵌套面可以用以上积分所定义的函数来标记, 这些函数也称为磁面函数, 其中磁通函数 Ψ_{tor} 或 Ψ_{pol} 通常可以用来构造磁面坐标中的广义径向坐标. 对于环形磁约束装置的代表托卡马克, 具有这些环形嵌套磁面结构的平衡磁场主要是由纵场线圈和等离子体电流所形成, 而其他辅助线圈系统用来实现启动、位置和位形控制等产生和维持平衡的功能 (见图 2.11).

为了推导和讨论托卡马克的磁流体力学平衡解, 通常可以采用大圆柱坐标系

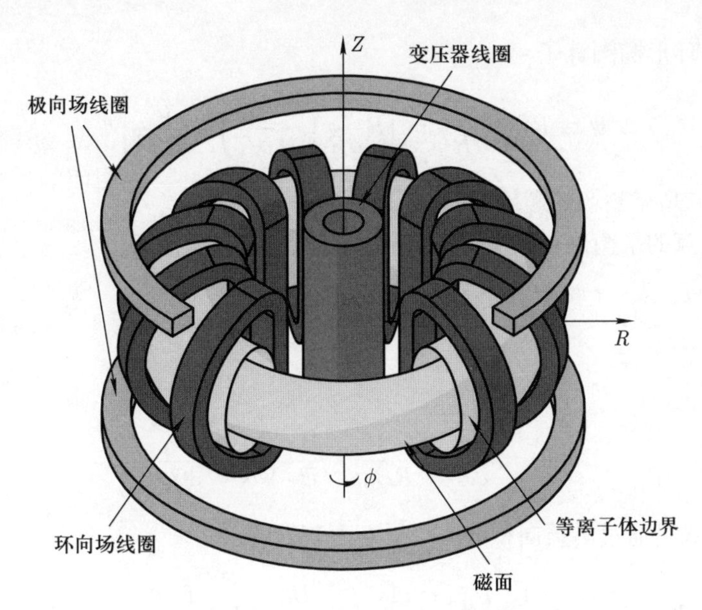

图 2.11 托卡马克的平衡电流线圈系统

(R, ϕ, Z) 或者 (R, Z, ζ) , 其中 $\nabla\phi = -\nabla\zeta$. 由于托卡马克平衡位形具有环向轴对称性, 任何表征托卡马克平衡的标量场 S 都满足 $\partial S/\partial\phi = 0$.

2.3.1 托卡马克平衡磁场和电流密度

利用 $\nabla \cdot \boldsymbol{B} = 0$ 和 Ampère 定律, 可得到

$$\begin{aligned}\boldsymbol{B}_{\mathrm{p}} &= B_R\nabla R + B_Z\nabla Z = \frac{1}{R}\left(-\frac{\partial\Psi}{\partial Z}\nabla R + \frac{\partial\Psi}{\partial R}\nabla Z\right) = \nabla\Psi \times \nabla\phi \\ &= \nabla \times (\Psi\nabla\phi)\end{aligned} \tag{2.3.5}$$

和

$$\boldsymbol{B}_{\mathrm{t}} = -\frac{\mu_0 I_{\mathrm{pol}}}{2\pi}\nabla\phi = F(\Psi)\nabla\phi, \tag{2.3.6}$$

其中 $\Psi_{\mathrm{p}}=2\pi\Psi, \Psi$ 也是极向磁场 $\boldsymbol{B}_{\mathrm{p}}$ 对应的矢势环向协变分量, $F(\Psi)=-\mu_0 I_{\mathrm{pol}}(\Psi)/(2\pi) = RB_{\mathrm{t}}$, 因此有

$$\boldsymbol{B} = \boldsymbol{B}_{\mathrm{p}} + \boldsymbol{B}_{\mathrm{t}} = \nabla\Psi \times \nabla\phi + F\nabla\phi. \tag{2.3.7}$$

这里的极向电流 I_{pol}, 注意避免与通常使用的环向等离子体 (plasma) 电流符号 I_{p} 混淆. 相应的电流密度 $\boldsymbol{J}$ 通过 Ampère 定律得到:

$$\mu_0\boldsymbol{J} = \nabla \times \boldsymbol{B} = \nabla F \times \nabla\phi - \Delta^*\Psi\nabla\phi, \tag{2.3.8}$$

其中引入了环形椭圆算子

$$\Delta^*\varPsi \equiv R^2\nabla\cdot\frac{\nabla\varPsi}{R^2} = \left[R\frac{\partial}{\partial R}\left(\frac{1}{R}\frac{\partial}{\partial R}\right)+\frac{\partial^2}{\partial Z^2}\right]\varPsi. \tag{2.3.9}$$

(1) 托卡马克磁场的螺旋度: 安全因子 q.

托卡马克的平衡磁场安全因子 q 由以下磁场线方程定义:

$$\frac{\Delta L_{\mathrm{t}}}{\Delta L_{\mathrm{p}}} = \frac{R\Delta\phi}{\rho\Delta\theta} = \frac{B_{\mathrm{t}}}{B_{\mathrm{p}}}, \tag{2.3.10}$$

进而

$$q(\varPsi) = \frac{\Delta\phi}{\Delta\theta} = \frac{\rho B_{\mathrm{t}}}{RB_{\mathrm{p}}} = \frac{\boldsymbol{B}\cdot\nabla\phi}{\boldsymbol{B}\cdot\nabla\theta} = \frac{\mathrm{d}\varPsi_{\mathrm{t}}}{\mathrm{d}\varPsi_{\mathrm{p}}}. \tag{2.3.11}$$

q 的积分形式是通过沿极向积分一个周期而获得的:

$$q(\varPsi) = \frac{\Delta\phi}{2\pi} = \frac{1}{2\pi}\int\mathrm{d}\phi = \frac{1}{2\pi}\int_0^{2\pi}\frac{B_{\mathrm{t}}\rho}{B_{\mathrm{p}}R}\mathrm{d}\theta = \frac{F(\varPsi)}{2\pi}\oint\frac{\mathrm{d}L_{\mathrm{p}}}{R^2B_{\mathrm{p}}}, \tag{2.3.12}$$

或者

$$q = \frac{FL_{\mathrm{p}}}{2\pi}\left\langle\frac{1}{R^2B_{\mathrm{p}}}\right\rangle. \tag{2.3.13}$$

磁面平均定义为

$$\langle A\rangle = \frac{\oint A\mathrm{d}L_{\mathrm{p}}}{\oint\mathrm{d}L_{\mathrm{p}}} = \frac{\oint A\mathrm{d}L_{\mathrm{p}}}{L_{\mathrm{p}}}. \tag{2.3.14}$$

(2) 托卡马克平衡中的 Pfirsch-Schlüter 电流: 启发式推导.

由于环位形的曲率而产生的压力分布不平衡会导致沿大半径方向的净向外力密度 $F \approx -\dfrac{r}{R}\dfrac{\mathrm{d}p}{\mathrm{d}r}$. 这是与 Lorentz 力 $\boldsymbol{J}\times\boldsymbol{B}$ 平衡的结果. 因此, 在 (r,θ) 位置, 相关的垂直电流 J_{h} 具有垂直分量 $J_{\mathrm{hv}} \approx -\dfrac{1}{B}\dfrac{r}{R}\dfrac{\mathrm{d}p}{\mathrm{d}r}\cos\theta$. 为避免电荷积累, 平行于磁场的 Pfirsch-Schlüter 电流 J_{PS} 的垂直分量必须大小等于 J_{hv} 且与其方向相反, 即 $J_{\mathrm{hv}} + J_{\|\mathrm{v}} = 0$. 由于 $J_{\|\mathrm{v}} \approx \dfrac{B_{\mathrm{p}}}{B}J_{\mathrm{PS}}$, 可以得到 (见图 2.12)

$$J_{\mathrm{PS}} \approx -\frac{1}{B_{\mathrm{p}}}\frac{r}{R}\frac{\mathrm{d}p}{\mathrm{d}r}\cos\theta. \tag{2.3.15}$$

(3) 托卡马克平衡中的 Pfirsch-Schlüter 电流: 形式推导.

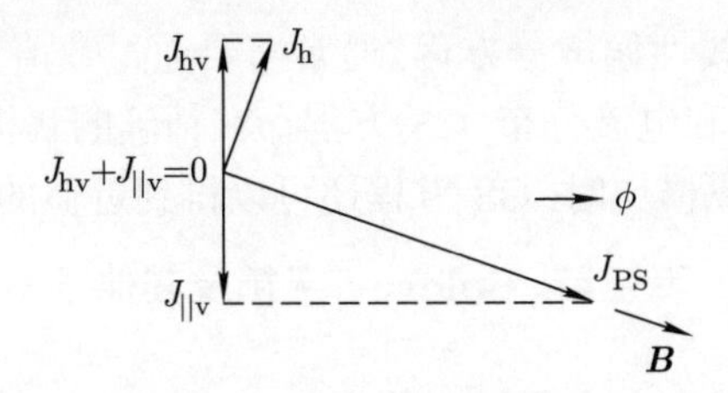

图 2.12 托卡马克平衡中的 Pfirsch-Schlüter 电流

极向电流

$$J_{\rm p}=\frac{B_{\rm p}}{B}J_{\|}-\frac{B_{\phi}}{B}J_{\perp}=\frac{B_{\rm p}}{\mu_0}\frac{{\rm d}F}{{\rm d}\varPsi}=\frac{F'B_{\rm p}}{\mu_0}, \tag{2.3.16}$$

垂直电流

$$J_{\perp}=\frac{|\nabla p|}{B}=-\frac{|\nabla\varPsi|}{B}\frac{{\rm d}p}{{\rm d}\varPsi}=-\frac{RB_{\rm p}}{B}p', \tag{2.3.17}$$

因此平行电流

$$J_{\|}=\frac{F'B}{\mu_0}-\frac{Fp'}{B}. \tag{2.3.18}$$

利用 $\eta_{\|}J_{\|}=\dfrac{B_{\rm p}}{B}E_{\rm PS}+\dfrac{B_{\phi}}{B}E_{\phi}$ 和 $\partial\boldsymbol{B}/\partial t=0$ 或 $\langle E_{\rm PS}\rangle=0$, 得到

$$J_{\|}=\underbrace{-Fp'\left(\frac{1}{B}-\frac{\langle 1/B_{\rm p}\rangle}{\langle B^2/B_{\rm p}\rangle}B\right)}_{\text{PS 电流}}+\underbrace{\frac{\langle E_{\phi}B_{\phi}/B_{\rm p}\rangle}{\eta_{\|}\langle B^2/B_{\rm p}\rangle}B}_{\text{Ohm 电流}}. \tag{2.3.19}$$

2.3.2 Grad-Shafranov 方程

将 $\boldsymbol{J}$ 和 $\boldsymbol{B}$ 通过磁通函数表达的形式 (2.3.7) 和 (2.3.8) 代入静态平衡关系 $\nabla p=\boldsymbol{J}\times\boldsymbol{B}$ (这里用一撇表示对 $\varPsi$ 的导数), 由其沿磁面法向 $\nabla\varPsi$ 方向, 可导出基于磁通函数的托卡马克磁流体力学平衡方程, 即 Grad-Shafranov 方程 (简称 GS 方程):

$$\Delta^*\varPsi=-\mu_0RJ_{\phi}=-\mu_0R^2p'-F'F. \tag{2.3.20}$$

以上环形 Poisson 问题的定解, 要求一方面找到由 "等离子体 + 环向场 (TF) 线圈" 确定的非齐次问题特解, 另一方面通过添加齐次问题, 亦称矢量 Laplace 方程 $\Delta^*\varPsi=0$ 的 "真空" 解来满足边界条件. 附加的真空解对应于真空极向场, 因此可以由外部环向电流, 即极向场 (PF) 线圈生成. 例如, 通过添加一对 Helmholtz 线圈, 添加了可以控制磁轴径向位置 R_0 的垂直场 B_Z.

GS 方程一般是非线性偏微分方程, 通常需要通过数值方法求解. 然而对于一些特殊的等离子体压强和电流分布, GS 方程存在精确的解析解. 此外, 当平衡系统存在小参数, 例如反向纵横比时, GS 方程还可以得到近似的解析解.

2.3.3 GS 方程精确解: 真空解、Solovév 平衡及其他

(1) 真空托卡马克.

如果托卡马克内部没有等离子体, 环向磁场完全由 TF 线圈总电流决定 (见图 2.13):

$$\boldsymbol{B}_{\mathrm{t}} = \frac{\mu_0 I_{\mathrm{TF}}}{2\pi} \nabla\phi, \tag{2.3.21}$$

同时 $p = F = 0$, 因此

$$\Delta^* \Psi = 0. \tag{2.3.22}$$

其定解由其边界器壁形状和受外部 PF 线圈等因素所决定的器壁处边界条件而决定. 以上真空中的 GS 方程根据边界形状和条件以及坐标的选取, 存在多种精确解析解, 以及在其基础上相应发展的近似解析解. 其中, 常用的主要有基于球坐标、柱坐标和环坐标的几类解析解, 分别详见本章 2.4.1, 2.4.2 和 2.4.3 小节.

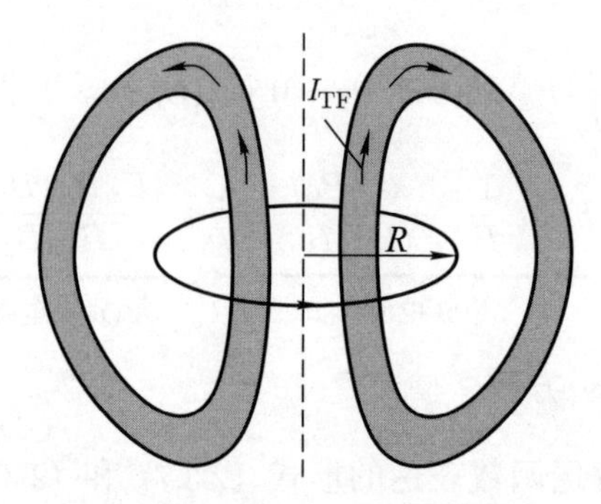

图 2.13 对于轴对称系统, 真空环向磁场与环向场线圈中的总电流 I_{TF} 成正比

(2) Solovév 平衡.

如果 GS 方程右端的压强和电流源项为常数, 即 $-p' = a$, $-FF' = b$, 其中 a, b 为常数, 则 GS 方程具有形式

$$\Delta^* \Psi = aR^2 + b. \tag{2.3.23}$$

可以得到 Solovév 解[4-7]

$$R\frac{\partial}{\partial R}\left(\frac{1}{R}\frac{\partial \Psi}{\partial R}\right) + \frac{\partial^2 \Psi}{\partial Z^2} = aR^2 + b, \tag{2.3.24}$$

$$\Psi = \Psi_{\mathrm{p}} + \Psi_{\mathrm{h}}, \tag{2.3.25}$$

其中 $\Psi_{\rm h}$ 为齐次解, $\Psi_{\rm p}$ 为特解. 根据特解 $\Psi_{\rm p}$ 两种常见的最简形式, 分别有相应的最简展开和截断形式的齐次解 $\Psi_{\rm h}$, 共同构成两类具有关于 $Z=0$ 上下对称性的 Solovév 平衡解.

(i) 假设 $\Psi_{\rm p}$ 只依赖于 R,

$$\Psi_{\rm p}=\frac{a}{8}R^4+\frac{b}{2}\left(R^2\ln R-\frac{R^2}{2}\right), \tag{2.3.26}$$

则能够构建与其相应的闭合磁面的最简展开和截断多项式级数齐次解 $\Psi_{\rm h}=\sum\limits_{i=0}^{3}c_i\Psi_i$, 其中

$$\begin{aligned}&\Psi_0=1, &&\Psi_1=R^2,\\ &\Psi_2=Z^2-R^2\ln R, &&\Psi_3=R^4-4R^2Z^2.\end{aligned} \tag{2.3.27}$$

(ii) 假设 $\Psi_{\rm p}$ 依赖于 R,Z,

$$\Psi_{\rm p}=\frac{a}{8}R^4+\frac{b}{2}Z^2, \tag{2.3.28}$$

则能够构建与其相应的最简展开和截断多项式级数齐次解 $\Psi_{\rm h}=\sum\limits_{i=0}^{3}c_i\Psi_i$, 其中

$$\begin{aligned}&\Psi_0=1, &&\Psi_1=R^2,\\ &\Psi_2=R^2Z, &&\Psi_3=R^4-4R^2Z^2.\end{aligned} \tag{2.3.29}$$

这里由于关于 $Z=0$ 的上下对称性, $c_2=0$.

以上两类 Solovév 平衡解中齐次解的系数 c_i, 通常可以由其磁轴位置 $(R_0,0)$ 和分界线上 X 点的位置 (R_X,Z_X) 来确定. 由磁轴位置处极向磁场分量 $\boldsymbol{B}_{\rm p}$ 的正则性条件, 以及分界线上 X 点位置处极向磁场分量 $\boldsymbol{B}_{\rm p}$ 方向的唯一性条件, 要求 $\boldsymbol{B}_{\rm p}(R_0,0)=0$, $\boldsymbol{B}_{\rm p}(R_X,Z_X)=0$, 因此得到关于 GS 方程 Solovév 平衡定解 Ψ 的边界条件

$$\begin{aligned}&\frac{\partial\Psi}{\partial R}=0,\quad \frac{\partial\Psi}{\partial Z}=0,\qquad \text{在 } X \text{ 点 } (R_X,\pm Z_X) \text{ 处},\\ &\frac{\partial\Psi}{\partial R}=0,\quad \frac{\partial\Psi}{\partial Z}=0,\qquad \text{在磁轴 } (R_0,0) \text{ 处}.\end{aligned} \tag{2.3.30}$$

此外, 对于在特定位置, 如磁轴或者 X 点处极向磁通 Ψ 的限定也可以用于构造边界条件. 这里以第 (ii) 类 Solovév 上下对称平衡定解形式为例, 选取以下三个边界条件:

$$\begin{aligned}&\frac{\partial\Psi}{\partial Z}=0,\qquad \text{在 } X \text{ 点 } (R_X,\pm Z_X) \text{ 处},\\ &\frac{\partial\Psi}{\partial R}=0,\quad \Psi=0,\qquad \text{在磁轴 } (R_0,0) \text{ 处}.\end{aligned} \tag{2.3.31}$$

可以确定以下齐次解系数:

$$
\begin{aligned}
c_0 &= \left(a + \frac{b}{R_X^2}\right)\frac{R_0^4}{8}, \\
c_1 &= -\left(a + \frac{b}{R_X^2}\right)\frac{R_0^2}{4}, \\
c_3 &= \frac{b}{8R_X^2}.
\end{aligned} \tag{2.3.32}
$$

相应的 Solovév 平衡定解形式为

$$
\Psi = \frac{b}{2R_X^2}\left[\frac{1}{4}\left(1 + \frac{a}{b}R_X^2\right)(R^2 - R_0^2)^2 - (R^2 - R_X^2)Z^2\right]. \tag{2.3.33}
$$

如果设定 $a = p'$, $b = -\gamma p'/(1+\alpha^2)$, 则有

$$
p = p_0 - p'\Psi, \tag{2.3.34}
$$

$$
F^2 = F_0^2 + \frac{2\gamma p'}{1+\alpha^2}\Psi, \tag{2.3.35}
$$

则 GS 方程具有形式

$$
\Delta^*\Psi = p'\left(R^2 - \frac{\gamma}{1+\alpha^2}\right). \tag{2.3.36}
$$

将 a, b 形式直接代入方程 (2.3.33), 则得到由以上具体边界条件所确定的一组 Solovév 平衡解

$$
\Psi = \frac{p'}{2(1+\alpha^2)}\left[(R^2 - \gamma)Z^2 + \frac{\alpha^2}{4}(R^2 - R_0^2)^2\right]. \tag{2.3.37}
$$

图 2.14 中的两幅等值线图分别对应 (2.3.27) 式的平衡解在其中参数 α, γ 取两组不同数值时的具体形式.

(3) 源项为 Ψ 的二次函数.

压强和电流剖面对极向磁通 Ψ 的依赖关系为

$$
\begin{aligned}
p(\Psi) &= 4\pi^2(\bar{a}\Psi^2 + \bar{b}\Psi), \\
F^2(\Psi) &= \mu_0(\bar{\alpha}\Psi^2 + \bar{\beta}\Psi + F_0^2).
\end{aligned} \tag{2.3.38}
$$

将剖面函数 (2.3.38) 代入方程 (2.3.20), 在大圆柱坐标系 (r, φ, z) 下得到

$$
\frac{\partial^2\Psi}{\partial r^2} - \frac{1}{r}\frac{\partial\Psi}{\partial r} + \frac{\partial^2\Psi}{\partial z^2} = -\left(ar^2 + \alpha\right)\Psi - \left(br^2 + \beta\right), \tag{2.3.39}
$$

$$
J_\varphi(r, z) = \frac{1}{2\pi\mu_0}\left[\left(ar + \frac{\alpha}{r}\right)\Psi + br + \frac{\beta}{r}\right], \tag{2.3.40}
$$

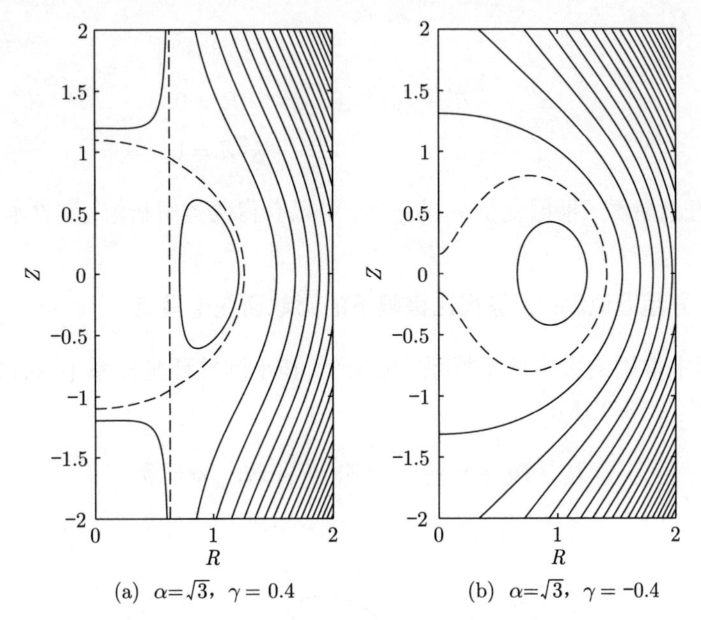

图 2.14 GS 方程精确解析解: 由 (2.3.37) 式给出的 Solovév 平衡解, 其中 (a) $\alpha=\sqrt{3},\gamma=0.4$, (b) $\alpha=\sqrt{3},\gamma=-0.4$

其中

$$a=8\pi^2\mu_0\bar{a},\quad b=4\pi^2\mu_0\bar{b},\quad \alpha=\mu_0^2\bar{\alpha},\quad \beta=1/2\mu_0^2\bar{\beta} \tag{2.3.41}$$

是四个自由参数, 可以用来指定等离子体电流 I_{p}, 极向比压 β_{p}, 内感 ℓ_{i} 和磁轴或边界处安全因子 $q_{\mathrm{ax}}, q_{\mathrm{b}}$.

我们可以把 GS 方程分解为两部分: 一个齐次偏微分方程[8]

$$\frac{\partial^2\Psi_{\mathrm{o}}}{\partial r^2}-\frac{1}{r}\frac{\partial\Psi_{\mathrm{o}}}{\partial r}+\frac{\partial^2\Psi_{\mathrm{o}}}{\partial z^2}+\left(ar^2+\alpha\right)\Psi_{\mathrm{o}}=0 \tag{2.3.42}$$

和一个非齐次常微分方程 (令 Ψ_{nop} 与 z 无关, 变为常微分方程)

$$\frac{\partial^2\Psi_{\mathrm{nop}}}{\partial r^2}-\frac{1}{r}\frac{\partial\Psi_{\mathrm{nop}}}{\partial r}+\frac{\partial^2\Psi_{\mathrm{nop}}}{\partial z^2}=-\left(ar^2+\alpha\right)\Psi_{\mathrm{nop}}-\left(br^2+\beta\right), \tag{2.3.43}$$

其相应的解为

$$\Psi=\Psi_{\mathrm{o}}+\Psi_{\mathrm{nop}}, \tag{2.3.44}$$

其中

$$\Psi_{\mathrm{o}}=R(r)Z(z). \tag{2.3.45}$$

分离变量可得

$$R'' - \frac{1}{r}R' + \left(ar^2 + \alpha - k^2\right)R = 0, \tag{2.3.46}$$

$$Z'' + k^2 Z = 0, \tag{2.3.47}$$

其中, k 是任意常数. 根据变量 a 的正负, 可以获得两类解析解, 详见本章 2.4.4 小节.

2.3.4 GS 方程近似解: 大纵横比极限下的圆截面托卡马克

环位形中常用的大圆柱坐标系 (R,ϕ,Z) 和小圆柱环坐标系 (r,ϕ,θ) 通过以下关系式变换 (见图 2.15):

$$R = R_0 + r\cos\theta, \quad Z = r\sin\theta, \quad \phi = \phi. \tag{2.3.48}$$

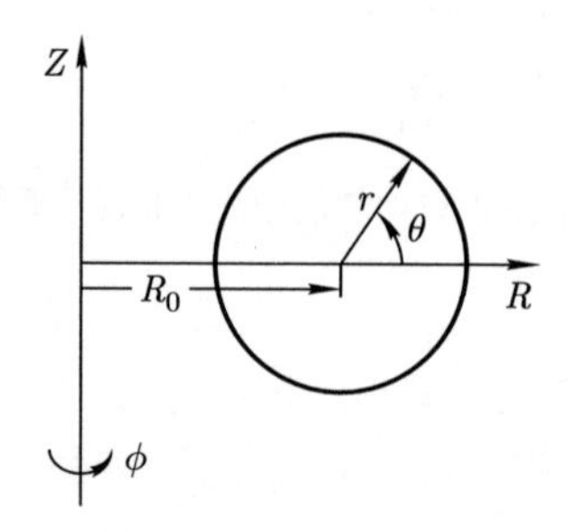

图 2.15 圆形托卡马克坐标系

对于具有圆形边界的托卡马克, 可以通过以大纵横比限制展开

$$R_0/a \to \infty, \tag{2.3.49}$$

或等效地

$$\epsilon \equiv a/R_0 \to 0 \tag{2.3.50}$$

来获得近似 GS 解:

$$\Psi = \Psi_0 + \Psi_1 = \Psi_0(r) + \Psi_1(r)\cos\theta = \Psi_0(r) - \frac{\mathrm{d}\Psi_0}{\mathrm{d}r}\Delta(r)\cos\theta, \tag{2.3.51}$$

其中 $\Psi_1 \sim \Delta = O(\epsilon)$. Ψ_0 表示环绕圆心 $(R_0,0)$ 的圆形磁面上的通量函数, 假定磁面圆心的位移 $\Delta(r)$ (见图 2.16) 为一阶扰动. 最外一层磁面的圆心位于 $(R_0,0)$, 因此 $\Delta(a)=0$. 为推导出 $\Delta(r)$ 的方程, 将磁通函数 $p'(\Psi)$ 和 $F(\Psi)$ 以 Ψ 展开:

$$p'(\Psi) = p'(\Psi_0) + p''(\Psi_0)\Psi_1, \tag{2.3.52}$$

$$F(\Psi)F(\Psi)' = FF'(\Psi_0) + (FF')'\Psi_1. \tag{2.3.53}$$

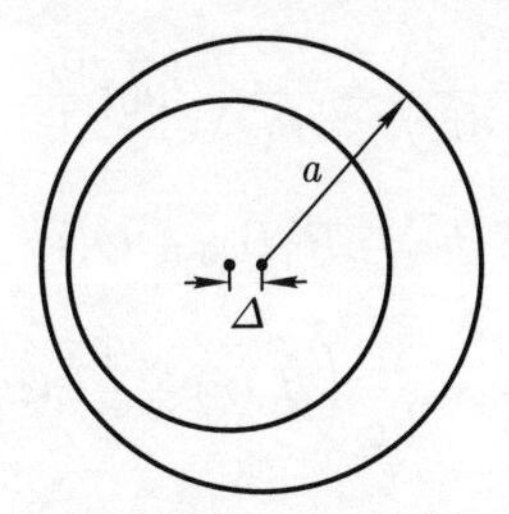

图 2.16 磁通引起的磁面的 Shafranov 位移

(1) 大纵横比圆形托卡马克的 Grad-Shafranov 方程展开.

环形坐标中的 Grad-Shafranov 方程可以写为

$$\left(\frac{1}{r}\frac{\partial}{\partial r}r\frac{\partial}{\partial r}+\frac{1}{r^2}\frac{\partial^2}{\partial\theta^2}\right)\Psi-\frac{1}{R_0+r\cos\theta}\left(\cos\theta\frac{\partial}{\partial r}-\sin\theta\frac{1}{r}\frac{\partial}{\partial\theta}\right)\Psi$$
$$=-\mu_0\left(R_0+r\cos\theta\right)^2p'(\Psi)-F(\Psi)F'(\Psi).\tag{2.3.54}$$

零阶 ($O(\epsilon^0)$), GS 方程为

$$\frac{1}{r}\frac{\mathrm{d}}{\mathrm{d}r}r\frac{\mathrm{d}\Psi_0}{\mathrm{d}r}=-\mu_0R_0^2p'(\Psi_0)-F(\Psi_0)F'(\Psi_0).\tag{2.3.55}$$

一阶 ($O(\epsilon^1)$), GS 方程为

$$\left(\frac{1}{r}\frac{\partial}{\partial r}r\frac{\partial}{\partial r}+\frac{1}{r^2}\frac{\partial^2}{\partial\theta^2}\right)\Psi_1-\frac{\cos\theta}{R_0}\frac{\mathrm{d}\Psi_0}{\mathrm{d}r}$$
$$=-\frac{\mathrm{d}}{\mathrm{d}r}\left[\mu_0R_0^2p'(\Psi_0)+F(\Psi_0)F'(\Psi_0)\right]\frac{\mathrm{d}r}{\mathrm{d}\Psi_0}\Psi_1-2\mu_0rR_0\frac{\mathrm{d}p}{\mathrm{d}r}\frac{\mathrm{d}r}{\mathrm{d}\Psi_0}\cos\theta,\tag{2.3.56}$$

其中用到 $\mathrm{d}/\mathrm{d}\Psi_0=\mathrm{d}r/\mathrm{d}\Psi_0\cdot\mathrm{d}/\mathrm{d}r$. 将 $\Psi_1=\Psi_1(r)\cos\theta$ 与方程 (2.3.55) 代入方程 (2.3.56), 约去 $\cos\theta$, 得到

$$\frac{1}{r}\frac{\mathrm{d}}{\mathrm{d}r}\left(r\frac{\mathrm{d}\Psi_1(r)}{\mathrm{d}r}\right)-\frac{\Psi_1(r)}{r^2}-\frac{\mathrm{d}}{\mathrm{d}r}\left[\frac{1}{r}\frac{\mathrm{d}}{\mathrm{d}r}\left(r\frac{\mathrm{d}\Psi_0}{\mathrm{d}r}\right)\right]\frac{\mathrm{d}r}{\mathrm{d}\psi_0}\Psi_1(r)$$
$$=\frac{1}{R_0}\frac{\mathrm{d}\Psi_0}{\mathrm{d}r}-2\mu_0R_0r\frac{\mathrm{d}p}{\mathrm{d}r}\frac{\mathrm{d}r}{\mathrm{d}\Psi_0}.\tag{2.3.57}$$

(2) 一阶力平衡: Shafranov 位移方程.

将 $\Psi_1(r)=-\frac{\mathrm{d}\Psi_0}{\mathrm{d}r}\Delta(r)$ 代入方程 (2.3.57), 得到

$$-\frac{\mathrm{d}\Psi_0}{\mathrm{d}r}\frac{\mathrm{d}^2\Delta}{\mathrm{d}r^2}-\left(2\frac{\mathrm{d}^2\Psi_0}{\mathrm{d}r^2}+\frac{1}{r}\frac{\mathrm{d}\Psi_0}{\mathrm{d}r}\right)\frac{\mathrm{d}\Delta}{\mathrm{d}r}=\frac{1}{R_0}\frac{\mathrm{d}\Psi_0}{\mathrm{d}r}-2\mu_0R_0rp'(r)\frac{\mathrm{d}r}{\mathrm{d}\Psi_0}.\tag{2.3.58}$$

于是从零阶和一阶 GS 方程, 我们得到 Shafranov 位移 $\Delta(r)$ 的方程

$$\frac{\mathrm{d}}{\mathrm{d}r}\left(rB_{\theta0}^2\frac{\mathrm{d}\Delta}{\mathrm{d}r}\right)=\frac{r}{R_0}\left(2\mu_0 r\frac{\mathrm{d}p}{\mathrm{d}r}-B_{\theta0}^2\right), \tag{2.3.59}$$

其中用到了关系式 $\mathrm{d}\Psi_0/\mathrm{d}r=RB_{\theta0}=R_0B_{\theta0}+O(\epsilon)$. 对 (2.3.59) 式的积分给出

$$\frac{\mathrm{d}\Delta}{\mathrm{d}r}=-\frac{r}{R_0}\left(\hat{\beta}_{\mathrm{p}}(r)+\frac{1}{2}\hat{\ell}_{\mathrm{i}}(r)\right). \tag{2.3.60}$$

这里的局域比压 β 定义为

$$\hat{\beta}_{\mathrm{p}}(r)=\frac{2\mu_0}{B_{\theta0}^2(r)}\left(\frac{2}{r^2}\int_{r'=0}^{r}r'\mathrm{d}r'p\left(r'\right)-p(r)\right)=\frac{2\mu_0(\langle p\rangle-p(r))}{B_{\theta0}^2(r)}, \tag{2.3.61}$$

其中 $\langle p\rangle$ 为体平均压强. 在 $r=a$ 处, $p(a)=0$, 因此 (2.3.61) 式与 (2.2.10) 式中 Z 箍缩的体平均极向比压 β_{p} 是一致的.

(3) 圆形托卡马克的局域和无量纲内部自感.

局域内部自感定义为

$$\hat{\ell}_{\mathrm{i}}(r)=\frac{1}{B_{\theta0}^2(r)}\frac{2}{r^2}\int_{r'=0}^{r}r'\mathrm{d}r'B_{\theta0}^2\left(r'\right)=\frac{\left\langle B_{\theta0}^2\right\rangle}{B_{\theta0}^2(r)}. \tag{2.3.62}$$

内部自感 L_{i} 和总电流 I_{p} 与等离子体体积内的磁场能有关,

$$\frac{1}{2}L_{\mathrm{i}}I_{\mathrm{p}}^2=\int_{\text{plasma}}\frac{B_{\mathrm{p}}^2}{2\mu_0}\mathrm{d}V. \tag{2.3.63}$$

这样无量纲的内部电感为

$$\ell_{\mathrm{i}}=\frac{2L_{\mathrm{i}}}{\mu_0R_0}. \tag{2.3.64}$$

对于圆形托卡马克, $r=a$ 处与上述局部内部自感 $\hat{\ell}_{\mathrm{i}}(r)$ 的定义一致.

(4) 托卡马克等离子体内部的极向磁场和环形性造成的向外扩展.

极向场 B_θ 可以使用 Ψ 的一阶展开式 (2.3.51) 求得:

$$\begin{aligned}B_\theta(r,\theta)&=\frac{1}{(R_0+r\cos\theta)}\frac{\mathrm{d}\Psi}{\mathrm{d}r}\\&\approx\frac{1}{R_0}\left[\left(1-\frac{r}{R_0}\cos\theta\right)\frac{\mathrm{d}\Psi_0}{\mathrm{d}r}-\left(\frac{\mathrm{d}\Psi_0}{\mathrm{d}r}\frac{\mathrm{d}\Delta}{\mathrm{d}r}+\frac{\mathrm{d}^2\Psi_0}{\mathrm{d}r^2}\Delta\right)\cos\theta\right].\end{aligned} \tag{2.3.65}$$

对于 $r=a$, $\Delta(a)=0$, 最外磁面上的极向场

$$B_\theta(a,\theta)=\frac{\mu_0I_{\mathrm{p}}}{2\pi a}\left[1+\frac{a}{R_0}\left(\beta_p+\frac{\ell_{\mathrm{i}}}{2}-1\right)\cos\theta\right], \tag{2.3.66}$$

其中用到了 GS 方程零阶解的直圆柱近似结果 $\mathrm{d}\Psi_0/\mathrm{d}r=R_0B_{\theta0}+O(\epsilon)$.

(5) 环形托卡马克等离子体外的真空场 GS 方程和解 (零阶).

对于真空场, 我们也可以类似地将 (约化) 磁通函数展开:

$$\Psi_{\text{vac}} = \Psi_{\text{vac},0}(r) + \Psi_{\text{vac},1}(r)\cos\theta. \tag{2.3.67}$$

零阶解方程为

$$r\frac{\mathrm{d}\Psi_{\text{vac},0}}{\mathrm{d}r} = \text{常数}, \tag{2.3.68}$$

其通解为

$$\Psi_{\text{vac},0} = c_1 \ln r + c_2. \tag{2.3.69}$$

由 $\mathrm{d}\Psi_{\text{vac},0}/\mathrm{d}r = RB_{\theta 0} \approx R_0 B_{\theta 0}$ 和 $B_{\theta 0} = \mu_0 I_{\text{p}}/(2\pi r)$, 可以得到 $c_1 = \mu_0 I_{\text{p}} R_0/(2\pi)$. 如果选取大环轴心处极向磁通为零, 即在 $R = 0, Z = 0$ 处, $\Psi_{\text{vac},0}(R_0) = 0$, 则有

$$\begin{aligned}\Psi_{\text{vac},0}(a) &= c_1 \ln a + c_2 \\ &= -\frac{L_{\text{ext}} I_{\text{p}}}{2\pi} \\ &= -\frac{\mu_0 I_{\text{p}} R_0}{2\pi}\left(\ln\frac{8R_0}{a} - 2\right).\end{aligned} \tag{2.3.70}$$

由此可以确定 c_2, 即有

$$\Psi_{\text{vac},0} = -\frac{\mu_0 I_{\text{p}} R_0}{2\pi}\left(\ln\frac{8R_0}{r} - 2\right). \tag{2.3.71}$$

(2.3.70) 式中的 L_{ext} 是托卡马克等离子体电流环在大纵横比近似极限的外部自感, 相应地在 $Z = 0$ 平面内以大环轴心为圆心、$R_0 - a$ 为半径的大圆截面极向磁场通量等于 $-L_{\text{ext}} I_{\text{p}}$, 其中的符号是由 $I_{\phi 0} = -I_{\text{p}} < 0$, 大环轴心处极向磁场 $B_{\theta 0} < 0$ 的设定所确定的.

(6) 环形托卡马克等离子体外的真空场 GS 方程和解 (一阶).

我们通过将 $\Psi_{\text{vac},0}$ 代入 (2.3.57) 式中获得真空场一阶方程

$$\left(\frac{1}{r}\frac{\mathrm{d}}{\mathrm{d}r}r\frac{\mathrm{d}}{\mathrm{d}r} - \frac{1}{r^2}\right)\Psi_{\text{vac},1} = \frac{\mu_0 I_{\text{p}}}{2\pi r}. \tag{2.3.72}$$

这是 $\Psi_{\text{vac},1}$ 的非齐次微分方程, 故有 $\Psi_{\text{vac},1} = \Psi^{\text{p}}_{\text{vac},1} + \Psi^{\text{h}}_{\text{vac},1}$. 假设齐次解部分 $\Psi^{\text{h}}_{\text{vac},1}$ 为多项式, 即 $\Psi^{\text{h}}_{\text{vac},1} \propto r^{\alpha}$, 则有 $\alpha^2 = 1$, 即得到齐次解

$$\Psi^{\text{h}}_{\text{vac},1} = -\frac{\mu_0 I_{\text{p}}}{4\pi}\left(\frac{c_1}{r} + c_2 r\right) \qquad (c_1, c_2\text{为常数}). \tag{2.3.73}$$

非齐次微分方程 (2.3.72) 的特解部分 $\Psi^{\text{p}}_{\text{vac},1}$ 可以通过常数变易法等方法获得:

$$\Psi^{\text{p}}_{\text{vac},1} = -\frac{\mu_0 I_{\text{p}}}{8\pi}r + \frac{\mu_0 I_{\text{p}}}{4\pi}r\ln r + \frac{k_1}{r} + k_2 r \qquad (k_1, k_2\text{为常数}). \tag{2.3.74}$$

如果选取

$$k_1 = 0, \quad k_2 = \frac{\mu_0 I_\text{p}}{4\pi}\left[\frac{3}{2} - \ln(8R_0)\right], \tag{2.3.75}$$

则完整的真空解为

$$\begin{aligned}\Psi_\text{vac} = &-\frac{\mu_0 I_\text{p} R_0}{2\pi}\left(\ln\frac{8R_0}{r} - 2\right)\\ &-\frac{\mu_0 I_\text{p}}{4\pi}\left[r\left(\ln\frac{8R_0}{r} - 1\right) + \frac{c_1}{r} + c_2 r\right]\cos\theta.\end{aligned} \tag{2.3.76}$$

(7) GS 解: 环形托卡马克等离子体 – 真空界面处的匹配条件.

在等离子体和真空之间的界面处, 匹配条件为

$$B_{\theta,\text{pla}}(a,\theta) = B_{\theta,\text{vac}}(a,\theta), \tag{2.3.77}$$

$$B_r(a,\theta) = 0 \qquad \text{或} \qquad \Psi_{\text{vac},1}(a) = 0. \tag{2.3.78}$$

通过以上两个匹配条件, 确定 (2.3.76) 式中常数为

$$c_1 = a^2\left(\beta_\text{p} + \frac{\ell_\text{i}}{2} - \frac{1}{2}\right), \tag{2.3.79}$$

$$c_2 = -\left(\beta_\text{p} + \frac{\ell_\text{i}}{2} - \frac{3}{2} + \ln\frac{8R_0}{a}\right). \tag{2.3.80}$$

(8) 托卡马克大半径方向力平衡所需的垂直磁场.

在远离等离子体的位置, 真空解中 $c_2 r\cos\theta$ 项占主导, 其产生的磁场为恒定的垂直方向磁场

$$B_\text{v} = \frac{\mu_0 I_\text{p}}{4\pi R_0}\left(\beta_\text{p} + \frac{1}{2}\ell_\text{i} - \frac{3}{2} + \ln\left(\frac{8R_0}{a}\right)\right). \tag{2.3.81}$$

如图 2.17 所示, 这一垂直场 B_v 通过作用于托卡马克内侧 $(r = a, \theta = \pi)$ 与外侧 $(r = a, \theta = 0)$, 能够提供维持托卡马克大半径方向力平衡的 Lorentz 力或者磁压力.

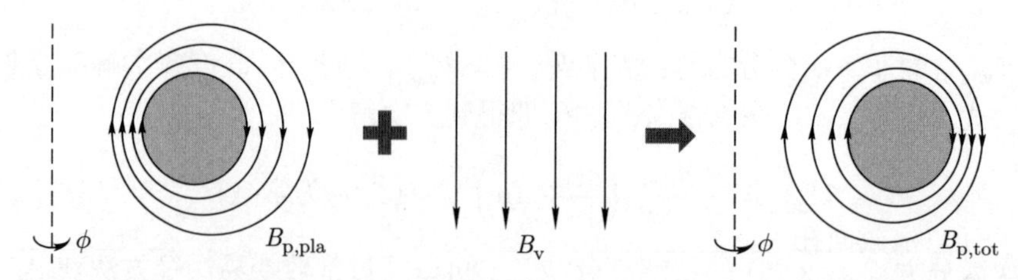

图 2.17 将垂直场 B_v 加到仅由等离子体电流产生的磁场 $B_{\text{p,pla}}$ 后导致 Shafranov 位移, 得到总极向场 $B_{\text{p,tot}}$

(9) 平衡 β_p 效应.

从 (2.3.60) 式可以看到, 增加 β_p 会增大 Shafranov 位移 Δ. 当 β_p 超过 1 时, 托卡马克等离子体从顺磁性变为抗磁性 (见图 2.18). (2.3.81) 式表明, 垂直场 B_v 随着 β_p 增加以维持大环半径方向的水平力平衡, 而这自然导致对 β_p 的限制. 这是因为随着 β_p 的增加而导致的垂直磁场增加大大削弱内侧的极向磁场, 直至出现极向磁场零点. β_p 的进一步增加将导致由于分界面向芯部移动而引起的等离子体体积的快速损失, 从而限制了可达到的 β_p. 可以通过 $\mathrm{d}\Delta/\mathrm{d}r \sim 1$ 来估算相应的平衡 β_p 极限, 即当 Shafranov 位移 Δ 接近小半径 a 时的 β_p, 并假设 $\beta_p \gg \ell_i/2$, 这样得到

$$\beta_p \leqslant \beta_{p,\max} \approx \frac{R_0}{a}. \tag{2.3.82}$$

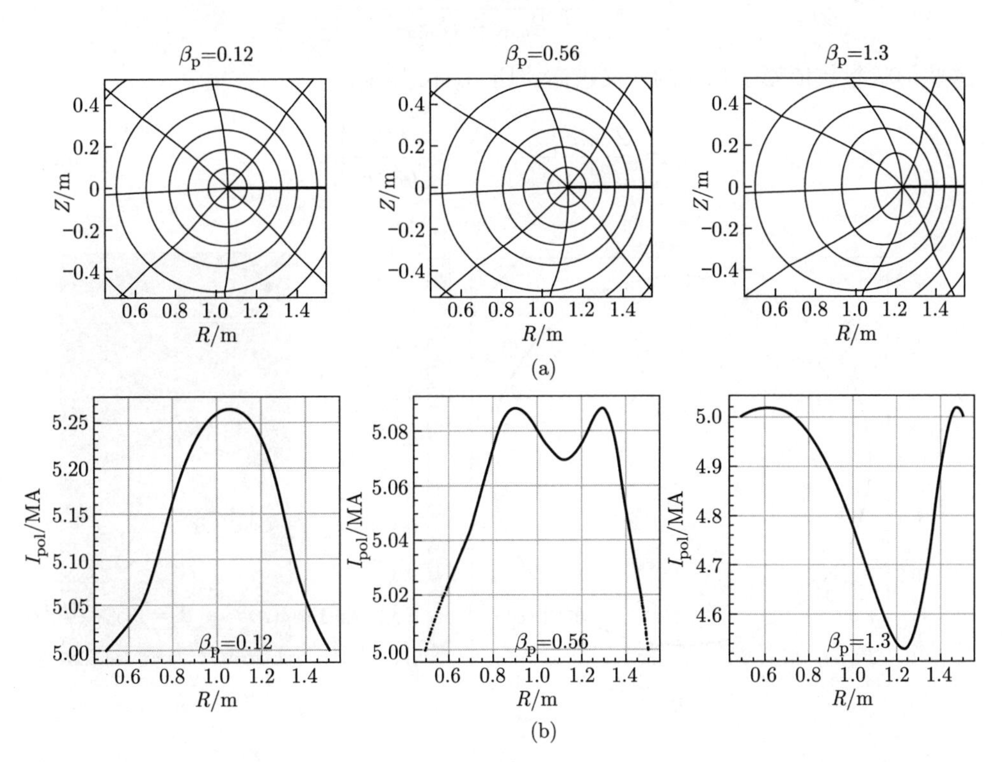

图 2.18 随着 β_p 的提高, (a) Shafranov 位移的增加, 以及 (b) 等离子体从顺磁性到抗磁性的转变[9]

2.3.5 任意横截面托卡马克: 从限制器位形到偏滤器位形

通过调节极向场线圈中的附加电流, 可以产生限制器和偏滤器两种主要托克马克位形 (见图 2.19). 一般情况下, 这些位形磁面在极向平面内的横截面可以偏离圆

截面, 具有任意封闭或者开放的形状. 任意横截面托卡马克位形的磁面通常可以用归一化的极向通量函数作为广义径向通量坐标:

$$\rho=\sqrt{\frac{\Psi-\Psi_{\mathrm{axis}}}{\Psi_{\mathrm{sep}}-\Psi_{\mathrm{axis}}}}. \tag{2.3.83}$$

磁面形状可以用拉伸比 κ 和 (上、下) 三角度 $\delta_{(\mathrm{u,l})}$ 等几何参数定量表征:

$$\begin{aligned}\kappa&=\frac{Z_{\max}-Z_{\min}}{R_{\max}-R_{\min}},\\ \delta_{\mathrm{u}}&=\frac{R_{\max}+R_{\min}-2R\left(Z_{\max}\right)}{R_{\max}-R_{\min}},\\ \delta_{\mathrm{l}}&=\frac{R_{\max}+R_{\min}-2R\left(Z_{\min}\right)}{R_{\max}-R_{\min}}.\end{aligned} \tag{2.3.84}$$

这些形状参数依赖于相应的广义极向比压 β_{p} 和内感 ℓ_{i}:

$$\beta_{\mathrm{p}}=\frac{2\mu_0\langle p\rangle_{\mathrm{Vol}}}{\left\langle B_{\mathrm{p}}^2\right\rangle_{\mathrm{LCFS}}},\quad \ell_{\mathrm{i}}=\frac{2\left\langle B_{\mathrm{p}}^2\right\rangle V}{\mu_0^2R_0I_{\mathrm{p}}^2}. \tag{2.3.85}$$

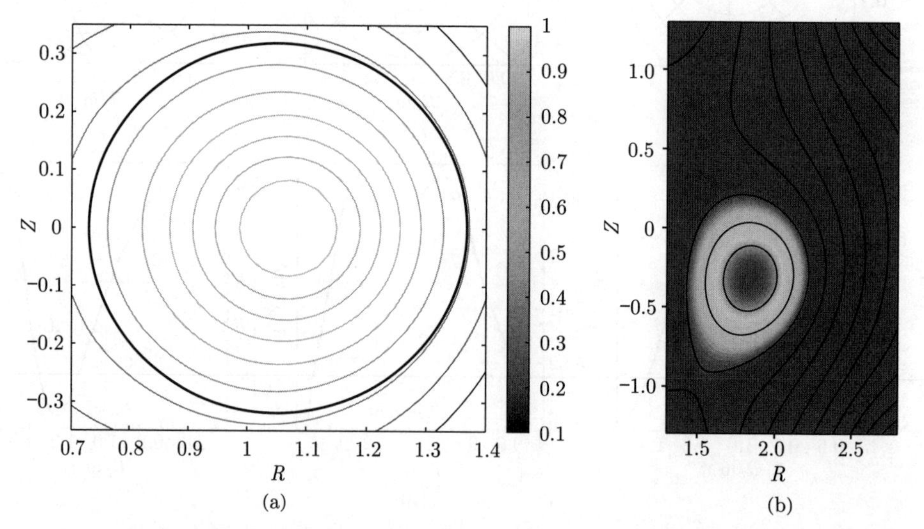

图 2.19 托卡马克限制器位形和偏滤器位形. (a) J-TEXT 平衡磁通分布, 其中最深色实线表示等离子体 – 真空分界面; (b) EAST 托卡马克装置, 其中最外层封闭灰色虚线表示等离子体 – 真空分界面

这里以大纵横比环形托卡马克为例, 通过其磁场线方程, 可以计算由以上磁面形状参数及广义极向比压 β_{p} 和内感所确定的, 任意横截面形状所对应的广义极向角 θ^*, 满足 $\mathrm{d}\phi/\mathrm{d}\theta^*=q(r)$, 即直线磁场线极向角 θ^*, 使得磁场线在给定小半径 r 的

坐标平面 (ϕ,θ^*) 内为直线. 对于 $\epsilon=r/R\to 0$ 极限下的环形托卡马克, 其环向与极向磁场分量可分别近似为

$$B_\phi\approx\frac{B_{\phi,0}R_0}{R}=\frac{B_{\phi,0}}{1+\dfrac{r}{R_0}\cos\theta},\tag{2.3.86}$$

$$B_\theta\approx B_{\theta,0}\left[1+\frac{r}{R_0}\left(\hat{\beta}_{\mathrm{p}}+\frac{\hat{\ell}_{\mathrm{i}}}{2}-1\right)\cos\theta\right].\tag{2.3.87}$$

利用磁场线方程 $R\mathrm{d}\phi/B_\phi=r\mathrm{d}\theta/B_\theta$, 有

$$\frac{\mathrm{d}\phi}{\mathrm{d}\theta}=\frac{rB_\phi}{RB_\theta}\approx\frac{rB_{\phi,0}}{R_0B_{\theta 0}}\frac{1}{\left(1+\dfrac{r}{R_0}\cos\theta\right)^2}\frac{1}{1+\dfrac{r}{R_0}\left(\hat{\beta}_{\mathrm{p}}+\dfrac{\hat{\ell}_{\mathrm{i}}}{2}-1\right)\cos\theta},\tag{2.3.88}$$

其中

$$B_{\phi,0}=\frac{\mu_0I_{\mathrm{TF}}}{2\pi R_0},\quad B_{\theta 0}=\frac{\mu_0I_{\mathrm{p}}r}{2\pi a^2}.\tag{2.3.89}$$

从 (2.3.88) 式可见, 在给定小半径 r 的坐标平面 (ϕ,θ) 内, 由于环效应、有限 $\hat{\beta}_{\mathrm{p}}$ 和有限 $\hat{l}_{\mathrm{i}}$ 的影响, 使得磁场线不再是直线.

(1) 大纵横比圆形托卡马克直磁场线极向角.

直磁场线极向角 (简称 "直线角") θ^* 由以下方程定义:

$$\frac{\mathrm{d}\phi}{\mathrm{d}\theta^*}=q(r)=\frac{rB_{\phi,0}}{R_0B_{\theta 0}}.\tag{2.3.90}$$

因此直线角方程是

$$\mathrm{d}\theta^*\approx\frac{\mathrm{d}\theta}{1+\dfrac{r}{R_0}\left(\hat{\beta}_{\mathrm{p}}+\dfrac{\ell_{\mathrm{i}}}{2}+1\right)\cos\theta}\approx\mathrm{d}\theta\left[1-\frac{r}{R_0}\left(\hat{\beta}_{\mathrm{p}}+\frac{\hat{\ell}_{\mathrm{i}}}{2}+1\right)\cos\theta\right].\tag{2.3.91}$$

积分后可以得到最终的表达

$$\theta^*=\theta-\frac{r}{R_0}\left(\hat{\beta}_{\mathrm{p}}+\frac{\hat{\ell}_{\mathrm{i}}}{2}+1\right)\sin\theta,\tag{2.3.92}$$

其中用到了 $\theta=0$ 时的边界条件 $\theta^*=0$. 注意当 $\theta=2\pi$ 时 $\theta^*=2\pi$.

(2) 非圆截面托卡马克的直磁场线极向角.

对于任意横截面托卡马克, 直线角的一般定义为

$$\frac{\mathrm{d}\phi}{\mathrm{d}\theta^*}=\frac{\boldsymbol{B}\cdot\nabla\phi}{\boldsymbol{B}\cdot\nabla\theta^*}=q(\Psi).\tag{2.3.93}$$

在一个环形坐标系 (Ψ,ϕ,θ) 中, $\boldsymbol{B}=\nabla\Psi\times\nabla\phi+F\nabla\phi$, 直线角方程是

$$\frac{\mathrm{d}\theta^*}{\mathrm{d}\theta}=\frac{F|\nabla\phi|^2}{q\nabla\Psi\times\nabla\phi\cdot\nabla\theta},\tag{2.3.94}$$

因此直线角可以通过下式得到:

$$\theta^*=2\pi\frac{\displaystyle\int_0^\theta \mathrm{d}\theta'\mathcal{J}_{\Psi,\theta}(\theta')/R}{\displaystyle\int_0^{2\pi}\mathrm{d}\theta'\mathcal{J}_{\Psi,\theta}(\theta')/R},\tag{2.3.95}$$

其中 Jacobi 行列式 $\mathcal{J}_{\Psi,\theta}=\mathcal{J}_{\Psi,\phi,\theta}/R=(R\nabla\Psi\times\nabla\phi\cdot\nabla\theta)^{-1}$.

(3) 具有上下对称性非圆截面托卡马克的直磁场线极向角[10].

具有上下对称性的磁面形状曲线可以有以下基于坐标 (r,θ) 的参数函数形式:

$$R(r,\theta)=R_0+r\cos\theta+\Delta(r)-S_2(r)\cos\theta+S_3(r)\cos 2\theta,\tag{2.3.96}$$

$$Z(r,\theta)=r\sin\theta+S_2(r)\sin\theta-S_3(r)\sin 2\theta,\tag{2.3.97}$$

其中 r 是满足关系 $RB_\mathrm{p}=\mathrm{d}\Psi/\mathrm{d}r=\Psi'$ 的磁面参数, 而根据定义 (2.3.84), 形状参数 S_2 和 S_3 与拉伸比 κ 和三角度 δ 有关:

$$\kappa=\frac{1+\dfrac{S_2}{r}}{1-\dfrac{S_2}{r}},\quad \delta=4\frac{S_3}{r}.\tag{2.3.98}$$

接下来算出 Jacobi 行列式:

$$\mathcal{J}_{r,\theta}=\frac{1}{r}\left(\frac{\partial R}{\partial r}\frac{\partial Z}{\partial\theta}-\frac{\partial R}{\partial\theta}\frac{\partial Z}{\partial r}\right).\tag{2.3.99}$$

在该计算中, 由于积分只和 θ 有关, 所以上下同时消去 $1/r$, 再做出以下近似:

$$\frac{1}{R}=\frac{1}{R_0}\left(1-\frac{r\cos\theta}{R_0}-\frac{S_2\cos\theta}{R_0}+\frac{S_3\cos 2\theta}{R_0}\right),\tag{2.3.100}$$

然后默认 R_0 为 0 阶项, r 为 1 阶项, δ, S_2, S_3 为 2 阶项, 对于 (2.3.95) 式右端的分母, 仅保留 Jacobi 行列式和 R 的最低阶项, 可以算出

$$\int_0^{2\pi}\mathrm{d}\theta\frac{r}{R_0}=2\pi\frac{r}{R_0}.\tag{2.3.101}$$

对于 (2.3.95) 式右端的分子, 可以将其展开:

$$\begin{aligned}\mathcal{J}/R=&\frac{1}{R_0}(-(r-S_2+4\cos\theta S_3)\sin^2\theta(-1-S_2'+2\cos\theta S_3')\\&+(\cos\theta(r+S_2)-2\cos 2\theta S_3)(\cos\theta-\cos\theta S_2'+\cos 2\theta S_3'+\Delta'))\\&\times\left(1-\frac{r\cos\theta}{R_0}-\frac{S_2\cos\theta}{R_0}+\frac{S_3\cos 2\theta}{R_0}\right).\end{aligned}\tag{2.3.102}$$

接下来, 分别按照一阶项和二阶项进行合并:

一阶项:

$$-r\sin^2\theta(-1)+\cos\theta\cdot r\cos\theta=r. \tag{2.3.103}$$

二阶项:

$$\begin{aligned}&-r\sin^2\theta(-S_2'+2\cos\theta S_3')+(S_2-4\cos\theta S_3)\sin^2\theta\cdot(-1)\\&+\cos\theta r\cdot\frac{-r\cos\theta}{R_0}\cos\theta+\cos\theta S_2\cdot\cos\theta-2\cos2\theta S_3\cdot\cos\theta\\&+\cos\theta r\cdot(-\cos\theta S_2'+\cos2\theta S_3'+\varDelta')-\frac{r^2}{R_0}\sin^3\theta.\end{aligned} \tag{2.3.104}$$

对于二阶项, 分别将其按照含 r, $\varDelta$, S_2, S_3 进行分类相加:

含 r:

$$-\frac{r^2}{R_0}\cos^3\theta-\frac{r^2}{R_0}\sin^2\theta\cos\theta=-r\cdot\frac{r}{R_0}\cos\theta. \tag{2.3.105}$$

含 $\varDelta$:

$$\cos\theta r\varDelta'. \tag{2.3.106}$$

又有关系

$$\frac{\mathrm{d}\varDelta}{\mathrm{d}r}=-\frac{r}{R_0}\left(\hat\beta_{\mathrm{p}}(r)+\frac{1}{2}\hat\ell_{\mathrm{i}}(r)\right). \tag{2.3.107}$$

含 S_2:

$$r\sin^2\theta S_2'-\sin^2\theta S_2+\cos^2\theta S_2-\cos^2\theta S_2'=r\cos2\theta S_2'+S_2\cos2\theta. \tag{2.3.108}$$

含 S_3:

$$\begin{aligned}&-r\sin^2\theta\cdot2\cos\theta S_3'+4\cos\theta S_3\sin^2\theta-2S_3\cos\theta\cos2\theta+\cos\theta\cdot r\cdot\cos2\theta S_3'\\&\quad=2\sin2\theta S_3\sin\theta-2\cos2\theta\cos\theta S_3+\cos\theta\cdot r\cos2\theta S_3'-2\cos\theta\cdot r\sin^2\theta S_3'\\&\quad=-2\cos3\theta S_3+\cos3\theta S_3'.\end{aligned} \tag{2.3.109}$$

最后对 θ 积分, 整理可得

$$\theta^*=\theta-\frac{r}{R_0}\left(\hat\beta_{\mathrm{p}}+\frac{\hat\ell_{\mathrm{i}}}{2}+1\right)\sin\theta-\frac{r\kappa'}{(\kappa+1)^2}\sin2\theta+\frac{r\delta'-\delta}{12}\sin3\theta. \tag{2.3.110}$$

§2.4　GS 方程解析解

2.4.1　基于球坐标系的真空解

推导过程中使用了 3 种坐标系, 球坐标系 (ρ,θ,ϕ)、柱坐标系 (R,ϕ,Z) 和笛卡儿坐标系 (X,Z), 其中 $X=R-R_0$. R_0 是环形装置的大半径, 如图 2.20 所示.

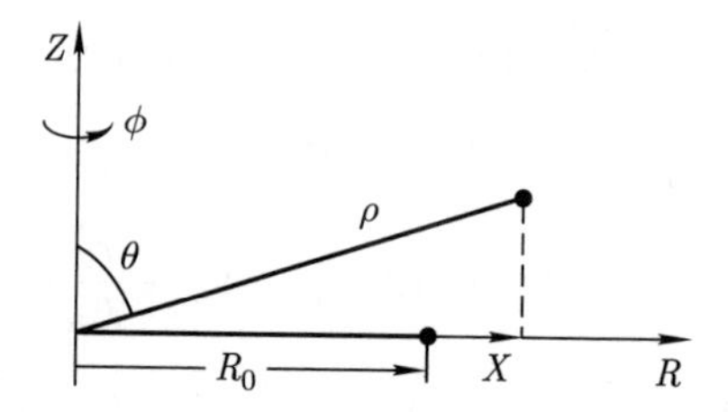

图 2.20　使用的坐标系为球坐标系 (ρ,θ,ϕ)、柱坐标系 (R,ϕ,Z) 和笛卡儿坐标系 (X,Z), 其中 $X=R-R_0$

在没有源的区域内, 极向磁场可由 (2.4.1) 式表示:

$$\boldsymbol{B}_{\mathrm{p}}=\frac{\nabla\phi\times\nabla\Psi}{2\pi}=\frac{\nabla\Phi}{2\pi},\tag{2.4.1}$$

其中, $\Psi=-2\pi RA_\phi$ 是极向磁通, Φ 是与 Ψ 共轭的磁标势.

在柱坐标系中, 假设环向对称 $(\partial/\partial\phi=0)$, $\nabla\times\boldsymbol{B}_{\mathrm{p}}=0$ 和 $\nabla\cdot\boldsymbol{B}_{\mathrm{p}}=0$ 可以分别导出关于 Ψ 的齐次 GS 方程

$$\Delta^*\Psi=\left(R\frac{\partial}{\partial R}\frac{1}{R}\frac{\partial}{\partial R}+\frac{\hat{\partial}^2}{\partial Z^2}\right)\Psi=0\tag{2.4.2}$$

和关于 Φ 的 Laplace 方程

$$\nabla^2\Phi=\left(\frac{1}{R}\frac{\partial}{\partial R}R\frac{\partial}{\partial R}+\frac{\partial^2}{\partial Z^2}\right)\Phi=0.\tag{2.4.3}$$

在大环径比下, 方程 (2.4.2) 和 (2.4.3) 都可以简化为笛卡儿坐标系下的 Laplace 方程, 相应的解为

$$\frac{(X+\mathrm{i}Z)^m}{R_0^{m-2}}.\tag{2.4.4}$$

这表明方程 (2.4.2) 和 (2.4.3) 的线性组合解可以分别找到并都可以简化为方程 (2.4.4).

球坐标下, 方程 (2.4.2) 和 (2.4.3) 的形式为[11]

$$\rho^2\frac{\partial^2\Psi}{\partial\rho^2}+\sin\theta\frac{\partial}{\partial\theta}\left(\frac{1}{\sin\theta}\frac{\partial\Psi}{\partial\theta}\right)=0\tag{2.4.5}$$

和

$$\frac{\partial}{\partial \rho}\rho^2\frac{\partial \Phi}{\partial \rho}+\frac{1}{\sin\theta}\frac{\partial}{\partial \theta}\left(\sin\theta\frac{\partial \Phi}{\partial \theta}\right)=0. \tag{2.4.6}$$

$n\geqslant 2$ 时, (2.4.8) 和 (2.4.7) 式满足方程 (2.4.5):

$$F_n(\rho,\theta)=C_n\rho^n\sin\theta \mathrm{P}_{n-1}^1(\cos\theta), \tag{2.4.7}$$

$$H_n(\rho,\theta)=D_n\rho^{1-n}\sin\theta \mathrm{P}_{n-1}^1(\cos\theta). \tag{2.4.8}$$

$n\geqslant 2$ 时, (2.4.9) 和 (2.4.10) 式满足方程 (2.4.6):

$$G_n(\rho,\theta)=nC_n\rho^{n-1}\mathrm{P}_{n-1}(\cos\theta), \tag{2.4.9}$$

$$I_n(\rho,\theta)=-(n-1)D_n\rho^{-n}\mathrm{P}_{n-1}(\cos\theta), \tag{2.4.10}$$

其中, P_{n-1} 为 Legendre 函数, C_n 和 D_n 为任意常数.

极向磁通 Ψ 物理上满足自然边界条件

$$\lim_{\theta\to 0}\Psi(\rho,\theta)=\lim_{\theta\to \pi}\Psi(\rho,\theta)=0, \tag{2.4.11}$$

所以, 方程 (2.4.2) 中不包含 $\cos\theta$ 项, 因为该项不满足方程 (2.4.11).

除此之外, 另一个边界条件为

$$\lim_{\rho\to 0}\Psi(\rho,\theta)=\lim_{\rho\to \infty}\Psi(\rho\cdot\theta)=0. \tag{2.4.12}$$

这说明为表示任意一点的 Ψ, 方程 (2.4.7) 和方程 (2.4.8) 都是需要的.

由 Rodrigues 公式导出 Legendre 函数

$$\mathrm{P}_n(\chi)=\frac{(-1)^n}{2^n n!}\frac{\mathrm{d}^n}{\mathrm{d}\chi^n}\left(1-\chi^2\right)^n \tag{2.4.13}$$

和

$$\mathrm{P}_n^m(\chi)=(-1)^m\left(1\times\chi^2\right)^{m/2}\frac{\mathrm{d}^m}{\mathrm{d}\chi^m}\mathrm{P}_n(\chi). \tag{2.4.14}$$

由此可以得到 F_n (方程 (2.4.7)) 在柱坐标下为有限正整数阶多项式, 对 F_n 进行归一化使得最高阶系数为 1 可以得到, n 为奇数时,

$$C_n=\frac{-2^{n-1}(-1)^{(n+1)/2}((n+1)/2)!((n-3)/2)!}{(n+1)!}, \tag{2.4.15}$$

n 为偶数时,

$$C_n=\frac{2^{n-1}(-1)^{n/2}(n/2)!((n-2)/2)!}{n!}. \tag{2.4.16}$$

至此, 对于 $n \geqslant 2$ 的 F_n (方程 (2.4.7)) 和 G_n (方程 (2.4.9)) 已经得到. 为得到大环径比下的表达式, 我们需要求得 $n < 2$ 时方程 (2.4.7) $\sim$ (2.4.10) 的表达式. 这些表达式可以由方程 (2.4.2) 的解 (如常数, ρ, $\cos\theta$) 和方程 (2.4.3) 的解 (如常数, $Q(\cos\theta), 1/\rho$) 来组成. 对于 F_n, 我们可以选用如下的一些简单解:

$$\begin{aligned}
&F_0 = 1,\\
&F_1 = 0,\\
&F_2 = R^2,\\
&F_3 = R^2 Z,\\
&F_4 = R^2\left(R^2 - 4Z^2\right),\\
&F_5 = \left(R^2 Z\left(3R^2 - 4Z^2\right)\right)/3,\\
&F_6 = R^2\left(R^4 - 12R^2Z^2 + 8Z^4\right).
\end{aligned} \tag{2.4.17}$$

F_n 本身没有大环径比展开的形式. 产生关于 R_0 展开的柱坐标多极势的 F_n 的线性组合 Ψ_n^+ 和 Ψ_n^- 表达式由下面的方程给出:

n 为偶数时,

$$\Psi_n^+ = \frac{2\pi}{m2^m}\sum_{l=0}^{m}(-1)^{m-1}R_0^{2-2l}\begin{pmatrix} m \\ l \end{pmatrix}F_{2l}(R,Z), \tag{2.4.18}$$

n 为奇数时,

$$\Psi_n^+ = \frac{2\pi}{m2^m}\sum_{l=1}^{m}(-1)^{m-1}R_0^{1-2l}\begin{pmatrix} m \\ l \end{pmatrix}2lF_{2l+1}(R,Z) - \frac{2\pi\Sigma_n}{m2^m}, \tag{2.4.19}$$

其中, $\begin{pmatrix} m \\ l \end{pmatrix}$ 为二项式系数, m 为和 n 有关的笛卡儿多极数, 对于偶数和奇数的 n, m 分别为

$$\begin{aligned}
m &= n/2,\\
m &= (n-1)/2.
\end{aligned} \tag{2.4.20}$$

方程 (2.4.19) 中的 Σ_n 为常数, 用来使 $\Psi(R_0, 0)$ 为零. 由方程 (2.4.18) 和 (2.4.19) 在 n 为偶数时的大环径比展开, 可以得到

$$\Psi_n^+ + \mathrm{i}\Psi_{n+1}^+ = \frac{2\pi(X+\mathrm{i}Z)^m}{mR_0^{m-2}}. \tag{2.4.21}$$

至此, 方程 (2.4.18) 和 (2.4.19) 产生了其他文献中的包括偶对称、奇对称的低阶多极势的所有阶多极势.

可以使用环对称多项式多极势展开来获得上述齐次方程的精确解:

$$\Psi_0 = R_0^2, \quad \Psi_2 = \frac{1}{2}(R^2 - R_0^2), \quad \cdots \tag{2.4.22}$$

$$\Psi_1 = 0, \quad \Psi_3 = \frac{1}{R_0}R^2 Z, \quad \cdots \tag{2.4.23}$$

而 $\Psi = \sum_i c_i \Psi_i$, 其中 c_i 由在容器壁处的边界条件确定.

2.4.2 基于变量分离法的真空解

GS 方程为

$$R\frac{\partial}{\partial R}\left(\frac{1}{R}\frac{\partial \Psi}{\partial R}\right) + \frac{\partial^2 \Psi}{\partial Z^2} = -\mu_0 R J_\phi = -\mu_0 R^2 \frac{\partial P}{\partial \Psi} - F\frac{\partial F}{\partial \Psi}. \tag{2.4.24}$$

假设

$$-\mu_0 \frac{\partial P}{\partial \Psi} = A_1, \quad F\frac{\partial F}{\partial \Psi} = A_2, \tag{2.4.25}$$

可以得到方程 (2.4.24) 最简单的解, 即 Solovév 解.

将约束条件 (2.4.25) 代入 GS 方程, 得到如下形式的 GS 方程:

$$R\frac{\partial}{\partial R}\left(\frac{1}{R}\frac{\partial \Psi}{\partial R}\right) + \frac{\partial^2 \Psi}{\partial Z^2} = R^2 A_1 - A_2, \tag{2.4.26}$$

其相应的解为

$$\Psi = \Psi_0 + \frac{A_1}{8}R^4 - \frac{A_2}{2}Z^2, \tag{2.4.27}$$

其中, Ψ_0 为齐次方程 (2.4.28) 的解:

$$R\frac{\partial}{\partial R}\left(\frac{1}{R}\frac{\partial \Psi_0}{\partial R}\right) + \frac{\partial^2 \Psi_0}{\partial Z^2} = 0. \tag{2.4.28}$$

一般来说, 该解是基于如下展开的[12]:

$$\Psi_0 = \sum_{n=0,2,\cdots} f_n(R) Z^n. \tag{2.4.29}$$

每一项 f_n 均满足方程

$$R\frac{\mathrm{d}}{\mathrm{d}R}\left(\frac{1}{R}\frac{\mathrm{d}f_n(R)}{\mathrm{d}R}\right) = -(n+1)(n+2)f_{n+2}, \quad n = 0, 2, \cdots. \tag{2.4.30}$$

通常假设 $n \geqslant 3$ 时的某一项 $f_n = 0$ 来截断方程 (2.4.30).

通过重新组合可以得到 Ψ_0 的一个更方便的表达式:

$$\Psi_0 = \sum_{n=0,2,\cdots} \sum_{k=0}^{k=n/2} G(n,k,R) Z^{n-2k}. \tag{2.4.31}$$

这里 $G(n,k,R)$ 满足如下方程:

$$R\frac{\partial}{\partial R}\left(\frac{1}{R}\frac{\partial G(n,0,R)}{\partial R}\right) = 0, \tag{2.4.32}$$

$$R\frac{\partial}{\partial R}\left(\frac{1}{R}\frac{\partial G(n,k,R)}{\partial R}\right) = -(n-2k+1)(n-2k+2)G(n,k-1,R)\left(\frac{n}{2} \geqslant k > 0\right). \tag{2.4.33}$$

$G(n,k,R)$ 的解由 (2.4.34) 和 (2.4.35) 式给出:

$$G(n,k,R) = g_{n1}G_1(n,k,R) + g_{n2}G_2(n,k,R), \tag{2.4.34}$$

其中

$$\begin{aligned}
&G_1(n,0,R) = 1,\\
&G_1(n,k>0,R) = (-1)^k \frac{n!}{(n-2k)!}\frac{1}{2^{2k}k!(k-1)!}R^{2k}\left(2\ln(R) + \frac{1}{k} - 2\sum_{j=1}^{k}\frac{1}{j}\right),\\
&G_2(n,k,R) = (-1)^k \frac{n!}{(n-2k)!}\frac{1}{2^{2k}k!(k+1)!}R^{2k+2}.
\end{aligned} \tag{2.4.35}$$

(2.4.35) 式中的常系数 g_{n1}, g_{n2}, 以及 (2.4.27) 式中的常系数 A_1 和 A_2 由外部约束条件和等离子体剖面决定. 这种解的好处是显式地表达出了任意 (n,k) 阶解的形式 ((2.4.34) 和 (2.4.35) 式).

2.4.3 基于环坐标系的真空解

考虑环坐标系 (b,ω,ϕ) (见图 2.21) 与大柱坐标系的变换关系

$$\begin{aligned}
R &= \frac{R_0 \sinh b}{\cosh b - \cos\omega},\\
Z &= \frac{R_0 \sin\omega}{\cosh b - \cos\omega},
\end{aligned} \tag{2.4.36}$$

其中 $b = b_0$ 是以 $a = R_0/\sinh b_0$ 为半径, 以 $R = R_0 \coth b_0, Z = 0$ 为圆心的圆.

引入磁通函数 Ψ 与函数 F 之间的变换

$$\Psi = \frac{F(b,\omega)}{2^{1/2}(\cosh b - \cos\omega)^{1/2}},$$

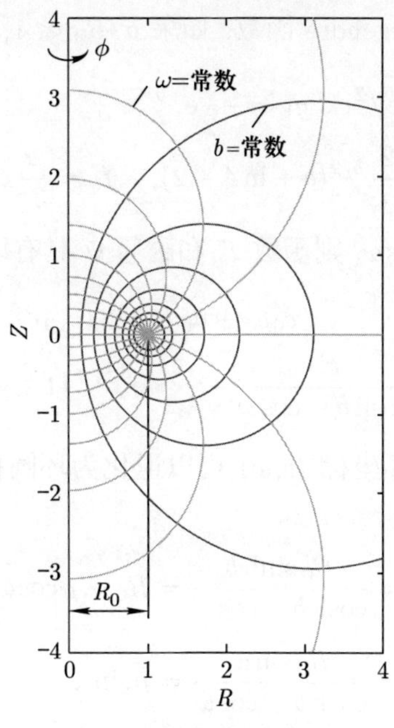

图 2.21 环坐标系

则在真空场中 F 满足方程

$$\frac{\partial^2 F}{\partial b^2} - \coth b \frac{\partial F}{\partial b} + \frac{\partial^2 F}{\partial \omega^2} + \frac{1}{4} F = 0. \tag{2.4.37}$$

如果将函数 F 做级数展开

$$F = \sum_n g_n(b) \cos n\omega, \tag{2.4.38}$$

则其展开系数 g_n 满足方程

$$\frac{\mathrm{d}^2 g_n}{\mathrm{d}b^2} - \coth b \frac{\mathrm{d}g_n}{\mathrm{d}b} - \left(n^2 - \frac{1}{4}\right) g_n = 0. \tag{2.4.39}$$

方程 (2.4.39) 的通解由以下两支独立解构成:

$$\begin{aligned} \left(n^2 - \frac{1}{4}\right) g_n &= \sinh b \frac{\mathrm{d}}{\mathrm{d}b} Q_{n-1/2}(\cosh b), \\ \left(n^2 - \frac{1}{4}\right) f_n &= \sinh b \frac{\mathrm{d}}{\mathrm{d}b} P_{n-1/2}(\cosh b), \end{aligned} \tag{2.4.40}$$

其中 $P_v(x)$ 和 $Q_v(x)$ 是 Legendre 函数. 如果 $a/R_0 \ll 1$, 即 $e^{b_0} \gg 1$, 则有

$$\begin{aligned} g_0 &= e^{b/2}, \quad g_1 = -\frac{1}{2}e^{-b/2}, \\ f_0 &= \frac{2}{\pi}e^{b/2}(b + \ln 4 - 2), \quad f_1 = \frac{2}{3\pi}e^{3b/2}. \end{aligned} \tag{2.4.41}$$

如果将级数展开保留到 $\cos\omega$, 则函数 F 和磁通 Ψ 具有以下形式的真空解:

$$\begin{aligned} F &= c_0 g_0 + d_0 f_0 + 2(c_1 g_1 + d_1 f_1)\cos\omega, \\ \Psi &= \frac{F}{2^{1/2}(\cosh b - \cos\omega)^{1/2}} \approx e^{-b/2}\left(1 + e^{-b}\cos\omega\right)F. \end{aligned} \tag{2.4.42}$$

在大纵横比极限下, 环坐标 (b, ω) 可以退化为环圆柱坐标 (ρ, ω') (见图 2.22), 即有

$$\begin{aligned} R &= \frac{R_0 \sinh b}{\cosh b - \cos\omega} = R_0 + \rho\cos\omega', \\ Z &= \frac{R_0 \sin\omega}{\cosh b - \cos\omega} = \rho\sin\omega'. \end{aligned} \tag{2.4.43}$$

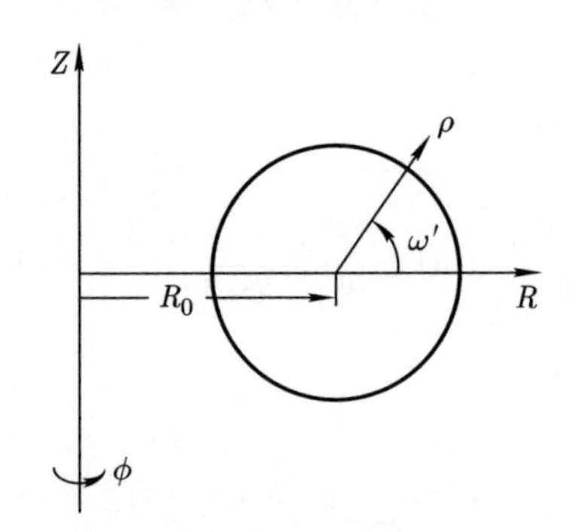

图 2.22 (R, Z) 坐标和 (ρ, ω') 坐标的关系

当 b 很大时, 有近似关系

$$\omega' \approx \omega, \quad \frac{\rho}{2R_0} \approx e^{-b}. \tag{2.4.44}$$

由以上结果, 可以得到大纵横比极限下 Ψ 的真空解

$$\begin{aligned} \Psi &= c_0 + \frac{2}{\pi}d_0(b + \ln 4 - 2) \\ &\quad + \left[\left(c_0 + \frac{2}{\pi}d_0(b + \ln 4 - 2)\right)e^{-b} + \left(\frac{4}{3\pi}d_1 e^{b} - c_1 e^{-b}\right)\right]\cos\omega \\ &= d_0'\left(\ln\frac{8R}{\rho} - 2\right) + \left[\frac{d_0'}{2R}\left(\ln\frac{8R}{\rho} - 1\right)\rho + \frac{h_1}{\rho} + h_2\rho\right]\cos\omega, \end{aligned} \tag{2.4.45}$$

以及相应的真空磁场分量

$$
\begin{aligned}
RB_R &= -\frac{\partial\psi}{\partial Z}, \quad RB_Z = \frac{\partial\psi}{\partial R},\\
RB_\rho &= -\frac{\partial\psi}{\rho\partial\omega'}, \quad RB_{\omega'} = \frac{\partial\psi}{\partial\rho}.
\end{aligned}
\tag{2.4.46}
$$

通过关系式

$$
-\frac{d_0'}{\rho} = R\overline{B_{\omega'}} \approx R\frac{-\mu_0 I_\phi}{2\pi\rho} = R\frac{\mu_0 I_{\mathrm{p}}}{2\pi\rho}, \tag{2.4.47}
$$

可确定参数 $d_0' = -\mu_0 I_{\mathrm{p}} R/(2\pi)$, 这里 I_{p} 是 ϕ 方向的等离子体电流强度, 即 $I_{\mathrm{p}} = |I_\phi| = -I_\phi$. 这样可以严格得到大纵横比极限下的真空解

$$
\psi = -\frac{\mu_0 I_{\mathrm{p}} R}{2\pi}\left(\ln\frac{8R}{\rho} - 2\right) - \left[\frac{\mu_0 I_{\mathrm{p}}}{4\pi}\left(\ln\frac{8R}{\rho} - 1\right)\rho + \frac{h_1}{\rho} + h_2\rho\right]\cos\omega', \tag{2.4.48}
$$

其中 h_1 和 h_2 为常系数.

2.4.4 源项为磁通二次函数的非真空解

在大圆柱坐标系 (r, φ, z) 中, GS 方程为

$$
\frac{\partial^2\Psi}{\partial r^2} - \frac{1}{r}\frac{\partial\Psi}{\partial r} + \frac{\partial^2\Psi}{\partial z^2} = -4\pi^2\mu_0 r^2 p'(\Psi) - \frac{1}{2}\mu_0^2 F^{2'}(\Psi) = -2\pi\mu_0 r j_\varphi. \tag{2.4.49}
$$

压强和电流剖面对极向磁通 Ψ 的依赖关系为

$$
p(\Psi) = \bar{a}\Psi^2 + \bar{b}\Psi, \tag{2.4.50}
$$

$$
F^2(\Psi) = \bar{\alpha}\Psi^2 + \bar{\beta}\Psi + F_0^2. \tag{2.4.51}
$$

将剖面信息方程 (2.4.50) 和 (2.4.51) 代入方程 (2.4.49), 得到

$$
\frac{\partial^2\Psi}{\partial r^2} - \frac{1}{r}\frac{\partial\Psi}{\partial r} + \frac{\partial^2\Psi}{\partial z^2} = -\left(ar^2 + \alpha\right)\Psi - \left(br^2 + \beta\right), \tag{2.4.52}
$$

$$
j_\varphi(r, z) = \frac{1}{2\pi\mu_0}\left[\left(ar + \frac{\alpha}{r}\right)\Psi + br + \frac{\beta}{r}\right], \tag{2.4.53}
$$

其中

$$
a = 8\pi^2\mu_0\bar{a}, \quad b = 4\pi^2\mu_0\bar{b}, \quad \alpha = \mu_0^2\bar{\alpha}, \quad \beta = 1/2\mu_0^2\bar{\beta} \tag{2.4.54}
$$

是四个自由参数, 可以用来指定等离子体电流 I_{p}, 极向比压 β_{p}, 内感 l_{i} 和磁轴或边界处安全因子 $q_{\mathrm{ax}}, q_{\mathrm{b}}$.

我们可以把 GS 方程分解为两部分: 一个齐次偏微分方程[8]

$$\frac{\partial^2 \Psi_{\rm o}}{\partial r^2}-\frac{1}{r}\frac{\partial \Psi_{\rm o}}{\partial r}+\frac{\partial^2 \Psi_{\rm o}}{\partial z^2}+\left(ar^2+\alpha\right)\Psi_{\rm o}=0, \tag{2.4.55}$$

一个非齐次常微分方程 (令 $\Psi_{\rm nop}$ 与 z 无关, 变为常微分方程)

$$\frac{\partial^2 \Psi_{\rm nop}}{\partial r^2}-\frac{1}{r}\frac{\partial \Psi_{\rm nop}}{\partial r}+\frac{\partial^2 \Psi_{\rm nop}}{\partial z^2}=-\left(ar^2+\alpha\right)\Psi_{\rm nop}-\left(br^2+\beta\right). \tag{2.4.56}$$

其相应的解为

$$\Psi=\Psi_{\rm o}+\Psi_{\rm nop}, \tag{2.4.57}$$

其中

$$\Psi_{\rm o}=R(r)Z(z). \tag{2.4.58}$$

分离变量可得

$$R''-\frac{1}{r}R'+\left(ar^2+\alpha-k^2\right)R=0, \tag{2.4.59}$$

$$Z''+k^2Z=0, \tag{2.4.60}$$

其中 k 是任意常数. 根据变量 a 的正负, 可以获得两类解析解.

(1) $a<0$ 的解.

(i) 齐次解 $\psi_{\rm o}$.

令 $x\equiv\sqrt{-a}r^2$, 变量代换可以得到

$$R''+\left(-\frac{1}{4}-\frac{\eta}{x}\right)R=0, \tag{2.4.61}$$

其中

$$\eta\equiv\frac{k^2-\alpha}{4\sqrt{-a}}. \tag{2.4.62}$$

令 $R(x)\equiv x{\rm e}^{-(x/2)}Q(x)$, 可以得到

$$xQ''+(2-x)Q'-(1+\eta)Q=0. \tag{2.4.63}$$

对于 $\eta\neq 0,1$, 超几何函数 Q 有如下形式:

$$\begin{aligned}Q=&C_1\ {}_1{\rm F}_1(1+\eta;2;x)+C_2\left[\frac{2}{x}+\eta\ln x\ {}_1{\rm F}_1\left(1+\eta;2;x\right)-\frac{1}{x}\ {}_1{\rm F}_1(\eta;1;x)\right.\\&\left.+\sum_{n=0}^{\infty}\frac{(\eta)_{n+1}x^n}{n!(n+1)!}\left(\sum_{r=1}^{n+1}\frac{1}{r+\eta-1}-2\sum_{r=1}^{n}\frac{1}{r}\right)\right].\end{aligned} \tag{2.4.64}$$

C_1, C_2 为任意常数, $(\alpha)_k$ 表示 Pochhammer 符号:

$$(\alpha)_0 = 1, \quad (\alpha)_k = \alpha(\alpha+1)\cdots(\alpha+k-1), \quad k = 1, 2, \cdots. \tag{2.4.65}$$

超几何函数 ${}_1\mathrm{F}_1(1+\eta; 2; x)$, ${}_2\mathrm{F}_2(1+\eta; 1; 2; 2; x)$ 和两个求和都是收敛的. 因此, 齐次解 ψ_o 形式如下:

$$\begin{aligned}\Psi_\mathrm{o}(r,z) = \sqrt{-a}r^2\mathrm{e}^{-(\sqrt{-a}/2)r^2}\Bigg\{&C_1\ {}_1\mathrm{F}_1\left(1+\eta; 2; \sqrt{-a}r^2\right)\\&+C_2\Bigg[\frac{2}{\sqrt{-a}r^2} + \eta\ln\left(\sqrt{-a}r^2\right)\ {}_1\mathrm{F}_1\left(1+\eta; 2; \sqrt{-a}r^2\right)\\&-\frac{1}{\sqrt{-a}r^2}\ {}_1\mathrm{F}_1\left(\eta; 1; \sqrt{-a}r^2\right) + \sum_{n=0}^{\infty}\frac{(\eta)_{n+1}\left(\sqrt{-a}r^2\right)^n}{n!(n+1)!}\\&\times\left(\sum_{r=1}^{n+1}\frac{1}{r-1+\eta} - 2\sum_{r=1}^{n}\frac{1}{r}\right)\Bigg]\Bigg\}\left[C_3\cos(kz) + C_4\sin(kz)\right],\end{aligned} \tag{2.4.66}$$

其中, C_3, C_4 为任意常数.

(ii) 特解 ψ_nop.

我们需要找到一个特解, 满足方程

$$\frac{\partial^2\Psi_\mathrm{nop}}{\partial r^2} - \frac{1}{r}\frac{\partial\Psi_\mathrm{nop}}{\partial r} + \frac{\partial^2\Psi_\mathrm{nop}}{\partial z^2} + \left(ar^2+\alpha\right)\Psi_\mathrm{nop} = -\left(br^2+\beta\right). \tag{2.4.67}$$

我们选择特解的形式如下:

$$\Psi_\mathrm{nop}(r) = -\frac{\beta}{\alpha} + g_\mathrm{nop}(r). \tag{2.4.68}$$

该特解满足方程

$$\Psi''_\mathrm{nop} - \frac{1}{r}\Psi'_\mathrm{nop} + \left(ar^2+\alpha\right)\Psi_\mathrm{nop} = -\left(br^2+\beta\right). \tag{2.4.69}$$

g_nop 需要满足

$$g''_\mathrm{nop} - \frac{1}{r}g'_\mathrm{nop} + \left(ar^2+\alpha\right)g_\mathrm{nop} = \left(\frac{\beta}{\alpha}a - b\right)r^2. \tag{2.4.70}$$

仍然使用变量 $x \equiv \sqrt{-a}r^2$ 代换 r, 可以得到

$$g''_\mathrm{nop} + \left(-\frac{1}{4} + \frac{\kappa}{x}\right)g_\mathrm{nop} = -\frac{a}{\alpha}\Lambda, \tag{2.4.71}$$

其中

$$\Lambda \equiv -\frac{1}{4a}\left(\frac{b}{a}\alpha - \beta\right), \quad \kappa \equiv \frac{\alpha}{4\sqrt{-a}}. \tag{2.4.72}$$

定义新变量 $\zeta \equiv -\dfrac{\alpha}{a\Lambda}\dfrac{1}{x}\mathrm{e}^{x/2}g_{\mathrm{nop}}$, 我们得到关于 ζ 的方程

$$x\zeta'' + (2-x)\zeta' - \tilde{a}\zeta = \mathrm{e}^{x/2} \equiv F(\zeta), \tag{2.4.73}$$

其中 $\tilde{a} = 1-\kappa$.

指数函数可以写成如下形式:

$$\mathrm{e}^{x/2} = \sum_{n=0}^{\infty}\frac{1}{n!}\left(\frac{x}{2}\right)^n. \tag{2.4.74}$$

尝试寻找 ζ 的多项式展开式, 因此令

$$\zeta(x) = \sum_{n=0}^{\infty} a_n x^n. \tag{2.4.75}$$

经过计算, 可以得到

$$\begin{aligned}\zeta = &\left[2\ {}_2\mathrm{F}_1\left(1,1;\tilde{a};\frac{1}{2}\right) - 2 + a_0\right]\ {}_1\mathrm{F}_1(\tilde{a};2;x)\\ &-\sum_{n=0}^{\infty}\frac{1}{(n+\tilde{a})n!}\ {}_2\mathrm{F}_1\left(n+2,1;n+\tilde{a}+1;\frac{1}{2}\right)\left(\frac{x}{2}\right)^2.\end{aligned} \tag{2.4.76}$$

因此, g_{nop} 形式如下:

$$g_{\mathrm{nop}} = -\frac{a}{\alpha}\Lambda x\mathrm{e}^{-x/2}\zeta. \tag{2.4.77}$$

因为

$$\left[2\ {}_2\mathrm{F}_1\left(1,1;\tilde{a};\frac{1}{2}\right) - 2 + a_0\right]\ {}_1\mathrm{F}_1(\tilde{a};2;x) \tag{2.4.78}$$

为齐次解中的一个, 可以被吸收到齐次解方程 (2.4.66) 中, 所以有

$$g_{\mathrm{nop}} = \frac{a}{\alpha}\Lambda x\mathrm{e}^{-(x/2)}\sum_{n=0}^{\infty}\frac{1}{(n+\widetilde{a})n!}\ {}_2\mathrm{F}_1\left(n+2,1;n+\widetilde{a}+1;\frac{1}{2}\right)\left(\frac{x}{2}\right)^2. \tag{2.4.79}$$

可以证明, g_{nop} 是收敛的. 最终, 特解形式如下:

$$\begin{aligned}\Psi_{\mathrm{nop}}(r) = &-\frac{\beta}{\alpha} + \frac{\sqrt{-a}}{4}r^2\mathrm{e}^{-(\sqrt{-a}/2)r^2}\left(\frac{\beta}{\alpha}-\frac{b}{a}\right)\sum_{n=0}^{\infty}\frac{1}{(n+\widetilde{a})n!}\\ &\times{}_2\mathrm{F}_1\left(n+2,1;n+\widetilde{a}+1;\frac{1}{2}\right)\left(\frac{\sqrt{-a}r^2}{2}\right)^n.\end{aligned} \tag{2.4.80}$$

(iii) 通解.

通解由下式给出:

$$\Psi = \Psi_{\mathrm{o}} + \Psi_{\mathrm{nop}}, \tag{2.4.81}$$

Ψ_{o} 和 Ψ_{nop} 分别由方程 (2.4.66) 和方程 (2.4.80) 给出.

(2) $a > 0$ 的解.

(i) 齐次解 Ψ_{o}.

定义新变量 $x \equiv \frac{\sqrt{a}}{2} r^2$, 我们得到

$$R'' + \left(1 - \frac{2\eta}{x}\right) R = 0, \tag{2.4.82}$$

其中 η 表达式同方程 (2.4.62) 一样. 方程 (2.4.82) 为 Coulomb 波函数的微分方程, 解为 Coulomb 波函数 $F_L(\eta, x)$, $G_L(\eta, x)$. 我们这里 $L = 0$, 因此齐次解形式为

$$\Psi_{\mathrm{o}}(r, z) = \left[C_1 F_0\left(\eta, \frac{\sqrt{a}}{2} r^2\right) + C_2 G_0\left(\eta, \frac{\sqrt{a}}{2} r^2\right)\right] \left[C_3 \cos(kz) + C_4 \sin(kz)\right]. \tag{2.4.83}$$

(ii) 特解 Ψ_{nop}.

和 $a < 0$ 的情况一样, 令特解形式如下:

$$\Psi_{\mathrm{nop}}(r) = -\frac{\beta}{\alpha} + g_{\mathrm{nop}}(r). \tag{2.4.84}$$

再次使用 $x \equiv \frac{\sqrt{a}}{2} r^2$ 代替 r, 我们得到

$$g''_{\mathrm{nop}} + \left(1 - \frac{2\gamma}{x}\right) g_{\mathrm{nop}} = \frac{\beta}{\alpha} - \frac{b}{a}, \tag{2.4.85}$$

其中

$$\gamma \equiv -\frac{\alpha}{4\sqrt{a}}. \tag{2.4.86}$$

令 $g_{\mathrm{nop}}(x)$ 为如下形式:

$$g_{\mathrm{nop}}(x) = x \mathrm{e}^{-\mathrm{i}x} \zeta(x) \left(\frac{\beta}{\alpha} - \frac{b}{a}\right), \tag{2.4.87}$$

其中 ζ 满足

$$x\zeta'' + 2(1 - \mathrm{i}x)\zeta' - 2(\mathrm{i} + \gamma)\zeta = \mathrm{e}^{\mathrm{i}x}. \tag{2.4.88}$$

同样地, 使用多项式展开 ζ:

$$\zeta(x)=\sum_{n=0}^{\infty}a_nx^n. \tag{2.4.89}$$

一定计算后, 得到

$$\zeta=\mathrm{i}\sum_{n=0}^{\infty}\frac{1}{2(n+1-\mathrm{i}\gamma)n!}\ {}_2\mathrm{F}_1\left(n+2,1;n+2-\mathrm{i}\gamma;\frac{1}{2}\right)(\mathrm{i}x)^n. \tag{2.4.90}$$

因此,

$$\begin{aligned}\Psi_{\mathrm{nop}}(r)=&-\frac{\beta}{\alpha}+\mathrm{i}\frac{\sqrt{a}}{4}r^2\mathrm{e}^{-\mathrm{i}\sqrt{a}/2r^2}\left(\frac{\beta}{\alpha}-\frac{b}{a}\right)\sum_{n=0}^{\infty}\frac{1}{\left(n+1+\mathrm{i}\dfrac{\alpha}{4\sqrt{a}}\right)n!}\\&\times{}_2\mathrm{F}_1\left(n+2,1;n+2+\mathrm{i}\frac{\alpha}{4\sqrt{a}};\frac{1}{2}\right)\left(\mathrm{i}\frac{\sqrt{a}}{2}r^2\right)^n.\end{aligned} \tag{2.4.91}$$

物理的特解由 (2.4.91) 式的实部 $\mathrm{Re}\ (\Psi_{\mathrm{nop}})$ 给出.

(iii) 通解.

通解由下式给出:

$$\Psi=\Psi_{\mathrm{o}}+\mathrm{Re}\ (\Psi_{\mathrm{nop}})\,. \tag{2.4.92}$$

Ψ_{o} 和 Ψ_{nop} 分别由 (2.4.83) 和 (2.4.91) 式给出.

小　结

本章主要讨论了以下内容:

(1) 磁流体力学平衡: 压力与场线弯曲的平衡.

(2) 线性装置: Z 箍缩, θ 箍缩和螺旋箍缩.

(i) 一维剖面和 p, $\boldsymbol{B}$, β, q 等量的平均.

(3) 环形装置: 托卡马克.

(i) q 和 J_{PS} 的计算;

(ii) Grad-Shafranov 方程的推导;

(iii) Grad-Shafranov 方程的解析解;

(iv) 大纵横比圆截面托卡马克;

(v) 任意横截面托卡马克.

习 题

1. 利用 Ampère 定律从 (2.1.4) 式推导出 (2.1.5) 式.
2. 证明 Bennett 箍缩关系: Z 箍缩体平均极向比压满足 $\beta_{\mathrm{p}}=1$, 该关系不依赖压强或电流密度剖面.
3. 证明对 θ 箍缩, 体平均环向 β_{t} 满足 $0<\beta_{\mathrm{t}}<1$, 该关系不依赖压强或电流密度剖面.
4. 对于螺旋箍缩, 假设 $B_z=$ 常数, 并且环向电流密度 $J_z(r)=J_0[1-(r/a)^2]^\mu$, 证明 $q(a)=(\mu+1)q(0)$ 及 $s(a)=2$. 计算 $\beta_{\mathrm{p}}, \beta_{\mathrm{t}}$ 和 β_{tot}.
5. 分别列出三篇关于 Z 箍缩、θ 箍缩和螺旋箍缩实验或理论的早期或近期论文.
6. 推导 PS 电流表达式 (2.3.19).
7. 从 Ampère 定律和磁流体静态平衡方程出发, 推导 GS 方程.
8. 推导 Solovév 平衡解式 (2.3.33).
9. 从 GS 方程出发, 推导 Shafranov 位移方程 (2.3.60).
10. 从大纵横比圆截面托卡马克等离子体 – 真空匹配条件出发, 推导外部垂直磁场表达式 (2.3.81).
11. 列出关于 GS 方程和 Shafranov 位移的原始参考文章.

参 考 文 献

[1] Post R F. Nuclear fusion. Annual Review of Energy, 1976, 1(1): 213.

[2] Guillemin V and Pollack A. Differential Topology. Prentice-Hall, 1974.

[3] Hazeltine R D and Meiss J D. Plasma Confinement. Dover Publications, 2003.

[4] Solovév L S. The theory of hydromagnetic stability of toroidal plasma configurations. Soviet Physics-JETP, 1968, 26(2): 400.

[5] Solovév L S. Hydromagnetic stability of closed plasma configurations. Reviews of Plasmas Physics, 1975, 6: 239.

[6] Liu J X, Zhu P, and Li H L. Two-dimensional shaping of Solovév's equilibrium with vacuum using external coils. Physics of Plasmas, 2022, 29(8): 084502.

[7] Xu T and Fitzpatrick R. Vacuum solution for Solovév's equilibrium configuration in tokamaks. Nuclear Fusion, 2019, 59(6): 064002.

[8] Atanasiu C V, Günter S, Lackner K, and Miron I G. Analytical solutions to Grad-Shafranov equation. Physics of Plasmas, 2004, 11(7): 3510.

[9] Zohm H. Magnetohydrodynamic Stability of Tokamaks. John Wiley & Sons, 2015.

[10] Greene J M, Johnson J L, and Weimer K E. Tokamak equilibrium. The Physics of Fluids, 1971, 14(3): 671.

[11] Reusch M F and Neilson G H. Toroidally symmetric polynomial multipole solutions of the vestor Laplace equation. Journal of Computational Physics, 1986, 64(2): 416.

[12] Zheng S B, Wootton A J, and Solano E R. Analytical tokamak equilibrium for shaped plasmas. Physics of Plasmas, 1996, 3(3): 1176.

第三章 理想磁流体力学波

本章将探讨理想磁流体力学波. 我们首先将讨论无限均匀等离子体以及非均匀等离子体中的磁流体 Alfvén 波. 接下来, 我们再讨论柱位形和环位形等离子体中的磁流体 Alfvén 波.

§3.1 磁流体力学波: Alfvén 波概述

磁流体动力学提供两种对于磁场线偏移的恢复力, 即磁压力和磁张力. 这些恢复力与磁流体流元的惯性一起会引起磁流体力学波, 即Alfvén 波 (见图 3.1). Alfvén 波的发现直接起源于太阳物理关于太阳黑子发生机制问题的研究. 瑞典物理学家, 1970 年诺贝尔物理学奖获得者 Alfvén, 首次提出磁流体中存在一种沿着磁场线传播的磁流体力学横波, 即剪切 Alfvén 波, 作为太阳黑子的一种可能发生机制[1].

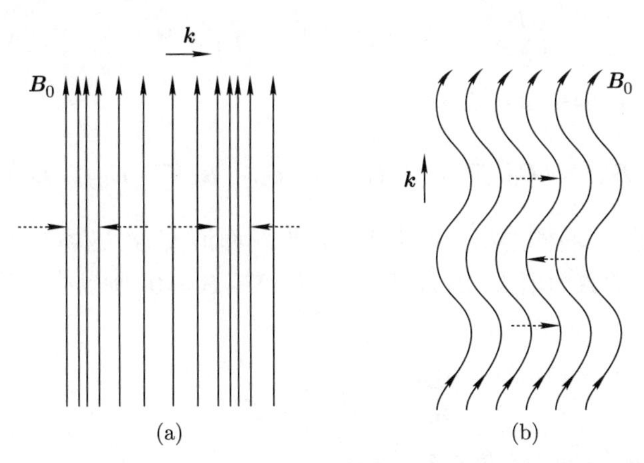

图 3.1 (a) 压缩和 (b) 剪切Alfvén 波示意图, 虚线箭头表示扰动位移方向

(1) 线性磁流体动力学方程.

首先, 我们线性化磁流体力学方程组, 即假设所有磁流体场量可以写成一个不随时间和空间变化的零阶量和一个随时间、空间变化的一阶扰动函数小量. 此外, 我们令 $\boldsymbol{u}_0 = 0$, 假设在零阶平衡方程中流的作用可以忽略. 我们得到磁流体元所满足的线性化力平衡方程

$$\rho_0 \frac{\partial^2 \boldsymbol{u}_1}{\partial t^2} = -\nabla \frac{\partial p_1}{\partial t} + \frac{1}{\mu_0} \left(\boldsymbol{B}_0 \cdot \nabla \frac{\partial \boldsymbol{B}_1}{\partial t} - \nabla \left(\boldsymbol{B}_0 \cdot \frac{\partial \boldsymbol{B}_1}{\partial t} \right) \right), \tag{3.1.1}$$

其中最后两项代表来自磁场线张力和磁压强的恢复力, 分别与不可压缩和可压缩等离子体位移相关.

(2) 压缩 Alfvén 波: 热压强恢复力.

对于我们所考虑的常矢量平衡磁场 $\boldsymbol{B}_0$, 假设等离子体在垂直于平衡磁场的方向被均匀压缩, 这对应于在平行于平衡磁场的方向没有变化, 即 $\boldsymbol{B}_0\cdot\nabla\to 0$. 在普通流体力学中, 该波为声波, 因为热压恢复力沿纵向传播. 这可以从绝热定律中获得:

$$\frac{\mathrm{d}}{\mathrm{d}t}\left(\frac{p}{\rho^{\gamma}}\right)=0\Rightarrow\frac{\partial}{\partial t}\left(\rho_0p_1-\gamma p_0\rho_1\right)=0. \tag{3.1.2}$$

使用线性化的连续性方程, 我们得到

$$\frac{\partial p_1}{\partial t}=-\gamma p_0\nabla\cdot\boldsymbol{u}_1, \tag{3.1.3}$$

表明压强的变化来自流体元的压缩.

(3) 压缩 Alfvén 波: 磁压强恢复力.

接下来, 我们结合 Faraday 定律和 Ohm 定律得到一个关于 $\boldsymbol{B}_1$ 的方程:

$$\frac{\partial\boldsymbol{B}_1}{\partial t}=-\nabla\times\boldsymbol{E}_1=\nabla\times\left(\boldsymbol{u}_1\times\boldsymbol{B}_0\right). \tag{3.1.4}$$

该方程可以用矢量理论重写为

$$\nabla\times\left(\boldsymbol{u}_1\times\boldsymbol{B}_0\right)=\left(\boldsymbol{B}_0\cdot\nabla\right)\boldsymbol{u}_1-\left(\boldsymbol{u}_1\cdot\nabla\right)\boldsymbol{B}_0+\boldsymbol{u}_1\left(\nabla\cdot\boldsymbol{B}_0\right)-\boldsymbol{B}_0\left(\nabla\cdot\boldsymbol{u}_1\right). \tag{3.1.5}$$

在纯压缩的情况下, 右侧的第一项由于几何形状而消失 (沿磁场方向没有变化). 第二项由于 $\boldsymbol{B}_0=$ 常数而消失. 因为对于任一阶 $\nabla\cdot\boldsymbol{B}=0$, 所以第三项通常抵消. 因此, 我们得到

$$\frac{\partial\boldsymbol{B}_1}{\partial t}=-\boldsymbol{B}_0\left(\nabla\cdot\boldsymbol{u}_1\right). \tag{3.1.6}$$

(4) 压缩 Alfvén 波: 色散关系.

从力平衡方程我们得到

$$\frac{\partial^2\boldsymbol{u}_1}{\partial t^2}=\left(\frac{\gamma p_0}{\rho_0}+\frac{B_0^2}{\mu_0\rho_0}\right)\nabla^2\boldsymbol{u}_1, \tag{3.1.7}$$

其中, 我们已经用到扰动不引起任何涡流, 即 $\nabla\times\boldsymbol{u}_1=0$ 的假设, 这可以推出 $\nabla(\nabla\cdot\boldsymbol{u}_1)=\nabla^2\boldsymbol{u}_1$. 压缩Alfvén 波相速度

$$u_{\mathrm{ms}}=\sqrt{\frac{\gamma p_0}{\rho_0}+\frac{B_0^2}{\mu_0\rho_0}}=\sqrt{c_{\mathrm{s}}^2+u_{\mathrm{A}}^2}=u_{\mathrm{A}}\sqrt{1+\frac{\gamma\beta}{2}}, \tag{3.1.8}$$

其中声速、Alfvén 速度和 β 的定义如下:

$$c_{\mathrm{s}}=\sqrt{\frac{\gamma p_0}{\rho_0}},\quad u_{\mathrm{A}}=\frac{B_0}{\sqrt{\mu_0\rho_0}},\quad \beta=\frac{2\mu_0 p_0}{B_0^2}. \tag{3.1.9}$$

(5) 剪切Alfvén 波: 色散关系.

假设场线张力是唯一的恢复力, 即等离子体扰动是不可压缩并且垂直于 $\boldsymbol{B}_0$ 的, 意味着 $\nabla\cdot\boldsymbol{u}=0$ 和 $\boldsymbol{u}_1\cdot\boldsymbol{B}_0=0$. 因此我们有

$$\frac{\partial \boldsymbol{B}_1}{\partial t}=(\boldsymbol{B}_0\cdot\nabla)\,\boldsymbol{u}_1=B_0\nabla_{\|}\boldsymbol{u}_1, \tag{3.1.10}$$

其中 $\nabla_{\|}=\boldsymbol{b}\cdot\nabla$, $\boldsymbol{b}=\boldsymbol{B}_0/B_0$. 由方程 (3.1.10), 线性化力平衡方程变为

$$\frac{\partial^2\boldsymbol{u}_1}{\partial t^2}=\frac{B_0^2}{\mu_0\rho_0}\nabla_{\|}^2\boldsymbol{u}_1. \tag{3.1.11}$$

上述方程是针对沿平衡磁场方向传播的波的方程, 就是说这是一个横波, 类似于吉他弦的振荡. 因为运动是不可压缩的, 没有任何热压的贡献, 所以相速度是 Alfvén 速度 u_{A}.

(6) 剪切 Alfvén 速度设置了理想磁流体力学的 “自然” 时间尺度.

对于理想磁流体动力学, 由于惯性的限制, Alfvén 速度设置了 “自然” 时间尺度作为 Alfvén 时间尺度:

$$\tau_{\mathrm{A}}=\frac{L_{\mathrm{MHD}}}{u_{\mathrm{A}}}. \tag{3.1.12}$$

对于磁约束聚变等离子体, $\tau_{\mathrm{A}}\sim(1\sim10)$ μs 是相当快的, 这是由低密度等离子体的小质量导致的. 因此, 托卡马克中理想的磁流体不稳定性通常增长得如此之快, 以至于它们必须被无源结构 (如传导壁元件) 减慢, 以便进行磁反馈控制, 例如垂直不稳定性 (VDE) 和电阻壁模 (RWM).

§3.2 无限均匀等离子体中的 Alfvén 波

考虑笛卡儿坐标 (x,y,z) 中无限均匀等离子体的平衡

$$\rho=\rho_0,\quad \boldsymbol{u}=0,\quad p=p_0,\quad \boldsymbol{B}=B_0\boldsymbol{e}_z, \tag{3.2.1}$$

其中 B_0, p_0 和 ρ_0 是常数, 并且假设 $\boldsymbol{B}$ 指向 $\boldsymbol{e}_z$ 方向. 注意到这个 “平衡” 没有梯度, 因此 $\nabla p_0=\nabla\rho_0=0$, 电流密度 $\boldsymbol{J}_0=0$, 显然满足磁流体平衡方程.

(1) 无限均匀等离子体中的线性波扰动.

将所有场量线性化: $Q(\boldsymbol{r},t)=Q_0+\tilde{Q}_1(\boldsymbol{r},t)$, 其中 $\tilde{Q}_1$ 是一阶扰动小量. 由于平衡是时间和空间独立的, 最普遍的波扰动形式可以写成

$$\begin{aligned}\tilde{Q}_1(\boldsymbol{r},t)&=Q_1\exp\left[-\mathrm{i}(\omega t-\boldsymbol{k}\cdot\boldsymbol{r})\right],\\ \boldsymbol{k}&=k_\perp\boldsymbol{e}_y+k_\parallel\boldsymbol{e}_z,\\ \boldsymbol{k}\cdot\boldsymbol{r}&=k_\perp y+k_\parallel z.\end{aligned}\tag{3.2.2}$$

这里, 不失一般性, 假设波矢量 $\boldsymbol{k}$ 位于 (y,z) 平面. 下标 $\perp$ 和 $\parallel$ 分别表示垂直于和平行于平衡磁场方向.

(2) 无限均匀等离子体中磁流体力学波线性磁流体方程.

线性化磁流体动力学方程 (动量方程除外) 为

$$\begin{aligned}\text{质量守恒:}\quad &\omega\rho_1=\rho_0\boldsymbol{k}\cdot\boldsymbol{u}_1,\\ \text{能量守恒:}\quad &\omega p_1=\gamma p_0\boldsymbol{k}\cdot\boldsymbol{u}_1,\\ \text{Faraday 定律:}\quad &\omega\boldsymbol{B}_1=-\boldsymbol{k}\times(\boldsymbol{u}_1\times\boldsymbol{B}_0),\\ \text{Ampère 定律:}\quad &\mu_0\omega\boldsymbol{J}_1=-\mathrm{i}\boldsymbol{k}\times[\boldsymbol{k}\times(\boldsymbol{u}_1\times\boldsymbol{B}_0)].\end{aligned}\tag{3.2.3}$$

在各方向上线性化的动量方程为

$$(\omega^2-k_\parallel^2u_\mathrm{A}^2)u_{1x}=0,\tag{3.2.4}$$

$$(\omega^2-k_\perp^2c_\mathrm{s}^2-k^2u_\mathrm{A}^2)u_{1y}-k_\perp k_\parallel c_\mathrm{s}^2u_{1z}=0,\tag{3.2.5}$$

$$-k_\perp k_\parallel c_\mathrm{s}^2u_{1y}+(\omega^2-k_\parallel^2c_\mathrm{s}^2)u_{1z}=0,\tag{3.2.6}$$

其中 $k^2=k_\perp^2+k_\parallel^2$, u_A 和 c_s 分别是 Alfvén 速度和声速.

(3) 无限均匀等离子体中磁流体力学波的色散关系.

令动量方程的行列式为零, 得到色散关系

$$\omega^2=k_\parallel^2u_\mathrm{A}^2\quad(\text{剪切 Alfvén 波}),\tag{3.2.7}$$

$$\omega_\pm^2=\frac{k^2u_\mathrm{ms}^2}{2}\left[1\pm\sqrt{1-\frac{4k_\parallel^2u_\mathrm{A}^2c_\mathrm{s}^2}{k^2u_\mathrm{ms}^4}}\right]\quad(\text{快、慢磁声波}),\tag{3.2.8}$$

其中 $u_\mathrm{ms}^2=u_\mathrm{A}^2+c_\mathrm{s}^2$ 是磁声波速度. 因为 $0<\dfrac{4k_\parallel^2u_\mathrm{A}^2c_\mathrm{s}^2}{k^2u_\mathrm{ms}^4}<1$, $\omega^2>0$, 上面是纯振荡磁流体波的三个分支: 剪切 Alfvén 波、快磁声波和慢磁声波. 相应地, 这三支磁流体力学波的相速可以表示为

$$\left(\frac{\omega}{k}\right)^2=u_\mathrm{A}^2\cos^2\theta\quad(\text{剪切 Alfvén 波}),\tag{3.2.9}$$

$$\left(\frac{\omega_\pm}{k}\right)^2=\frac{u_\mathrm{ms}^2}{2}\left[1\pm\sqrt{1-\frac{4u_\mathrm{A}^2c_\mathrm{s}^2}{u_\mathrm{ms}^4}\cos^2\theta}\right]\quad(\text{快、慢磁声波}),\tag{3.2.10}$$

其中 θ 是波矢 $\boldsymbol{k}$ 与未扰磁场 $\boldsymbol{B}$ 方向之间的夹角. 以上相速大小与波矢 $\boldsymbol{k}$ 方向单位矢量构成波相速矢量, 其在所有方向的端部轨迹构成磁流体力学波相速图 (见图 3.2).

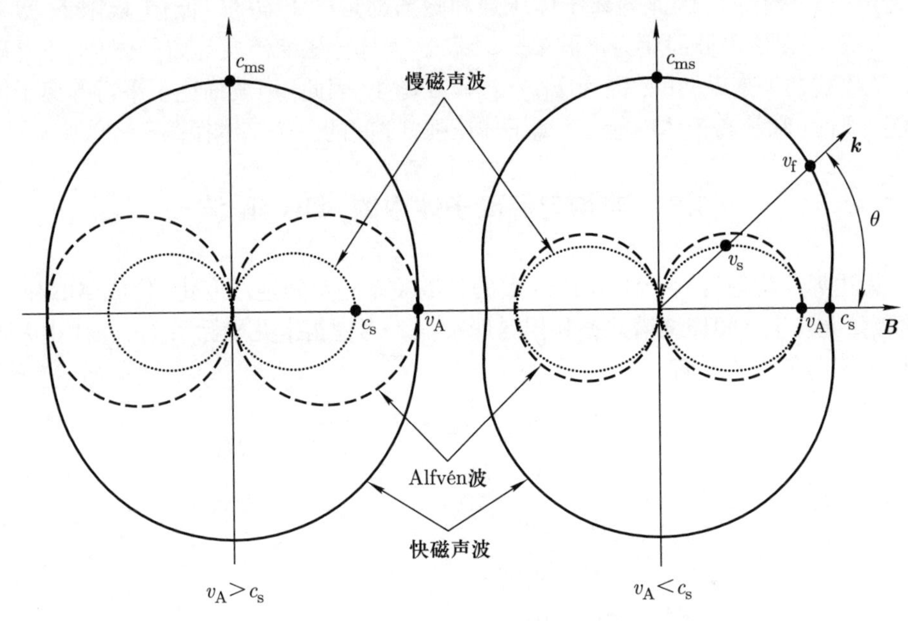

图 3.2 各磁流体力学波相速随传播方向的变化

(4) 剪切 Alfvén 波的性质.

第一个分支 $\omega^2=k_\parallel^2u_{\rm A}^2$ 称为剪切 Alfvén 波, 并且独立于 $k_\perp$, 甚至当 $k_\perp\gg k_\parallel$ 时也是如此. 它是极化的, 因此扰动磁场 $\boldsymbol{B}_1$ 和速度 $\boldsymbol{u}_1$ 总是垂直于 $\boldsymbol{B}_0$ 和 $\boldsymbol{k}$. 该波是纯横向波. 这引起了磁场线弯曲. 磁场扰动以 $\boldsymbol{E}\times\boldsymbol{B}/B^2$ 速度携带等离子体. 此外, 对于剪切 Alfvén 波, u_{1y}, u_{1z}, ρ_1, p_1 和 $\nabla\cdot\boldsymbol{u}_1$ 都是零, 模式是不可压缩的, 不产生密度和压强扰动. 剪切 Alfvén 波描述了垂直等离子动能和垂直 "线弯曲" 磁能之间的基本振荡, 即惯性和场线张力之间的平衡, 是磁约束聚变等离子体系统中最不稳定的波.

(5) 快磁声波的性质.

色散关系中的第二个分支, 对应于描述快磁声波的方程 (3.2.8) 中 "+" 号情形, $\omega_{\rm f}^2=\omega_+^2\geqslant\omega_{\rm A}^2$. 这样的波, 磁场和压强都是可压缩的, 所以 $\nabla\cdot\boldsymbol{u}_1$ 和 p_1 均非零, 并且 $\boldsymbol{B}_1$ 有 y 和 z 两个分量. 低 β 极限下, $\beta\sim c_{\rm s}^2/u_{\rm A}^2\ll1$, 快磁声波简化为压缩 Alfvén 波 $\omega_{\rm f}^2\approx(k_\perp^2+k_\parallel^2)u_{\rm A}^2$. $\mu p_1/(B_0B_{1z})\sim\beta\ll1$, 表示大部分压缩涉及磁场, 而不是等离子体. $u_{1z}/u_{1y}\sim\beta\ll1$, 表明当 $k_\perp\ll k_\parallel$ 时等离子体运动几乎是横向的. 压缩 Alfvén 波描述了垂直等离子体动能 (等离子体惯性) 和压缩 (场线压强) 与场

线弯曲 (场线张力) 磁场动能的和之间的一个基本振荡.

(6) 慢磁声波的性质.

色散关系的第三个分支对应于慢磁声波, $\omega_{\rm s}^2=\omega_-^2\leqslant\omega_{\rm A}^2$. 与快磁声波类似, 慢磁声波是极化的, 因此等离子体压强和磁场都是可压缩的. 低 β 极限下, $\beta\sim c_{\rm s}^2/u_{\rm A}^2\ll 1$, 慢磁声波简化为声波 $\omega_{\rm s}^2\approx k_\parallel^2c_{\rm s}^2$. 大部分压缩涉及等离子体, 而不是磁场. 该模式几乎是纵向的, 因为 $u_{1y}/u_{1z}\sim\beta\ll 1$. 因此, 声波描述了平行等离子体动能 (惯性) 和等离子体内能 (等离子体压强) 之间的一个基本振荡.

§3.3 非均匀等离子体中的 Alfvén 波

无边界非均匀等离子体 Alfvén 波的色散关系随空间连续变化, 构成 Alfvén 波连续谱, 会发生空间连续谱共振和相混现象[2,3]. 考虑笛卡儿坐标系 (x,y,z) 中无限不均匀等离子体的平衡:

$$\begin{aligned}\boldsymbol{B}_0&=B_{0z}(x)\boldsymbol{e}_z+B_{0y}(x)\boldsymbol{e}_y,\\ \mu_0\boldsymbol{J}_0&=\nabla\times\boldsymbol{B}_0,\\ p_0&=p_0(x),\\ \rho_0&=\rho_0(x),\\ \boldsymbol{u}_0&=0,\end{aligned}\tag{3.3.1}$$

其中 x, y 和 z 分别对应径向、极向和环向方向. $\boldsymbol{B}_0$, ρ_0 和 p_0 仅是 x 的函数, 并且满足平衡条件

$$\frac{\mathrm{d}}{\mathrm{d}x}\left(p_0+\frac{B_0^2}{2\mu_0}\right)=0.\tag{3.3.2}$$

3.3.1 非均匀等离子体磁流体力学波方程

从线性力平衡方程

$$\rho_0\frac{\partial\boldsymbol{u}_1}{\partial t}=-\nabla\left(p_1+\frac{\boldsymbol{B}_0\cdot\boldsymbol{B}_1}{\mu_0}\right)+\frac{1}{\mu_0}\left(\boldsymbol{B}_0\cdot\nabla\boldsymbol{B}_1+\boldsymbol{B}_1\cdot\nabla\boldsymbol{B}_0\right),\tag{3.3.3}$$

$$\rho_0\frac{\partial^2\boldsymbol{u}_1}{\partial t^2}=-\nabla\left(\frac{\partial p_1}{\partial t}+\frac{\boldsymbol{B}_0}{\mu_0}\cdot\frac{\partial\boldsymbol{B}_1}{\partial t}\right)+\frac{1}{\mu_0}\left(\boldsymbol{B}_0\cdot\nabla\frac{\partial\boldsymbol{B}_1}{\partial t}+\frac{\partial\boldsymbol{B}_1}{\partial t}\cdot\nabla\boldsymbol{B}_0\right),\tag{3.3.4}$$

$$\rho_0\frac{\partial^2\boldsymbol{u}_1}{\partial t^2}=-\nabla\frac{\partial\tilde{p}_1}{\partial t}+\frac{1}{\mu_0}\left(\boldsymbol{B}_0\cdot\nabla\frac{\partial\boldsymbol{B}_1}{\partial t}+\frac{\partial\boldsymbol{B}_1}{\partial t}\cdot\nabla\boldsymbol{B}_0\right)\tag{3.3.5}$$

出发. 由于平衡磁场在 x 方向的散度, 上式最后一项不抵消 (不均匀效应). 扰动总压强

$$\tilde{p}_1=p_1+\frac{\boldsymbol{B}_0\cdot\boldsymbol{B}_1}{\mu_0}.\tag{3.3.6}$$

(1) 非均匀等离子体线性动量方程.

扰动磁场的方程为

$$\begin{aligned}\frac{\partial \boldsymbol{B}_1}{\partial t} &= -\nabla \times \boldsymbol{E}_1 = \nabla \times (\boldsymbol{u}_1 \times \boldsymbol{B}_0) \\ &= (\boldsymbol{B}_0 \cdot \nabla)\, \boldsymbol{u}_1 - \boldsymbol{B}_0 (\nabla \cdot \boldsymbol{u}_1) - (\boldsymbol{u}_1 \cdot \nabla)\, \boldsymbol{B}_0.\end{aligned} \tag{3.3.7}$$

因此, 扰动速度场的方程为

$$\rho_0 \frac{\partial^2 \boldsymbol{u}_1}{\partial t^2} = -\nabla \frac{\partial \tilde{p}_1}{\partial t} + \frac{1}{\mu_0} (\boldsymbol{B}_0 \cdot \nabla)^2 \boldsymbol{u}_1 - \frac{1}{\mu_0} \boldsymbol{B}_0 \boldsymbol{B}_0 \cdot \nabla(\nabla \cdot \boldsymbol{u}_1), \tag{3.3.8}$$

扰动热压强的方程为

$$\frac{\partial p_1}{\partial t} = -\boldsymbol{u}_1 \cdot \nabla p_0 - \gamma p_0 \nabla \cdot \boldsymbol{u}_1. \tag{3.3.9}$$

(2) 每个方向上的线性动量方程.

假设扰动为以下形式 (为了方便, 去掉下标 “1”):

$$\boldsymbol{u} = \boldsymbol{u}(x) \exp\left[\mathrm{i}(\boldsymbol{k} \cdot \boldsymbol{r} - \omega t)\right] = \boldsymbol{u}(x) \exp\left[\mathrm{i}(k_z z + k_y y - \omega t)\right], \tag{3.3.10}$$

其中

$$\boldsymbol{e}_\parallel = \boldsymbol{b} = \frac{\boldsymbol{B}_0}{B_0}, \quad \boldsymbol{e}_\perp = \boldsymbol{e}_\parallel \times \boldsymbol{e}_x. \tag{3.3.11}$$

每个方向上的扰动速度方程为

$$\epsilon u_\parallel = \frac{\omega k_\parallel}{\rho_0} \tilde{p} + \mathrm{i} k_\parallel u_\mathrm{A}^2 \left(\mathrm{i} \boldsymbol{k} \cdot \boldsymbol{u} + \frac{\mathrm{d} u_x}{\mathrm{d} x} \right), \tag{3.3.12}$$

$$\epsilon u_\perp = \frac{\omega k_\perp}{\rho_0} \tilde{p}, \tag{3.3.13}$$

$$\epsilon u_x = -\frac{\mathrm{i}\omega}{\rho_0} \frac{\mathrm{d}\tilde{p}}{\mathrm{d}x}. \tag{3.3.14}$$

(3) 每个方向上的线性动量方程: 记号和关系.

下面引入记号

$$\epsilon = \epsilon(x) = \omega^2 - k_\parallel^2 u_\mathrm{A}^2, \tag{3.3.15}$$

$$\boldsymbol{k} \cdot \boldsymbol{r} = k_z z + k_y y = k_\parallel u_\parallel + k_\perp u_\perp, \tag{3.3.16}$$

$$k_\parallel B_0 = k_z B_{0z} + k_y B_{0y}, \tag{3.3.17}$$

$$k_\perp B_0 = k_y B_{0z} - k_z B_{0y}, \tag{3.3.18}$$

获得以下关系:

$$u_{\parallel} = \frac{\mathrm{i}\epsilon(\alpha - 1)k_{\parallel}u_{\mathrm{A}}^2}{\omega^2(\alpha k_{\perp}^2 u_{\mathrm{A}}^2 - \epsilon)}\frac{\mathrm{d}u_x}{\mathrm{d}x}, \tag{3.3.19}$$

$$u_{\perp} = \frac{\mathrm{i}\alpha k_{\perp}u_{\mathrm{A}}^2}{\alpha k_{\perp}^2 u_{\mathrm{A}}^2 - \epsilon}\frac{\mathrm{d}u_x}{\mathrm{d}x}, \tag{3.3.20}$$

其中

$$\alpha = 1 + \frac{\gamma\beta\omega^2}{\omega^2 - \gamma\beta k_{\parallel}^2 u_{\mathrm{A}}^2}, \quad \beta = \frac{\mu_0 p_0}{B_0^2}. \tag{3.3.21}$$

最终我们得到以下非均匀等离子体中线性磁流体力学波或 Alfvén 波的方程:

$$\frac{\mathrm{d}}{\mathrm{d}x}\left(\frac{\epsilon\alpha\rho_0 u_{\mathrm{A}}^2}{\alpha k_{\perp}^2 u_{\mathrm{A}}^2 - \epsilon}\frac{\mathrm{d}u_x}{\mathrm{d}x}\right) - \rho_0\epsilon u_x = 0. \tag{3.3.22}$$

3.3.2 Alfvén 波连续谱共振加热

由于非均匀性, 上面方程中的三种磁流体力学波或 Alfvén 波耦合在一起. 方程 (3.3.22) 在共振点 $x = x_0$ 有一个奇异解, 其中 $\epsilon = 0$, 或者 $\omega^2 = k_{\parallel}(x_0)^2 u_{\mathrm{A}}(x_0)^2$. 这个奇异性会引起波相位耦合和波的能量发散. 发散的波能量会以连续谱方式转化成其他形式的波, 实际上在有任何碰撞的情况下, 都将会转化为热能, 从而加热等离子体.

(1) 连续谱 Alfvén 波的能量吸收率.

考虑一维模型, 能量吸收率是

$$\frac{\mathrm{d}W}{\mathrm{d}t} = \frac{1}{2}L_y L_z \mathrm{Re}\int_{x_1}^{x_2} \boldsymbol{J}_1 \cdot \boldsymbol{E}_1^* \mathrm{d}x, \tag{3.3.23}$$

其中 $\mu_0\boldsymbol{J}_1 = \nabla\times\boldsymbol{B}_1$, $\boldsymbol{E}_1 = -\boldsymbol{u}_1\times\boldsymbol{B}_0$. 定义 $\boldsymbol{u}_1 = \partial\xi/\partial t = -\mathrm{i}\omega\xi$, 这样 $\boldsymbol{E}_1 = \mathrm{i}\omega\xi\times\boldsymbol{B}_0$. 只有 $\boldsymbol{B}_1$ ($B_{\parallel}$) 的压缩 (平行) 方向对 $\mathrm{d}W/\mathrm{d}t$ 有贡献:

$$\begin{aligned}\frac{\mathrm{d}W}{\mathrm{d}t} &= \frac{\omega}{2\mu_0}L_y L_z \int_{x_1}^{x_2} B_0 \mathrm{Im}\left(\frac{\mathrm{d}B_{\parallel}}{\mathrm{d}x}\xi_x^* + \mathrm{i}k_{\perp}B_{\parallel}\xi_{\perp}^*\right)\mathrm{d}x \\ &= \frac{\omega}{2\mu_0}L_y L_z \mathrm{Im}[B_0 B_{\parallel}\xi_x^*]_{x_1}^{x_2} \\ &= \frac{\omega}{2}L_y L_z \mathrm{Im}\left(\frac{\epsilon\rho_0 u_{\mathrm{A}}^2}{\alpha k_{\perp}^2 u_{\mathrm{A}}^2 - \epsilon}\frac{\mathrm{d}\xi_x}{\mathrm{d}x}\xi_x^*\right)_{x_1}^{x_2}.\end{aligned} \tag{3.3.24}$$

关系 (3.3.24) 可以用 Poynting 矢量方法推导如下[2]. 考虑一维模型, 能量吸收率可用 Poynting 矢量表示:

$$\frac{\mathrm{d}W}{\mathrm{d}t} = \frac{1}{2}L_y L_z \,\mathrm{Re}\,[\boldsymbol{P}(x_1) - \boldsymbol{P}(x_2)]\cdot\boldsymbol{e}_x, \tag{3.3.25}$$

其中 Poynting 矢量

$$\boldsymbol{P}=\frac{1}{\mu_0}\boldsymbol{E}_1^*\times\boldsymbol{B}_1, \tag{3.3.26}$$

这里 $\boldsymbol{E}_1=-\boldsymbol{u}_1\times\boldsymbol{B}_0$. 定义 $\boldsymbol{u}_1=\partial\boldsymbol{\xi}/\partial t=-\mathrm{i}\omega\boldsymbol{\xi}$, 则有 $\boldsymbol{E}_1=\mathrm{i}\omega\boldsymbol{\xi}\times\boldsymbol{B}_0$, 于是

$$\boldsymbol{E}_1=\mathrm{i}\omega(\boldsymbol{\xi}\times\boldsymbol{B}_0)\Rightarrow\begin{cases}E_{\parallel}=0,\\E_{\perp}=-\mathrm{i}\omega\xi_xB_0,\\E_x=\mathrm{i}\omega\xi_{\perp}B_0.\end{cases} \tag{3.3.27}$$

由此得

$$\frac{\mathrm{d}W}{\mathrm{d}t}=\frac{1}{2}L_yL_z\,\mathrm{Re}\left[\frac{1}{\mu_2}\boldsymbol{E}_{\perp}^*\times\boldsymbol{B}_{\parallel}\right]_{x_2}^{x_1}=\frac{L_yL_zw}{2\mu_0}\,\mathrm{Im}\left[\xi_x^*B_0B_{\parallel}\right]_{x_1}^{x_2}. \tag{3.3.28}$$

一阶扰动磁场可以通过 Maxwell 方程得到如下表示:

$$\boldsymbol{B}_1=(\boldsymbol{B}_0\cdot\nabla)\boldsymbol{\xi}-\boldsymbol{B}_0(\nabla\cdot\boldsymbol{\xi})-(\boldsymbol{\xi}\cdot\nabla)\boldsymbol{B}_0. \tag{3.3.29}$$

结合绝热方程和连续性方程, 可以得到

$$p=-\xi_x\mathrm{d}p_0/\mathrm{d}x-\gamma p_0(\nabla\cdot\boldsymbol{\xi}). \tag{3.3.30}$$

假设扰动形式为

$$\boldsymbol{\xi}=\boldsymbol{\xi}(x)\exp\left[\mathrm{i}\left(k_zz+k_yy-\omega t\right)\right]. \tag{3.3.31}$$

使用局部直角坐标系: $\boldsymbol{e}_{\parallel}=\boldsymbol{B}_0/B_0$, $\boldsymbol{e}_{\perp}=\boldsymbol{e}_{\parallel}\times\boldsymbol{e}_x$. 从线性化磁流体力学动量方程

$$-\mu_0\rho_m\omega^2\boldsymbol{\xi}-(\boldsymbol{B}_0\cdot\nabla)^2\boldsymbol{\xi}=-\mu_0\nabla\tilde{p}-\boldsymbol{B}_0(\boldsymbol{B}_0\cdot\nabla)(\nabla\cdot\boldsymbol{\xi}) \tag{3.3.32}$$

出发, 可以得到

$$\epsilon\xi_{\parallel}=\mathrm{i}k_{\parallel}\mu_0\tilde{p}+\mathrm{i}B_0^2k_{\parallel}\left(\mathrm{i}k_{\parallel}\xi_{\parallel}+\mathrm{i}k_{\perp}\xi_{\perp}+\mathrm{d}\xi_x/\mathrm{d}x\right), \tag{3.3.33}$$

$$\epsilon\xi_{\perp}=\mathrm{i}k_{\perp}\mu_0\tilde{p}, \tag{3.3.34}$$

$$\epsilon\xi_x=\mu_0\mathrm{d}\tilde{p}/\mathrm{d}x, \tag{3.3.35}$$

其中 $\epsilon(x)=\omega^2\mu_0\rho_m-k_{\parallel}{}^2B_0^2$, $k_{\parallel}(x)B_0(x)=k_zB_{0z}+k_yB_{0y}$, $k_{\perp}(x)B_0(x)=k_yB_{0z}-k_zB_{0y}$. 利用方程 (3.3.29) 和 (3.3.30), 可以用 ξ_x 表示 $\xi_{\perp}$:

$$\xi_{\perp}(x)=\frac{\mathrm{i}\alpha k_{\perp}B_0^2}{\alpha k_{\perp}^2B_0^2-\epsilon}\frac{\mathrm{d}\xi_x}{\mathrm{d}x}, \tag{3.3.36}$$

其中 $\alpha(x) = 1 + \gamma\beta\omega^2/\left(\omega^2 - \gamma\beta k_\parallel{}^2 V_\mathrm{A}^2\right)$, $\beta(x) = \mu_0 p_0/B_0^2$. 由方程 (3.3.36) 和 (3.3.29), 可以得到

$$\begin{aligned} B_\parallel &= \left[\frac{\mathrm{d}\xi_x}{\mathrm{d}x} + \mathrm{i}k_\perp \frac{\mathrm{i}\alpha k_\perp B_0^2}{\alpha k_\perp^2 B_0^2 - \epsilon}\frac{\mathrm{d}\xi_x}{\mathrm{d}x}\right] B_0 \\ &= \left[\left(\frac{-\alpha k_\perp^2 B_0^2}{\alpha k_\perp^2 B_0^2 - \epsilon} + 1\right)\frac{\mathrm{d}\xi_x}{\mathrm{d}x}\right] B_0 \\ &= \frac{\epsilon B_0}{\alpha k_\perp^2 B_0^2 - \epsilon}\frac{\mathrm{d}\xi_x}{\mathrm{d}x}, \end{aligned} \tag{3.3.37}$$

从而得到

$$\frac{\mathrm{d}W}{\mathrm{d}t} = \frac{W_0}{2\mu_0} L_y L_z \,\mathrm{Im}\left(\frac{B_0^2 \epsilon}{\alpha k_\perp^2 B_0^2 - \epsilon}\frac{\mathrm{d}\xi_x}{\mathrm{d}x}\xi_x^*\right)_{x_1}^{x_2}. \tag{3.3.38}$$

(2) 共振点附近 Alfvén 波的能量吸收率.

在 $x = x_0$ 附近, $\epsilon_\mathrm{r}(x_0) = 0$, $\epsilon(x) \approx (\mathrm{d}\epsilon_r/\mathrm{d}x)_{x_0}(x - x_0) + \mathrm{i}\epsilon_\mathrm{i}$, 方程 (3.3.22) 中的波方程可以近似为

$$\frac{\mathrm{d}^2\xi_x}{\mathrm{d}x^2} + \frac{1}{x - x_0 + \mathrm{i}\delta}\frac{\mathrm{d}\xi_x}{\mathrm{d}x} - k_\perp^2 \xi_x = 0, \tag{3.3.39}$$

其中 $\delta = \epsilon_\mathrm{i}(x_0)/(\mathrm{d}\epsilon_\mathrm{r}/\mathrm{d}x)_{x_0}$. 因此, 在 $x = x_0$ 附近, 我们有 $\xi_x = C\ln(x - x_0 + \mathrm{i}\delta)$. 在 $\delta \to 0$ 极限下, $x = x_0$ 附近的波的能量吸收率

$$\frac{\mathrm{d}W_1}{\mathrm{d}t} = -\frac{\omega_0 L_y L_z |C|^2}{2\mu_0}\left(\frac{\mathrm{d}\epsilon_\mathrm{r}/\mathrm{d}x}{\alpha k_\perp^2}\right)_{x_0} \mathrm{Im}\left[\ln(x - x_0 + \mathrm{i}\delta)\right]_{x_0^-}^{x_0^+} \tag{3.3.40}$$

$$= \frac{\omega_0 \pi L_y L_z |C|^2}{2\mu_0}\left|\frac{\mathrm{d}\epsilon_\mathrm{r}/\mathrm{d}x}{\alpha k_\perp^2}\right|_{x_0}. \tag{3.3.41}$$

§3.4 柱位形等离子体中的 Alfvén 波

3.4.1 柱位形剪切 Alfvén 波

对于剪切 Alfvén 波, 我们只考虑以下方程:

$$\begin{aligned} &\rho\frac{\mathrm{d}\boldsymbol{u}}{\mathrm{d}t} = \boldsymbol{J}\times\boldsymbol{B}, \quad \nabla\times\boldsymbol{B} = \mu_0\boldsymbol{J}, \\ &\eta\boldsymbol{J} = \boldsymbol{E} + \boldsymbol{u}\times\boldsymbol{B}, \quad \nabla\times\boldsymbol{E} = -\frac{\partial\boldsymbol{B}}{\partial t}. \end{aligned}$$

考虑柱位形系统 (r,θ,z): 平衡量 $\boldsymbol{B}_0 = B_0\boldsymbol{e}_z$, $\boldsymbol{u}_0 = 0$, $\rho_0 =$ 常数; 扰动量 $\boldsymbol{u}_1 = (u_r, u_\theta, u_z) = (0, u, 0)$, $\boldsymbol{B}_1 = (B_r, B_\theta, B_z) = (0, B, 0)$, 是不可压缩和角向对称的, 例

如 $\nabla\cdot\boldsymbol{u}_1=0$ 和 $\partial/\partial_\theta=0$. 因此, 线性方程是

$$\rho_0\frac{\partial \boldsymbol{u}_1}{\partial t}=\boldsymbol{J}_1\times\boldsymbol{B}_0, \tag{3.4.1}$$

$$\nabla\times\boldsymbol{B}_1=\mu_0\boldsymbol{J}_1, \tag{3.4.2}$$

$$\eta\boldsymbol{J}_1=\boldsymbol{E}_1+\boldsymbol{u}_1\times\boldsymbol{B}_0, \tag{3.4.3}$$

$$\nabla\times\boldsymbol{E}_1=-\frac{\partial\boldsymbol{B}_1}{\partial t}. \tag{3.4.4}$$

(1) 柱位形下剪切 Alfvén 波: 理想磁流体.

设定 $A_1=A_k(r)\exp[\mathrm{i}(kz-\omega t)]$, 电流密度扰动

$$\boldsymbol{J}_1=\frac{1}{\mu_0}\left(-\frac{\partial B}{\partial z}\boldsymbol{e}_r+\frac{1}{r}\frac{\partial}{\partial r}(rB)\boldsymbol{e}_z\right)=(J_r,0,J_z),$$

$$J_r\equiv J_{rk}=-\mathrm{i}\frac{k}{\mu_0}B,$$

$$J_z\equiv J_{zk}=\frac{1}{\mu_0 r}\frac{\partial}{\partial r}(rB).$$

剪切 Alfvén 波方程 (当 $\eta=0$) 为

$$u=-\frac{B_0}{\rho_0\mu_0}\frac{k}{\omega}B, \tag{3.4.5}$$

$$B=-\frac{k}{\omega}B_0u=\frac{k^2}{\omega^2}\frac{B_0^2}{\rho_0\mu_0}B, \tag{3.4.6}$$

$$\begin{gathered}\omega^2=k^2u_{\mathrm{A}}^2,\quad u_{\mathrm{A}}^2=\frac{B_0^2}{\rho_0\mu_0},\\ u_\theta=-\frac{1}{\sqrt{\rho_0\mu_0}}B_\theta,\quad J_r=-\mathrm{i}\frac{k}{\mu_0}B_\theta.\end{gathered} \tag{3.4.7}$$

(2) 柱位形下剪切 Alfvén 波方程: 电阻磁流体.

当电阻率 $\eta\neq0$ 时,

$$\begin{gathered}\nabla\times(\nabla\times\boldsymbol{B}_1)=\frac{\mu_0}{\eta}\nabla\times(\boldsymbol{E}_1+\boldsymbol{u}_1\times\boldsymbol{B}_0)=\frac{\mu_0}{\eta}\left[-\frac{\partial\boldsymbol{B}_1}{\partial t}+(\boldsymbol{B}_0\cdot\nabla\boldsymbol{u}_1)\right],\\ \frac{\partial^2B}{\partial r^2}+\frac{1}{r}\frac{\partial B}{\partial r}-\frac{B}{r^2}-k^2B+\mathrm{i}\frac{\mu_0\omega}{\eta}\left(1-\frac{k^2u_{\mathrm{A}}^2}{\omega^2}\right)B=0,\end{gathered} \tag{3.4.8}$$

$$\begin{gathered}k_{\mathrm{c}}^2=-k^2+\mathrm{i}\frac{\mu_0\omega}{\eta}\left(1-\frac{k^2u_{\mathrm{A}}^2}{\omega^2}\right)=-\frac{\mu_0}{\mathrm{i}\omega\eta}\left[\omega^2-k^2\left(u_{\mathrm{A}}^2+\frac{\omega\eta}{\mathrm{i}\mu_0}\right)\right],\\ \frac{\partial^2B}{\partial r^2}+\frac{1}{r}\frac{\partial B}{\partial r}+\left(k_{\mathrm{c}}^2-\frac{1}{r^2}\right)B=0,\end{gathered} \tag{3.4.9}$$

$$\begin{gathered}B_{1\theta}(\boldsymbol{r})=B_{k\theta}J_1(k_{\mathrm{c}}r)\exp[\mathrm{i}(kz-\omega t)]=B\exp[\mathrm{i}(kz-\omega t)],\\ B=B_{k\theta}J_1(k_{\mathrm{c}}r),\end{gathered} \tag{3.4.10}$$

$$
\begin{gathered}
u=-\frac{B_0 k}{\mu_0 \rho_0 \omega} B, \quad E_r=\frac{k}{\omega}\left(u_{\mathrm{A}}^2-\mathrm{i} \frac{\omega \eta}{\mu_0}\right) B, \quad E_z=k_{\mathrm{c}} \frac{\eta}{\mu_0} \frac{J_0\left(k_{\mathrm{c}} r\right)}{J_1\left(k_{\mathrm{c}} r\right)} B, \\
J_r=-\mathrm{i} \frac{k}{\mu_0} B, \quad J_z=\frac{k_{\mathrm{c}}}{\mu_0} \frac{\mathrm{J}_0\left(k_{\mathrm{c}} r\right)}{\mathrm{J}_1\left(k_{\mathrm{c}} r\right)} B, \\
\boldsymbol{n} \times \boldsymbol{E}=\boldsymbol{e}_r \times \boldsymbol{E}=-E_z \boldsymbol{e}_\theta=0 \quad \Rightarrow \quad E_z=0, \\
J_0\left(k_{\mathrm{c}} a\right)=0 \quad \Rightarrow \quad k_{\mathrm{c}} a=z_n, \\
z_1=2.405, \quad z_2=5.520, \quad z_3=8.654, \quad z_4=11.79, \quad z_5=14.93,
\end{gathered} \tag{3.4.11}
$$

由此得

$$
\begin{gathered}
-\frac{\mu_0}{\mathrm{i} \omega \eta}\left[\omega^2-k^2\left(u_{\mathrm{A}}^2+\frac{\omega \eta}{\mathrm{i} \mu_0}\right)\right] a^2=z_n^2, \\
\omega^2+\mathrm{i} \frac{\eta}{\mu_0}\left(k^2+\frac{z_n^2}{a^2}\right) \omega-k^2 u_{\mathrm{A}}^2=0, \\
\omega=\pm \sqrt{k^2 u_{\mathrm{A}}^2-\frac{\eta^2}{4 \mu_0^2}\left(k^2+\frac{z_n^2}{a^2}\right)^2}-\mathrm{i} \frac{\eta}{2 \mu_0}\left(k^2+\frac{z_n^2}{a^2}\right) .
\end{gathered} \tag{3.4.12}
$$

3.4.2 柱位形压缩 Alfvén 波

对于压缩 Alfvén 波或 Alfvén－声波, 考虑平衡 $\nabla p_0=0, u_0=0, \rho_0=$ 常数, $B_0=B_0 \boldsymbol{e}_z$, 扰动量 $\boldsymbol{u}_1=(u_r, u_\theta, u_z), \boldsymbol{B}_1=(B_r, B_\theta, B_z)$ 是角向对称的, $A_1(r, z ; t)=A_k(r) \exp [\mathrm{i}(k z-\omega t)]$. 首先假设 $p_1=0$, 则有

$$
\rho_0 \frac{\partial \boldsymbol{u}_1}{\partial t}=\frac{1}{\mu_0}\left(\boldsymbol{B}_0 \cdot \nabla\right) \boldsymbol{B}_1-\frac{1}{\mu_0} B_0 \nabla B_z, \tag{3.4.13}
$$

$$
\begin{gathered}
\frac{\partial \boldsymbol{B}_1}{\partial t}=B_0 \frac{\partial \boldsymbol{u}_1}{\partial z}-B_0 \boldsymbol{e}_z \nabla \cdot \boldsymbol{u}_1, \\
\nabla B_z=\frac{\partial B_z}{\partial r} \boldsymbol{e}_r+\mathrm{i} k B_z \boldsymbol{e}_z, \quad \nabla \cdot \boldsymbol{u}_1=\frac{1}{r} \frac{\partial}{\partial r}\left(r u_r\right)+\mathrm{i} k u_z,
\end{gathered} \tag{3.4.14}
$$

$$
-\mathrm{i} \omega \rho_0 \boldsymbol{u}_1=\frac{B_0}{\mu_0} \mathrm{i} k \boldsymbol{B}_1-\frac{B_0}{\mu_0}\left(\frac{\partial B_z}{\partial r} \boldsymbol{e}_r+\mathrm{i} k B_z \boldsymbol{e}_z\right), \tag{3.4.15}
$$

$$
-\mathrm{i} \omega \boldsymbol{B}_1=\mathrm{i} k B_0 \boldsymbol{u}_1-B_0\left[\frac{1}{r} \frac{\partial}{\partial r}\left(r u_r\right)+\mathrm{i} k u_z\right] \boldsymbol{e}_z, \tag{3.4.16}
$$

$$
\begin{gathered}
-\mathrm{i} \omega \rho_0 u_\theta=\mathrm{i} k \frac{B_0}{\mu_0} B_\theta, \quad-\mathrm{i} \omega B_\theta=\mathrm{i} k B_0 u_\theta, \\
-\mathrm{i} \omega B_r=\mathrm{i} k B_0 u_r, \quad-\mathrm{i} \omega B_z=-\frac{B_0}{r} \frac{\partial\left(r u_r\right)}{\partial r}, \\
-\mathrm{i} \omega \rho_0 u_r=\mathrm{i} k \frac{B_0}{\mu_0} B_r-\frac{B_0}{\mu_0} \frac{\partial B_z}{\partial r}, \quad u_z=0, \\
\frac{\partial^2 u_r}{\partial r^2}+\frac{1}{r} \frac{\partial u_r}{\partial r}+\left(k_{\mathrm{c}}^2-\frac{1}{r^2}\right) u_r=0,
\end{gathered} \tag{3.4.17}
$$

其中 $k_{\mathrm{c}}^2=\dfrac{\omega^2}{u_{\mathrm{A}}^2}-k^2$, $u_r(0)$ 满足正则性条件, $u_r(a)=0$, 导致本征模解

$$u_r=u_0 J_1\left(k_{\mathrm{c}} r\right), \quad k_{\mathrm{c}} a=z_n^1, \tag{3.4.18}$$

$$z_0^1=0, \quad z_1^1=3.83, \quad z_2^1=7.02, \quad z_3^1=10.17, \quad z_4^1=13.32, \quad z_5^1=16.47,$$

$$\omega_n^2=\omega_{0n}^2+k^2 u_{\mathrm{A}}^2, \quad \omega_{0n}=\frac{u_{\mathrm{A}}}{a} z_n^1, \tag{3.4.19}$$

$$\omega_{02}=3.83 u_{\mathrm{A}}/a, \quad \omega_{03}=7.02 u_{\mathrm{A}}/a, \quad \cdots$$

考虑压强扰动 p_1,

$$\frac{\partial p_1}{\partial t}+\gamma p_0 \nabla \cdot \boldsymbol{u}_1=0.$$

类似地, 耦合 Alfvén – 声波解得到

$$\begin{aligned} & u_r=u_0 J_1\left(k_{\mathrm{c}}' r\right), \quad k_{\mathrm{c}}' a=z_n^1, \\ & k_{\mathrm{c}}'^2=\frac{\left(\omega^2-k^2 u_{\mathrm{A}}^2\right)\left(\omega^2-k^2 c_{\mathrm{s}}^2\right)}{\omega^2\left(u_{\mathrm{A}}^2+c_{\mathrm{s}}^2\right)-k^2 c_{\mathrm{s}}^2 u_{\mathrm{A}}^2}. \end{aligned} \tag{3.4.20}$$

柱位形中 Alfvén – 声波的色散关系为

$$\omega^2=\frac{k^2}{2}\left(1+\frac{\left(z_n^1\right)^2}{k^2 a^2}\right)\left(u_{\mathrm{A}}^2+c_{\mathrm{s}}^2\right)\left[1 \pm \sqrt{1-\frac{4 c_{\mathrm{s}}^2 u_{\mathrm{A}}^2}{\left(1+\dfrac{\left(z_n^1\right)^2}{k^2 a^2}\right) \cdot\left(u_{\mathrm{A}}^2+c_{\mathrm{s}}^2\right)^2}}\right]. \tag{3.4.21}$$

考虑一般扰动 $A_1=A_k(x) \exp [\mathrm{i}(m \theta+k_z z-\omega t]$, 其中没有假设角向对称. 柱位形中的 Alfvén – 声波色散关系为

$$\omega^2=\frac{k^2}{2}\left(1+\frac{\left(\alpha_n^m\right)^2}{k^2 a^2}\right)\left(u_{\mathrm{A}}^2+c_{\mathrm{s}}^2\right)\left[1 \pm \sqrt{1-\frac{4 c_{\mathrm{s}}^2 u_{\mathrm{A}}^2}{\left(1+\dfrac{\left(\alpha_n^m\right)^2}{k^2 a^2}\right) \cdot\left(u_{\mathrm{A}}^2+c_{\mathrm{s}}^2\right)^2}}\right], \tag{3.4.22}$$

其中 α_n^m 表示 $\mathrm{J}_m'(x)$ 的第 n 个零点, $\mathrm{J}_m(x)$ 是 m 阶 Bessel 函数, 如

$$\left(\frac{\mathrm{d} \mathrm{J}_m(x)}{\mathrm{d} x}\right)_{\alpha_n^m}=0, \quad m=0,1,2, \cdots, \quad n=1,2, \cdots.$$

柱位形中的一般性 Alfvén – 声波色散关系 (3.4.22) 可以推导如下. 从方程

$$\begin{aligned}
\rho_0 \frac{\partial \boldsymbol{u}_1}{\partial \mathbf{t}} &= \boldsymbol{J}_1 \times \boldsymbol{B}_0 - \nabla p_1, \quad \mu_0 \boldsymbol{J}_1 = \nabla \times \boldsymbol{B}_1, \\
\frac{\partial p_1}{\partial t} &= -\gamma p_0 \nabla \cdot \boldsymbol{u}_1 = -\gamma p_0 \left(\frac{1}{r}\frac{\partial}{\partial r}(r u_1) + \frac{\mathrm{i}m}{r} u_{1\theta} + \mathrm{i}k u_{1z}\right), \\
\frac{\partial \boldsymbol{B}_1}{\partial t} &= \nabla \times (\boldsymbol{u}_1 \times \boldsymbol{B}_0) = B_0 \partial_z \boldsymbol{u}_1 - B_0 \boldsymbol{e}_z \nabla \cdot \boldsymbol{u}_1
\end{aligned} \tag{3.4.23}$$

出发, 有

$$\rho_0 \frac{\partial^2 \boldsymbol{u}_1}{\partial t^2} = \frac{B_0^2}{\mu_0}\left(\partial_z^2 \boldsymbol{u}_1 - \boldsymbol{e}_z \partial_z \nabla \cdot \boldsymbol{u}_1\right) - \frac{B_0^2}{\mu_0} \nabla \partial_z u_{1z} + \left(\frac{B_0^2}{\mu_0} + \gamma p_0\right) \nabla (\nabla \cdot \boldsymbol{u}_1),$$

由此得

$$\left(\omega^2 - k^2 u_{\mathrm{A}}^2\right) \boldsymbol{u}_1 = \mathrm{i}k u_{\mathrm{A}}^2 \left(\boldsymbol{e}_z \nabla \cdot \boldsymbol{u}_1 + \nabla u_{1z}\right) - u_{\mathrm{ms}}^2 \nabla (\nabla \cdot \boldsymbol{u}_1), \tag{3.4.24}$$

其中

$$\nabla \cdot \boldsymbol{u}_1 = \frac{1}{r}\frac{\partial}{\partial r}(r u_{1r}) + \frac{\mathrm{i}m}{r} u_{1\theta} + \mathrm{i}k u_{1z}. \tag{3.4.25}$$

以 $\boldsymbol{e}_z, \boldsymbol{e}_\theta, \boldsymbol{e}_r$ 分别对 (3.4.24) 式两边做标量积, 得

$$\nabla \cdot \boldsymbol{u}_1 = \frac{\mathrm{i}\omega^2}{k c_{\mathrm{s}}^2} u_{1z}, \tag{3.4.26}$$

$$u_{1\theta} = \frac{\mathrm{i}k u_{\mathrm{A}}^2 - \dfrac{\mathrm{i}\omega^2}{k c_{\mathrm{s}}^2} u_{\mathrm{ms}}^2}{\omega^2 - k^2 u_{\mathrm{A}}^2} \frac{\mathrm{i}m}{r} u_{1z}, \tag{3.4.27}$$

$$u_{1r} = \frac{\mathrm{i}k u_{\mathrm{A}}^2 - \dfrac{\mathrm{i}\omega^2}{k c_{\mathrm{s}}^2} u_{\mathrm{ms}}^2}{\omega^2 - k^2 u_{\mathrm{A}}^2} \frac{\partial u_{1z}}{\partial r}. \tag{3.4.28}$$

将方程 (3.4.26), (3.4.27)及 (3.4.28) 代入方程 (3.4.25), 得到

$$\frac{\mathrm{d}^2 u_{1z}}{\mathrm{d}r^2} + \frac{1}{r}\frac{\mathrm{d}u_{1z}}{\mathrm{d}r} + \left(\kappa_{\mathrm{c}}^2 - \frac{m^2}{r^2}\right) u_{1z} = 0, \tag{3.4.29}$$

其中

$$\kappa_{\mathrm{c}}^2 = \frac{\left(\omega^2 - k^2 u_{\mathrm{A}}^2\right)\left(\omega^2 - k^2 c_{\mathrm{s}}^2\right)}{u_{\mathrm{ms}}^2 \omega^2 - k^2 u_{\mathrm{A}}^2 c_{\mathrm{s}}^2} \Rightarrow u_{1z} = \mathrm{J}_m(\kappa_{\mathrm{c}} r). \tag{3.4.30}$$

由 $r = a$ 处的边界条件, 即固壁条件 $u_{1r} \propto \partial_r u_{1z} = 0$, 得

$$\mathrm{J}_m'(\kappa_{\mathrm{c}} a) = 0, \quad \kappa_{\mathrm{c}} a = \alpha_n^m, \tag{3.4.31}$$

其中 α_n^m 是 $\mathrm{J}_m'(x)=0$ 的第 n 个根. 根据方程 (3.4.31), 即 $k_{\mathrm{c}}^2a^2=(\alpha_n^m)^2$, 得

$$\omega^4-\left(k^2+\kappa_{\mathrm{c}}^2\right)u_{\mathrm{ms}}^2\omega^2+\left(k^2+\kappa_{\mathrm{c}}^2\right)k^2u_{\mathrm{A}}^2c_{\mathrm{s}}^2=0, \tag{3.4.32}$$

由此得

$$\omega^2=\frac{k^2}{2}\left(1+\frac{(\alpha_n^m)^2}{k^2a^2}\right)u_{\mathrm{ms}}^2\left(1\pm\sqrt{1-\frac{4u_{\mathrm{A}}^2c_{\mathrm{s}}^2}{\left(1+\dfrac{(\alpha_n^m)^2}{k^2a^2}\right)u_{\mathrm{ms}}^4}}\right). \tag{3.4.33}$$

§3.5 环位形等离子体中的 Alfvén 波

剪切 Alfvén 波首先在天体物理等离子体中作为磁流体中的横波被发现. 在理想磁流体动力学中, Alfvén 波一般被认为是一个稳定因素, 因为 Alfvén 波的激发引起磁场线的弯曲或压缩, 增加的势能导致对自由能的吸收. 在环位形磁约束等离子体中, Alfvén 波在大部分频域是连续的, 其频谱在径向连续变化, 因此连续谱上的 Alfvén 波会受到强烈的阻尼 (参考 §3.3). 然而, 由于环向的周期性, 也存在具有分立频率的 Alfvén 波, 即环位形 Alfvén 本征模 (TAE), 在如被高能量粒子 (亦称 “快” 粒子、“热” 粒子) 激发等情况下会出现. 对于未来反应堆级的聚变等离子体来说, 因为会包含聚变反应产生的大量快粒子, 这些环位形 Alfvén 本征模将非常重要.

3.5.1 托卡马克中的 Alfvén 波谱: 连续和间隙

在环坐标 (r,θ,ζ) 下考虑大环径比圆形托卡马克,

$$\boldsymbol{B}_0=\frac{B_{0\zeta}(r)}{1+\epsilon\cos\theta}\boldsymbol{e}_\zeta+B_{0\theta}(r)\boldsymbol{e}_\theta,\quad \epsilon=\frac{r}{R}. \tag{3.5.1}$$

无边界不均匀等离子体中的剪切 Alfvén 波方程

$$\frac{\mathrm{d}}{\mathrm{d}x}\left\{\rho_0[\omega^2-k_\parallel^2u_{\mathrm{A}}^2(x)]\frac{\mathrm{d}u_x}{\mathrm{d}x}\right\}-\rho_0k_\perp^2[\omega^2-k_\parallel^2u_{\mathrm{A}}^2(x)]u_x=0 \tag{3.5.2}$$

可以写成环位形托卡马克中的形式

$$\frac{\mathrm{d}}{\mathrm{d}r}\left[\rho_0\left(\omega^2-F^2\right)r^3\frac{\mathrm{d}\xi}{\mathrm{d}r}\right]-\left(m^2-1\right)\left[\rho_0(\omega^2-F^2)\right]r\xi+\omega^2r^2\frac{\mathrm{d}\rho_0}{\mathrm{d}r}\xi=0, \tag{3.5.3}$$

其中 $\xi_r=\xi(r)\exp\left[\mathrm{i}(m\theta-n\zeta)-\mathrm{i}\omega t\right]$ 是径向位移, 并且

$$F=\frac{(m-nq)B_{0\theta}}{\sqrt{\mu_0\rho_0}r}. \tag{3.5.4}$$

(1) 托卡马克圆柱近似下的剪切 Alfvén 波连续谱.

在托卡马克圆柱近似下, 也就是当 $\epsilon = r/R \to 0$ 时, 剪切 Alfvén 连续谱色散关系可以约化为 $\omega^2 = F^2$, 即

$$m - nq(r) = \pm\frac{\omega r\sqrt{\mu_0\rho_0}}{B_{0\theta}(r)}, \quad \text{或者} \quad \omega_\pm = \pm k_{\parallel m}u_{\mathrm{A}} = \pm\frac{m-nq}{qR}\frac{B_0}{\sqrt{\mu_0\rho_0}}. \tag{3.5.5}$$

例如, 图 3.3 给出了平衡 $q = 1+4r^3$ 剖面情况下, 托卡马克圆柱近似下的剪切 Alfvén 波连续谱径向分布, 其中 $n = 1$ 固定, $m = 1, 2, 3, 4$.

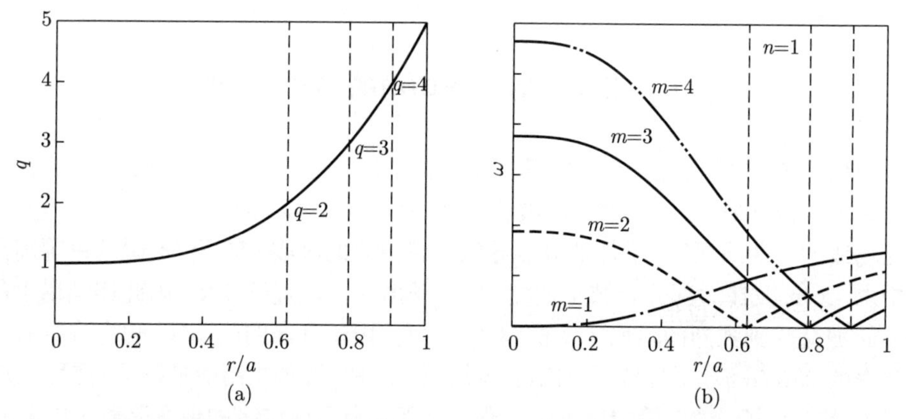

图 3.3 (a) 直柱托卡马克平衡安全因子剖面 $q = 1 + 4r^3$; (b) 相应的剪切 Alfvén 波连续谱径向分布, 其中 $n = 1$ 固定, $m = 1, 2, 3, 4$

(2) 托卡马克 m 和 $m+1$ 模环耦合导致的剪切 Alfvén 波连续谱.

对于在低 β 和大环径比极限下的环托卡马克, 如果考虑 ϵ 量级的环效应, 剪切 Alfvén 波连续谱变为

$$\omega_\pm^2 = \frac{k_{\parallel m}^2 + k_{\parallel m+1}^2 \pm \sqrt{(k_{\parallel m}^2 - k_{\parallel m+1}^2)^2 + 4\epsilon^2x^2k_{\parallel m}^2k_{\parallel m+1}^2}}{2(1-\epsilon^2x^2)}u_{\mathrm{A}}^2, \tag{3.5.6}$$

其中 $k_{\parallel m} = (m - nq)/(qR_0)$ 是平行方向波数, R_0 为大半径, a 为小半径, q 为安全因子, $u_{\mathrm{A}} = B_0/\sqrt{\mu_0\rho_0}$ 为 Alfvén 速度, $\epsilon = 3a/2R_0$, $x = r/a$ 为归一化小半径, m 和 n 分别为极向模数和环向模数.

(3) 托卡马克环位形 Alfvén 本征模出现在连续谱间隙.

在环形几何中, 环效应导致极向 Fourier 模式耦合在一起, 使得柱位形连续谱发生断开, 重新连接形成新的连续谱. 对于给定的环向模数 n, 在柱位形近似中每一个 m 原本相互独立的 $\omega(r)$ 连续谱被环效应修改. 柱位形近似下 m_1 和 m_2 模的连续谱断裂重联并且在交叉区域产生分立的间隙模式, 称为环位形 Alfvén 本征模 (TAE). 如图 3.4 所示, 对于两个相邻的极向 Fourier 波 m 和 $m+1$, 以 $u_{\mathrm{A}}/(2qR)$ 的

相同相速度, 沿着相反方向传播, 形成驻波, 其所对应的 TAE 位于 $q=(m+1/2)/n$, TAE 本征频率处于连续谱间隙, $\omega_- < \omega_{\mathrm{TAE}} < \omega_+$.

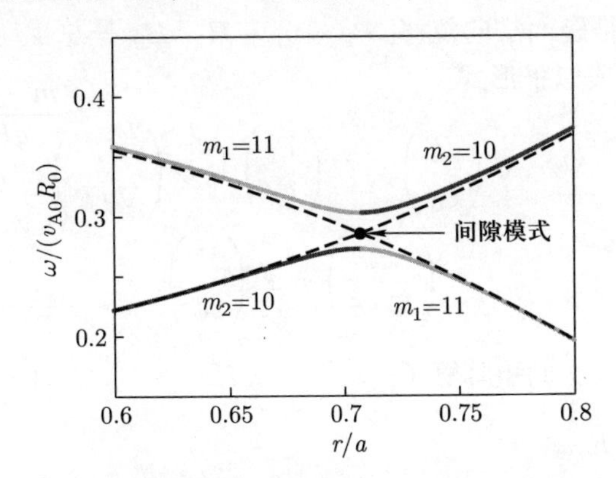

图 3.4 由于 m 和 $m+1$ 极向模式耦合, 在交叉区域连续谱分离的间隙, 产生环位形 Alfvén 本征模 (TAE)

3.5.2 托卡马克环位形 Alfvén 波连续谱和本征模: 理论推导

本节理论推导托卡马克环位形中 Alfvén 波连续谱, 证明环位形 Alfvén 本征模的存在区域[4]. 考虑一个理想线性磁流体平衡, 满足

$$\boldsymbol{J}_0\times\boldsymbol{B}_0=\nabla p_0,\quad \nabla\times\boldsymbol{B}_0=\boldsymbol{J}_0,\quad \nabla\cdot\boldsymbol{B}_0=0, \tag{3.5.7}$$

其中 $\boldsymbol{J}_0$, $\boldsymbol{B}_0$ 和 $\boldsymbol{P}_0$ 分别是平衡电流、磁场和等离子体压强. 在直线磁通坐标系 (ψ,θ,ζ) 下, 轴对称的环向平衡磁场可以写成

$$\boldsymbol{B}_0=\nabla\zeta\times\nabla\psi+q(\psi)\nabla\psi\times\nabla\theta, \tag{3.5.8}$$

其中 q 是安全因子, $2\pi\psi$ 是一个磁面的极向磁通, θ 是极向角, ζ 是环向角. 如果已经指定 $p(\psi)$ 和 $g(\psi)$, 那么通过求解 Grad-Shafranov 方程, 可以得到一个轴对称的环向平衡:

$$\delta^*\psi\equiv X^2\nabla\cdot(X^{-2}\nabla\psi)=-(X^2P'+gg'), \tag{3.5.9}$$

其中撇指的是对 ψ 求导. 令 $\boldsymbol{\xi}$, $\boldsymbol{B}_1$ 和 p 分别为等离子体扰动位移、扰动磁场和扰动压强. 又有关系 $\boldsymbol{\xi}(\boldsymbol{x},t)=\boldsymbol{\xi}(\boldsymbol{x})\mathrm{e}^{-\mathrm{i}\omega t}$, 线性化的理想磁流体方程为

$$p_1+\boldsymbol{\xi}\cdot\nabla P+\gamma_{\mathrm{s}}P\nabla\cdot\boldsymbol{\xi}=0, \tag{3.5.10}$$

$$\rho\omega^2\boldsymbol{\xi}=\nabla p_1+\boldsymbol{B}_1\times(\nabla\times\boldsymbol{B}_0)+\boldsymbol{B}_0\times(\nabla\times\boldsymbol{B}_1), \tag{3.5.11}$$

$$\boldsymbol{B}_1=\nabla\times(\boldsymbol{\xi}\times\boldsymbol{B}_0), \tag{3.5.12}$$

其中 $\gamma_\mathrm{s} = 5/3$ 是绝热系数, ρ 是等离子体密度. 方程 (3.5.10)~(3.5.12) 可以应用变量 $\nabla\cdot\boldsymbol{\xi}$, ξ_s, ξ_ψ 和 P_1 来化简, 其中 $\xi_\mathrm{s} = \boldsymbol{\xi}\cdot(\boldsymbol{B}_0\times\nabla\psi)/|\nabla\psi|^2$ 是磁面切向位移, $\xi_\psi = \boldsymbol{\xi}\cdot\nabla\psi/|\nabla\psi|$ 是磁面法向位移, $P_1 = p_1 + \boldsymbol{B}_1\cdot\boldsymbol{B}_0$ 是总扰动压强. 最终的理想磁流体本征方程变成以下形式:

$$\nabla\psi\cdot\nabla\begin{pmatrix}P_1\\ \xi_\psi\end{pmatrix} = C\begin{pmatrix}P_1\\ \xi_\psi\end{pmatrix} + D\begin{pmatrix}\xi_\mathrm{s}\\ \nabla\cdot\boldsymbol{\xi}\end{pmatrix}, \tag{3.5.13}$$

$$E\begin{pmatrix}\xi_\mathrm{s}\\ \nabla\cdot\boldsymbol{\xi}\end{pmatrix} = F\begin{pmatrix}P_1\\ \xi_\psi\end{pmatrix}, \tag{3.5.14}$$

C, D, E, F 都是 2×2 的矩阵算子:

$$\begin{aligned}
C_{11} =& K_\psi,\\
C_{12} =& \omega^2\rho + P'K_\psi + |\nabla\psi|^2\boldsymbol{B}_0\cdot\nabla\left[|\nabla\psi|^{-2}\boldsymbol{B}_0\cdot\nabla\right]\\
&+ \left(\boldsymbol{B}_0\cdot\boldsymbol{J} - \hat{S}|\nabla\psi|^2\right)\left(\hat{S}|\nabla\psi|^2/B_0^2\right),\\
C_{21} =& 0,\quad C_{22} = -|\nabla\psi|^2\nabla\cdot\left(\nabla\psi/|\nabla\psi|^2\right),\\
D_{11} =& \left(|\nabla\psi|^2\hat{S} - \boldsymbol{B}_0\cdot\boldsymbol{J}\right)\left(|\nabla\psi|^2/B_0^2\right)\boldsymbol{B}_0\cdot\nabla,\\
D_{12} =& \gamma_\mathrm{s}PK_\psi,\quad D_{21} = |\nabla\psi|^2\left[K_\mathrm{s} - (\boldsymbol{B}_0\times\nabla\psi)/B_0^2\cdot\nabla\right],\\
D_{22} =& |\nabla\psi|^2\left[1 + \frac{\gamma_\mathrm{s}P}{\omega^2\rho}\boldsymbol{B}_0\cdot\nabla\left(\frac{\boldsymbol{B}_0\cdot\nabla}{B_0^2}\right)\right],\\
E_{11} =& \frac{\omega^2\rho|\nabla\psi|^2}{B_0^2} + \boldsymbol{B}_0\cdot\nabla\left(\frac{|\nabla\psi|^2\boldsymbol{B}_0\cdot\nabla}{B_0^2}\right),\\
E_{12} =& \gamma_\mathrm{s}PK_\mathrm{s},\quad E_{21} = K_\mathrm{s},\\
E_{22} =& \frac{\gamma_\mathrm{s}P + B_0^2}{B_0^2} + \frac{\gamma_\mathrm{s}P}{\omega^2\rho}\boldsymbol{B}_0\cdot\nabla\left(\frac{\boldsymbol{B}_0\cdot\nabla}{B_0^2}\right),\\
F_{11} =& -K_\mathrm{s} + (\boldsymbol{B}_0\times\nabla\psi)/B_0^2\cdot\nabla,\\
F_{12} =& \boldsymbol{B}_0\cdot\nabla\left(|\nabla\psi|^2/B_0^2\right)\hat{S} - \left[(\boldsymbol{J}\cdot\boldsymbol{B}_0)/B_0^2\right]\boldsymbol{B}_0\cdot\nabla\\
&- P'K_\mathrm{s},\\
F_{21} =& -1/B_0^2,\quad F_{22} = -K_\psi/|\nabla\psi|^2,
\end{aligned} \tag{3.5.15}$$

其中 $K_\psi = 2\boldsymbol{K}\cdot\nabla\psi, K_\mathrm{s} = 2\boldsymbol{K}\cdot(\boldsymbol{B}_0\times\nabla\psi/B_0^2), \boldsymbol{K} = (\boldsymbol{B}_0/B_0)\cdot\nabla(\boldsymbol{B}_0/B_0)$ 称为曲率,

$$\widehat{S} = \left(\boldsymbol{B}_0\times\nabla\psi/|\nabla\psi|^2\right)\cdot\nabla\times\left[(\boldsymbol{B}_0\times\nabla\psi)/|\nabla\psi|^2\right]$$

称为本地磁剪切. 磁轴处的边界条件为 $\xi_\psi = 0$. 对于固定边界模式, 等离子体壁处的边界条件为 $\xi_\psi = 0$. 对于自由边界模式, 等离子体与真空交界处的边界条件为

$\boldsymbol{b}_{\mathrm{v}}\cdot\nabla\psi=\boldsymbol{B}_0\cdot\nabla\xi_\psi$, 真空扰动等离子体磁场 $\boldsymbol{b}_{\mathrm{v}}=\nabla\varPhi$, $\varPhi$ 为通过求解 $\nabla^2\varPhi=0$ 得到的磁标势. 对于一个给定平衡, 我们首先通过方程 (3.5.14) 用 P_1 和 ξ_ψ 表示 ξ_{s} 和 $\nabla\cdot\boldsymbol{\xi}$. 然后方程 (3.5.13) 会退化成关于 P_1 和 ξ_ψ 的方程. 对于如下方程, 如果在每个磁面都能找到 θ 和 ζ 方向上非平庸的单值周期性解

$$E\begin{pmatrix}\xi_{\mathrm{s}}\\ \nabla\cdot\boldsymbol{\xi}\end{pmatrix}=0, \tag{3.5.16}$$

那么相应的本征值 ω^2 组成了该平衡的连续谱. 方程 (3.5.16) 表征了声波分支和剪切 Alfvén 波分支在曲率和等离子体压强作用下的耦合.

因为 ζ 对于轴对称平衡是循环坐标, 所以将扰动量考虑为以下形式:

$$\xi(\theta,\zeta)=\xi_0(\theta)\mathrm{e}^{-\mathrm{i}n\zeta}, \tag{3.5.17}$$

然后可以得到

$$\begin{aligned}\boldsymbol{B}_0\cdot\nabla\xi&=\mathscr{J}^{-1}\left[\left(\frac{\partial}{\partial\theta}-\mathrm{i}nq\right)\xi_0\right]\mathrm{e}^{-\mathrm{i}n\zeta}\\&=\mathscr{J}^{-1}\mathrm{e}^{inq\theta}\frac{\partial}{\partial\theta}\left(\xi\mathrm{e}^{-inq\theta}\right),\end{aligned} \tag{3.5.18}$$

其中 $\mathscr{J}=(\nabla\psi\times\nabla\theta\cdot\nabla\zeta)^{-1}$. 此时方程 (3.5.16) 退化为

$$\begin{aligned}&\frac{\omega^2\rho|\nabla\psi|^2}{B_0^2}Y_1+\frac{1}{\mathscr{J}}\frac{\partial}{\partial\theta}\left(\frac{|\nabla\psi|^2}{B_0^2\mathscr{J}}\frac{\partial}{\partial\theta}Y_1\right)+\gamma_{\mathrm{s}}PK_{\mathrm{s}}Y_2=0,\\&K_{\mathrm{s}}Y_1+\left(\frac{\gamma_{\mathrm{s}}P+B_0^2}{B_0^2}\right)Y_2+\frac{\gamma_{\mathrm{s}}P}{\omega^2\rho\mathscr{J}}\frac{\partial}{\partial\theta}\left(\frac{1}{B_0^2\mathscr{J}}\frac{\partial}{\partial\theta}Y_2\right)=0.\end{aligned} \tag{3.5.19}$$

这里 $Y_1(\theta)=\xi_{\mathrm{s}}\exp[\mathrm{i}n(\zeta-q\theta)]$, $Y_2(\theta)=(\nabla\cdot\xi)\exp[\mathrm{i}n(\zeta-q\theta)]$. 因为方程 (3.5.19) 在 θ 方向上有周期性, 所以 Y_1 可以写成

$$Y_1(\theta)=\exp(\mathrm{i}\alpha\theta)\widetilde{Y}_1(\theta). \tag{3.5.20}$$

$\widetilde{Y}_1$ 在 θ 方向是周期性的. 因为 ξ_{s} 和 $\nabla\cdot\xi$ 在 θ 方向也具有周期性, 所以必须有 $\alpha=l-nq$, 其中 l 为整数. 方程 (3.5.19) 是厄米共轭的, 利用变分原理以及 Lagrange 泛函

$$\begin{aligned}\mathscr{L}=\oint\Bigg\{&\mathscr{J}^2\rho\left(\frac{|\nabla\psi|^2}{B_0^2}|Y_1|^2+B_0^2|Z|^2\right)-\left[\frac{|\nabla\psi|^2}{\mathscr{J}B_0^2}\left|\frac{\partial Y_1}{\partial\theta}\right|^2\right.\\&\left.+\left(\frac{\mathscr{J}_{\mathrm{s}}PB_0^2}{\gamma_{\mathrm{s}}P+B_0^2}\right)\left|K_{\mathrm{s}}Y_1-\frac{1}{\mathscr{J}}\left(\frac{\partial Z}{\partial\theta}\right)\right|^2\right]\Bigg\}\mathrm{d}\theta\end{aligned} \tag{3.5.21}$$

可以求解. 这里 $Z=\gamma_{\mathrm{s}}P(\partial Y_2/\partial\theta)/(\mathscr{J}\omega^2\rho B_0^2)$, 不难验证方程 (3.5.19) 是令 $\mathscr{L}$ 为稳态函数的结果. 此时连续谱的求解退化成了对本征值 ω^2 和本征函数 Y_1 与 Y_2 的求解. 根据方程 (3.5.20), 扰动项进行 Fourier 展开:

$$\begin{pmatrix} Y_1 \\ Z \end{pmatrix}=\sum_m \begin{pmatrix} a_m \\ \mathrm{i}b_m \end{pmatrix}\exp[\mathrm{i}(l+m-nq)\theta]. \tag{3.5.22}$$

将 (3.5.22) 式代入 (3.5.21) 式, 变分计算就等价于求解下面矩阵的本征值和本征函数:

$$\sum_{m,m'}(a_{m'}b_{m'})^*\,L_{m'm}\begin{pmatrix} a_m \\ b_m \end{pmatrix}=0, \tag{3.5.23}$$

其中

$$L_{m'm}=\oint \mathrm{d}\theta\begin{pmatrix} A_{11} & A_{12} \\ A_{21} & A_{22} \end{pmatrix}\exp\left[\mathrm{i}\left(m-m'\right)\theta\right], \tag{3.5.24}$$

$$\begin{aligned}
A_{11}=&\mathscr{J}^2\rho\frac{|\nabla\psi|^2}{B_0^2}-\frac{\mathscr{J}\gamma_{\mathrm{s}}PB_0^2K_{\mathrm{s}}^2}{\gamma_{\mathrm{s}}P+B_0^2}-\frac{|\nabla\psi|^2}{\mathscr{J}B_0^2}(l+m-nq)\left(l+m'-nq\right),\\
A_{12}=&\left[-\gamma_{\mathrm{s}}PB_0^2K_{\mathrm{s}}/\left(\gamma_{\mathrm{s}}P+B_0^2\right)\right]\left(l+m'-nq\right),\\
A_{21}=&\left[-\gamma_{\mathrm{s}}PB_0^2K_{\mathrm{s}}/\left(\gamma_{\mathrm{s}}P+B_0^2\right)\right](l+m-nq),\\
A_{22}=&\mathscr{J}\omega^2\rho B_0^2-\left[\gamma_{\mathrm{s}}PB_0^2/\mathscr{J}\left(\gamma_{\mathrm{s}}P+B_0^2\right)\right](l+m-nq)\left(l+m'-nq\right).
\end{aligned}$$

接下来令 $l=0$, 这样并不会失去一般性. 为了获得由于环向耦合效应而产生的剪切 Alfvén 连续谱, 采用文献 [5] 中推导的大纵横比、低 β 下的平衡. 考虑 $P\sim\epsilon^2$, $q\sim 1+\epsilon^2q^{(2)}$, 上下对称平衡的磁面可以表示为

$$\begin{aligned}
X=&R-\epsilon r\cos\theta-\epsilon^2\varDelta(r)+\epsilon^3[E(r)+G(r)]\cos\theta+\cdots,\\
Z=&\epsilon r\sin\theta+\epsilon^3[E(r)-G(r)]\sin\theta+\cdots,
\end{aligned} \tag{3.5.25}$$

其中 ϵ 是表示低阶参数的标记, r 标记了磁通面, θ 是极向角, $\delta(r)$ 表示磁面中心与磁轴之间的偏移, $E(r)$ 表示磁面的椭圆度, $G(r)$ 是调整磁面的标记. 通过关于 ϵ 的展开, 可以得到

$$\begin{aligned}
\mathscr{J}&=\alpha(r)\left[1+2\epsilon\sigma(r)\cos\theta+O\left(\epsilon^2\right)\right],\\
\frac{|\nabla\psi|^2}{B_0^2}&=\frac{\epsilon^2G(r)}{B_0^2}\left[1+2\epsilon\left(\frac{r}{R}+\varDelta'\right)\cos\theta+O\left(\epsilon^2\right)\right],
\end{aligned} \tag{3.5.26}$$

其中 $\varDelta'=\mathrm{d}\varDelta(r)/\mathrm{d}r$. 利用文献 [5] 中的方程 (5) 可以得到 Jacobi 行列式的具体表达式为

$$\mathscr{J}=\epsilon r+\epsilon^2r\varDelta'\cos\theta-\epsilon^3\left[(rG)'+r^2(E/r)'\cos2\theta\right]+\cdots. \tag{3.5.27}$$

$\mathscr{J}$ 中包含 σ 的项随后会被删去. 当阶数为 ϵ 时, 剪切 Alfvén 波与声波解耦. 考虑剪切 Alfvén 波分支, 方程 (3.5.23) 退化为

$$\begin{aligned}&\frac{2\pi\epsilon^2 G(r)}{\alpha(r)B_0^2}\sum_{m,m'}\left\{\Omega^2\left[\delta_{m,m'}+\epsilon\left(\frac{r}{R}+\Delta'+\sigma\right)(\delta_{m,m'-1}+\delta_{m,m'+1})\right]\right.\\&-(m-nq)(m'-nq)\left[\delta_{m,m'}+\epsilon\left(\frac{r}{R}+\Delta'-\sigma\right)(\delta_{m'm'-1}+\delta_{m,m'+1})\right]\\&\left.+O\left(\epsilon^2\right)\right\}a_m a_{m'}^*=0,\end{aligned}\tag{3.5.28}$$

其中 $\Omega^2=\omega^2\rho\alpha^2(r), \delta_{m,m'}$ 是 Kronecker 符号. 对于 ϵ 阶, 只呈现出极向模数相邻模式的耦合. 对于极向模数相差大于 1 的模式之间的耦合需要展开到 ϵ^2 阶, 这是在方程 (3.5.28) 中已经忽略的. 现在只考虑 m 和 $m+1$ 的模式, 则有色散关系

$$\begin{vmatrix}(\Omega^2-\Omega_0^2) & a\\ a & (\Omega^2-\Omega_1^2)\end{vmatrix}=0,\tag{3.5.29}$$

其中 $a=\epsilon\left[(r/R+\Delta'+\sigma)\Omega^2-(r/R+\Delta'-\sigma)\Omega_0\Omega_1\right]$, $\Omega_0=(m-nq)$, $\Omega_1=(m+1-nq)$. 在 $\Omega_0^2-\Omega_1^2\leqslant O(\epsilon^2)$ 的这些磁面附近, 我们有 $\Omega_0\approx-\Omega_1$, 而且 $\Omega_0^2\approx 1/4$, 所以本征值 Ω^2 近似等于

$$\Omega_\pm^2=\Omega_0^2\left[1\pm 2\epsilon(r/R+\Delta')+O\left(\epsilon^2\right)\right].\tag{3.5.30}$$

在忽略了 Shafranov 位移和 ϵ 二阶项后, 方程 (3.5.29) 可以进一步化简为

$$\omega_\pm^2=\frac{\omega_0^2+\omega_1^2\pm\sqrt{\left(\omega_0^2-\omega_1^2\right)^2-4\epsilon^2x^2\omega_0\omega_1(\omega_0-\omega_1)^2}}{2\left(1-\epsilon^2x^2\right)}.\tag{3.5.31}$$

(3.5.31) 式与文献 [6] 的结果具有类似形式.

接下来证明 TAE 的产生. 考虑大环径比、零 β 的托卡马克, 描述剪切 Alfvén 波的线性约化磁流体方程如下[7]:

$$\boldsymbol{B}\cdot\nabla\left[\Delta^*\left(X^2\boldsymbol{B}\cdot\nabla u\right)\right]+\omega^2\rho X^2\nabla_\perp^2 u=0,\tag{3.5.32}$$

其中

$$\Delta^*=X\frac{\partial}{\partial X}\frac{1}{X}\frac{\partial}{\partial X}+\frac{\partial^2}{\partial z^2},\quad \nabla_\perp^2=\nabla^2-\left(\frac{\boldsymbol{B}}{B}\right)\cdot\nabla\left(\frac{\boldsymbol{B}}{B}\cdot\nabla\right),$$

ρ 是等离子体质量密度, ρX^2 假设为定值, u 是速度流函数. 方程 (3.5.32) 是从方程 (3.5.10)~(3.5.12) 推出的. 考虑具有圆形同心磁面的平衡, 得到 $\boldsymbol{B}=(I_0/X)[\hat{\zeta}+(r/qX)\hat{\theta}]$, 其中 $X=R[1+(r/R)\cos\theta]$, R 是大半径, r 是小半径, θ 是极向角, ζ 是环向角. 速度流函数可做如下展开:

$$u=\sum_m u_m\exp[\mathrm{i}(m\theta-n\zeta)].$$

展开到 $O(\epsilon)$, 方程 (3.5.32) 退化为

$$4q_0^2(n-m/q)\nabla_\perp^2\left[(n-m/q)u_m\right]-\Omega^2\nabla_\perp^2 u_m=\hat{\epsilon}\Omega^2\nabla_\perp^2\left(u_{m+1}+u_{m-1}\right). \quad (3.5.33)$$

这里已经假设了 $\Delta^*\approx\nabla_\perp^2,\hat{\epsilon}$ 为 r/R 阶, $\Omega^2=4\omega^2/\omega_{\mathrm{A}}^2$, $\omega_{\mathrm{A}}^2=\left(B_0^2/\rho q_0^2R^2\right), B_0=I_0/R, q_0=q\left(r_0\right)=\left(m+\dfrac{1}{2}\right)\Big/n$ 是 m 和 $m+1$ 模的当地 Alfvén 频率交叉面的安全系数, 并且 ρ 假设为定值. 为了解方程 (3.5.33), 我们考虑 q_0 附近的 q, 所以 $n-m/q\approx(1+2msx)/(2q_0)$, 其中 $s=r_0q_0'/q_0, x=(r-r_0)/r_0<1$. 进一步假设 $\nabla_\perp^2u_m\approx\left[\left(\partial^2/\partial r^2\right)-\left(m^2/r^2\right)\right]u_m$, 关于模数为 m 的方程 (3.5.33) 退化为

$$\begin{aligned}(1+2msx)&\left(\frac{\mathrm{d}^2}{\mathrm{d}x^2}-m^2\right)(1+2msx)u_m-\Omega^2\left(\frac{\mathrm{d}^2}{\mathrm{d}x^2}-m^2\right)u_m\\&=\hat{\epsilon}\Omega^2\left[\left(\frac{\mathrm{d}^2}{\mathrm{d}x^2}-(m+1)^2\right)u_{m+1}+\left(\frac{\mathrm{d}^2}{\mathrm{d}x^2}-(m-1)^2\right)u_{m-1}\right]. \quad (3.5.34)\end{aligned}$$

方程 (3.5.34) 可以被截断并只保留 m 和 $(m+1)$ 次谐波, 我们可以得到一组方程:

$$\begin{aligned}&\left[\frac{\mathrm{d}}{\mathrm{d}y}\left[(1+2my)^2-\Omega^2\right]\frac{\mathrm{d}}{\mathrm{d}y}-\left(\frac{m}{s}\right)^2\left[(1+2my)^2-\Omega^2\right]\right]u_m\\&=\hat{\epsilon}\Omega^2\left[\frac{\mathrm{d}^2}{\mathrm{d}y^2}-\left(\frac{m+1}{s}\right)^2\right]u_{m+1}, \quad (3.5.35)\end{aligned}$$

$$\begin{aligned}&\left[\frac{\mathrm{d}}{\mathrm{d}y}\left\{[1-2(m+1)y]^2-\Omega^2\right\}\frac{\mathrm{d}}{\mathrm{d}y}-\left(\frac{m+1}{s}\right)^2\left\{[1-2(m+1)y]^2-\Omega^2\right\}\right]u_{m+1}\\&=\hat{\epsilon}\Omega^2\left[\frac{\mathrm{d}^2}{\mathrm{d}y^2}-\left(\frac{m}{s}\right)^2\right]u_m, \quad (3.5.36)\end{aligned}$$

其中 $y=sx$. 方程 (3.5.35) 和 (3.5.36) 可以通过考虑 y 的两个区域的渐近匹配方法来求解: (1) $y\sim\hat{\epsilon}$, (2) $y\sim\hat{\epsilon}^{\frac{1}{2}}$. 考虑 $1-\Omega^2=O(\hat{\epsilon})$ 和 $s\sim m\approx(u_m/u_{m+1})=O(1)$, 这两个方程在 $y=O(\hat{\epsilon})$ 时退化为

$$\frac{\mathrm{d}}{\mathrm{d}y}\left(1-\Omega^2+4my\right)\frac{\mathrm{d}}{\mathrm{d}y}u_m=\hat{\epsilon}\Omega^2\frac{\mathrm{d}^2}{\mathrm{d}y^2}u_{m+1}, \quad (3.5.37)$$

$$\frac{\mathrm{d}}{\mathrm{d}y}\left[1-\Omega^2-4(m+1)y\right]\frac{\mathrm{d}}{\mathrm{d}y}u_{m+1}=\hat{\epsilon}\Omega^2\frac{\mathrm{d}^2}{\mathrm{d}y^2}u_m, \quad (3.5.38)$$

在 $y=O(\hat{\epsilon}^{\frac{1}{2}})$ 时退化为

$$\frac{\mathrm{d}}{\mathrm{d}y}y\frac{\mathrm{d}}{\mathrm{d}y}\begin{pmatrix}u_m\\u_{m+1}\end{pmatrix}=0. \quad (3.5.39)$$

$y=O(\hat{\epsilon})$ 时的解为

$$
\begin{aligned}
u_m = & C_0\left[\frac{1}{2}\ln\left[(y+a)^2+b^2\right]-\frac{a}{b}\tan^{-1}\left(\frac{y+a}{b}\right)\right] \\
& +C_1\left[\frac{1}{b}\tan^{-1}\left(\frac{y+a}{b}\right)\right],
\end{aligned} \tag{3.5.40}
$$

$$
\begin{aligned}
u_{m+1} = & \widehat{C}_0\left[\frac{1}{2}\ln\left[(y+a)^2+b^2\right]-\frac{a}{b}\tan^{-1}\left(\frac{y+a}{b}\right)\right] \\
& +\widehat{C}_1\left[\frac{1}{b}\tan^{-1}\left(\frac{y+a}{b}\right)\right],
\end{aligned} \tag{3.5.41}
$$

积分常数由下式给出:

$$
\begin{aligned}
& \frac{\widehat{C}_1}{\widehat{C}_0}=\frac{4m\left(a^2+b^2\right)-\left(1-\Omega^2\right)\left(C_1/C_0\right)}{8ma-\left(1-\Omega^2\right)-4m\left(C_1/C_0\right)}, \\
& \hat{\epsilon}\Omega^2\widehat{C}_0=4mC_1+\left(1-\Omega^2-8ma\right)C_0, \\
& a=\left(1-\Omega^2\right)/8m(m+1)=O(\hat{\epsilon}),
\end{aligned}
$$

并且

$$
b^2=\frac{\left\{\hat{\epsilon}^2\Omega^4-\left(1-\Omega^2\right)^2\left[1+1/4m(m+1)\right]\right\}}{16m(m+1)}=O(\hat{\epsilon}). \tag{3.5.42}
$$

$y=O(\hat{\epsilon}^{\frac{1}{2}})$ 时的解为

$$
u_m=a_1\left(\ln|y|+b_1\right), \tag{3.5.43}
$$

$$
u_{m+1}=a_2\left(\ln|y|+b_2\right), \tag{3.5.44}
$$

其中 a_1,a_2,b_1,b_2 都是零阶的有限实数. 这里 b_1,b_2 通过匹配方程 (3.5.33) 在 $y=O(1)$ 时的解得出, 取决于安全因子 $q(r)$. 我们不追求 $y=O(1)$ 时的解, 而是假设 b_1,b_2 是已知常数. 然后我们分别通过匹配 $y=O(\hat{\epsilon})$ 时和 $y=O(\hat{\epsilon}^{\frac{1}{2}})$ 时的解来得到一个色散关系. 色散关系取决于 b_1,b_2, 并且由下式给出:

$$
b=(2m+1)\left(1-\Omega^2\right)\alpha/[8m(m+1)], \tag{3.5.45}
$$

其中 $\alpha=2\left(b_1-b_2\right)/\left[\pi\left(1+b_1b_2/\pi^2\right)\right]$.

一般来说, α 是有限实数, 并且我们必须要求 $b^2>0$, 这样方程 (3.5.40) 和方程 (3.5.41) 都为正则方程, 对应的正则频率为

$$
\Omega^2=(1\pm\hat{\epsilon}h)+O\left(\hat{\epsilon}^2\right), \tag{3.5.46}
$$

其中 $h^2 = 4m(m+1)/\left[1+4m(m+1)+(2m+1)^2\alpha^2\right] > 0$.

因为 $h^2 < 1, \Omega^2$ 在通过 $\Omega^2 = 1 \pm \hat{\epsilon}$ 定义的连续谱的间隙里面, 并且由剪切和边界条件决定 (b_1, b_2). 因此我们展示了对于任何给定的正则 $y = O(1)$ 的解, 即给定有限的 b_1, b_2, 我们总是可以得到位于 m 和 $m+1$ 极向谐波耦合产生的连续谱间隙内分立本征值 Ω^2 的正则全局解. 在 m 很大时, $h^2 \to 1$, 因为此时 $b_1 \to b_2$, 并且 Ω^2 与 n 和 m 无关.

在有限 n 的情况下, 离散的环效应诱发的剪切 Alfvén 模式已经被观察到. 具有圆形同心磁面的低 β 等离子体的剪切 Alfvén 本征方程通过应用高 n 下的 WKB – 气球模表象形式给出[8]:

$$\left(\frac{\mathrm{d}^2}{\mathrm{d}\theta^2} + \Omega^2(1+2\epsilon\cos\theta) - \frac{s^2}{\left(1+s^2\theta^2\right)^2}\right)\Phi = 0, \tag{3.5.47}$$

其中 $s = rq'/q$, $\epsilon = 2r/R$, $\Phi = (1+s^2\theta^2)^{1/2}\hat{\phi}$, $\hat{\phi}$ 是静电势. 通过双尺度分析和渐近匹配, 对方程 (3.5.47) 进行了环效应诱发的 Alfvén 本征模的分析. 在最低连续谱间隙中偶宇称模的本征频率为:

$$\Omega^2 = \frac{1}{4}\left[1+\epsilon\left(1-s^2\pi^2/8\right)\right]^{-1} \quad (s^2 \ll 1), \tag{3.5.48}$$

$$\Omega^2 = \frac{1}{4}\left[1-\epsilon\left(1-\pi^2/72s^4\right)\right]^{-1} \quad (s^2 \gg 1). \tag{3.5.49}$$

通过方程 (3.5.48) 和方程 (3.5.49), 我们可以看到 $s \to 0$ 时, Ω^2 逐渐接近间隙的底端, $s \to \infty$ 时, Ω^2 逐渐接近间隙的顶端. 奇宇称的解不存在.

3.5.3　托卡马克环位形 Alfvén 本征模: 驱动与阻尼

虽然连续谱剪切 Alfvén 波受到强烈阻尼, 但 TAE 的弱阻尼可以通过与快粒子的不稳定相互作用来克服. 特别地, 一般认为, 聚变反应等离子体中产生的 α 粒子会产生不稳定性, 其中 α 粒子和波之间的共振导致与径向 α 粒子密度梯度相关的自由能量释放. 因此, TAE 增长可由聚变燃烧等离子体中的 α 粒子驱动. 然而之前首次在 TFTR 装置上观察到的 TAE (见图 3.5), 主要是由中性束注入 (NBI) 过程中产生的快粒子所驱动, 这也是目前在主流托卡马克上 TAE 的主要驱动方式.

(1) TAE 可以与聚变反应等离子体中的 α 粒子产生共振, 因为其速度接近.

关于 TAE 驱动和阻尼的计算可以得到一个增长率 γ_{TAE} 的一般公式:

$$\frac{\gamma_{\mathrm{TAE}}}{\omega_0} \approx \frac{9}{4}\beta_\alpha\left(\frac{\omega_{*\alpha}}{\omega_0} - \frac{1}{2}\right)F\left(\frac{u_{\mathrm{A}}}{u_\alpha}\right) - D, \tag{3.5.50}$$

其中 $\omega_0 \approx u_{\mathrm{A}}/(2qR_0)$ 是环位形 Alfvén 模式的基频, $u_{\mathrm{A}} = B_0/(\mu_0\rho_0)^{1/2}$, β_α 是 α 粒子的 β 值, $\omega_{*\alpha}$ 是它们的抗磁频率, 对于模数 m 由下式给出:

$$\omega_{*\alpha} = -\frac{m}{r}\frac{T_\alpha}{e_\alpha B}\frac{\mathrm{d}\ln p_\alpha}{\mathrm{d}r}, \tag{3.5.51}$$

e_α 是 α 粒子的电荷, u_α 是 α 粒子的平均速度, $F(x) = x(1+2x^2+2x^4)\mathrm{e}^{-x^2}$. $F(u_{\mathrm{A}}/u_\alpha)$ 的形式表明, 不稳定性主要与速度大小分布在 Alfvén 速度附近或之上的 α 粒子有关. 在氘氚比为 $1:1$, $n = 10^{20}\ \mathrm{m}^{-3}$, $B = 5\ \mathrm{T}$ 的聚变等离子体中, Alfvén 速度约为 $7\times10^6\ \mathrm{ms}^{-1}$. 能量为 3.5 MeV 的 α 粒子有一个初始速度 $1.3\times10^7\ \mathrm{ms}^{-1}$, 因此, 存在与 TAE 发生共振不稳定性的可能性.

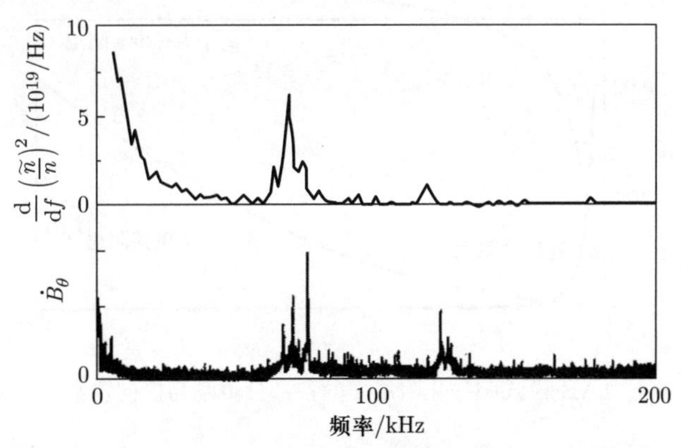

图 3.5 TFTR 上用粒子束发射光谱测量的 TAE 密度波动光谱以及 Mirnov 线圈测量的磁波动的频谱 (引自文献 [9])

(2) 在聚变燃烧等离子体中 α 粒子的抗磁漂移频率使 TAE 不稳定.

在聚变反应堆中, 通过慢化高能量 α 粒子, 使得快 α 粒子的产生速率和损失速率达到平衡. 因此快 α 粒子密度有如下形式:

$$n_\alpha \sim n^2\langle\sigma v\rangle\tau_{\mathrm{s}}, \tag{3.5.52}$$

其中 $\langle\sigma v\rangle$ 是氘氚反应率, τ_{s} 是慢化时间. 因为 $\tau_{\mathrm{s}} \propto T^{3/2}/n$ 并且近似地有 $\langle\sigma v\rangle \propto T^2$, 这样可以得到

$$n_\alpha \propto nT^{7/2}. \tag{3.5.53}$$

使用 (3.5.53) 关系, 将典型聚变反应堆的参数值代入方程 (3.5.51), 从方程 (3.5.50) 发现, 如果忽略阻尼项 D, TAE 将对于所有的 m 模数都不稳定. 因此, TAE 稳定性还取决于阻尼幅度对 m 的依赖性.

(3) TAE 阻尼项 D 的各部分贡献依赖于极向模数 m.

TAE 阻尼项 D 一般有四个重要的贡献 (见图 3.6). 其中, 与 Alfvén 连续谱耦合导致的连续谱阻尼主要在低 m 情况下显著, 在高 m 下随 $m^{-3/2}$ 快速递减. 离子 Landau 阻尼几乎没有对 m 的依赖性. 捕获电子碰撞阻尼正比于 m^2. 此外, 由于电子辐射和 Alfvén 波耦合而导致的辐射阻尼随 $e^{-1/m}$ 变化. 除阻尼项外, 高能量粒子的有限回旋半径效应也会抑制方程 (3.5.50) 中带有 m 的驱动项导致的 TAE 增长. 在目前的大托卡马克中, 这些阻尼贡献及抑制效应项结合的总效应是, TAE 在小 m 极向模数, 一般是 $m = 3 \sim 6$ 的范围内是最不稳定的.

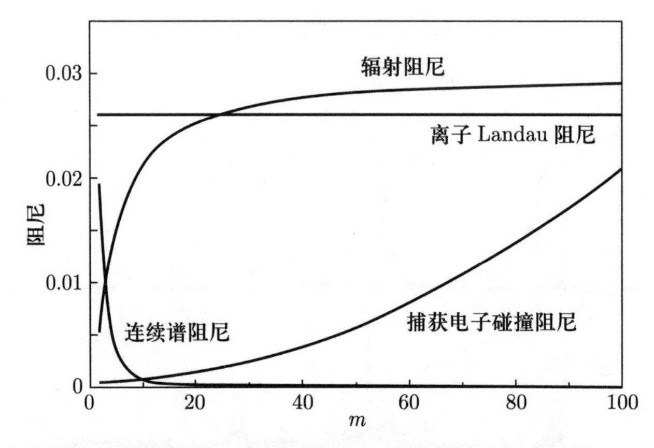

图 3.6 ITER 参数下 TAE 模式归一化阻尼率的各部分贡献与极向模数 m 的依赖关系 (引自文献 [10])

小 结

本章主要讨论了以下内容:

(1) 无限大均匀等离子体中的磁流体力学波.

(i) 特殊情况下的简单推导;

(ii) 一般情况下的完整推导;

(iii) 三种磁流体力学波的特征.

(2) 非均匀等离子体中的磁流体力学波.

(i) Alfvén 波连续共振条件;

(ii) Alfvén 波空间共振的加热功率.

(3) 柱位形和环位形等离子体中的磁流体力学波.

(i) 径向本征模和沿 z 方向、θ 方向传播的波;

(ii) 托卡马克中环位形 Alfvén 连续谱和间隙分立本征模 TAE.

习 题

1. 从方程 (3.2.3) $\sim$ (3.2.6) 推导方程 (3.2.7) $\sim$ (3.2.8).
2. 从方程 (3.3.8) 推导方程 (3.3.12) $\sim$ (3.3.14).
3. 从方程 (3.3.23) 推导方程 (3.3.24).
4. 推导方程 (3.4.21) 和 (3.4.22).
5. 证明在低 β 极限下托卡马克中, 方程 (3.3.22) 简化为方程 (3.5.3).
6. 假设 $D=0$, 使用典型聚变装置参数估计方程 (3.5.50) 中的增长率 γ_{TAE}.
7. 列举 3 篇早期或最近的关于平板、柱、环形装置中的 Alfvén 波的理论或实验文章 (每种位形一篇文章).

参 考 文 献

[1] Alfvén H. Existence of electromagnetic-hydrodynamic waves. Nature, 1942, 150(3805): 405.

[2] Chen L and Hasegawa A. Plasma heating by spatial resonance of Alfvén wave. The Physics of Fluids, 1974, 17(7): 1399.

[3] Hasegawa A and Chen L. Plasma heating by Alfvén-wave phase mixing. Physics Review Letters, 1974, 32(9): 454.

[4] Cheng C Z and Chance M S. Low-n shear Alfvén spectra in axisymmetric toroidal plasmas. The Physics of Fluids, 1986, 29(11): 3695.

[5] Greene J M, Johnson J L, and Weimer K E. Tokamak equilibrium. The Physics of Fluids, 1971, 14(3): 671.

[6] Fu G Y and Van Dam J W. Excitation of the toroidicity-induced shear Alfvén eigenmode by fusion alpha particles in an ignited tokamak. Physics of Fluids B: Plasma Physics, 1989, 1(10): 1949.

[7] Izzo R, Monticello D A, Strauss H R, et al. Reduced equations for internal kinks in tokamak. The Physics of Fluids, 1983, 632: 30.

[8] Cheng C Z, Chen L, and Chance M S. High-n ideal and resistive shear Alfvén waves in tokamaks. Annals of Physics, 1985, 161(1): 21.

[9] Wong K L, Fonck R J, Paul S F, et al. Excitation of toroidal Alfvén eigenmodes in TFTR. Physics Review Letters, 1991, 66(14): 1874.

[10] Connor J W, Dendy R O, Hastie R J, et al. Non-ideal effects on toroidal Alfvén eigenmode stability. Europhysics Conference Abstracts, 1994, 18: 616.

第四章 线性理想磁流体稳定性分析

本章将讨论作为初始值问题的线性磁流体力学不稳定性, 并介绍线性磁流体力学不稳定性的能量原理, 最后探讨托卡马克和螺旋箍缩的能量原理.

§4.1 动力学系统的稳定性

(1) 单粒子系统的力学稳定性: 一个简单的类比.

在保守力场 (如重力场、静电场等) 中, 单粒子从其平衡位置 (由 $-\mathrm{d}V/\mathrm{d}x = 0$ 定义) 发生扰动位移, 当位移方向在保守力方向投影为负时, 系统的势能增加, 保守力的作用可以导致与位移方向相反的恢复力, 这在没有阻尼的情况下会导致单粒子在其平衡位置附近发生振荡. 或者当初始扰动位移方向与保守力方向相同 (即在保守力方向投影为正) 时, 系统的势能下降, 会导致扰动位移持续增大, 从而失去平衡.

(2) 线性与非线性不稳定性.

系统的线性稳定性取决于力的符号, 即 $\mathrm{d}^2V(x)/\mathrm{d}x^2$. 如果位移导致相对于典型平衡值的势能变化较小, 则该势能可以通过抛物线近似, 该抛物线对应于一阶导数消失的平衡点周围的局部 Taylor 展开. 这对应于线性稳定性分析的概念. 但是, 如果扰动变大, 则其指数增长可能会趋于饱和, 从而导致新的平衡位置. 这种情况可能是由扰动对平衡本身的反作用引起的, 表明扰动趋于饱和是一个非线性过程. 在线性稳定但非线性不稳定的情况下, 对于振幅足够大的扰动, 最初的振动解会转换为指数增长的解. 如图 4.1 所示.

(3) 动力学系统的线性化.

推导控制磁流体系统线性稳定性的方程的步骤类似于对任何动力学系统的线性分析: 假设存在一个小参数 ϵ, 对方程进行线性化, 就可以写出围绕 $f(\boldsymbol{x}_0)$ 的 Taylor 展开式所涉及的所有量:

$$f(\boldsymbol{x}) = f_0 + \epsilon f_1 + \epsilon^2 f_2 + \cdots. \tag{4.1.1}$$

将正比于 ϵ 的项合并可得到一组偏微分方程, 这些方程对于一阶项而言是线性的, 系数函数为零阶.

(4) 时间和对称维数的 Fourier 分解.

将扰动量对零阶量不明确依赖的所有变量维度进行 Fourier 分解展开, 这些维度通常是时间和可忽略的空间坐标, 零阶量对于这些维度变量的无明确依赖性或不

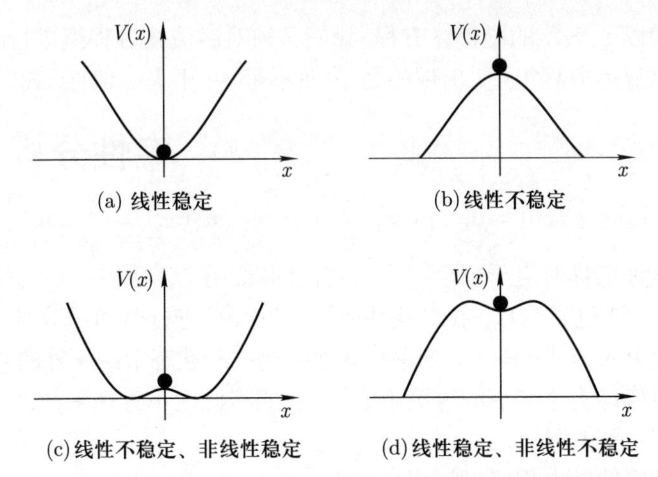

图 4.1 保守力场中单粒子在平衡位置附近位移扰动导致的系统势能变化

变性意味着系统相关维度上的对称性. 这将用乘法因子代替这些变量中的导数. 因为根据定义, 平衡量并不明确依赖时间, 所以这将导致扰动量有以下形式的 Fourier 分解:

$$f_1(\boldsymbol{x},t)=\sum_{n=-\infty}^{\infty}f_1^n(\boldsymbol{x})\mathrm{e}^{-\mathrm{i}\omega_n t}. \tag{4.1.2}$$

对于线性系统, 由 n 表示的不同谐波不会耦合, 并且每个谐波都可以单独处理. 因此, 从现在开始, 我们将略去总和与模式记号 n.

(5) 线性动力学系统的本征模方程.

动力学系统方程可以简化为线性偏微分方程, 该方程以 ω 的本征值问题形式出现. 在没有耗散的情况下, 就像理想磁流体模型一样, 本征值问题对于 ω 的阶数而言是二次的. 本征值将确定系统的稳定性, 其中纯实数的 ω 对应于稳定的情况 (振动解), 而纯虚数的 ω 对应于不稳定的情况 (指数增长).

§4.2 作为初始值问题的线性磁流体力学不稳定性

类似于前面介绍的简单力学系统, 我们引入代表流体元位移的一阶扰动的向量 $\boldsymbol{\xi}(\boldsymbol{x})$, 以及代表流体元速度一阶扰动的

$$\boldsymbol{u}_1=\frac{\mathrm{d}\boldsymbol{\xi}}{\mathrm{d}t}. \tag{4.2.1}$$

对于最一般的情况, 我们假设零阶量依赖所有空间变量.

(1) 线性扰动的初始条件.

为了推导以 $\boldsymbol{\xi}$ 表示的磁流体方程, 我们必须对磁流体方程组进行时间积分, 因为在原始的磁流体方程组中, 出现的是 $\boldsymbol{u}$ 而不是 $\boldsymbol{\xi}$. 不失一般性, 我们可以选择初始条件为

$$\begin{aligned}\boldsymbol{\xi}(\boldsymbol{x},t=0)=0,\quad \boldsymbol{B}_1(\boldsymbol{x},t=0)=0,\\ \rho_1(\boldsymbol{x},t=0)=0,\quad p_1(\boldsymbol{x},t=0)=0,\quad \boldsymbol{u}_1(\boldsymbol{x},t=0)\neq 0.\end{aligned}\tag{4.2.2}$$

初始条件的这种选择对应于一个特定的初值问题, 在该问题中, 系统在 $t=0$ 时刻以有限速度 $\boldsymbol{u}_1$ 通过平衡点. 在对线性磁流体方程组进行时间积分时, 这样的初始条件可以避免引入描述 $t=0$ 时刻系统其他初始扰动状态量的额外的非零项. 此外, 就像在关于磁流体力学平衡的讨论中一样, 我们将假定不存在平衡流, 即 $\boldsymbol{u}_0=0$.

(2) 线性化理想磁流体方程的时间积分.

线性化的连续性方程经时间积分变为

$$\frac{\partial \rho_1}{\partial t}=-\nabla\cdot(\rho_0\boldsymbol{u}_1)\Rightarrow \rho_1=-\nabla\cdot(\rho_0\boldsymbol{\xi}),\tag{4.2.3}$$

这表示流体粒子数密度的扰动变化是由于流体体积元的压缩或者膨胀. 使用该方程, 可以得到线性绝热方程的时间积分:

$$\frac{\partial p_1}{\partial t}=-\gamma p_0\nabla\cdot\boldsymbol{u}_1-\boldsymbol{u}_1\cdot\nabla p_0\Rightarrow p_1=-\gamma p_0\nabla\cdot\boldsymbol{\xi}-\boldsymbol{\xi}\cdot\nabla p_0.\tag{4.2.4}$$

结果表明, 演化的扰动压强是绝热压缩和磁流体积元在不同压强区域移动的共同结果. 关于扰动磁场, 结合 Faraday 定律和 Ohm 定律, 再进行时间积分得到

$$\frac{\partial \boldsymbol{B}_1}{\partial t}=\nabla\times(\boldsymbol{u}_1\times\boldsymbol{B}_0)\Rightarrow \boldsymbol{B}_1=\nabla\times(\boldsymbol{\xi}\times\boldsymbol{B}_0).\tag{4.2.5}$$

可以看到, 对于理想磁流体, 扰动磁场完全通过磁流体在零阶平衡磁场中位移形成的动生感应而产生.

(3) 理想磁流体中等离子体扰动位移的线性化方程.

将 Ampère 定律 $\mu_0\boldsymbol{J}_1=\nabla\times\boldsymbol{B}_1$ 和扰动压强表达式 (4.2.4) 代入线性化的动量方程

$$\rho_0\frac{\partial \boldsymbol{u}_1}{\partial t}=\boldsymbol{J}_0\times\boldsymbol{B}_1+\boldsymbol{J}_1\times\boldsymbol{B}_0-\nabla p_1,\tag{4.2.6}$$

可以得出关于扰动位移变化的线性方程

$$\rho_0\frac{\partial^2\boldsymbol{\xi}}{\partial t^2}=\frac{1}{\mu_0}(\nabla\times\boldsymbol{B}_0)\times\boldsymbol{B}_1+\frac{1}{\mu_0}(\nabla\times\boldsymbol{B}_1)\times\boldsymbol{B}_0+\nabla(\gamma p_0\nabla\cdot\boldsymbol{\xi}+\boldsymbol{\xi}\cdot\nabla p_0).\tag{4.2.7}$$

将扰动磁场 $\boldsymbol{B}_1$ 的表达式 (4.2.5) 代入 (4.3.2) 式, 得到

$$\rho_0\frac{\partial^2\boldsymbol{\xi}}{\partial t^2}=\boldsymbol{F}(\boldsymbol{\xi}).\tag{4.2.8}$$

这里, 我们引入了磁流体力算子 $\boldsymbol{F}(\boldsymbol{\xi})$:

$$\begin{aligned}\boldsymbol{F}(\boldsymbol{\xi}) = &\frac{1}{\mu_0}(\nabla\times\boldsymbol{B}_0)\times[\nabla\times(\boldsymbol{\xi}\times\boldsymbol{B}_0)]\\&+\frac{1}{\mu_0}\{\nabla\times[\nabla\times(\boldsymbol{\xi}\times\boldsymbol{B}_0)]\}\times\boldsymbol{B}_0+\nabla(\gamma p_0\nabla\cdot\boldsymbol{\xi}+\boldsymbol{\xi}\cdot\nabla p_0).\end{aligned} \tag{4.2.9}$$

通过求解方程 (4.2.8) 得到扰动位移 $\boldsymbol{\xi}$ 随时间的演化, 可用以判断磁流体系统的线性稳定性或者不稳定性.

§4.3 作为本征值问题的线性磁流体力学不稳定性

4.3.1 理想磁流体线性方程组本征值问题

如前面单粒子系统力学稳定性部分所述, 对扰动位移进行 Fourier 分解:

$$\boldsymbol{\xi}(\boldsymbol{x},t)=\int \mathrm{d}\omega\bar{\boldsymbol{\xi}}(\boldsymbol{x},\omega)\mathrm{e}^{-\mathrm{i}\omega t}. \tag{4.3.1}$$

对于每一项 Fourier 分量 $\bar{\boldsymbol{\xi}}(\boldsymbol{x},\omega)\mathrm{e}^{-\mathrm{i}\omega t}$, 其线性理想磁流体方程

$$-\omega^2\rho_0\bar{\boldsymbol{\xi}}=\boldsymbol{F}(\bar{\boldsymbol{\xi}}) \tag{4.3.2}$$

在特定边界条件下会构成广义本征值问题. 以下为方便起见, 将略去扰动位移 Fourier 分量 $\bar{\boldsymbol{\xi}}(\boldsymbol{x},\omega)$ 的上划线. 可以证明, 这里的磁流体力算子 $\boldsymbol{F}(\boldsymbol{\xi})$ 是自伴的, 即

$$\int\boldsymbol{\eta}^*\cdot\boldsymbol{F}(\boldsymbol{\xi})\mathrm{d}\boldsymbol{x}=\int\boldsymbol{\xi}^*\cdot\boldsymbol{F}(\boldsymbol{\eta})\mathrm{d}\boldsymbol{x}, \tag{4.3.3}$$

其中星号表示复共轭. 对于以上属性逐项证明的过程很直接, 但比较烦琐, 感兴趣的读者可以参考相关文献. 由此属性可以直接得到以下重要结果: 本征值 ω^2 是实数, 相应的本征函数彼此正交, 即它们满足关系

$$\int\rho_0\boldsymbol{\xi}_n^*\cdot\boldsymbol{\xi}_m\mathrm{d}\boldsymbol{x}=\delta_{mn}, \tag{4.3.4}$$

其中 $\boldsymbol{\xi}_m$ 和 $\boldsymbol{\xi}_n$ 分别对应于本征值 ω_m^2 和 ω_n^2 的本征函数.

(1) 由本征值 ω^2 确定的线性磁流体不稳定性.

由于线性理想磁流体方程组的本征值是实数, 因此磁流体系统稳定性特性由以下判据给出:

(i) $\omega^2>0$: ω 是实数, 系统在平衡点附近振荡, 这意味着它是稳定的.

(ii) $\omega^2<0$: ω 是纯虚数, 存在指数增长和指数衰减的解. 由于存在指数增长的解, 所以系统不稳定.

因此, 找到本征值问题的解将为我们提供有关理想磁流体系统线性稳定性的完整知识.

(2) 本征函数和本征值的展开.

形式上, 本征值 ω^2 可以由下式表达:

$$\omega^2(\boldsymbol{\xi},\boldsymbol{\xi}^*) = \frac{\delta W(\boldsymbol{\xi},\boldsymbol{\xi}^*)}{K(\boldsymbol{\xi},\boldsymbol{\xi}^*)}. \tag{4.3.5}$$

但是由于该关系对任意 $\boldsymbol{\xi}$ 有效, 因此通常 ω^2 不一定是本征方程 (4.3.2) 的本征值. 当然, 可以通过变分条件 $\delta\omega^2(\boldsymbol{\xi},\boldsymbol{\xi}^*) = 0$ 来获得这样的本征值, 其所对应的 Euler-Lagrange 方程就是本征值方程 (4.3.2). 对于任意的扰动位移 $\boldsymbol{\xi}$, 相应的 $\omega^2(\boldsymbol{\xi},\boldsymbol{\xi}^*)$ 与本征值之间的关系可以通过将 $\boldsymbol{\xi}$ 分解为本征函数来得到. 通过将展开式

$$\boldsymbol{\xi} = \sum_n a_n \boldsymbol{\xi}_n \tag{4.3.6}$$

代入 (4.3.5) 式, 可以得到

$$\omega^2 = -\frac{\displaystyle\sum_n\sum_m a_m^* a_n \int \boldsymbol{\xi}_m^* \cdot \boldsymbol{F}(\boldsymbol{\xi}_n)\,\mathrm{d}\boldsymbol{x}}{\displaystyle\sum_n\sum_m a_m^* a_n \int \rho_n \boldsymbol{\xi}_m^* \cdot \boldsymbol{\xi}_n \mathrm{d}\boldsymbol{x}} = \frac{\displaystyle\sum_n |a_n|^2 \omega_n^2}{\displaystyle\sum_n |a_n|^2}. \tag{4.3.7}$$

4.3.2 理想磁流体系统的能量原理

从方程 (4.2.7) 或者 (4.2.8) 的形式不难理解, 只有少数情况下可以求得这些方程的解析解. 一般情况下, 以上本征值问题必须通过数值求解. 虽然这种方法可行, 并且在实际系统的线性磁流体稳定性分析中也经常采用, 但是存在另外一种方法, 可以对磁约束聚变等离子体的磁流体力学稳定性进行更多和更为直接的物理洞察, 尽管这样通常会损失有关本征值和本征函数的详细信息. 这种方法就是所谓的能量原理.

能量原理是确定磁流体稳定性的一种变分方法, 它基于自伴系统的 Ritz 变分原理, 该原理最初是为流体力学开发的, 并且还应用于量子力学等中, 以估计在分析上不容易处理的本征系统本征值. 这套方法体系的基本思想是通过将表示本征值问题的偏微分方程乘以 $\boldsymbol{\xi}^*$ 并对其进行全局体积分来将其转换为积分表达式

$$K(\boldsymbol{\xi},\boldsymbol{\xi}^*) = \frac{\omega^2}{2}\int \rho_0 |\boldsymbol{\xi}|^2 \mathrm{d}V = -\frac{1}{2}\int \boldsymbol{\xi}^* \cdot \boldsymbol{F}(\boldsymbol{\xi})\mathrm{d}V = \delta W(\boldsymbol{\xi},\boldsymbol{\xi}^*). \tag{4.3.8}$$

这里左侧的积分 $K(\boldsymbol{\xi},\boldsymbol{\xi}^*)$ 是扰动系统的动能. 右侧 δW 对应于扰动势能, 即通过使系统克服力 $\boldsymbol{F}$ 来完成的功.

(1) 由 δW 符号确定的线性理想磁流体稳定性.

可以利用任意试探函数 $\boldsymbol{\xi}$ 获得的 ω^2 来重新定义稳定性判据.

(i) $\omega^2 < 0$. 根据 (4.3.7) 式, 本征值 ω_n^2 中至少一个必须为负, 因此系统不稳定.

(ii) $\omega^2 > 0$. 如果这种情况对于所有试探函数都成立, 那么系统稳定.

我们注意到 K 恒为正, 这意味着 ω^2 的符号是由 δW 决定的, 这就是 "能量原理":

(i) 存在一个 $\boldsymbol{\xi}$, 若 $\delta W < 0$, 则系统不稳定;

(ii) 对于所有 $\boldsymbol{\xi}$, 若 $\delta W > 0$, 则系统稳定.

这与本章开始时介绍的简单力学系统非常相似. 从方程 (4.3.5) 可以看出, 由变分条件 $\delta(\delta W) = 0$ 所得到的 Euler-Lagrange 方程对应于边际稳定的本征值 $\omega^2 = 0$.

(2) 能量原理与本征值问题.

如果能找到合适的试探函数, 就可以通过能量原理确定系统的稳定性. 这一方法与不明确求解方程 (4.3.2) 对应的本征值问题相比, 我们对系统能获得的了解较少, 因为我们不知道真实的本征值和本征函数. 但是, 从方程 (4.3.7) 可以看出, 对应于绝对值最大的负本征值, 增长最快的本征模式将使 δW 最负, 也就是说, 它代表了变分式 (4.3.5) 的极值, 这也是 Ritz 变分原理的原始陈述. 因此, 如有试探函数使得 δW 为负值, 我们知道将始终存在一个不稳定的本征模, 至少具有由特定试探函数计算得到的 δW 所对应的增长率.

在下文中, 我们将讨论不同形式的能量原理, 这些原理已被证明可以为常规磁流体, 特别是磁约束装置中的理想磁流体稳定性提供物理理解.

(3) 磁约束等离子体的扩展能量原理.

对于被真空区域包围的等离子体, 以及被导电壁包围的真空区域所组成的系统, 其能量原理可以重写为特定的形式. 这种与磁约束聚变等离子体有关的形式通常称为扩展能量原理, 其具体形式因在两个分界面处引入的以下边界条件而不同:

(i) 在导电固体壁处, $\boldsymbol{\xi}$ 的径向分量消失. 如果装置器壁理想导电, 则对于 $B_{1\perp}$ 同样适用. 在理想导电壁之外, 所有场量扰动都消失. 这通常意味着在壁中的屏蔽电流导致平行磁场在壁上发生跃变.

(ii) 在等离子体 – 真空分界面处, $\boldsymbol{B}_1$ 的垂直分量是连续的, 而如果存在表面电流, 则平行分量可能会跃变. 此外, 必须在整个表面上实现两侧压强平衡.

(4) δW_{F} 的标准形式[1].

应用以上边界条件, 经过整理, δW 可以写为三部分:

$$\delta W = \delta W_{\mathrm{F}} + \delta W_{\mathrm{S}} + \delta W_{\mathrm{V}}, \tag{4.3.9}$$

其中下标 "F" 代表 "流体", 即等离子体的贡献, "S" 代表 "表面", 即等离子体 – 真

空界面的贡献, “V” 代表 “真空” 的贡献. “流体” 部分的贡献可以写成

$$\delta W_{\mathrm{F}}=\frac{1}{2}\int_{\text{流体}}\left[\frac{|\boldsymbol{B}_1|^2}{\mu_0}-\boldsymbol{\xi}_{\perp}^*\cdot\boldsymbol{J}_0\times\boldsymbol{B}_1+\gamma p_0|\nabla\cdot\boldsymbol{\xi}|^2+(\boldsymbol{\xi}_{\perp}\cdot\nabla p_0)(\nabla\cdot\boldsymbol{\xi}_{\perp}^*)\right]\mathrm{d}\boldsymbol{x}. \tag{4.3.10}$$

这就是 δW_{F} 的标准形式. 对于真空部分 δW_{V}, 可以得到

$$\delta W_{\mathrm{V}}=\frac{1}{2}\int_{\text{真空}}\frac{B_1^2}{2\mu_0}\mathrm{d}\boldsymbol{x}. \tag{4.3.11}$$

这是由于真空中磁场扰动而产生的磁能. 等离子体 – 真空界面部分 δW_{S} 可以写为

$$\delta W_{\mathrm{S}}=\frac{1}{2}\int_{\text{表面}}|\boldsymbol{n}\cdot\boldsymbol{\xi}_{\perp}|^2\,\boldsymbol{n}\cdot\left\|\nabla\left(p_0+\frac{B_0^2}{2\mu_0}\right)\right\|\mathrm{d}S, \tag{4.3.12}$$

其中 $\boldsymbol{n}$ 是界面的法向单位矢量, 双线表示跨越等离子体 – 真空界面的场量跃变. 如前所述, 等离子体和磁场的总压在界面上是连续的, 但其一阶导数可能会跃变, 从而导致表面电流. 相反, 如果我们假设没有表面电流, 则可以设置 $\delta W_{\mathrm{S}}=0$. 自此之后, $\perp$ 是指垂直于平衡磁场 $\boldsymbol{B}_0$ 的方向, 而 $\parallel$ 是指平行于平衡磁场 $\boldsymbol{B}_0$ 的方向.

(5) δW_{F} 的直观形式[2].

通过一系列整理推导, 可以将等离子体的体积分写为

$$\begin{aligned}\delta W_{\mathrm{F}}=\frac{1}{2}\int_{\text{流体}}\Bigg(&\frac{|\boldsymbol{B}_{1\perp}|^2}{\mu_0}+\frac{B_0^2}{\mu_0}|\nabla\cdot\boldsymbol{\xi}_{\perp}+2\boldsymbol{\xi}_{\perp}\cdot\boldsymbol{\kappa}|^2+\gamma p_0|\nabla\cdot\boldsymbol{\xi}|^2\\&-2(\boldsymbol{\xi}_{\perp}\cdot\nabla p_0)(\boldsymbol{\kappa}\cdot\boldsymbol{\xi}_{\perp}^*)-\frac{J_{0\parallel}}{B_0}(\boldsymbol{\xi}_{\perp}^*\times\boldsymbol{B}_0)\cdot\boldsymbol{B}_{1\perp}\Bigg)\mathrm{d}\boldsymbol{x},\end{aligned} \tag{4.3.13}$$

其中 $\boldsymbol{\kappa}$ 是平衡磁场的曲率向量. 此处的主要步骤是将与压强梯度有关的垂直电流密度与无力磁场的平行电流密度分开, 分别代表着自由能的两种主要来源. 这里沿磁场线流动的电流对力平衡没有帮助, 因此其所产生的磁场在文献中通常称为无力场.

(6) δW_{F} 致稳和解稳部分的贡献.

δW_{F} 的直观形式可以通过其物理性质来表征各种稳定和不稳定贡献的来源. (4.3.13) 式第一行中的所有项都是正的, 因此致稳, 它们对应于线性磁流体力学波. 第一项 $|B_{1\perp}|^2/(2\mu_0)$ 是与微扰相关的磁场能量, 可以与剪切 Alfvén 波有关. 第二项 $|\nabla\cdot\boldsymbol{\xi}_{\perp}+2\boldsymbol{\xi}_{\perp}\cdot\boldsymbol{\kappa}|^2B_0^2/(2\mu_0)$ 与平衡场和等离子体的压缩有关. 它与压缩 Alfvén 波有关. 第三项 $\gamma p_0|\nabla\cdot\boldsymbol{\xi}|^2$ 与导致声波的理想等离子体 (绝热) 压缩有关. 显然, 通过满足 $\nabla\cdot\boldsymbol{\xi}=0$ 的扰动可以将这些贡献最小化, 这就是最不稳定的扰动通常不可

压缩的原因. 方程 (4.3.13) 第二行中的各项可正可负, 是磁流体不稳定性的主要来源, 分别对应于压强驱动不稳定性和电流驱动不稳定性.

(i) 压强驱动不稳定性. $2\,(\boldsymbol{\xi}_\perp \cdot \nabla p_0)\,(\boldsymbol{\kappa} \cdot \boldsymbol{\xi}_\perp)$ 项描述了压强梯度的不稳定作用. 可以看出, 其符号将取决于 $\boldsymbol{\kappa}$ 和 ∇p_0 的相对方向, 因此, 如果向量是平行的, 则贡献将为负并因此不稳定, 而对于反平行情况, 该项是正的, 因此是起稳定作用的. 这些情况被称为 “坏” 和 “好” 曲率, 并与交换不稳定性的概念有关. 交换不稳定性导致系统的势能降低. 等离子体压强具有向外扩展的自然趋势. 当场线对等离子体呈凹形时, 以不同半径 “互换” 两个通量管的扰动会导致系统的势能较低, 因此不稳定 (见图 4.2(a)). 当场线对等离子体呈凸形时, 系统可以稳定地交换微扰 (见图 4.2(b)). 这种不稳定性对于磁镜等离子体的约束至关重要. 对于环位形系统, 圆环的内部是曲率良好的区域, 而外部则是曲率较差的区域. 这意味着, 托卡马克中压强驱动模式的整体稳定性至关重要, 这取决于沿磁场线的曲率积分, 从而将两个区域的贡献相加. 这也意味着, 环形效应对于描述环位形系统中的压强驱动模式至关重要.

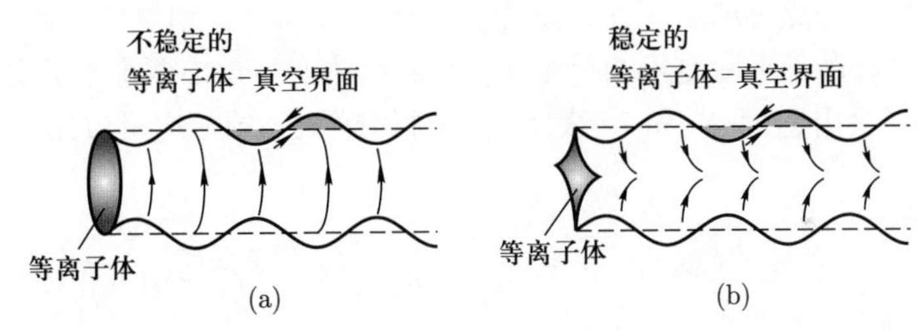

图 4.2 (a) 当场线对等离子体呈凹形时, 以不同半径 “互换” 两个通量管的扰动会导致系统的势能较低, 因此不稳定. (b) 当场线对等离子体呈凸形时, 系统可以稳定地交换微扰

(ii) 电流驱动不稳定性. $J_{0\|}\,(\boldsymbol{\xi}_\perp \times \boldsymbol{B}_0) \cdot \boldsymbol{B}_1/B_0$ 项描述了由平行于平衡场的电流密度驱动的不稳定性. 这类不稳定性的突出例子是腊肠和扭曲不稳定性. 扭曲不稳定性本质上是电流驱动的事实, 也可以从它们也在固态物体中发生而看出. 例如, 承载电流的直铜线将开始扭曲, 因此在高于临界电流时会变形为螺旋形. 拧毛巾时, 会发生类似于扭曲不稳定性的机械类比.

(iii) 压强和电流混合驱动不稳定性. 尽管压强驱动模式和电流驱动模式之间的区别对于磁流体不稳定性的主要分类非常有用, 但我们将在以下讲述中看到, 实际系统中的不稳定性通常是两者的混合.

关于 δW 的以上这些表达式是我们分析线性理想磁流体稳定性的起点. 为了分析不同位形的稳定性, 必须在适当的坐标中表示它们, 并且必须指定由零阶量组成的系数函数. 它们是零级力平衡的结果, 即它们包含完整的平衡信息. 以下分别具体讨论环位形托卡马克及其柱位形近似, 即螺旋箍缩等离子体的能量原理.

§4.4 托卡马克和螺旋箍缩的能量原理

4.4.1 托卡马克能量原理

对于轴对称环位形磁流体力学平衡，极向磁通函数 Ψ、极向电流 $I_{\text{pol}}(\Psi)$ 和压强 $p(\Psi)$ 通过 Grad-Shafranov 方程联系起来，因此将出现在能量原理中扰动位移的系数函数里. 使用 (可忽略的) 环向角 ϕ、垂直于磁通表面 Ψ 的方向以及极向角 χ 所构成的坐标系 (Ψ,ϕ,χ)，满足 $\nabla\Psi\cdot\nabla\chi=0$. 这些坐标中的体积元由 $\mathrm{d}\boldsymbol{x}=\mathrm{d}^3x=\mathcal{J}\mathrm{d}\Psi\mathrm{d}\chi\mathrm{d}\phi$ 给出，其中 $\mathcal{J}$ 是 Jacobi 行列式. 由于托卡马克的轴对称性，位移向量可以根据下式进行 Fourier 分解:

$$\boldsymbol{\xi}=\sum_n\boldsymbol{\xi}_n(\Psi,\chi)\mathrm{e}^{\mathrm{i}n\phi}. \tag{4.4.1}$$

以下表述中为方便起见，在没有混淆的情况下，略去 Fourier 分量 $\boldsymbol{\xi}_n(\Psi,\chi)$ 的下标 n.

环坐标托卡马克等离子体的扰动势能 δW 可以写为扰动位移平行于平衡磁场的分量 $\xi_\parallel$，和垂直于平衡磁场的分量 $\boldsymbol{\xi}_\perp$ 在磁面法向与切向两个独立分量的函数，这两个分量可以用标量 X 和 U 表示，而平行分量 $\xi_\parallel$ 的效应可以用标量 Z 来体现[3]:

$$X=RB_{\text{p}}\xi_\Psi,\quad U=\frac{\xi_\phi}{R}-\frac{\mu_0I_{\text{pol}}}{R^2B_{\text{p}}}\xi_\chi,\quad Z=\frac{\xi_\chi}{B_{\text{p}}}, \tag{4.4.2}$$

其中 B_{p} 是极向磁场. 基于这些定义，每个环向模数 n 对能量函数的等离子体部分贡献可以写为

$$\begin{aligned}\delta W_{\text{F}}=\pi\int\mathcal{J}\mathrm{d}\Psi\mathrm{d}\chi\Bigg(&\frac{B^2}{R^2B_{\text{p}}^2}\left|k_\parallel X\right|^2+\frac{R^2}{\mathcal{J}^2}\left|\frac{\partial U}{\partial\chi}-\mu_0I_{\text{pol}}\frac{\partial}{\partial\Psi}\left(\frac{\mathcal{J}X}{R^2}\right)\right|^2\\&+B_{\text{p}}^2\left|\mathrm{i}nU+\frac{\partial X}{\partial\Psi}+\frac{J_\phi}{RB_{\text{p}}^2}X\right|^2-2K|X|^2+\gamma p\left|\frac{1}{\mathcal{J}}\frac{\partial}{\partial\Psi}(\mathcal{J}X)+\mathrm{i}nU+\mathrm{i}Bk_\parallel Z\right|^2\Bigg).\end{aligned} \tag{4.4.3}$$

通过选择 $\boldsymbol{\xi}$ 使其不可压缩，即 $\nabla\cdot\boldsymbol{\xi}=0$，可以消除压缩的稳定作用. 这意味着通过对 $\xi_\parallel$ 或者 Z 的特定选择，可以将其从 δW_{F} 的表达式中消除，并将与 $\boldsymbol{\xi}$ 的分量有关的自由标量函数数量从 3 减少到 2. 显然，方程 (4.4.3) 中除了最后一项外其他所有项都是正值，因此起稳定作用. 最后一项通过系数函数 K 和 J_ϕ 与 ∇p 和 $J_\parallel$ 所携带的自由能有关，这是因为它们通过以下方式由平衡量决定:

$$K=\frac{\mu_0I_{\text{pol}}I'_{\text{pol}}}{R^2}\frac{\partial(\ln R)}{\partial\Psi}-\frac{J_\phi}{R}\frac{\partial\left(\ln\left(\mathcal{J}B_{\text{p}}\right)\right)}{\partial\Psi}, \tag{4.4.4}$$

$$J_\phi = 2\pi R p' + \frac{\mu_0 I_{\mathrm{pol}} I'_{\mathrm{pol}}}{R} = -\frac{R}{\mathcal{J}}\frac{\partial}{\partial \Psi}\left(\mathcal{J} B_{\mathrm{p}}^2\right), \tag{4.4.5}$$

其中最后一个方程实质上是 Grad-Shafranov 方程. $k_\parallel$ 是沿磁场线的导数:

$$\mathrm{i}k_\parallel = \frac{1}{\mathcal{J}B}\left(\frac{\partial}{\partial\chi} + \mathrm{i}n\nu\right), \tag{4.4.6}$$

其中

$$\nu(\Psi,\chi) = \frac{\mathrm{d}\phi}{\mathrm{d}\chi} = \frac{\mu_0 I_{\mathrm{pol}}\mathcal{J}}{R^2}. \tag{4.4.7}$$

因此 ν 与安全因子 q 通过下式联系起来:

$$q(\Psi) = \frac{1}{2\pi}\oint \nu(\Psi,\chi)\mathrm{d}\chi. \tag{4.4.8}$$

(4.4.3) 式是具有任意极向截面托卡马克的 δW 的等离子体部分的精确表达式.

从 δW_{F} 的积分表达式结构, 很难以解析的方式从中得出任何直接结论. 另一方面, δW_{F} 的数值分析通常也不是很有用, 因为它不会提供有关力算子全谱的信息. 然而在两个不同极限情况下, (4.4.3) 式仍然可用于获得物理上的理解. 一个是在磁面附近做局部展开. 该方法通常用于压强驱动模式的分析中, 适合于高 n 的局部模式. 这种方法将在第六章中讨论. 另一种方法是使用周期性螺旋箍缩作为托卡马克的近似, 从而可以导出一种圆柱位形的 δW_{F}. 该形式非常适合讨论电流驱动模式的稳定性. 本章以下部分和第五章将主要讨论这种方法及其应用.

4.4.2 螺旋箍缩能量原理

在圆柱装置, 如螺旋箍缩中, 使用小圆柱坐标系 (r,θ,z), 线性扰动 f 满足极向角 θ 维度的周期性条件 $f(\theta) = f(\theta + 2m\pi)$, 其中整数 m 被称为极向模数. 在一般的螺旋箍缩中, 波矢量 k_z 没有周期性约束, 但是对于类似于环形系统的周期性螺旋箍缩, 可以引入整数环向模数 n, 其中 $k_z = n/R_0$, R_0 是圆环的主半径, 使得 $R_0\phi = z$. 因此, 螺旋箍缩中的线性扰动在 θ 和 z 方向的 Fourier 分解为

$$\boldsymbol{\xi}(r,\theta,z) = \sum_{m,n}\boldsymbol{\xi}_{mn}(r)\mathrm{e}^{\mathrm{i}(m\theta - k_z z)} = \sum_{m,n}\boldsymbol{\xi}_{mn}(r)\mathrm{e}^{\mathrm{i}\left(m\theta - \frac{n}{R_0}z\right)}, \tag{4.4.9}$$

并且模数 m 和 n 是好的 “量子数”, 即意味着这些不同模数之间没有耦合, 彼此独立, 而这是因为平衡量不显式依赖于 θ 或 z.

在 §4.7 和文献 (例如文献 [4]) 中可以找到周期性螺旋箍缩能量原理的直接推导. 另一方面, 周期性螺旋箍缩的能量原理也可以看作托卡马克的能量原理形式 (4.4.3) 在大纵横比、圆柱位形极限下的特例, 其中磁面标签 Ψ 可以用小半径 r 代

替, 广义的极向角坐标 χ 变为圆柱角 θ, 极向磁场 B_{p} 在磁面上近似为等值, 即 $B_\theta(r)$, 环向磁场 $B_{\mathrm{t}}\approx B$ 成为恒定轴向场 B_z, Jacobi 行列式为 $\mathcal{J}=r/B_\theta$, 关于 Ψ 的导数约化为关于 r 的导数 $\mathrm{d}/\mathrm{d}\Psi=1/(RB_\theta)\,\mathrm{d}/\mathrm{d}r$.

然后, (4.4.5) 式中的压强平衡变为针对螺旋箍缩推导的平衡关系

$$\frac{\mathrm{d}}{\mathrm{d}r}\left(p+\frac{B^2}{2\mu_0}\right)+\frac{B_\theta^2}{\mu_0 r}=0. \tag{4.4.10}$$

(1) 最小化周期性螺旋箍缩的 δW. 在小圆柱坐标系 (r,θ,z) 中, 将扰动位移 $\boldsymbol{\xi}$ 投影于三个正交方向:

$$\boldsymbol{\xi}=\xi_r\boldsymbol{e}_r+\eta\boldsymbol{e}_\eta+\xi_\|\boldsymbol{e}_\|, \tag{4.4.11}$$

其中 $\boldsymbol{e}_\eta$ 垂直于 $\boldsymbol{e}_r$ 和 $\boldsymbol{e}_\|$, 即代表磁面内垂直于平衡磁场线的方向.

为了最小化周期性螺旋箍缩的 δW, 第一步, 将不可压缩条件 $\nabla\cdot\boldsymbol{\xi}=0$ 用来消除表达式中的 $\xi_\|$. 然后, 由于 η 分量方向与磁面相切, 其 Fourier 展开分量仅以代数形式出现在 δW 的表达式 (4.4.9) 中. 因此, δW 可以相对于 η 显式地最小化, 并通过代入此最小化条件, 最终使得 δW 仅依赖于 ξ_r (为简单起见, 在下文中将省略其下标). 这样, 周期性螺旋箍缩能量原理的最终结果可以写成

$$\delta W=\frac{2\pi^2R_0}{\mu_0}\int_0^a\left(f\xi'^2+g\xi^2\right)\mathrm{d}r+\left[\frac{2\pi^2B_z^2}{\mu_0R_0}\xi^2\left(\frac{n^2-\dfrac{m^2}{q^2}}{\dfrac{n^2}{R_0^2}+\dfrac{m^2}{r^2}}+\frac{r^2}{m}\Lambda\left(\frac{m}{q}-n\right)^2\right)\right]_{r=a}, \tag{4.4.12}$$

其中 a 为等离子体半径, q 为在圆截面柱位形下定义的安全因子, 而 f 和 g 由以下表达式给出:

$$f=r\frac{B_z^2}{R_0^2}\frac{\left(\dfrac{m}{q}-n\right)^2}{\dfrac{n^2}{R_0^2}+\dfrac{m^2}{r^2}}, \tag{4.4.13}$$

$$g=\frac{2\mu_0p'}{1+\left(\dfrac{mR_0}{nr}\right)^2}+r\frac{B_z^2}{R_0^2}\left(\frac{m}{q}-n\right)^2\left(1-\frac{1}{\left(\dfrac{nr}{R_0}\right)^2+m^2}\right)+\frac{2n^2B_z^2}{rR_0^4}\frac{n^2-\dfrac{m^2}{q^2}}{\left(\dfrac{n^2}{R_0^2}+\dfrac{m^2}{r^2}\right)^2}. \tag{4.4.14}$$

在 (4.4.12) 式中, 积分外的第一项表示流体项 δW_{F} 的贡献, 该项来自推导中等离子体部分的分部积分. 积分之外的第二项表示真空部分的贡献, 其中 Λ 项表示在 $r=r_{\mathrm{w}}$ 时, 理想导体壁的稳定作用, 可以写成

$$\Lambda=-\frac{mR_0K_a}{naK'_a}\frac{1-K'_{r_{\mathrm{w}}}I_a/\left(I'_{r_{\mathrm{w}}}K_a\right)}{1-K'_{r_{\mathrm{w}}}I'_a/\left(I'_{r_{\mathrm{w}}}K'_a\right)}. \tag{4.4.15}$$

这里的 $I_r=I_m(nr/R_0)$, $K_r=K_m(nr/R_0)$ 分别是第一类和第二类变型 Bessel 函数, 撇表示径向导数. 推导如下.

考虑等离子体表面的 δW_{S} 以及真空区的 δW_{V}. 针对真空区, 扰动磁场可写为 $\boldsymbol{B}_1=\nabla V_1$, 同时 V_1 满足方程 $\nabla^2V_1=0$. 假设在 $r=b$ 处存在一个理想导体壁边界条件, 即

$$\left.\frac{\partial V_1}{\partial r}\right|_{r=b}=0, \tag{4.4.16}$$

于是扰动磁通 V_1 可写为

$$V_1(r)=A_0\left(K_r-\frac{K'_b}{I'_b}I_r\right)\exp\left(\mathrm{i}m\theta+\mathrm{i}kz\right), \tag{4.4.17}$$

其中 $K_\rho=K_m(\zeta_\rho)$, $I_\rho=I_m(\zeta_\rho)$, $\zeta_\rho=|k|\rho$, $k=-\dfrac{n}{R_0}$, K_ρ 和 I_ρ 为变型 Bessel 函数. 由于该体系是在 Z 方向周期性的螺旋箍缩结构, 所以磁标势 V_1 的 Z 分量应为三角函数 $C_1\cos(\gamma z)+C_2\sin(\gamma z)$ 形式, 因此 V_1 径向分量应该选取变型 Bessel 函数形式.

系数 A_0 可以通过等离子体 – 真空边界条件来确定, 即 $B_{1r}(a)=\boldsymbol{e}_r\cdot\nabla\times(\boldsymbol{\xi}_\perp\times\boldsymbol{B})_a$, 该条件可以化简为

$$\left(\frac{\partial V_1}{\partial r}\right)_a=\mathrm{i}\left(F\xi\right)_a. \tag{4.4.18}$$

可以得到

$$A_0=\frac{\mathrm{i}F_a}{|k|K'_a}\left[1-\left(\frac{K'_b}{I'_b}\right)\left(\frac{I'_a}{K'_a}\right)\right]^{-1}\xi_a, \tag{4.4.19}$$

其中 $F_a=F(a)$, $\xi_a=\xi\left(a\right)$.

最后将 δW_{V} 从体积分转换为面积分, 同时代入 $\nabla^2V_1=0$:

$$\begin{aligned}\delta W_{\mathrm{V}}&=\frac{1}{2\mu_0}\int_V|\boldsymbol{B}_1|^2\,\mathrm{d}\boldsymbol{r}=\frac{1}{2\mu_0}\int_V\nabla\cdot\left(V_1^*\nabla V_1\right)\mathrm{d}\boldsymbol{r}=-\frac{1}{2\mu_0}\int_S V_1^*\left(\boldsymbol{n}\cdot\nabla V_1\right)\mathrm{d}S\\&=-\frac{2\pi^2R_0a}{\mu_0}\left(V_1^*\frac{\partial V_1}{\partial r}\right)_a,\end{aligned} \tag{4.4.20}$$

其中负号的引入是因为 $\boldsymbol{n}$ 方向为径向向外.

结合上述方程可得

$$\frac{\delta W_{\mathrm{V}}}{2\pi^2 R_0/\mu_0} = \left(\frac{r^2 F^2 \Lambda}{m}\right)_a \xi_a^2. \tag{4.4.21}$$

Λ 表示由于导体壁存在所引入的稳定因子, 可以写为

$$\Lambda = -\frac{mK_a}{|ka|K_a'}\left[\frac{1-\left(K_b' I_a\right)/\left(I_b' K_a\right)}{1-\left(K_b' I_a'\right)/\left(I_b' K_a'\right)}\right]. \tag{4.4.22}$$

(2) 柱位形压强驱动的不稳定性. 通常在环或柱位形约束中, 压强剖面沿径向单调下降, 即 $\mathrm{d}p/\mathrm{d}r < 0$. 从 (4.4.14) 式可以看出, 由于在螺旋箍缩中, 磁场线曲率仅归因于极向磁场, 曲率与压强梯度方向总是相同 (“坏曲率”), 这种情况下压强分布对扰动势能的贡献总是不稳定的. 而在托卡马克中, 环向场也是弯曲的, 因此磁场线既有坏曲率区域也有好曲率区域, 有助于极大地增加系统的稳定性. 当在第六章讨论托卡马克中的压强驱动模式时, 我们将回到这一点, 那里必须使用环位形托卡马克能量原理 (4.4.3) 而不是其螺旋箍缩近似 (4.4.12).

(3) 柱位形电流驱动的不稳定性. 在 f 和 g 的表达式 (4.4.13) 和 (4.4.14) 中, 都有包含因子 $(m/q-n)$ 的项, 而且当 $q=m/n$ 时该项消失, 这说明了这些有理磁面对于环位形和周期性圆柱系统磁流体不稳定性的特殊作用. 在磁流体中, 虽然一般来说, 扰动位移会导致磁场线弯曲, 而这意味着稳定作用, 但是那些在安全因子 $q=m/n$ 的有理磁面上, 沿着磁场线具有恒定相位的扰动会避免发生这种使磁场线发生扰动弯曲的情况, 因此这种扰动通常是最不稳定的 (例如图 4.3 中处于 $q=9/3$ 有理面上的 $m/n=9/3$ 共振恒定相位扰动). 在理想磁流体中, 这些扰动可以看作相对于等离子体不传播的 Alfvén 驻波. 因此, 安全因子满足 $q=m/n$ 的有理磁面通常称为共振磁面.

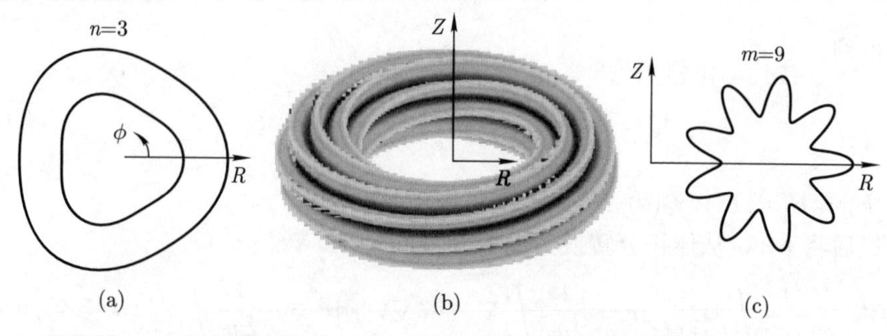

图 4.3 环位形 $q=9/3$ 有理面上的 $m/n=9/3$ 共振恒定相位扰动示意图. (a) 水平截面; (b) 三维等值面图; (c) 极向截面

对于任何周期性的圆柱位形, (4.4.12) 式中的 δW 形式都是精确的. 而对于环位形, 它代表了大纵横比极限下, 托卡马克以及反场箍缩 (RFP) 等离子体中的电流驱动模式. 在第五章, 我们将通过对能量原理在大纵横比极限下做渐近展开, 分析托卡马克的电流驱动不稳定性.

§4.5 理想磁流体方程组线性力算子的自伴性证明

以下推导的目的是证明理想磁流体方程组线性力算子 $\boldsymbol{F}$ 具有自伴性, 即

$$\int \boldsymbol{\eta}\cdot\boldsymbol{F}(\boldsymbol{\xi})\mathrm{d}\boldsymbol{r}=\int \boldsymbol{\xi}\cdot\boldsymbol{F}(\boldsymbol{\eta})\mathrm{d}\boldsymbol{r}, \tag{4.5.1}$$

其中 $\boldsymbol{\xi}$ 和 $\boldsymbol{\eta}$ 是两个任意向量, 在边界表面上满足边界条件 $\boldsymbol{n}\cdot\boldsymbol{\xi}=\boldsymbol{n}\cdot\boldsymbol{\eta}=0$. 这对应于理想导体壁边界条件.

以上表达式中的积分元可以写成

$$\boldsymbol{\eta}\cdot\boldsymbol{F}(\boldsymbol{\xi})=\boldsymbol{\eta}\cdot\left[\frac{1}{\mu_0}(\nabla\times\boldsymbol{B})\times\boldsymbol{Q}+\frac{1}{\mu_0}(\nabla\times\boldsymbol{Q})\times\boldsymbol{B}+\nabla(\boldsymbol{\xi}\cdot\nabla p+\gamma p\nabla\cdot\boldsymbol{\xi})\right], \tag{4.5.2}$$

其中 $\boldsymbol{Q}=\nabla\times(\boldsymbol{\xi}\times\boldsymbol{B})$. 通过对最后一项分部积分, 得到

$$\boldsymbol{\eta}\cdot\boldsymbol{F}(\boldsymbol{\xi})=\boldsymbol{\eta}\cdot\left[\frac{1}{\mu_0}(\nabla\times\boldsymbol{B})\times\boldsymbol{Q}+\frac{1}{\mu_0}(\nabla\times\boldsymbol{Q})\times\boldsymbol{B}+\nabla(\boldsymbol{\xi}\cdot\nabla p)\right]-\gamma p(\nabla\cdot\boldsymbol{\xi})(\nabla\cdot\boldsymbol{\eta}). \tag{4.5.3}$$

现将扰动位移写成分量形式 $\boldsymbol{\xi}=\boldsymbol{\xi}_\perp+\xi_\parallel\boldsymbol{b}$, $\boldsymbol{\eta}=\boldsymbol{\eta}_\perp+\eta_\parallel\boldsymbol{b}$. 可以看到, (4.5.3) 式中的方括号中没有扰动位移平行分量:

$$\begin{aligned}\frac{1}{\mu_0}\boldsymbol{B}\cdot(\nabla\times\boldsymbol{B})\times\boldsymbol{Q}&=-\boldsymbol{Q}\cdot\boldsymbol{J}\times\boldsymbol{B}=-\boldsymbol{Q}\cdot\nabla p\\&=\nabla\cdot[\nabla p\times(\boldsymbol{\xi}\times\boldsymbol{B})]=-\nabla\cdot[(\boldsymbol{\xi}\cdot\nabla p)\boldsymbol{B}],\\\boldsymbol{B}\cdot\nabla(\boldsymbol{\xi}\cdot\nabla p)&=\nabla\cdot[(\boldsymbol{\xi}\cdot\nabla p)\boldsymbol{B}],\end{aligned} \tag{4.5.4}$$

这是由于包含扰动位移平行分量的项都已抵消. 因此

$$\boldsymbol{\eta}\cdot\boldsymbol{F}(\boldsymbol{\xi})=-\gamma p(\nabla\cdot\boldsymbol{\xi})(\nabla\cdot\boldsymbol{\eta})+I. \tag{4.5.5}$$

这里 I 项只是扰动位移垂直分量 $\boldsymbol{\xi}$ 和 $\boldsymbol{\eta}$ 的函数:

$$I(\boldsymbol{\xi}_\perp,\boldsymbol{\eta}_\perp)=\boldsymbol{q}_\perp\cdot\left[\frac{1}{\mu_0}(\nabla\times\boldsymbol{B})\times\boldsymbol{Q}+\frac{1}{\mu_0}(\nabla\times\boldsymbol{Q})\times\boldsymbol{B}+\nabla(\boldsymbol{\xi}_\perp\cdot\nabla p)\right]. \tag{4.5.6}$$

(4.5.6) 式通过对最后一项做分部积分, 前两项运用向量关系, 可以化为

$$I=\frac{1}{\mu_0}\boldsymbol{\eta}_\perp\cdot[\boldsymbol{Q}\cdot\nabla\boldsymbol{B}+\boldsymbol{B}\cdot\nabla\boldsymbol{Q}-\nabla(\boldsymbol{B}\cdot\boldsymbol{Q})]-(\boldsymbol{\xi}_\perp\cdot\nabla p)\,\nabla\cdot\boldsymbol{\eta}_\perp. \tag{4.5.7}$$

(4.5.7) 式方括号里的三项进而展开为

$$\begin{aligned}
\boldsymbol{\eta}_\perp\cdot(\boldsymbol{Q}\cdot\nabla\boldsymbol{B}) &= \boldsymbol{\eta}_\perp\cdot[(\boldsymbol{B}\cdot\nabla\boldsymbol{\xi}_\perp)\cdot\nabla\boldsymbol{B}-(\boldsymbol{\xi}_\perp\cdot\nabla\boldsymbol{B})\cdot\nabla\boldsymbol{B}]-B^2(\boldsymbol{\eta}_\perp\cdot\boldsymbol{\kappa})\nabla\cdot\boldsymbol{\xi}_\perp,\\
\boldsymbol{\eta}_\perp\cdot(\boldsymbol{B}\cdot\nabla\boldsymbol{Q}) &= \boldsymbol{B}\cdot\nabla(\boldsymbol{\eta}_\perp\cdot\boldsymbol{Q})-\boldsymbol{Q}\cdot(\boldsymbol{B}\cdot\nabla\boldsymbol{\eta}_\perp)\\
&= \nabla\cdot[(\boldsymbol{\eta}_\perp\cdot\boldsymbol{Q})\boldsymbol{B}]-(\boldsymbol{B}\cdot\nabla\boldsymbol{\xi}_\perp-\boldsymbol{\xi}_\perp\cdot\nabla\boldsymbol{B}-\boldsymbol{B}\nabla\cdot\boldsymbol{\xi}_\perp)\cdot(\boldsymbol{B}\cdot\nabla\boldsymbol{\eta}_\perp)\\
&= -(\boldsymbol{B}\cdot\nabla\boldsymbol{\xi}_\perp)\cdot(\boldsymbol{B}\cdot\nabla\boldsymbol{\eta}_\perp)+(\boldsymbol{\xi}_\perp\cdot\nabla\boldsymbol{B})\cdot(\boldsymbol{B}\cdot\nabla\boldsymbol{\eta}_\perp)\\
&\quad -B^2(\boldsymbol{\eta}_\perp\cdot\boldsymbol{\kappa})\nabla\cdot\boldsymbol{\xi}_\perp, \qquad (4.5.8)\\
\boldsymbol{\eta}_\perp\cdot\nabla(\boldsymbol{B}\cdot\boldsymbol{Q}) &= -\nabla\cdot[(\boldsymbol{B}\cdot\boldsymbol{Q})\boldsymbol{\eta}_\perp]+(\boldsymbol{B}\cdot\boldsymbol{Q})\nabla\cdot\boldsymbol{\eta}_\perp\\
&= -B^2(\nabla\cdot\boldsymbol{\xi}_\perp)(\nabla\cdot\boldsymbol{\eta}_\perp)-\left[\boldsymbol{\xi}_\perp\cdot\nabla\frac{B^2}{2}+B^2(\boldsymbol{\xi}_\perp\cdot\boldsymbol{\kappa})\right]\nabla\cdot\boldsymbol{\eta}_\perp,
\end{aligned}$$

此处得出的 (4.5.7) 式方括号中的第二、三项的最后结果中, 因为全散度项的体积分化为面积分后为零, 故都未保留. 将所有结果合并得到

$$\begin{aligned}
\boldsymbol{\eta}\cdot\boldsymbol{F}(\boldsymbol{\xi}) = &-\frac{B^2}{\mu_0}(\nabla\cdot\boldsymbol{\xi}_\perp)(\nabla\cdot\boldsymbol{\eta}_\perp)-\frac{1}{\mu_0}(\boldsymbol{B}\cdot\nabla\boldsymbol{\xi}_\perp)\cdot(\boldsymbol{B}\cdot\nabla\boldsymbol{\eta}_\perp)-\gamma p(\nabla\cdot\boldsymbol{\xi})(\nabla\cdot\boldsymbol{\eta})\\
&-\left[\boldsymbol{\xi}_\perp\cdot\nabla\left(p+\frac{B^2}{2\mu_0}\right)+\frac{B^2}{\mu_0}\boldsymbol{\xi}_\perp\cdot\boldsymbol{\kappa}\right]\nabla\cdot\boldsymbol{\eta}_\perp-2\frac{B^2}{\mu_0}(\boldsymbol{\eta}_\perp\cdot\boldsymbol{\kappa})\nabla\cdot\boldsymbol{\xi}_\perp+R,
\end{aligned}\tag{4.5.9}$$

其中

$$\mu_0 R=\boldsymbol{\eta}_\perp\cdot[(\boldsymbol{B}\cdot\nabla\boldsymbol{\xi}_\perp)\cdot\nabla\boldsymbol{B}-(\boldsymbol{\xi}_\perp\cdot\nabla\boldsymbol{B})\cdot\nabla\boldsymbol{B}]+(\boldsymbol{\xi}_\perp\cdot\nabla\boldsymbol{B})\cdot(\boldsymbol{B}\cdot\nabla\boldsymbol{\eta}_\perp).\tag{4.5.10}$$

(4.5.9) 式中间一行可以用以下关系进一步简化:

$$\boldsymbol{\xi}_\perp\cdot\nabla\left(p+B^2/2\mu_0\right)=\left(B^2/\mu_0\right)(\boldsymbol{\xi}_\perp\cdot\boldsymbol{\kappa}).\tag{4.5.11}$$

而 (4.5.10) 式中的 R 可用以下关系重写:

$$\begin{aligned}
\nabla\cdot\{[\boldsymbol{\eta}_\perp\cdot(\boldsymbol{\xi}_\perp\cdot\nabla\boldsymbol{B})]\boldsymbol{B}\} &= (\boldsymbol{B}\cdot\nabla\boldsymbol{\eta}_\perp)\cdot(\boldsymbol{\xi}_\perp\cdot\nabla\boldsymbol{B})\\
&\quad+\boldsymbol{\eta}_\perp\cdot(\boldsymbol{B}\cdot\nabla\boldsymbol{\xi}_\perp)\cdot\nabla\boldsymbol{B}+\boldsymbol{\eta}_\perp\cdot(\boldsymbol{B}\boldsymbol{\xi}:\nabla\nabla)\boldsymbol{B},\\
\boldsymbol{\eta}_\perp\cdot(\boldsymbol{\xi}_\perp\cdot\nabla)(\boldsymbol{B}\cdot\nabla\boldsymbol{B}) &= \boldsymbol{\eta}_\perp\cdot(\boldsymbol{\xi}_\perp\cdot\nabla\boldsymbol{B})\cdot\nabla\boldsymbol{B}+\boldsymbol{\eta}_\perp\cdot(\boldsymbol{B}\boldsymbol{\xi}:\nabla\nabla\boldsymbol{B}).
\end{aligned}\tag{4.5.12}$$

如果不保留体积分可化为零的全散度项, R 可化为

$$R=-\frac{1}{\mu_0}\boldsymbol{\eta}_\perp\cdot(\boldsymbol{\xi}_\perp\cdot\nabla)(\boldsymbol{B}\cdot\nabla\boldsymbol{B})=-(\boldsymbol{\eta}_\perp\boldsymbol{\xi}_\perp:\nabla\nabla)\left(p+\frac{B^2}{2\mu_0}\right).\tag{4.5.13}$$

最终 (4.5.1) 式的左端可以写成

$$\int \boldsymbol{\eta}\cdot\boldsymbol{F}(\boldsymbol{\xi})\mathrm{d}\boldsymbol{r} = -\int \mathrm{d}\boldsymbol{r}\left[\frac{1}{\mu_0}(\boldsymbol{B}\cdot\nabla\boldsymbol{\xi}_\perp)\cdot(\boldsymbol{B}\cdot\nabla\boldsymbol{\eta}_\perp)+\gamma p(\nabla\cdot\boldsymbol{\xi})(\nabla\cdot\boldsymbol{\eta})\right.$$
$$+\frac{B^2}{\mu_0}(\nabla\cdot\boldsymbol{\xi}_\perp+2\boldsymbol{\xi}_\perp\cdot\boldsymbol{\kappa})(\nabla\cdot\boldsymbol{\eta}_\perp+2\boldsymbol{\eta}_\perp\cdot\boldsymbol{\kappa})$$
$$\left.-\frac{4B^2}{\mu_0}(\boldsymbol{\xi}_\perp\cdot\boldsymbol{K})(\boldsymbol{\eta}_\perp\cdot\boldsymbol{\kappa})+(\boldsymbol{\eta}_\perp\boldsymbol{\xi}_\perp:\nabla\nabla)\left(p+\frac{B^2}{2\mu_0}\right)\right]. \quad (4.5.14)$$

以上形式显然具有自伴性质.

§4.6 δW_F 直观形式的推导

扰动势能流体部分的标准形式为

$$\delta W_F = \frac{1}{2}\int_{\text{流体}}\left[\frac{|\boldsymbol{B}_1|^2}{\mu_0}-\boldsymbol{\xi}_\perp^*\cdot\boldsymbol{J}_0\times\boldsymbol{B}_1+\gamma p_0|\nabla\cdot\boldsymbol{\xi}|^2+(\boldsymbol{\xi}_\perp\cdot\nabla p_0)(\nabla\cdot\boldsymbol{\xi}_\perp^*)\right]\mathrm{d}V. \quad (4.6.1)$$

由结合 Faraday 定律和 Ohm 定律得到的关系式

$$\boldsymbol{B}_1 = \nabla\times(\boldsymbol{\xi}\times\boldsymbol{B}_0) = \nabla\times(\boldsymbol{\xi}_\perp\times\boldsymbol{B}_0), \quad (4.6.2)$$

知平行分量为

$$\begin{aligned}
B_{1\parallel} &= \boldsymbol{B}_1\cdot\boldsymbol{b}\\
&= \boldsymbol{b}\cdot[(\nabla\times(\boldsymbol{\xi}_\perp\times\boldsymbol{B}_0))]\\
&= \nabla\cdot[(\boldsymbol{\xi}_\perp\times\boldsymbol{B}_0)\times\boldsymbol{b}]+(\boldsymbol{\xi}_\perp\times\boldsymbol{B}_0)\cdot(\nabla\times\boldsymbol{b})\\
&= \nabla\cdot[-(\boldsymbol{b}\cdot\boldsymbol{B}_0)\boldsymbol{\xi}_\perp+(\boldsymbol{b}\cdot\boldsymbol{\xi}_\perp)\boldsymbol{B}_0]+\boldsymbol{\xi}_\perp\cdot[\boldsymbol{B}_0\times(\nabla\times\boldsymbol{b})]\\
&= -\nabla\cdot(B_0\boldsymbol{\xi}_\perp)+B_0\boldsymbol{\xi}_\perp\cdot[\boldsymbol{b}\times(\nabla\times\boldsymbol{b})]\\
&= -B_0\nabla\cdot\boldsymbol{\xi}_\perp-\boldsymbol{\xi}_\perp\cdot\nabla B_0-B_0\boldsymbol{\xi}_\perp\cdot[(\boldsymbol{b}\cdot\nabla)\boldsymbol{b}]\\
&= -B_0(\nabla\cdot\boldsymbol{\xi}_\perp+2\boldsymbol{\xi}_\perp\cdot\boldsymbol{\kappa})+\frac{\mu_0}{B}\boldsymbol{\xi}_\perp\cdot\nabla p_0.
\end{aligned} \quad (4.6.3)$$

这里用到了条件

$$\nabla p_0 = \frac{1}{\mu_0}(\nabla\times\boldsymbol{B}_0)\times\boldsymbol{B}_0 = -\nabla\frac{B_0^2}{2\mu_0}+\frac{B_0^2}{\mu_0}\boldsymbol{\kappa} = -\frac{B_0}{\mu_0}\nabla B_0+\frac{B_0^2}{\mu_0}\boldsymbol{\kappa}, \quad (4.6.4)$$

其中 $\boldsymbol{\kappa}=(\boldsymbol{b}\cdot\nabla)\boldsymbol{b}$ 是曲率矢量, $\boldsymbol{b}=\dfrac{\boldsymbol{B}_0}{B_0}$ 是磁场方向矢量. 对于 (4.6.1) 式中的第二

项, 其电流可以分解为垂直方向和平行方向, 其平行方向为

$$\boldsymbol{\xi}_{\perp}^{*} \cdot \boldsymbol{J}_{0\|} \times \boldsymbol{B}_{1} = \frac{J_{0\|}}{B_{0}} \boldsymbol{\xi}_{\perp}^{*} \cdot \left(\boldsymbol{B}_{0} \times \boldsymbol{B}_{1\perp}\right) = \frac{J_{0\|}}{B_{0}} \left(\boldsymbol{\xi}_{\perp}^{*} \times \boldsymbol{B}_{0}\right) \cdot \boldsymbol{B}_{1\perp}. \tag{4.6.5}$$

由平衡条件可以知道, $\boldsymbol{J}_{0\perp} = \left(\boldsymbol{B}_{0} \times \nabla p_{0}\right) / B_{0}^{2}$, 则第二项的垂直方向为

$$\begin{aligned}
\boldsymbol{\xi}_{\perp}^{*} \cdot \boldsymbol{J}_{0\perp} \times \boldsymbol{B}_{1} &= \frac{1}{B_{0}^{2}} \left[\left(\boldsymbol{B}_{0} \times \nabla p_{0}\right) \times \boldsymbol{B}_{1}\right] \cdot \boldsymbol{\xi}_{\perp}^{*} \\
&= \frac{1}{B_{0}^{2}} \left[\boldsymbol{\xi}_{\perp}^{*} \times \left(\boldsymbol{B}_{0} \times \nabla p_{0}\right)\right] \cdot \boldsymbol{B}_{1} \\
&= \frac{1}{B_{0}^{2}} \left[\left(\boldsymbol{\xi}_{\perp}^{*} \cdot \nabla p_{0}\right) \boldsymbol{B}_{0} - \left(\boldsymbol{\xi}_{\perp}^{*} \cdot \boldsymbol{B}_{0}\right) \nabla p_{0}\right] \cdot \boldsymbol{B}_{1} \\
&= \frac{1}{B_{0}} \left(\boldsymbol{\xi}_{\perp}^{*} \cdot \nabla p_{0}\right) \cdot B_{1\|}.
\end{aligned} \tag{4.6.6}$$

于是有

$$\begin{aligned}
\frac{B_{1\|}^{2}}{\mu_{0}} - \boldsymbol{\xi}_{\perp}^{*} \cdot \boldsymbol{J}_{0\perp} \times \boldsymbol{B}_{1} &= -\frac{B_{0}}{\mu_{0}} \left(\nabla \cdot \boldsymbol{\xi}_{\perp} + 2 \boldsymbol{\xi}_{\perp} \cdot \boldsymbol{\kappa}\right) B_{1\|} \\
&= \frac{B_{0}^{2}}{\mu_{0}} \left|\nabla \cdot \boldsymbol{\xi}_{\perp} + 2 \boldsymbol{\xi}_{\perp} \cdot \boldsymbol{\kappa}\right|^{2} - \left(\nabla \cdot \boldsymbol{\xi}_{\perp}\right) \left(\boldsymbol{\xi}_{\perp} \cdot \nabla p_{0}\right) \\
&\quad - \left(2 \boldsymbol{\xi}_{\perp} \cdot \boldsymbol{\kappa}\right) \left(\boldsymbol{\xi}_{\perp} \cdot \nabla p_{0}\right).
\end{aligned} \tag{4.6.7}$$

综上所述, (4.6.1) 式可以变为

$$\begin{aligned}
\delta W_{\mathrm{F}} = \frac{1}{2} \int_{\text{流体}} \Bigg(& \frac{\left|B_{1\perp}\right|^{2}}{\mu_{0}} + \frac{B_{0}^{2}}{\mu_{0}} \left|\nabla \cdot \boldsymbol{\xi}_{\perp} + 2 \boldsymbol{\xi}_{\perp} \cdot \boldsymbol{\kappa}\right|^{2} + \gamma p_{0} |\nabla \cdot \boldsymbol{\xi}|^{2} - 2 \left(\boldsymbol{\xi}_{\perp} \cdot \nabla p_{0}\right) \left(\boldsymbol{\kappa} \cdot \boldsymbol{\xi}_{\perp}^{*}\right) \\
& - \frac{J_{0\|}}{B_{0}} \left(\boldsymbol{\xi}_{\perp}^{*} \times \boldsymbol{B}_{0}\right) \cdot \boldsymbol{B}_{1\perp} \Bigg) \mathrm{d} V.
\end{aligned} \tag{4.6.8}$$

§4.7　周期性螺旋箍缩位形能量原理推导

推导计算的出发点是等离子体可压缩性项设置为零的扰动势能 δW_{F} 的直观形式 (4.3.13):

$$\begin{aligned}
\delta W_{\mathrm{F}} = \frac{1}{2} \int \mathrm{d} \boldsymbol{r} \Bigg[& \frac{\left|\boldsymbol{Q}_{\perp}\right|^{2}}{\mu_{0}} + \frac{\boldsymbol{B}^{2}}{\mu_{0}} \left|\nabla \cdot \boldsymbol{\xi}_{\perp} + 2 \boldsymbol{\xi}_{\perp} \cdot \boldsymbol{\kappa}\right|^{2} \\
& - 2 \left(\boldsymbol{\xi}_{\perp} \cdot \nabla p\right) \left(\boldsymbol{\kappa} \cdot \boldsymbol{\xi}_{\perp}^{*}\right) - J_{\|} \left(\boldsymbol{\xi}_{\perp}^{*} \times \boldsymbol{b}\right) \cdot \boldsymbol{Q}_{\perp} \Bigg].
\end{aligned} \tag{4.7.1}$$

垂直于平衡磁场方向的等离子体扰动位移矢量可以写成

$$\boldsymbol{\xi}_{\perp} = \xi \boldsymbol{e}_{r} + \eta \boldsymbol{e}_{\eta}, \tag{4.7.2}$$

其中

$$\begin{aligned}\boldsymbol{\eta} &= (\boldsymbol{\xi}_\theta B_z - \boldsymbol{\xi}_z B_\theta)/B, \\ \boldsymbol{e}_\eta &= (B_z \boldsymbol{e}_\theta - B_\theta \boldsymbol{e}_z)/B.\end{aligned} \tag{4.7.3}$$

(4.7.1) 式中积分元涉及的各项分别估算如下:

$$\begin{aligned}\boldsymbol{Q}_\perp &= \nabla \times (\boldsymbol{\xi}_\perp \times \boldsymbol{B})_\perp \\ &= \mathrm{i}F\xi \boldsymbol{e}_r + \left\{\mathrm{i}F\eta + \xi\left[\frac{B_z' B_\theta}{B} - \frac{rB_z}{B}\left(\frac{B_\theta}{r}\right)'\right]\right\}\boldsymbol{e}_\eta, \\ \boldsymbol{\kappa} &= \boldsymbol{b}\cdot\nabla\boldsymbol{b} = -\frac{B_\theta^2}{rB^2}\boldsymbol{e}_r, \\ \nabla\cdot\boldsymbol{\xi}_\perp + 2\boldsymbol{\xi}_\perp\cdot\boldsymbol{\kappa} &= \frac{(r\xi)'}{r} - 2\frac{B_\theta^2}{rB^2}\xi + \mathrm{i}\frac{G}{B}\eta, \\ \mu_0 J_\parallel &= \mu_0 \boldsymbol{J}\cdot\boldsymbol{b} = \frac{B_z}{rB}(rB_\theta)' - \frac{B_\theta B_z'}{B},\end{aligned} \tag{4.7.4}$$

其中 $F = kB_z + mB_\theta/r$ 并且 $G = mB_z/r - kB_\theta$. 将以上这些项代入 (4.7.1) 式可以得到

$$\begin{aligned}\frac{\delta W_{\mathrm{F}}}{2\pi R_0} &= \frac{\pi}{\mu_0}\int_0^a W(r) r\mathrm{d}r, \\ W(r) &= F^2|\xi|^2 + \left|\mathrm{i}F\eta + \xi\left[\frac{B_z' B_\theta}{B} - \frac{rB_z}{B}\left(\frac{B_\theta}{r}\right)'\right]\right|^2 \\ &\quad + B^2\left|\frac{(r\xi)'}{r} - \frac{2B_\theta^2}{rB^2}\xi + \mathrm{i}\frac{G}{B}\eta\right|^2 + \frac{2\mu_0 p' B_\theta^2}{rB^2}|\xi|^2 \\ &\quad - \mu_0 J_\parallel\left\{\mathrm{i}F(\xi\eta^* - \xi^*\eta) - |\xi|^2\left[\frac{B_z' B_\theta}{B} - \frac{rB_z}{B}\left(\frac{B_\theta}{r}\right)'\right]\right\}.\end{aligned} \tag{4.7.5}$$

尽管 (4.7.5) 式的形式仍然比较复杂, 但可以注意到 η 只以代数而非导数形式存在. 将所有与 η 有关的项整理在一起得到如下形式:

$$\begin{aligned}W_\eta &= k_0^2 B^2|\eta|^2 + 2\frac{\mathrm{i}kBB_\theta}{r}(\eta\xi^* - \eta^*\xi) + \frac{\mathrm{i}GB}{r}\left[\eta(r\xi^*)' - \eta^*(r\xi)'\right] \\ &= \left|\mathrm{i}k_0 B\eta + \frac{2kB_\theta}{rk_0}\xi + \frac{G}{rk_0}(r\xi)'\right|^2 - \left|\frac{2kB_\theta}{rk_0}\xi + \frac{G}{rk_0}(r\xi)'\right|^2,\end{aligned} \tag{4.7.6}$$

其中 $k_0^2 = k^2 + m^2/r^2$. 因为 η 只出现在正的项里, 通过选取

$$\eta = \frac{\mathrm{i}}{rk_0^2 B}\left[G(r\xi)' + 2kB_\theta\xi\right], \tag{4.7.7}$$

可以将 δW_{F} 进一步最小化, 此时 $W(r)$ 可以写成

$$W(r)=A_1\xi'^2+2A_2\xi\xi'+A_3\xi^2. \tag{4.7.8}$$

不失一般性, ξ 可以认为是实数, 因为 A_1, A_2, A_3 都是实系数, 其具体形式如下:

$$\begin{aligned}
A_1&=\frac{F^2}{k_0^2},\\
A_2&=\frac{1}{rk_0^2}\left(k^2B_z^2-\frac{m^2B_\theta^2}{r^2}\right),\\
A_3&=F^2+\frac{2\mu_0p'B_\theta^2}{rB^2}+\frac{B^2}{r^2}\left(1-2\frac{B_\theta^2}{B^2}\right)^2-\frac{1}{r^2k_0^2}\left(G+2kB_\theta\right)^2\\
&\quad+\frac{2B_\theta B_z}{rB}\left[\frac{B_\theta B_z'}{B}-\frac{rB_z}{B}\left(\frac{B_\theta}{r}\right)'\right].
\end{aligned} \tag{4.7.9}$$

(4.7.8) 式右边的中间项可以分部积分, 这最终导致以下形式的 δW_{F}:

$$\frac{\delta W_{\mathrm{F}}}{2\pi^2R_0/\mu_0}=\int_0^a\left(f\xi'^2+g\xi^2\right)\mathrm{d}r+\left[\frac{k^2r^2B_z^2-m^2B_\theta^2}{k_0^2r^2}\right]_a\xi^2(a), \tag{4.7.10}$$

其中

$$\begin{aligned}
f&=rA_1=\frac{rF^2}{k_0^2},\\
g&=rA_3-(rA_2)'.
\end{aligned} \tag{4.7.11}$$

经过进一步直接但烦琐的计算, g 可以写成

$$g=\frac{2k^2}{k_0^2}(\mu_0p)'+\left(\frac{k_0^2r^2-1}{k_0^2r^2}\right)rF^2+\frac{2k^2}{rk_0^4}\left(kB_z-\frac{mB_\theta}{r}\right)F. \tag{4.7.12}$$

这样就完成了 δW_{F} 的推导.

除上述形式外, 周期性螺旋箍缩位形能量原理还可以写成如下形式:

$$\begin{aligned}
\delta W=\int\mathrm{d}v\{&\boldsymbol{q}^*\cdot\boldsymbol{Q}+\gamma p\left(\nabla\cdot\boldsymbol{\eta}^*\right)\left(\nabla\cdot\boldsymbol{\xi}\right)-\frac{\lambda}{2}\left[\boldsymbol{Q}\cdot\left(\boldsymbol{\eta}_\perp^*\times\boldsymbol{B}\right)+\boldsymbol{q}^*\cdot\left(\boldsymbol{\xi}_\perp\times\boldsymbol{B}\right)\right]\\
&+p'\left[\xi_r\nabla\cdot\boldsymbol{\eta}_\perp^*+\eta_r^*\nabla\cdot\boldsymbol{\xi}_\perp\right]-\frac{p'}{B^2}\left(p'+\frac{2B_\theta^2}{r}\right)\eta_r^*\xi_r\\
&-\nabla\cdot\left[\gamma p\boldsymbol{\eta}^*\nabla\cdot\boldsymbol{\xi}+p'\boldsymbol{\eta}_\perp^*\xi_r+\left(\boldsymbol{\eta}_\perp^*\times\boldsymbol{B}\right)\times\boldsymbol{Q}-\frac{\lambda}{2}\boldsymbol{B}\boldsymbol{\eta}_\perp^*\cdot\left(\boldsymbol{\xi}_\perp\times\boldsymbol{B}\right)\right]\},
\end{aligned} \tag{4.7.13}$$

其中 $\boldsymbol{Q}=\nabla\times(\boldsymbol{\xi}\times\boldsymbol{B}), \boldsymbol{q}=\nabla\times(\boldsymbol{\eta}\times\boldsymbol{B}), \lambda=\boldsymbol{J}\cdot\boldsymbol{B}/B^2$.

下面我们从能量原理标准形式

$$\delta W(\boldsymbol{\eta},\boldsymbol{\xi})=\delta W_{\mathrm{F}}+BT$$

出发进行推导, 其中

$$\begin{aligned}\delta W_{\mathrm{F}}=\frac{1}{2}\int\Bigg[&\frac{\boldsymbol{B}_1(\boldsymbol{\eta}_\perp)\cdot\boldsymbol{B}_1(\boldsymbol{\xi}_\perp)}{\mu_0}+\gamma p(\nabla\cdot\boldsymbol{\eta})(\nabla\cdot\boldsymbol{\xi})\\&-\boldsymbol{\eta}_\perp\cdot(\boldsymbol{J}\times\boldsymbol{B}_1(\boldsymbol{\xi}_\perp))+(\boldsymbol{\xi}_\perp\cdot\nabla p)\nabla\cdot\boldsymbol{\eta}_\perp\Bigg]\mathrm{d}\boldsymbol{r},\end{aligned}\tag{4.7.14}$$

$$BT=\frac{1}{2}\int(\boldsymbol{n}\cdot\boldsymbol{\eta}_\perp)\left[\frac{1}{\mu_0}\boldsymbol{B}\cdot\boldsymbol{B}_1(\boldsymbol{\xi}_\perp)-\gamma p\nabla\cdot\boldsymbol{\xi}-\boldsymbol{\xi}_\perp\cdot\nabla p\right]\mathrm{d}S.\tag{4.7.15}$$

此处令 $\mu_0=1$, 显然 (4.7.14) 式中第一项、第二项、第四项与 (4.7.13) 式中第一项、第二项、第四项相对应, 但是注意 (4.7.13) 式的第四项是 (4.7.14) 的两倍, 下面证明 (4.7.14) 式第三项与 (4.7.13) 式中第三、四、五项对应.

(4.7.13) 式第三项为

$$\begin{aligned}\frac{\lambda}{2}[\boldsymbol{Q}\cdot(\boldsymbol{\eta}_\perp^*\times\boldsymbol{B})+\boldsymbol{q}^*\cdot(\boldsymbol{\xi}_\perp\times\boldsymbol{B})]&=J_\parallel\boldsymbol{Q}\cdot(\boldsymbol{\xi}_\perp\times\boldsymbol{b})=\boldsymbol{Q}\cdot(\boldsymbol{\xi}_\perp\times\boldsymbol{J}_\parallel)\\&=\boldsymbol{Q}_\perp\cdot(\boldsymbol{\xi}_\perp\times\boldsymbol{J}_\parallel),\end{aligned}\tag{4.7.16}$$

而 (4.7.14) 式中第三项为

$$\begin{aligned}\boldsymbol{\eta}_\perp\cdot(\boldsymbol{J}\times\boldsymbol{B}_1(\boldsymbol{\xi}_\perp))&=\boldsymbol{\eta}_\perp\cdot(\boldsymbol{J}\times\boldsymbol{Q})=(\boldsymbol{Q}_\perp+\boldsymbol{Q}_\parallel)\cdot(\boldsymbol{\eta}_\perp\times\boldsymbol{J})\\&=\boldsymbol{Q}_\perp\cdot(\boldsymbol{\xi}_\perp\times\boldsymbol{J}_\parallel)+\boldsymbol{Q}_\parallel\cdot(\boldsymbol{\xi}_\perp\times\boldsymbol{J}_\perp),\end{aligned}\tag{4.7.17}$$

因此接下来只须证明 $\boldsymbol{Q}_\parallel\cdot(\boldsymbol{\xi}_\perp\times\boldsymbol{J}_\perp)+p'\xi_r\nabla\cdot\boldsymbol{\xi}_\perp=\frac{p'}{B^2}\left(p'+\frac{2B_\theta^2}{r}\right)\eta_r^*\xi_r$. 经过计算可以得到 (4.7.17) 式左边等于

$$\frac{\left(B_\theta^2-rB_\theta B_\theta'-rB_zB_z'\right)p'\eta_r^*\xi_r}{r\left(B_\theta^2+B_z^2\right)}.\tag{4.7.18}$$

而通过

$$\nabla p=\boldsymbol{J}\times\boldsymbol{B},\tag{4.7.19}$$

我们可以得到柱位形下 p' 与磁场的关系

$$p'=-\frac{B_\theta^2+rB_\theta B_\theta'+B_zB_z'}{r}.\tag{4.7.20}$$

代入 (4.7.18) 式, 得到左边 $= \dfrac{p'}{B^2}\left(p'+\dfrac{2B_\theta^2}{r}\right)\eta_r^*\xi_r =$ 右边. 而对于表面项, 有

$$\begin{aligned}
&\int\{\nabla\cdot[\gamma p\boldsymbol{\eta}^*\nabla\cdot\boldsymbol{\xi}+p'\boldsymbol{\eta}^*\xi_r+(\boldsymbol{\eta}_\perp^*\times\boldsymbol{B})\times\boldsymbol{Q}-\frac{\lambda}{2}\boldsymbol{B}\boldsymbol{\eta}_\perp^*\cdot(\boldsymbol{\xi}_\perp\times\boldsymbol{B})]\}\mathrm{d}v\\
&=\oint\mathrm{d}\boldsymbol{S}\cdot\left[\gamma p\boldsymbol{\eta}^*\nabla\cdot\boldsymbol{\xi}+p'\boldsymbol{\eta}_\perp^*\xi_r+(\boldsymbol{\eta}_\perp^*\times\boldsymbol{B})\times\boldsymbol{Q}-\frac{\lambda}{2}\boldsymbol{B}\boldsymbol{\eta}_\perp^*\cdot(\boldsymbol{\xi}_\perp\times\boldsymbol{B})\right]\\
&=2\pi\int_0^1\int_0^{2\pi}r\mathrm{d}\theta\mathrm{d}z\eta_r^*\left(p'\xi_r+\gamma p\nabla\cdot\boldsymbol{\xi}-\boldsymbol{B}\cdot\boldsymbol{Q}\right)=BT.
\end{aligned}\tag{4.7.21}$$

综上证毕.

§4.8 环位形托卡马克能量原理推导

环坐标系 (ψ,ϕ,θ) 下能量原理的标准形式为

$$\begin{aligned}
\delta W_{\mathrm{F}}=\frac{1}{2}\int\mathrm{d}\tau\,\{&|\boldsymbol{Q}|^2-\boldsymbol{J}\cdot(\boldsymbol{Q}\times\boldsymbol{\xi})+\gamma p(\nabla\cdot\boldsymbol{\xi})^2\\
&+(\nabla\cdot\boldsymbol{\xi})(\boldsymbol{\xi}\cdot\nabla p)-(\boldsymbol{\xi}\cdot\nabla\phi)\nabla\cdot(\rho\boldsymbol{\xi})\},
\end{aligned}\tag{4.8.1}$$

又有 $\mathrm{d}s^2=(\mathrm{d}\varPsi/RB_{\mathrm{p}})^2+(\mathcal{J}B_{\mathrm{p}}\mathrm{d}\theta)^2+(R\mathrm{d}\phi)^2$, $\mathrm{d}\tau=\mathcal{J}\mathrm{d}\varPsi\mathrm{d}\theta\mathrm{d}\phi$, $\nu=\dfrac{\mathrm{d}\phi}{\mathrm{d}\theta}=\dfrac{I\mathcal{J}}{R^2}$, $I=RB_{\mathrm{t}}$, 所以 $h_1=\dfrac{1}{RB_{\mathrm{p}}}, h_2=R, h_3=\mathcal{J}B_{\mathrm{p}}$, 然后可以由

$$\boldsymbol{Q}=\nabla\times(\boldsymbol{\xi}\times\boldsymbol{B})\tag{4.8.2}$$

得到

$$\boldsymbol{Q}=\frac{1}{\mathcal{J}}\begin{pmatrix}\dfrac{1}{RB_{\mathrm{p}}}\boldsymbol{e}_\psi & R\boldsymbol{e}_\phi & \mathcal{J}B_{\mathrm{p}}\boldsymbol{e}_\theta\\ \dfrac{\partial}{\partial\psi} & \dfrac{\partial}{\partial\phi} & \dfrac{\partial}{\partial\theta}\\ \dfrac{1}{RB_{\mathrm{p}}}(B_{\mathrm{p}}\xi_\phi-B_{\mathrm{t}}\xi_\theta) & RB_{\mathrm{p}}\xi_\psi & \mathcal{J}B_{\mathrm{p}}B_{\mathrm{t}}\xi_\psi\end{pmatrix}.\tag{4.8.3}$$

展开矩阵得到具体形式:

$$\begin{aligned}
\mathcal{J}\boldsymbol{Q}=&\left[\frac{1}{RB_{\mathrm{p}}}\frac{\partial}{\partial\phi}(\mathcal{J}B_{\mathrm{p}}B_{\mathrm{t}}\xi_\psi)+\frac{1}{RB_{\mathrm{p}}}\frac{\partial}{\partial\theta}(RB_{\mathrm{p}}\xi_\psi)\right]\boldsymbol{e}_\psi\\
&+\left[R\frac{\partial}{\partial\theta}\left(\frac{1}{RB_{\mathrm{p}}}B_{\mathrm{p}}\xi_\phi-\frac{B_{\mathrm{t}}\xi_\theta}{RB_{\mathrm{p}}}\right)-R\frac{\partial}{\partial\psi}(\mathcal{J}B_{\mathrm{p}}B_{\mathrm{t}}\xi_\psi)\right]\boldsymbol{e}_\phi\\
&+\left[\mathcal{J}B_{\mathrm{p}}\frac{\partial}{\partial\psi}(-RB_{\mathrm{p}}\xi_\psi)-\mathcal{J}B_{\mathrm{p}}\frac{\partial}{\partial\phi}\left(\frac{1}{RB_{\mathrm{p}}}B_{\mathrm{p}}\xi_\phi-\frac{1}{RB_{\mathrm{p}}}B_{\mathrm{t}}\xi_\theta\right)\right]\boldsymbol{e}_\theta.
\end{aligned}\tag{4.8.4}$$

而文献 [3] 中的 (4.8.1) 式给出

$$\delta W=\frac{1}{2}\int\mathcal{J}\mathrm{d}\psi\mathrm{d}\phi\mathrm{d}\theta\left\{\frac{B^2}{R^2B_\mathrm{p}^2}\left|k_\parallel X\right|^2+\frac{R^2}{\mathcal{J}^2}\left|\frac{\partial U}{\partial\theta}-I\frac{\partial}{\partial\psi}\left(\frac{\mathcal{J}X}{R^2}\right)\right|^2\right.$$
$$\left.+B_\mathrm{p}^2\left|\mathrm{i}nU+\frac{\partial X}{\partial\psi}+\frac{J_\phi}{RB_\mathrm{p}^2}X\right|^2-2K|X|^2+\gamma p\left|\frac{1}{\mathcal{J}}\frac{\partial}{\partial\psi}(\mathcal{J}X)+\mathrm{i}nU+\mathrm{i}Bk_\parallel Z\right|^2\right\},\tag{4.8.5}$$

其中

$$X=RB_\mathrm{p}\xi_\psi,\quad U=\left(\frac{\xi_\phi}{R}-\frac{I}{R^2B_\mathrm{p}}\xi_\theta\right),\quad Z=\frac{\xi_\theta}{B_\mathrm{p}}.\tag{4.8.6}$$

可以证明 U 正比于 ξ_s, 即磁面内的垂直分量, 又因为

$$\xi=\xi(\psi,\theta)\exp(\mathrm{i}n\phi),\tag{4.8.7}$$

所以

$$\frac{\partial}{\partial\phi}=\mathrm{i}n.\tag{4.8.8}$$

展开 (4.8.5) 式第一项, 有

$$\begin{aligned}\frac{B_\mathrm{t}^2}{R^2B_\mathrm{p}^2}\left|k_\parallel X\right|^2&=\frac{B_\mathrm{t}^2}{R^2B_\mathrm{p}^2}\left|\frac{1}{\mathcal{J}B_\mathrm{t}}\left(\frac{\partial}{\partial\theta}+\mathrm{i}n\nu\right)X\right|^2\\&=\frac{B_\mathrm{t}^2}{R^2B_\mathrm{p}^2}\frac{1}{\mathcal{J}^2B_\mathrm{t}^2}\left|\frac{\partial}{\partial\theta}(RB_\mathrm{p}\xi_\psi)+\frac{\partial}{\partial\phi}(\mathcal{J}B_\mathrm{p}B_\mathrm{t}\xi_\psi)\right|^2\\&=\frac{1}{R^2\mathcal{J}^2B_\mathrm{p}^2}\left|\frac{\partial}{\partial\theta}(RB_\mathrm{p}\xi_\psi)+\frac{\partial}{\partial\phi}(\mathcal{J}B_\mathrm{p}B_\mathrm{t}\xi_\psi)\right|^2,\end{aligned}\tag{4.8.9}$$

与 (4.8.4) 式中的 $\boldsymbol{Q}$ 的 ψ 分量一致:

$$\frac{1}{\mathcal{J}}\left[\frac{1}{RB_\mathrm{p}}\frac{\partial}{\partial\phi}(\mathcal{J}B_\mathrm{p}B_\mathrm{t}\xi_\psi)+\frac{1}{RB_\mathrm{p}}\frac{\partial}{\partial\theta}(RB_\mathrm{p}\xi_\psi)\right]\boldsymbol{e}_\psi.$$

同理展开 (4.8.5) 式第二项, 有

$$\begin{aligned}\frac{R^2}{\mathcal{J}^2}\left|\frac{\partial U}{\partial\theta}-I\frac{\partial}{\partial\psi}\left(\frac{\mathcal{J}X}{R^2}\right)\right|^2&=\frac{R^2}{\mathcal{J}^2}\left[\left(\frac{\partial\xi_\phi}{\partial\theta}\frac{1}{R}\right)-\left(\frac{B_\mathrm{t}}{RB_\mathrm{p}}\frac{\partial\xi_\theta}{\partial\theta}\right)-\left(B_\mathrm{t}\mathcal{J}B_\mathrm{p}\frac{\partial\xi_\psi}{\partial\psi}\right)\right]^2\\&=\frac{R^2}{\mathcal{J}^2}\left[\left(\frac{\partial\xi_\phi}{\partial\theta}\frac{1}{R}\right)-\left(\frac{B_\mathrm{t}}{RB_\mathrm{p}}\frac{\partial\xi_\theta}{\partial\theta}\right)-(B_\mathrm{t}\mathcal{J}B_\mathrm{p}\frac{\partial\xi_\psi}{\partial\psi})\right]^2,\end{aligned}\tag{4.8.10}$$

与 (4.8.4) 式中的 $\boldsymbol{Q}$ 的 ϕ 分量一致:

$$\frac{1}{\mathcal{J}}\left[R\frac{\partial}{\partial\theta}\left(\frac{1}{RB_{\mathrm{p}}}B_{\mathrm{p}}\xi_{\phi}-\frac{B_{\mathrm{t}}\xi_{\theta}}{RB_{\mathrm{p}}}\right)-R\frac{\partial}{\partial\psi}(\mathcal{J}B_{\mathrm{p}}B_{\mathrm{t}}\xi_{\psi})\right]\boldsymbol{e}_{\phi}.$$

展开 (4.8.5) 式第三项, 有

$$B_{\mathrm{p}}^2\left|\mathrm{i}nU+\frac{\partial X}{\partial\psi}+\frac{J_{\phi}}{RB_{\mathrm{p}}^2}X\right|^2=B_{\mathrm{p}}^2\left|\frac{\partial\left(\frac{\xi_{\phi}}{R}\right)-\frac{RB_{\mathrm{t}}\xi_{\theta}}{R^2B_{\mathrm{p}}}}{\partial\phi}+\frac{\partial(RB_{\mathrm{p}}\xi_{\psi})}{\partial\psi}-\frac{J_{\phi}}{RB_{\mathrm{p}}^2}(RB_{\mathrm{p}}\xi_{\psi})\right|^2,\tag{4.8.11}$$

而 (4.8.4) 式中的 $\boldsymbol{Q}$ 的 θ 分量为

$$\frac{1}{\mathcal{J}}\left[\mathcal{J}B_{\mathrm{p}}\frac{\partial}{\partial\psi}(-RB_{\mathrm{p}}\xi_{\psi})-\mathcal{J}B_{\mathrm{p}}\frac{\partial}{\partial\phi}\left(\frac{1}{RB_{\mathrm{p}}}B_{\mathrm{p}}\xi_{\phi}-\frac{1}{RB_{\mathrm{p}}}B_{\mathrm{t}}\xi_{\theta}\right)\right]\boldsymbol{e}_{\theta}.$$

可以看出文献 [3] 中第三项展开后的前两项等于 $\boldsymbol{Q}$ 的 θ 分量, 而 (4.8.11) 式最后一项 $B_{\mathrm{p}}^2\dfrac{J_{\phi}}{RB_{\mathrm{p}}^2}(RB_{\mathrm{p}}\xi_{\psi})$ 显然并非来源于 $\boldsymbol{Q}$ 的展开式.

现已验证 (4.8.5) 式的前三项 (文献 [3] 中第三项多出一电流项), 证明其来源于 (4.8.1) 式的扰动磁场项, 这里忽略势能项, 所以 (4.8.1) 式的最后一项为 0. 接下来验证这两个能量原理形式的绝热项.

对于标准形式,

$$\gamma p(\nabla\cdot\boldsymbol{\xi})^2=\gamma p\left[\frac{1}{\mathcal{J}}\left(\frac{\partial(R\mathcal{J}B_{\mathrm{p}}\xi_{\psi})}{\partial\psi}\right)+\frac{1}{\mathcal{J}}\left(\frac{\partial\left(\frac{\mathcal{J}}{R}\xi_{\phi}\right)}{\partial\phi}\right)+\frac{1}{\mathcal{J}}\left(\frac{\partial\left(\frac{1}{B_{\mathrm{p}}}\xi_{\theta}\right)}{\partial\theta}\right)\right]^2,\tag{4.8.12}$$

同时展开 (4.8.5) 式的最后一项, 有

$$\begin{aligned}\gamma p\left|\frac{1}{\mathcal{J}}\frac{\partial}{\partial\psi}(\mathcal{J}X)+\mathrm{i}nU+\mathrm{i}Bk_{\|}Z\right|^2=\gamma p\Bigg|&\frac{1}{\mathcal{J}}\frac{\partial}{\partial\psi}(RB_{\mathrm{p}}\xi_{\psi})+\frac{\partial\frac{\xi_{\phi}}{R}}{\partial\phi}-\frac{\partial(RB_{\mathrm{t}}\xi_{\theta})}{R^2B_{\mathrm{p}}\partial\phi}\\&+\frac{B_{\mathrm{t}}}{\mathcal{J}B_{\mathrm{t}}}\left(\frac{\partial}{\partial\theta}+\frac{\nu\partial}{\partial\phi}\right)\frac{\xi_{\theta}}{B_{\mathrm{p}}}\Bigg|^2.\end{aligned}\tag{4.8.13}$$

将 $\nu=\dfrac{I\mathcal{J}}{R^2}$, $I=RB_{\mathrm{t}}$ 代入 (4.8.13) 式即可证明绝热项相等.

剩余待证的是: 标准形式中 $(\nabla\cdot\boldsymbol{\xi})(\boldsymbol{\xi}\cdot\nabla p)-\boldsymbol{J}\cdot(\boldsymbol{Q}\times\boldsymbol{\xi})$ 与文献 [3] 中 $2K|X|^2$ 以及之前所述 θ 方向上的多余电流项同源. 目前已知

$$\frac{J_\phi}{R}=p'+\frac{II'}{R^2},\quad J_\phi=-\frac{R}{\mathcal{J}}\frac{\partial}{\partial\psi}\left(\mathcal{J}B_{\rm p}^2\right). \tag{4.8.14}$$

以上关系可以证明如下:

$$\nabla p=RB_{\rm p}\frac{\partial p}{\partial\psi}=RB_{\rm p}p'.$$

代入平衡关系, 有

$$\nabla p=\boldsymbol{J}\times\boldsymbol{B}\Rightarrow RB_{\rm p}p'=J_\phi B_{\rm p}-J_\theta B_{\rm t}\Rightarrow p'=\frac{J_\phi}{R}-\frac{J_\theta B_{\rm t}}{RB_{\rm p}},$$

又有

$$\boldsymbol{J}=\nabla\times\boldsymbol{B}\Rightarrow J_\theta=B_{\rm p}\frac{\partial RB_{\rm t}}{\partial\psi}, \tag{4.8.15}$$

所以 (4.8.14) 式得证, 且系数 K 满足关系

$$K=\frac{II'}{R^2}\frac{\partial}{\partial\psi}(\ln R)-\frac{J_\phi}{R}\frac{\partial}{\partial\psi}\ln\left(\mathcal{J}B_{\rm p}\right). \tag{4.8.16}$$

对 $2K|X|^2$ 进行展开, 经过计算, 最终可证得 (4.8.5) 式.

小　　结

本章主要讨论了以下内容:

(1) 线性磁流体不稳定性作为初始值问题.

(2) 线性理想磁流体的本征值方程.

(3) 基于能量原理的线性磁流体不稳定性.

(i) 能量原理与本征值问题;

(ii) 能量原理的直观形式.

(4) 托卡马克和螺旋箍缩的能量原理.

(i) 环形托卡马克的 $\delta W_{\rm F}$;

(ii) 周期性螺旋箍缩的 δW.

习　　题

1. 从 $\delta W_{\rm F}$ 标准形式 (4.3.10) 推导直观形式 (4.3.13).
2. 推导螺旋箍缩的 δW, 即 (4.4.12) 式.
3. 列出能量原理的原始文献: (1) 直观形式; (2) 螺旋箍缩; (3) 托卡马克.

参 考 文 献

[1] Bernstein I B, Frieman E A, Kruskal M D, and Kulsrud R M. An energy principle for hydromagnetic stability problems. Proceedings of the Royal Society of London. A. Mathematical and Physical Sciences, 1958, 244(1236): 17.

[2] Greene J M and Johnson J L. Interchange instabilities in ideal hydromagnetic theory. Plasma of Physics, 1968, 10(8): 729.

[3] Connor J W, Hastie R J, and Taylor J B. High mode number stability of an axisymmetric toroidal plasma. Proceedings of the Royal Society of London. A. Mathematical and Physical Sciences, 1979, 365(1720): 1.

[4] Freidberg J P. Ideal Magnetohydrodynamics. Plenum Publishing Corporation, 1987.

第五章 电流驱动的理想磁流体力学不稳定性

通常我们使用周期性螺旋箍缩的能量原理来研究托卡马克中电流驱动的磁流体力学不稳定性. 对于这些模式来说, 由于环位形磁场的曲率不是太重要, 周期性螺旋箍缩能量原理是一个很好的近似. 实验上, 电流驱动的磁流体力学不稳定性对托卡马克的安全运行空间带来很多限制. 本章我们主要考察与 $q = m/n$ 有理面共振的模式. 此外, 我们还讨论与等离子体电流相关的另一种理想磁流体不稳定性, 即当极向平面内磁面被外部极向场线圈拉长时容易发生的垂直位移不稳定性.

§5.1 托卡马克大纵横比量阶下 δW 的展开表达式

为了分析托卡马克中的电流驱动模式, 通常采用所谓的托卡马克量阶假设, 即在大纵横比 $R_0/a \gg 1$ 或者 $\epsilon = r/R_0 \to 0$ 极限下, 假设等离子体比压 β 的量阶为

$$\beta = O\left(\frac{r}{R_0}\right)^2 = O(\epsilon^2). \tag{5.1.1}$$

在这种托卡马克量阶设定下, 周期性螺旋箍缩扰动势能 δW 中的压强贡献可以忽略, 使得我们得以研究纯粹电流驱动模式的物理特性.

具体而言, 基于上述量阶, 周期性螺旋箍缩 δW 中各项系数关于 ϵ 渐近展开的最低阶为

$$f(r) \approx \frac{r^3}{R_0^2} B_z^2 \left(\frac{1}{q} - \frac{n}{m}\right)^2, \tag{5.1.2}$$

$$g(r) \approx \frac{r}{R_0^2} B_z^2 \left(m^2 - 1\right) \left(\frac{1}{q} - \frac{n}{m}\right)^2, \tag{5.1.3}$$

其中在 (5.1.3) 式中, 和 $(r/R_0)^2 B_z^2$ 相比, 我们忽略了 $((nr)/(R_0 m))^2 2\mu_0 p'$, 因为它使得压强项对于 δW 是一个四阶贡献, 即 $O(\epsilon^4)$. 在之后的章节对于有限压强效应的讨论中, 这一项必须保留, 因为对于在有理面 $(1/q - n/m) \to 0$ 附近的局域模式, 该项是不可忽略的. 以上各项系数的量阶意味着

$$\delta W = \delta W_2 = O\left(\frac{r}{R_0}\right)^2. \tag{5.1.4}$$

对螺旋箍缩中 δW 积分外的一项采用相同的处理过程, 我们得到

$$\delta W_{\mathrm{B}}=\frac{2\pi^2 B_z^2}{\mu_0 R_0}\xi_a^2 a^2\left(\frac{n^2}{m^2}-\frac{1}{q_a^2}+\Lambda m\left(\frac{1}{q_a}-\frac{n}{m}\right)^2\right), \tag{5.1.5}$$

其中 $\xi_a=\xi(a)$, $q_a=q(a)$, 这里引入符号 δW_{B}, 因为它代表等离子体边界上有限 ξ 的贡献.

结合三项得到如下表达式:

$$\begin{aligned}\delta W=\delta W_2=&\frac{2\pi^2 B_z^2}{\mu_0 R_0}\int_0^a\left[(r\xi')^2+\left(m^2-1\right)\xi^2\right]\left(\frac{n}{m}-\frac{1}{q}\right)^2 r\mathrm{d}r\\&+\frac{2\pi^2 B_z^2}{\mu_0 R_0}\xi_a^2 a^2\left(\frac{n^2}{m^2}-\frac{1}{q_a^2}+\Lambda m\left(\frac{1}{q_a}-\frac{n}{m}\right)^2\right).\end{aligned} \tag{5.1.6}$$

可以看到, 等离子体部分的积分项不可能变为负值, 因此, 对于最低量阶 $\delta W=\delta W_2$, 其稳定性将取决于边界项. 因此区分外模 $\xi_a\neq 0$ 和内模 $\xi_a=0$ 是有实际意义的. 对于内模, 等离子体边界不受模式扰动且 $\delta W_{\mathrm{B}}=0$. 之后我们将会看到, 内模的稳定性将由更高阶 (即 $(r/R_0)^4$ 量阶) 的扰动势能 δW 决定. 而 δW 的二阶表达式, 只对应外扭曲模.

§5.2 外 扭 曲 模

这里我们只考虑外模 $\xi_a\neq 0$, 即等离子体边界发生了扰动位移. 我们首先分析没有导体壁的情况, 这是最不稳定的一种极端情形. 然而, 我们将看到, 在 $\beta\to 0$ 情况下, 即使没有导体壁, 托卡马克等离子体对外扭曲通常也是相当稳定的. 一般在有限 β 效应被包含时, 导体壁的稳定性效应才有显著重要性. 这和反场箍缩不同, 对于反场箍缩, 当 $\beta\to 0$ 时, 外扭曲模仍然有很重要的作用. 因此, 导体壁的效应, 将在稍后关于压强和电流共同驱动效应的章节中详细讨论.

(1) $m=1$ 的外扭曲模.

可以看到, 如果我们选择扰动位移为常数, 即 $\xi=\xi_0$ 和 $m=1$, 则方程 (5.1.6) 中的积分项为零. 在这种情况下, 我们只需要判断 δW_{B} 的符号. 在导体壁距离等离子体很远的极限下, 导体壁的稳定性效应消失 (即 $\Lambda\to 1$). 这种情况下, $m=1$ 模式相应的扰动势能为

$$\delta W=\delta W_2=\frac{4\pi^2 B_z^2}{\mu_0 R_0}n\left(n-\frac{1}{q_a}\right)a^2\xi_a^2, \tag{5.2.1}$$

其中等离子体 – 真空边界扰动位移 $\xi_a=\xi_0$. 对于托卡马克, 它意味着 $m=1$ 外扭曲模稳定性的必要条件是

$$q_a>\frac{1}{n}. \tag{5.2.2}$$

由于柱位形下有 $q_a = 2\pi a^2 B_z/(\mu_0 R I_{\rm p})$, 则对于给定纵向磁场 B_z, 以上条件限制了托卡马克中可以稳定运行的最大等离子体电流 $I_{\rm p}$.

(2) Kruskal-Shafranov 判据: 等离子体电流密度最大值.

对于 $n = 1$ 的环向模式, 以上稳定性条件是最具限制性的, 这就是 Kruskal-Shafranov 稳定性判据, 其形式为

$$q_a > 1 \quad \Rightarrow \quad I_{\rm p} < \frac{2\pi a^2}{\mu_0 R_0} B_z, \tag{5.2.3}$$

其中, 我们已经用到了柱位形下 q 的定义. 以上稳定性判据也是 q 之所以被称为 "安全因子" 的由来. 对于一个具有圆截面的典型托卡马克, 纵横比为 3, 小半径 $a = 0.5$ m, 磁场 $B_z = 3$ T, 则 Kruskal-Shafranov 稳定性判据所限制的最大等离子体电流密度为 1 MA 的量级. 由于热能约束时间与托卡马克等离子体电流大致成正比, 在托卡马克的设计和运行方案中, 往往倾向于将等离子体电流 $I_{\rm p}$ 最大化. 此外, 通过改变等离子体极向横截面的形状, 增加截面周长, 可以在相同的 B_z 和 $I_{\rm p}$ 取值情况下使得边界安全因子 q_a 增加, 从而扩大等离子体电流 $I_{\rm p}$ 稳定的取值范围.

虽然 Kruskal-Shafranov 判据限制了托卡马克等离子体电流所能达到的最大稳定值, 但在当今的托卡马克运行中, 该判据通常不会直接限制可实现的最大等离子体电流, 这是因为由于有限 β 效应, $(2,1)$ 外扭曲模不稳定性通常会阻止托卡马克在 q_a 低于 2 的区间运行, 这在之后关于 $m = 2$ 的外扭曲模的进一步讨论中会看到. 实际的托卡马克实验中, 这种 $(2,1)$ 外扭曲模往往与有限电阻导体壁有关, 被称为电阻壁模. 然而, 如果使用导体壁附近的线圈对这种模式进行主动反馈控制来抵消模式增长, 已经有实验演示了可以允许托卡马克在 $q_a < 2$ 的情况下稳定运行, 这接近 Kruskal-Shafranov 判据所给出的 q_a 下限. 最近 RFX 装置上以圆截面托卡马克模式运行的实验显示, 随着等离子体电流的增加, 当边界安全因子下降到 $q_a = 2$ 时, $(2,1)$ 外扭曲模 (电阻壁模) 出现, 放电过程中断, 而在施加主动磁场反馈控制后, 同样的托卡马克放电模式可以在 $q_a = 2$ 以下的区间稳定地运行[1].

如果等离子体边界紧贴理想导体壁, 则有 $\xi_a \to 0$, 这也意味着 $\delta W_{\rm B} \to 0$. 在这种情况下, Kruskal-Shafranov 判据不再构成对托卡马克运行空间的限制, 而将由内扭曲模的稳定性判据确定限制. 对于托卡马克, 内扭曲模的稳定性将要求 $q > 1$. 导体壁的影响, 包括有限电导率的因素, 将在以后的章节中进行更详细的讨论.

(3) $m \geqslant 2$ 的外扭曲模.

对于极向模数 $m \geqslant 2$ 的情况, (5.1.6) 式中积分项的贡献恒为正, 这时该模式的稳定性由 $\delta W_{\rm B}$ 稳定与不稳定项之间的平衡决定. 对于 $n = 1$ 和不同的 m 模式, 从其相应的 $\delta W_{\rm B}$-q_a 的关系图 (图 5.1) 中可以看到, 如果导体壁在无穷远处, 即 $\Lambda = 1$,

则在 q_a 坐标轴上存在一个 δW_{B} 为负的窗口, 即对于每一个模数 (m,n) 满足

$$\frac{m(m-1)}{n(m+1)} < q_a < \frac{m}{n} \tag{5.2.4}$$

的外扭曲模式, 其 δW_{B} 可以是负的, 因此是起解稳作用的. 这意味着, 如果共振面位于等离子体外部的真空区, 该外扭曲模可能不稳定. 其中具有最小极向模数 m 的模式对应的扰动势能 δW_{B} 是最负的, 表明该模式最不稳定. 反而言之, 在 β 可忽略的极限下, 如果共振面位于等离子体内部, 即 $m/n < q_a$, 外扭曲模将始终保持稳定.

(4) 外扭曲模稳定性取决于电流密度剖面峰值.

图 5.1 显示, 由于 δW_{B} 导致的不稳定性窗口重叠几乎覆盖了 q_a 的全区域, 因此, 需要进一步评估 (5.1.6) 式中的积分项, 以确定是否有因为流体扰动势能项 δW_{F} 的稳定贡献而决定的稳定区间. 从 δW_{F} 积分元的结构可以看到, 它可由芯部振幅小且向边缘增大的试探函数最小化, 其中 $(n/m-1/q(r))^2$ 项随着共振面的接近而减小. 对于任意的电流密度分布剖面, 难以进行解析分析. 因此, 可以使用具体的电流密度剖面 $J_\phi \approx J_z = J_0(1-(r/a)^2)^\nu$ 对相应的本征值方程进行数值积分, 以进行理想外扭曲模分析[2]. 分析表明, 电流密度剖面的峰值对外扭曲模的稳定性有决定性影响.

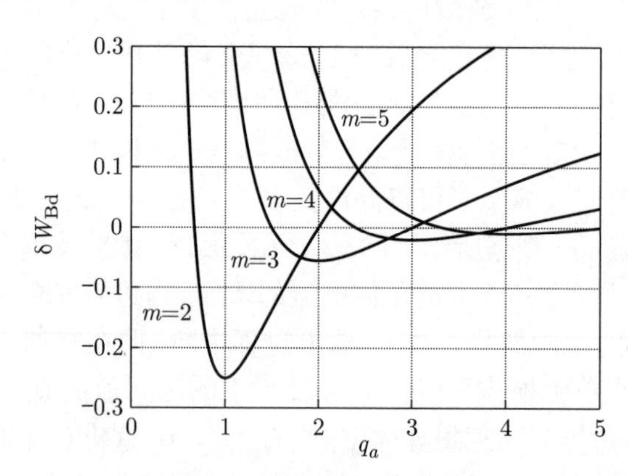

图 5.1　$n=1, m=2,3,4,5$ 时相应的无量纲表面扰动势能 $\delta W_{\mathrm{Bd}}(q_a)$, 其中 $\delta W_{\mathrm{Bd}} = \delta W_{\mathrm{B}} \Big/ \left(\dfrac{2\pi^2 B_z^2}{\mu_0 R_0}\xi_a^2 a^2\right)$

对于尖峰电流剖面 $\nu > 2.5$, 整个 Kruskal-Shafranov 极限以上的 $q_a > 1$ 范围内都能稳定. 更宽的电流分布会导致不稳定的 q_a 窗口, 最低模数 m 的极向模式是最不稳定的. 对于 $\nu < 1$, 整个 q_a 范围内找不到稳定的窗口. 应该注意到, 这是一个

理想化的图像 (见图 5.2), 如前面所示, 无论当前电流密度剖面的峰度如何, 如果不施加主动反馈控制, $q_a \geqslant 2$ 的稳定性下限在实验中通常是很难触及的.

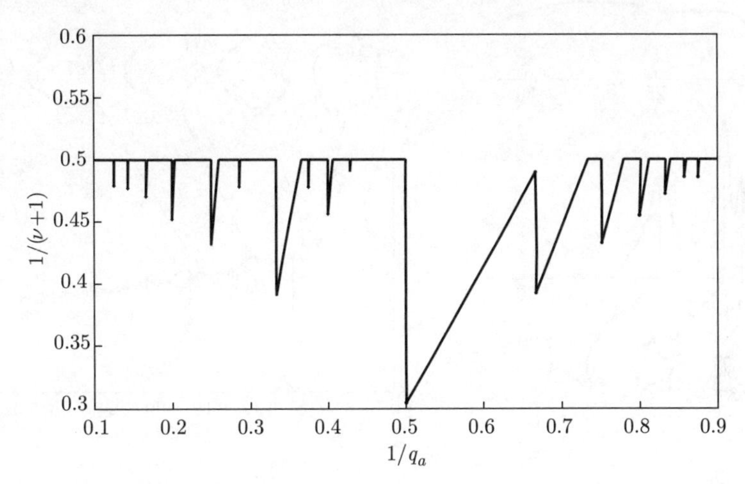

图 5.2 在低 β 参数区域, 电流密度分布 $J_\phi \approx J_z = J_0(1-(r/a)^2)^\nu$ 对应的外扭曲模稳定性边界, 其中边界线上方为不稳定区域. 纵轴 $q_0/q_a = (\nu+1)^{-1}$ 量度电流密度剖面的峰值, 横轴与 $1/q_a$ 成正比, 因此与总等离子体电流成正比[2]

(5) 托卡马克运行过程中的外扭曲模不稳定性.

如果托卡马克运行在电流密度剖面主要由 Ohm 电阻率决定的参数区间, 由于电导率在等离子体中心高, 电流密度剖面分布也在中心处达到峰值, 安全因子 q 具有从芯部到边界单调上升的传统剖面分布. 这种情况下, 对于低 β 等离子体, 只要 $q_a > 2$, 外扭曲模就不是问题. 然而, 纯电流驱动的外扭曲模能够在托卡马克电流快速上升过程中被观测到, 前提是电流上升速率比电阻扩散速率大得多, 因为这会导致分布较宽的电流剖面. 如图 5.3 中的示例所示, 随着等离子体电流快速上升, 边界 q_a 通过相应的整数值时, 会激发模式 $(m = q_a, n = 1)$ 的理想外扭曲模.

(6) 有限 β、边界电流和环位形效应对外扭曲模的影响.

总之, 在 β 可忽略和 $q_a > 2$ 的通常情况下, 外扭曲模没有对传统的托卡马克运行空间构成太严格的限制. 然而, 在宽电流剖面和有限 β 的情况下, 外扭曲模会成为重要的理想壁和电阻壁模式. 另一个显著不同的情况是具有有限边缘电流密度 $j(a) \neq 0$, 之前在对形式为 $j = j_0(1-(r/a)^2)^\nu$ 的一类电流密度剖面做稳定性分析时排除了这种情况. 在柱位形低 β 近似下, 这种边缘电流分布会导致非常局域化的高 m 模数外扭曲模不稳定性, 即所谓的剥离模[5]. 然而在具体的环形托卡马克装置中, 剥离模的稳定性关键还取决于有限 β 和环位形效应的贡献. 在之后处理边缘局域模不稳定性时, 我们会更详细地讨论剥离模.

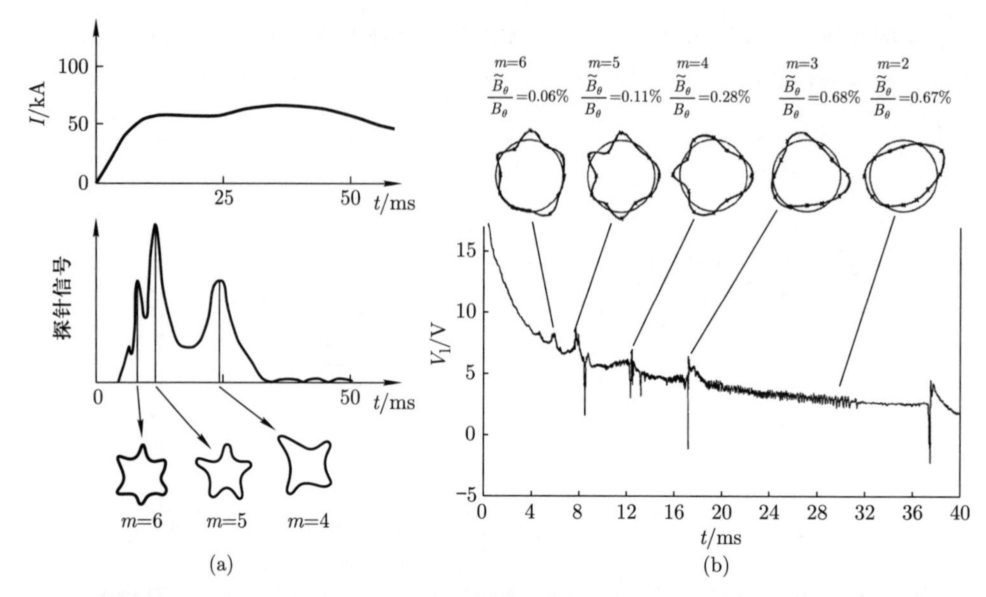

图 5.3 在 (a) T-3 和 (b) Alcator-A 托卡马克实验装置放电电流上升过程中依次出现的理想外扭曲模[3,4]

§5.3 内扭曲模

内扭曲模是等离子体边界扰动位移 $\xi(a) = 0$ 的模式. 对于这种情况, 只须考虑 (5.1.6) 式中的积分项. 类似于推导 Kruskal-Shafranov 极限, 我们考虑 $m = 1$ 模式, 并可以看到对于常数位移 $\xi = \xi_0$, 该积分项为零. 然而, 常数位移与等离子体边缘处零位移的假设相矛盾. 这提示我们使用在 $q = 1$ 内侧恒定且外侧为零, 并且在 $q = 1$ 的磁面位置开始下降到零的试探函数, 在该处有限大小的位移导数 $\mathrm{d}\xi/\mathrm{d}r$ 被 $(n/m - 1/q)^2 = 0$ 所抵消.

使用这样的试探函数 (见图 5.4), 在 $(r/R_0)^2$ 的量阶上 $\delta W = \delta W_2 = 0$. 这意味着托卡马克中 (1,1) 内扭曲模的稳定性将由更高阶的扰动势能确定, 该阶为 $(r/R_0)^4$. 根据 (5.1.1) 式中的 β 量级, 这意味着 g 的展开需要包括压强项, 从而进入更高一个量级. 而由于试探函数 $\xi' = 0$ 的剖面结构, f 的贡献仍然严格为零. 这里我们考虑 $n = 1$ 的试探函数, 是因为它对扰动势能所产生的稳定性贡献最小, 对于安全因子 q 在等离子体电流上升期间从 ∞ 开始下降的托卡马克, 这样的试探函数能够体现最严格的稳定性条件.

如上对 g 展开后, 四阶的扰动势能具有形式

$$\delta W_{4,\mathrm{cyl}} = \frac{2\pi^2 B_z^2}{\mu_0 R_0}\xi_0^2 n^2 \int_0^{r_1} r\mathrm{d}r \left[r\beta' + \frac{r^2}{R_0^2}\left(n - \frac{1}{q}\right)\left(3n + \frac{1}{q}\right)\right], \tag{5.3.1}$$

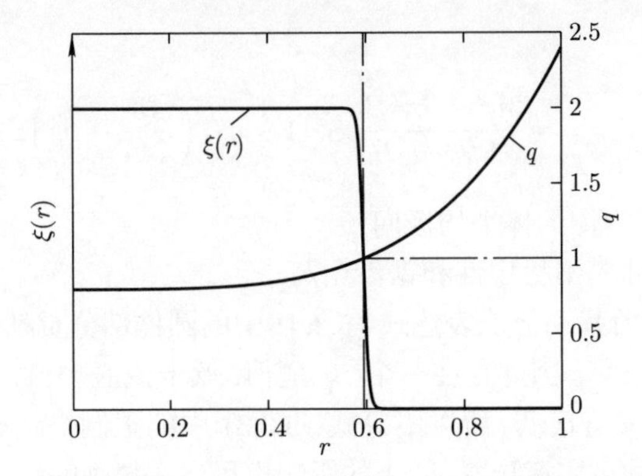

图 5.4 使 δW 最小化的试探函数 $\xi(r)$ 及相应 q 剖面示例, 用于内扭曲模的分析

其中从中心到 $q=1$ 面的小半径位置 r_1 进行积分, 因为在 $q=1$ 面外 $\xi=0$. 显然, 对于从中心到边界单调减小的压强分布, 因为 $\beta'<0$, 有限 β 效应通常是解稳的. 如果 $q(r)<1$, 则第二项将产生负的贡献, 因此对于单调增加的 q 剖面, 稳定性的必要条件是

$$q(0)\geqslant 1. \tag{5.3.2}$$

的确, 如果在托卡马克放电中 $q(0)$ 低于 1, 通常会观察到 $(m=1,n=1)$ 模式, 即等离子体仅在 $q=1$ 面内部发生扰动位移. 我们注意到, 这种扰动具有与等离子环面相同的拓扑, 这解释了为什么 $(m=1,n=1)$ 模式在环形系统中是个特例. 由不等式 (5.3.2) 给出的稳定性条件可以看作对托卡马克中心电流密度的限制, 因为 $q(r)$ 在磁轴附近展开并且取极限 $r\to 0$ 可以得到

$$q(0)=\frac{2B_z}{\mu_0 R_0 J_0}\Rightarrow J(0)<\frac{2B_z}{\mu_0 R_0}, \tag{5.3.3}$$

即对中心电流密度 $J(0)$ 的限制. 当 $q<1$ 时, $(m=1,n=1)$ 内扭曲模的发生与锯齿不稳定性紧密相关.

(1) 环位形中的内扭曲模稳定性.

托卡马克中的环效应, 尤其是与压强相关的, 其量阶为 $(r/R_0)^4$, 因此在分析内扭曲模时必须考虑. 特别是由于环效应所导致的 (1,1) 模式与 (2,1) 模式的环向模式耦合, 会引入对于圆截面和特定 q 剖面可以进行解析处理的扰动势能校正. 假设 q 剖面具有抛物线形状, 并且 $(q(0)-1)\ll 1$, 那么计算可以得到[6]

$$\delta W_4=\left(1-\frac{1}{n^2}\right)\delta W_{4,\mathrm{cyl}}+\delta W_{4,\mathrm{tor}}, \tag{5.3.4}$$

其中

$$\delta W_{4,\mathrm{tor}} = \frac{3n^2 r_1^4}{R_0^2}\frac{2\pi^2 B_z^2}{\mu_0 R_0}\xi_0^2\left(1-q_0\right)\left(\frac{13}{144}-\hat{\beta}_\mathrm{p}^2\right). \tag{5.3.5}$$

这里 $\hat{\beta}_\mathrm{p}$ 是 $q=1$ 面内侧的体平均极向 β.

(2) $(1,1)$ 内扭曲模不稳定性和锯齿振荡.

对于 $n=1$, 四阶扰动势能表达式 (5.3.4) 中的圆柱部分贡献消失, 而稳定性完全取决于环效应的贡献. 因此存在一个 $\hat{\beta}_\mathrm{p}$ 阈值, 低于该值 $(1,1)$ 模式应该稳定, 但是在通常情况下该阈值很低, 所以不等式 (5.3.3) 中的限制仍然有效. 内扭曲模稳定性由高阶项确定的事实意味着, 微小的影响也可以在精确的稳定性边界确定中起作用, 其中包括有限电阻率、双流体效应、有限 Larmor 半径效应, 以及高能量粒子或快粒子 (即 $v \gg v_{热}$) 的影响, 这类粒子既可以稳定也可以解稳内扭曲模.

(3) 理想扭曲模不稳定性和托卡马克稳定运行区间.

综上所述, 托卡马克理想外扭曲模通过 Kruskal-Shafranov 判据限制等离子体电流 I_p 的最大值, 并通过内扭曲模限制磁轴上的最大电流密度 $J(0)$. 由于托卡马克能量约束时间随着 I_p 的增加而增加, 因此外扭曲模稳定性要求也为约束带来了限制. 此外, 内扭曲模稳定性的要求使得电流密度剖面峰值受到等离子体芯部中心最大电流密度的限制, 这决定了可以获得的磁剪切范围, 而磁剪切有利于稳定局域的压强驱动模式. 这将在下一章展示和讨论.

§5.4 轴对称 ($n=0$) 模式: 垂直位移不稳定性 (VDE)

另一种理想磁流体力学不稳定性不依赖于等离子体的螺旋形式扰动, 而是整个等离子体环柱整体的位置不稳定性. 之前的分析显示, 等离子体的水平方向平衡位置可以通过来自外部极向场线圈的垂直场力与等离子体环的箍圈张力相平衡来确定. 在纯垂直场中, 等离子体不会承受垂直方向的力, 并且垂直位置也不确定. 通过添加一个较小的径向场分量可以解决此问题, 如图 5.5 所示. 在此, 等离子体环柱及电流整体在垂直方向上的小位移导致电流与径向磁场分量一起产生与位移方向相反的恢复力, 并且垂直方向的平衡位置 Z_0 由 $B_R(Z_0)=0$ 决定.

(1) VDE 稳定性判据.

垂直位移稳定性取决于由极向场线圈产生的附加磁场曲率, 这可以通过场因子 N 方便地表示为

$$N = -\frac{R}{B_Z}\frac{\partial B_Z}{\partial R}. \tag{5.4.1}$$

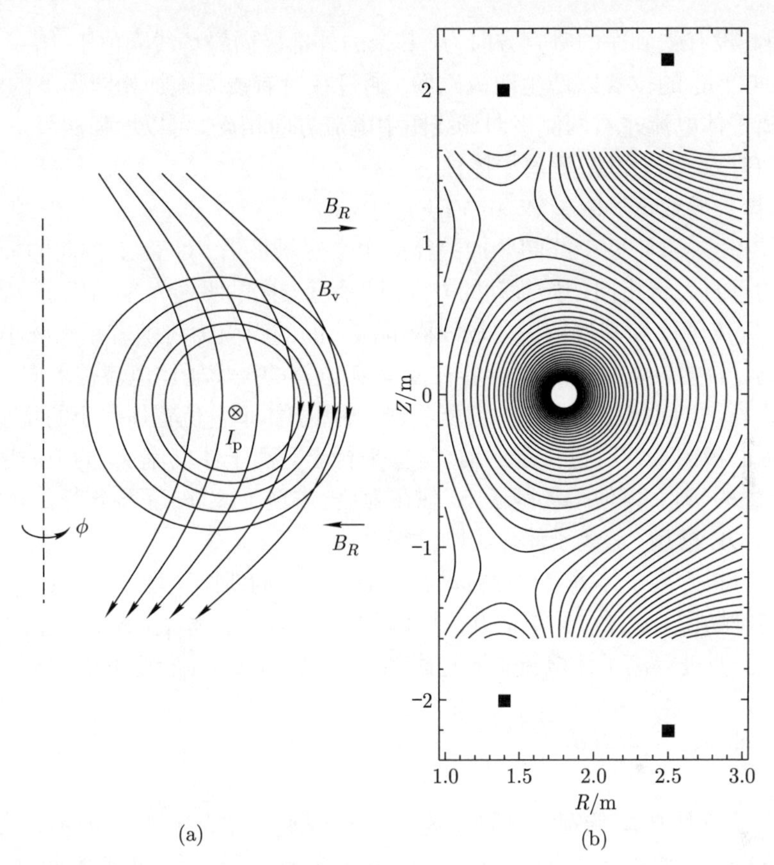

图 5.5 (a) 在垂直场上增加一个小的径向场分量可提供抵抗垂直位移的恢复力; (b) 在等离子上方和下方带有附加线圈的情况下, 极向截面可以拉长, 但会失去垂直方向扰动位移的稳定性. 黑色方块表示线圈位置

对于稳定情况, $Z > Z_0$ 的径向场为正 (向外), $Z < 0$ 的径向场为负 (向内), 因此 $\partial B_R/\partial Z > 0$, 对于真空场 $\partial B_R/\partial Z = \partial B_Z/\partial R$. 因为对于环向分量为正的等离子体电流, B_v 在负的 Z 方向, 所以场因子为正. 因此, 垂直位移不稳定性的稳定性判据为 $N > 0$.

(2) 使用外部极向场线圈拉伸极向截面.

为了获得等离子体磁面形状对稳定性和输运的有利影响, 通常将极向截面拉长, 因为对于给定的 a 和 B_t, q_a 随拉长比 κ 增加, 即可以在不违反 Kruskal-Shafranov 判据的情况下, 以更高的等离子体电流 I_p 稳定运行. 然而极向截面拉长会导致 VDE, 为了看到这点, 我们考虑将等离子体视为承载电流 I_p 的回路模型. 我们假设在平衡状态下, 环向电流回路位于 $R = R_0 = 1.8$ m, $Z = Z_0 = 0$, 且 B_R 必须消失的位置, 因此没有受到净的垂直方向力. 其余的外部极向磁场线圈位于 $R_{\mathrm{PF}} = 1.4$ m, $Z_{\mathrm{PF}} = \pm 0.2$ m 的位置以产生四极磁场. 通过在所有线圈施加相同强度的电流, 同时使等离子体电流左右两侧极向场线圈中电流方向相反, 可以增强四极矩, 从而在水平方向有效地 "压缩" 等离子体柱.

(3) 拉长导致负场因子 N 和 VDE.

当 $Z = Z_0$ 时, 两个线圈叠加的径向水平磁场抵消, 对于 Z 方向的较小位移, 所产生的垂直力将指向初始扰动的方向, 即垂直方向的平衡发生不稳定. 从另一角度来看, 等离子体和其外侧极向场线圈电流之间的吸引力将随着距离减小而增加. 由于等离子体极向截面拉伸意味着在 $Z = 0$ 位置的等离子体电流被极向场线圈通过大小相同、方向相反的平衡拉力所实现, 等离子体垂直位置任何小的扰动都会导致向靠近的极向场线圈进一步运动. 这些平行于等离子体电流 I_{p} 的极向场线圈电流, 所产生的 $B_R(Z)$ 使得场因子 N 现在为负, 表现了 VDE 不稳定性.

(4) VDE 模型: 等离子体作为刚性细电流丝.

为了分析等离子体垂直位移扰动在一般外部极向线圈磁场中的稳定性, 我们将水平径向磁场在 (R_0, Z_0) 附近展开, 并计算垂直方向由于扰动位移而产生的 Lorentz 力 F_{destab}. 假设等离子体电流是通过磁轴 (R_0, Z_0) 处的刚性细电流丝线[7], 则有

$$F_{\mathrm{destab}} = 2\pi R_0 I_{\mathrm{p}} \left.\frac{\partial B_R}{\partial Z}\right|_{(R_0, Z_0)} (Z - Z_0) = -2\pi I_{\mathrm{p}} B_Z N (Z - Z_0). \tag{5.4.2}$$

这里用到了场因子 N 的定义. 通常, 垂直方向磁场 B_Z 由 Grad-Shafranov 方程的径向力平衡确定. 类似于大纵横比托卡马克平衡的垂直场, 对于近似为通过 (R_0, Z_0) 位置的载流导线, 也可以将平衡相关的具体细节近似用系数 α_{S} 代表, 这样相应的垂直场可以写为

$$B_Z = \alpha_{\mathrm{S}} \frac{\mu_0 I_{\mathrm{p}}}{4\pi R_0}. \tag{5.4.3}$$

这表明 B_Z 近似为常数, 但是 $\partial B_Z / \partial R$ 并不为零, 并且决定了场因子 N.

(5) 垂直位移不稳定性线性增长率.

假设等离子体电流丝垂直方向扰动位移按指数增长, 即 $Z - Z_0 = \delta Z \propto \exp(\gamma t)$, 则可以从垂直扰动位移满足的运动方程推得指数增长率:

$$m_{\mathrm{p}} \frac{\mathrm{d}^2 Z}{\mathrm{d}t^2} = F_{\mathrm{destab}} = -N \alpha_{\mathrm{S}} \frac{\mu_0 I_{\mathrm{p}}^2}{2R_0} (Z - Z_0) \Rightarrow \gamma^2 = -\frac{u_{\mathrm{A,pol}}^2}{R_0^2} \alpha_{\mathrm{S}} N, \tag{5.4.4}$$

其中, 极向 Alfvén 速度 $u_{\mathrm{A,pol}} = \mu_0 I_{\mathrm{p}} / (2\pi a \sqrt{\mu_0 \rho})$. 上式表示 $N < 0$ 时的 VDE 不稳定性与之前得到的判据一致. 其增长率约为 Alfvén 时间量级 $\tau_{\mathrm{A,pol}} = R_0 / u_{\mathrm{A,pol}}$, 对于典型的托卡马克来说约为微秒尺度, 由于时间太短, 因此无法通过线圈进行主

动反馈控制. 为了改变这种情况, 通常需要使用无源导电器件来减慢等离子体运动到毫秒尺度, 这种无源器件 (如真空器壁) 的稳定作用来自等离子体垂直位移时磁场变化在其中感应的电流.

根据 Lenz 定律, 该电流的方向与等离子体电流 $I_{\rm p}$ 相反, 并且其感应磁通大小可以通过等离子电流与外部导体之间的互感 $M_{\rm cp}$ 得出, 从而使自感为 $L_{\rm c}$ 的导体总磁通平衡为

$$\Psi_{\rm c} = M_{\rm cp} I_{\rm p} + L_{\rm c} I_{\rm c}, \tag{5.4.5}$$

而具有固定电流 $I_{\rm p}$ 的等离子体电流丝垂直位置变化时的电路方程为

$$\frac{{\rm d}\Psi_{\rm c}}{{\rm d}t} = I_{\rm p}\frac{\partial M_{\rm cp}}{\partial Z}\frac{{\rm d}Z}{{\rm d}t} + L_{\rm c}\frac{{\rm d}I_{\rm c}}{{\rm d}t} = -R_{\rm c} I_{\rm c}, \tag{5.4.6}$$

其中 $R_{\rm c}$ 是无源导电器件的电阻. 代入时间指数增长假设, 我们得到了无源导电器件感应电流 $I_{\rm c}$ 的方程

$$I_{\rm c} = -I_{\rm p}\frac{\partial M_{\rm cp}}{\partial Z}\frac{Z}{L_{\rm c}}\frac{\gamma\tau_R}{\gamma\tau_R+1}, \tag{5.4.7}$$

其中导体的电阻时间尺度由 $\tau_R = L_{\rm c}/R_{\rm c}$ 给出.

由感应电流 $I_{\rm c}$ 在等离子体位置产生的径向磁场分量可以通过该处的磁通 $\Psi_{\rm p} = M_{\rm pc} I_{\rm c} + L_{\rm p} I_{\rm p}$ 求得:

$$B_R = -\frac{1}{2\pi R_0}\frac{\partial \Psi_{\rm p}}{\partial Z} = -\frac{1}{2\pi R_0}\frac{\partial M_{\rm pc}}{\partial Z} I_{\rm c} = \alpha_{\rm c}\frac{\gamma\tau_R}{\gamma\tau_R+1}\frac{Z}{R_0}\frac{\mu_0 I_{\rm p}}{4\pi R_0}, \tag{5.4.8}$$

其中感应电流 $I_{\rm c}$ 已使用表达式 (5.4.7) 由 $I_{\rm p}$ 表示, 并且我们已用与上述 $\alpha_{\rm S}$ 相同的方式定义了系数 $\alpha_{\rm c}$:

$$\alpha_{\rm c} = \frac{2R_0}{\mu_0 L_{\rm c}}\left(\frac{\partial M_{\rm cp}}{\partial Z}\right)^2, \tag{5.4.9}$$

并且使用了关系 $M_{\rm cp} = M_{\rm pc}$. 据此, 得到感应电流 $I_{\rm c}$ 对等离子体电流丝产生的稳定力

$$F_{\rm stab} = -\alpha_{\rm c}\frac{\gamma\tau_R}{\gamma\tau_R+1}\frac{\mu_0 I_{\rm p}^2}{2}\frac{Z}{R_0}. \tag{5.4.10}$$

将上式添加到力平衡方程 (5.4.4) 中, 仍然假设扰动随时间指数增长, 我们可以获得色散关系

$$\gamma^2\tau_{\rm A,pol}^2 + \alpha_{\rm S} N + \alpha_{\rm c}\frac{\gamma\tau_R}{\gamma\tau_R+1} = 0. \tag{5.4.11}$$

基于以上 VDE 的刚性电流丝模型方程 (5.4.11), 可以考虑几种代表性情况. 当器壁接近绝缘体时, $\tau_R = 0$, 方程 (5.4.11) 能够重现没有无源导电器件等被动元素情况下的结果. 当器壁接近理想导体时, $\tau_R\gamma \to \infty$. 这种情况下, 如果等离子体和器壁之间通过互感产生的耦合足够强, 使得方程 (5.4.11) 第二项小于第三项, 则存在一个场因子 N 即使为负时的 VDE 稳定窗口. 最后, 当感应电流将等离子体位移减慢到器壁的电阻扩散时间尺度时, 我们可以设置 $\tau_{\mathrm{A,pol}} \to 0$, 这时 VDE 增长率变为

$$\gamma\tau_R = -\frac{\alpha_{\mathrm{S}}N}{\alpha_{\mathrm{c}} + \alpha_{\mathrm{S}}N}. \tag{5.4.12}$$

可以看到在不稳定的参数区域 ($N < 0$), 如果等离子体与无源导体器壁的耦合较强, 即 $|\alpha_{\mathrm{S}}N| \leqslant \alpha_{\mathrm{c}}$, 那么 VDE 增长率大约是无源导体器壁的电阻时间尺度; 而当二者耦合减小变弱时, (5.4.12) 式的分母趋于零, 从而 VDE 增长率发生奇异. 显然这种奇异性来自 $\tau_{\mathrm{A,pol}} = 0$ 的极限. 如果我们从方程 (5.4.11) 求得完整的色散关系, 则 $\alpha_{\mathrm{c}} = -\alpha_{\mathrm{S}}N$ 这一点对应于器壁失去稳定作用而 VDE 增长率变为无阻尼理想增长的情况 (见图 5.6).

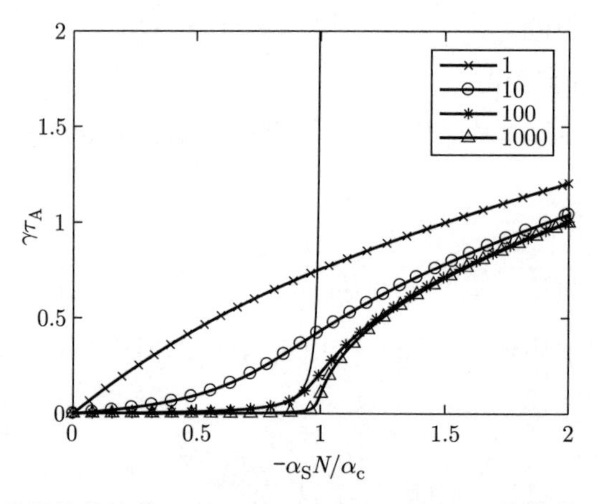

图 5.6 在存在导体壁的几种比值 $\tau_R/\tau_{\mathrm{A}} = (1, 10, 100, 1000)$ 的情况下, VDE 增长率关于 $-\alpha_{\mathrm{S}}N/\alpha_{\mathrm{c}}$ 的函数. 当 $-\alpha_{\mathrm{S}}N \to \alpha_{\mathrm{c}}$ 时, 增长率从电阻性变为理想性. 对于 $\tau_R/\tau_{\mathrm{A}} = 100$, 如果忽略等离子体惯性, 增长率仅在接近从电阻性到 Alfvén 理想性区间的转变区域, 才与完整色散关系的结果发生明显偏离

(6) 垂直位移不稳定性和电阻壁模

对于 $\tau_R/\tau_{\mathrm{A}} = 1$, 在 Alfvén 时间尺度上, 系统始终 VDE 不稳定. 在 $|\alpha_{\mathrm{S}}N| < \alpha_{\mathrm{c}}$ 区域, VDE 增长率随着 τ_R/τ_{A} 的增加而减小, 直至趋近于零, 这表示增长率具有 τ_R 的倒数量阶. 在 $|\alpha_{\mathrm{S}}N| > \alpha_{\mathrm{c}}$ 区域, 系统在 Alfvén 时间尺度上总是 VDE 不稳定的. 这里可以注意到, 通过垂直位移, 外力对等离子体做的功是 $\delta W = F\delta Z$, 因此增长

率也可以表示为 $\gamma\tau_R = \delta W_{无壁}/\delta W_{有壁}$, 这也可以用于计算电阻壁模的增长率. 对于实际的托卡马克运行, 以上分析表明必须始终有主动反馈控制, 以避免因拉伸等离子体极向截面而触发 VDE 不稳定性, 但是精确计算所需要的反馈控制必须包括实际的几何形状.

(7) 纵横比对 VDE 的影响: 球形托卡马克.

在有限纵横比的托卡马克中, 极向磁通面会自然拉伸. 也就是说, 处于严格垂直的外磁场中, 托卡马克横截面并非完全是圆形的, 会表现出内禀的拉伸比 $\kappa_{\text{nat}} > 1$. 因此, 在 $1 \leqslant \kappa \leqslant \kappa_{\text{nat}}$ 处有一个稳定窗口, 其中不需要主动反馈控制 VDE. 通过对处于严格垂直磁场中的托卡马克环位形进行计算, 可以得到一个拉伸比 κ 关于纵横比 $A = R/a$ 的拟合函数: $\kappa_{\text{nat}} - 1 \approx 0.5/(A-1)$, 这表明, 通常较大的纵横比 A 效果很小, 例如当 $A = 3$ 时, $\kappa_{\text{nat}} = 1.25$, 但是对于低纵横比趋近 1 的球形托卡马克来说可能非常重要.

(8) 刚性电流丝模型以外的其他 VDE 模型.

在以上 VDE 稳定性分析中, 我们假设等离子体进行刚性位移, 其形状不发生改变, 即采用了等离子体的刚性电流丝模型. 实际过程中, 等离子体快速的垂直运动不能压缩环向磁场, 因此等离子体极向截面会发生形变, 不是刚性的. 在计算 VDE 增长率以确定给定反馈系统的稳定性控制空间冗余度时, 必须考虑等离子体极向截面形变的影响. 尽管当今托卡马克的设计都旨在避免常规运行中的 VDE, 但在托卡马克等离子体破裂过程中经常会发生 VDE 不稳定性, 因此 VDE 物理仍被继续研究 (见图 5.7).

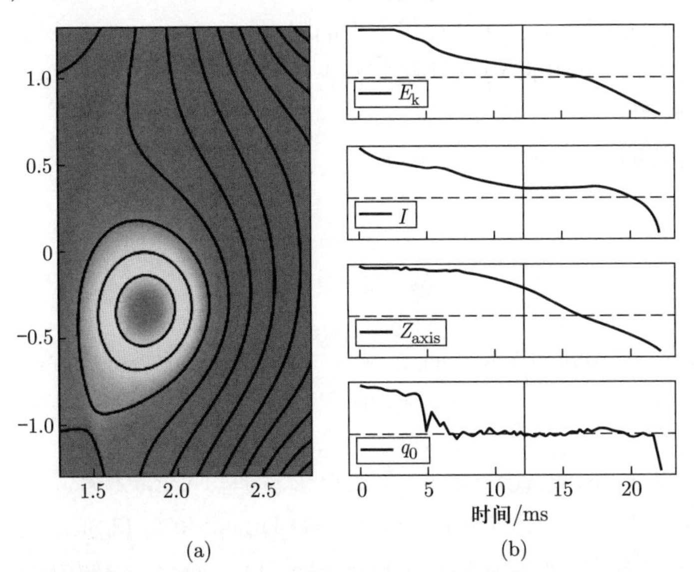

图 5.7　NIMROD 程序模拟所得 EAST 上三维 VDE 过程[8]. (a) 压强 (灰度) 和极向磁通 (线条) 等高线图; (b) 总内能、总等离子体电流、磁轴位置和磁轴上安全因子随时间的演化

小　结

本章主要讨论了以下内容:

(1) 大纵横比极限下的托卡马克能量原理:

$$\delta W = \delta W_2(\text{cyl}, \text{ext}, \beta = 0) + \delta W_4(\text{tor}, \text{int}, \beta \approx 0),$$

其中 cyl 和 tor 分别代表柱位形和环位形, ext 和 int 分别代表外模和内模.

(2) 低 β 时的外扭曲模.

(i) $m = 1$: Kruskal-Shafranov 极限 $q_a > 1$.

(ii) $m = 2$: 实用的极限 $q_a > 2$.

(3) 内扭曲模.

(i) $n = 1, m = 1 : q_0 > 1$.

(4) 垂直位移不稳定性.

(i) $n = 0$: $N > 0$;

(ii) 被动式真空导体器壁和主动反馈控制.

习　题

1. 从 (5.2.2) 式推导 (5.2.3) 式的 Kruskal-Shafranov 极限, 基于 KS 极限估计 J-TEXT 和 ITER 的等离子体电流最大值.
2. 推导 (5.3.3) 式对于芯部中心电流密度的限制.
3. 求解方程 (5.4.11) 中的 VDE 不稳定性色散关系, 即 $\gamma\tau_\text{A}$ 关于 $-\alpha_\text{S}N/\alpha_\text{c}$ 的函数关系, 并作图.
4. 查找在外扭曲模, 电流密度分布为 $J_\phi \approx J_z = J_0(1-(r/a)^2)^\nu$ 的稳定边界图原始文献.

参 考 文 献

[1] Zanca P, Marrelli L, Paccagnella R, et al. Feedback control model of the $m = 2, n = 1$ resistive wall mode in a circular plasma. Plasma Physics and Controlled Fusion, 2012, 54(9): 094004.

[2] Wesson J A. Hydromagnetic stability of tokamaks. Nuclear Fusion, 1978, 18(1): 87.

[3] Artsimovich L A. Tokamak devices. Nuclear Fusion, 1972, 12(2): 215.

[4] Granetz R S, Hutchinson I H, and Overskei D O. Disruptive MHD activity during plasma current rise in Alcator A tokamak. Nuclear Fusion, 1979, 19(12): 1587.

[5] Laval G, Pellat R, and Soule J S. Hydromagnetic stability of a current-carrying pinch with noncircular cross section. The Physics of Fluids, 1974, 17(4): 835.

[6] Bussac M N, Pellat R, Edery D, and Soule J L. Internal kink modes in toroidal plasmas with circular cross sections. Physical Review Letters, 1975, 35(24): 1638.

[7] Jardin S C and Larrabee D A. Feedback stabilization of rigid axisymmetric modes in tokamaks. Nuclear Fusion, 1982, 22(8): 1095.

[8] 李浩龙. 轴对称位形下聚变装置中环向流效应. 中国科学技术大学, 2021.

第六章　压强驱动的理想磁流体力学不稳定性

此前, 我们基于量阶的角度考虑, 即 $\beta = O\left(r/R_0\right)^2$, 从形式上忽略了对扰动势能的各种贡献中与压强梯度 p' 相关的项, 通常情况下这样的近似是合理的. 但是, 在磁通有理面附近, $O\left(r/R_0\right)^2$ 量阶上的 f 和 g 所代表的磁场线弯曲稳定作用消失, 从而压强梯度项在 $1/q - n/m \approx 0$ 的区域将占主导地位, 不能再被忽略. 显然, 该区域的宽度将取决于 q 曲线的径向变化, 因此, 本章我们对压强驱动模式的分析将先限于径向局域的不稳定性. 对于典型的 q 剖面, 压强梯度占主导的区域确实很小, 这也说明了局域近似的合理性. 在下一章考虑全局压强驱动模式时, 将更详细地讨论该假设及其有效性.

压强梯度驱动的局域不稳定性可以分为两类. 一类满足 $q = m/n$, 意味着这些模式沿磁场线具有恒定的相位, 即 $k_\parallel = 0$, 这对应于螺旋箍缩和托卡马克中的局域交换模. 另外一类包含的扰动 Fourier 分量模数满足 $q \approx m/n$, 即 $k_\parallel \approx 0$, 主要对应于托卡马克中的气球模不稳定性.

§6.1　螺旋箍缩中的局域交换模

交换模是压强驱动模式, 在使得扰动势能压强梯度项贡献为负的磁场曲率 (“坏曲率”) 区域变得不稳定. 在螺旋箍缩中, 角向 (极向) 磁场沿着交换模不稳定的方向弯曲, 而轴向 (环向) 磁场则不弯曲. 因此, 我们预计在那些起稳定性作用的磁场线弯曲项消失的区域, 特别是在有理面的径向邻域, 最有可能产生交换模不稳定性. 我们将分析限制在典型的有理面邻域 $x = r - r_{\mathrm{s}}$, 其中 r_{s} 是共振有理面的半径, 然后利用

$$q(x) = q\left(r_{\mathrm{s}}\right) + q'\left(r_{\mathrm{s}}\right) x + \cdots , \tag{6.1.1}$$

这里 $q\left(r_{\mathrm{s}}\right) = \dfrac{m}{n}$, 且磁场线弯曲项变为

$$\frac{1}{q} - \frac{n}{m} \approx \frac{1}{q_{\mathrm{s}}} \frac{1}{1 + \dfrac{q'}{q_{\mathrm{s}}} x} - \frac{n}{m} \approx -\frac{q'}{q_{\mathrm{s}}^2} x. \tag{6.1.2}$$

(1) 局域交换模的能量原理.

利用这些关系, 我们可以在共振面附近评估扰动势能 δW. 由于我们这里考虑的是局域扰动, 因此一般情况下, 表面项和真空项没有直接贡献, 仅需要评估 δW_{F}. 我们进一步使用托卡马克量阶关系 $nr/mR_0 = B_\theta/B_z \ll 1$, 得到

$$f(x) \approx \frac{r_{\mathrm{res}}^3}{q_{\mathrm{s}}^2}\frac{B_z^2}{R_0^2}\left(\frac{q'}{q_{\mathrm{s}}}\right)^2 x^2, \tag{6.1.3}$$

$$g(x) \approx \frac{r_{\mathrm{res}}^2}{R_0^2}\frac{2\mu_0 p'}{q_{\mathrm{s}}^2} + \frac{r_{\mathrm{s}}B_z^2}{R_0^2}\left(m^2-1\right)\frac{q'^2}{q_{\mathrm{s}}^4}x^2. \tag{6.1.4}$$

将这些结果代入 δW, 注意到由于 $f(x)$ 被 $(\mathrm{d}\xi/\mathrm{d}x)^2$ 乘, 它实际上是 x 中的零阶, 而 $g(x)$ 中的第二项可以忽略不计, 因此 δW 变为

$$\delta W = \frac{2\pi^2 B_z^2}{\mu_0 R_0}\frac{r_{\mathrm{s}}^2}{q_{\mathrm{s}}^2}\int \mathrm{d}x\left[s_{\mathrm{s}}^2\left(x\frac{\mathrm{d}\xi}{\mathrm{d}x}\right)^2 + \beta' r_{\mathrm{s}}\xi^2\right]. \tag{6.1.5}$$

(6.1.5) 式展示了起稳定作用的磁场线弯曲项与起解稳作用的压强交换项之间的平衡. 其中, 磁场线弯曲项恒正, 其所提供的稳定势能随磁剪切 $s = rq'/q$ 增加, 可以有效地减少压强项占主导的区域, 而归一化压强梯度 β' 项对于通常随半径单调递减的压强分布剖面为负, 代表解稳的势能贡献.

(2) 扰动势能 δW 最小化的局域交换模方程.

与电流驱动模式的分析不同, 如何选择使扰动势能 δW 为正或负的试探函数并不明显. 因此, 我们通过求解使得 $\delta W = \displaystyle\int \mathrm{d}xF(\xi,\xi',x)$ 最小化的 Euler-Lagrange 方程

$$\frac{\partial F}{\partial \xi} - \frac{\mathrm{d}}{\mathrm{d}x}\frac{\partial F}{\partial \xi'} = 0 \tag{6.1.6}$$

以获得相应的试探函数. 利用 (6.1.5) 式得到

$$D_{\mathrm{S}}\xi + \frac{\mathrm{d}}{\mathrm{d}x}\left(x^2\frac{\mathrm{d}\xi}{\mathrm{d}x}\right) = 0, \tag{6.1.7}$$

其中 $D_{\mathrm{S}} = -r_{\mathrm{s}}\beta'/s_{\mathrm{s}}^2$.

(3) 局域交换模方程的解.

这是一个普通的线性微分方程, 可以用指数函数假设的方法求解, 即令 $\xi(x) = c_1x^{l_1} + c_2x^{l_2}$, 得到指数方程

$$D_{\mathrm{S}} + \ell + \ell^2 = 0 \rightarrow \ell_{1,2} = -\frac{1}{2} \pm \frac{1}{2}\sqrt{1-4D_{\mathrm{S}}}. \tag{6.1.8}$$

对于 $D_{\mathrm{S}} > 1/4$, 指数是复数:

$$\ell_{1,2} = -1/2(1 \pm \mathrm{i}\sqrt{4D_{\mathrm{S}}-1}), \tag{6.1.9}$$

而且 ξ 变成

$$\xi(x)=\frac{1}{\sqrt{|x|}}\left(c_1\mathrm{e}^{\mathrm{i}\frac{1}{2}\sqrt{4D_\mathrm{S}-1}\ln x}+c_2\mathrm{e}^{-\mathrm{i}\frac{1}{2}\sqrt{4D_\mathrm{S}-1}\ln x}\right). \tag{6.1.10}$$

通过选择适当的常数, 以上解可以单纯由正弦或余弦函数来表示, 再利用 $c_1=c_2=c/2$, 得到

$$\xi(x)=c\frac{1}{\sqrt{|x|}}\cos\left(\sqrt{D_\mathrm{S}-\frac{1}{4}}\ln|x|\right). \tag{6.1.11}$$

以上解 $\xi(x)$ 在有理共振面附近使得 δW 最小化. 因此, 将 ξ 代入 δW 应该可以表明系统相对于局域交换模的稳定性. 然而将以上解函数绘制在图 6.1(a) 中, 显示了该解函数中 $1/\sqrt{x}$ 因子在 $x=0$ 处的奇异性, 因而不能用作试探函数.

(4) 振荡解对 δW 的贡献.

为了构建适当的试探函数, 我们评估解函数 (6.1.11) 在非奇异区域 (x_1,x_2) 对 δW 的贡献:

$$\begin{aligned}\delta W(\xi=\xi_\mathrm{EL})\big|_{x_1}^{x_2}&=\frac{2\pi^2B_z^2}{\mu_0R_0}\frac{r_\mathrm{s}^2s_\mathrm{s}^2}{q_\mathrm{s}^2}\int_{x_1}^{x_2}\left(x^2\xi'^2-D_\mathrm{S}\xi^2\right)\mathrm{d}x\\&=\frac{2\pi^2B_z^2}{\mu_0R_0}\frac{r_\mathrm{s}^2s_\mathrm{s}^2}{q_\mathrm{s}^2}\delta_{12}.\end{aligned} \tag{6.1.12}$$

而使 δW 最小化的解 ξ_EL 满足关系

$$\frac{\mathrm{d}}{\mathrm{d}x}\left(x^2\xi\xi'\right)=x^2\xi'^2+\xi\left(2x\xi'+x^2\xi''\right)=x^2\xi'^2-D_\mathrm{S}\xi^2. \tag{6.1.13}$$

由于 ξ_EL 是 Euler-Lagrange 方程 (6.1.7) 的解, 因此, 从 x_1 到 x_2 的间隔内积分对 δW 的贡献可以写为

$$\delta_{12}=\int_{x_1}^{x_2}\left(x^2\xi'^2-D_\mathrm{S}\xi^2\right)\mathrm{d}x=x^2\xi\xi'\big|_{x_1}^{x_2}. \tag{6.1.14}$$

(5) 局域交换模的试探函数.

如上可知, 虽然解函数 (6.1.11) 本身不是合适的试探函数, 但可以在特别选取的区间上使用该解函数构造试探函数, 使得该区间其中一端 $\xi=0$, 而另一端 $\xi'=0$. 由于解函数 (6.1.11) 具有振荡性, 因此总是可以做到这一点. 这也与 Newcomb 提出的更普遍定理有关, 该定理指出振荡解表明了不稳定的情况. 图 6.1(b) 中显示了一个合适的试探函数, 其中在 $x=0$ 附近, 它已被替换为正的常数 ξ_0, 能在 $\pm x_1$ 处与解函数 (6.1.11) 匹配, 而且 $\xi'=0$, 而在点 $\pm x_2$ 处 $\xi=0$, 在之外的区间将其设置

为 0. 使用此试探函数, 对 δW 的唯一贡献为

$$\begin{aligned}\delta W &= \delta W(\xi=0)|_{-\infty}^{-x_2} + \delta W(\xi=\xi_{\rm EL})|_{-x_2}^{-x_1} + \delta W(\xi=\xi_0)|_{-x_1}^{x_1} \\ &\quad + \delta W(\xi=\xi_{\rm EL})|_{x_1}^{x_2} + \delta W(\xi=0)|_{x_2}^{\infty} \\ &= \delta W(\xi=\xi_0)|_{-x_1}^{x_1} = -\int_{-x_1}^{x_1} D_{\rm S}\xi_0^2 {\rm d}x < 0, \quad \text{如果} \quad D_{\rm S} > 0. \end{aligned} \tag{6.1.15}$$

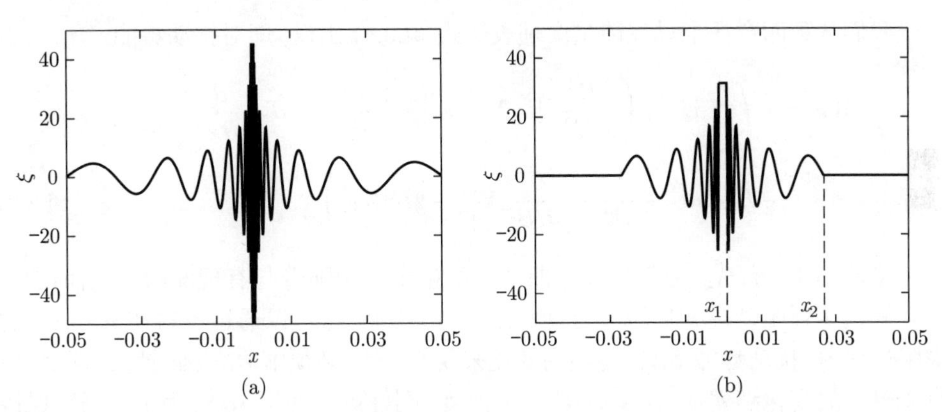

图 6.1 (a) 使局域交换模的 δW 最小化的试探函数; (b) 由此构造的试探函数导致负的 δW 在 $x=0$ 时不具有奇异性

(6) 螺旋箍缩中局域交换模的 Suydam 稳定性判据.

(6.1.15) 式表明, 如果 $D_{\rm S} > 1/4$, 系统对于局域交换模扰动不稳定. 对于 $D_{\rm S} < 1/4$, 从 (6.1.8) 式可以看出 ℓ 是实数并且是负的, 在 $x=0$ 时解 (6.1.10) 是奇异的, 但是这一次它不是振荡性质的, 即 $\xi' \neq 0$ 且 $\xi \neq 0$, 因此它对 δW 的贡献在有理面附近不能消失. 通过用物理量重新表示 $D_{\rm S}$, 可以得到所谓的 Suydam 判据, 即如果

$$-\frac{8\mu_0 p' r_{\rm s}}{B_z^2} > \left(r_{\rm s}\frac{q'}{q_{\rm s}}\right)^2, \tag{6.1.16}$$

则系统对于局域交换模扰动不稳定, 这显示了磁剪切的稳定作用.

§6.2 托卡马克的局域压强驱动模

对于托卡马克的局域压强梯度驱动模, 必须考虑环位形磁场的曲率效应, 因此 Suydam 判据不能直接适用. 比较环向和极向曲率对力平衡的贡献, 我们发现

$$\frac{B_\phi^2}{\mu_0 R} \approx \left(\frac{qR}{r}\right)^2 \frac{B_\theta^2}{\mu_0 R} = q^2 \frac{R}{r}\frac{B_\theta^2}{\mu_0 r}. \tag{6.2.1}$$

由于 $(q^2R/r \gg 1)$, 环向曲率的作用实际上可以比极向曲率更为显著. 但因为环向曲率在环的高场侧稳定, 在低场侧不稳定, 因此对其效果需要适当地进行环向平均. 基于这些考虑, 对托卡马克中局域交换稳定性的评估必须从环位形中的扰动势能泛函开始. 虽然具体的推导过程与前面介绍的柱位形螺旋箍缩局域交换模类似, 但代数相当复杂, 这里我们仅写出关键步骤.

6.2.1 托卡马克 δW_{F} 的最小化

我们从第四章托卡马克能量原理表达式 (4.3.4) 出发, 即对扰动势能

$$\delta W_{\mathrm{F}} = \pi \int \mathcal{J} \mathrm{d}\Psi \mathrm{d}\chi \left(\frac{B^2}{R^2 B_{\mathrm{p}}^2} \left| k_{\|} X \right|^2 + \frac{R^2}{\mathcal{J}^2} \left| \frac{\partial U}{\partial \chi} - \mu_0 I_{\mathrm{pol}} \frac{\partial}{\partial \Psi} \left(\frac{\mathcal{J} X}{R^2} \right) \right|^2 \right.$$
$$\left. + B_{\mathrm{p}}^2 \left| inU + \frac{\partial X}{\partial \Psi} + \frac{J_\phi}{R B_{\mathrm{p}}^2} X \right|^2 - 2K|X|^2 \right) \tag{6.2.2}$$

进一步最小化. 首先, 由于场线弯曲产生的稳定作用随着与有理面的距离而增加, 可以假设压强驱动模式局域于有理面附近. 形式上, 这可以通过考察在 $n \to \infty$ 的极限过程中, 扰动势能 δW_{F} 各项的变化来说明. nU 必须由 $\partial X/\partial \Psi$ 补偿, 即 X 垂直于磁面的变化随着 $n \to \infty$ 而增加的速度, 刚好可以使得 $(\partial X/\partial \Psi)^{-1}$ 仍然保持有限. 进一步假设可以将 U 按 $1/n$ 的幂级数展开, 则可以找到一个迭代方法, 将最小化的 U 与 $\partial U/\partial \chi$ 相联系, 并通过 $1/n$ 第一阶的最小化产生一个代数条件, 将 U 用 δW_{F} 中的系数函数和垂直变量 X 及其导数 $\partial X/\partial \Psi$ 表示. 进而将 U 代入 δW_{F} 可以得到仅包含 X 作为自由函数的对于局域模有效的表达式, 比如 (6.2.3) 式, 可以用于进一步对 δW_{F} 进行最小化.

(1) 托卡马克局域压强驱动模式的 δW_{F} 为

$$\delta W_{\mathrm{F}} = \pi \int \mathcal{J} \mathrm{d}\Psi \mathrm{d}\chi \left(\frac{B^2}{R^2 B_{\mathrm{p}}^2} \left| k_{\|} X \right|^2 + R^2 B_{\mathrm{p}}^2 \left| \frac{1}{n} \frac{\partial \left(k_{\|} X \right)}{\partial \Psi} \right|^2 \right.$$
$$\left. -2p' \left(\frac{\kappa_n}{R B_{\mathrm{p}}} |X|^2 - \mathrm{i} \frac{\mu_0 I_{\mathrm{pol}} \kappa_g}{B^2} \frac{X}{n} \frac{\partial X^*}{\partial \Psi} \right) \right). \tag{6.2.3}$$

在这里, 我们忽略了平行方向电流密度的梯度, 因为它代表了局域电流驱动模式 (即剥离模) 的扭曲驱动. 其中, κ_{n} 是磁面法向的曲率分量, 称为法向曲率,

$$\kappa_{\mathrm{n}} = \frac{R B_{\mathrm{p}}}{B^2} \frac{\partial}{\partial \Psi} \left(\mu_0 p + \frac{B^2}{2} \right), \tag{6.2.4}$$

κ_{g} 是在磁面切向或 "极向" 上的曲率分量, 即测地线曲率,

$$\kappa_{\mathrm{g}} = -\frac{1}{\mathcal{J} B_{\mathrm{p}} B^2} \frac{\partial}{\partial \chi} \left(\frac{B^2}{2} \right). \tag{6.2.5}$$

$\delta W_{\rm F}$ 表达式 (6.2.3) 中的第一行来自磁场线扰动弯曲带来的稳定作用, 第二行来自压强驱动, 由磁场线曲率与压强梯度的方向决定该驱动是起到致稳还是解稳的作用. 对于螺旋箍缩平衡, $\kappa_{\rm g}=0, \kappa_{\rm n}=(B_{\rm p}^2/B^2)(1/r)$, 通过选取 $k_{\parallel}X=0$ 而 $\partial(k_{\parallel}X)/\partial\Psi\neq 0$, (6.2.3) 式退化到圆柱位形形式, 可以由此推出局域交换模的 Suydam 稳定性判据.

(2) 托卡马克局域交换模与气球模.

对于托卡马克环位形平衡, 与螺旋箍缩平衡的分析类似, 如果所考虑的扰动位移沿着磁场线方向不发生变化, 即其平行于磁场线方向的波数 $k_{\parallel}=0$, 由 $\delta W_{\rm F}$ 表达式 (6.2.3) 对应的能量原理可以得到关于托卡马克局域交换模的 Mercier 稳定性判据, 相当于螺旋箍缩平衡局域交换模的 Suydam 稳定性判据.

然而, 由于托卡马克扰动势能 $\delta W_{\rm F}$ 压强驱动项对极向角 χ 通过磁场线曲率而有依赖关系, 当扰动位移沿着磁场线方向的波数 $k_{\parallel}\approx 0$ 而不是严格为零时, 所对应的扰动势能有可能达到最小值. 在这种情况下, 扰动位移可以通过沿着磁场线方向的缓慢变化, 将其幅度最大的部分集中在具有坏曲率的磁场线区间, 而在好曲率的区间保持最小的幅度, 从而使得其比 $k_{\parallel}=0$、沿磁场线方向没有变化的局域交换模具有更低的扰动势能. 这种扰动模式就是所谓的气球模.

6.2.2 托卡马克局域交换模

这里我们首先推导和讨论托卡马克局域交换模的稳定性判据.

(1) 托卡马克局域交换模的试探函数.

从 (6.2.3) 式出发, 可以通过选择一个试探函数来推导局域交换不稳定性的判据, 该试探函数在磁面法方向局域于一个有理面的附近, 并且沿着该有理面上的磁场线具有恒定的相位. 与螺旋箍缩局域交换模的不同之处在于, 由于托卡马克平衡磁场对极向角的依赖关系, 托卡马克位形扰动位移的极向模数不再是一个好量子数, 因此必须选择如下关于极向角 χ 的相位变化形式:

$$X(\Psi,\chi,\phi)=\bar{X}(\Psi,\chi)\mathrm{e}^{\mathrm{i}n\left(\phi-\int_0^{\chi}\nu\left(\Psi_0,\chi'\right)\mathrm{d}\chi'\right)}, \tag{6.2.6}$$

其中 Ψ_0 表示有理面或共振面.

在有理面附近将扰动位移 $\bar{X}(\Psi,\chi)$ 以 $x=n^2(\Psi-\Psi_0)$ 为径向变量进行级数展开, 这相当于假定对于环向模数为 n 的扰动位移, 其径向剖面高度局域化, 即其分布区间 $(\Psi-\Psi_0)\sim n^{-2}$, 这也使得可以假设在有理共振面附近, 扰动位移的相位变化相同. 然而对于气球模, 情况并非如此, 这会导致 δW 的形式有所不同, 并且需要引入 "气球角" 来表示气球模.

(2) 托卡马克局域交换模的扰动势能 $\delta W_{\rm F}$.

当将扰动位移 X 按照小量 $\varepsilon = n^{-2}$ 的幂级数展开时, 零阶位移 $\bar{X}_0$ 仅是 Ψ 的函数, 而一阶位移 $\bar{X}_1$ 依赖于 Ψ 和 χ. 选择使 δW 最小化的 $\bar{X}_1$, 将其用 $\bar{X}_0$ 来表示, 则可以得到与螺旋箍缩形式非常相似的 δW 结果:

$$\delta W_{\mathrm{F}} = \frac{\pi^3}{n^2}\left(\frac{\mathrm{d}q}{\mathrm{d}\Psi_0}\right)^2 \frac{\mu_0 I_{\mathrm{pol}}}{\displaystyle\oint \frac{\nu B^2}{B_{\mathrm{p}}^2}\mathrm{d}\chi} \int \mathrm{d}x \left(x^2\left(\frac{\mathrm{d}\bar{X}_0}{\mathrm{d}x}\right)^2 - D_{\mathrm{M}}\bar{X}_0^2\right), \tag{6.2.7}$$

其中 $\mathrm{d}/\mathrm{d}\Psi_0$ 表示在共振有理面 $\Psi = \Psi_0$ 处关于磁通 Ψ 的导数. 形式上, 可以用与螺旋箍缩相同的方式将 (6.2.7) 式最小化, 即通过推导 Euler-Lagrange 方程, 根据其解从单调变化到振动解的转换条件得到有关稳定性判据, 最终表现为相似的形式: $D_{\mathrm{M}} < 1/4$.

(3) 托卡马克局域交换模的 Mercier 判据和指标.

在环形情况下, 出现在 δW 表达式 (6.2.7) 中的稳定性指标 D_{M} 作为磁面 $\Psi = \Psi_0$ 上的磁面平均由以下形式给出:

$$\begin{aligned} D_{\mathrm{M}} = & \frac{\mathrm{d}p/\mathrm{d}\Psi}{\mu_0 I_{\mathrm{pol}}\left(2\pi \mathrm{d}q/\mathrm{d}\Psi_0\right)^2}\left[\left(\frac{\mathrm{d}p}{\mathrm{d}\Psi_0}\oint\frac{\mathcal{J}}{B_{\mathrm{p}}^2}\mathrm{d}\chi - \oint\frac{\partial \mathcal{J}}{\partial\Psi_0}\mathrm{d}\chi\right)\oint\frac{\nu B^2}{B_{\mathrm{p}}^2}\mathrm{d}\chi\right. \\ & \left. + \left(2\pi\mu_0 I_{\mathrm{pol}}\frac{\mathrm{d}q}{\mathrm{d}\Psi_0} - \mu_0 I_{\mathrm{pol}}\frac{\mathrm{d}p}{\mathrm{d}\Psi}\oint\frac{\nu}{B_{\mathrm{p}}^2}\mathrm{d}\chi\right)\oint\frac{\nu}{B_{\mathrm{p}}^2}\mathrm{d}\chi\right]. \end{aligned} \tag{6.2.8}$$

而局域交换模的稳定性条件 $D_{\mathrm{M}} < 1/4$ 被称为 Mercier 判据, 其中 D_{M} 称为 Mercier 指标[1]. 这是一个局域判据, 必须在每个磁面上分别进行评估, 而相邻磁面的距离通过磁剪切确定.

可以用法向曲率 κ_{n} 将 Mercier 判据重写为更直观的形式:

$$D_{\mathrm{M}} = \frac{\mu_0 \mathrm{d}p/\mathrm{d}\Psi_0}{\left(\mathrm{d}q/\mathrm{d}\Psi_0\right)^2}\left\langle\frac{R^2B_{\mathrm{p}}^2}{JB^2}\right\rangle^{-2}\left(2\left\langle\frac{RB_{\mathrm{p}}\kappa_{\mathrm{n}}}{B^2}\right\rangle + \left\langle\frac{\Lambda}{B^4}\right\rangle - \left\langle\frac{1}{B^2}\right\rangle\left\langle\frac{\Lambda}{B^2}\right\rangle\right), \tag{6.2.9}$$

在这里使用了 Grad-Shafranov 方程

$$J_\phi = 2\pi R p' + \frac{\mu_0 I_{\mathrm{pol}} I_{\mathrm{pol}}'}{R} = -\frac{R}{\mathcal{J}}\frac{\partial}{\partial\Psi}\left(\mathcal{J}B_{\mathrm{p}}^2\right), \tag{6.2.10}$$

并使用了定义

$$\Lambda = \mu_0 I_{\mathrm{pol}}\left(\mu_0^2 I_{\mathrm{pol}}\frac{\mathrm{d}p}{\mathrm{d}\Psi_0} - \frac{R^2B_{\mathrm{p}}^2}{\mathcal{J}}\frac{\partial v}{\partial\Psi_0}\right), \tag{6.2.11}$$

而磁面平均可以定义为

$$\langle f\rangle = \oint\frac{fB^2}{R^2B_{\mathrm{p}}^2}\mathcal{J}\mathrm{d}\chi\left(\oint\frac{B^2}{R^2B_{\mathrm{p}}^2}\mathcal{J}\mathrm{d}\chi\right)^{-1}. \tag{6.2.12}$$

(4) 大纵横比极限下圆形托卡马克的 Mercier 判据.

可以看到对于螺旋箍缩, $B_{\mathrm{p}} = B_\theta(r)$, $R = R_0$, $B = B_z$, 以及 $q = rB_z/(R_0 B_\theta)$, $\langle \Lambda/B^4\rangle - \langle 1/B^2\rangle \langle \Lambda/B^2\rangle = 0$, 我们可以再次得到 Suydam 判据. 对于任何给定的托卡马克平衡, 虽然可以直接对 Mercier 判据进行数值估算, 但对于具有圆柱位形磁面的环位形平衡, 可以获得 Mercier 判据的简单解析表达式. 在这样的近似下, 如果应用大纵横比极限下圆截面托卡马克平衡关系, 则可以得到等离子体局域交换模的不稳定性条件, 即

$$-\frac{8\mu_0 p'}{r_{\mathrm{res}} B_z^2}\left(1-q^2\right) > \left(\frac{q'}{q}\right)^2. \tag{6.2.13}$$

这里与 Suydam 判据的区别, 仅在于多出了 $(1-q^2)$ 因子.

(5) 托卡马克中局域交换模的稳定区域.

对于大纵横比极限下的圆截面托卡马克, 从以上 Mercier 判据形式 (6.2.13) 可以看出, 环向曲率贡献了一个与 $-p'q^2$ 成比例的额外稳定项, 并且对于 $q>1$ 的磁面, 这项占主导地位, 从而这些区域都将在 Mercier 判据意义上是稳定的. 对于任意极向截面的托卡马克, 能使环效应所导致的稳定作用为主导的确切 q 值随极向截面的形状而变化, 但可以从 (6.2.1) 式中看出这种稳定效应的一般趋势, 即环向曲率效应与极向曲率效应相比有 q^2R/r 的放大因子. 在实际情况下, Mercier 判据通常会限制 q_0, 但全局磁流体模式稳定性, 例如 $(1,1)$ 内扭曲模等, 对于 q_0 的限制往往是首要的, 而 Mercier 判据导致的稳定性参数要求并不构成太强的限制. 虽然如此, 能够通过对曲率的磁面平均产生对局域交换模的整体稳定作用, 正是托卡马克环位形与柱位形相比的优越性之一.

(6) 正三角度增强了 Mercier 稳定性.

基于同样的原理, 托卡马克极向截面正三角度的增加可以提高等离子体的稳定性. 这是因为, 从不同三角度位形的 Poincaré 图 6.2 可以看出, 正三角度的作用是增加磁场线螺旋围绕磁面的轨迹在环内侧好曲率区域所占据的比例.

(7) 磁阱和气球模.

在这里可以注意到, 沿着磁场线的曲率平均值与 “磁阱” 的概念有关. “磁阱” 度量磁场线平均曲率径向导数的符号, 是通常用来衡量稳定性的品质因数. Mercier 判据和磁阱也是仿星器位形优化中的重要概念, 尽管它们的数学形式比轴对称情况下的托卡马克位形更为复杂. 重要的是要注意, Mercier 判据对于压强驱动模式的稳定性而言是必要条件而非充分条件, 因为它是在特殊的试探函数情况下得出的. 然而实际上, 尽管 Mercier 判据表明传播方向与磁场线方向对齐的局域压强驱动模式对于托卡马克来说应该不是大问题, 但有一类不稳定性会通过将其幅度局限在坏曲率区域而对托卡马克稳定参数区间带来更严苛的限制, 即使这类形式的扰动会引

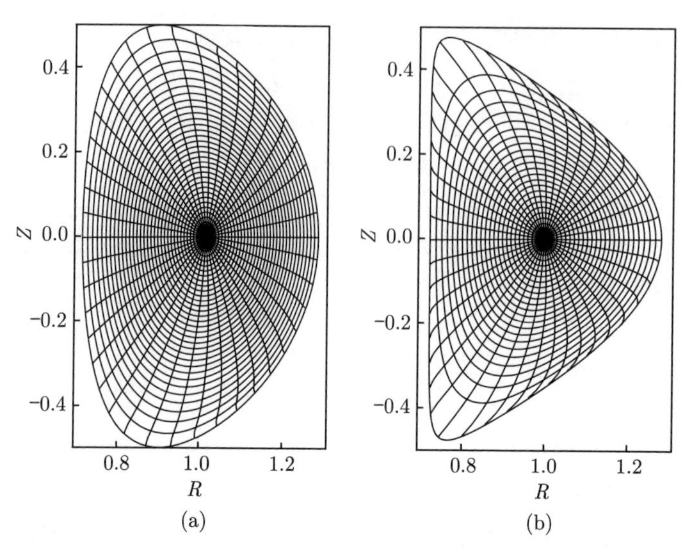

图 6.2　(a) 图中的极向截面通过在 (b) 图中增加三角度来改变形状, 增加了磁场线存在于好曲率区域的比例, 从而使得平衡对于局域交换模更具有稳定性

入一些磁场线弯曲的稳定作用. 接下来将讨论这类模式, 即所谓的气球模.

6.2.3　托卡马克气球模

Mercier 稳定性判据表明, 对于沿磁场线具有恒定相位的局域交换模, 如果 q 足够大, 托卡马克高场侧环向曲率的稳定贡献可以大于低场侧和极向曲率的不稳定贡献, 从而导致了抵抗局域交换模不稳定性所需的必要条件. 但是, 这不一定意味着等离子体对于任何种类的局域压强驱动模式都是稳定的, 即使等离子体对于 Mercier 判据而言是稳定的. 更具体地讲, 如果放弃扰动模式螺旋度应该与平衡磁场线严格平行的条件, 虽然一方面引入了扰动磁场线弯曲带来的稳定作用, 但另一方面, 现在可以在相邻有理面上实现局域模式, 进而发生干涉, 使得模式幅度在好曲率区域中抵消, 但是在坏曲率区域中变得更为显著.

(1) 极向截面中的气球效应.

图 6.3 显示扰动位移的振幅峰值集中在低场侧, 即体现了所谓的气球效应, 其中图 (a) 显示了一个高倍数极向模数的单模 (这里 $m = 25$), 而图 (b) 显示了在 $m = 20 \sim 30$ 范围内的模式叠加. 这些模式的耦合使得它们在中平面低场侧以相同的振幅相加, 而在高场侧彼此抵消.

(2) 多个极向模数 m 的模式叠加形成气球模.

显然, 具有不同极向模数 m 但相同环向模数 n 的几种模式耦合与这些模式在单个有理面上的局域定位假设相矛盾. 这些具有相同环向模数 n 而且极向模数范

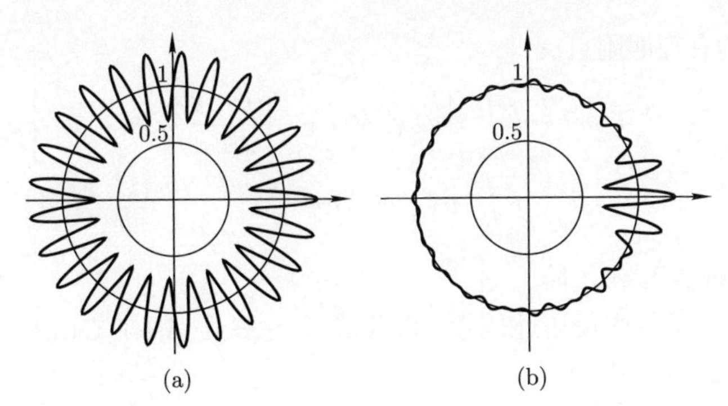

图 6.3 (a) $m=25$ 的单一模式; (b) m 范围为 $20\sim 30$ 的 11 支等振幅模式叠加, 其相移使得在外部中平面上发生相长干涉

围在 $\Delta m=m_1-m_2$ 的耦合模式在径向的分布区间 Δx 可以估计为

$$\frac{\Delta m}{n}=\Delta q\approx q'\Delta x\Rightarrow \Delta x\approx\frac{\Delta m}{nq'}. \tag{6.2.14}$$

也就是说, 在 $n\to\infty$ 的极限下, 它仍将为零. 这意味着可以从 $n\to\infty$ 导出的扰动势能函数式 (6.2.3) 开始进行气球模的稳定性分析.

(3) 气球模扰动位移的程函近似 (eikonal ansatz).

由于轴对称性, n 是一个好量子数, 可以在环向角上进行 Fourier 分解, 对每支环向模式分别处理, 如 (6.2.6) 式所示. 但是, 与局域交换模不同, 我们现在假设气球模径向变化是由局域变量 $x\propto n(\Psi-\Psi_0)$ 描述, 这与局域交换模由局域变量 $x\propto n^2(\Psi-\Psi_0)$ 所描述相比, 可以看到, 气球模径向结构在有理面附近的局域程度低于局域交换模. 因此, 这种情况下的能量函数不能轻易地约化为仅在有理面上进行 χ 积分的形式, 这是由于扰动模式覆盖的径向范围足够大, 以至于与 $k_\parallel\neq 0$ 的差异必须考虑. 于是, 气球模式对应的 Euler-Lagrange 方程成为同时依赖 χ 和 x 的偏微分方程, 求解起来并不简单.

为了将所得到的气球模 Euler-Lagrange 方程简化为常微分方程, 可以注意该模式在垂直于平衡磁场线的方向快速变化, 但在沿着磁场线的方向变化缓慢这一特点, 而这正是程函近似的依据. 具体而言, 假设扰动位移可以写成

$$X(\Psi,\chi,\phi)=\bar{X}(\Psi,\chi)\mathrm{e}^{\mathrm{i}S(x,\chi,\phi)}, \tag{6.2.15}$$

其中相位因子 $\mathrm{e}^{\mathrm{i}S}$ 用于表示该模式在垂直于平衡磁场线方向的快速变化, 而系数函数 $\bar{X}(\Psi,\chi)$ 包含平行于磁场线方向的缓慢变化. 这也意味着我们必须将相位从 (6.2.6) 式所假定的磁场线螺旋度在径向没有变化, 调整为使用 (6.2.14) 式而将其在

$\Psi=\Psi_0$ 定义的有理面附近展开:

$$S(x,\chi,\phi)=n\phi-n\int_0^{\chi}\left[\nu\left(\chi',\Psi_0\right)+\frac{\partial\nu\left(\chi',\Psi_0\right)}{\partial\Psi_0}\left(\Psi-\Psi_0\right)\right]\mathrm{d}\chi'$$
$$=n\phi-n\int_0^{\chi}\nu\left(\chi',\Psi_0\right)d\chi'-x\int_0^{\chi}\frac{\partial\nu\left(\chi',\Psi_0\right)}{\partial\Psi_0}\mathrm{d}\chi'.\qquad(6.2.16)$$

(4) 气球模方程: n^{-1} 阶.

在扰动势能函数中使用此假设, 将其按 n^{-1} 展开, 则在 $O(n^{-1})$ 量阶, Euler-Lagrange 方程具有形式

$$\frac{1}{\mathcal{J}}\frac{\mathrm{d}}{\mathrm{d}\chi}\left\{\frac{1}{\mathcal{J}R^2B_{\mathrm{p}}^2}\left[1+\left(\frac{R^2B_{\mathrm{p}}^2}{B}\int_0^{x}\frac{\partial\nu}{\partial\Psi_0}\mathrm{d}\chi'\right)^2\right]\frac{\partial\hat{X}}{\partial\chi}\right\}$$
$$+\frac{2\mu_0}{RB_{\mathrm{p}}}\frac{\mathrm{d}p}{\mathrm{d}\Psi_0}\left(\kappa_n-\frac{\mu_0I_{\mathrm{pol}}RB_{\mathrm{p}}^2}{B^2}\kappa_g\int_0^{\chi}\frac{\partial\nu}{\partial\Psi_0}\mathrm{d}\chi'\right)\hat{X}=0.\qquad(6.2.17)$$

但是, 方程 (6.2.17) 存在概念上的困难, 因为我们要寻找的解 $\bar{X}(x,\chi)$ 必须在极向坐标 χ 上是周期性的, 然而对于程函近似下具有形式 (6.2.16) 的扰动位移相位 S, 这在径向坐标 x 的有限范围内无法处处满足.

为了保证这种周期性, 可以将函数 $\hat{X}$ 的 Euler-Lagrange 方程扩展到整个坐标区间 $-\infty<\chi<\infty$, 并且用在此区间上的非周期解 $\hat{X}$ 来构造周期解 $\bar{X}$:

$$\bar{X}(x,\chi)=\sum_{m=-\infty}^{\infty}\mathrm{e}^{-\mathrm{i}m\chi}\int_{-\infty}^{\infty}\mathrm{e}^{\mathrm{i}m\eta}\hat{X}(x,\eta)\mathrm{d}\eta$$
$$=\sum_{\ell=-\infty}^{\infty}\hat{X}(x,\chi-2\pi\ell),\qquad(6.2.18)$$

其中 $\hat{X}$ 在 $\pm\infty$ 消失, 使得总和收敛. 此过程及 (6.2.18) 式称为气球模变换. 容易证明, 如果作用于 $\hat{X}$ 的常微分算子在坐标 χ 上具有周期性, 那么解函数 $\hat{X}$ 和 $\bar{X}$ 具有相同的本征值.

方程 (6.2.17) 可以在每个磁面上的扩展区间 $-\infty<\chi<\infty$ 求解, 并且可以通过类似于 Suydam 和 Mercier 判据的推导过程来构造试探函数, 即寻找 $\omega=0$ 的临界稳定本征方程振荡形式解, 然后可以用来证明不稳定性. 反之, 如果临界稳定本征解不具有振荡形式, 则等离子体对气球模是稳定的. 在实践中, 往往可以通过直接数值求解 $\omega\neq0$ 的完整非临界本征值问题, 由本征值 ω^2 来判断系统的气球模稳定性.

(5) 大纵横比圆形托卡马克的气球模方程.

尽管除特殊情况外, 只能通过数值方法获得方程 (6.2.17) 的解, 但对于大纵横比圆形托卡马克, 至少有可能给出气球模方程的显式形式. 这里采用圆形托卡马克

位形常用的柱环坐标 (r,ϕ,θ), 则 χ 变为 θ, Ψ 变换为 r. 这种平衡可以进一步通过约化构造参数化的 "s-α" 平衡模型, 常用于气球模的理论研究. 如果忽略 Shafranov 位移, 而保留由于压强和环效应所导致的剪切变化, 则得出以下形式的临界稳定气球模方程:

$$\frac{\mathrm{d}}{\mathrm{d}\theta}\left(\left(1+(s\theta-\alpha\sin\theta)^2\right)\frac{\mathrm{d}\hat{X}}{\mathrm{d}\theta}\right)+\alpha((s\theta-\alpha\sin\theta)\sin\theta+\cos\theta)\hat{X}=0, \tag{6.2.19}$$

其中 s 是归一化的磁剪切, α 是归一化的压强梯度,

$$s=\frac{r}{q}\frac{\mathrm{d}q}{\mathrm{d}r},\quad \alpha=-\frac{2\mu_0R_0}{B^2}q^2\frac{\mathrm{d}p}{\mathrm{d}r}. \tag{6.2.20}$$

与方程 (6.2.17) 比较表明, 压强不仅作为驱动项进入, 而且还直接影响磁面上的磁剪切变化.

(6) 大纵横比圆形托卡马克气球模方程的解 $\hat{X}$.

图 6.4 显示了气球模本征值方程对于弱磁剪切 $s=0.1$ 和强磁剪切 $s=1$, 在三种代表性归一化压强梯度 α 值情况下的数值解. 其中, 对于低压强梯度, 函数 $\hat{X}$ 不会过零, 因此系统稳定. 对于最大的压强梯度, 该函数具有零交叉点, 表示气球模不稳定. 显然, 使用这种方法, 可以找到临界稳定点的压强梯度, 这里当 $\chi\to\infty$ 时, 解函数 $\hat{X}$ 趋近于零. 从此示例可以明显地看出, 可以通过试探多点的稳定性并内插稳定性边界, 在 s-α 参数平面中生成稳定参数区域图. 对于每个磁面, 这样的 s-α 图都可以表示气球模在环向模数 $n\to\infty$ 时的稳定性. 对于具有圆形磁面的大纵横比托卡马克, 其气球模稳定性的 s-α 示例图 6.5 显示, 当平衡压强梯度大小增加, 发生气球模不稳定性的临界压强梯度值随剪切 s 的增加而增加, 类似于局域交

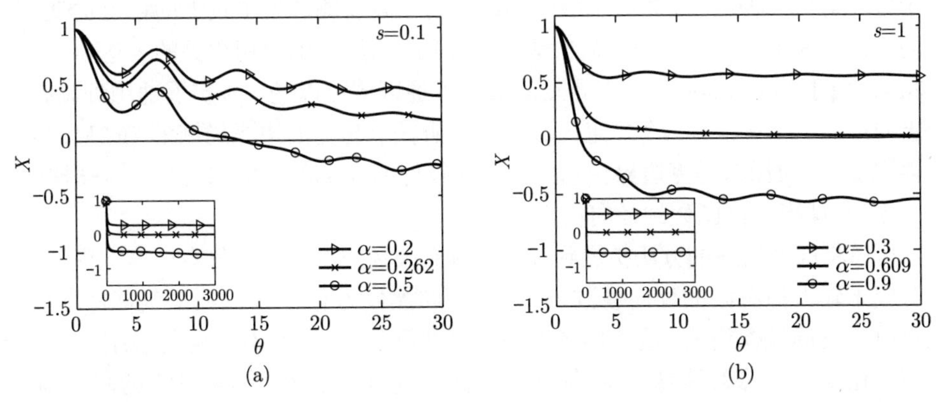

图 6.4 具有相同的磁剪切, 但压强梯度不同的三个解, (a) $s=0.1$, (b) $s=1$. 从稳定解 (无零点) 到不稳定解 (有零点) 的转换分别发生在 $\alpha=0.262$ 和 $\alpha=0.609$ 的参数处

换模的判据. 但是, 在更高的压强梯度 α 处, 还有另一个气球模稳定区域. 对于由同心圆磁面构成的托卡马克, 第一和第二稳定区域未连接, 被不稳定区域 (浅色阴影区域) 隔断. 如果完全考虑 Shafranov 位移效应, 则两个稳定区域不再被不稳定区域 (深色阴影区域) 隔断, 第一和第二个稳定区域之间打开一条连通的稳定区域路径.

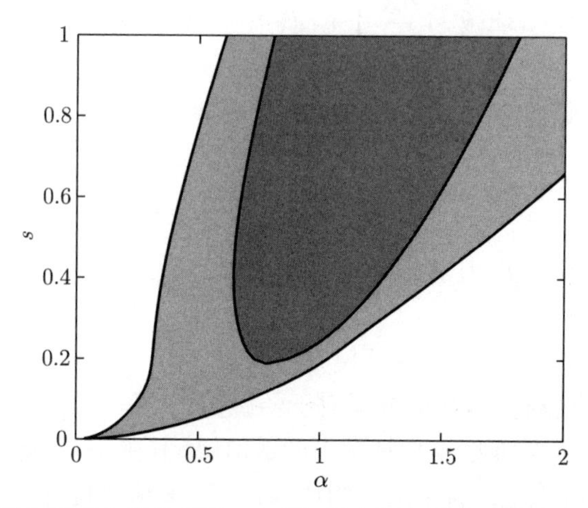

图 6.5 气球模稳定性与不稳定性边界的 s-α 图, 其中深色阴影区域是考虑 Shafranov 位移效应的气球模不稳定参数区域, Shafranov 位移在磁轴 $r=0$ 处的导数 $\sigma' = \mathrm{d}\Delta(0)/\mathrm{d}r = -0.25$, $\theta_0 = \pi/16$

(7) 气球模的第二个稳定区域.

气球模第二个稳定区域的存在, 来源于磁剪切在磁面上的变化所导致的稳定作用, 这种变化产生了 "磁阱" 效应, 这与极向截面非圆形变对局域交换不稳定性的稳定效应类似, 即对磁场线曲率沿磁场线平均在高场侧产生了较大的稳定贡献. 具体而言, 这是由于压强梯度进入方程 (6.2.19) 中与局部磁剪切相关的表达项 $(s\theta - \alpha\sin\theta)$. 由于 Shafranov 位移而导致的低 s 连通区域可以进一步扩展适用到具有非圆极向截面的平衡. 第二个稳定区域对于分析托卡马克的边缘局域模 (ELM) 稳定性很重要, 因为托卡马克边界台基区可以有较低的局域磁剪切和较高的压强梯度.

(8) 气球模本征函数的径向包络.

可以将前面概述的方法扩展到推导具有有限径向波数的完整本征值方程, 该方程对应于较大但有限的环向模数 n. 一个环向模数为有限 n 的典型气球模本征函数将由几支局域模组成, 这些局域模的径向宽度为 n^{-1}, 具有更宽的包络线. 对于典型的托卡马克芯部等离子体, 气球模本征函数包络是宽度为 $n^{-1/2}$ 的高斯函数. 为了推得这样的模式结构, 实际上需要将本征值方程按 $n^{-1/2}$ 而不是 n^{-1} 展开. 对于边缘气球模 (例如边缘局域模中的气球模), 其包络宽度实际上是 $n^{-1/3}$, 需要进行不同方式的展开. 例如, 图 6.6 显示了类似 JET 参数的托卡马克边缘气球模本征函数. 对于给定的环向模数 n, 每个单独的本征函数形状相似, 但是其幅度按照包络变化. 在比单个模式更大宽度的包络下, 由一组不同极向模数的局域本征函数组合形成完整的全局本征函数. 从右侧的空间结构中可以明显看出气球效果.

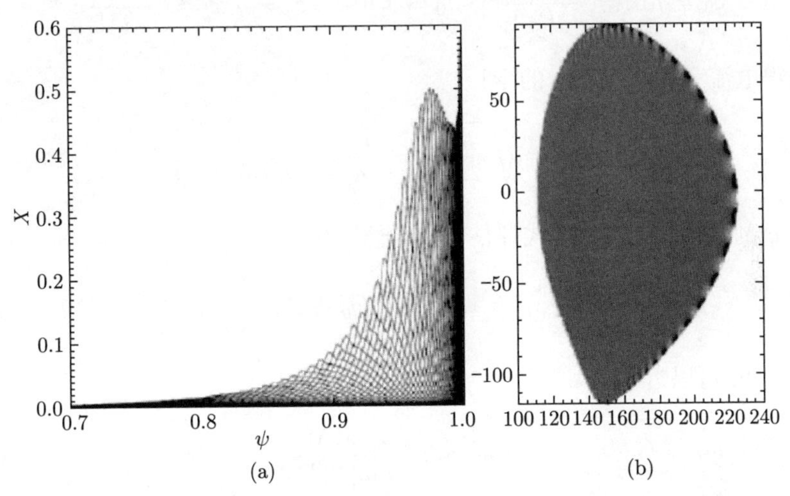

图 6.6 (a) 边缘气球模本征函数幅度的径向包络; (b) 在极向截面内的等高线分布[2]

(9) 托卡马克的压强驱动模和 β 极限.

总而言之, 纯压强驱动模通常位于所感兴趣的有理表面附近, 其稳定性取决于压强驱动和磁场线弯曲的稳定性之间的平衡. 由于来自环向曲率的主要贡献, 在分析中考虑环位形效应很有必要. 尽管对于托卡马克来说 Mercier 稳定性判据对压强参数区域通常不构成很大的约束, 但气球模稳定性可以将可达到的压强梯度值限制在与实验观测结果相当的范围, 即导致比压 β 极限, 例如对于大纵横比圆形托卡马克, 气球模稳定性要求其归一化的比压满足

$$\beta_{\mathrm{N}} = \frac{\beta[\%]}{\dfrac{I_{\mathrm{p}}[\mathrm{MA}]}{a[\mathrm{m}]B_\phi[\mathrm{T}]}} \leqslant 3. \tag{6.2.21}$$

下面从 s-α 模型的气球模第一稳定边界出发, 推导 Syke β 极限[3]:

$$\beta = \frac{4\mu_0 \displaystyle\int_0^a p(r) r \mathrm{d}r}{a^2 B^2} = \frac{\displaystyle\int_0^a \alpha r^2/q^2 \mathrm{d}r}{R a^2} = -0.3 \frac{1}{a^2 R} \int_0^a \frac{\mathrm{d}}{\mathrm{d}r}\left(\frac{1}{q^2}\right) r^3 \mathrm{d}r. \tag{6.2.22}$$

在这里, 我们将气球模第一稳定边界近似为 $\alpha = 0.6s$. 对于给定的 q_a, (6.2.22) 式可以通过最大化等离子体最外层区域的磁场剪切而优化, 这导致该区域有较大的压强

梯度. 如图 6.7 所示, 在特定半径 r_j 内部的恒定电流密度分布, 导致该区域的磁场剪切为零; r_j 外部电流密度为零, 导致线性增加的 q 剖面. 由于电流密度的值受到内扭曲模或 Mercier 判据的限制, 取 $q_0 = 1$. 使用 q_0 和 q_a 的公式

$$q_0 = q(0) = \frac{2B_{\mathrm{t}}}{\mu_0 R_0 J_0}, \quad J_0 = J_{\mathrm{t}}(0), \quad q_a = q(a) = \frac{2\pi a^2 B_{\mathrm{t}}}{\mu_0 I_{\mathrm{p}} R}, \tag{6.2.23}$$

我们获得电流密度降至零时的半径

$$r_j = \sqrt{\frac{\mu_0 I_{\mathrm{p}} R}{2\pi B_{\mathrm{t}}}} \Rightarrow \frac{r_j}{a} = \frac{1}{\sqrt{q(a)}}. \tag{6.2.24}$$

将以上 q 剖面代入 (6.2.22) 式评估 β, 会导致

$$\beta = 1.2\frac{a}{Rq_a^2}\left(\sqrt{q_a} - 1\right), \tag{6.2.25}$$

其中 $q_a \geqslant 2$, 可以近似为

$$\beta[\%] = 5.6\frac{I_{\mathrm{p}}[\mathrm{MA}]}{a[\mathrm{m}]B[\mathrm{T}]}, \tag{6.2.26}$$

即 $\beta_{\mathrm{N,max}} = 5.6$. 对于 $q(r) = [1 - r^2/(2a^2)]^{-1}$, 上述过程将产生 $\beta_{\mathrm{N,max}} = 3$.

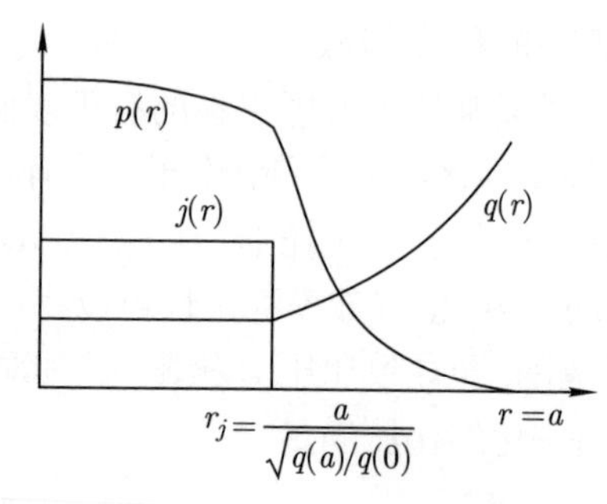

图 6.7 为了最大化基于气球模第一稳定边界的比压极限 β 而使用的优化平衡剖面

然而, 对可实现 β 上限的理想磁流体分析也必须包含对电流梯度驱动不稳定性的考虑, 因为它们的稳定性也可以在有限的 β 处更改, 例如在边缘局域模 (ELM) 稳定性情况下的边界台基区 β 上限和由于电阻壁模 (RWM) 而产生的全局 β 极限.

§6.3 基于展开方法的气球本征模方程推导

从托卡马克扰动势能表达式 (6.2.2) 出发, 下一步我们通过 U 对扰动势能 δW_{F} 进行最小化. 首先能够观察到当 $n \to \infty$ 时, δW 将是一个较大的正数, 除非在该极

限下 $k_{\|}X$ 和 $k_{\|}U$ 是 $O(1)$. 这代表了平行梯度算符的主导地位, 它要求最不稳定的模式具有长的平行波长. 对于 $k_{\|}U$ 的这个特性, 我们可以对 U 在 $1/n$ 上展开, 以对其进行系统的最小化. 我们通过迭代关系取代 $\partial U/\partial\chi$ 在 δW 中的位置:

$$\partial U/\partial\chi = -\mathrm{i}n\nu U + \mathrm{i}\mathcal{J}Bk_{\|}U, \tag{6.3.1}$$

U 可以通过 δW 的代数最小化来确定 $1/n$ 的每一阶. 作为 $O(1/n)$ 的最小化 U 可以表示为

$$\mathrm{i}nU + \frac{\partial X}{\partial\psi} + X\left(\frac{p'}{B^2} + \frac{\nu'}{\nu}\frac{I^2}{R^2B^2}\right) + \frac{I^2}{\nu R^2B^2}\mathcal{J}Bk_{\|}\left(\frac{1}{n}\frac{\partial X}{\partial\psi}\right) = 0. \tag{6.3.2}$$

这表示当 $n\to\infty$ 时, $\nabla\cdot\xi_\perp$ 是一个 $O(1)$ 量.

通过使用 (6.3.1) 和 (6.3.2), 我们得到作为 $O(1/n)$ 的 δW, 仅包含 X 一项:

$$\begin{aligned}\delta W = \pi\int \mathrm{d}\psi\mathrm{d}\chi\Bigg\{&\frac{\mathcal{J}B^2}{R^2B_\chi^2}\left|k_{\|}X\right|^2 + \frac{R^2B_\chi^2}{\mathcal{J}B^2}\left|\frac{1}{n}\frac{\partial}{\partial\psi}\left(\mathcal{J}Bk_{\|}X\right)\right|^2\\ &-\frac{2\mathcal{J}}{B^2}p'\left[|X|^2\frac{\partial}{\partial\psi}\left(p+\frac{B^2}{2}\right) - \frac{\mathrm{i}I}{\mathcal{J}B^2}\frac{\partial}{\partial\chi}\left(\frac{B^2}{2}\right)\frac{X^*}{n}\frac{\partial X}{\partial\psi}\right]\\ &+\frac{X^*}{n}\mathcal{J}Bk_{\|}\left(X\sigma'\right) - \frac{1}{n}\left[P^*\mathcal{J}Bk_{\|}Q + P\mathcal{J}Bk_{\|}^*Q^*\right]\Bigg\},\end{aligned} \tag{6.3.3}$$

其中

$$\begin{aligned}B &= X\sigma - \frac{B_\chi^2}{\nu B^2}\frac{I}{n}\frac{\partial}{\partial\psi}\left(\mathcal{J}Bk_nX\right),\\ Q &= \frac{Xp'}{B^2} + \frac{I^2}{\nu R^2B^2}\frac{1}{n}\frac{\partial}{\partial\psi}\left(\mathcal{J}Bk_{\|}X\right),\\ \sigma &= \frac{Ip'}{B^2} + I'.\end{aligned}$$

(6.3.3) 式构成了研究高模数扰动的起点. 它必须对所有的周期函数 X 进行最小化, 并进行适当的归一化处理, 即

$$\pi\int\mathcal{J}\mathrm{d}\psi\mathrm{d}\chi\left\{\frac{|X|^2}{R^2B_\chi^2} + \left(\frac{RB_\chi}{B}\right)^2\left|\frac{1}{n}\frac{\partial X}{\partial\psi}\right|^2\right\} = 1.$$

这代表了横向运动的动能, 而且很方便, 因为它保留了总能量归一化的大部分特征, 而不影响 δW 相对于 Z 和 U 的最小化.

最小化函数 $X(\psi,\chi)$ 的二维 Euler 方程为

$$
\begin{aligned}
&\mathcal{J}Bk_{\parallel}\left\{\frac{1}{\mathcal{J}R^2B_\chi^2}\left[1-\left(\frac{R^2B_\chi^2}{B}\right)^2\frac{1}{n^2}\frac{\partial^2}{\partial\psi^2}\right]\mathcal{J}Bk_{\parallel}X\right\}-\frac{2\mathcal{J}p'X}{B^2}\frac{\partial}{\partial\psi}\left(p+\frac{B^2}{2}\right)\\
&\quad+\frac{\mathrm{i}}{n}\frac{\partial X}{\partial\psi}\frac{p'I}{B^4}\frac{\partial B^2}{\partial\chi}-\frac{1}{n}\mathcal{J}Bk_{\parallel}\left[\frac{\partial}{\partial\psi}\left(\frac{R^2B_\chi^2}{\mathcal{J}B^2}\right)\frac{1}{n}\frac{\partial}{\partial\psi}\left(\mathcal{J}Bk_{\parallel}X\right)\right]\\
&\quad+\frac{1}{n}\mathcal{J}Bk_{\parallel}\left(\sigma'X\right)-\frac{\sigma}{n}\mathcal{J}Bk_{\parallel}Q-\frac{p'}{nB^2}\mathcal{J}Bk_{\parallel}P\\
&\quad-\frac{1}{n}\mathcal{J}Bk_{\parallel}\left\{\frac{1}{n}\frac{\partial}{\partial\psi}\left[\frac{IB_\chi^2}{\nu B^2}\mathcal{J}Bk_{\parallel}Q\right]\right\}+\frac{1}{n}\mathcal{J}Bk_{\parallel}\left\{\frac{1}{n}\frac{\partial}{\partial\psi}\left[\frac{I^2\mathcal{J}B}{\nu R^2B^2}k_{\parallel}P\right]\right\}\\
&=\Omega^2\left[\frac{\mathcal{J}}{R^2B_\chi^2}X-\frac{\mathcal{J}R^2B_\chi^2}{B^2}\frac{1}{n^2}\frac{\partial^2X}{\partial\psi^2}-\frac{1}{n}\frac{\partial}{\partial\psi}\left(\frac{\mathcal{J}R^2B_\chi^2}{B^2}\right)\frac{1}{n}\frac{\partial X}{\partial\psi}\right].
\end{aligned}
\tag{6.3.4}
$$

这个偏微分方程的周期性条件是 $X\left(\chi+\chi_0\right)=X(\chi)$, 其中 $\chi_0=\oint\mathrm{d}\chi$, 通过其最小本征值 Ω^2 的符号决定系统的稳定性, 也适用于下面描述的转换:

$$
X(\psi,\chi)=\sum_m\exp\left(-\frac{2\pi\mathrm{i}m\chi}{\chi_0}\right)\int_{-\infty}^{\infty}\mathrm{d}y\exp\left(\frac{2\pi\mathrm{i}my}{\chi_0}\right)\hat{X}(\psi,y).\tag{6.3.5}
$$

这将 X 的方程 (6.3.4) 转换为 $\hat{X}$ 相同的方程, 但 $\hat{X}$ 在无限域中, 没有周期性要求. 因为 $\hat{X}$ 不受周期性约束, 所以可以用以下形式表示:

$$
\hat{X}(\psi,y)=F(\psi,y)\exp\left(-\mathrm{i}n\int_{y_0}^{y}\nu\mathrm{d}y\right),\tag{6.3.6}
$$

其中 $\hat{X}$ 的所有快速变化都包含在指数相位因子中, 而振幅 $F(\psi,y)$ 仍然是一个随着 $n\to\infty$ 而缓慢变化的函数.

为了证明这一点, 我们在磁面法线方向上引入两个长度尺度: 一个是平衡尺度, 我们继续用 ψ 表示, 还有一个更快速的尺度 $x=n^{\frac{1}{2}}\left(\psi-\psi_0\right)$, 其中 ψ_0 将在后面介绍. 然后, 当 (6.3.5) 和 (6.3.6) 被引入本征值方程 (6.3.4) 时, 结果可以写为

$$
\left(\mathrm{L}+\Omega^2\mathrm{M}\right)F=0,\tag{6.3.7}
$$

其中

$$
\begin{aligned}
\mathrm{L}&=\mathrm{L}_0+\frac{1}{n^{\frac{1}{2}}}\mathrm{L}_1+\frac{1}{n}\mathrm{L}_2,\\
\mathrm{M}&=\mathrm{M}_0+\frac{1}{n^{\frac{1}{2}}}\mathrm{M}_1+\frac{1}{n}\mathrm{M}_2.
\end{aligned}
\tag{6.3.8}
$$

主阶算符 L_0 和 M_0 为

$$
\begin{aligned}
\mathrm{L}_0 F = & \frac{\partial}{\partial y}\left\{\frac{1}{\mathcal{J} R^2 B_\chi^2}\left[1+\left(\frac{R^2 B_\chi^2}{B} \int_{y_0}^y \nu' \mathrm{d} y\right)^2\right] \frac{\partial F}{\partial y}\right\} \\
& +F\left\{\frac{2 \mathcal{J} p'}{B^2} \frac{\partial}{\partial \psi}\left(p+\frac{1}{2} B^2\right)-\frac{I p'}{B^4}\left(\int_{y_0}^y \nu' \mathrm{d} y\right) \frac{\partial B^2}{\partial y}\right\}
\end{aligned}
$$

以及

$$
\mathrm{M}_0 F=\frac{\mathcal{J}}{R^2 B_\chi^2}\left[1+\left(\frac{R^2 B_x^2}{B} \int_{y_0}^y \nu' \mathrm{d} y\right)^2\right] F .
$$

注意, L_0 是在扩展的平行坐标 $y(-\infty<y<\infty)$ 中单独的微分算符, 仅参数性地依赖于坐标 ψ. 我们可以将它们写成

$$
\mathrm{L}_0=\mathrm{L}_0\left(\frac{\partial}{\partial y}, y ; \psi, y_0\right), \quad \mathrm{M}_0=\mathrm{M}_0\left(y ; \psi, y_0\right) .
$$

对于高阶算符, 在文献 [4] 的附录 B 中给出了全部内容, 可以写成

$$
\begin{aligned}
& \mathrm{L}_1=\widehat{\mathrm{L}}_1 \mathrm{i} \frac{\partial}{\partial x}, \quad \mathrm{M}_1=\widehat{\mathrm{M}}_1 \mathrm{i} \frac{\partial}{\partial x}, \\
& \widehat{\mathrm{L}}_1=-\frac{1}{\nu'\left(y_0\right)} \frac{\partial \mathrm{L}_0}{\partial y_0}, \quad \widehat{\mathrm{M}}_1=-\frac{1}{\nu'\left(y_0\right)} \frac{\partial \mathrm{M}_0}{\partial y_0},
\end{aligned} \tag{6.3.9}
$$

$$
\begin{aligned}
& \mathrm{L}_2=-\widehat{\mathrm{L}}_2 \frac{\partial^2}{\partial x^2}+\widetilde{\mathrm{L}}_2, \quad \mathrm{M}_2=-\widehat{\mathrm{M}}_2 \frac{\partial^2}{\partial x^2}+\widetilde{\mathrm{M}}_2, \\
& \widehat{\mathrm{L}}_2=\frac{1}{2 \nu'\left(y_0\right)} \frac{\partial}{\partial y_0}\left(\frac{1}{\nu'\left(y_0\right)} \frac{\partial \mathrm{L}_0}{\partial y_0}\right), \quad \widehat{\mathrm{M}}_2=\frac{1}{2 \nu'\left(y_0\right)} \frac{\partial}{\partial y_0}\left(\frac{1}{\nu'\left(y_0\right)} \frac{\partial \mathrm{M}_0}{\partial y_0}\right),
\end{aligned} \tag{6.3.10}
$$

$\widetilde{\mathrm{L}}_2$ 和 $\widetilde{\mathrm{M}}_2$ 也是仅依赖于 y 的微分算符.

现在我们通过 $1/n^{\frac{1}{2}}$ 的幂级数展开来寻求 (6.3.7) 的解. 最低阶的近似值是

$$
\left[\mathrm{L}_0+\omega^2\left(\psi, y_0\right) \mathrm{M}_0\right] F_0=0, \tag{6.3.11}
$$

具体为

$$
\begin{aligned}
& \frac{1}{\mathcal{J}} \frac{\partial}{\partial y}\left\{\frac{1}{\mathcal{J} R^2 B_\chi^2}\left[1+\left(\frac{R^2 B_x^2}{B} \int_{y_0}^y \nu' \mathrm{d} y\right)^2\right] \frac{\partial F_0}{\partial y}\right\} \\
& +2 \frac{F_0 p'}{B^2}\left[\frac{\partial}{\partial \psi}\left(p+\frac{1}{2} B^2\right)-\frac{I}{B^2}\left(\int_{y_0}^y \nu' \mathrm{d} y\right) \frac{1}{\mathcal{J}} \frac{\partial}{\partial y}\left(\frac{1}{2} B^2\right)\right] \\
& +\frac{\omega^2\left(\psi, y_0\right)}{R^2 B_x^2}\left[1+\left(\frac{R^2 B_x^2}{B} \int_{y_0}^y \nu' \mathrm{d} y\right)^2\right] F_0=0 .
\end{aligned} \tag{6.3.12}
$$

因此, 最低阶近似只产生了一维本征值问题. 每个面的振荡都是解耦的, 每个面都有一个振荡频率 $\omega^2(\psi, y_0)$, 它取决于磁面 ψ 和准模式原点 y_0. 由于 (6.3.12) 式是一个仅与 y 相关的微分方程, 本征函数可以与 x 的任意函数相乘, 因此其形式是

$$F_0 = A(x) f_0(y; \psi, y_0), \tag{6.3.13}$$

其中 f_0 随 ψ 的变化仅来自 L_0 对平衡剖面的参数依赖.

为了计算本征值 $\omega^2(\psi, y_0)$, 需要 f_0 的边界条件为 $|y| \to \infty$. 为了找到这些条件, 我们必须研究 (6.3.12) 式的两个解在 $|y|$ 较大时的行为. 如果 $\omega^2 < 0$, 这两个解中的一个在 $|y| \to \infty$ 时呈指数增长, 另一个呈指数阻尼. 显然, 增长的解是不可接受的, 所以对 f_0 合适的边界条件是: 当 $|y| \to \infty$ 时, $f_0 \to 0$. 因此, 如果 (6.3.12) 式的不稳定解存在的话, 确定它们是很简单的: 我们只须将 (6.3.12) 式作为一个标准的两点本征值方程来解. 另一方面, 当 $\omega^2 > 0$ 时, (6.3.12) 式的两个解都表示为 $(1/y)\exp(\mathrm{i}\omega y)$, 因为 $|y| \to \infty$ 时, 两个都是可以接受的. 因此, 对于任何正 ω^2, 都可以构造一个可接受的 (6.3.12) 式的解. 这种情况具有特殊的意义, 因为它直接导致了所有高 n 模式的稳定性的必要判据 (Mercier), 这将在后面讨论.

在最低阶计算中, 包络 $A(x)$、准模式的原点 y_0 以及 $\omega^2(\psi, y_0)$ 与总体本征值 Ω^2 的关系都是不确定的. 为了解决这种不确定性, 我们必须在 $1/n^{\frac{1}{2}}$ 展开中进行高阶运算. 下一阶产生的方程是

$$\left(\mathrm{L}_0 + \omega^2 \mathrm{M}_0\right) F_1 + \left(\mathrm{L}_1 + \omega^2 \mathrm{M}_1\right) F_0 = 0.$$

从 (6.3.9) 和 (6.3.13) 式中能够得到

$$F_1 = \mathrm{i}\frac{\mathrm{d}A}{\mathrm{d}x} f_1,$$

其中

$$\left(\mathrm{L}_0 + \omega^2 \mathrm{M}_0\right) f_1 + \left(\hat{\mathrm{L}}_1 + \omega^2 \hat{\mathrm{M}}_1\right) f_0 = 0.$$

基于算符 $\left(\mathrm{L}_0 + \omega^2 \mathrm{M}_0\right)$ 的自伴性和 f_0 满足 (6.3.11) 式这两个还将在后续分析中经常被利用的性质, 可以获得 f_1 存在的可积条件

$$\left\langle f_0 \left| \widehat{\mathrm{L}}_1 + \omega^2 \widehat{\mathrm{M}}_1 \right| f_0 \right\rangle = 0, \tag{6.3.14}$$

其中 $\langle f | \, \mathrm{L} | g \rangle = \int_{-\infty}^{\infty} \mathrm{d}y f \, \mathrm{L}g$.

将 (6.3.11) 式对 y_0 微分, 表现出条件 (6.3.14) 相当于更有用的结果

$$\frac{\partial}{\partial y_0} \omega^2(\psi, y_0) = 0. \tag{6.3.15}$$

这固定了目前尚未确定的参数 y_0: 在每个磁面 $\psi(r)$ 上, 它必须位于 $\omega^2(\psi, y_0)$ 的一个极值处. 在大多数情况下, 极值的位置将从系统对称性中明显看出, 并且 y_0 与 ψ 无关.

从 F_2 的下一阶方程的类似可积条件中得到振幅 $A(x)$ 的方程:

$$\left(\mathrm{L}_0+\omega^2\mathrm{M}_0\right)F_2+\left(\mathrm{L}_1+\omega^2\mathrm{M}_1\right)F_1+\left(\mathrm{L}_2+\omega^2\mathrm{M}_2\right)F_0+n\left(\varOmega^2-\omega^2\right)\mathrm{M}_0F_0=0. \tag{6.3.16}$$

可积条件为

$$\begin{aligned}&\left\langle f_0\left|\,\mathrm{L}_1+\omega^2\mathrm{M}_1\right|F_1\right\rangle+\left\langle f_0\left|\,\mathrm{L}_2+\omega^2\mathrm{M}_2\right|F_0\right\rangle\\&\quad+\left[n\left(\varOmega^2-\omega_0^2\right)-\frac{1}{2}\frac{\partial^2\omega^2}{\partial\psi^2}x^2\right]\left\langle f_0\left|\mathrm{M}_0\right|F_0\right\rangle=0,\end{aligned} \tag{6.3.17}$$

其中 ψ_0 现在被选为 $\omega^2(\psi, y_0)$ 的最小值 (y_0 由 (6.3.14) 式确定), 考虑到包络 $A(x)$ 集中在 ψ_0 附近, 我们围绕该最小值处在 ψ_0 附近展开 $\omega^2(\psi)$.

我们注意到二阶算符 $\widetilde{\mathrm{L}}_2$ 的一个重要属性 (见文献 [4] 的附录 B), 即

$$\left\langle f_0\left|\widetilde{\mathrm{L}}_2+\omega^2\widetilde{\mathrm{M}}_2\right|f_0\right\rangle=\frac{\mathrm{i}}{2}\frac{\partial}{\partial\psi}\left\langle f_0\left|\hat{\mathrm{L}}_1+\omega^2\widehat{\mathrm{M}}_1\right|f_0\right\rangle-\frac{\mathrm{i}}{2}\frac{\partial\omega^2}{\partial\psi}\left\langle f_0\left|\widehat{\mathrm{M}}_1\right|f_0\right\rangle. \tag{6.3.18}$$

对于这一特性, (6.3.14) 式可表示为 (在 $\psi=\psi_0$ 时)

$$\left\langle f_0\left|\widetilde{\mathrm{L}}_2+\omega^2\widetilde{\mathrm{M}}_2\right|f_0\right\rangle=0. \tag{6.3.19}$$

然后, 通过使用算符的属性 (6.3.9) 和 (6.3.10), 结果 (6.3.15) 式变为

$$\frac{\partial^2}{\partial y_0^2}\left\langle f_0\left|\mathrm{L}_0+\omega^2\mathrm{M}_0\right|f_0\right\rangle=0, \tag{6.3.20}$$

方程 (6.3.18) 变为

$$\frac{\partial^2\omega^2}{\partial y_0^2}\frac{\mathrm{d}^2A}{\mathrm{d}x^2}+\left(\nu'\left(y_0\right)\right)^2\left[2n\left(\varOmega^2-\omega_0^2\right)-\frac{\partial^2\omega^2}{\partial\psi^2}x^2\right]A=0. \tag{6.3.21}$$

最不稳定的模式 (最小的 $\varOmega^2$) 将通过 y_0(我们已经证明它必须处于极值) 来找到, 它处于 $\omega^2(\psi, y_0)$ 的最小处. 那么 $\partial^2\omega^2/\partial y_0^2>0$, $A(x)$ 是 Gauss 函数:

$$A(x)=\exp\left\{-\frac{1}{2}\left|\nu'\left(y_0\right)\right|\left(\frac{\partial^2\omega^2}{\partial\psi^2}\Big/\frac{\partial^2\omega^2}{\partial y_0^2}\right)^{\frac{1}{2}}x^2\right\}.$$

相应的本征值为

$$\varOmega^2=\omega_0^2+\frac{1}{2n\left|\nu'\left(y_0\right)\right|}\left(\frac{\partial^2\omega^2}{\partial\psi^2}\frac{\partial^2\omega^2}{\partial y_0^2}\right)^{\frac{1}{2}}.$$

这些结果表明, "振幅" $A(x)$ 确实在 $\psi=\psi_0$ 附近, 整个系统的本征值 Ω^2 等于 "局部" 本征值 $\omega^2(\psi,y_0)$ 的最小值加上 $O(1/n)$ 的修正, 该修正本身是以 $\omega^2(\psi,y_0)$ 为单位定义的. 因为这个修正是正的, 所以最不稳定的高 n 模式出现在极限 $n\rightarrow\infty$ 处. 因此, 尽管单独的最低阶理论是不完整的, 但高阶计算的所有相关特征都是用 $\omega^2(\psi,y_0)$ 这个函数来表达的, 而这个函数是由最低阶计算得到的. 因此在实际计算中, 我们只须计算最低阶方程的解 (6.3.12), 以确定稳定和不稳定模式的结构.

§6.4 基于气球模展开的 Mercier 判据推导

通过考虑当 $\omega^2=0$, $|y|\rightarrow\infty$ 时 (6.3.12) 的解, 可以得出局域交换模式中的 Mercier 判据, 这是一个变分形式的 Euler 方程 $\delta\hat{W}(-\infty,\infty)$, 其中

$$\begin{aligned}\delta\hat{W}\left(y_1,y_2\right)=\int_{y_1}^{y_2}\mathcal{J}\mathrm{d}y\Bigg\{&\left(\frac{\partial f}{\partial y}\right)^2\frac{1}{\mathcal{J}^2R^2B_\chi^2}\left[1+\left(\frac{R^2B_\chi^2}{B}\int_{y_0}^{y}\nu'\mathrm{d}y\right)^2\right]\\&-2f^2\frac{p'}{B^2}\left[\frac{\partial}{\partial\psi}\left(p+\frac{1}{2}B^2\right)-\frac{I}{B^2\mathcal{J}}\frac{\partial}{\partial y}\left(\frac{1}{2}B^2\right)\int_{y_0}^{y}\nu'\mathrm{d}y\right]\Bigg\}.\end{aligned}$$

系统的局域交换模稳定性由 $\delta\hat{W}(-\infty,\infty)$ 最小值的符号决定. 如果 Euler 方程的一个解在 y_1 处消失, 也在区间 (y_1,y_2) 的某个其他点消失, 不包含任何奇异点, 那么可以构造一个函数 $f(y)$, 使得 $f\left(y_1\right)=f\left(y_2\right)=0$ 以及

$$\delta\hat{W}\left(y_1,y_2\right)<0$$

在本问题中没有奇异点, 因此, 如果 (6.3.12) 的解以 $|y|\rightarrow\infty$ 的方式振荡, 系统一定是不稳定的.

我们现在回到当 $\omega^2\doteq0$、$|y|\rightarrow\infty$ 时 (6.3.12) 式的解. 很明显, 在这个极限中, 解取决于变量 $z=\displaystyle\int_{y_0}^{y}\nu'\mathrm{d}y$ 和平衡的周期. 因此, 我们把 y 较大时的解写成以下形式:

$$f(y)\approx z^\alpha\left\{g_0(y)+\frac{1}{z}g_1(y)+\frac{1}{z^2}g_2(y)+\cdots\right\},$$

其中 $g_n(y)$ 的周期与平衡相同. 接下来将 z 的幂等化, 我们发现

$$\frac{\mathrm{d}}{\mathrm{d}y}\left[\frac{R^2B_\chi^2}{\mathcal{J}B^2}\frac{\mathrm{d}g_0}{\mathrm{d}y}\right]=0,$$

解为 $g_0=1$.

对于 g_1, 有

$$\frac{\mathrm{d}}{\mathrm{d}y}\left[\frac{R^2B_\chi^2}{\mathcal{J}B^2}\left(\frac{\mathrm{d}g_1}{\mathrm{d}y}+\alpha\nu'\right)+\frac{Ip'}{B^2}\right]=0.$$

第一个积分 $\mathrm{d}g_1/\mathrm{d}y$ 包含一个任意的常数, 必须取一个常数以使 g_1 确实是周期性的. 那么

$$\frac{\mathrm{d}g_1}{\mathrm{d}y}+\alpha\nu'=\frac{B^2\nu}{B_\chi^2}\left\{\frac{\alpha\oint\nu'\mathrm{d}y+p'\oint\frac{\nu\mathrm{d}y}{B_\chi^2}}{\oint\frac{\nu B^2}{B_x^2}\mathrm{d}y}\right\}-\frac{\nu p'}{B_x^2}.$$

$1/z$ 的下一阶提供了 g_2 的方程. 由于 g_2 是周期性的, 它可以通过对 y 的一个周期进行积分而被消掉:

$$(\alpha+1)\oint\mathrm{d}y\frac{\nu'R^2B_\chi^2}{\mathcal{J}B^2}\left(\frac{\mathrm{d}g_1}{\mathrm{d}y}+\alpha\nu'\right)+p'\oint\frac{\mathrm{d}y}{B^2}\left[2\mathcal{J}\frac{\partial}{\partial\psi}\left(p+\frac{1}{2}B^2\right)-I\frac{\mathrm{d}g_1}{\mathrm{d}y}\right]=0. \tag{6.4.1}$$

代入 $\mathrm{d}g_1/\mathrm{d}y$, 这就提供了指数 α 的本征方程, 用平衡量的场线平均数来指定它. α 的两个值是

$$\alpha_{1,2}=-\frac{1}{2}\pm\left(\frac{1}{4}-D\right)^{\frac{1}{2}}, \tag{6.4.2}$$

其中

$$\begin{aligned}D=&\frac{p'}{(2\pi q')^2I}\left\{\oint\frac{\nu B^2}{B_\chi^2}\mathrm{d}\chi\left[p'\oint\frac{\mathcal{J}\mathrm{d}\chi}{B_\chi^2}-\frac{\partial}{\partial\psi}\left(\oint\mathcal{J}\mathrm{d}\chi\right)\right]\right.\\&\left.+2\pi q'I\oint\frac{\nu\mathrm{d}\chi}{B_\chi^2}-p'I\left(\oint\frac{\nu\mathrm{d}\chi}{B_\chi^2}\right)^2\right\}.\end{aligned} \tag{6.4.3}$$

(6.4.3) 式正是出现在以 $\frac{1}{4}-D>0$ 的形式表示的 Mercier 稳定性判据中的 D.

小 结

本章主要讨论了以下内容:

(1) 螺旋箍缩的局域交换模.

(i) 局域交换模不稳定性的 Suydam 判据: $D_\mathrm{s}>1/4$, 即

$$-\frac{8\mu_0p'r_\mathrm{s}}{B_z^2}>\left(r_\mathrm{s}\frac{q'}{q_\mathrm{s}}\right)^2.$$

(2) 托卡马克的局域压强驱动模.

(i) 局域交换模不稳定性的 Mercier 判据: $D_{\mathrm{M}} > 1/4$, 即

$$-\frac{8\mu_0 p' r_{\mathrm{s}}}{B_z^2}(1-q^2) > \left(r_{\mathrm{s}}\frac{q'}{q}\right)^2 \quad \text{(柱近似)}.$$

(ii) 气球模: s-α 模型的方程和图像.

(iii) 气球模不稳定性决定的 β 极限: $\beta_{\mathrm{N}} \leqslant 3$ (大纵横比近似).

习　题

1. 从能量原理式 (6.1.5) 出发, 推导 Suydam 稳定性判据, 即 (6.1.16) 式.
2. 在大纵横比极限下, 推导圆形托卡马克局域交换模的 Mercier 判据, 即 (6.2.13) 式.
3. 从气球模方程 (6.2.17) 出发, 推导 s-α 模型的气球模方程 (6.2.19).
4. 绘制 s 和 α 作为典型 J-TEXT 平衡小半径的函数, 并使用 s-α 图判断 J-TEXT 气球模稳定或不稳定区域.
5. 使用图 6.7 中的平衡模型剖面, 从 (6.2.22) 式推导 (6.2.26) 式中的 β 极限定标率.
6. 查找仅由气球模不稳定性引起的 β 极限的原始文献.

参 考 文 献

[1] Mercier C. A necessary condition for hydromagnetic stability of plasma with axial symmetry. Nuclear Fusion, 1960, 1(1): 47.

[2] Zohm H. Magnetohydrodynamic Stability of Tokamaks. John Wiley & Sons, 2015.

[3] Wesson J A and Sykes A. Tokamak beta limit. Nuclear Fusion, 1985, 25(1): 85.

[4] Connor J W, Hastie R J, and Taylor J B. High mode number stability of an axisymmetric toroidal plasma. Proceedings of the Royal Society of London. A. Mathematical and Physical Sciences, 1979, 365(1720): 1.

第七章　压强和电流耦合驱动的理想不稳定性: 边缘局域模

本章首先讨论边缘局域模 (ELM) 现象, 介绍了边缘局域模的各种类型. 之后, 我们将讨论边缘局域模的线性磁流体理论. 对于非线性边缘局域模的演化, 本章也将做详细的讨论. 最后, 我们将讨论对边缘局域模的控制.

§7.1　边缘局域模现象

托卡马克高约束运行模式 (H 模) 的主要特征之一是等离子体边缘所形成的温度、密度和压强剖面的台基分布 (见图 7.1), 以及往往与此相伴随发生的边缘局域模 (ELM) 不稳定性 (见图 7.2). 一方面, 这些边缘局域模循环对等离子体整体全局参数的影响不大, 边缘局域模导致的边界台基坍塌所损失的能量最多不超过存储总能的大约 10%[3]. 实际上, ELM 在冲洗掉杂质时会导致 H 模放电的准平稳性, 否则

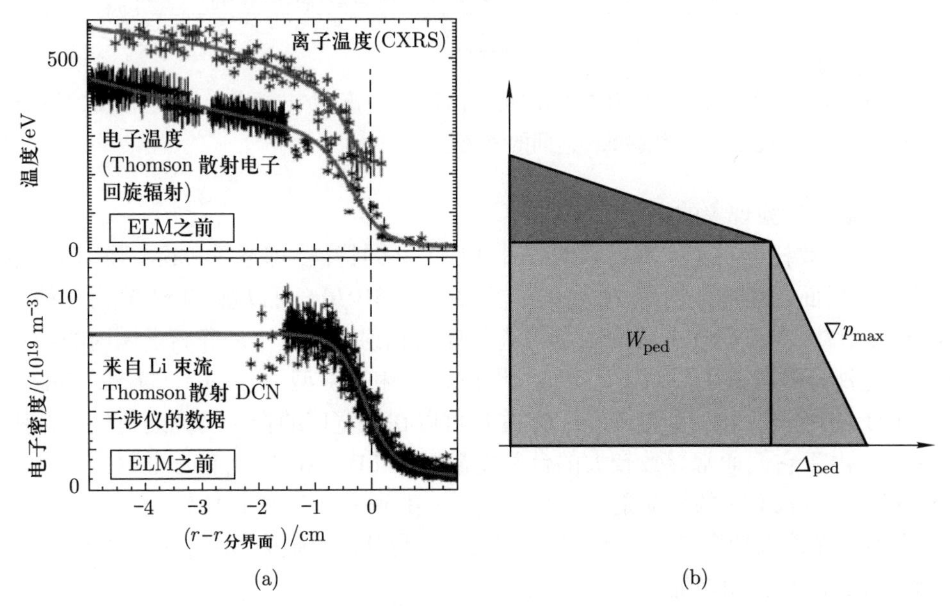

图 7.1　(a) 在 ASDEX 先进托卡马克上进行 H 模式放电时测得的边缘等离子体剖面[1]; (b) 压强台基示意图. 边缘台基由 (最大) 压强梯度 $\nabla p_{\max}$ 和宽度 Δ_{ped} 来描述

这些杂质会聚集在等离子体芯部, 导致那里的辐射损失功率过大而不可接受. 另一方面, 对于 ITER 规模的大型托卡马克装置而言, 每次 ELM 爆发导致能量损失影响预计会比较严重, 这些能量沉积在面向等离子体的装置器壁材料表面上, 可能导致材料熔化或局部损坏. 因此, 影响 ELM 损失大小的物理机制及其主动控制手段是重要的研究领域.

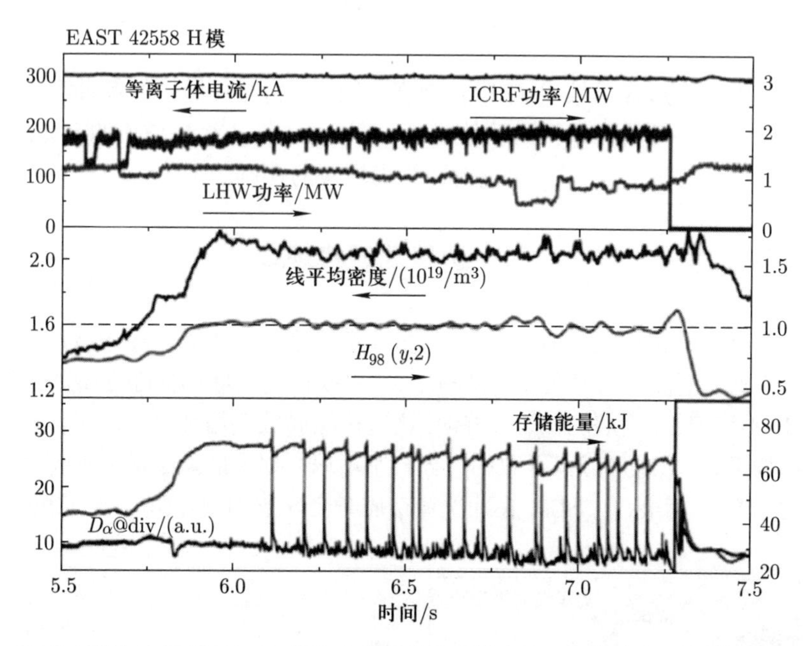

图 7.2　EAST 装置 I 型 ELMy H 模放电期间等离子体电流、加热功率、线平均密度、约束改善因子 H_{98}、存储能量、D_α 线参数随时间的演变[2]

(1) 基于实验现象的主要 ELM 类型.

基于多数托卡马克上观察到的各种 ELM 共同特征, 即通过 ELM 频率 $\nu_{\rm ELM}$ 与穿过分界面的净输入功率 $P_{\rm sep}=P_{\rm tot}-P_{\rm rad}-{\rm d}W/{\rm d}t$, 可以将 ELM 分为几种主要类型, 其中 $P_{\rm rad}$ 是在分界面内部等离子体的辐射功率, W 是等离子体内的约束热能. 这种分类方法主要用于区分 I 型 (type-I) 和 III 型 (type-III) ELM. 其中, I 型 ELM 的特征是 ${\rm d}\nu_{\rm ELM}/{\rm d}P_{\rm sep}>0$, 并且可以在很宽广的托卡马克运行空间范围内发生. 由于它们通常导致较大的台基能量损失 $\delta W_{\rm ELM}$, 因此有时也称为大边缘局域模. III 型 ELM 的特征是 ${\rm d}\nu_{\rm ELM}/{\rm d}P_{\rm sep}<0$, 通常出现在 L-H 转变阈值功率附近. 在增加净输入功率 $P_{\rm sep}$ 的情况下, 其 ELM 台基能量损失 $\delta W_{\rm ELM}$ 将随着 ELM 频率 $\nu_{\rm ELM}$ 的减少而增加.

(2) II 型 ELM.

II 型 (type-II) ELM 没有显示 $\nu_{\rm ELM}$ 与 $P_{\rm sep}$ 的明显依赖关系. 它们通常出现在

极向截面发生高度形变的托卡马克等离子体, 特别是在接近双磁零点的位形中, 即具有两个 X 点的磁场分界面, 这种位形通常认为有利于边界台基进入气球模的第二稳定区[4]. 这类 ELM 的台基能量损失 δW_{ELM} 通常比 I 型 ELM 小. 与 III 型 ELM 相比, 它们通常不显示任何相干的前兆磁扰动行为, 而对于 III 型 ELM, 通常可以观察到 $n=5\sim10$ 模数的这种相干前兆扰动. 到目前为止, 还有许多其他存在于具有不同尺寸和等离子体参数装置中的 ELM 现象, 尚未被明确地认定为归属于任何特定的 ELM 类型.

§7.2 边缘局域模线性磁流体理论

(1) 边界台基区的线性气球稳定性.

I 型 ELM 的触发阈值大致符合无穷大 n 模数极限下的理想气球模不稳定性条件, 这一点可以从图 7.3 所展示的实验数据得到支持. 其中, 在 I 型 ELM 坍塌之前, 台基区顶部的 T_{e} 和 n_{e} 值在较广的范围内沿着等压线分布, 表明台基区顶部压强 p_{ped} 可能确实受到相对应的理想磁流体不稳定性限制. 托卡马克实验和模拟计算所得到的 ELM 三维与二维空间模式结构 (见图 7.4 和图 7.5), 也展现了典型的理想气球模空间结构. 相反, III 型 ELM 触发时的台基区压强梯度则明显低于该极限, 并且对于在一定范围内变化的台基区压强, 台基区温度 T_{ped} 则达到某个阈值, 这表明它们可能是电阻性不稳定性.

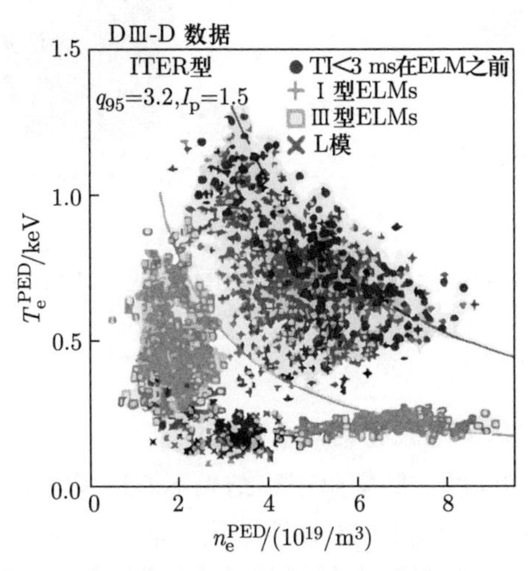

图 7.3 在 DIII-D 托卡马克上根据台基顶电子密度和电子温度划分的不同 ELM 类型. 其中 III 型 ELM 倾向于出现在一定的台基顶温度以下, 存在一个低密度分支, 该分支有时被称为 IV 型 ELM. 而 I 型 ELM 分布在等压线附近[5]

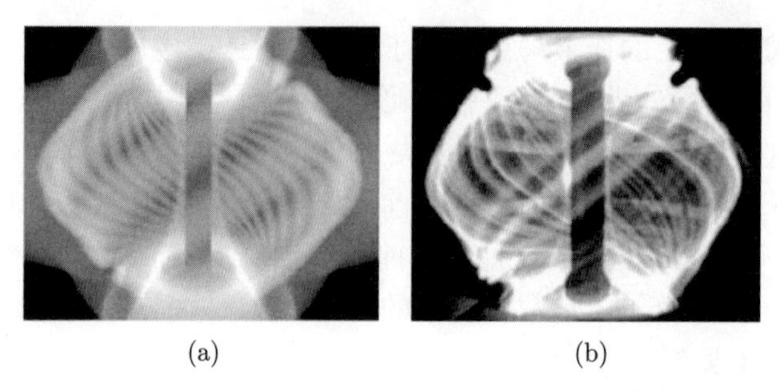

图 7.4　(a) 在非线性磁流体模型中以及 (b) 在 MAST 上 ELM 坍塌过程中观察到的三维丝状结构[6]

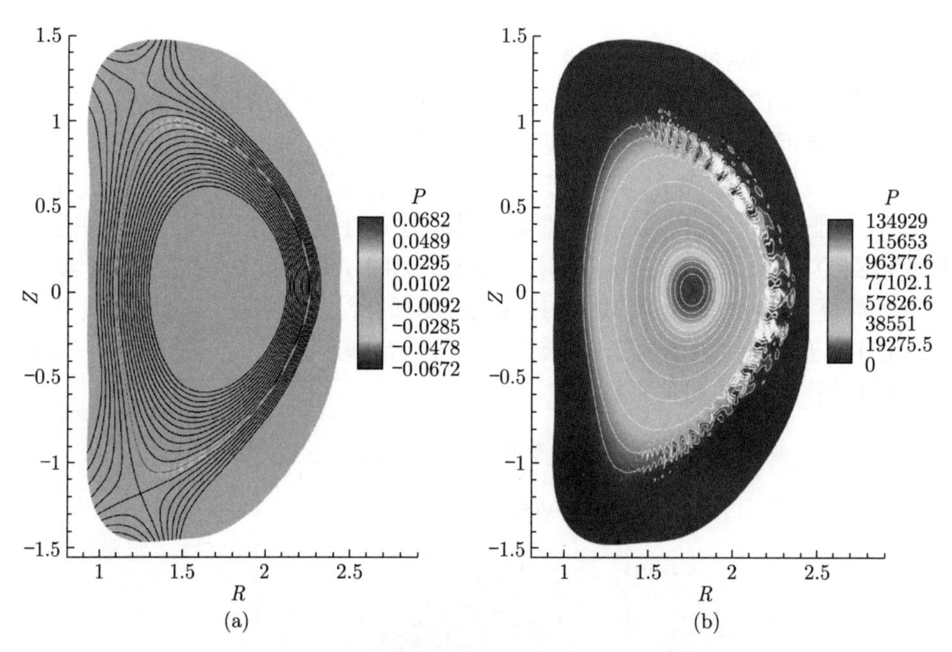

图 7.5　磁流体程序 NIMROD 通过对基于类似 DIII-D 托卡马克平衡 (a) 线性和 (b) 非线性模拟所得到的极向平面内 ELM 结构

(2) 边界台基区的自举电流和剥离不稳定性.

然而, I 型 ELM 期间的一些实验观察结果不能用无限大 n 模数极限下的理想气球模不稳定性来解释. 例如, ELM 直接导致台基区压强剖面的突然坍塌, 而高 n 模式的作用更应该被认为是导致非硬性的输运限制. 此外, 实验上发现在 ELM 坍塌发生之前, 压强梯度通常可以处于理想的气球模极限附近长达多个理想磁流体时间尺度, 这使得难以单独用理想气球模来解释 ELM 坍塌本身. 因此, 通常在线性 ELM 稳定性分析中还会考虑另一种因素, 即由陡峭的台基区压强梯度所驱动的大幅度边缘自举电流. 在柱位形中, 有限的边缘电流密度将始终导致对高 n 外部扭曲模的不稳定性, 即所谓的剥离模.

7.2.1 适用于托卡马克剥离模的扰动势能 δW

首先考虑距离等离子体与真空分界面最近的有理面附近所局域分布的外扭曲模扰动 (见图 7.6), 推导其所产生的扰动势能 δW 的表达式. 具体步骤与推导压强驱动的局域交换模能量原理类似, 但在这里保留平行方向电流密度分量的贡献. 由于等离子体仅在边缘最近有理面附近的一个小区域 Δ 发生扰动位移, 剥离模在分界面

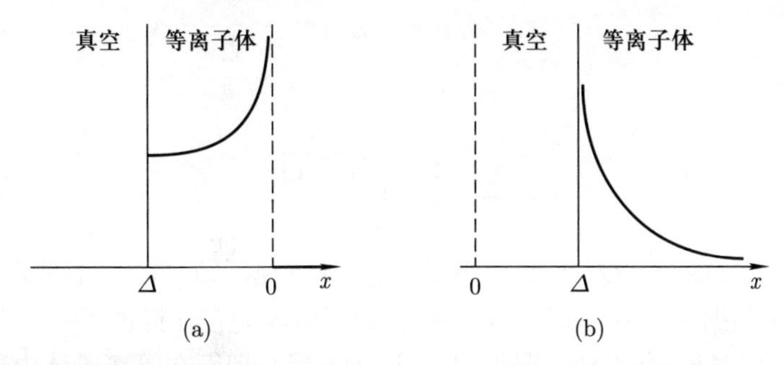

图 7.6 局域剥离模分析的几何结构, 以粗线显示了 (a) 等离子体内部的有理面 ($x=0$) 和 (b) 等离子体外部的有理面的试探函数形式

及有理面附近高度的空间局域化使得真空扰动势能项 δW_{V} 可以忽略. 在此假设前提下, 可以得到剥离模扰动势能 δW 的表达式[7]:

$$\delta W=\frac{\Delta^2}{2}\int_{\Delta}^{\infty}\mathrm{d}x\left(Px^2\left(\frac{\mathrm{d}\xi}{\mathrm{d}x}\right)^2+Q\xi^2+S\frac{\mathrm{d}}{\mathrm{d}x}\left(x\xi^2\right)\right), \tag{7.2.1}$$

其中, x 是从受剥离模影响的、距离边缘最近的有理面位置半径 Δ 开始的径向坐标, 系数 P, Q 和 S 是对平衡参数在所考虑磁面上的平均,

$$P=2\pi\left(q'\right)^2\left(\oint\frac{JB^2}{R^2B_{\mathrm{p}}^2}\mathrm{d}\chi\right)^{-1}, \tag{7.2.2}$$

$$\begin{aligned}Q=\frac{p'}{2\pi}&\left(\oint\frac{\partial J}{\partial\Psi}\mathrm{d}\chi-p'\oint JB_{\mathrm{p}}^2\mathrm{d}\chi+\mu_0I_{\mathrm{pol}}\oint JR^2B_{\mathrm{p}}^2\mathrm{d}\chi\right.\\&\left.\times\left(\mu_0I_{\mathrm{pol}}p'\oint\frac{J}{R^2B_{\mathrm{p}}^2}\mathrm{d}\chi-2\pi q'\right)\left(\oint\frac{JB^2}{R^2B_{\mathrm{p}}^2}\mathrm{d}\chi\right)^{-1}\right),\end{aligned} \tag{7.2.3}$$

$$S=P+q'\oint\frac{j_{\parallel}BJ}{R^2B_{\mathrm{p}}^2}\mathrm{d}\chi\left(\oint\frac{JB^2}{R^2B_{\mathrm{p}}^2}\mathrm{d}\chi\right)^{-1}. \tag{7.2.4}$$

P, Q 等效于 δW 的柱位形表达式中包含的 f 和 g 项, 但是现在这些系数包含适当的环位形磁面平均. S 项系数等效于在柱位形 δW 中添加到边界项的分部积分流体项.

为使以上扰动势能最小化, 试探函数需要满足 Euler-Lagrange 方程

$$\frac{\mathrm{d}}{\mathrm{d}x}\left(x^2\frac{\mathrm{d}\xi}{\mathrm{d}x}\right)-\frac{Q}{P}\xi=0, \tag{7.2.5}$$

解为

$$\xi=a_+x^{\lambda_+}+a_-x^{\lambda_-}, \tag{7.2.6}$$

其中

$$\lambda_\pm=-\frac{1}{2}\pm\sqrt{\frac{1}{4}+\frac{Q}{P}}. \tag{7.2.7}$$

Mercier 指标为 $D_{\mathrm{M}}=-Q/P$, 因此必要的稳定性判据, 即解在 x 中是非振荡的, 仅需要 Mercier 判据为 $D_M-1/4<0$. 然而, 边缘电流的存在提供了一个更具限制性的必要稳定性判据. 有两种情况值得关注: (1) 当有理面在等离子体内部时 (在这种情况下 $\varDelta<0$); (2) 当它在外部时.

首先考虑有理面在等离子体内部的情况, 并选择一试探函数, 该函数在 $x>0$ 时为零, 在 $\varDelta<x<0$ 时满足 Euler 方程. 这实际上是用 0 取代了 δW 的积分上限, 因此, 为了使 δW 是有限的, 我们必须选择 $a_-=0$. 对于 δW 的结果是

$$\delta W=-\frac{P}{2}|\varDelta|^{2\lambda_++2}\varDelta\left[\frac{S}{P}+\lambda_+\right]. \tag{7.2.8}$$

稳定性要求

$$\sqrt{1-4D_{\mathrm{M}}}>1-2\frac{S}{P}. \tag{7.2.9}$$

现在我们来看有理面在等离子体外的情况. 我们只对等离子体内的 ξ 形式感兴趣, 所以我们选择 Euler 方程的解, 它在 $x\to\infty$ 时表现良好, 即我们设置 $a_+=0$. 因此, 在这种情况下, 我们发现

$$\delta W=-\frac{P}{2}\varDelta^{2\lambda_-+3}\left[\frac{S}{P}+\lambda_-\right]. \tag{7.2.10}$$

稳定性要求是

$$\sqrt{1-4D_{\mathrm{M}}}>2\frac{S}{P}-1. \tag{7.2.11}$$

由于两者都必须满足稳定性, 回顾 S 和 P 的定义, 在 $J_{\|} > 0$ 的情况下, 通常托卡马克的稳定性判据成为

$$\sqrt{1-4D_{\mathrm{M}}} > 1 + \frac{2}{2\pi q'}\oint \frac{J_{\|}B}{R^2 B_{\mathrm{p}}^3}\mathrm{d}l, \tag{7.2.12}$$

其中所有的量都要在等离子体表面进行评估. 这说明了边界平行电流密度与磁场方向相同时的不稳定性质.

具体代入边界平行电流密度的表达式 $J_{\|} = J_{\mathrm{PS}} + J_{\mathrm{bs}} + J_{\|\text{驱动}}$, 其中 J_{PS}, J_{bs}, 及 $J_{\|\text{驱动}}$ 分别为 Pfirsch-Schlütt (PS) 电流密度、自举电流密度, 以及除了 PS 电流和自举电流外的外界驱动平行电流密度, 则可以得到环位形剥离模稳定性的一个必要条件

$$\alpha\left(\frac{r}{R}\left(1-\frac{1}{q^2}\right) + s\Delta' - f_{\mathrm{t}}\frac{Rs}{2r}\right) > Rqs\left(\frac{J_{\|\text{驱动}}}{B}\right), \tag{7.2.13}$$

其中归一化压强梯度 $\alpha = -(2\mu_0 R_0/B^2)q^2\mathrm{d}p/\mathrm{d}r$, 归一化磁场剪切 $s = (r/q)(\mathrm{d}q/\mathrm{d}r)$, 而 Δ' 是 Shafranov 位移的径向导数, f_{t} 是捕获粒子的比例. 由于 PS 电流和自举电流对压强梯度的依赖关系, 这两部分平行电流的贡献已分别通过 Δ' 项和 f_{t} 项移至上式的左边. 在不等式 (7.2.13) 中, 左边第一项代表 Mercier 局域交换模的贡献, 第二项代表 Pfirsch-Schlüter 电流项的稳定效应, 第三项代表自举电流的不稳定贡献. 剥离模稳定性判据 (7.2.13) 表明, 对于有限的压强梯度 α, 即使在有限的边缘电流密度下, 也存在针对剥离模的稳定性窗口. 然而同时也可以预期, 随着压强梯度的增加, 气球模不稳定性的出现会限制可实现的压强梯度 α 的上限.

7.2.2 边缘剥离 – 气球模理论: 本征模方程组

现在, 我们研究当压强梯度增加到与气球不稳定性相对应的数值时, 环向耦合引起的剥离模的修正. 我们用一个简单的托卡马克平衡模型来说明, 该模型包含了最初用于研究芯部气球稳定性的 s-α 模型特征.

为了推导出边缘 MHD 稳定性方程, 我们从能量变化入手:

$$\delta W = \delta W_{\mathrm{F}} + \delta W_{\mathrm{S}} + \delta W_{\mathrm{V}}, \tag{7.2.14}$$

其中 δW_{F} 是与等离子体有关的能量变化, 在等离子体体积上进行积分. δW_{S} 是与等离子体表面相关的能量变化, 而 δW_{V} 是与等离子体外真空区域的磁场扰动有关的能量变化 (任何周围容器的影响对这些高 n 模式都不重要).

我们从等离子体的贡献开始, 它可以从 (4.8.5) 式中得出高 n 的展开. $O(1/n)$ 的项将被证明是不重要的, 因此这里不保留. 使用常见的变量, 我们可以用 X 来表

示 $\delta W_{\rm F}$, 与等离子体位移的径向分量 ξ 有关:

$$\delta W_{\rm F}=\pi\int{\rm d}\psi{\rm d}\chi X^{*}\left\{JBk_{\parallel}\left[\frac{1}{JR^{2}B_{\rm p}^{2}}\left[1-\left(\frac{R^{2}B_{\rm p}^{2}}{B}\right)^{2}\frac{1}{n^{2}}\frac{\partial^{2}}{\partial\psi^{2}}\right]JBk_{\parallel}X\right]\right.$$
$$\left.+\frac{{\rm i}Ip'}{B^{4}}\frac{\partial B^{2}}{\partial\chi}\frac{1}{n}\frac{\partial X}{\partial\psi}-\frac{2Jp'}{B^{2}}\frac{\partial}{\partial\psi}\left(p+\frac{B^{2}}{2}\right)X\right\}.\tag{7.2.15}$$

这与芯部模式的结果相同.

然而, 由于 ψ 上的积分延伸到了等离子体边缘, 用于推导 (7.2.15) 式的各种分部积分导致了一些表面项, 它们构成了 $\delta W_{\rm S}$:

$$\delta W_{\rm S}=\pi\int{\rm d}\chi\frac{X^{*}}{n}JBk_{\parallel}\left[\frac{R^{2}B_{\rm p}^{2}}{JB^{2}}\frac{1}{n}\frac{\partial}{\partial\psi}\left(JBk_{\parallel}X\right)+\sigma X\right],\tag{7.2.16}$$

其中通量表面积分是在等离子体表面上取的. 我们引入了参数 σ, 代表平行于磁场的边缘电流密度: $\sigma=j_{\parallel}/B$.

定义 “直磁场线” 角 $\theta=\dfrac{1}{q}\displaystyle\int_{k}^{\chi}\nu{\rm d}\chi$, 其中 k 起着径向波数的作用, 我们对径向位移进行 Fourier 分解 $X=\displaystyle\sum_{m}u_{m}(\psi){\rm e}^{-{\rm i}m\theta+{\rm i}n\phi}$. 考虑到之后的结果, 我们将注意力限制在从等离子体边缘延伸到 $\sim n^{1/3}$ 有理面的径向距离上, 并舍弃 $O(1/n)$ 的项, 以得出

$$\delta W_{\rm F}=\pi\sum_{m,m'}\int{\rm d}\psi\int{\rm d}\theta{\rm e}^{-{\rm i}(m-m')\theta}u_{m'}^{*}\left\{(m'-nq)\right.$$
$$\times\left[\frac{I}{R^{4}B_{\rm p}^{2}q}\left[1-\left(\frac{R^{2}B_{\rm p}^{2}}{B}\right)^{2}\left(\frac{1}{n^{2}}\frac{\partial^{2}}{\partial\psi^{2}}-2{\rm i}q\theta'\frac{1}{n}\frac{\partial}{\partial\psi}\right.\right.\right.$$
$$\left.\left.\left.-(q\theta')^{2}\right)\right](m-nq)u_{m}\right]-\frac{q}{\nu}\frac{2Jp'}{B^{2}}\frac{\partial}{\partial\psi}\left(p+\frac{B^{2}}{2}\right)u_{m}$$
$$\left.+\frac{q}{\nu}\frac{Ip'}{B^{4}}\frac{\partial B^{2}}{\partial\chi}\left(\frac{i}{n}\frac{\partial}{\partial\psi}+q\theta'+\frac{(m-nq)}{n}\theta'\right)u_{m}\right\}.\tag{7.2.17}$$

在这个阶段, 我们考虑一个特定的模型平衡, 基于上述的 s-α 模型. 为了简单起见, 我们舍弃了 (7.2.17) 式的最后一项, 虽然在形式上与平衡的径向变化 (保留) 相同, 但对等离子体边缘的 MHD 稳定性的本质理解没有增加. 我们对此的解释如下. 在 §7.6 中, 我们将证明感兴趣的模式所覆盖的最大距离是 $\sim n^{1/3}$ 有理面. 这个距离是由 (7.2.17) 式的小项 $\sim n^{-2/3}$ 决定的, 这些小项在整个有理面上随半径变化.

我们舍弃的项也是 $\sim n^{-2/3}$, 但不随有理面的变化而变化, 这意味着它在 $m \to m+1$ 和 $nq \to nq+1$ 的变换下是不变的, 因此它不会影响主导量阶模式结构.

因此, 在对极向角进行积分后, 我们得到了 δW_{F} 的最终结果:

$$\begin{aligned}
\delta W_{\mathrm{F}} = &-\frac{2\pi^2 B}{nq' R^3 B_{\mathrm{p}}^2 q}\sum_m \int_\Delta^\infty \mathrm{d}x u_m^*(x)\left\{ s^2(x-M)^2\frac{\mathrm{d}^2u_m}{\mathrm{d}x^2} + 2s^2(x-M)\frac{\mathrm{d}u_m}{\mathrm{d}x}\right.\\
&-(x-M)^2u_m - \alpha\left\{ s\left[(x-M)^2+\frac{1}{2}\right]\frac{\mathrm{d}}{\mathrm{d}x}(u_{m+1}-u_{m-1})\right.\\
&+s(x-M)\frac{\mathrm{d}}{\mathrm{d}x}(u_{m+1}+u_{m-1}) + s(x-M)(u_{m+1}-u_{m-1})\\
&\left.-\frac{1}{2}(u_{m+1}+u_{m-1}) - d_m u_m\right\}\\
&-\frac{\alpha^2}{2}\left\{\left[(x-M)^2+1\right]\left[u_m - \frac{1}{2}(u_{m+2}+u_{m-2})\right]\right.\\
&\left.\left.-(x-M)(u_{m+2}-u_{m-2})\right\}\right\}.
\end{aligned} \tag{7.2.18}$$

我们定义一 “平移” 的极向模数

$$M = m_0 - m, \tag{7.2.19}$$

其中 m_0 是等离子体外第一个有理面的极向模数 (即 M 从边缘向等离子体内部增大). 我们还定义了一个新的径向变量

$$x = m_0 - nq, \tag{7.2.20}$$

它也从边缘向等离子体内部增大. 因此, $x=0$ 位于等离子体外第一个有理面的位置, 而 $x=\Delta$ 定义了等离子体边缘. 从气球模理论中熟悉的压强梯度参数 α 耦合了不同的极向谐波, 也导致了一个磁阱, 它可以为前面描述的剥离模式提供稳定性. 我们通过参数 d_{m} 引入了这样一个项, 其中 d_{m} 与上节介绍的 Mercier 系数有关:

$$D_{\mathrm{M}} = \frac{\alpha d_{\mathrm{m}}}{s^2}. \tag{7.2.21}$$

对 ϵ 的高阶进行更精确的计算, 其中 $\epsilon \ll 1$ 是反纵横比, 导致 $d_{\mathrm{m}} \approx \epsilon\left(q^{-2}-1\right)$, 这里忽略了形状的影响. 虽然从形式上看, 这个项在 ϵ 的量阶上是很小的, 但它确实对稳定性判据有定性的影响. 在推导 (7.2.18) 式时使用的另一个细节是, 我们重新定义了 k 以吸收 $\sin k$ 项, 这些项是由定义在 “直磁场线” 角度的 θ' 引起的, $\theta = \dfrac{1}{q}\displaystyle\int_k^x \nu\mathrm{d}\chi$, 所以对于这个平衡 $k \to k + (\alpha/s)\sin k$.

同样的展开可以用来推导出表面项对能量的贡献形式:

$$\delta W_{\mathrm{S}} = -\frac{2\pi^2}{nRq}\sum_m u_m^*(\Delta - M)\left[s\frac{\mathrm{d}}{\mathrm{d}x}\left[(x-M)u_m\right] + \gamma u_m \right.$$
$$\left. -\frac{\alpha}{2}(\Delta - M)\left(u_{m+1} - u_{m-1}\right)\right]_{x=\Delta}, \tag{7.2.22}$$

其中, 沿磁场的边缘电流密度现在用无量纲参数 $\gamma = 2J_{\|}/\langle J\rangle$ 来表示 ($\langle J\rangle$ 是平均电流密度, 即总的等离子体电流与等离子体的极向截面面积之比). 对于我们考虑的大纵横比、圆形截面的等离子体, $\gamma = 2J_{\|}/\langle J\rangle = 2 - s$. 最后, 在圆柱近似中, 真空贡献也可以用一个表面项来表示:

$$\delta W_{\mathrm{V}} = \frac{2\pi^2}{nRq}\sum_m (\Delta - M)^2 u_m^* u_m. \tag{7.2.23}$$

从 (7.2.18) 式中, 我们可以立即写出 Euler 方程, 该方程使等离子体能量 δW_{F} 相对于 u_m^* 的变化最小:

$$s^2(x-M)^2\frac{\mathrm{d}^2u_m}{\mathrm{d}x^2} + 2s^2(x-M)\frac{\mathrm{d}u_m}{\mathrm{d}x} - (x-M)^2u_m$$
$$-\alpha\left\{s\left[(x-M)^2+\frac{1}{2}\right]\frac{\mathrm{d}}{\mathrm{d}x}\left[u_{m+1}-u_{m-1}\right]\right.$$
$$+ s(x-M)\frac{\mathrm{d}}{\mathrm{d}x}\left[u_{m+1}+u_{m-1}\right] + s(x-M)\left[u_{m+1}-u_{m-1}\right]$$
$$\left.-\frac{1}{2}\left[u_{m+1}+u_{m-1}\right] - d_m u_m\right\} - \frac{\alpha^2}{2}\left\{\left[(x-M)^2+1\right]\left(u_m - \frac{1}{2}\left[u_{m+2}+u_{m-2}\right]\right)\right.$$
$$\left.-(x-M)\left[u_{m+2}-u_{m-2}\right]\right\}$$
$$= 0. \tag{7.2.24}$$

这组耦合微分方程的边界条件是: $u_m(x) \to 0$, 对于所有 m, 当 $x \to \infty$ (即在等离子体深处) 时, "表面" 贡献 (7.2.22) 和 (7.2.23) 的能量为零 (这就意味着 $\delta W = 0$, 如边缘稳定性所需). 同样, 表面项对于 u_m^* 的表面值的变化是不变的, 只要

$$(\Delta - M)\left\{-s(\Delta - M)\frac{\mathrm{d}u_m}{\mathrm{d}x} - [2-(\Delta - M)]u_m\right.$$
$$\left.+\frac{\alpha}{2}(\Delta - M)\left(u_{m+1}-u_{m-1}\right)\right\}_{x=\Delta} = \Omega^2 u_m, \tag{7.2.25}$$

其中包括真空能的贡献, $\gamma = 2 - s$ 已经被替换掉. 此外, 我们在右手边加入了一个人为的 "动能" 项, 这简化了对最不稳定模式 (即具有最低 Ω^2 的模式) 和 $\Omega^2 = 0$ 的临界稳定条件的识别.

首先, 我们可以求解 Euler 公式 (7.2.24), 然后得到的本征函数 u_m 与真空中的本征函数相匹配的条件就是 (7.2.25) 式. 这可以通过对整个等离子体 - 真空界面进行积分, 并适当考虑压强梯度和电流密度的不连续而实现.

第二种方法是取方程 (7.2.24) 的一组线性独立的解, 满足 $x \to \infty$ 的边界条件, 例如 $v_m^j(x)$. $u_m(x)$ 被构造为这些解的线性组合

$$u_m(x) = \sum_j a_j v_m^j(x), \tag{7.2.26}$$

其中, 通过将 (7.2.26) 式代入 (7.2.22) 式并对 a_j 进行最小化, 得出一组系数 a_j 的方程. 方程 (7.2.24) 和 (7.2.25) 构成了边缘局域模的理论模型, 我们用它来分析剥离和气球模的稳定性和模式结构. 这个方程组可以通过两种方式求解: (1) 全二维数值解; (2) 当 α 接近气球稳定边界时的气球解.

边缘台基区的径向平衡变化可建模为

$$\alpha = \alpha_a - \frac{\alpha_{\rm d}}{nq_a s}(x - \Delta), \tag{7.2.27}$$

其中下标 a 表示边缘值, 为简单起见, 我们考虑恒定剪切 s, 这足以讨论径向模式结构的要点. 参数 $\alpha_{\rm d}$ 代表径向变化的强度.

现在首先讨论数值求解完整的二维方程组问题. 数值计算过程遵循一个向量 $\boldsymbol{u}(x)$ 的向前和向后代入算法, 其元素为 $u_m(x)$, 这将 Ω^2 作为一个给定的 s 和 α 的本征值处理. $\Omega^2 = 0$ 的 s 和 α 的值定义了 s-α 图中的边缘稳定曲线 (见图 7.7). 尽管 Ω 不是一个真正的模式频率, 但它确实具有 $\Omega^2 < 0$ 对应于不稳定, 而 $\Omega^2 > 0$ 对应于稳定的性质. 这里将使用边缘电流密度参数 $\gamma = 2j_\parallel$ 而不是 s.

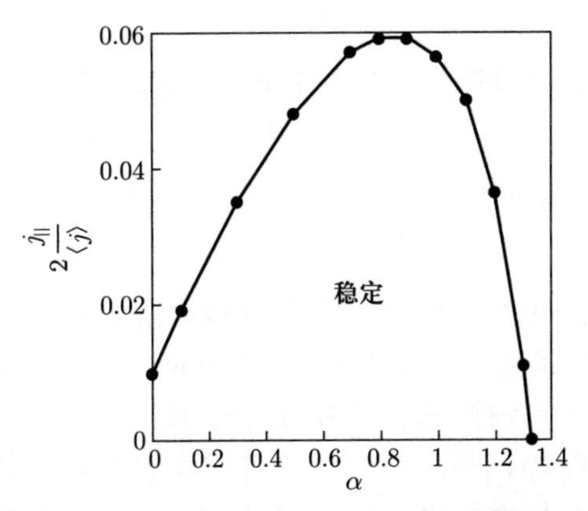

图 7.7 在 $\Delta = 0.005$, $d_{\rm m} = -0.2$, $\alpha_{\rm d} = 1$, $q_a \approx 4$, $n = 10$ 的情况下, 边缘电流密度与 α 在临界稳定性上的变化, 表明对于给定的边缘电流密度, α 可能有两种解. 上支解出现在气球稳定边界的下方, 而下支解则接近剥离模边界

7.2.3 边缘剥离 – 气球模理论: 内外模耦合效应

边缘剥离 – 气球模对应的扰动势能可以表示为剥离模与气球模各自势能的耦合[8]:

$$\delta W_{\mathrm{PBM}} \approx \delta W_{\mathrm{B}} - \frac{I_0^2}{4\delta W_K} \approx \delta W_{\mathrm{K}} - \frac{I_0^2}{4\delta W_{\mathrm{B}}}. \tag{7.2.28}$$

上式表明, 等离子体与真空边界内侧的气球模与外侧的剥离模的耦合可以通过系数 I_0, 使得边缘剥离气球模的扰动势能 δW 低于单独的气球模势能 δW_{B} 或者剥离模势能 δW_{K}, 从而进一步增强其不稳定性. 具体应用于 s-α 平衡模型, 可以得到

$$\delta W_{\mathrm{PBM}} = \frac{s\nu^+ - q_a R J_\parallel / B}{M + 1 - nq_a} - \frac{\alpha^2 (1+s)^2}{4s^4} \frac{\mathrm{e}^{-2/s} \ln^2 (M + 1 - nq_a)}{\delta W_{\mathrm{B}}} + O(1). \tag{7.2.29}$$

使用与上述剥离模分析相同的假设, 对边缘区域进行有限 n 气球模分析, 会发现相对于 n 趋于无穷大的结果, 有限 n 模式的稳定性有所降低. 将此分析与剥离模稳定性分析相结合, 可以获得边缘剥离 – 气球模稳定性参数边界.

7.2.3.1 固定边界内模

为简单起见, 我们将考虑一个限制器位形等离子体, 其中等离子体 – 真空界面假设在 $q = q_a$ 处. 取 q 剖面在等离子体区域内是单调递增的. 因此, 对于给定的环向模数 n, 我们将关注 $m < nq_a$ 的极向模数 m. 这些谐波将被称为内模, 因为它们的有理面位于等离子体区域内. 在 7.2.3.2 小节中, 该分析将扩展到包括耦合了有理面位于真空区域的外模的情况.

(1) 理论框架.

环形等离子体中的扰动磁势可写成 Fourier 谐波的和:

$$\psi = \mathrm{e}^{-\mathrm{i}n\zeta} \sum_{m=1}^{M} \mathrm{e}^{\mathrm{i}(m+m_0)\theta} \psi_m (r - r_m) C_m, \tag{7.2.30}$$

其中, θ 和 ζ 分别是极向角和环向角. 不同的极向谐波 m 由模式振幅 C_m 和试探函数 ψ_m 给出, 该试探函数 ψ_m 描述了以其有理面 $q(r_m) = m/n$ 为中心的谐波的空间结构, 并满足归一化条件. 选择模数 m_0, 使 $m_0 < nq_0 < m_0 + 1$, 其中 q_0 为磁轴处安全因子. 假设等离子体中存在 M 个环向模数为 n 的共振面. 注意, 不包括其有理面在等离子体区域之外的谐波. 对于本节中讨论的压强梯度驱动模式, 这些谐波不提供任何不稳定效应, 因此将被忽略.

将上述式子代入理想能量原理函数 δW, 可以得到

$$\begin{aligned}\delta W = &\sum_{m=1}^{M} C_m^2 \int \mathrm{d}x K_m\left(\psi_m, \psi_m\right) \\ &+ \sum_{m=1}^{M-1} C_m C_{m+1} \int \mathrm{d}x K_m^{m+1}\left(\psi_m, \psi_{m+1}\right) \\ &+ \sum_{m=1}^{M-2} C_m C_{m+2} \int \mathrm{d}x K_m^{m+2}\left(\psi_m, \psi_{m+2}\right) + \cdots,\end{aligned} \tag{7.2.31}$$

即

$$\delta W = \sum_{m=1}^{M} C_m^2 f_m + \sum_{p=1}^{M-1} \sum_{m=1}^{M-p} C_m C_{m+p} g_{m/m+p}, \tag{7.2.32}$$

其中,

$$f_m = \int \mathrm{d}x K_m(\psi_m, \psi_m), \tag{7.2.33}$$

$$g_{m/m+p} = \int \mathrm{d}x K_m^{m+p}(\psi_m, \psi_{m+p}). \tag{7.2.34}$$

算子 K_m 和 K_m^{m+p} 是平衡的函数, 除非指定, 否则它们是任意的. 对于模型 s-α 平衡, 积分 f_m 和 $g_{m/m+p}$ 在文献 [8] 附录中指定. f_m 可以由存在特定 Fourier 谐波涉及的圆柱势能确定, 而 $g_{m/m+p}$ 描述具有不同极向模数的几何耦合, 并满足 $g_{m/n} = g_{n/m}$ 的对称条件.

为了描述环位形本征模, 我们现在需要指定试探函数和每个谐波的振幅. 接下来, 我们将描述一种通过最小化能量积分来选择振幅的方法, 之后再研究试探函数的结构.

(2) 有限 n 气球模不稳定性.

我们假设给出了平衡算子 K_m, K_m^{m+p} 和试探函数集 ψ_m. 因此, 势能项 f_m 和 $g_{m/m+p}$ 可以作为参数, δW 积分为模式振幅 C_m 的二次和.

我们现在讨论如何确定振幅. 由于我们感兴趣的是寻找能量极值, 于是自然地使用最小化方法来确定振幅. 特别地, 对于最后一个 Fourier 谐波的给定振幅 C_M, 其他 $M-1$ 个振幅由从 $m=1$ 到 $M-1$ 的 $\partial\delta W/\partial C_m = 0$ 条件得到. 这些条件为

$$2 f_m C_m + \sum_{r=1}^{m-1} C_r g_{r/m} + \sum_{p=1}^{M-m} C_{m+p} g_{m/m+p} = 0. \tag{7.2.35}$$

将这 $M-1$ 个条件乘以 $C_m/2$, 然后求和得到

$$\sum_{m=1}^{M-1} C_m^2 f_m + \sum_{m=1}^{M-1} \sum_{p=1}^{M-m} C_m C_{m+p} g_{m/m+p} - \frac{1}{2} \sum_{m=1}^{M-1} C_m C_M g_{m/M} = 0. \tag{7.2.36}$$

用 δW 减去这个方程, 能量积分可以写成

$$\delta W = f_M C_M^2 + \frac{1}{2}\sum_{m=1}^{M-1} C_m C_M g_{m/M}. \tag{7.2.37}$$

振幅 C_m 可以从 (7.2.35) 式给出的 $M-1$ 个条件中推导出. 这些条件可以写成矩阵的形式:

$$\sum_{j=1}^{M-1} (H_{M-1})_{ij} C_j = -C_M S_i, \tag{7.2.38}$$

其中,

$$S_i = \frac{g_{i/M}}{2}, \tag{7.2.39}$$

矩阵 H_{M-1} 定义为

$$\begin{aligned} &(H_{M-1})_{ij} = f_i, \quad \text{对于 } j=1, \\ &(H_{M-1})_{ij} = \frac{g_{i/j}}{2} = (H_{M-1})_{ji} = \frac{g_{j/i}}{2}, \quad \text{对于 } i \neq j. \end{aligned} \tag{7.2.40}$$

振幅可以由 H_{M-1} 的逆来确定. 将解代入 (7.2.37) 式中并且求和, 经过一些矩阵代数操作, 能量积分可以写为

$$\delta W = C_M^2 \frac{\det H_M}{\det H_{M-1}} = C_M^2 \delta W^B, \tag{7.2.41}$$

其中 H_M 是一个与 (7.2.40) 定义相同的 $M \times M$ 矩阵. 加上上标 B, 表明该条件决定了具有 M 个极向谐波气球模的稳定性. 这个表达式使 δW 最小化的条件是二阶导数矩阵 $\partial^2\delta W/2!\partial C_i \partial C_j$ 是正数. 这是由 $\det H_{M-1} > 0$ 给出的. 因此, 稳定性阈值条件由 H_M 的行列式为零给出.

当 M 接近无穷大时, H_M 有无限个相同的行. 在这个极限下, 模式振幅等价于在一个相位因子内, 临界稳定条件是通过要求相位因子乘以 H_M 行元素的和为零得到的. 临界稳定条件为

$$f_m + \sum_{m=1}^{M-1} g_{m/m+p} \cos(pk) = 0, \tag{7.2.42}$$

其中 k 为相位因子, 用来最小化 δW.

(3) 本征函数的结构.

在本小节中, 我们使用一种用于构造矩阵元素的试探函数 ψ_m 的形式. 为了指定位形空间中的试探函数, 我们依靠解决气球模空间中的类似问题的指导. 作为一

个具体的例子, 我们考虑模型 s-α 平衡, 并构造一个试探函数, 它在这种情况下具有适当的奇异行为.

为了理解位形空间中的试探函数, 了解在有理面附近的环向模的奇异性结构是很重要的. 本文给出了电阻性 MHD 模式在有理面附近的渐近表达式:

$$\phi \approx \left[|x|^{\nu-} + \Delta^{\mathrm{TE}}|x|^{\nu+}\right] \mathrm{sgn}(x). \tag{7.2.43}$$

对于撕裂奇偶性, ϕ 是与磁势 $\phi = (m - nq)\psi$ 相关的扰动静电势,

$$\phi \approx |x|^{\nu-} + \Delta^{\mathrm{TW}}|x|^{\nu+}. \tag{7.2.44}$$

对于扭曲奇偶性, 有

$$\nu\pm = -\frac{1}{2} \pm \sqrt{\frac{1}{4} + D_{\mathrm{I}}}. \tag{7.2.45}$$

D_{I} 是 Mercier 参数, 它涉及平均曲率、测量交换不稳定性的可用自由能, Δ 表示在 r_{m} 处理想解的不连续.

我们现在考虑 $D_{\mathrm{I}} = 0$ 的情况. 对于环向平衡中的撕裂奇偶模, ϕ 作为 $|x| \to 0$ 的渐近性态为

$$\phi \approx \left[\frac{1}{|x|} + \Delta^{\mathrm{TE}}\left(\frac{\pi}{2}\right)\right] \mathrm{sgn}(x), \tag{7.2.46}$$

这就是对圆柱模式的预期. 然而, 作为 $|x| \to 0$ 的扭曲模结构与圆柱预测有很大的不同, 即

$$\phi \approx \delta(x) - (1/\pi)\Delta^{\mathrm{TW}} \ln|x| + C_1, \tag{7.2.47}$$

其中 C_1 是一个常数. 显然, 环形扭曲奇偶模不能通过耦合柱状本征函数来计算, 而要通过 (7.2.47) 式给出的避免了奇异结构的耦合模式来计算.

前一段的讨论描述了电阻性模式的奇异结构. 对于理想的扰动, 相关的 Δ' 变成无穷大. 这是通过将大解的振幅设置为零, 而小解的振幅保持非零来实现的. 因此, 当接近有理面时, 用 $\phi \approx C_0 \ln|x| + C_1$ 即给出了位形空间中的理想气球模本征函数. 位形空间分析表明, 在特定有理面上产生的对数奇异点是由环向耦合边界解驱动的.

前面已经推导了理想气球模稳定边界的解析表达式. 在这些计算中, 在用气球模空间表示的能量原理积分中使用了一个试探函数. 通过在试探函数中的边界环耦合项, 引入了本征模的环向性质. 我们将在位形空间中使用类似的过程.

由 (7.2.31) 式的变分形式得到的 Euler-Lagrange 方程可得

$$\Lambda_m C_m \psi_m = \sum_{p=1} \Lambda_m^{m+p} C_{m+p} \psi_{m+p} + \sum_{p=1} \Lambda_m^{m-p} C_{m-p} \psi_{m-p}, \qquad (7.2.48)$$

其中算符 Λ_m 和 Λ_m^{m+p} 可以从 K_m 和 K_m^{M+p} 推导出来. 对无限 n 使用它们, 其中所有的模式振幅 C_m 具有相同的振幅, 利用性质 $\psi_m(x) = \psi_{m+p}(x - p\Delta)$, 其中 Δ 是有理面之间的径向距离, 可以证明方程 (7.2.48) 与 Fourier 变换分量中的 s-α 气球模方程等价. 环向耦合算子与在上述有理面上诱导对数奇异点有关. 由于我们对理想的气球模不稳定阈值感兴趣, 因此在我们用来描述矩阵元素的试探函数中, 解释由于环面耦合而引起的奇异点是很重要的. 根据方程 (7.2.48), 我们使用的试探函数为以下形式:

$$C_m \psi_m = C_m \Psi_m + \sum_{p=1} C_{m+p} \frac{1}{\hat{\Lambda}_m} \Lambda_m^{m+p} \Psi_{m+p} + \sum_{p=1} C_{m-p} \frac{1}{\hat{\Lambda}_m} \Lambda_m^{m-p} \Psi_{m-p}, \qquad (7.2.49)$$

其中 $1/\hat{\Lambda}_m$ 是圆柱撕裂算子的逆, Ψ 是一个具有扭曲奇偶性的函数. 在其有理面附近, 该函数具有由环向耦合项产生的对数贡献. 一个比方程 (7.2.49) 更为简单和易于分析的形式, 可以通过只保留和的第一项而给出, 它包含了本征模的基本环向耦合谐波:

$$C_m \psi_m = C_m \Psi_m + C_{m+1} \frac{1}{\hat{\Lambda}_m} \Lambda_m^{m+1} \Psi_{m+1} + C_{m-1} \frac{1}{\hat{\Lambda}_m} \Lambda_m^{m-1} \Psi_{m-1}. \qquad (7.2.50)$$

由于试探函数本身依赖于模式振幅, 我们必须重新做 δW 的最小化. 其结果是在方程中存在积分形式的修改和混合. 值得注意的是, 上述过程并不严格. 但是, 在合理选择 Ψ_m 的情况下, 气球模理论的 s-α 图可以用解析式表示, 见图 7.8.

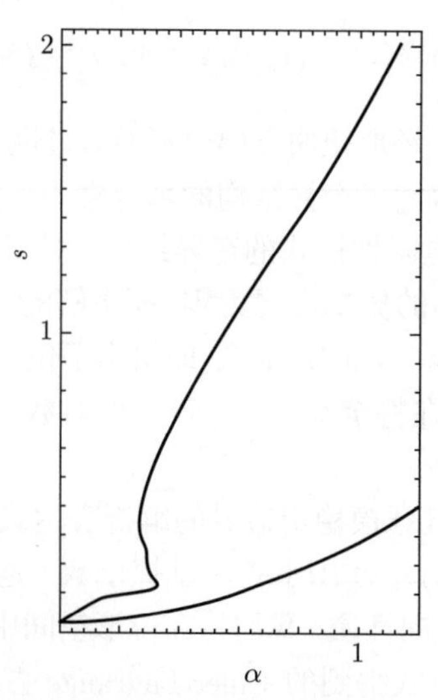

图 7.8 两条曲线分别对应于 s-α 平衡的第一和第二稳定边界

7.2.3.2 自由边界内外模耦合

通过包含共振面位于等离子体边界外的 Fourier 模式的影响, 该理论可以扩展到自由边界的不稳定性.

(1) 包括外模的扰动势能.

当扰动包括外模时, 本征模函数可以写为

$$\psi = \mathrm{e}^{-\mathrm{i}n\zeta} \sum_{m=1}^{M+1} \mathrm{e}^{\mathrm{i}(m+m_0)\theta} \psi_m (r - r_m) C_m, \tag{7.2.51}$$

其中 ψ_{M+1} 为外模的振幅. 使用以上 ψ 的展开形式, 能量积分可表示为

$$\delta W = C_{M+1}^2 \delta W_{\mathrm{K}} + \sum_{m=1}^{M} C_m^2 f_m + \sum_{p=1}^{M-1} \sum_{m=1}^{M-p} C_m C_{m+p} g_{m/m+p} + \sum_{q=0}^{M-1} C_{M-q} C_{M+1} I_q, \tag{7.2.52}$$

其中, δW_{K} 表示外扭曲模的圆柱势能, 与 I_q 成比例的项表示外部 Fourier 振幅与内部模式振幅的环向耦合, 其余的项描述了前面描述的内部谐振模式及其耦合. 积分 I_q 的定义方式类似于 $g_{m/m+p}$ 的定义, 因为它们是等离子体平衡和试探函数的泛函.

为了选择 Fourier 振幅 C_m, 我们采用在前面给出的过程. 取积分 $f_m, g_{m/m+p}$, I_q 和扭曲势能 δW_{K}, 使 δW 是模式振幅的二次函数. 对于固定的外部模式振幅 C_{M+1}, 通过取 $\partial \delta W / \partial C_m = 0$ 来最小化 δW, 得到方程

$$2 f_m C_m + \sum_{r=1}^{m-1} C_r g_{r/m+r} + \sum_{p=1}^{M-m} C_{m+p} g_{m/m+p} + C_{M+1} I_{M-m} = 0. \tag{7.2.53}$$

这些条件与 (7.2.35) 式给出的条件类似, 除了对 M 个内部振幅有 M 个条件外, 外部模式振幅的影响由相积分 I_{M-m} 来描述. 将每个条件乘以 $C_m/2$, 再减去 δW 的和, 我们用这个形式表示能量积分:

$$\delta W = C_{M+1}^2 \delta W_{\mathrm{K}} + \frac{1}{2} \sum_{m=1}^{M} C_m C_{M+1} I_{M-m}, \tag{7.2.54}$$

这与 (7.2.37) 式的结果相同. 在方程 (7.2.53) 中取逆, 并代入方程 (7.2.54) 中, 得到

$$\delta W = C_{M+1}^2 \left(\delta W_{\mathrm{K}} - \frac{1}{4} \frac{1}{\det H_M} \sum_{m,i}^{M} \mathrm{cof}_{mi} (H_M) I_{M-m} I_{M-i} \right), \tag{7.2.55}$$

其中 H_M 的辅助因子包含在求和中. 假设最后一个内谐波和外模的耦合在求和中占主导, (7.2.55) 式可以写成

$$\delta W = C_{M+1}^2 \left(\delta W_{\mathrm{K}} - \frac{I_0^2}{4 \delta W^{\mathrm{B}}} (1 + \cdots) \right), \tag{7.2.56}$$

其中 δW^{B} 描述了具有 M 个内部共振极向谐波的气球模稳定性, 如 (7.2.41) 式所示. 由 I_0 给出的主要环向耦合积分描述了最后一个内部共振谐波与外扭曲谐波的相互作用. δW 的另一种形式可以通过固定最后一个内部 Fourier 谐波 C_M 而不是 C_{M+1} 来得到. 在这种情况下, 最小化 δW:

$$\delta W = C_M^2\left(\delta W^{\mathrm{B}} - \frac{I_0^2}{4\delta W_{\mathrm{K}}}(1+\cdots)\right). \tag{7.2.57}$$

显然, 这个表达式与 (7.2.56) 式给出了相同的临界稳定性条件.

方程 (7.2.56)、(7.2.57) 是理想的气球 – 扭曲不稳定性的解析表达式. 环向耦合积分 I_0 起着不稳定的作用. 随着内部气球模或外扭曲模稳定性阈值的接近, 相互作用项变得更加重要. 当固定边界气球模和圆柱外扭曲模独立稳定时, 气球 – 扭曲模可能变得不稳定.

(2) 剥离 – 气球模不稳定性耦合.

前文已经介绍了一般的推导过程, 可以用于研究理想 MHD 稳定性. 在本节中, 我们将使用理论公式来研究一个特殊的情况. 特别地, 我们关注其有理面仅在等离子体边缘外的外部模式. 为了便于分析, 我们做出了一些简化的假设, 使等式的相互作用积分和扭曲势能项 (7.2.56) 变得可估算.

我们计算了一个简化模型的无扭曲能, 其中边缘平行电流在等离子体区域恒定, 在等离子体 – 真空边界降到零. 在这种情况下, 扭曲 δW 可以写成

$$\delta W_{\mathrm{K}} = \frac{a}{(M+1)}\frac{1}{\psi^{\mathrm{K}}}\frac{\mathrm{d}\psi^{\mathrm{K}}}{\mathrm{d}r}\bigg|_{a+\epsilon}^{a-\epsilon} - \frac{q_a\left(Rj_{\|}/B\right)_a}{M+1-nq_a}, \tag{7.2.58}$$

其中最后一项仅在等离子体边缘内计算, 第一项描述了在等离子体 – 真空界面的对数跳跃. 真空场对 δW 中第一项的贡献是稳定的, 并取决于导体壁的位置. 在圆柱近似中, 这一项写为 $\left[1+(a/b)^{2(M+1)}\right]/\left[1-(a/b)^{2(M+1)}\right]$, 其中 $r=b$ 为导体壁的位置. 对于 $M+1-nq_a \ll 1$ 的模式, 真空贡献在 (7.2.58) 式中较其他项来说贡献非常小.

为了计算 (7.2.58) 式中第一项的贡献, 必须确定等离子体区域的本征函数在其接近边缘时的行为. 高度局域化的理想扭曲模或剥离模的稳定性, 已经在其他工作中分析过. 理论处理方法类似于固定边界模式的 Suydam/Mercier 分析. 对于条件 $M+1-nq_a \ll 1$, 压强 – 曲率项的奇异性质使本征函数具有以下形式:

$$\psi^{\mathrm{K}} \sim |r-r_0|^{-\nu+}, \tag{7.2.59}$$

在有理面附近, 其中 $q(r_0)=M+1/n$ 和 Mercier 指数 $1+\nu-=-\nu+$, Mercier 指数的选择是通过要求本征函数消失在远离有理曲面时来决定的. 由 (7.2.59) 式得到

剥离模 δW:

$$\delta W_{\mathrm{K}}=\frac{s\nu+-q_aRj_{\parallel}/B}{M+1-nq_a}+O(1), \tag{7.2.60}$$

其中真空场的贡献为高阶项. 剥离模的稳定性判据为

$$\sqrt{\frac{1}{4}+D_{\mathrm{I}}}-\frac{1}{2}-\frac{q_aRj_{\parallel}}{Bs}>0, \tag{7.2.61}$$

其中最后一项, 在等离子体 - 真空界面上计算是不稳定的, 而磁阱项对托卡马克通常是稳定的. 为了与本节剩余部分中使用的托卡马克阶次相一致, Mercier 项由 $D_{\mathrm{I}}=\left(2p'r/B^2\right)\left(1-q^2\right)/s^2$ 给出. 然而, 需要注意的是, Pfirsch-Schlüter 的贡献不包括在 (7.2.61) 式中, 它提供额外的稳定效果.

现在计算相互作用项 I_0. 我们采用之前的过程来进行计算, 使用 s-α 形式的平衡. I_0 可表示为

$$\begin{aligned}I_0=&\int \mathrm{d}xK_m^{m+1}\left(\psi_M,\psi_{M+1}\right)+\int \mathrm{d}x2\left(\frac{1}{M}\right)^2\nabla\psi_M\cdot\nabla\frac{1}{\hat{\Lambda}_M}\Lambda_M^{M+1}\psi_{M+1}\\&+\int \mathrm{d}x2\left(\frac{1}{M}\right)^2\nabla\psi_{M+1}\cdot\nabla\frac{1}{\hat{\Lambda}_{M+1}}\Lambda_{M+1}^{M}\psi_M\\&+\int O\left(\alpha^3\right),\end{aligned} \tag{7.2.62}$$

其中第一项描述了圆柱本征函数的相互作用积分, 中间两项描述了环向边界贡献的相互作用对本征函数的影响. 最后一个积分表示 α^3 阶的积分. 这些项在 $M+1-nq_a$ 为小量时可以忽略. 我们对 $M+1-nq_a\ll 1$ 的情况感兴趣, 方程 (7.2.62) 的主阶贡献可以表示为

$$\begin{aligned}I_0\approx&\int \mathrm{d}xK_m^{m+1}\left(\psi_M,\psi_{M+1}\right)\\&+2a\left(\frac{1}{M}\right)^2\frac{\mathrm{d}\psi_M}{\mathrm{d}r}\frac{1}{\hat{\Lambda}_M}\Lambda_M^{M+1}\psi_{M+1}\bigg|_{r=a},\end{aligned} \tag{7.2.63}$$

其中最后一项为等离子体 - 真空表面的计算, $M+1-nq_a$ 的高阶项已被忽略.

为了进一步分析, 需要指定 ψ_M 和 ψ_{M+1} 的形状. 我们还假设剖面参数 α 和 s 在感兴趣的积分区域是恒定的. 我们采取近似 $M-nq=-x/\Delta$ 和 $M+1-nq_a=(\Delta-x)/\Delta$, 其中 x 是距离有理面 $q=M/n$ 的径向距离, Δ 是两个有理面之间的距离. 对于 ψ_{M+1}, 可以使用方程 (7.2.59). 假设 ψ_M 在等离子体 - 真空界面附近变化缓慢, 则 I_0 可写为

$$I_0\approx\alpha\psi_M\psi_{M+1}\frac{\Delta}{a}(1+s)\left(\frac{(M+1-nq_a)^{-\nu+}-1}{\nu+}\right), \tag{7.2.64}$$

所以项都在 $q=q_a$ 时进行计算. 在 $D_{\mathrm{I}}\to 0$ 极限下, I_0 化简为

$$I_0=-\alpha\psi_M\psi_{M+1}\frac{\Delta}{a}(1+s)\ln(M+1-nq_a). \tag{7.2.65}$$

回到在 δW_{K} 和 δW^{B} 推导中 ψ_M 及 ψ_{M+1} 的归一化, 我们能得到想要的结果:

$$I_0=-\frac{\alpha}{s^2}(1+s)\mathrm{e}^{-1/s}\ln(M+1-nq_a). \tag{7.2.66}$$

注意, 在 $M+1-nq_a$ 为小量时, 剥离模 δW_{K} 比环面相互作用项更奇异. 因此, 除非相当接近理想的气球模稳定阈值, 否则剥离 – 气球模判据主要由 "圆柱" 贡献决定, 如 (7.2.61) 式.

边界剥离 – 气球模现在可统一为

$$\begin{aligned}\delta W\approx\delta W_{\mathrm{K}}-\frac{I_0^2}{4\delta W^{\mathrm{B}}}&=\frac{s\nu-q_aRj_{\|}/B}{M+1-nq_a}\\&-\frac{\alpha^2(1+s)^2}{4s^4}\frac{\mathrm{e}^{-2/s}\ln^2(M+1-nq_a)}{\delta W^{\mathrm{B}}}+O(1),\end{aligned} \tag{7.2.67}$$

其中 δW^{B} 描述了内部气球模不稳定性. 临界稳定性条件结构在图 7.9 中给出. 轴表示为边界电流的值和压强梯度. 这组曲线由 $M+1-nq_a$ 的值参数化. 在 $M+1-nq_a=\exp(-2)\approx 0.1353$ 时, 气球模效果最为显著. 这些曲线用 $M+1-nq_a=\exp(-2), 0.05, 0.01, 0.005, 0.001$ 来标记, 虚线为剥离模判据. 如前所述, 对于远小于气球模阈值 α_{c} 的模式, 剥离模判据决定了其稳定性, 而对于较大的 α, 模式变得更像理想的气球模.

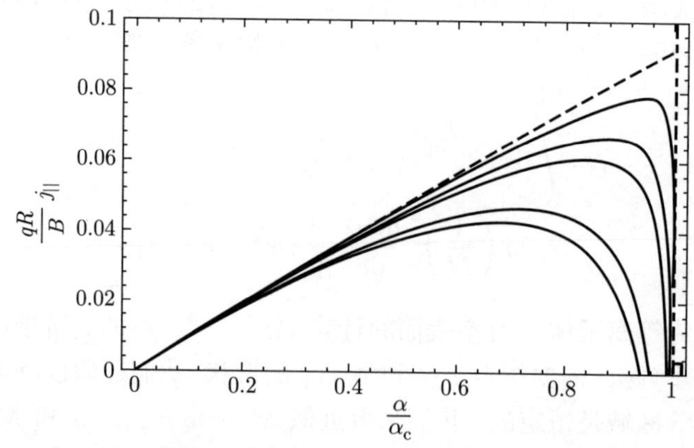

图 7.9 边界理想 MHD 不稳定阈值, 虚线表示剥离模稳定阈值. 理想的气球模阈值由 $\alpha/\alpha_{\mathrm{c}}=1$ 给出, 这是图中的垂直线. 用 $M+1-nq_a$ 的值来参数化描述剥离模和气球模联合的一组实线曲线. 轴表示为边界电流的值和压强梯度. 这组曲线由 $M+1-nq_a$ 的值参数化. 在 $M+1-nq_a=\exp(-2)\approx 0.1353$ 时, 气球模式效果最为显著. 这些曲线用 $M+1-nq_a=\exp(-2), 0.05, 0.01, 0.005, 0.001$ 来标记, 虚线为剥离模判据. 如前所述, 对于远小于气球模阈值 α_{c} 的模式, 剥离模判据决定了其稳定性, 而对于较大的 α, 模式变得更像理想的气球模[8]

7.2.4 ELM 和台基结构的线性 PBM 模型

PBM 稳定性窗口受边缘台基区平行电流密度和压强梯度的限制. 与这些限制相关的不稳定性分析表明, 由气球模导致的稳定性边界出现在 $n = 15 \sim 20$ 的较高环向模数上, 而剥离模稳定性边界通常与较低的 $n \leqslant 5$ 环向模数有关. 因此可以推测, 对压强梯度的限制是由气球模稳定性边界决定的, 而在稳定性边界的右上角, 气球模与剥离模耦合的不稳定性会导致 ELM 坍塌发生. 另外, 在自举电流的增长比压强梯度的增长更为缓慢的前提下, 图 7.10 所示的边缘剥离 – 气球模稳定性参数边界提供了由气球模限制的在恒定边缘压强梯度下的可能放电发展轨迹, 如图中的虚线所示, 适用于电阻扩散过程较为缓慢的、处于较高温度的边缘等离子体台基区.

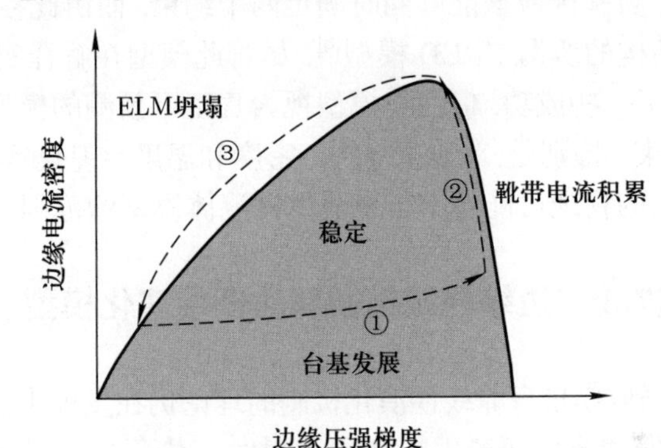

图 7.10 托卡马克边缘稳定性剥离 – 气球模示意图[7]

线性 PBM 模型对于解释与 I 型 ELM 有关的许多实验结果非常成功. 特别是, 边缘台基区参数的演化通常发生在剥离 – 气球模理论给出的稳定性边界范围之内, 而当实验测量的边缘台基区参数足够接近稳定性边界时, ELM 就会发生. 但是, 还有一些实验观察结果不能用剥离 – 气球模模型来解释. 例如, 在中型装置的低边缘台基温度下, 自举电流似乎在 ELM 发生之前的相对较长时间内就已充分形成, 然而 ELM 并没有马上发生. 这种台基压强梯度和自举电流较长时间处于饱和的阶段仍有待严格的解释.

总而言之, 尽管如前所述的线性剥离 – 气球模模型捕获了 ELM 发生的许多要点, 但不能认为是完整的. 这也并不奇怪, 因为不少潜在重要的物理元素 PBM 模型未严格考虑, 例如边缘的剪切转动流、有限电阻率、双流体效应, 以及快粒子的影响. 此外, 在边缘台基区, 典型的香蕉轨道宽度与平衡剖面梯度尺度相当, 这对台基区流体理论模型的基本假设构成挑战. 最后, 我们注意到, 使用标准剥离 – 气球模型解释 I 型以外的其他类型 ELM 的尝试尚未完全得出结论.

尽管到目前为止的分析都集中在对 ELM 起因的解释上, 但另一个重要的问题是线性 PBM 稳定性是否可以解释台基宽度 Δ_{ped}. 从理论上讲, PBM 模型中没有

对台基宽度 Δ_{ped} 的限制, 这也可以在对剥离 – 气球模稳定性进行的台基区参数依赖扫描研究中得到体现. 当扩展陡峭梯度区域所代表的台基区宽度时, 发现 PBM 稳定性所允许的最大压强梯度有所减小, 与此相应的台基顶部压强与台基宽度满足关系 $p_{\mathrm{ped}} \sim \Delta_{\mathrm{ped}}^{3/4}$. 这表明, 如果仅受剥离 – 气球模的限制, 则台基区原则上可以有任意宽度. 因此, 需要通过另一个约束来扩展 PBM 模型.

可以在分析台基区的剩余湍流输运时发现这种约束, 并找到压强梯度特征长度与台基宽度之间的关系. 基于台基区极向比压与台基宽度的实验定标关系 $\Delta_{\mathrm{ped}} \sim \sqrt{\beta_{\mathrm{p}}}$ 可以推测, 由于动理学气球模 (KBM) 的出现, 台基顶部最高压强与台基宽度的定标关系为 $p_{\mathrm{ped}} \sim \Delta_{\mathrm{ped}}^{2}$. 由于 p_{ped} 与 Δ_{ped} 的两种定标关系不同, 在这两种定标关系的参数交点, 台基区应该能够同时满足两个约束, 而由此参数交点定出的台基宽度, 则是台基结构的所谓 EPED 模型[9]. 尽管此模型在解释实验观察到的台基宽度方面已经取得了一些成功, 但在将模型视为真正可预测的模型之前, 需要更加严格地说明输运约束. 特别是, 有迹象表明, 密度和温度台基随等离子体参数的不同而不同, 这里涉及的物理可能超出了单流体磁流体模型的范围.

§7.3　边缘局域模循环的低维演化模型

尽管关于边缘局域模自身非线性演化机制的理论仍在发展中, 但边缘台基区通过边缘局域模的触发和演化而产生的升高 – 爆发 – 恢复这一循环发展过程, 可以用唯象的两场或者三场低维模型来模拟分析. 边缘局域模的循环演化包括三个主要因素: ELM 爆发时间 τ_{cra}、ELM 爆发损失能量 δW_{ELM}, 以及 ELM 循环频率 ν_{ELM}. 其中 ELM 循环频率 ν_{ELM} 取决于整个 ELM 循环周期的时间尺度, 包括 ELM 爆发期间的台基坍塌以及随后的恢复阶段. 由于 ELM 爆发本身与恢复阶段相比时间非常短, 因此后者主要决定 ν_{ELM}, 以及 ELM 循环期间的能量损失大小 δW_{ELM}. 在 ELM 爆发期间损失的能量 δW_{ELM} 的绝对值可能很大, 以至于可能危及未来聚变堆装置中的第一壁器件, 因此对其准确预测的能力至关重要. ELM 爆发时间 τ_{cra} 在当今托卡马克装置中介于 100 μs 和几毫秒之间, ELM 对第一壁能量影响也取决于这项参数.

下面介绍 ELM 循环的捕食者 – 猎物模型.

假设仅由边缘压强梯度驱动, 则 ELM 振幅 $\xi(t)$ 的演化方程可以写为

$$\frac{\mathrm{d}^2\xi}{\mathrm{d}t^2} = (p' - 1)\,\xi - \delta\frac{\mathrm{d}\xi}{\mathrm{d}t}, \tag{7.3.1}$$

其中已将 ξ 用系统特征空间长度归一化, 并将压强梯度 p' 用临界压强梯度归一化, 从而使其在 $p' > 1$ 时发生 ELM 不稳定性, 可用于代表 ELM 的例如剥离 – 气球模不稳定性判据. 将时间用所考虑的不稳定性线性增长率 γ 归一化, 而 δ 描述 ELM

振幅的阻尼, 例如可以根据磁流体不稳定性是电阻性的还是理想性的假设, 具体代表电阻率或黏滞率. 如果我们假设此耗散阻尼可以通过其等效扩散过程的扩散率 χ 来描述, 则系数 δ^{-1} 是归一化的扩散时间, 即 $\delta \propto \chi/(\gamma L^2)$, 其中 L 是扩散过程特征长度. 在没有阻尼的情况下, 扰动位移 ξ 就会重现稳定性条件 $p' < 1$ 情况下在平衡值附近的稳定振荡, 以及在不稳定性条件 $p' > 1$ 成立时的指数增长. 阻尼起到耗散进入磁流体模式的能量的作用, 因此一旦驱动消失, 将导致模式振幅的指数衰减. 这里阻尼引入的时间尺度, 对应的是扰动位移损耗随着其幅度增大而增强这一效应所导致的时间尺度, 这决定了在以上方程解具有类似坍塌时序行为时所代表的 ELM 坍塌幅度.

第二个方程涉及作为归一化的加热功率 h 和由平衡压强梯度 p' 引起的输运损失, 以及由 ELM 坍塌引起的能量损失之间相互平衡所导致的台基区压强梯度时间演化, 这一过程的特征时间为 η^{-1}:

$$\frac{\mathrm{d}p'}{\mathrm{d}t} = \eta \left(h - p' - \chi_{\mathrm{MHD}} \xi^2 p' \right). \tag{7.3.2}$$

上式右边最后一项提供了两个方程之间的耦合, 它通过归一化系数 ξ_{MHD} 和 η 来模拟由磁流体模式幅度 ξ 导致的额外约束能量损失, 而归一化的特征时间 η^{-1} 可以用没有 ELM 模式增长时的能量约束时间 τ_{E} 表征, 即有 $\eta = (\gamma \tau_{\mathrm{E}})^{-1}$. 在没有 ELM 损失的情况下 (即 $\xi = 0$), 以上方程与方程 (7.3.1) 解耦, 其解 $p'(t) = h(1-\mathrm{e}^{-\eta t})$ 描述了向定态 $p' = h$ 的演化. 以上 ELM 循环的捕食者 – 猎物模型方程组 (7.3.1) ~ (7.3.2) 的解参数空间如图 7.11(a) 所示.

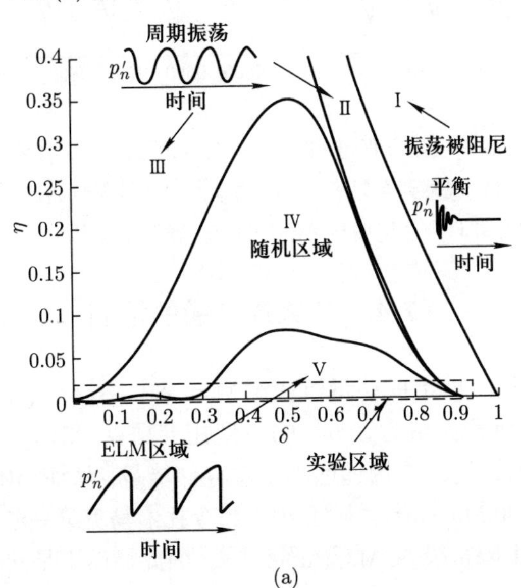

(a)

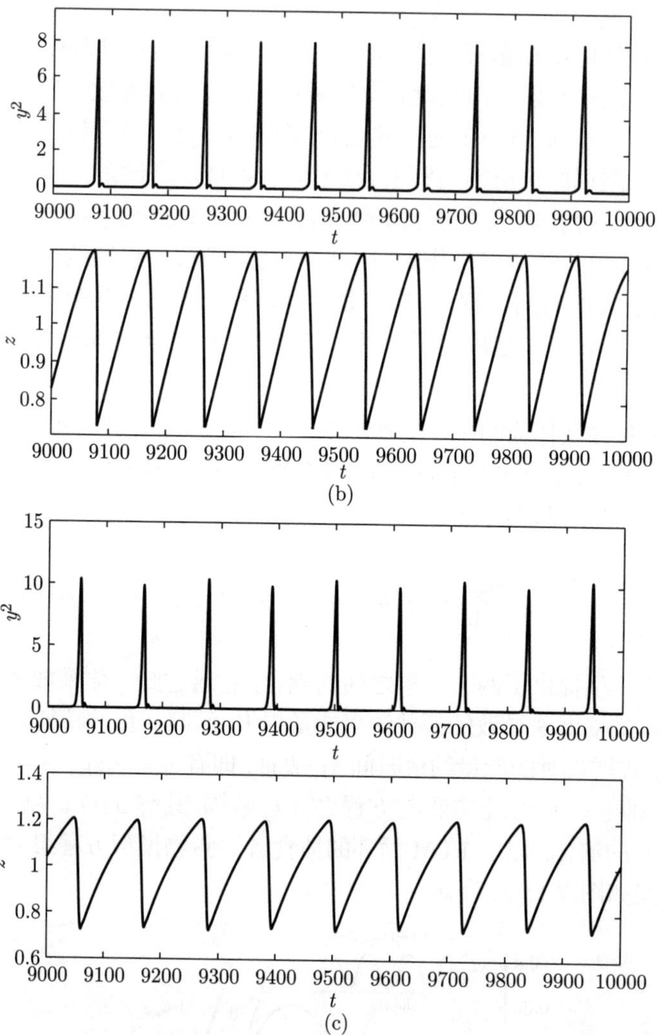

图 7.11　(a) 捕食者 – 猎物模型方程组 (7.3.1) ~ (7.3.2) 解的 (δ,η) 参数空间, 其中在相关的时间尺度范围内 $(\eta \ll 1)$, 观察到类似于 ELM 的动态非线性循环. (b) ξ^2 和 p' 的时间轨迹表现出典型的锯齿状行为, 并且台基坍塌与 ELM 的短暂爆发相关[10]

§7.4　边缘局域模的控制

托卡马克装置第一壁上的能量沉积影响与 $\delta W_{\mathrm{ELM}}/\left(A\sqrt{\tau_{\mathrm{cra}}}\right)$ 成正比. 对于坍塌时间为 1 ms, 沉积区域为 1 m^2 的中型托卡马克, $\delta W_{\mathrm{ELM}} \ll W_{\mathrm{tot}} \sim 1$ MJ, ELM 导致台基坍塌损失的能量远远小于总存储能量, 从而 $\delta W_{\mathrm{ELM}}/\left(A\sqrt{\tau_{\mathrm{cra}}}\right) \ll \delta W_{\mathrm{tot}}/\left(A\sqrt{\tau_{\mathrm{cra}}}\right) \lesssim 30\ \mathrm{MJ/(m^2\cdot s^{-1/2})}$, 小于当今托卡马克第一壁常用材料碳与钨所能承受的热流冲击上限量级 $50\ \mathrm{MJ/(m^2\cdot s^{-1/2})}$, 因此显然不是问题. 对于 JET, 这已

经构成风险, 因为最大幅度 ELM 的 $\delta W_{\rm ELM}/W_{\rm p}$ 约可达最高存储能量的 10%. 然而, 对于 ITER, 很明显, 虽然沉积面积仅随着装置尺寸参数, 如大半径 R 增加, 但 ELM 损失能量大致与 R^3 成正比, 因此, 未经缓解的 ELM 爆发所释放的能量冲击将超过第一壁材料表面的烧熔阈值, 有必要通过被动和主动方案缓解或抑制 ELM, 其中被动规避方案主要是选择具有比典型 I 型 ELM 更小相对能量损失 $\delta W_{\rm ELM}/W_{\rm tot}$ 的小型 ELM 台基运行区间, 而主动控制方案包括多种实验控制方式.

(1) 小型 ELM 机制.

通常, 无 ELM 的 H 模并不是一种稳态运行模式, 因为缺少 ELM, 所以失去了对 (杂质和主离子) 密度的控制, 从而导致杂质积聚和辐射导致的等离子体破裂. 但是, 存在许多托卡马克运行模式, 其中 ELM 幅度及相对能量损失可以比常规 I 型 ELM 小得多, 但是其所导致的边缘粒子输运可以足够高以避免无 ELM 的 H 模所特有的问题. 这些小型 ELM 模式包括:

(i) II 型 ELM. 主要通过改变二维极向截面非圆形状来进入能发生 II 型 ELM 的台基约束模式, 通常认为这与极向截面二维形变可以使得台基区更为接近气球模第二稳定区的效应有关.

(ii) III 型 ELM. 主要出现在较低加热功率情况下, 边缘台基区等离子体具有高碰撞率/度的 H 模式.

(iii) EDA 模. 具有增强 D_α 辐射的运行模式, 观测到伴随准相干模式 (QCM) 的发生.

(iv) I 模. 特指在边缘台基区只出现在温度剖面, 而非密度剖面的运行模式及其相应的 ELM.

(v) QH 模. 特指静态 H 模, 在边缘台基区可以观测到低环向模数的谐波振荡 (EHO).

目前包括 I 型和小型 ELM 等主要类型边缘局域模的特征和区分可以用其在参数空间 $(\nu_{\rm e}^*, \delta W_{\rm ELM}/W_{\rm tot})$ 的分布所概括和总结 (见图 7.12).

(2) 通过调整时频的 ELM 控制方案.

第一类 ELM 控制方案基于各种对 ELM 循环频率的调整方式. 实验上发现, ELM 输运的相对能量比例大致恒定, 即

$$\frac{P_{\rm ELM}}{P_{\rm tot}} = \frac{W_{\rm ELM}}{W_{\rm tot}} \nu_{\rm ELM} \tau_E \approx 常数. \tag{7.4.1}$$

因此, 如果 ELM 由外部更为频繁地扰动触发, 使得 $\nu_{\rm ELM}$ 相对于未扰动的值增加, 则 $\delta W_{\rm ELM}$ 可以通过使用以下方法降低:

(i) 垂直位移扰动. I 型 ELM 可以由垂直位置控制系统 (PF 即极向场线圈) 施加的较小 (百分比级的 $\delta z/a$) 且快速 (当前实验中为毫秒级) 的垂直位移扰动触发.

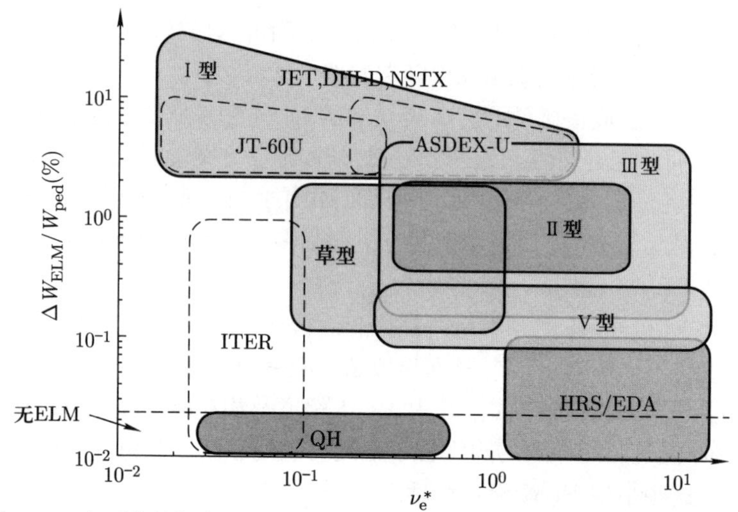

图 7.12 在 ELM 相对能量损失 $\delta W_{\mathrm{ELM}}/W_{\mathrm{tot}}$ 和台基区电子碰撞度 ν_{e}^{*} 参数空间的 ELM 类型分布[11]

(ii) 弹丸注入. 将冷冻的氢燃料颗粒弹丸注入边缘台基区等离子体, 可以增加局域的压强梯度, 从而触发小型 ELM.

(iii) 局部加热或电流驱动. 例如通过 ECRH/ECCD, 在边缘台基区等离子体中增加局域的温度梯度或者平行电流密度, 触发 ELM.

(3) 通过外加共振磁扰动的 ELM 控制方法.

通过外加共振磁扰动 (RMP), 在低碰撞率/度的边缘台基区, 例如 DIII-D 装置实验上, I 型 ELM 能够被完全抑制 (见图 7.13); 而在高碰撞率/度的边缘台基区, 例如在 JET 和 ASDEX-U 装置实验上, I 型 ELM 可以得到缓解.

§7.5 剥离模能量原理推导

Lortz 证明, 可以忽略真空对与局部表面模式相关的势能变化的贡献, 因此我们只考虑与等离子体相关的能量变化, 其形式很方便:

$$\begin{aligned}\delta W = \frac{1}{2}\int J\mathrm{d}\psi\mathrm{d}\chi\mathrm{d}\phi\bigg\{&\frac{B^2}{R^2B_p^2}\left|k_{\parallel}X\right|^2+\frac{R^2}{J^2}\bigg|\frac{\partial U}{\partial \chi}\\&-I\frac{\partial}{\partial\psi}\left(\frac{JX}{R^2}\right)\bigg|^2+B_{\mathrm{p}}^2\bigg|\mathrm{i}nU+\frac{\partial X}{\partial\psi}-\frac{j_\phi X}{RB_{\mathrm{p}}^2}\bigg|^2-2K|X|^2\\&+\gamma_{\mathrm{s}}p\bigg|\frac{1}{J}\frac{\partial}{\partial\psi}(JX)+\mathrm{i}nU+\mathrm{i}Bk_{\parallel}Z\bigg|^2\bigg\},\end{aligned}\tag{7.5.1}$$

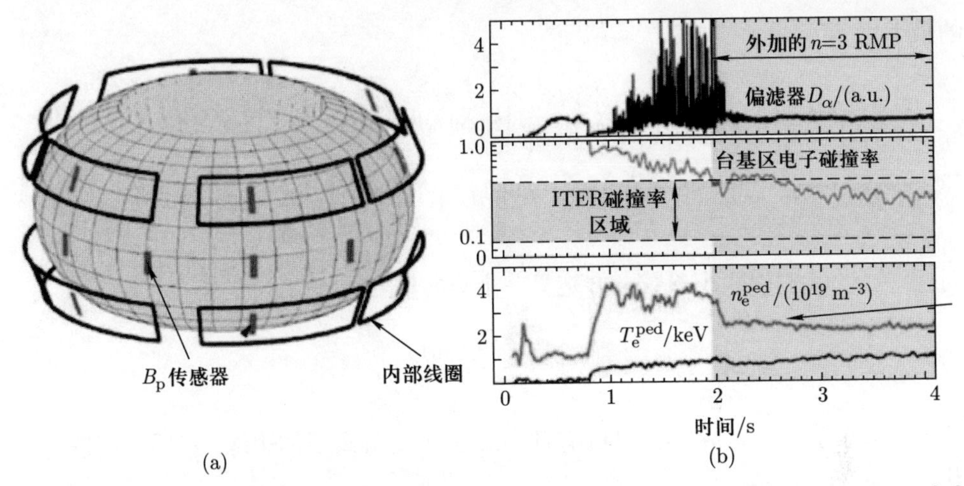

图 7.13 (a) 外加共振磁扰动线圈组示意图; (b) 实验上 RMP 完全抑制 ELM 的时间轨迹 [12]

其中我们定义扰动等离子体位移为

$$\xi = \frac{\xi_\psi}{RB_p}\nabla\psi + \frac{\xi_\chi}{B_p}(\nabla\phi\times\nabla\psi) + R\xi_\phi\nabla\phi,$$

并用 ξ 的分量来表示, 即

$$X = RB_p\xi_\psi, \quad U = \left(\frac{\xi_\phi}{R} - \frac{I}{R^2B_p}\xi_x\right), \quad Z = \frac{\xi_\chi}{B_p},$$

R 是主半径, p 是压强, B_p 是极向磁场强度, $I = RB_\phi$, B_ϕ 是环向磁场强度.

我们使用的坐标系包括环向角 ϕ、极向磁通 ψ (向等离子体边缘增加) 和极向角 χ (定义为系统是正交的), Jacobi 系数 J, 还定义了比热 γ_s 和

$$\begin{aligned}
j_\phi &= -Rp' - \frac{II'}{R} = \frac{R}{J}\frac{\partial}{\partial\psi}\left(JB_p^2\right),\\
K &= \frac{II'}{R^2}\frac{\partial}{\partial\psi}(\ln R) + \frac{j_\phi}{R}\frac{\partial}{\partial\psi}\ln\left(JB_p\right),\\
\mathrm{i}k_\parallel &= \frac{1}{JB}\left(\frac{\partial}{\partial\chi} + \mathrm{i}n\nu\right),
\end{aligned}$$

其中 $\nu = IJ/R^2, j_\phi$ 为环向电流密度, $k_\parallel$ 为平行波数, 撇表示相对于 ψ 的导数. 忽略真空能量, 积分是在等离子体体积上.

我们的目标是通过推导 Euler 方程来确定一个本征方程, 使 δW 最小. 由于 δW 中的最后一项是正定的, Z 的选择要使其为零. 因此, 剩下的就是关于 X 和 U

的最小化

$$\begin{aligned}\delta W =& \frac{1}{2}\int J\mathrm{d}\psi\mathrm{d}\chi\mathrm{d}\phi\bigg\{\frac{B^2}{R^2B_\mathrm{p}^2}\left|k_\| X\right|^2 + \frac{R^2}{J^2}\bigg|\frac{\partial U}{\partial\chi}\\ &- I\frac{\partial}{\partial\psi}\left(\frac{JX}{R^2}\right)\bigg|^2 + B_\mathrm{p}^2\bigg|\mathrm{i}nU + \frac{\partial X}{\partial\psi} - \frac{j_\phi X}{RB_\mathrm{p}^2}\bigg|^2 - 2K|X|^2\bigg\}\end{aligned}$$

问题. 为此, 我们引入小参数 ϵ 并定义一个新的 "长度" 尺度

$$x = \frac{(\psi-\psi_0)}{\epsilon},$$

其中 $x=0$ 是由 $q=m/n$ 定义的有理面, $x=1$ 是等离子体边缘. 然后我们进行展开:

$$\begin{aligned}X &= X_0 + \epsilon X_1 + \epsilon^2 X_2 + \cdots,\\ U &= U_0 + \epsilon U_1 + \epsilon^2 U_2 + \cdots,\\ \delta W &= \epsilon^1\delta W^{(1)} + \delta W^{(0)} + \epsilon\delta W^{(1)} + \cdots.\end{aligned}$$

假设 $\partial X/\partial x \sim \partial U/\partial x \sim O(1)$, 而平衡量相对于 x 的导数是 $O(\epsilon)$. 因此, 在主导量阶中, 我们有

$$\delta W^{(-1)} = \frac{1}{2}\int J\mathrm{d}x\mathrm{d}\chi\mathrm{d}\phi B_0^2\left|\frac{\partial X_0}{\partial x}\right|^2.$$

我们选择

$$X_0 = 0 \Rightarrow \delta W^{(-1)} = 0.$$

这个选择也导致 $\delta W^{(0)}=0$, 所以我们继续考虑 $O(\epsilon)$ 的贡献, 这就是

$$\delta W^{(1)} = \frac{1}{2}\int J\mathrm{d}x\mathrm{d}\chi\mathrm{d}\phi\left(\frac{R^2}{J^2}\left|\frac{\partial U_0}{\partial\chi} - I\frac{\partial}{\partial x}\left(\frac{JX_1}{R^2}\right)\right|^2 + B_p^2\left|\mathrm{in}\,U_0 + \frac{\partial X_1}{\partial x}\right|^2\right).$$

然后我们使 X_1 和 U_0 满足

$$\frac{\partial X_1}{\partial x} = -\mathrm{i}nU_0, \quad \frac{\partial U_0}{\partial\chi} = \nu_0\frac{\partial X_1}{\partial x}, \tag{7.5.2}$$

其中平衡值的下标为零, 表示要在有理面进行评估.

结合上述公式 (7.5.2) 的结果, 我们发现

$$\boldsymbol{B}_0\cdot\nabla X_1 = 0,$$

所以 X_1 沿场线是恒定的. 方程 (7.5.2) 意味着 $\delta W^{(2)}=0$, 所以我们继续评估 $\delta W^{(3)}$:

$$\begin{aligned}\delta W^{(3)}=&\frac{1}{2}\int J\mathrm{d}x\mathrm{d}\chi\mathrm{d}\phi\left\{\frac{B_0^2}{R_0^2B_\mathrm{p}^2}\left|k_\parallel X_1\right|^2-2K\left|X_1\right|^2\right.\\&+\frac{R^2}{J^2}\left|\frac{\partial U_1}{\partial\chi}-\nu\frac{\partial X_2}{\partial x}-x\frac{\partial}{\partial\psi}\left(\frac{IJ}{R^2}\right)\frac{\partial X_1}{\partial x}-I\frac{\partial}{\partial\psi}\left(\frac{J}{R^2}\right)X_1\right|^2\\&\left.+B_\mathrm{p}^2\left|\mathrm{i}nU_1+\frac{\partial X_2}{\partial x}-\frac{j_\phi}{RB_\mathrm{p}^2}X_1\right|^2\right\}.\end{aligned}$$

对于 U_1 和 X_2 来说, 这将被最小化, 留下一个只涉及 X_1 的 $\delta W^{(3)}$ 的表达式. 这就是我们的目标.

利用 $k_\parallel X_1=0,\delta W^{(3)}$ 可以用更方便的形式来表达:

$$\delta W^{(3)}=\frac{1}{2}\int J\mathrm{d}x\mathrm{d}\chi\mathrm{d}\phi\left\{B^2\left|\frac{\partial X_2}{\partial x}-\frac{B_\phi^2A}{B^2}-\frac{B_\mathrm{p}^2C}{B^2}\right|^2+\frac{B_\mathrm{p}^2B_\phi^2}{B^2}|A-C|^2+D\right\},$$

其中

$$\begin{aligned}&A=\frac{1}{\nu}\left[\frac{\partial U_1}{\partial\chi}-x\frac{\partial}{\partial\psi}\left(\frac{IJ}{R^2}\right)\frac{\partial X_1}{\partial x}-I\frac{\partial}{\partial\psi}\left(\frac{J}{R^2}\right)X_1\right],\\&C=-\mathrm{i}nU_1+\frac{j_\phi}{RB_\mathrm{p}^2}X_1,\\&D=-2K_0\left|X_1\right|^2.\end{aligned}$$

因为其第一项是恒正的, 我们可以通过选择 X_2 来最小化 $\delta W^{(3)}$, 使其为零. 这就使得

$$\begin{aligned}\delta W^{(3)}=\frac{1}{2}\int J\mathrm{d}x\mathrm{d}\chi\mathrm{d}\phi&\left\{\frac{R^2B_\mathrm{p}^2}{J^2B^2}\left|\frac{\partial U_1}{\partial\chi}+\mathrm{i}n\nu U_1\right.\right.\\&\left.-\frac{\partial}{\partial\psi}\left(\frac{IJ}{R^2}\right)x\frac{\partial X_1}{\partial x}-I\frac{\partial}{\partial\psi}\left(\frac{J}{R^2}\right)X_1-\frac{\nu j_\phi}{RB_p^2}X_1\right|^2\\&\left.-2K\left|X_1\right|^2\right\}.\end{aligned}\tag{7.5.3}$$

因此我们考虑 Euler-Lagrange 方程, 变为

$$\begin{aligned}\left(\frac{\partial}{\partial\chi}+\mathrm{i}n\nu\right)&\left[\frac{R^2B_\mathrm{p}^2}{JB^2}\left(\frac{\partial U_1}{\partial\chi}+\mathrm{i}n\nu U_1-\frac{\partial}{\partial\psi}\left(\frac{IJ}{R^2}\right)x\frac{\partial X_1}{\partial x}\right.\right.\\&\left.\left.-I\frac{\partial}{\partial\psi}\left(\frac{J}{R^2}\right)X_1-\frac{\nu j_\phi}{RB_\mathrm{p}^2}X_1\right)\right]=0.\end{aligned}$$

首先对 χ 进行积分, 确定方括号内的项为积分常数, 其本身是由 U_1 在 χ 中是周期性的条件决定的. 将这个结果代入 (7.5.3) 式, 得到

$$\delta W=\frac{\epsilon^3}{2}\int \mathrm{d}x\left\{Px^2\left(\frac{\mathrm{d}\xi}{\mathrm{d}x}\right)^2+Q\xi^2+S\frac{\mathrm{d}}{\mathrm{d}x}\left(x\xi^2\right)\right\}(\xi=X_1), \tag{7.5.4}$$

$$P=2\pi\left(q'\right)^2\left[\oint\frac{JB^2}{R^2B_{\mathrm{p}}^2}\mathrm{d}\chi\right]^{-1}, \tag{7.5.5}$$

$$\begin{aligned}Q=&\frac{p'}{2\pi}\oint\frac{\partial J}{\partial\psi}\mathrm{d}\chi-\frac{\left(p'\right)^2}{2\pi}\oint\frac{J}{B_{\mathrm{p}}^2}\mathrm{d}\chi\\&+Ip'\oint\frac{J}{R^2B_{\mathrm{p}}^2}\mathrm{d}\chi\left[\oint\frac{JB^2}{R^2B_{\mathrm{p}}^2}\mathrm{d}\chi\right]^{-1}\left[\frac{Ip'}{2\pi}\oint\frac{J}{R^2B_{\mathrm{p}}^2}\mathrm{d}\chi-q'\right],\end{aligned} \tag{7.5.6}$$

$$S=P+q'\oint\frac{j_1B}{R^2B_{\mathrm{p}}^2}J\mathrm{d}\chi\left[\oint\frac{JB^2}{R^2B_{\mathrm{p}}^2}\mathrm{d}\chi\right]^{-1}. \tag{7.5.7}$$

这是这个推导的最终结果, 它是由 Lortz 之前发展的. 构建 δW 的积分是在等离子体体积上, 系数 P,Q 和 S 是方程 (7.5.7) 中指出的通量表面平均值. 请特别注意表面项, 其系数为 S, 它描述了边缘平行电流 j_1 在剥离模稳定判据中的作用 (该项对于核心不稳定因素是不存在的, 因为在等离子体边缘 $\xi\to 0$).

§7.6 边缘气球模理论

传统的气球模理论在等离子体边缘是无效的, 原因是 “局部” 本征值 ω^2 基本上是随半径线性变化的, 而传统的气球模理论要求本征值在半径上有一个局部最小值. 我们描述了一个修正的气球模公式, 它适应这种情况, 并且在等离子体边缘有效.

我们从 Euler 方程开始, 该方程由 (7.2.15) 式导出, 描述了一般托卡马克等离子体对高 n 模式的 MHD 稳定性:

$$\begin{aligned}&JBk_{\|}\left\{\frac{1}{JR^2B_{\mathrm{p}}^2}\left[1-\left(\frac{R^2B_{\mathrm{p}}^2}{B}\right)^2\frac{1}{n^2}\frac{\partial^2}{\partial\psi^2}\right]JBk_{\|}X\right\}\\&\quad+\frac{2Jp'}{B^2}\frac{\partial}{\partial\psi}\left(p+\frac{B^2}{2}\right)X-\frac{\mathrm{i}Ip'}{B^4}\frac{\partial B^2}{\partial\chi}\frac{1}{n}\frac{\partial X}{\partial\psi}=0.\end{aligned} \tag{7.6.1}$$

我们忽略了表面项, 它对延伸到等离子体芯部的气球模并不重要. 我们现在使用气球模变换

$$X=\sum_m \mathrm{e}^{-\mathrm{i}m\chi}\int_{-\infty}^{\infty}\mathrm{d}\eta\mathrm{e}^{\mathrm{i}m\eta}F(\psi,\eta)\exp\left(-\mathrm{i}n\int_k^{\eta}\nu\mathrm{d}\eta'\right),$$

其值依赖于平衡点从一个共振面到下一个共振面的缓慢径向变化. 显然, 这在等离子体边缘是失效的, 例如, 压强梯度从等离子体内部的有限值不连续地变化到外部的零. 然而, 我们注意到只有相对较少的 Fourier "模" 延伸到等离子体边缘, 所以我们忽略了边缘不连续的影响, 只是将周期性变量 χ 映射到无穷变量 η, 周期性边界条件被边界条件在 $|\eta| \to \infty$ 时气球变换位移 $F \to 0$ (即气球模理论的常规边界条件) 取代.

我们定义一个新的径向坐标 $y = n^{2/3}(\psi - \psi_a)$, 其中 ψ_a 与等离子体边缘的极向磁通成正比, 并假定 $\partial F/\partial y = O(1)$ (有待之后验证). 方程 (7.6.1) 就变成了

$$\begin{aligned}&\frac{\partial}{\partial \eta}\left\{\frac{1}{JR^2B_\mathrm{p}^2}\left[\frac{1}{n^{2/3}}\frac{\partial^2}{\partial y^2}-\frac{2\mathrm{i}\zeta'}{n^{1/3}}\frac{\partial}{\partial y}-(\zeta')^2\right]\right\}\frac{\partial F}{\partial \eta}\\&\quad+\Lambda\left[\frac{2J}{B^2}p'\frac{\partial}{\partial \psi}\left(p+\frac{B^2}{2}\right)-\mathrm{i}\frac{Ip'}{B^4}\frac{\partial B^2}{\partial \chi}\left(\frac{1}{n^{1/3}}\frac{\partial}{\partial y}-\mathrm{i}\zeta'\right)\right]F=0, \quad (7.6.2)\end{aligned}$$

其中撇表示对 ψ 的导数. 定义 $\zeta' = \int_k^\eta \nu' \mathrm{d}\eta$. 注意, 我们引入了一个 "虚构" 的本征值 Λ, 而 $\Lambda = 1$ 就是与临界稳定性 (marginal stability) 相对应的关于实际压强梯度的条件.

通过展开 $F = F_0 + n^{-1/3}F_1 + n^{-2/3}F_2 + \cdots$, 并且引入局域的本征值

$$\lambda(\psi, k) = \Lambda + O\left(n^{-2/3}\right),$$

可以写出 Euler 方程

$$\begin{aligned}&\left[\mathrm{L}_0 + n^{-1/3}\mathrm{L}_1 + n^{-2/3}\mathrm{L}_2\right]\left[F_0 + n^{-1/3}F_1 + n^{-2/3}F_2 + \cdots\right]\\&\quad + [\lambda + (\Lambda - \lambda)]\left[\mathrm{M}_0 + n^{-1/3}\mathrm{M}_1\right]\left[F_0 + n^{-1/3}F_1 + n^{-2/3}F_2 + \cdots\right] = 0,\end{aligned}$$

其中算符的形式与传统的气球模理论相似:

$$\begin{aligned}&\mathrm{L}_0 = \frac{\partial}{\partial \eta}\left[\frac{1}{JR^2B_\mathrm{p}^2}\left[1+\left(\frac{R^2B_\mathrm{p}^2}{B}\right)^2(\zeta')^2\right]\frac{\partial}{\partial \eta}\right],\\&\mathrm{M}_0 = \frac{2J}{B^2}p'\frac{\partial}{\partial \psi}\left(p+\frac{B^2}{2}\right)-\frac{Ip'}{B^4}\frac{\partial B^2}{\partial \chi}\zeta',\\&\mathrm{L}_1 = \mathrm{i}\hat{\mathrm{L}}_1\frac{\partial}{\partial y}, \quad \mathrm{M}_1 = \mathrm{i}\hat{\mathrm{M}}_1\frac{\partial}{\partial y},\\&\hat{\mathrm{L}}_1 = -\frac{1}{\nu'(k)}\frac{\partial \mathrm{L}_0}{\partial k}, \quad \hat{\mathrm{M}}_1 = -\frac{1}{\nu'(k)}\frac{\partial \mathrm{M}_0}{\partial k},\\&\mathrm{L}_2 = \hat{\mathrm{L}}_2\frac{\partial^2}{\partial y^2}, \quad \hat{\mathrm{L}}_2 = -\frac{1}{2\nu'(k)}\frac{\partial}{\partial k}\left(\frac{1}{\nu'(k)}\frac{\partial \mathrm{L}_0}{\partial k}\right).\end{aligned}$$

现在我们以 $n^{-1/3}$ 为单位逐级求解这个系统:

$$\mathrm{L}_0 F_0 + \lambda \mathrm{M}_0 F_0 = 0. \tag{7.6.3}$$

注意到 L_0 仅在 η 中是一个微分算子, 并且仅参数性地依赖于 ψ 和 k, 我们可以写出 $F_0 = A(y) f_0(\psi, \eta)$ 以及 $\lambda = \lambda(k, \psi)$. 正如我们现在所证明的, $A(y)$ 的形式、k 的值, 以及 λ 和 λ 之间的关系都是在高阶下决定的, 因此按照 $O\left(n^{-1/3}\right)$ 的过程, 我们有

$$F_1 = \frac{\mathrm{d}A}{\mathrm{d}y} f_1,$$

其中

$$\mathrm{L}_0 f_1 + \lambda \mathrm{M}_0 f_1 + \mathrm{i}\hat{\mathrm{L}}_1 f_0 + \mathrm{i}\lambda \hat{\mathrm{M}}_1 f_0 = 0. \tag{7.6.4}$$

通过将 (7.6.4) 式乘以 f_0 并在 η 上进行积分, 可以得出一个可解条件

$$\left\langle f_0 \left(\mathrm{L}_0 + \lambda \mathrm{M}_0\right) f_1 \right\rangle + \mathrm{i} \left\langle f_0 \left(\hat{\mathrm{L}}_1 + \lambda \hat{\mathrm{M}}_1\right) f_0 \right\rangle = 0. \tag{7.6.5}$$

定义

$$\langle \cdots \rangle = \int_{-\infty}^{\infty} \cdots \mathrm{d}\eta.$$

注意, 由于 L_0 和 M_0 的厄米性以及 (7.6.3) 式, (7.6.5) 式中的第一项为零. 对零阶结果

$$\left\langle f_0 \left(\mathrm{L}_0 + \lambda \mathrm{M}_0\right) f_0 \right\rangle = 0 \tag{7.6.6}$$

关于 k 微分, 我们发现 (7.6.5) 式可以用传统气球模理论中熟悉的形式表示, 即

$$\frac{\partial \lambda(\psi, k)}{\partial k} = 0 \tag{7.6.7}$$

决定了 k 的数值.

现在继续关注 $O\left(n^{-2/3}\right)$ 方程, 其有可解条件

$$\left[\mathrm{i}\left\langle f_0 \left(\hat{\mathrm{L}}_1 + \lambda \hat{\mathrm{M}}_1\right) f_1 \right\rangle + \left\langle f_0 \hat{\mathrm{L}}_2 f_0 \right\rangle\right] \frac{\mathrm{d}^2 A}{\mathrm{d}y^2} + n^{2/3}(\Lambda - \lambda) \left\langle f_0 \mathrm{M}_0 f_0 \right\rangle A = 0.$$

这个条件提供了包络函数 A 的方程式, Λ 和 λ 之间的关系由本征值条件决定. 利用 (7.6.6) 式相对于 k 的微分结果, 以及 (7.6.4) 式, 包络方程可以简化为

$$\frac{\partial^2 \lambda}{\partial k^2} \frac{\mathrm{d}^2 A}{\mathrm{d}y^2} + 2\left[\nu'(k)\right]^2 \left[n^{2/3}(\Lambda - \lambda) - \lambda' y\right] A = 0.$$

在 $y=0$ 处对 λ 进行 Taylor 展开, 有

$$\lambda(\psi)=\lambda\left(\psi_a\right)+\lambda' \frac{y}{n^{2/3}}.$$

这是一个 Airy 方程, 显然对于 $\lambda'<0$ (这相当于等离子体在接近边缘时变得更加不稳定), 我们必须选择

$$\frac{\partial^2 \lambda}{\partial k^2}>0,$$

即从方程 (7.6.7) 的解中获得最大不稳定性的 k 的值 (注意, y 进入等离子体后变得越来越负). 因此, 一般平衡情况下的边缘气球模包络解是 Airy 函数

$$A(y)=\mathcal{A}i\left[\left(\frac{2\left[\nu'(k)\right]^2 \lambda'}{\lambda_{kk}}\right)^{1/3}\left[y+\frac{n^{2/3}}{\lambda'}\left(\lambda_{\mathrm{u}}-\Lambda\right)\right]\right],$$

其中 $\lambda_{kk}=\mathrm{d}^2\lambda/\mathrm{d}k^2$ 以及 $\lambda_a=\lambda\left(\psi_a\right), \mathcal{A}i$ 为 Airy 函数.

为了获得本征值条件, 我们必须明确等离子体表面的 $A(y)$ 的数值 $(y=0)$. 忽略与剥离模和其他外部模式的耦合, 我们期望 $A(y=0)=0$. 这个条件导致了色散关系

$$\lambda_a=1-\left(\frac{\lambda_{kk}}{2}\right)^{1/3}\left[-\frac{9\pi}{8} \frac{\lambda'}{nq'}\right]^{2/3}.$$

我们注意到, 包络 A 确实在与 y 相关的长度尺度上变化 (正如在 $n^{-1/3}$ 中假设的那样), 因此, 气球模穿透距离 $\sim n^{1/3}$ 有理面进入等离子体, 同时, 对主导量阶 $(n=\infty)$ 气球本征值的修正为 $O\left(n^{-2/3}\right)$. 这些结果可以与传统的气球模相比较, 后者跨越 $\sim n^{1/2}$ 有理面, 对主导量阶气球本征值的修正较小, 为 $O\left(n^{-1}\right)$.

小　结

本章主要讨论了以下内容:

(1) ELM 现象.

(i) H 模和边缘台基区;

(ii) ELM 类型.

(2) ELM 线性磁流体理论.

(i) 剥离 – 气球模 (PBM) 理论;

(ii) PBM 和 I 型 ELM.

(3) ELM 循环模型: 捕食者 – 猎物模型.

(4) ELM 控制缓解.

(i) 小型 ELM 机制;

(ii) 调频和共振磁场扰动.

习　　题

1. 对于典型的 J-TEXT 平衡, 请使用上面的图估算边缘电流密度和压强梯度, 并找出平衡是否对 PBM 稳定.
2. 对于典型的 J-TEXT 平衡, 估计 (7.3.1) 和 (7.3.2) 式中 ELM 循环的捕食者 – 猎物模型的 η 和 δ 范围.
3. 查找每个小型 ELM 机制的原始文献.

参 考 文 献

[1] ASDEX Upgrade Team, Pütterich T, Wolfrum E, Dux R, and Maggi C F. Evidence for strong inversed shear of toroidal rotation at the edge-transport barrier in the ASDEX Upgrade. Physical Review Letters, 2009, 102(2): 025001.

[2] Wan B N, Li J G, Guo H Y, et al. Progress of long pulse and H-mode experiments in EAST. Nuclear Fusion, 2013, 53(10): 104006.

[3] Wagner F, Becker G, Behringer K, et al. Regime of improved confinement and high beta in neutral-beam-heated divertor discharges of the ASDEX tokamak. Physical Review Letters, 1982, 49(19): 1408.

[4] Ozeki T, Chu M S, Lao L L, et al. Plasma shaping, edge ballooning stability and ELM behaviour in DIII-D. Nuclear Fusion, 1990, 30(8): 1425.

[5] Connor J W, Kirk A, and Wilson H R. Edge localized modes (ELMs): experiments and theory. Turbulent Transport in Fusion Plasmas, 2008, 1013: 174.

[6] Kirk A, Wilson H R, Akers R, et al. Structure of ELMs in MAST and the implications for energy deposition. Plasma Physics and Controlled Fusion, 2005, 47(2): 315.

[7] Connor J W, Hastie R J, Wilson H R, and Miller R L. Magnetohydrodynamic stability of tokamak edge plasmas. Physics of Plasmas, 1998, 5(7): 2687.

[8] Hegna C C, Connor J W, Hastie R J, and Wilson H R. Toroidal coupling of ideal magnetohydrodynamic instabilities in tokamak plasmas. Physics of Plasmas, 1996, 3(2): 584.

[9] Snyder P B, Groebner R J, Leonard A W, et al. Development and validation of a predictive model for the pedestal height. Physics of Plasmas, 2009, 16(5): 056118.

[10] Constantinescu D, Dumbrajs O, Igochine V, et al. A low-dimensional model system for quasi-periodic plasma perturbations. Physics of Plasmas, 2011, 18(6): 062307.

[11] Lang P T, Loarte A, Saibene G, et al. ELM control strategies and tools: status and potential for ITER. Nuclear Fusion, 2013, 53(4): 043004.

[12] Evans T E, Fenstermacher M E, Moyer R A, et al. RMP ELM suppression in DIII-D plasmas with ITER similar shapes and collisionalities. Nuclear Fusion, 2008, 48(2): 024002.

第八章 压强和电流共同驱动的理想不稳定性: 电阻壁模

本章首先介绍托卡马克压强与电流共同驱动的全局理想磁流体模式, 接下来探讨导电壁对外扭曲模的影响. 之后, 我们分析电阻壁中涡旋电流和稳定效应的衰减, 以及电阻壁模色散关系与被动和主动致稳. 线性理想磁流体不稳定性和 β 极限也是我们要讨论的重要内容. 最后, 我们将详细分析旋转等离子体中电阻壁模的稳定性.

§8.1 托卡马克压强与电流共同驱动的全局理想磁流体模式

从第五章开始到本章完成的讨论, 基本覆盖了托卡马克所有主要的理想磁流体力学模式和不稳定性, 这些模式的主要特征可以用表 8.1 来概括和比较. 其中, 第五章主要讨论由电流驱动的低 (m, n) 模数全局内、外扭曲模, 这里 m 和 n 分别为极向和环向模数. 第六章则讨论由压强驱动的高 (m, n) 模数局域交换模和气球模. 第七章首先介绍了电流驱动的高 (m, n) 模数局域外扭曲模, 即剥离模, 而后着重讨论了剥离模与气球模在等离子体边界通过内外模耦合得到的剥离 – 气球模. 本章将首先简单介绍压强驱动的低 (m, n) 模数非局域交换模 (infernal mode), 然后讨论电流驱动的低 (m, n) 模数理想和电阻壁模, 最后介绍压强和电流共同驱动的理想和电阻壁模, 及其决定的托卡马克运行比压 β 极限.

表 8.1 主要的理想磁流体力学模式和不稳定性

	低 (m, n) (全局)	高 (m, n) (局域)
电流	内、外扭曲模	剥离模
压强	非局域交换模 (infernal mode)	局域交换模、气球模
合并	电阻壁模	剥离 – 气球模

(1) 托卡马克运行方案.

理想磁流体全局模式敏感地依赖于电流和压强径向剖面 (见图 8.1(a)), 而托卡马克运行方案通常可以通过这些剖面的特征来分类. 在各种运行方案中, 平衡剖面通过优化获得了最大的稳定性和约束性能. 在常规运行方案里, 托卡马克具有很大比例的 Ohm 电流和单调增加的 q 剖面 (见图 8.1(b)), 通常是为脉冲运行模式而发展的, 包括低约束模式 (L 模) 和高约束模式 (H 模). 在先进托卡马克运行方案里, 环向电流主要通过非感应方式驱动, 旨在包含较高的自举电流成分:

$$f_{\mathrm{bs}} \propto \frac{I_{\mathrm{bs}}}{I_{\mathrm{p}}} \propto \sqrt{\frac{a}{R_0}} \frac{a^2 \nabla p}{B_{\mathrm{pol}} I_{\mathrm{p}}} \propto \sqrt{\frac{a}{R_0}} \frac{p}{B_{\mathrm{pol}}^2} \propto \sqrt{\frac{a}{R_0}} \beta_{\mathrm{pol}}. \tag{8.1.1}$$

非感应电流剖面在磁轴以外 ∇p 显著的径向位置达到峰值, 从而导致径向区域的 q 剖面平坦甚至随半径的变化逆转升高. 与此相应地, 压强剖面在带有平坦或反向磁剪切的 $q_{\min}$ 区域附近形成内部运输垒 (ITB). 处于常规运行方案与先进运行方案之间的是混合运行方案, 由混合成分的 Ohm 电流和自举电流成分支撑, 是一种具有平坦 q 剖面且性能提高的脉冲运行方式.

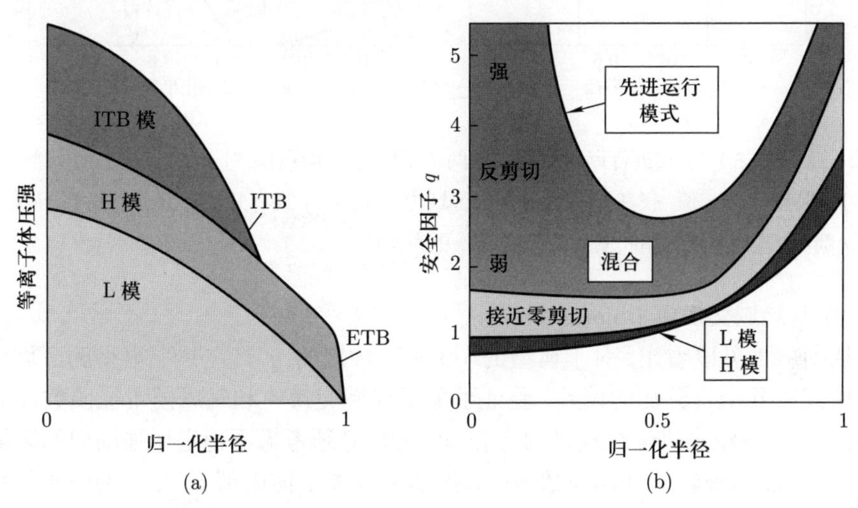

图 8.1 各种托卡马克运行方案[1] 的 (a) 典型压强和 (b) 安全因子剖面

(2) 磁场线弯曲和有限 β.

在 β 可以忽略不计的情况下, 共振面处于等离子体内部、模数满足不等式关系 $m/n < q_a$ 的外扭曲模在柱位形中始终稳定. 由于在共振面附近, 磁场线扰动弯曲导致的稳定效应消失, β 效应可忽略的假设不再成立, 这导致在共振面附近的局域存在较高环向模数 n 的压强驱动模式, 即局域交换模和气球模 (第六章). 但是, 对于低磁剪切位形, 情况可能会有所不同, 因为磁场线扰动弯曲稳定作用较小的区域可能会大大扩展. 这可以通过比较之前在按照以 r/R 为小量的 δW 展开过程中所做的假设

$$\beta' r \ll \left(\frac{m}{nq} - 1\right)^2 (m^2 - 1) \tag{8.1.2}$$

在不同位形下的归一化小半径区间看到. 图 8.2 显示了 (2,1) 模式对于相同总电流的电流剖面 $J_z(r) = J_0[1-(r/a)^2]^\mu$ 对应的两个不同 q 剖面的比较, 其中 $\mu = 3$ 对应典型的常规电流及 q 剖面, 而 $\mu = 1.1$ 所对应的 q 剖面芯部平坦且比常规 q 剖面升高, 这在先进托卡马克运行模式中更为典型.

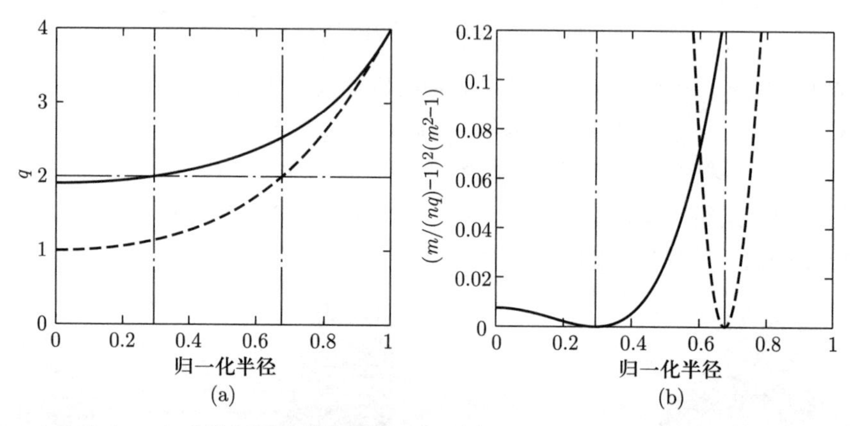

图 8.2 (a) 对 (8.1.2) 式进行评估所使用的两个不同 q 剖面; (b) 对于 $q(0)=1$ 的 q 剖面 (虚线), 对于典型的 $\beta' r$ 值, 仅在 $q=2$ 的狭窄区域内与 (8.1.2) 式有几个百分点的偏差, 而对于提高的 q 剖面 (实线) 具有相同偏差的径向区域更为宽广

(3) 非局域交换模 (infernal mode).

从图 8.2 可以看出, 对于典型的 $\beta' r$ 值, 常规的 q 只在一个很小的区域内与 (8.1.2) 式有几个百分比的偏差, 验证了关于局域交换模和气球模本征函数局域分布的假设. 但是, 先进运行模式的 q 剖面表明, 必须考虑不稳定压强剖面的区域更宽, 从而可能出现较低环向模数 n、共振面在等离子体内部 $r_\mathrm{s} < a$ 的由于压强梯度驱动的全局磁流体不稳定性模式的可能性. 这是所谓的非局域交换模 (infernal mode)的基本物理图像, 即在共振面附近磁剪切低或为零的区域中压强梯度驱动的不稳定性, 而这正是先进托卡马克运行模式的磁剪切位形特征. 因此, 在实际应用中, 先进托卡马克运行方案通常具有由理想外扭曲模所限制的, 相对更低的比压 β 极限.

(4) 环效应引起的极向模式耦合.

此外, 限制先进托卡马克位形比压极限的典型理想磁流体模式往往由几个具有相同环向模数 n, 但在不同有理面上共振的外扭曲模成分耦合而成, 多重共振面耦合导致低 n 外扭曲模结构的径向分布更宽 (见图 8.3). 这表明基本上只处理单个共振面模式的柱位形稳定性分析不足以描述先进托卡马克位形相关模式的稳定性.

使用大纵横比圆形托卡马克的直磁场线极向角坐标 θ^*, 则对于沿磁场线具有恒定相位的模式, 其扰动位移的相位依赖关系可以表示为 $\xi \propto \exp(\mathrm{i}m\theta^* - n\phi)$. 为

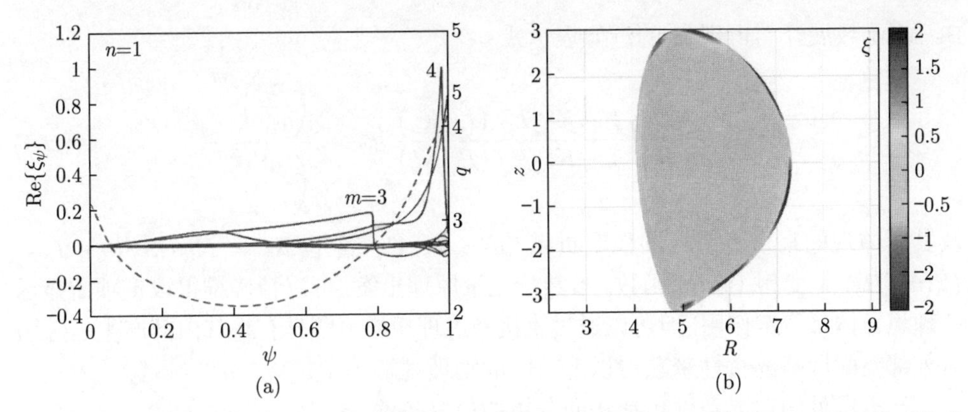

图 8.3 从线性稳定性数值分析程序 AEGIS 计算获得的 CFETR 先进托卡马克位形扰动位移的 $n=1$ 本征函数的 (a) 一维径向剖面及相应平衡的安全因子剖面, 和 (b) 极向面内二维等高分布[2]

简单起见, 仅假设 Merezhkin 校正 $\theta^*(\theta)=\theta-\lambda\sin\theta$, 在直磁场线极向角中具有极向模数 m 的分量, 在环坐标极向角 θ 的 Fourier 分解得出的模式数为 m' 的 Fourier 分量为

$$\xi_{m'}=\frac{\xi_m}{2\pi}\int_{\theta=0}^{2\pi}\mathrm{d}\theta\mathrm{e}^{\mathrm{i}\left((m-m')\theta-m\lambda\sin\theta\right)}=\xi_m J_{m-m'}(m\lambda), \tag{8.1.3}$$

其中 $J_{m-m'}(m\lambda)$ 是第一类 Bessel 函数. 因此, 对于 $\lambda\neq 0$, 在相同 n 但不同 m' 的相邻有理面间存在由于环几何效应产生的耦合. 对于 $m\lambda\ll 1$, 可以将 Bessel 函数展开, 其中 $m-m'=1$ 分量的振幅为 $m\lambda/2$, 即具有 (r/R_0) 的量阶. 非圆极向截面形状的高阶矩将给出额外的 Fourier 分解边带, 例如, 由椭圆度而导致的 $m\pm 2$ 和由三角度引起的 $m=\pm 3$ 等分量贡献.

§8.2 导电壁对外扭曲模的影响

在具有宽阔电流剖面分布的先进托卡马克方案中, 外扭曲模可能会严重限制 β. 导电壁在 $r=r_\mathrm{w}$ 时的稳定作用可用于部分克服该限制. 我们将首先考虑理想导电壁的情况, 可以将其视为一种更为真实的极限情况, 在该极限下, 壁中的感应涡流在比典型增长时间更长的尺度上衰减. 然后, 我们考虑具有有限电导率的壁, 即所谓电阻壁的情况.

(1) 理想导体壁对 δW 的贡献.

理想导体壁的稳定作用通过 Λ 进入 δW. 对于小参数 $nr_\mathrm{w}/R_0\ll 1$, 可以将

Bessel 函数展开而得到 Λ 的近似表达式

$$\Lambda=-\frac{mR_0K_a}{naK_a'}\frac{1-K_{r_\mathrm{w}}'I_a/\left(I_{r_\mathrm{w}}'K_a\right)}{1-K_{r_\mathrm{w}}'I_a'/\left(I_{r_\mathrm{w}}'K_a'\right)}\approx\frac{1+\left(\dfrac{a}{r_\mathrm{w}}\right)^{2m}}{1-\left(\dfrac{a}{r_\mathrm{w}}\right)^{2m}},\tag{8.2.1}$$

及其所体现的来自真空场的稳定贡献 $(a/r_\mathrm{w}<1)$. 这里 $K_r=K_m(nr/R_0)$, $I_r=I_m(nr/R_0)$ 是变型 Bessel 函数. 虽然从能量原理出发, 可以精确推得以上项所显示的理想导体壁稳定作用, 但可以通过直接考虑理想导电壁具有将其内部产生的磁场对外部空间屏蔽的特性来获得以上效应的物理理解.

导电壁处的边界条件包括法向分量的边界条件

$$\boldsymbol{B}|_\mathrm{out}=0,\tag{8.2.2}$$

$$\boldsymbol{n}\cdot\boldsymbol{B}|_\mathrm{wall}=0,\tag{8.2.3}$$

其中 $\boldsymbol{n}$ 是壁表面法向量, 以及切向分量的边界条件

$$\boldsymbol{n}\times\boldsymbol{B}|_\mathrm{out}-\boldsymbol{n}\times\boldsymbol{B}|_\mathrm{in}=\mu_0\boldsymbol{J}_\mathrm{w},\tag{8.2.4}$$

其中 $\boldsymbol{J}_\mathrm{w}=\boldsymbol{j}_\mathrm{w}d$ 是在导体壁处流动的表面电流密度. 这里已经运用了薄壁近似, 即假定壁中的体电流密度 $\boldsymbol{j}_\mathrm{w}$ 在厚度为 d 的壁内部是均匀分布的.

为讨论方便起见, 现引入外扭曲模的简化面电流模型. 假定在具有圆截面的螺旋箍缩中, 由扭曲模引起的等离子体共振面的形变可以由具有恒定振幅 J_s 且位于有理面 $r=r_\mathrm{s}$ 处的面电流来描述:

$$J_\mathrm{s}(r,\theta)=\bar{J}_\mathrm{s}\delta\left(r-r_\mathrm{s}\right)\mathrm{e}^{\mathrm{i}m\theta}.\tag{8.2.5}$$

注意到由于 $\delta(r)$ 的单位为 1/m, 因此振幅 $\bar{J}_\mathrm{s}$ 的单位为 A, 即它是电流强度的量纲. 在这里, 我们假设电流在 z 方向上流动, 并且由于磁流体模式而产生的正弦调制在极向方向上占主导地位. 此处忽略 z 方向或环向的变化, 等效于在 $nr/R_0\ll 1$ 的极限近似下, 之前在 (8.2.1) 式中对 Bessel 函数所进行的级数展开.

在面电流之外的区域, 磁场由静磁方程 $\nabla\cdot\boldsymbol{B}=0$ 和 $\nabla\times\boldsymbol{B}=0$ 的真空解给出. 如果存在可忽略的坐标 (例如此处的 z 坐标或者环坐标), 则可以方便地用标量通量函数表示磁场. 对于这里的问题, 我们通过以下方式定义此磁通函数:

$$\boldsymbol{B}=\nabla\varPsi^*\times\boldsymbol{e}_z,\quad \varPsi^*(r,\theta)=\varPsi^*(r)\mathrm{e}^{\mathrm{i}m\theta},\tag{8.2.6}$$

这样就可以由磁通函数 $\varPsi$ 计算出磁场的扰动:

$$B_r=\frac{1}{r}\frac{\partial\varPsi^*}{\partial\theta}=\frac{\mathrm{i}m}{r}\varPsi^*,\tag{8.2.7}$$

$$B_\theta=-\frac{\mathrm{d}\varPsi^*}{\mathrm{d}r}.\tag{8.2.8}$$

然后, Ampère 定律的 z 分量具有形式 $\Delta\varPsi^* = -\mu_0 J_z$, 对于 $J_z = 0$, 这会导致真空通解

$$\varPsi^* = \left(c_1 r^m + c_2 \frac{1}{r^m}\right) \mathrm{e}^{\mathrm{i}m\theta}. \tag{8.2.9}$$

对 (8.2.5) 式定义的面电流在 r_s 处应用条件 (8.2.4), 并且要求解在 $r = 0$ 和 $r \to \infty$ 时都是有限的, 我们得到

$$\varPsi^* = \varPsi \left(\frac{r}{r_\mathrm{s}}\right)^m \mathrm{e}^{\mathrm{i}m\theta}, \quad r < r_\mathrm{s}, \tag{8.2.10}$$

$$\varPsi^* = \varPsi \left(\frac{r_\mathrm{s}}{r}\right)^m \mathrm{e}^{\mathrm{i}m\theta}, \quad r > r_\mathrm{s}, \tag{8.2.11}$$

其中常系数

$$\varPsi = \mu_0 \overline{J}_\mathrm{s} r_\mathrm{s}/(2m). \tag{8.2.12}$$

如果我们假设面电流位于 $r_\mathrm{s} \approx a$ 附近等离子体边界处, 那么径向磁场以 $B_r \propto r^{-(m+1)}$ 方式衰减, 将在器壁处感应出大小为 $J_\mathrm{w} \approx J_\mathrm{s}(a/r_\mathrm{w})^{m+1}$ 的面涡旋电流. 这一电流反过来, 将在等离子体表面处产生磁场 $B_r(a) \propto -J_\mathrm{w}(a/r_\mathrm{w})^{m-1}$, 因此我们最终获得了由器壁处感应电流所导致的等离子体表面处磁场削弱

$$B_r^{\mathrm{w/wall}}(a) \approx B_r^{\mathrm{w/o\ wall}}(a) \left(1 - \left(\frac{a}{r_\mathrm{w}}\right)^{2m}\right), \tag{8.2.13}$$

这也是 δW 中 $\varLambda$ 的近似形式 (8.2.1) 的物理来源. 因此也可以理解, 根据壁与等离子体边界的接近程度, 它可能会对等离子体的比压 β 极限产生很大影响.

(2) 外扭曲模的无壁和理想壁 β 极限.

由于 (8.2.13) 式所表示的理想导体壁稳定作用与 m 的依赖关系, 对于低 m 模数, 稳定作用将最明显, 而对宽电流分布要比对峰化电流分布的稳定作用更强. 对于图 8.4 所示的峰化电流剖面情况, "无壁比压极限" (即在 $r_\mathrm{w} \to \infty$ 极限情况下外扭曲模发生不稳定性的比压 β 阈值) 已经相当高 (作为对比, ITER 在 $Q = 10$ 情况下的无量纲比压 $\beta_\mathrm{N} = 1.8$). 因此, 在这种情况下, 虽然靠近等离子体的理想导体壁具有明显效果, 定义了 "理想壁比压极限", 但它的稳定效果并不太大, 理想壁比压极限比无壁比压极限增加得不多. 相反, 在宽电流分布情况下, 无壁比压极限减小, 理想壁的稳定效应具有较大增益. 这种增益取决于压强剖面的峰化程度, 在图 8.4 所示的情况下, 已假定该峰化程度相当大. 在以上这两种电流剖面情况下, 导体壁对低模数的影响都很明显, 而对高模数的影响则消失, 这是因为等离子体表面和导体壁之间真空区域中高模数的磁场衰减更快. 所以, 导电壁器件在先进托卡马克设计中起着重要作用, 这类托卡马克的目标是在高于理想无壁比压极限的 β 参数区域运行.

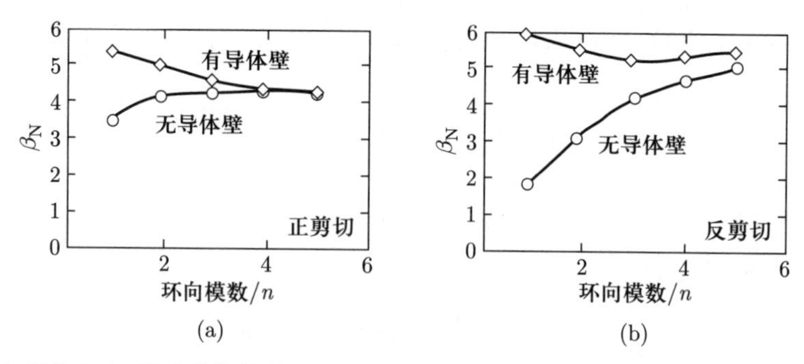

图 8.4 (a) 峰化电流 (代表传统情况) 以及 (b) 宽电流分布 (代表先进情况) 所对应的外扭曲模无壁和理想导体壁 β 极限作为环向模数 n 的函数[3]

§8.3 电阻壁中涡旋电流及稳定效应的衰减

上述分析假设导体壁是理想导电的, 这意味着由等离子体磁流体模式扰动在壁中感应出的涡旋电流幅度不会因为电阻性扩散而发生衰减. 例如, 在具有厚壳且放电时间短的反场箍缩装置中, 或者在托卡马克中的模式快速旋转时, 就是这种导体壁理想导电近似成立的情况. 对于其余在导体壁参考系中静止的不稳定性, 由于有限的电阻率, 涡流最终将衰减, 从而削弱了其对等离子体磁流体模式的稳定作用, 并导致扰动磁场穿透到壁外侧的空间.

从数学上讲, 考虑有限电阻率将导致壁位置处的边界条件发生变化. 在理想的导电壁中, 电流没有电阻, 因此 $E_{\mathrm{w}}=0$. 若导体壁具有有限的电阻率, 根据 Faraday 定律会有一个感应电场. 我们仍然通过位于 $r=r_{\mathrm{s}}$ 的面电流模型来近似表示磁流体模式, 但允许此面电流和导体壁处的感应面电流根据以下谐波方式随时间振荡变化:

$$J_{\mathrm{s,w}}(r,\theta,t)=j_{\mathrm{s,w}}d\delta\left(r-r_{\mathrm{s,w}}\right)\mathrm{e}^{\mathrm{i}(m\theta-\omega t)}. \tag{8.3.1}$$

可以通过在三个单独的区域中由真空通解来构建模式解进行分析, 如图 8.5 所示. 其中, 区域 I 在共振面 r_{s} 内部, 模式的扰动磁通解 Ψ^* 在 $r=0$ 时必须消失. 区域 III 在壁半径 r_{w} 之外, Ψ^* 在 $r\to\infty$ 时必须消失. 区域 II 在两个表面半径之间, Ψ^* 具有真空通解形式 (8.2.9). Ψ^* 的时间变化与面电流及壁电流相似. 因此, 总地来说, 该问题的扰动磁通解由在不同区域中已知径向和极向角依赖关系的通解 Ψ^* 前面的四个系数来描述. 该模式不同区域部分的解 Ψ^* 在连接边界处满足连续性条件 (相当于 B_r 在两个相邻区域连接处连续), 而 Ψ^* 的一阶导数跃变由 $\mu_0 J$ 决定 (即磁场切向分量 B_θ 在两个相邻区域连接处的连接条件). 在共振面半径处, 连接条件的分析与理想导体壁处相同. 在导体壁半径处, 考虑有限电阻率, 从 Faraday 定律

的 r 分量得到

$$-\mathrm{i}\omega B_r = \omega \frac{m}{r_\mathrm{w}} \varPsi^* = -\frac{1}{r}\frac{\partial E_{\mathrm{w},z}}{\partial \theta} = -\frac{\mathrm{i}m}{r_\mathrm{w}\sigma} j_\mathrm{w}, \tag{8.3.2}$$

其中 σ 是导体壁的电导率. 从磁场切向分量 B_θ 在壁上的跃变, 可以得到

$$\frac{m}{r_\mathrm{w}} \varPsi^* = -\frac{\mathrm{i}}{2\omega\tau_\mathrm{w}} \left(\left.\frac{\partial \varPsi^*}{\partial r}\right|_\mathrm{out} - \left.\frac{\partial \varPsi^*}{\partial r}\right|_\mathrm{in} \right), \tag{8.3.3}$$

其中导体壁的电阻扩散时间尺度 $\tau_\mathrm{w} = \mu_0 \sigma d r_\mathrm{w}/(2m)$.

从数学上讲, 两个连接半径处的四个条件导致了关于四个系数的四个线性方程, 可以直接求解. 因此, 完整的解析解为

$$\begin{aligned}
\varPsi_\mathrm{I}^* &= \bar{\varPsi}^* \left(1 - \frac{\omega\tau_\mathrm{w}}{\mathrm{i}+\omega\tau_\mathrm{w}} \left(\frac{r_\mathrm{s}}{r_\mathrm{w}}\right)^{2m} \right) \left(\frac{r}{r_\mathrm{s}}\right)^m \mathrm{e}^{\mathrm{i}(m\theta-\omega t)}, \\
\varPsi_\mathrm{II}^* &= \bar{\varPsi}^* \left(\left(\frac{r_\mathrm{s}}{r}\right)^m - \frac{\omega\tau_\mathrm{w}}{\mathrm{i}+\omega\tau_\mathrm{w}} \left(\frac{r_\mathrm{s}}{r_\mathrm{w}}\right)^{2m} \left(\frac{r}{r_\mathrm{s}}\right)^m \right) \mathrm{e}^{\mathrm{i}(m\theta-\omega t)}, \\
\varPsi_\mathrm{III}^* &= \bar{\varPsi}^* \frac{\mathrm{i}}{\mathrm{i}+\omega\tau_\mathrm{w}} \left(\frac{r_\mathrm{s}}{r}\right)^m \mathrm{e}^{\mathrm{i}(m\theta-\omega t)},
\end{aligned} \tag{8.3.4}$$

其中 $\bar{\varPsi}^*$ 由 (8.2.12) 式给出. 图 8.5 显示了三种典型情况下电阻壁模磁通解的剖面, 一种相对于导体壁电阻扩散时间具有快速的时间变化, $\omega\tau_\mathrm{w} \gg 1$, 一种具有缓慢的变化 ($\omega\tau_\mathrm{w} \ll 1$), 还有一种处于二者中间的时间变化尺度 $\omega\tau_\mathrm{w} = 1$.

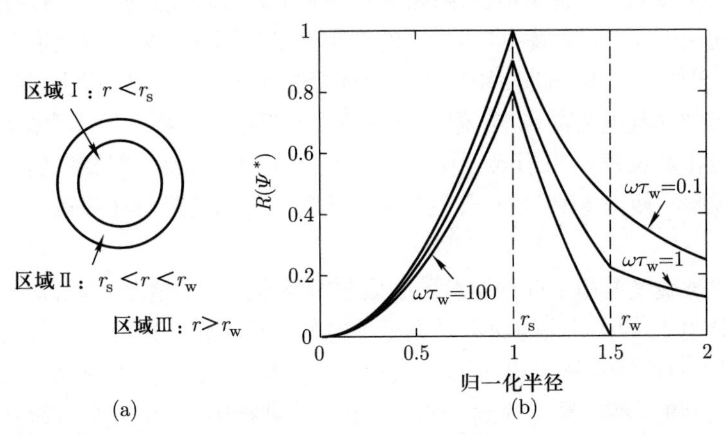

图 8.5 面电流模型的理想壁和电阻壁模式结构的三个区域及剖面. (a) 电阻壁的几何形状. (b) 在 $\omega\tau_\mathrm{w} = 0.1$(上部曲线, 对应于无壁情况), $\omega\tau = 100$ (下部曲线, 对应于理想导电壁), 和一个介于两者之间的情况 (中间的曲线, $\omega\tau_\mathrm{w} = 1$) 所对应的解的实部 $\mathrm{Re}\,(\varPsi^*)$ 的剖面, 其中 $r_\mathrm{s} = 1$, $r_\mathrm{w} = 1.5$

从解析解的形式 (8.3.4), 可以得到以下极限情况下的模式性质. 对于纯增长模式 $\omega = \mathrm{i}\gamma$ (其中 γ 是增长率), 如果 $\gamma\tau_{\mathrm{w}} \gg 1$, 在此极限下, 则导体壁可以近似为理想导体, 可以从 (8.3.4) 式恢复得到理想壁外扭曲模解: Ψ^* 在壁外变为零, 并且相应的扰动磁场径向分量在共振面与导体壁之间的真空区域 II 衰减了大约 $(r_{\mathrm{s}}/r_{\mathrm{w}})^{2m}$ 的因子, 其稳定性将与存在理想导电壁的情况相同. 相反, 如果 $\gamma\tau_{\mathrm{w}} \ll 1$, 则纯增长模式可以穿透壁, 导致该时间尺度上的不稳定性. 对于典型的聚变实验装置, 此时间尺度 ~ 10 ms, 这比 Alfvén 波时间尺度慢得多, 在此时间尺度上, 理想扭曲模式的发展如同没有受到导体壁的影响, 这意味着在理想磁流体模型的意义上, 该模式经历了一系列磁流体平衡 (形式上即相当于 $\gamma\tau_{\mathrm{A}} \to 0$). 因此, 该模式称为电阻壁模 (RWM), 接下来将对其进行详细讨论.

如果电阻壁模在增长时以角频率 ω_{mode} 旋转, 则 $\omega = \mathrm{i}\gamma + \omega_{\mathrm{mode}}$. 如果 $\omega_{\mathrm{mode}}\tau_{\mathrm{w}} \gg 1$, 则壁的作用相当于理想导体, 与 γ 大小无关. 因此, 可以通过模式结构相对于电阻壁的旋转来稳定理想扭曲模. 最后, 径向场通常与壁中感应的电流不同相, 并且可以根据实部和虚部之比计算出的相位差随 $\omega\tau_{\mathrm{w}}$ 变化. 这将在旋转模式上产生作用力, 该作用会降低旋转速度, 可能会导致壁失去其稳定特性的区域. 当撕裂模式锁定到真空腔壁时, 其相应的物理过程将在 §9.8 详细讨论.

§8.4 电阻壁模色散关系

对于与电阻壁电阻扩散时间尺度相比增长缓慢的磁流体模式, 导体壁的稳定作用消失了, 因此理想磁流体不稳定性出现了新分支, 即电阻壁模, 可以在电阻壁电阻扩散时间尺度 τ_{w} 上发展. 这里模式的理想性是指当考虑导体壁的有限电阻率效应时, 等离子体过程本身仍使用理想磁流体模型来表示. 但是, 以上进行的分析包括了导体壁中涡旋电流的影响, 但没有包括对电阻壁模不稳定性本身的驱动, 而只是通过假设正增长率 γ 来引入不稳定性. 为了得出电阻壁模增长率的色散关系, 可以将真空场解与使得 δW_{F} 最小化的等离子体部分外扭曲模解在等离子体表面进行匹配[4].

与一般螺旋箍缩稳定性理论有关的话题涉及这样一种情况, 即等离子体周围的真空区域是由一个电阻性的而不是完全导电的壁所限定. 这具有重要的实际实验应用, 特别是对反场箍缩来说. 因此, 人们可能会想, 壁的电阻率是否会对壁的稳定作用产生不利的影响. 事实的确如此. 在下面的分析中显示, 一个系统在没有壁的情况下对外扭曲模是不稳定的, 但在等离子体附近有一个完全导电的壁就会稳定下来, 如果壁是电阻性的, 就会再次变得不稳定. 增长速度较慢, 与壁的电阻性扩散时间相当.

对于完全导电壁的情况, 前面已经推导出了一般螺旋箍缩的势能. 如果有一个

真空区域被一个完全导电的壁所包围, 那么 δW 就由以下公式给出:

$$\frac{\delta W}{2\pi^2 R_0/\mu_0} = \int_0^a \left(f\xi'^2 + g\xi^2\right)\mathrm{d}r + \left[\frac{F\hat{F}}{k_0^2} + \frac{r^2 \Lambda F^2}{|m|}\right]_a \xi_a^2, \tag{8.4.1}$$

其中 $F = \boldsymbol{k}\cdot\boldsymbol{B} = kB_z + mB_\theta/r$, $\hat{F} = kB_z - mB_\theta/r$, 其他量在前面均被定义. 壁的影响包含在 Λ 中, 形式为

$$\Lambda = -\frac{|m|K_a}{kaK_a'}\left[\frac{1-(K_b' I_a)/(I_b' K_a)}{1-(K_b' I_a')/(I_b' K_a')}\right], \tag{8.4.2}$$

其中 $K_r \equiv K_m(kr), I_r \equiv I_m(kr)$ 为修正 Bessel 方程.

假设在等离子体区域对 ξ 最小化, 满足

$$(f\xi')' - g\xi = 0 \tag{8.4.3}$$

在解析上或数值上是已知的. 通过将 (8.4.3) 式乘以 ξ 并在等离子体上积分, 我们可以将 δW 对应于 ∞ 处的壁面表示如下:

$$\begin{aligned}\frac{\delta W_\infty}{2\pi^2 R_0/\mu_0} &= \left[\frac{F\hat{F}}{k_0^2} + \frac{r^2\Lambda_\infty F^2}{|m|} + \frac{F^2}{k_0^2}\left(\frac{r\xi'}{\xi}\right)\right]_a \xi_a^2,\\ \Lambda_\infty &= -\frac{|m|K_a}{kaK_a'}.\end{aligned} \tag{8.4.4}$$

同样地, 如果完全导体壁在 $r = b$ 处, 可以得到

$$\begin{aligned}\frac{\delta W_b}{2\pi^2 R_0/\mu_0} &= \frac{\delta W_\infty}{2\pi^2 R_n/\mu_0} + \left[\frac{r^2F^2}{|m|}\right]_a (\Lambda_b - \Lambda_\infty)\,\xi_a^2,\\ \Lambda_b - \Lambda_\infty &= \Lambda_\infty \frac{(I_a'/K_a') - (I_a/K_a)}{(I_b/K_b') - (I_a'/K_a')} > 0.\end{aligned} \tag{8.4.5}$$

感兴趣的情况为

$$\delta W_\infty < 0 < \delta W_b.$$

也就是说, 在没有壁的情况下, 系统对外扭曲模是不稳定的, 而有了壁, 模式就变得稳定了. 事后验证的主要假设是, 感兴趣的模式有一个与壁的电阻扩散时间相当的特征增长时间, 并且这个时间比特征 MHD 时间长很多. 例如, 考虑一个小半径 $a = 0.3$ m、大半径 $R_0 = 1$ m、温度 $T_\mathrm{e} = T_\mathrm{i} = 2$ keV 的氘等离子体. 假设真空室的小半径 $b = a$. 两种情况对应的是厚度 $d = 1$ mm、电阻率 $\eta = 11\times 10^{-8}\ \Omega\cdot\mathrm{m}$ 的薄不锈钢 (SS) 室和厚度 $d = 1$ cm、电阻率 $\eta = 1.7\times 10^{-8}\ \Omega\cdot\mathrm{m}$ 的厚铜 (CU) 室. 特征 MHD 和电阻扩散时间由 $\tau_\mathrm{M} = R_0/V_{T_i}$ 和 $\tau_\mathrm{D} = \mu_0 bd/\eta$ 给出, 并有

$$\tau_\mathrm{M} = 2.3\times 10^{-6}\ \mathrm{s}, \quad \tau_\mathrm{D} = 3.4\times 10^{-3}\ \mathrm{s}\ (\mathrm{SS}), \quad \tau_\mathrm{D} = 0.22\ \mathrm{s}\ (\mathrm{CU}).$$

注意以上不同时间尺度上较大的分离. 对于上述尺寸的设备, $\tau_{\rm D}$ (SS) 通常与实验脉冲长度相当或更短, 而 $\tau_{\rm D}$ (CU) 则更长. 在这两种情况下, 都是 $\tau_{\rm D} \gg \tau_{\rm M}$. $\tau_{\rm D}$ 和 $\tau_{\rm M}$ 之间在时间尺度上的差异有如下的帮助. 对于实际问题, 我们必须求解文献 [4] 的方程 (9.45) (即文献 [5]) 给出的等离子体区域全部本征值方程, 其中包含两个复杂的、与频率有关的系数 A 和 C. 然而, 对于缓慢增长的模式, A 和 C 的频率依赖性可以被忽略, 因为 $1/\tau_{\rm D} \ll \omega_a^2, \omega_{\rm f}^2, \omega_{\rm s}^2, \omega_{\rm h}^2, \omega_{\rm g}^2$. 因此, 通过设置 $\omega^2 = 0$, 我们发现等离子体位移 $\xi(r)$ 满足熟悉的与 δW 相关的最小化方程, 由方程 (8.4.3) 给出.

以此为背景, 我们可以写出扰动磁场的通解, 如下所示. 区域 I 和 II 对应于真空区域: $\nabla \times \hat{\boldsymbol{B}}_1 = \nabla \cdot \hat{\boldsymbol{B}}_1 = 0$. 因此, 这些场可以写成区域 I:

$$\begin{aligned} &\hat{\boldsymbol{B}}_{\rm I} = \nabla \hat{\phi}_{\rm I}, \\ &\hat{\phi}_{\rm I} = (c_1 I_r + c_2 K_r) \exp[-{\rm i}(\omega t - m\theta - kz)]; \end{aligned} \tag{8.4.6}$$

区域 II:

$$\begin{aligned} &\hat{\boldsymbol{B}}_{\rm II} = \nabla \hat{\phi}_{\rm II}, \\ &\hat{\phi}_{\rm II} = c_5 K_r \exp[-{\rm i}(\omega t - m\theta - kz]. \end{aligned} \tag{8.4.7}$$

请注意, 区域 II 只有 K_r 的解, 以保证 $\hat{\phi}$ 在 $r \to \infty$ 时的有界性.

在壁区, $\boldsymbol{B}$ 满足磁扩散方程. 具体来说, 如果我们写 $\boldsymbol{J} = (1/\eta)\boldsymbol{E}$, η 是墙的电阻率, 那么 Ampère 定律和 Faraday 定律就会简化为

$$\begin{aligned} \nabla \times \boldsymbol{E}_{\rm w} &= -\frac{\partial \boldsymbol{B}_{\rm w}}{\partial t}, \\ \nabla \times \boldsymbol{B}_{\rm w} &= \frac{\mu_0}{\eta} \boldsymbol{E}_{\rm w}, \end{aligned} \tag{8.4.8}$$

或者

$$\frac{\partial \boldsymbol{B}_{\rm w}}{\partial t} = \frac{\eta}{\mu_0} \nabla^2 \boldsymbol{B}_{\rm w}. \tag{8.4.9}$$

通过假设薄壁, 很容易找到 (8.4.9) 式的解决方案: $d \ll b$. 在这个极限, 也就是实验上很满足的极限, (8.4.9) 式可以在局部平板坐标系 $x = r - b$, $y = b\theta$, $z = z$ 中精确求解.

(8.4.9) 式的 x 分量可写为

$$\frac{{\rm d}^2 B_{{\rm w}x}}{{\rm d}x^2} - \lambda^2 B_{{\rm w}x} = 0, \tag{8.4.10}$$

其中 $\lambda^2 = \mu_0 \omega_{\rm i}/\eta + k^2 + m^2/b^2$, $\omega \equiv {\rm i}\omega_{\rm i}$ (${\rm Re}\omega_{\rm i}$ 为增长率). 假设 $\omega_{\rm i} \sim 1/\tau_{\rm D} = \eta/\mu_0 bd$, 有 $\mu_0\omega_{\rm i}/\eta \sim 1/bd \gg k^2 + m^2/b^2$, 因此 $\lambda^2 = \dfrac{\mu_0\omega_{\rm i}}{\eta}$. 所以

$$B_{{\rm w}x} = c_3 {\rm e}^{\lambda x} + c_4 {\rm e}^{-\lambda x}. \tag{8.4.11}$$

$\boldsymbol{B}_{\mathrm{w}}$ 的剩余分量由以下两种方程给出:

$$\frac{m}{b}B_{\mathrm{w}z}-kB_{\mathrm{w}y}=0, \tag{8.4.12}$$

$$\mathrm{i}\left(\frac{m}{b}B_{\mathrm{w}y}+kB_{\mathrm{w}z}\right)=-\lambda\left(c_3\mathrm{e}^{\lambda x}-c_4\mathrm{e}^{-\lambda x}\right), \tag{8.4.13}$$

这是由切向连续性和 $(m/r)\hat{B}_{1z}=k\hat{B}_{1y}$ 在区域 I 和 II 中的事实, 以及 $\nabla\cdot\boldsymbol{B}_{\mathrm{w}}=0$ 分别得出的.

方程 (8.4.6), (8.4.7), (8.4.11)~(8.4.13) 指定了等离子体外部磁场的一般形式. 这些磁场用五个未知系数 c_1-c_5 和本征值 ω_{i} (出现在 λ 中) 来表示, 它们将通过边界条件确定. 边界条件中两个在区域 II– 壁界面, 两个在区域 I– 壁界面, 还有两个在区域 I– 等离子体界面. 这些条件构成了一组六个非齐次方程, 分别为 $c_1\sim c_5$ 和 ω_r. 最终 $c_1\sim c_5$ 被消除, 产生了 ω_{i} 的色散关系. 每个界面的边界条件描述如下.

在区域 II– 壁界面 $x=d$, Maxwell 方程要求 $\hat{\boldsymbol{B}}_1$ 的法向和切向分量的连续性. 考虑到在每个区域 $m\hat{B}_{1z}/r=k\hat{B}_{1\theta}$, 这些条件可以表示为 $[\![\hat{B}_{1r}]\!]=0, [\![\mathrm{i}\boldsymbol{k}\cdot\hat{\boldsymbol{B}}_1]\!]=0$ (双括号表示括号内物理量跨越等离子体 – 真空分界面时的变化), 其中 $\boldsymbol{k}=(m/r)\boldsymbol{e}_\theta+k\boldsymbol{e}_z$. 代入后可以发现

$$c_5kK_b'=c_3\mathrm{e}^{\lambda d}+c_4\mathrm{e}^{-\lambda d}, \tag{8.4.14}$$

$$c_5k_b^2K_b=\lambda\left(c_3\mathrm{e}^{\lambda d}-c_4\mathrm{e}^{-\lambda d}\right), \tag{8.4.15}$$

其中 $k_b^2=k^2+m^2/b^2$. 在区域 I– 壁界面 $x=0$, 同样的条件也适用: $[\![\hat{B}_{1r}]\!]=0$, $[\![\mathrm{i}\boldsymbol{k}\cdot\hat{\boldsymbol{B}}_1]\!]=0$. 相应的条件有

$$k\left(c_1I_b'+c_2K_b'\right)=c_3+c_4, \tag{8.4.16}$$

$$k_b^2\left(c_1I_b+c_2K_b\right)=\lambda\left(c_3-c_4\right). \tag{8.4.17}$$

在区域 I – 等离子体界面上, 边界条件要求磁场的法向分量连续, $[\![B_{1r}]\!]=0$, 垂直压强平衡, $[\![p_1+\boldsymbol{B}\cdot\boldsymbol{B}_1/\mu_0+\boldsymbol{\xi}\cdot\nabla\left(p+B^2/2\mu_0\right)]\!]=0$. 为了估算这些条件, 有必要用边界上的 $\boldsymbol{\xi}$ 的值来表示每个等离子体量. 对于第一个条件, 在边界 $r=a$ 上估算的 B_{1r} 由下式给出:

$$B_{1r}|_a=\boldsymbol{e}_r\cdot(\boldsymbol{B}\cdot\nabla\boldsymbol{\xi}_\perp-\boldsymbol{\xi}_\perp\cdot\nabla\boldsymbol{B}-\boldsymbol{B}\nabla\cdot\boldsymbol{\xi}_\perp)|_a=\mathrm{i}[F\xi]_a.$$

压强平衡条件则更为复杂. 如果没有表面电流, 并且等离子体压强在等离子体边缘平滑地衰减为零, 那么压强平衡条件的形式为 $[\![\boldsymbol{B}\cdot\boldsymbol{B}_1]\!]=0$. 在等离子体区域, 简单的计算表明

$$\begin{aligned}\boldsymbol{B}\cdot\boldsymbol{B}_1|_a&=\boldsymbol{B}\cdot(\boldsymbol{B}\cdot\nabla\boldsymbol{\xi}_\perp-\boldsymbol{\xi}_\perp\cdot\nabla\boldsymbol{B}-\boldsymbol{B}\nabla\cdot\boldsymbol{\xi}_\perp)|_a\\&=\left[-B^2(r\xi)'/r+2\left(B_\theta^2/r\right)\xi-\mathrm{i}GB\eta\right]_a.\end{aligned}$$

通过以下的最小化条件消除了 η 这个量:

$$\eta = \frac{\mathrm{i}}{rk_0^2 B}\left[G(r\xi)' + 2kB_\theta\xi\right],$$

其中 $k_0^2 = k^2 + m^2/r^2$, $G = mB_z/r - kB_\theta$.

经过简短的计算, 跨越区域 I– 等离子体界面的边界条件可以写为

$$k\left(c_1 I_a' + c_2 K_a'\right) = \mathrm{i}F_a\xi_a, \tag{8.4.18}$$

$$\mathrm{i}F_a\left(c_1 I_a + c_2 K_a\right) = -\frac{F_a}{ak_0^2}\left[\hat{F}_a + F_a\left(\frac{r\xi'}{\xi}\right)_a\right]\xi_a, \tag{8.4.19}$$

其中 $F_a = F(r)|_a$, $\hat{F}_a = \hat{F}(r)|_a$. 方程 (8.4.15) ~ (8.4.19) 构成了一组 6 个未知数 $c_1 \sim c_5$ 和 ω_i 的非齐次方程.

首先, (8.4.15) 式除以 (8.4.15) 式, 得到的结果是

$$\frac{\lambda k K_b'}{k_b^2 K_b} = \frac{c_3/c_4 + \mathrm{e}^{-2\lambda d}}{c_3/c_4 - \mathrm{e}^{-2\lambda d}}. \tag{8.4.20}$$

使用 $\omega_\mathrm{i} \sim 1/\tau_\mathrm{D}$ 的假设, $d/b \ll 1$, 方程 (8.4.20) 的左手边是 $\lambda b \sim (b/d)^{1/2} \gg 1$ 的阶数. 同样地, $\lambda d \sim (d/b)^{1/2} \ll 1$. 这意味着方程 (8.4.20) 右边的指数可以做 Taylor 展开, $\mathrm{e}^{-2\lambda d} \propto 1 - 2\lambda d$, 数量为 $c_3/c_4 \approx 1 + \delta\left(c_3/c_4\right), \delta\left(c_3/c_4\right) \ll 1$. 在这些条件下, 可以求解 c_3/c_4, 得到

$$\frac{c_3}{c_4} \approx 1 + \frac{2k_b^2 K_b}{\lambda k K_b'}\left(1 + \Omega_\mathrm{i}\right), \quad \Omega_\mathrm{i} = -\frac{kdK_b'\lambda^2}{k_0^2 K_b} = O(1), \tag{8.4.21}$$

其中 $\Omega_\mathrm{i} \propto \omega_\mathrm{i}$ 是本征值的归一化形式.

下一步是用 (8.4.17) 式除以 (8.4.17) 式. 这就给出了 c_1/c_2 与 c_3/c_4 的关系:

$$\frac{k\lambda K_b'}{k_b^2 K_b}\left[\frac{\left(c_1/c_2\right)\left(I_b'/K_b'\right) + 1}{\left(c_1/c_2\right)\left(I_b/K_b\right) + 1}\right] = \frac{c_3/c_4 + 1}{c_3/c_4 - 1}. \tag{8.4.22}$$

代入 c_3/c_4, 从 (8.4.21) 式中得出

$$\frac{c_1}{c_2} \approx \frac{\Omega_i}{\left(I_b/K_b\right) - \left(1 + \Omega_i\right)\left(I_b'/K_b'\right)}. \tag{8.4.23}$$

比值 c_1/c_2 通过用 (8.4.19) 式除以 (8.4.19) 式来消除:

$$\frac{\left(c_1/c_2\right)\left(I_a/K_a\right) + 1}{\left(c_1/c_2\right)\left(I_a'/K_a'\right) + 1} = T = \frac{kK_a'}{ak_0^2 K_a F_a}\left[\hat{F}_a + F_a\left(\frac{r\xi'}{\xi}\right)_a\right], \tag{8.4.24}$$

得到

$$\frac{c_1}{c_2} = \frac{T - 1}{\left(I_a/K_a\right) - T\left(I_a'/K_a'\right)}. \tag{8.4.25}$$

通过将 (8.4.23) 和 (8.4.24) 式等价, 然后求解 Ω_{i}, 可以得到色散关系. 其结果是

$$\Omega_{\mathrm{i}}=\frac{[(I_b/K_b)-(I_b'/K_b')]\,(T-1)}{(I_a/K_a)-(I_a'/K_a')+(T-1)\,[(I_b'/K_b')-(I_a'/K_a')]}. \tag{8.4.26}$$

色散关系可以用更方便的形式来表达分子和分母, 即用 (8.4.4) 和 (8.4.5) 式给出的完全导电势能 δW_∞ 和 δW_b. 通过简短的计算, 可以得到所需形式的色散关系:

$$\omega_{\mathrm{i}}\tau_{\mathrm{D}}=\frac{k^2b^2+m^2}{k^2b^2K_b'I_b'\,[1-(I_a'K_b'/I_b'K_a')]}\frac{\delta W_\infty}{\delta W_b}. \tag{8.4.27}$$

当 $kb\ll 1$ 时, (8.4.27) 式简化为

$$\omega_{\mathrm{i}}\tau_{\mathrm{D}}\approx-\left[\frac{2|m|}{1-(a/b)^{2|m|}}\right]\frac{\delta W_\infty}{\delta W_b}. \tag{8.4.28}$$

忽略模式的环向变化并假设 $\gamma\tau_{\mathrm{A}}\to 0$, 会得到

$$\gamma\tau_{\mathrm{w}}=-\frac{2m}{1-\left(\dfrac{a}{r_{\mathrm{w}}}\right)^{2m}}\frac{\delta W_{\text{无壁}}}{\delta W_{\text{理想壁}}}, \tag{8.4.29}$$

其中 $\delta W_{\text{无壁}}$ 对应于 $r_{\mathrm{w}}\to\infty$ 极限下的扰动势能, 而 $\delta W_{\text{理想壁}}$ 对应于在 $r=r_{\mathrm{w}}$ 处有理想导体壁的情况 (这里 $\tau_{\mathrm{A}}=\tau_{\mathrm{M}}$, $\tau_{\mathrm{w}}=\tau_{\mathrm{D}}$). 如果假设 $\gamma\tau_{\mathrm{A}}\to 0$, 则电阻壁电阻扩散时间是问题中出现的唯一时间尺度, 而在保持 τ_{A} 有限的情况下, 增长率会在理想导体壁比压极限附近从电阻壁电阻扩散时间过渡到 Alfvén 波时间尺度, 与理想的 VDE 分析相似. RWM 在 RFP 中起着重要作用, 由于 $q<1$, RFP 对于纯电流梯度驱动的外扭曲模总是不稳定的. 实验上, 通过将 RFP 外壳电阻率从 $\tau_{\mathrm{w}}\gg\tau_{\text{放电}}$ 替换为 $\tau_{\mathrm{w}}\leqslant\tau_{\text{放电}}$, 稳定的 RFP 放电会转换为以 $\gamma\approx\tau_{\mathrm{w}}^{-1}$ 增长的电阻壁模, 清楚地表明 RFP 中导体壁的稳定作用.

有一些要点需要注意. 第一, 本征频率 ω_{i} 是实数, 表示纯增长或衰减, 取决于 $\delta W_\infty/\delta W_b$ 的符号. 第二, 根据假设, ω_{i} 的本征频率为 $1/\tau_{\mathrm{D}}$. 第三, 壁在无穷远处是不稳定的 ($\delta W_\infty<0$), 但在 $r=b\,(\delta W_b>0)$ 时, $\omega_{\mathrm{i}}>0$. 电阻壁的存在给系统引入了一个新的缓慢增长模式, 因此稳定边界又恢复到对应于壁在无穷远处的情况.

在图 8.6(a) 中, 一个最初不稳定的扭曲模在复数 ω 平面上的轨迹对应于一个完全导电壁从无限远处移入. 因为在这种情况下, ω^2 是实数, 所以色散关系方程的根必须位于实轴或虚轴上. 在图 8.6(b) 中, 如果壁在 $r=b$ 处成为电阻壁, 可以证明理想壁稳定的根会有轻微的阻尼, 而上面描述的不稳定性对应于一个新模式的发展, 从原点 $\omega^2=0$ 处增长出来.

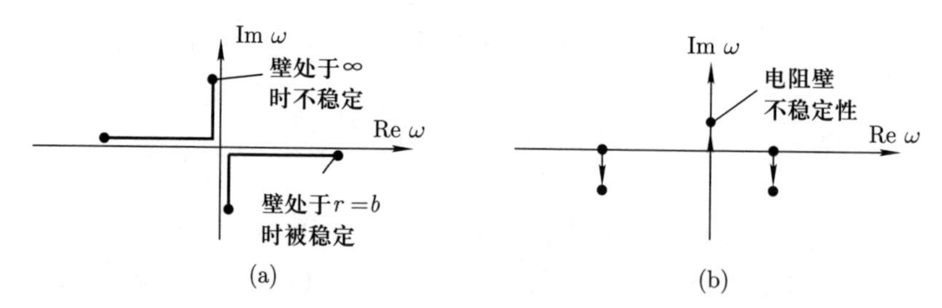

图 8.6 电阻壁不稳定性的谱行为: (a) 无穷远处壁的不稳定模式的理想壁稳定化; (b) 从原点 $\omega^2=0$ 开始电阻壁模的增长

电阻壁 "失稳" 的物理学原理可以理解如下. 当等离子体在潜在的不稳定扰动的作用下移动时, 在导电壁上会诱发电流. 一般来说, 这些电流的流动方向与等离子体的运动相反, 从而提供稳定. 对于一个完美的导电壁, 这些电流可以无限地存在.

对于电阻壁, 电流将在扩散时间尺度 τ_{D} 上衰减. 由于稳定的理想 MHD 振荡的特征时间比 τ_{D} 短得多, 快速振荡的壁稳定模式只受到电阻壁存在的轻微影响 (即它被缓慢阻尼). 然而, 如果等离子体在较慢的 τ_{D} 时间尺度上发生不稳定的扰动, 那么稳定壁电流就无法发展, 扰动就会继续增长. 这与上面计算的模式相对应.

对于等离子体内部有均匀 J_z 和 q 的螺旋箍缩,

$$\begin{cases}\gamma_{\mathrm{RWM}}^2=\dfrac{\gamma_{\infty}^2+R(\gamma)\,\gamma_{\mathrm{IWM}}^2}{1+R(\gamma)},\\[2mm] R(\gamma)=\dfrac{1}{2}\left(1-\left(\dfrac{a}{c}\right)^{2m}\right)\dfrac{\gamma\tau_{\mathrm{w}}}{m}.\end{cases}\tag{8.4.30}$$

对于同时有电阻壁 $(r=b)$ 和理想壁 $(r=c)$ 的螺旋箍缩,

$$\gamma^2=2B_aF-2F^2\left\{1+\frac{\gamma+\mathit{\Gamma}_a}{(b^{2m}-1)(\gamma+\mathit{\Gamma}_{\mathrm{w}})}\right\},\tag{8.4.31}$$

其中 $\mathit{\Gamma}_a=\dfrac{2(v_{\mathrm{w}}m/b)\,b^{2m}}{c^{2m}-b^{2m}}$, $\mathit{\Gamma}_{\mathrm{w}}=\dfrac{v_{\mathrm{w}}m}{b}\left(\dfrac{c^{2m}+b^{2m}}{c^{2m}-b^{2m}}+\dfrac{b^{2m}+1}{b^{2m}-1}\right)$.

电阻壁模在托卡马克中的最重要作用是在先进运行方案中, 它限制了最大自举电流密度 (需要宽电流剖面分布) 和可实现的最大比压 β, 即 $\beta_{\text{无壁}}$ 和 $\beta_{\text{理想壁}}$. 为了说明电阻壁模在限制比压 β 方面的作用, 我们注意到当超过 $\beta_{\text{无壁}}$ 极限时, $\delta W_{\text{无壁}}$ 变为负数. 同时如果 β 高于 $\beta_{\text{理想壁}}$, 则 $\delta W_{\text{理想壁}}$ 将变为负数. 假设扰动势能对于比压 β 的依赖关系可以用线性近似, 则色散关系可以写成

$$\gamma\tau_{\mathrm{w}}\propto-\frac{\beta_{\text{无壁}}-\beta}{\beta_{\text{理想壁}}-\beta}.\tag{8.4.32}$$

在 $\beta_{无壁}$ 以上, 电阻壁模变得不稳定 (见图 8.7), 增长率为 τ_{w}^{-1} 的量阶. 接近理想壁比压极限 $\beta_{理想壁}$ 时, 增长率发散. 如前所述, 这是由于以下事实: 我们在推导时忽略了理想磁流体 Alfvén 波时间尺度. 如果考虑 Alfvén 波时间尺度, 将为该模式的增长率设置上限. 这里将时间尺度从理想磁流体时间尺度减慢到电阻壁的电阻扩散时间尺度这一物理过程, 类似于针对 $n=0$ 垂直位移不稳定性过程的处理, 其中 VDE 的稳定区域发生在控制参数场因子 $N<0$ 处, 这等效于这里电阻壁模的稳定区域发生在无壁比压极限以下. 对于实际应用, 与 $n=0$ 垂直位移不稳定性的控制策略相似, 将理想外扭曲模增长率减慢到电阻壁时间尺度也为应用主动反馈控制提供了可能, 例如使用外部线圈产生与电阻壁模式相反的螺旋场, 能够有效替代理想导电壁的响应. 此外, 其他反馈方法也是可能的, 例如, 将等离子体表面而不是电阻壁处的径向场归零.

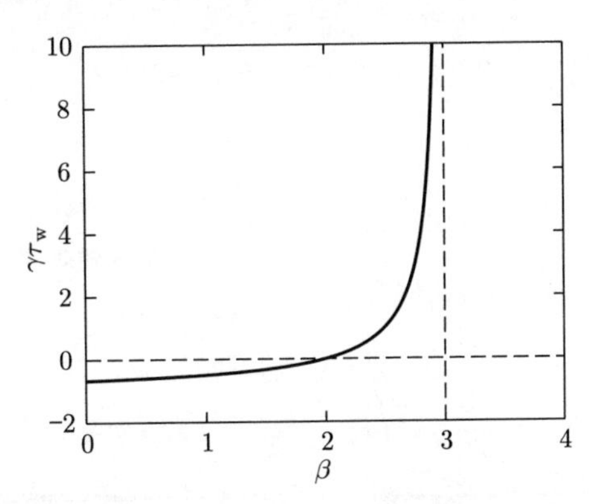

图 8.7 电阻壁模色散关系的示意图. 根据 (8.4.32) 式显示电阻壁模在 $\beta_{无壁}$ 和 $\beta_{理想壁}$ 之间的不稳定性窗口. 在 $\beta\rightarrow\beta_{理想壁}$ 处的奇异性来自在计算中忽略了理想磁流体时间尺度 ($\gamma\tau_{\mathrm{A}}\rightarrow 0$, 类似于 VDE 的情形)

§8.5 电阻壁模的被动和主动致稳

电阻壁模的被动致稳因素包括导体壁、等离子体转动[6,7]、捕获粒子, 以及快粒子等, 而主动致稳方式主要是通过外加反馈控制线圈. 对于在比压 β 极限处发生的电阻壁模, 反馈系统的响应时间将决定该模式可以在距离理想壁比压极限多近的参数区域被稳定. 很明显, 当无壁和理想壁比压极限之间的差异很大时, 主动控制方案将特别有益. 图 8.8 显示了由环向转动所引入的在壁位置足够靠近等离子体表面位置处的电阻壁模稳定性窗口. 在此区域内, 电阻壁足以有效地抑制转动的理想外扭曲模, 而另一方面又足够远, 从而使电阻壁模能够被等离子体转动所抑制. 图 8.9 表明, 转动可以抑制电阻壁模扰动位移的幅度, 使得模式剖面的分布局域在等离子体边界.

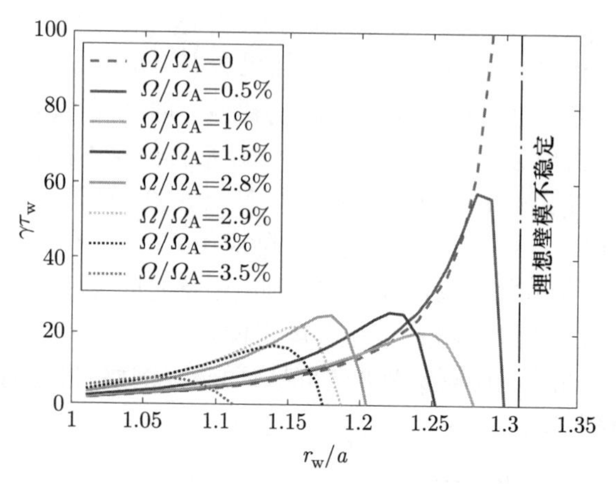

图 8.8　根据 AEGIS 程序计算得到的 CFETR 上各种环向转动幅度下的电阻壁模增长率与电阻壁位置的关系[2]

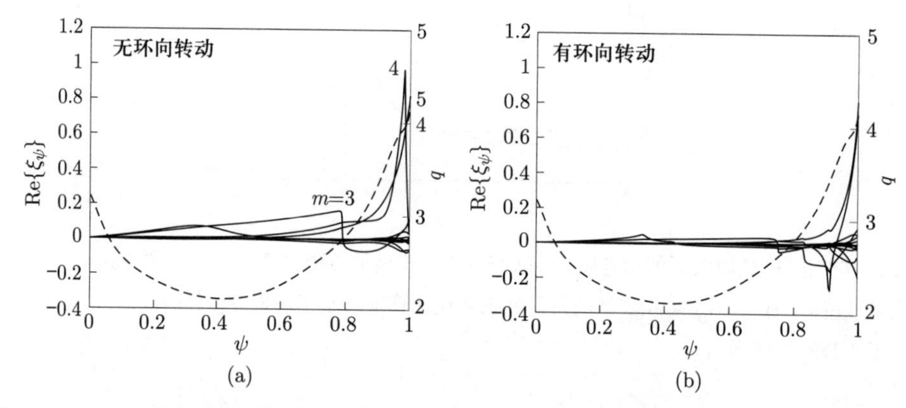

图 8.9　AEGIS 程序计算得到的 (a) 无环向转动和 (b) 有环向转动 CFETR 平衡的电阻壁模扰动位移实部径向剖面[2]

由于动理学效应, 粒子导心漂移运动可以与等离子体的整体转动发生共振, 进而显著改变电阻壁模稳定性的转动依赖关系. 在电阻壁模稳定性相关频率区域中, 进动漂移或捕获粒子在香蕉轨道上的反弹运动都可能为电阻壁模提供动理学稳定性, 因此有必要对电阻壁模稳定性分析进行详细的动理学校正. 如图 8.10 所示, 在离子进动漂移共振效应所导致的电阻壁模稳定区域, NSTX 托卡马克装置可以在显著高于无壁比压极限的 $\beta_{\rm N}$ 参数处运行, 并且等离子体转动速度比图 8.11 中所示 DIII-D 上的转动速度低得多. 然而即使如此, 在 NSTX 上低转动时通常还需要主动控制方案以稳定电阻壁模 (见图 8.12).

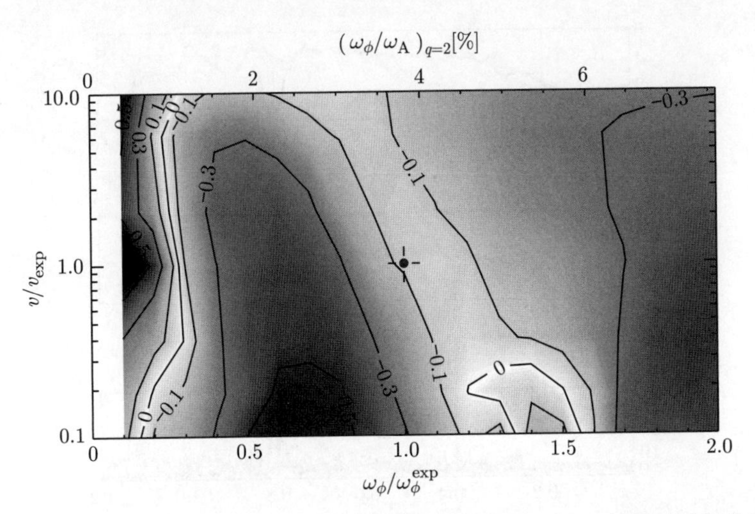

图 8.10 对在 NSTX 托卡马克上进行放电的动理学稳定性对 RWM 的影响进行分析. 由于动理学效应, 获得了两个增加稳定性的区域, 从而显著改变了增长率对 RWM 旋转的依赖性[9]

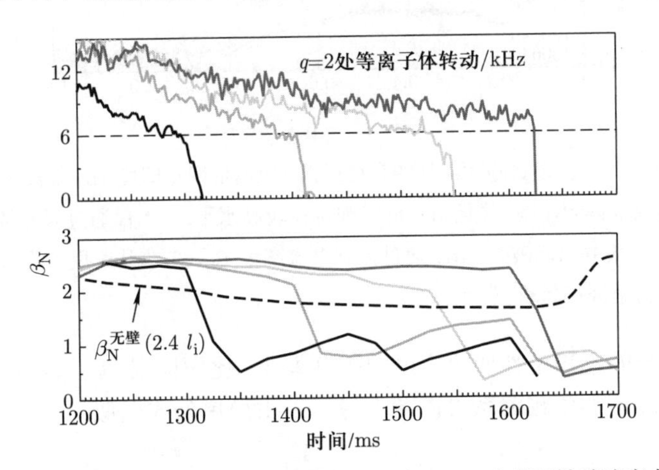

图 8.11 DIII-D 托卡马克实验中的 β 极限实验: 只要 $q = 2$ 有理面转动速度大大快于电阻壁时间的倒数, 则放电参数会大大超过无壁比压极限; 但只要等离子体转动减慢并锁定在壁上, 电阻壁模会大幅增长并终止高参数放电阶段[8]

§8.6 线性理想磁流体不稳定性和 β 极限

如果综合考虑到目前为止讨论的所有理想磁流体不稳定性, 可以对给定的装置参数 (如极向截面形状、纵横比 A、等离子体电流 I_p 和环向磁场 B_t 等) 给出理想 β 极限的简单估计. 其中, 局域交换模的 Mercier 判据主要限制芯部电流和压强梯度, 气球模限制等离子体半径外部一半区域的等离子体压强, 但最严格的条件通常是由

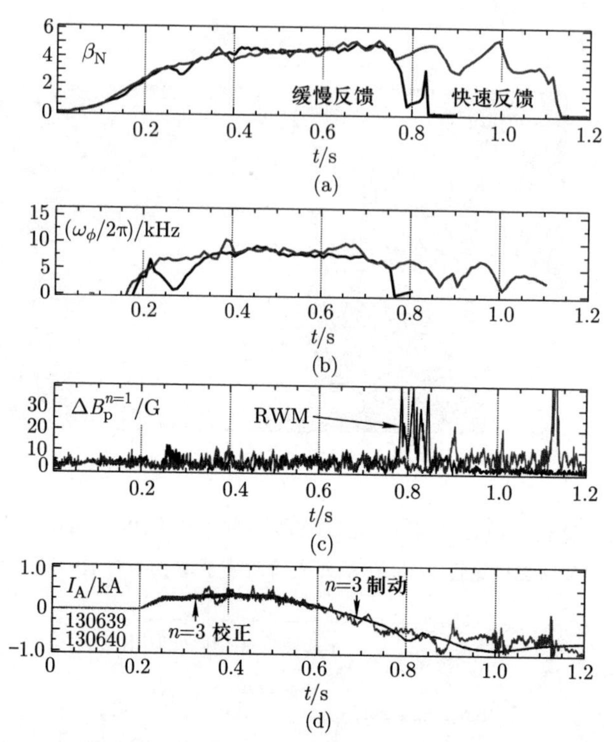

图 8.12　(a) 对于 $n = 1$ 模式施加额外的直接反馈 (快速反馈), 即使 (b) 等离子体转动频率降低, 电阻壁模振幅也得到控制, 并且 β_N 可以维持在较高水平. (c) 仅通过误差场校正 (缓慢反馈), 模式振幅会增大并引起破裂. (d) 通过控制电流产生 $n = 3$ 非共振扰动所引起的新经典环向黏滞 (NTV) 力矩进行制动[10]

$n = 1$ 外扭曲模的不稳定性所决定的[11]. 实验上, 比压极限 $\beta_{t,\max}$ 与 I_p, B_t, R_0 和纵横比 $A = R_0/a$ 的依赖关系可以令人惊讶地由简单公式近似:

$$\beta_{t,\max} \propto \frac{AI_p}{R_0 B_t}. \tag{8.6.1}$$

通常将比压极限以归一化的参数 $\beta_{N,\max}$ 表示, 这里归一化比压 β_N 的定义如下:

$$\beta_N = \frac{\beta_t[\%]}{I_p[\mathrm{MA}]/(a[\mathrm{m}]B_t[\mathrm{T}])}. \tag{8.6.2}$$

因此, 用无量纲量表示并使用圆截面近似, 比压极限的定标率可表示为

$$\beta_{t,\max}[\%] = \beta_{N,\max}\frac{I_p[\mathrm{MA}]}{a[\mathrm{m}]B_t[\mathrm{T}]}. \tag{8.6.3}$$

Sykes 极限对应于 $\beta_{N,\max} = 4.4$, 这来自 $n = \infty$ 气球模不稳定性的限制 (参见 6.2.3 小节). 而 Troyon 极限 $\beta_{N,\max} = 2.8$ 则是由在没有导电壁的圆形托卡马克位形近似

下 Mercier 判据、气球模, 以及 $n=1$ 内/外扭曲模不稳定性共同决定的限制. 实验测量得到的 β 极限如图 8.13 所示, $\beta_{\mathrm{N,max}}=3.5$, 与 Troyon 极限比较接近.

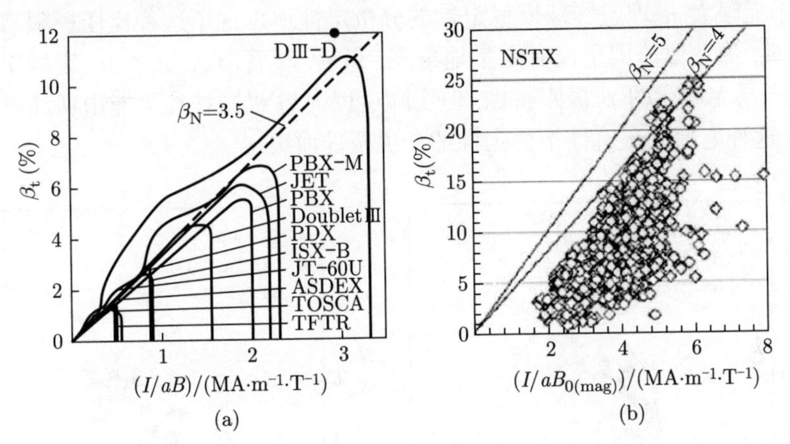

图 8.13 (a) 来自各种托卡马克装置比压极限 $\beta_{\mathrm{N,max}}$ 实验数据的包络线, 由于非圆截面形变效应, 其对应的比压极限 $\beta_{\mathrm{N,max}}$ 较高[12]. (b) 在球形托卡马克 NSTX 上, 实验数据分布在更高的 $I_{\mathrm{p}}/(aB_{\mathrm{t}})\sim B_{\mathrm{pol}}/B_{\mathrm{t}}$ 参数区域, 将传统托卡马克的比压范围扩大了 2 倍以上[13]

(1) 横截面形变提高 β 极限.

$\beta_{\mathrm{t,max}}$ 随着 I_{p} 的增加而增加, 但是对于给定的形状, 这导致 q_a 的降低, 并最终受到 q_a 下限的限制. 但是, 如果横截面形状合适, 则相对于圆截面情况, I_{p} 可以以相同的 q_a 而增大, 从而导致更高的 $\beta_{\mathrm{t,max}}$. 这意味着 Troyon 极限实际上是在给定 q_a, 而不是给定 I_{p} 情况下的比压极限. 例如, 如果横截面拉长, 拉伸比增加, 则极向截面周长大约以因子 $\sqrt{(1+\kappa^2)/2}$ 增加, 因此 q_a 变为

$$q_a=q_{\mathrm{cyl}}\frac{1+\kappa^2}{2}, \tag{8.6.4}$$

导致 $\beta_{\mathrm{t,max}}$ 按相同的因子增加.

(2) 电流密度剖面峰化提高 β 极限.

外扭曲模在电流分布剖面更宽的情况下更加不稳定, 因此可以期望 $\beta_{\mathrm{N,max}}$ 随着电流分布剖面峰值的增加而增加. 在实验中可以清楚地看到这种趋势, 并通过考虑内部电感 ℓ_{i} 来对原始 Troyon 极限进行修正, 该内部电感 ℓ_{i} 可以作为电流剖面峰化的量度. 包含 ℓ_{i} 效应可以得到比压极限定标率

$$\beta[\%]=4\ell_{\mathrm{i}}\frac{I_{\mathrm{p}}[\mathrm{MA}]}{a[\mathrm{m}]B[\mathrm{T}]}, \tag{8.6.5}$$

即 $\beta_{\mathrm{N,max}}=4\ell_{\mathrm{i}}$. 图 8.14 显示了通过包含 ℓ_{i} 改善了的比压极限定标率与实验数据的对比, 如果包含 ℓ_{i} 效应, 则实验数据分布的分散程度会减少, 从而确认了电流剖

面峰化在 β 比压极限中的作用. 从 $n=1$ 外扭曲模稳定性直接推导出无量纲比压极限定标率 $\beta_{\mathrm{N,max}}=4\ell_{\mathrm{i}}$ 的尝试尚未成功. 然而之前一项与 Sykes 极限的推导相似的, 基于无限大 n 理想气球模稳定性的分析定性地再现了这种比压极限与内感 ℓ_{i} 的依赖性, 虽然数值因子没有定量地再现. 最后, 尽管 $\beta_{\mathrm{N,max}}=4\ell_{\mathrm{i}}$ 定标率基本描述了托卡马克运行的 β 极限特性, 但实际过程中 β 极限往往可能由新经典撕裂模 (NTM) 这种电阻性磁流体不稳定性的产生条件而决定.

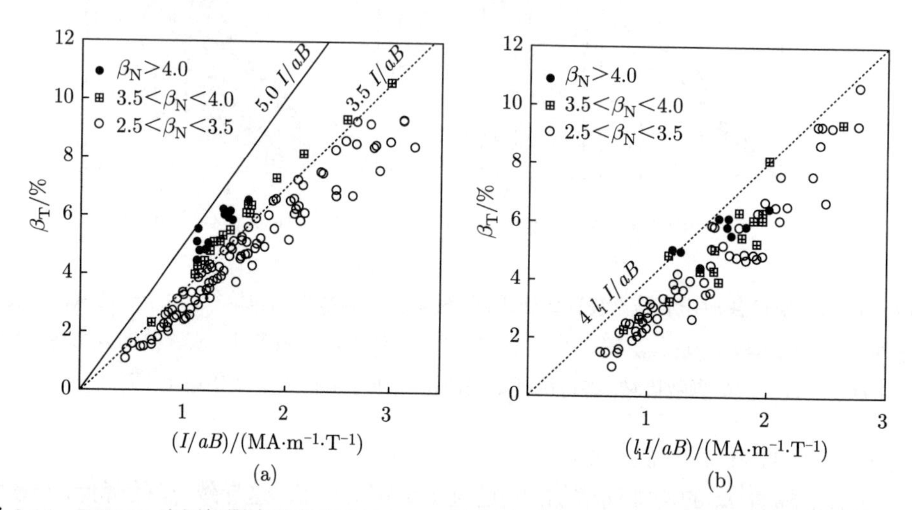

图 8.14　DIII-D 比压极限实验数据与 Troyon 定标率在 (a) 不包含, 和 (b) 包含 ℓ_{i} 依赖关系情况下的比较[14]

§8.7　旋转等离子体中的电阻壁模的稳定性分析

本节在存在电阻壁、等离子体流和与声波连续谱耦合的情况下, 对柱位形等离子体进行外部磁流体力学稳定性分析[15]. 它证实了该模式与声波连续谱的共振产生了有效的耗散, 耗散和等离子体流的综合效应为外扭曲模打开了一个稳定的窗口. 这一理论可以解释文献 [7] 的数值结果.

柱位形下, 考虑存在电阻壁时外扭曲模的色散关系:

$$-\frac{\delta L}{\delta W_{\mathrm{v}\infty}}=\frac{(\delta W_{\mathrm{v}b}/\delta W_{\mathrm{v}\infty})+(\mathrm{i}/\omega\tau_{\mathrm{w}}\zeta)}{1+(\mathrm{i}/\omega\tau_{\mathrm{w}}\zeta)},\tag{8.7.1}$$

其中

$$\delta L=\frac{2\pi^2}{\mu_0}R_0\frac{F_a}{[k_0^2]_a}\left[\hat{F}_a+F_a\left(\frac{r\xi'}{\xi}\right)_a\right]|\xi_a|^2,\tag{8.7.2}$$

$\tau_{\mathrm{w}} \approx \tau_{\mathrm{d}}\left[1-(a/b)^{2m}\right]/2m, \tau_{\mathrm{d}}=\mu_0 db/\eta$ 是电阻壁扩散时间,

$$\delta W_{\mathrm{v}\infty} \approx 2\pi^2 R_0 a^2 F_a^2 \left|\xi_a\right|^2/\mu_0|m|$$

是壁在无限远时的真空能量,

$$\delta W_{\mathrm{v}b} \approx \delta W_{\mathrm{v}\infty}[1+(a/b)^{2m}]/[1-(a/b)^{2m}]$$

是壁在 b 时的真空能, $\zeta=\tanh\lambda d/\lambda d$. 近似值对应于极限 $kb \ll 1$. 这里, k 是沿圆柱体轴的波数 $(k=-n/R_0)$, m 是极向模数, a 是小半径, R_0 是大半径, b 是壁半径, d 是壁厚度, $F=kB_z+mB_\theta/r=k_{\|m}B, \hat{F}=kB_z-mB_\theta/r, k_0^2=k^2+m^2/r^2$, ξ 是模式径向位移, $\lambda=\sqrt{-\mathrm{i}\omega\mu_0/\eta}$. 此外, (8.7.1) 式是在假定 $\lambda b \gg 1$ 的情况下得出的. (8.7.2) 式显示, δL 的计算需要等离子体位移的值和它在等离子体 - 真空界面的导数. 估算 $\left(r\xi'/\xi\right)_a$ 实际上是分析的主要目标.

为了推导等离子体中的模式本征函数, 考虑一个理想的等离子体, 以速度 $U=\Omega R_0$ (Ω 是旋转频率) 沿 z 轴流动. Ω 远小于 Alfvén 频率, 我们使用扰动磁通 $\Psi=r\xi$ 的标准径向方程:

$$\frac{\mathrm{d}}{\mathrm{d}r}A(r)\frac{\mathrm{d}\Psi}{\mathrm{d}r}-C(r)\Psi=0, \tag{8.7.3}$$

其中

$$A(r)=\rho\frac{V_{\mathrm{s}}^2+V_a^2}{r}\frac{\bar{\omega}^2-\omega_a^2}{\bar{\omega}^2-\omega_{\mathrm{f}}^2}\frac{\bar{\omega}^2-\omega_{\mathrm{h}}^2}{\bar{\omega}^2-\omega_{\mathrm{s}}^2}, \tag{8.7.4}$$

$$\begin{aligned}C(r)=&-\frac{\rho}{r}\left(\bar{\omega}^2-\omega_a^2\right)-\frac{4k^2V_a^2B_\theta^2}{\mu_0 r^3}\frac{\omega_{\mathrm{g}}^2-\bar{\omega}^2}{\left(\omega_{\mathrm{f}}^2-\bar{\omega}^2\right)\left(\omega_{\mathrm{s}}^2-\bar{\omega}^2\right)}+\frac{\mathrm{d}}{\mathrm{d}r}\left(\frac{B_\theta^2}{\mu_0 r^2}\right)\\&+\frac{\mathrm{d}}{\mathrm{d}r}\left(\frac{2kB_\theta G}{\mu_0 r^2}\frac{V_a^2+V_{\mathrm{s}}^2}{\omega_{\mathrm{f}}^2-\bar{\omega}^2}\frac{\bar{\omega}^2-\omega_{\mathrm{h}}^2}{\bar{\omega}^2-\omega_{\mathrm{s}}^2}\right),\end{aligned} \tag{8.7.5}$$

$\omega_a^2=F^2/\mu_0\rho$ 是 Alfvén 频率, $\omega_{(\mathrm{f,s})}^2=0.5k_0^2\left(V_{\mathrm{s}}^2+V_a^2\right)\left[1\pm\sqrt{1-\alpha^2}\right]$ 是快慢磁声频率,

$$\alpha^2=4V_{\mathrm{s}}^2\omega_a^2/k_0^2\left(V_{\mathrm{s}}^2+V_a^2\right)^2\sim\epsilon^2\beta\ll 1,$$

$\epsilon=a/R_0, \bar{\omega}=\omega+n\Omega$ 是 Doppler 频移的模式频率. $\omega_{\mathrm{g}}^2=\omega_a^2V_{\mathrm{s}}^2/V_a^2$, $\omega_{\mathrm{h}}^2=\omega_a^2V_{\mathrm{s}}^2/\left(V_a^2+V_{\mathrm{s}}^2\right)$, $G=mB_z/r-kB_\theta$. 我们考虑外部模式, 对于这些模式, $F(r)$ 在等离子体内部永不消失, 其频率与等离子体旋转频率 $(\omega\sim\Omega)$ 的数量级有关. 假设声波频率在等离子体边缘消失 $(\omega_{\mathrm{g}}(a)=\omega_{\mathrm{h}}(a)=\omega_{\mathrm{s}}(a)=0)$ 并在等离子体柱的中心有峰值, 满足 $\omega_{\mathrm{s}}(0)>\bar{\omega}_r$. 对于一个边界稳定的模式 $(\omega_{\mathrm{i}}=0)$, 函数 $A(r)$ 只在径向位置 r_0 消失, 在那里 $\omega_{\mathrm{h}}^2(r_0)=\bar{\omega}_r^2$, 本征函数 $\xi(r)$ 变得奇异. 在这样的位置, 模式与声波的连续谱发生共振, 从而通过声波的激发而失去能量.

在我们的分析中, 我们假设 $\alpha^2 \sim \epsilon^2\beta \ll 1$. 我们将 $\omega_{\rm s}^2, A, C$ 和本征函数 Ψ 以 $\delta = \alpha^2/4 \ll 1\,(\Psi = \Psi_0 + \delta\Psi_1 \cdots)$ 的幂展开. 在最低阶时, 本征函数方程可简化为

$$\frac{\mathrm{d}}{\mathrm{d}r}\hat{A}\frac{\mathrm{d}\Psi_0}{\mathrm{d}r} - \left[\hat{C}_1 + \hat{C}_2'\right]\Psi_0 = 0, \tag{8.7.6}$$

其中 $r\hat{A} = \rho\left(\omega_a^2 - \bar{\omega}^2\right)H, \hat{C}_2(r) = 2kB_\theta GH/\mu_0 r^2, H = \left(V_a^2 + V_{\rm s}^2\right)/\left(\omega_{\rm f}^2 - \bar{\omega}^2\right), \hat{C}_1(r)$ 是 (8.7.5) 式右边前三个项的正则部分. 方程 (8.7.6) 在 $0 < r < a$ 的情况下是有规律的, 在小的 β 极限下, 与 Alfvén 波的标准本征值方程相同. 然而, 由于 (8.7.3) 式在 $r = r_0$ 处的奇异性, 我们保留了对本征函数 (Ψ_1) 的一阶修正, 这只对 $\bar{\omega}^2 \approx \omega_{\rm h}^2 \approx \omega_{\rm s}^2$ 重要. 在共振点附近,

$$\Psi_1\left(r \approx r_0\right) = \frac{\bar{\omega}^2}{\left(\omega_{\rm s}^2\right)'_{r_0}}\sigma \ln\left[(1-\delta)\omega_{\rm s}^2(r) - \bar{\omega}^2\right], \tag{8.7.7}$$

其中

$$\sigma = \left(\Psi_0' - \frac{2}{r}\frac{kB_\theta G}{F^2}\frac{V_a^2 + V_{\rm s}^2}{V_a^2}\Psi_0\right)_{r_0}. \tag{8.7.8}$$

需要注意, 对于一个纯实数的本征频率, Ψ_1 在 r_0 处有一个对数奇异点. 然而, 如果该模式有一个有限的增长率, 则该本征函数在整个等离子体中是连续的. 通过将 (8.7.3) 式乘以 Ψ^* 并对等离子体进行积分, 可以得到一个一般的二次形式. 假设 $\omega_{\rm i} > 0$, 我们发现本征函数以及它在等离子体真空表面的导数满足 $\left[\Psi^* A(r)\Psi'\right]_a = (1 + a\xi_a'/\xi_a)\,aA(a)\left|\xi_a\right|^2$, 其中

$$\frac{a\xi_a'}{\xi_a} = -1 + \frac{\displaystyle\int_0^a \left[A\left|\Psi'\right|^2 + C|\Psi|^2\right]\mathrm{d}r}{aA(a)\left|\xi_a\right|^2}. \tag{8.7.9}$$

由于 A 和 C 是复数函数, $a\xi_a'/\xi_a$ 有实部和虚部. 由于 Ψ_1 在与声波连续谱共振点的奇异性, 虚部是有限的, 甚至在 $\omega_{\rm i} \to 0$ 的极限下也是如此. 将 (8.7.7) 式代入 (8.7.9)式, $a\xi_a'/\xi_a$ 的最低虚部可以写成以下形式:

$$\operatorname{Im}\left(\frac{a\xi_a'}{\xi_a}\right) = -\frac{\bar{\omega}_r}{\left|\bar{\omega}_r\right|}\frac{\pi}{\left[\omega_{\rm f}^2\right]_{r_0}}\frac{\bar{\omega}_r^4}{\left|r_0\left(\omega_{\rm s}^2\right)'\right|_{r_0}}\left(\frac{k_0^2}{F^2}\right)_a\left(\frac{F^2}{k_0^2}\right)_{r_0}\frac{B^2\left(r_0\right)}{B^2(a)}\left(\frac{V_a^2}{V_a^2 + V_{\rm s}^2}\right)_{r_0}\frac{|\sigma|^2}{|\xi(a)|^2}. \tag{8.7.10}$$

a 的实部 ξ_a'/ξ_a 可以通过阶数 $\bar{\omega}^2/\omega_a^2 \sim \epsilon^2 \ll 1$ 来微扰地计算, 并以 $\left(\epsilon^2, \delta\right)$ 的幂展开本征函数. $\Psi = \Psi_0^0 + \epsilon^2\Psi_0^1 + \delta\Psi_1^0 + \cdots$. 由于理想磁流体作用力算子的自伴性, 而且 $\operatorname{Re}\left(a\xi_a'/\xi_a\right)$ 的计算是以 $\left(\epsilon^2, \delta\right)$ 的幂展开的, 所以只需要零阶本征函数 $\Psi_0^0 = r\xi_0$

满足熟悉的方程 $[f(r)\xi_0']' - g(r)\xi_0 = 0$, 其中 $f(r) = \rho r\omega_a^2/k_0^2$. 将这些结果结合起来, 就可以得到 $a\xi_a'/\xi_a$ 的理想表达式:

$$\frac{a\xi_a'}{\xi_a} = \mathrm{i}\,\mathrm{Im}\left(\frac{a\xi_a'}{\xi_a}\right) + \frac{\hat{\omega}_{\mathrm{F}}^2 - \bar{\omega}^2}{\omega_0^2}, \tag{8.7.11}$$

其中 $\hat{\omega}_{\mathrm{F}}^2 = \delta W_{\mathrm{F}}/K_{\mathrm{M}}$, $\delta W_{\mathrm{F}} = 2\pi^2 R_0\int_0^a \mathrm{d}r[f|\xi_0'|^2 + g|\xi_0|^2]$, $\omega_0^2 = 2\pi^2 R_0 F_a^2|\xi_a|^2/\mu_0 k_0^2(a)K_{\mathrm{M}}$, 以及

$$K_{\mathrm{M}} = 2\pi^2 R_0\int_0^a\left\{\frac{\rho r}{k_0^2}|\xi_0'|^2 + \left[\rho r\frac{k_0^2 r^2 - 1}{k_0^2 r^2} - r^2\left(\frac{\rho}{k_0^2 r^2}\right)'\right]|\xi_0|^2\right\}\mathrm{d}r. \tag{8.7.12}$$

(8.7.11) 式中的虚项是新的, 正如后面将显示的, 它是稳定窗口存在的原因.

利用 (8.7.1), (8.7.2) 和 (8.7.11) 式, 可以得到色散关系

$$\frac{\omega_b^2}{\omega_\infty^2} + \frac{\mathrm{i}}{\omega\tau_{\mathrm{w}}\zeta} + \left(\frac{\omega_{\mathrm{F}}^2 - \bar{\omega}^2}{\omega_\infty^2} - \mathrm{i}\frac{\omega_{\mathrm{D}}^2}{\omega_\infty^2}\right)\left(1 + \frac{\mathrm{i}}{\omega\tau_{\mathrm{w}}\zeta}\right) = 0, \tag{8.7.13}$$

其中 $\omega_b^2 = \delta W_{\mathrm{v}b}/K_{\mathrm{M}}$ 和 $\omega_\infty^2 = \delta W_{\mathrm{v}\infty}/K_{\mathrm{M}}$ 是有壁和无壁的真空频率,

$$\omega_{\mathrm{F}}^2 = \hat{\omega}_{\mathrm{F}}^2 + \left(2\pi^2 R_0 F\hat{F}/\mu_0 k_0^2 K_{\mathrm{M}}\right)_a |\xi_a|^2$$

是对应于完整流体势能的频率, $\omega_{\mathrm{D}}^2 = -\omega_0^2\,\mathrm{Im}\,(a\xi_a'/\xi_a)$ 是新的耗散项. 有趣的是 $\omega_{\mathrm{F}}^2 < 0$, 这是发生不稳定的必要条件. 由于 δL 的虚部是在极限 $\omega_{\mathrm{i}} \to 0$ 中得出的, 所以 (8.7.13) 式只在边缘稳定性附近有效. 在环位形中色散关系具有与方程 (8.7.13) 类似的形式与性质. 特别是, ω_{F}^2 对于不稳定模式是负的, K_{M} 是正的, ω_{D}^2 在 $\bar{\omega}_r = -n\Omega$ 时消失. 此外, 耗散项 ω_{D}^2 在环形几何中要更大, 尽管它与实际项相比仍然很小. 因此, 我们可以求解任意 ω_{D}^2 和 ω_{F}^2 的耗散关系, 而不需要具体参考它们的柱位形表示.

根据耗散、等离子体旋转和壁扩散时间的大小, 我们确定了两个色散关系可以用解析法解决的区域: (1) 小耗散和大旋转, $\Omega^2/\omega_{\mathrm{D}}^2 \gg 1, 1 \ll b/d \ll 1/\hat{\omega}_{\mathrm{D}0}^2 \ll (\Omega\tau_{\mathrm{w}}b/d)^{1/2}$; (2) 薄壁和大耗散, $1 \ll 1/\hat{\omega}_{\mathrm{D}0}^2 \ll \Omega\tau_{\mathrm{w}} \ll b/d$. 这里 $\hat{\omega}_{\mathrm{D}0}^2 = \omega_{\mathrm{D}}^2(\omega_r = 0)/(\omega_b^2 - \omega_\infty^2)$ 是耗散能量的无量纲形式. 区域 (1) 适用于柱位形高 β 等离子体. 在边缘稳定的情况下, 色散关系的解产生了三个本征频率值. 第一种是一个非常低的频率模式, 其值为 $\omega_{r1}\tau_{\mathrm{w}} = -\hat{\omega}_{\mathrm{D}0}^2 \ll 1$. 第二和第三种模式的振荡周期大于壁扩散时间 $\omega_{r2}\tau_{\mathrm{w}} \approx -\,\mathrm{sgn}(\Omega)\,(\tau_{\mathrm{d}}/2\tau_{\mathrm{w}})\,(d/b)\left(1/\hat{\omega}_{\mathrm{D}0}^4\right), \omega_{r3} \approx -n\Omega$. 在区域 (1) 中, 低频根 (ω_{r1}) 的值非常低, 以至于对该根需要一个对 $\lambda b < 1$ 有效的色散关系. 然而, 稳定窗口 (如后文所示) 发生在对应于 ω_{r2} 和 ω_{r3} 的边缘稳定点之间, 因此我们省略了对不太重要的根 ω_{r1} 的冗长计算.

考虑区域 (2), 它是典型的环形高 β 等离子体, 周围有一个非常薄的壁. 所有三个边缘稳定的本征频率都满足导致 (8.7.1) 式的假设. 经过一些简单的处理, (8.7.1) 式的虚部产生了以下本征频率的值: $\omega_{r1}\tau_{\mathrm{w}} \approx -\hat{\omega}_{\mathrm{D0}}^2$, $\omega_{r2}\tau_{\mathrm{w}} \approx -1/\hat{\omega}_{\mathrm{D0}}^2$, 以及 $\omega_{r3} \approx -n\Omega$. 由于同样的考虑适用于区域 (1) 和区域 (2), 在接下来的边缘稳定性分析中不需要区分这两者. 很容易表明, $|\omega_{r1}| \ll |\omega_{r2}| \ll |\omega_{r3}|, |\omega_{r1}| \ll 1/\tau_{\mathrm{w}}, 1/\tau_{\mathrm{w}} \ll |\omega_{r2}| \ll n\Omega$ 以及 $\omega_{r3} \approx -n\Omega$. 第一根 ω_{r1} 代表基本锁定在壁上的模式, 第三根 ω_{r3} 代表锁定在等离子体上的模式, 第二根代表既不与壁也不与等离子体相连的模式. 与这三个频率相对应的边缘稳定条件很容易从 (8.7.13) 式的实数部分得出. 一个简短的计算得出:

$$\omega_r = \omega_{r1} \Rightarrow \omega_\infty^2 + \omega_{\mathrm{F}}^2 - n^2\Omega^2 = 0, \tag{8.7.14}$$

$$\omega_r = \omega_{r2} \Rightarrow \omega_b^2 + \omega_{\mathrm{F}}^2 - n^2\Omega^2 = 0, \tag{8.7.15}$$

$$\omega_r = \omega_{r3} \Rightarrow \omega_b^2 + \omega_{\mathrm{F}}^2 = 0. \tag{8.7.16}$$

需要注意, (8.7.16) 式代表了壁在 b 处的理想边缘稳定条件, 可以通过注意到以 $\omega_r = -n\Omega$ 频率旋转的模式不会耗散能量 ($\omega_{\mathrm{D}}^2 = 0$) 来解释. 因此, 在没有旋转和耗散的情况下, 它与理想模式是相同的. 方程 (8.7.14) 表明, 如果总流体能量 (势能 + 动能) 小于壁在无穷远时的真空能量, 一个锁定在壁上的模式 ($\omega_r = \omega_{r1} \ll 1/\tau_{\mathrm{w}}$) 是稳定的. 第二个边缘稳定点 ((8.7.15) 式) 的物理解释没有其他的那么直观. 对三个边缘稳定点的色散关系的微扰分析表明, 对于 $\omega_\infty^2 - n^2\Omega^2 < -\omega_{\mathrm{F}}^2 < \omega_b^2 - n^2\Omega^2$ 和 $-\omega_{\mathrm{F}}^2 > \omega_b^2$, 外扭曲模是不稳定的. 因此, 在 ω_{F}^2 中存在一个稳定窗口 (与 β 成正比), 用于

$$\omega_b^2 - n^2\Omega^2 < -\omega_{\mathrm{F}}^2 < \omega_b^2. \tag{8.7.17}$$

对于无壁平衡的不稳定情况, 这既是稳定性的必要条件, 也是充分条件.

第二个边缘稳定点可以被解释为如下. 随着势能的增加 ($-\omega_{\mathrm{F}}^2 > \omega_\infty^2 - n^2\Omega^2$), 有足够的能量来诱导模式的旋转 ($|\omega_r| > |\omega_{r1}|$). 增加模式旋转可以减少耗散的能量 (事实上, 当模式随等离子体旋转时, $\omega_{\mathrm{D}}^2 = 0$). 然而, 当旋转频率变得大于逆壁时间 ($|\omega_{r2}\tau_{\mathrm{w}}| \gg 1$) 时, 电阻壁表现就像一个超导壁, 模式被稳定下来, 这就是交变壁电流的稳定效应. 通过保持等离子体参数固定和总流体能量高于不稳定所需的最小值 ($-\omega_{\mathrm{F}}^2 + n^2\Omega^2 > \omega_\infty^2$), (8.7.17) 式也描述了 b/a 的稳定窗口. 通过将 b_{i} 表示为与理想的边缘稳定性相对应的壁面位置 ($\omega_b^2(b = b_{\mathrm{i}}) = -\omega_{\mathrm{F}}^2$), 由于 b_r 是对应于电阻壁边缘稳定的 ($\omega_b^2(b = b_r) = -\omega_{\mathrm{F}}^2 + n^2\Omega^2$), (8.7.17) 式表明, 任何满足 $b_r < b < b_{\mathrm{i}}$ 的壁位置对理想和电阻模式都很稳定. 通过假设 $b_{\mathrm{i}} - b_r \ll b_{\mathrm{i}}$, 可以得出以下与等离子体旋转频率和稳定窗口振幅有关的柱位形或大纵横比的近似公式:

$$\frac{b_{\rm i}-b_r}{b_{\rm i}} \approx \left[\frac{(m-1)^{1/2}}{2m}\frac{1-(a/b_{\rm i})^{2m}}{(a/b_{\rm i})^m}\frac{n\Omega}{|k_{\parallel m}(a)V_a|}\right]^2. \tag{8.7.18}$$

在推导 (8.7.18) 式时, 简单的试探函数 $\xi = \xi_a(r/a)^{m-1}$ 已被用来估计 $K_{\rm M}$. (8.7.18) 式只是对稳定窗口大小的估计. 请注意, 稳定窗口的振幅对等离子体边缘的平行波数 $[k_{\parallel m}(a)]$ 的大小很敏感. 要更准确地评估 $b_{\rm i}-b_r$, 需要对 $\xi_0(r)$ 进行数值解, 并随后计算动能 $K_{\rm M}$. 此外, 有一个关键的最小旋转频率 $(\Omega_{\rm c})$, 低于这个频率就不存在窗口. $\Omega_{\rm c}$ 的大小取决于耗散, 并满足以下公式: $n\Omega_{\rm c}\tau_{\rm w} \approx (\nu+1)^{\nu+1}/\left(\nu^\nu\hat{\omega}_{\rm D0}^2\right)$. 后者是针对 $\lambda d \ll 1$ 和 $\omega_{\rm D0}^2$ 缩放为 $\bar{\omega}_r^\nu$ 得出的, 其中 $\nu\approx 3$ 为柱位形等离子体中声波共振引起的耗散. 请注意, $\Omega_{\rm c}\to\infty$ 为 $\hat{\omega}_{\rm D0}^2\to 0$. 通过比较稳定窗口的大小, 可以对解析理论与数值模拟进行简单的检查. 对于参数 $\Omega R_0/V_a = 0.06$, $q_a = 2.55, n = 1$, 和 $b_{\rm i}\approx 1.7a$, 文献 [7] 显示了一个稳定窗口, 大约为 $(b_{\rm i}-b_r)\approx 0.17b_{\rm i}$. 对于相同的参数和 $m=3$ ($m=3, n=1$ 是明显的柱位形模式, 当 $q_a = 2.55$ 时, 要与环位形的 $n=1$ 外扭曲模相比较), (8.7.18) 式得到一个稳定窗口 $b_{\rm i}-b_r\approx 0.15b_{\rm i}$, 与数值结果合理一致.

图 8.15 显示了壁时间和等离子体耗散对区域 (1) 中 $n=1$, $m=3$ 模式和柱位形等离子体的稳定窗口大小的影响. 旋转频率非常大, 壁时间非常长, 耗散被人为地增加. 观察窗口是如何随着耗散和壁时间的增加而扩大的. 由于柱位形中的耗散量很小 $(\omega_{\rm D(cyl)}^2 = 0.0009\omega_{\rm F}^2)$, 需要非常大的旋转速度和长的壁时间来打开稳定窗口.

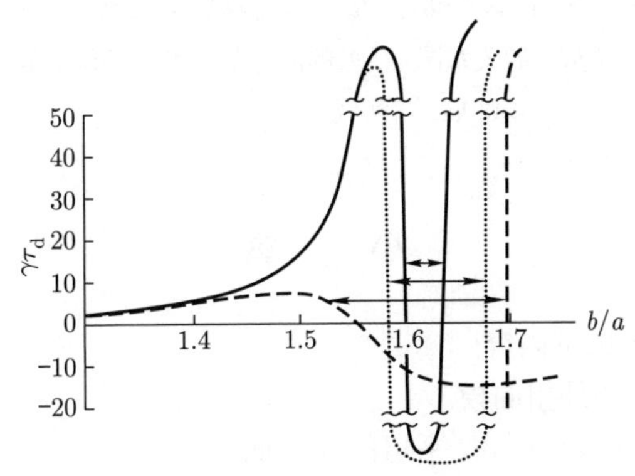

图 8.15 柱位形等离子体中 $q_a = 2.55, \Omega = 0.08V_a/R_0, \Omega = 4k_{\parallel m}(a)V_{\rm s}(0), \epsilon = \dfrac{1}{3}$, $\omega_{\rm F}^2 = -1.1\omega_x^2, b_{\rm i} = 1.7a$, $\tau_{\rm d} = 10^5/\Omega$ 的 $n=1, m=3$ 模式下, 归一化增长率 $\gamma\tau_{\rm d}$ 与壁位置 b/a 的关系图 (实线), 以及壁时间增加到 $10^6/\Omega$ (点线), 耗散增加 50 倍 (虚线) 的情况

图 8.16 显示了 $n=1, m=3$ 模式的稳定窗口和一组现实的平衡参数以及环形等离子体的典型耗散能量值. 环位形中的耗散更大, 因为本征函数的奇异部分以 β

的形式扩展 (而不是 $\epsilon^2\beta$). 这可以通过推导环位形中的 Alfvén 波方程并只保留奇异项来证明. 在环位形中,

$$f(r) = \rho r^3 \left[\omega_{am}^2 - \Omega_{\mathrm{s}(m-1)}^2 - \Omega_{\mathrm{s}(m+1)}^2\right], \tag{8.7.19}$$

其中 $\Omega_{\mathrm{s}(m)}^2 = (\Omega_{\mathrm{E}}\omega_{\mathrm{s}(m)} - \Omega\bar{\omega})^2/(\omega_{\mathrm{s}(m)}^2 - \bar{\omega}^2)$ 和 $\Omega_{\mathrm{E}} = (v_{\mathrm{s}}/R) + (R\Omega^2/2v_{\mathrm{s}})$. 请注意, 在 f 消失的地方, 本征函数是奇异的. 由于 $\omega_{\mathrm{s}}^2/\omega_a^2 \sim \beta \ll 1$, 至少有两个奇异点, 因为声波共振在 $\omega_{\mathrm{s}(m-1)}^2 \approx \bar{\omega}^2$ 和 $\omega_{\mathrm{s}(m+1)}^2 \approx \bar{\omega}^2$. 可以很容易地推断出环形本征函数的奇异部分是以 β 为尺度的. 包括环形边带与声波以及 Alfvén 波连续的多重共振, 环形高 β 等离子体的耗散能量的尺度为 $\omega_{\mathrm{D(torus)}}^2 \sim (N/\epsilon^2)\,\omega_{\mathrm{D(cyl)}}^2$, 其中 N 是共振的数量. 在图 8.16 中, 耗散从 $\omega_{\mathrm{D}}^2\,(\omega_r = 0) \approx 0.01\omega_{\mathrm{F}}^2$ (虚线) 到 $\omega_{\mathrm{D}}^2\,(\omega_r = 0) \approx 0.05\omega_{\mathrm{F}}^2$ (实线) 变化. 观察一下, 当耗散量足够大时, 窗口的大小是如何弱地依赖于耗散量的大小的. 这一结果与 (8.7.18) 式一致, 后者与耗散无关.

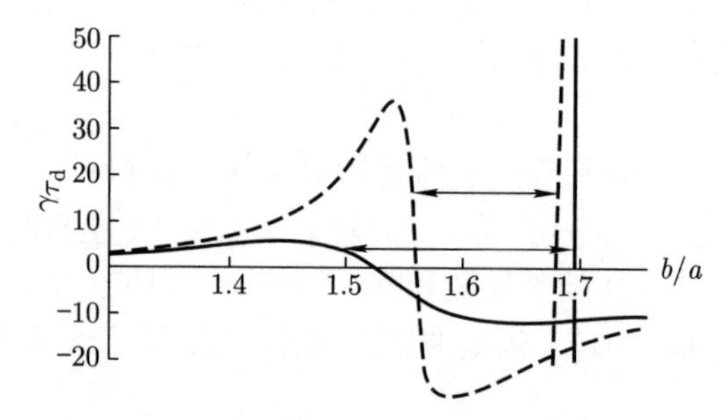

图 8.16 $n = 1, m = 3$ 模式, $\Omega = 0.06V_a/R_0 = k_{\parallel m}(a)V_{\mathrm{s}}(0)$, 和 $\tau_{\mathrm{d}} = 10^4/\Omega$ 的情况下, 归一化增长率 $\gamma\tau_{\mathrm{d}}$ 与壁的位置 b/a 的关系图. 耗散的能量是典型的环位形等离子体: $\omega_{\mathrm{D}}^2\,(\omega_r = 0) \approx 0.01\omega_{\mathrm{F}}^2$ (虚线) 和 $\omega_{\mathrm{D}}^2\,(\omega_r = 0) \approx 0.05\omega_{\mathrm{F}}^2$ (实线)

小　　结

本章主要讨论了以下内容:

(1) 具有有限 β 的外扭曲模.

(i) 先进托卡马克运行模式: 平坦的 q 剖面;

(ii) 非局域交换模 (infernal mode) (内部和外部);

(iii) 极向模数 m 耦合导致的全局模式结构.

(2) 导体壁对外扭曲模的影响.

(i) $\beta_{\text{无壁}}$ 和 $\beta_{\text{理想壁}}$;

(ii) $\gamma\tau_{\mathrm{w}}$ 的 3 个典型区域.

(3) 电阻壁模.

(i) 电阻壁模增长率作为 β 的函数;

(ii) 电阻壁模的被动和主动致稳.

(4) β 极限定标率.

(i) Sykes 极限;

(ii) Troyon 极限;

(iii) $\beta_{\mathrm{N,max}} = 4\ell_{\mathrm{i}}$ 定标率.

习　题

1. 推导电阻壁模解表达式 (8.3.4).
2. 推导电阻壁模色散关系式 (8.4.27).
3. 阅读并自学参考书及文献中关于托卡马克等离子体破裂的理论和实验研究.

参 考 文 献

[1] Hender T C, Wesley J C, Bialek J, et al. MHD stability, operational limits and disruptions. Nuclear Fusion, 2007, 47(6): S128.

[2] Han R, Zhu P, Banerjee D, et al. Low-n global ideal MHD instabilities in the CFETR baseline scenario. Plasma Physics and Controlled Fusion, 2020, 62(8): 085016.

[3] Manickam J, Chance M S, Jardin S C, et al. The prospects for magnetohydrodynamic stability in advanced tokamak regimes. Physics of Plasmas, 1994, 1(5): 1601.

[4] Freidberg J P. Ideal Magnetohydrodynamics. Plenum Publishing Corporation, 1987.

[5] Hain K and Lüst R. Zur stabilität zylindersymmetrischer plasmakonfigurationen mit volumenströmen. Z. Naturforsch. Teil A, 1958, 13: 936.

[6] Bondeson A, Vlad G, and Lütjens H. Resistive toroidal stability of internal kink modes in circular and shaped tokamaks. Physics of Fluids B: Plasma Physics, 1992, 4(7): 1889.

[7] Bondeson A and Ward D J. Stabilization of external modes in tokamaks by resistive walls and plasma rotation. Physical Review Letters, 1994, 72(17): 2709.

[8] Strait E J, Bialek J, Bogatu N, et al. Resistive wall stabilization of high-beta plasmas in DIII-D. Nuclear Fusion, 2003, 43(6): 430.

[9] Berkery J W, Sabbagh S A, Betti R, et al. Resistive wall mode instability at intermediate plasma rotation. Physical Review Letters, 2010, 104(3): 035003.

[10] Sabbagh S A, Berkery J W, Bell R E, et al. Advances in global MHD mode stabilization research on NSTX. Nuclear Fusion, 2010, 50(2): 025020.

[11] Troyon F, Gruber R, Saurenmann H, et al. MHD-limits to plasma confinement. Plasma Physics and Controlled Fusion, 1984, 26(1A): 209.

[12] Strait E J. Stability of high beta tokamak plasmas. Physics of Plasmas, 1994, 1(5): 1415.

[13] Sabbagh S A, Bell R E, Bell M G, et al. Beta-limiting instabilities and global mode stabilization in the National Spherical Torus Experiment. Physics of Plasmas, 2002, 9(5): 2085.

[14] Taylor T S. Experimental achievement of toroidal beta beyond that predicted by Troyon scaling//Technical report, General Atomics. Oak Ridge National Lab., TN (United States), 1994.

[15] Betti R and Freidberg J P. Stability analysis of resistive wall kink modes in rotating plasmas. Physical Review Letters, 1995, 74(15): 2949.

第九章 电流驱动的电阻撕裂模

本章首先讨论电流片稳定性, 接下来依次探讨存在导向场时的重联、托卡马克中的磁岛、Rutherford 方程等内容. 本章还对磁岛饱和、旋转磁岛的锁定做了讨论. 最后, 我们分析了等离子体对误差场的响应.

§9.1 电阻磁流体不稳定性: 撕裂模

电阻性 Ohm 定律 $\boldsymbol{E}+\boldsymbol{u}\times\boldsymbol{B}=\eta\boldsymbol{J}$, 使得产生平行于磁场方向的电流密度和电场扰动成为可能. 这种情况下, 扰动磁场的方程

$$\frac{\partial \boldsymbol{B}}{\partial t}=\nabla\times(\boldsymbol{v}\times\boldsymbol{B}-\eta\boldsymbol{J})=\nabla\times\left(\boldsymbol{v}\times\boldsymbol{B}-\frac{\eta}{\mu_0}\nabla\times\boldsymbol{B}\right) \tag{9.1.1}$$

会导致磁通的产生或消失. 这就打破了磁冻结条件, 从而磁场拓扑结构发生变化, 可以产生一类理想磁流体中所不可能实现的新磁流体不稳定性.

电阻性磁流体的时间尺度来自

$$\frac{\partial \boldsymbol{B}}{\partial t}=-\frac{\eta}{\mu_0}\nabla\times(\nabla\times\boldsymbol{B})=\frac{\eta}{\mu_0}\Delta\boldsymbol{B}. \tag{9.1.2}$$

(9.1.2) 式具有扩散方程的数学结构, 其中扩散系数 $D_{\mathrm{mag}}=\eta/\mu_0$, 对应于磁场电阻扩散的时间尺度

$$\tau_R=\frac{\mu_0 L^2}{\eta}. \tag{9.1.3}$$

在经典电动力学中, 这种扩散过程被称为趋肤效应, 即当在导体表面施加迅速变化的电压时电流在导体内部的渗透现象.

(1) 磁 Reynolds 数.

如果所考虑过程的时间尺度远远小于磁场电阻扩散时间的尺度, 即 $\tau\ll\tau_R$, 则磁通近似守恒, 理想磁流体力学模型是有效的. 在电阻扩散时间尺度上, 磁场在等离子体中的扩散也可以看作磁场线在等离子体中的 “滑动”, 而不是处于冻结状态. 显然, 如果比率

$$\frac{|\boldsymbol{u}\times\boldsymbol{B}|}{(\eta/\mu_0)\,|\nabla\times\boldsymbol{B}|}\approx\frac{\mu_0 L u}{\eta}=Re_{\mathrm{M}} \tag{9.1.4}$$

很小, 电阻效应将变得重要. 由于与普通流体力学中的 Reynolds 数相似, 这个无量纲数称为磁 Reynolds 数.

(2) Lundquist 数.

如果假设 (9.1.4) 式中 u 由理想磁流体力学时间尺度, 即 Alfvén 速度 u_{A} 决定, 可以获得 Re_{M} 的上界. 根据这个定义, 如果 Lundquist 数满足下式, 则理想磁流体力学是有效的:

$$S=\frac{\tau_R}{\tau_{\mathrm{A}}}\approx\frac{\mu_0 L u_{\mathrm{A}}}{\eta}\gg 1. \tag{9.1.5}$$

对于热核聚变等离子体, 当 T, n, B 和 L 取典型值时, 通常 S 介于 10^6 到 10^9 的参数范围. 在托卡马克装置中, 由磁流体不稳定性引起的拓扑结构变化源于共振面附近一个通常称为电阻层的狭窄层, 而远离该层的磁面则根据理想磁流体模型的运动方程发生形变.

(3) 聚变和天体物理等离子体中的电阻磁流体时间尺度.

由 (9.1.3) 式可以看出, 与电阻层相关的电阻扩散时间尺度按照电阻层宽度和系统宏观长度之比的平方下降. 例如, 假设典型的电阻层宽度为 1 cm 并且系统宏观空间尺度为 1 m, 则 τ_R 从对应的宏观电流剖面重新分布的 10 s 下降到对应于电阻不稳定性增长率的 1 ms 量级. 因此, 电阻磁流体不稳定性也将对托卡马克的运行空间起到限制作用. 即使如此, 人们发现, 不仅在聚变等离子体中, 而且在天体物理现象中, 通常电阻磁流体不稳定性增长速度比之前给出的简单时间尺度估计还要快得多. 这是因为, 在这些情况下, Ohm 定律必须加以调整, 以考虑能够有效降低电导率从而提高增长率的诸多效应. 总地来说, 这仍是高温等离子体物理研究的一个活跃领域.

(4) 电流片、磁重联与磁岛形成: 电阻撕裂模不稳定性.

磁重联是等离子体中磁面拓扑结构发生变化的过程. 它发生在相反方向的磁场线彼此靠近的情况下, 表明发生的区域存在电流片分布. 这个电流片在理想磁流体模型中可以无限长时间地存在, 而在电阻磁流体模型中按电阻扩散时间尺度衰减. 通过磁重联可以形成拓扑上的新结构, 即磁岛, 从而使得系统的自由能减少, 这一过程所对应的不稳定性, 导致磁场线的撕裂和重新联接, 称为撕裂模.

我们先讨论平板位形中电阻撕裂模线性增长率的一种启发性推导[1,2]. 考虑平板位形磁流体平衡, 该系统宏观特征长度是初始磁场的幅度 B_0 在 x 方向上的线性变化尺度 L, 并且磁场在 $x=x_{\mathrm{s}}$ 处反转方向 (见图 9.1):

$$B_0=B_{0y}\frac{x-x_{\mathrm{s}}}{L}. \tag{9.1.6}$$

在 y 方向, 特征长度是扰动的波长 λ, 相应的波数是 $k=2\pi/\lambda$. 假设等离子体受到 x 方向指向中性片, 即 $x=x_{\mathrm{s}}$ 处的均匀外力 F_{ext}. 在远离中性片 $x=x_{\mathrm{s}}$ 的地方,

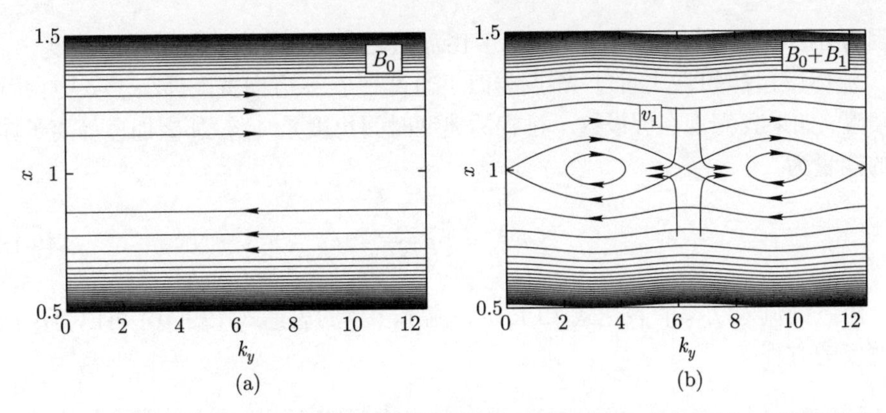

图 9.1 在一个相反的磁场区域中磁场线重新联接. 在这个过程中, 磁岛形成. 图中还指出了等离子体在形成过程中的流型. 在磁岛的形成过程中, 磁片分裂成具有周期性变化正负号的电流的区域, 形成所谓的 X 点, 等离子体通过这些点流入新形成的岛状磁面

理想磁流体近似成立, 外力导致的等离子体运动满足 "磁冻结" 条件, 这意味着磁场线的运动与等离子体流体的运动同步. 如果二者的运动不同步, 等离子体在垂直磁场线方向有相对切割运动, 那么根据 Faraday 定律, 这种运动导致动生感应电场, 对于有限大小的电阻率, 可以引起电流密度 $J_{1z} = u_{1x}B_0/\eta$, 而最终形成作用在等离子体的恢复力 $F_x = -J_{1z}B_0 = -u_{1x}B_0^2/\eta$. 在理想磁流体极限近似下, $\eta \to 0$, 该恢复力亦趋于无穷大, 从而阻止等离子体与磁场线的分离. 然而, 靠近 $x = x_\mathrm{s}$ 的中性片处, $B_0 \to 0$, 因此恢复力也接近零, 上述机制不再有效. 可以想见, 在 x 方向靠近中性片处存在一点 $x = x_\mathrm{s} \pm \delta/2$, 该处恢复力等于初始外力, 从而在从该点起始到中性片处的通常称为撕裂层的区域内, 等离子体和磁场线的运动解耦. 我们可以通过以下关系确定撕裂层的厚度 δ:

$$F_\mathrm{ext} = F_x = \eta^{-1}u_{1x}B_0^2\,(x_\mathrm{s} \pm \delta) = \eta^{-1}u_{1x}B_{0y}^2\left(\frac{\delta}{L}\right)^2. \tag{9.1.7}$$

在撕裂层外, 等离子体可以用理想磁流体模型近似, 而在撕裂层内, 有限电阻率不可忽略. 由于外力的作用而注入系统的功率

$$P = F_\mathrm{ext}u_{1x} = F_x u_{1x} = \eta^{-1}u_{1x}^2 B_{0y}^2\left(\frac{\delta}{L}\right)^2. \tag{9.1.8}$$

这个功率应该等于在外力作用下, 等离子体在理想区域加速时的动能变化率. 如果我们假设有不可压缩的等离子体流进入磁岛内, 即

$$\nabla\cdot\boldsymbol{u} = 0 \Rightarrow \frac{u_{1x}}{\delta} + ku_{1y} = 0, \tag{9.1.9}$$

则因为 $\delta k \ll 1$ (层宽远小于扰动波长), 由流入磁岛的速度所决定的出流速度 $u_{1y} \gg u_{1x}$. 流体以这样的方式通过 X 点类似于通过一个 x 方向宽度远小于 y 方向宽度的喷嘴. 如果我们现在假设这个过程的典型时间尺度是 $1/\gamma$, 那么加速等离子体所需的能量为

$$\gamma\rho u_{1y}^2 = \gamma\rho\frac{u_{1x}^2}{(\delta k)^2}. \tag{9.1.10}$$

由系统流入功率的表达式 (9.1.8) 和流出功率的表达式 (9.1.10) 可以得出撕裂层宽度的方程

$$\delta = \left(\frac{\gamma\eta\rho L^2}{k^2 B_{0y}^2}\right)^{1/4}, \tag{9.1.11}$$

其中 γ 将在下面确定. 磁岛的形成意味着磁场扰动 $\boldsymbol{B}_1$ 在 x 方向的增长, 根据 Faraday 定律和 Ohm 定律, 有

$$\gamma B_{1x} = kE_{1z} = \eta k J_{1z}. \tag{9.1.12}$$

由于在撕裂层内, 电阻效应占主导地位, 所以以上忽略了动生感应电场项 $\boldsymbol{u}\times\boldsymbol{B}$. 根据 Ampère 定律, 撕裂层内的这个电流可以支撑磁岛磁场 $\boldsymbol{B}_1$ 切向分量跨越撕裂层的跳变, 即

$$\mu_0 J_{1z} = \frac{B_{1y}^+ - B_{1y}^-}{\delta}, \tag{9.1.13}$$

其中正负号 $+$ 和 $-$ 表示撕裂层的两侧边界位置 $x_\mathrm{s} \pm \delta/2$. 引入撕裂层参数 $\varDelta'$, 可以建立与增长率 γ 的关系

$$\gamma = \frac{\eta}{\mu_0\delta}\frac{k\left(B_{1y}^+ - B_{1y}^-\right)}{B_{1x}} = \frac{\eta}{\mu_0\delta}\varDelta', \tag{9.1.14}$$

其中 $\varDelta'$ 的正负号决定了系统的稳定性. 通过联立 (9.1.11) 和 (9.1.14) 式, 可以求解得到撕裂层宽度

$$\delta = \left(\frac{\eta^2\varDelta'\rho L^2}{\mu_0 k^2 B_{0y}^2}\right)^{1/5} = L\left(\frac{\varDelta' L\tau_\mathrm{A}^2}{(kL)^2\tau_R^2}\right)^{1/5}, \tag{9.1.15}$$

其中使用了特征时间尺度的表达式 $\tau_R = \mu_0 L^2/\eta$ 和 $\tau_\mathrm{A} = L/u_\mathrm{A} = L/\left(B_{0y}/\sqrt{\mu_0\rho}\right)$. 同时也得到电阻撕裂模的增长率

$$\gamma = \tau_R^{-3/5}\tau_\mathrm{A}^{-2/5}\left(\varDelta' L\right)^{4/5}(kL)^{2/5}. \tag{9.1.16}$$

(9.1.16) 式表明, 撕裂模的线性增长率由包括 τ_R 和 τ_{A} 的混合时间尺度给出. 对于 $\Delta' > 0$, 任意小的扰动或者外力都将导致撕裂模的增长. 对于 $\Delta' < 0$, 系统抗拒撕裂模的自发增长. 这种情况下, Sweet-Parker 类型的磁场重联可以由外力驱动, 但其流场结构近似平稳, 且重联时间尺度与自发增长的撕裂模有所不同. 尽管 (9.1.16) 式所表示的撕裂模的线性增长率与更为严格的推导结果只有常系数的差别, 以上推导所基于的简单图像往往无法准确描述天体物理和托卡马克锯齿实验中更快的重联时间尺度, 这表明其中的重联过程涉及更多的物理因素. 例如, 由于双流体效应或湍流所可能导致的电阻撕裂层加宽, 可以使得更大的质量流进入磁岛, 而且湍流也会在撕裂层中产生 "反常" 电阻率, 这些都可以导致撕裂模增长率或者重联速率的提高.

§9.2 平板位形线性电阻撕裂模的数学推导

这里讨论关于平板位形线性电阻撕裂模不稳定性较为严格的数学推导[3]. 考虑一个无限的等离子体, 它包含一个有限的平板电流, 其方向平行于平板表面, 即

$$j_z = \begin{cases} j_{z0}, & -a < x < a, \\ 0, & |x| > a. \end{cases} \tag{9.2.1}$$

等离子体在 y 和 z 方向上是均匀的, 通过 Ampère 定律 $\nabla \times \boldsymbol{B} = \mu_0 \boldsymbol{j}$, 得到

$$B_y(x) = \begin{cases} B'_{y0} x, & -a < x < a, \\ -B'_{y0} a, & x < -a, \\ B'_{y0} a, & x > a, \end{cases} \tag{9.2.2}$$

其中 $B'_{y0} = \mu_0 j_{z0}$. 由于这些平面平板平衡点在时间上是平稳的, 在 y 和 z 方向上是均匀的, 因此线性化的平衡点的扰动可以被 Fourier 分析成该形式的正态模式:

$$\psi_1(\boldsymbol{x}, t) = \hat{\psi}_1(x) \exp(\mathrm{i}k_y y + \mathrm{i}k_z z - \mathrm{i}\omega t). \tag{9.2.3}$$

将电阻率引入等离子体 Ohm 定律

$$\boldsymbol{E} + \boldsymbol{u} \times \boldsymbol{B} = \eta \boldsymbol{j}, \tag{9.2.4}$$

结合 Faraday 定律

$$\frac{\partial \boldsymbol{B}}{\partial t} = -\nabla \times \boldsymbol{E}, \tag{9.2.5}$$

线性化后磁场扰动现在由下式描述:

$$\frac{\partial \boldsymbol{B}_1}{\partial t} = -\nabla \times (\boldsymbol{u}_1 \times \boldsymbol{B}_0) - \eta \nabla \times \boldsymbol{j}_1. \tag{9.2.6}$$

我们认为电阻率是均匀的, 根据 Ampère 定律

$$\mu_0 \boldsymbol{j}_1 = (\nabla \times \boldsymbol{B}_1), \tag{9.2.7}$$

我们得到

$$\frac{\partial \boldsymbol{B}_1}{\partial t} = \nabla \times (\boldsymbol{u}_1 \times \boldsymbol{B}_0) + \frac{\eta}{\mu_0}\nabla^2 \boldsymbol{B}_1. \tag{9.2.8}$$

(9.2.8) 式右边第一项为

$$\nabla \times (\boldsymbol{u}_1 \times \boldsymbol{B}_0) = (\boldsymbol{B}_0 \cdot \nabla)\boldsymbol{u}_1 - (\boldsymbol{u}_1 \cdot \nabla)\boldsymbol{B}_0 - \boldsymbol{B}_0(\nabla \cdot \boldsymbol{u}_1). \tag{9.2.9}$$

(9.2.8) 式的 x 分量变成

$$\omega B_x = -kB_{y0}u_x + \frac{\mathrm{i}\eta}{\mu_0}\frac{\partial^2 B_x}{\partial x^2}. \tag{9.2.10}$$

对 (9.2.10) 式的观察可以得出几个重要的结论:

(1) 与理想的 MHD 相比, $\omega B_x \gg \dfrac{\eta}{\mu_0}\dfrac{\partial^2 B_x}{\partial x^2}$, 然而, 当扰动模有更低的频率或更短的长度尺度时, 方程 (9.2.10) 中的两项就会具有可比性.

(2) 一阶扰动 B_x 不再需要在 $B_{y0} = 0$ 即 $x = 0$ 的点上为 0, 在物理上, 放松了当 $B_{y0} = 0$ 时 $B_x = 0$ 的约束, 允许等离子体在降低其磁能的途径上有更多的自由, 对应于不稳定扰动的更多可能性.

(3) 电阻项在 $B_{y0} = 0$ 点附近的狭窄区域最为重要, 即在我们的特定例子中 $x = 0$ 附近, 我们称之为 “电阻层”.

转向线性化的一阶运动方程, 即

$$\rho_0 \frac{\partial \boldsymbol{u}_1}{\partial t} = -\nabla p_1 + (\boldsymbol{j} \times \boldsymbol{B})_1 = -\nabla\left(p_1 + \frac{\boldsymbol{B}_0 \cdot \boldsymbol{B}_1}{\mu_0}\right) + \frac{1}{\mu_0}[(\boldsymbol{B}_0 \cdot \nabla)\boldsymbol{B}_1 + (\boldsymbol{B}_1 \cdot \nabla)\boldsymbol{B}_0]. \tag{9.2.11}$$

我们使用了 $\mu_0 \boldsymbol{j} = (\nabla \times \boldsymbol{B})$ 和 $(\nabla \times \boldsymbol{B}) \times \boldsymbol{B}$ 的向量恒等式. 将磁压扰动线性化, $(B^2)_1 = 2\boldsymbol{B}_0 \cdot \boldsymbol{B}_1$. 这个线性化的运动方程的 x 和 y 分量分别为:

$$-\mathrm{i}\omega\rho_0 u_x = -\frac{\partial}{\partial x}\left(p_1 + \frac{B_{z0}B_{z1} + B_{y0}B_{y1}}{\mu_0}\right) + \frac{1}{\mu_0}\mathrm{i}kB_{y0}B_x, \tag{9.2.12}$$

$$-\mathrm{i}\omega\rho_0 u_y = -\mathrm{i}k\left(p_1 + \frac{B_{z0}B_{z1} + B_{y0}B_{y1}}{\mu_0}\right) - \frac{1}{\mu_0}\left(B_{y0}\frac{\partial B_x}{\partial x} - B_x\frac{\partial B_{y0}}{\partial x}\right). \tag{9.2.13}$$

我们取 y 分量方程 (9.2.13) 的 $\dfrac{\partial}{\partial x}$, 然后减去 $\mathrm{i}k$ 乘以 x 分量方程 (9.2.12), 这将产生

$$\begin{aligned}-\mathrm{i}\omega\left(\frac{\partial}{\partial x}(\rho_0 u_y)-\mathrm{i}k\rho_0 u_x\right)&=\frac{1}{\mu_0}\left[\frac{\partial}{\partial x}\left(B_x\frac{\partial B_{y0}}{\partial x}-B_{y0}\frac{\partial B_x}{\partial x}\right)+k^2B_{y0}B_x\right]\\&=-\frac{1}{\mu_0}\left[\frac{\partial}{\partial x}\left[B_{y0}^2\frac{\partial}{\partial x}\left(\frac{B_x}{B_{y0}}\right)\right]-k^2B_{y0}B_x\right].\end{aligned}\tag{9.2.14}$$

假设等离子体运动是不可压缩的, 即

$$0=\nabla\cdot\boldsymbol{u}_1=\frac{\partial u_x}{\partial x}+\mathrm{i}ku_y.\tag{9.2.15}$$

用 u_x 代替 u_y, 运动方程完全可以用 u_x 表示, 所以运动方程变成

$$-\frac{\omega\mu_0}{k}\left[\frac{\partial}{\partial x}\left(\rho_0\frac{\partial u_x}{\partial x}\right)-k^2\rho_0u_x\right]=\frac{\partial}{\partial x}\left[B_{y0}^2\frac{\partial}{\partial x}\left(\frac{B_x}{B_{y0}}\right)\right]-k^2B_{y0}B_x.\tag{9.2.16}$$

9.2.1 外区理想磁流体方程及解

远离电阻层, 即在 $x=0$ 左边和右边, 我们期望理想磁流体近似保持有效. 由于频率 ω 远低于 Alfvén 波频率, 这些理想磁流体区域的扰动将由省略了惯性项的运动方程 (9.2.16) 给出:

$$\frac{\partial}{\partial x}\left[B_{y0}^2\frac{\partial}{\partial x}\left(\frac{B_x}{B_{y0}}\right)\right]-k^2B_{y0}B_x=0.\tag{9.2.17}$$

这个方程描述了在 $x=0$ 的电阻层左侧和右侧 “外区域” 中的扰动. 在 $x>a$ 的区域 $B_y=B'_{y0}a$ 为常数, 代入方程 (9.2.17) 得到

$$\frac{\partial^2B_x}{\partial x^2}-k^2B_x=0.\tag{9.2.18}$$

此方程解的形式为 $B_x=C\exp(-kx)$(当 $x\to\infty, B_x\to0$), C 为任意常数, 接下来考虑 $0<x<a$ 的区域, 将 $B_y=B'_{y0}x$ 代入方程 (9.2.17), 得到

$$\frac{\partial}{\partial x}\left[x^2\frac{\partial}{\partial x}\left(\frac{B_x}{x}\right)\right]-k^2xB_x=\frac{\partial}{\partial x}\left(x\frac{\partial B_x}{\partial x}-B_x\right)-k^2xB_x=\frac{\partial^2B_x}{\partial x^2}-k^2B_x=0.\tag{9.2.19}$$

此方程解的形式为 $B_x=A\exp(kx)+B\exp(-kx)$, 其中 A,B 为常数, 再结合 $x=a$ 处的边界条件

$$\begin{aligned}B_x|_{x=a^-}&=B_x|_{x=a^+},\\\frac{\partial}{\partial x}\left(\frac{B_x}{B_{y0}}\right)_{x=a^-}&=\frac{\partial}{\partial x}\left(\frac{B_x}{B_{y0}}\right)_{x=a^+},\end{aligned}$$

可以解得

$$A = \frac{C}{2ka}\exp(-2ka), \quad B = \frac{C}{2ka}\exp(2ka-1). \tag{9.2.20}$$

如此可以得到 $x>0$ 区域的解, 其中扰动的幅度与 C 有关, 无法在线性理论中确定. 由于平衡的对称性, $x<0$ 区域解的形式与 $x>0$ 的完全一致, 将 $-x$ 代入即可得到 $x<-a$ 的解 $B_x = C\exp kx$, 以及 $-a<x<0$ 的解 $B_x = A\exp(-kx)+B\exp(kx)$, 常数 A, B, C 都一致.

将 $x=0$ 周围的区域看作在左右两个理想磁流体区域之间形成的一个 "边界层", 此外, 通过在该边界层中的一个薄封闭区域面上积分等离子体方程, 可以得到 "边界条件" , 封闭区域如图 9.2 所示. 该区域在 x 上有一个无穷小的宽度 (比电阻层宽), 在 y 上的高度是有限的, 但比扰动的特征波长要小得多; 它在 z 中的范围是任意的, 因为在 z 方向上没有变化. 将方程 $\nabla\cdot\boldsymbol{B}_1=0$ 在封闭区域面上积分, 并应用 Gauss 定理, 我们发现 B_x 在边界上必须是连续的, 即

$$B_x(x\to0^+) = B_x(x\to0^-). \tag{9.2.21}$$

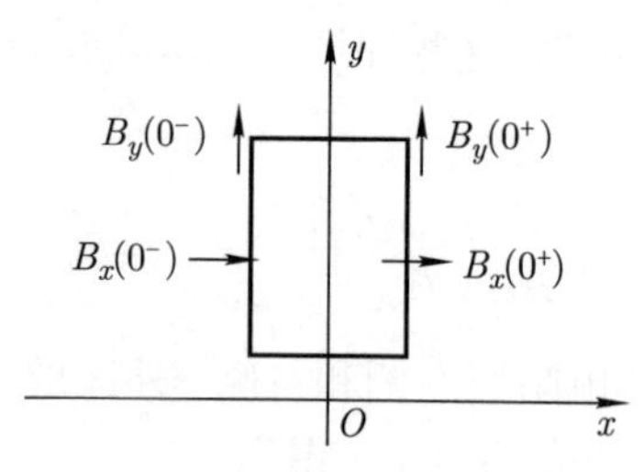

图 9.2 用于获得跨电阻层的边界条件的薄封闭区域

由此我们推断, 在每个 y 值处的 B_x 的值可以在整个 $x=0$ 附近的电阻层中是恒定的. 类似地, 将 $\nabla\times\boldsymbol{B}=\mu_0\boldsymbol{j}$ 在封闭区域 (x-y) 平面上积分, 并应用旋度的表面积分的 Stokes 定理, 我们发现 B_{y1} 中的不连续与在边界层中流动的一阶 "表面电流" J_{z1} 有关 ($J_{z1}=j_{z1}\Delta x$), 即

$$B_{y1}(x\to0^+) - B_{y1}(x\to0^-) = \mu_0 J_{z1}. \tag{9.2.22}$$

由此表明, 磁场扰动的 y 分量在边界层上可以是不连续的. 从 $\boldsymbol{B}_1$ 的无散度性质, 即

$$\frac{\partial B_x}{\partial x} + \mathrm{i}kB_{y1} = 0, \tag{9.2.23}$$

我们注意到 B_{y1} 的不连续意味着 $\dfrac{\partial B_x}{\partial x}$ 的不连续. 因此, 虽然 B 本身在边界层上是连续的, 但它在 x 中的梯度却不是. 我们定义 $\varDelta'$ 为在 $x=0$ 处跨越边界层的不连

续跳跃. 这是一个重要的量, 它将决定电阻撕裂模式的稳定性:

$$\Delta' = \frac{1}{B_x}\left[\frac{\partial B_x}{\partial x}\right]_{x=0} = \frac{1}{B_x}\left(\left.\frac{\partial B_x}{\partial x}\right|_{x=0+} - \left.\frac{\partial B_x}{\partial x}\right|_{x=0-}\right). \tag{9.2.24}$$

由外区理想磁流体方程解可以得到 Δ' 的具体表达式

$$\Delta' = \frac{1}{B_x}\left[\frac{\partial B_x}{\partial x}\right]_{x=0} = \frac{2k(A-B)}{A+B}. \tag{9.2.25}$$

将 A, B 的表达式代入, 可以得到

$$\Delta' a = \frac{2ka[\exp(-2ka) - 2ka + 1]}{\exp(-2ka) + 2ka - 1}. \tag{9.2.26}$$

上式是根据具体的平板电流片结构分布得到的 Δ' 解析表达式, 根据其他磁场位形并结合相应的边界条件, 当 $x \to -\infty$ (或是导体壁边界条件) 时, $B_x \to 0$, 对外区理想 MHD 方程 (9.2.17) 从边界 (导体壁) 处积分至 $x = 0$ 的左侧, 且对 $x > 0$ 区域进行同样的操作. 通过 B_x 在 $x = 0$ 处的连续性边界条件可以确定扰动磁场的解, 从而得到在 $x = 0$ 处一阶导数的阶跃参数 Δ'.

根据撕裂模不稳定性增长的阈值条件 $\Delta' > 0$, 从 $\Delta' a$ 作为 ka 的函数如图 9.3 所示, 可以看出当扰动波长远远小于系统的特征尺度 ($ka \gg 1$) 时电阻性撕裂模稳定 ($\Delta' < 0$), 当扰动波长足够大时, 电阻性撕裂模才能增长. 电阻层内的剪切磁场 B_y 需要沿 y 方向类似波传播的扰动以在 $x = 0$ 处产生垂直扰动磁场 B_x 来相互联接, 而使发生重联的磁场线在联接处相互抵消, 导致磁能的湮灭以降低整个系统的能量, 而波动的传播会弯曲磁场线, 从而需要获取能量, 只有当湮灭释放的磁能超过弯曲磁场线所需的能量时, 电阻性撕裂模才会变得不稳定.

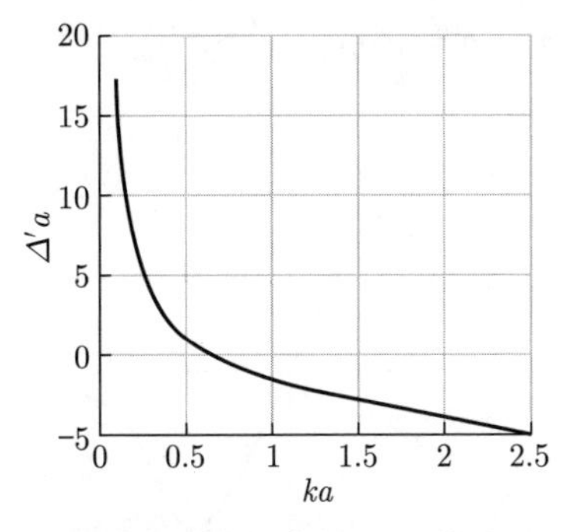

图 9.3 撕裂模不稳定性参数 $\Delta' a$ 作为 ka 的函数

9.2.2 内区电阻层方程及解

为了确定电阻撕裂模生长速率, 在电阻层内取 $B_{y0} = B'_{y0}x$, 并发现扰动场分量 B_x 在整个电阻层中是近似恒定的. B_x 的常数部分, 将记为 $\bar{B}_x$, 方程 (9.2.10) 可以表示为

$$\omega \bar{B}_x + kB'_{y0}xu_x = \frac{\mathrm{i}\eta}{\mu_0}\frac{\partial^2 B_x}{\partial x^2}. \tag{9.2.27}$$

在薄电阻层中, 运动方程 (9.2.16) 可以简化为

$$-\omega\rho_0\mu_0\frac{\partial^2 u_x}{\partial x^2} = kB'_{y0}\frac{\partial}{\partial x}\left[x^2\frac{\partial}{\partial x}\left(\frac{B_x}{x}\right)\right] = kB'_{y0}\frac{\partial}{\partial x}\left(x\frac{\partial B_x}{\partial x} - B_x\right) = kB'_{y0}x\frac{\partial^2 B_x}{\partial x^2}. \tag{9.2.28}$$

将 (9.2.27) 式中的 $\dfrac{\partial^2 B_x}{\partial x^2}$ 代入上述方程, 可得到

$$\gamma\eta\rho_0\frac{\partial^2 u_x}{\partial x^2} = kB'_{y0}x(\mathrm{i}\gamma\bar{B}_x + kB'_{y0}xu_x). \tag{9.2.29}$$

这里的 $\omega = \mathrm{i}\gamma$, 这个解不能用解析函数给出, 而必须用部分数值计算. 从 (9.2.29) 式可以明显看出, u_x 在远离电阻层时会逐渐减小. 具体来说, $u_x \sim \mathrm{i}\gamma\bar{B}_x/kB'_{y0} \sim 1/x$, 当 $x \to \infty$ 时方程左边的项可以忽略不计, u_x 的解如图 9.4 所示: 隐含假设非齐次方程的解是唯一的, 即通过省略包括 $x\bar{B}_x$ 在内的项而得到的齐次方程没有允许的解. 通过将齐次方程乘以 u_x^*, 从 $-\infty$ 到 $+\infty$ 积分, 从而得到一个负定表达式, 约束对于 $u_x \to 0$ 即 $x \to \infty$ 任何解必须等于 0, 可以很容易地得到解. 电阻层的特征宽度可以简单地通过检验上述公式来确定. 平衡左边的项和右边的第二项给出一个特征宽度

$$x \sim \delta = (\gamma\eta\rho_0)^{1/4}/(kB'_{y0})^{1/2}. \tag{9.2.30}$$

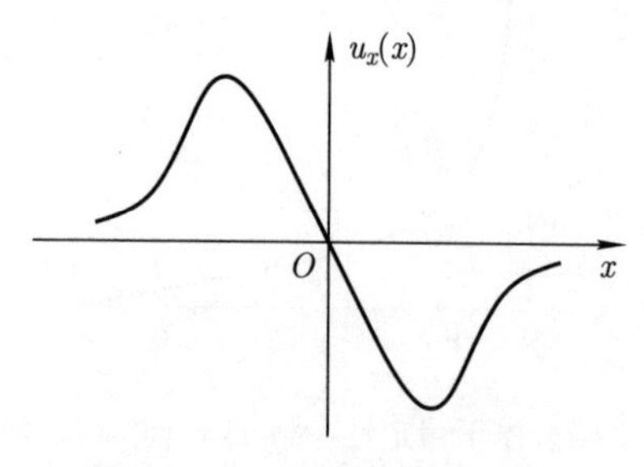

图 9.4 电阻层中 u_x 解形式

随着电阻率 η 的降低, 电阻层变薄. 为了求解并求出增长率 γ, 需要得到某种形式的显式解. 为此目的, 可以方便地转换为缩放变量 X 和 U, 它们被定义为

$$X \equiv x/\delta, \tag{9.2.31}$$

$$U \equiv (\gamma\eta\rho_0)^{1/4}(kB'_{y0})^{1/2}u_x/\mathrm{i}\gamma\bar{B}_x. \tag{9.2.32}$$

非齐次方程变成

$$\frac{\partial^2 U}{\partial X^2} = X(1+XU). \tag{9.2.33}$$

函数 $U(X)$ 将是 X 的奇函数, 且当 $X \to \pm\infty$ 时 $\dfrac{\partial^2 U}{\partial X^2}$ 表现得与 $X \to \pm\infty, U \to -X^{-1}$ 一致. 可以得到一个显式的积分形式的解, 即

$$U(X) = -\frac{X}{2}\int_0^{\pi/2}\exp\left(-\frac{X^2}{2}\cos\theta\right)\sin^{1/2}\theta\mathrm{d}\theta. \tag{9.2.34}$$

这是期望的解, 可以通过直接代入方程验证, $\dfrac{\partial^2 U}{\partial X^2}$ 为

$$\frac{\partial^2 U}{\partial X^2} = \frac{X}{2}\int_0^{\pi/2}\exp\left(-\frac{X^2}{2}\cos\theta\right)\sin^{1/2}\theta(3\cos\theta - X^2\cos^2\theta)\mathrm{d}\theta. \tag{9.2.35}$$

我们得到

$$\begin{aligned}\frac{\partial^2 U}{\partial X^2} - X^2U &= \frac{X}{2}\int_0^{\pi/2}\exp\left(-\frac{X^2}{2}\cos\theta\right)\sin^{1/2}\theta(3\cos\theta + X^2\sin^2\theta)\mathrm{d}\theta \\ &= X\int_0^{\pi/2}\frac{\mathrm{d}}{\mathrm{d}\theta}\left[\sin^{3/2}\theta\exp\left(-\frac{X^2}{2}\cos\theta\right)\right]\mathrm{d}\theta \\ &= X.\end{aligned} \tag{9.2.36}$$

经验证它确实是方程的解. 对 $U(X)$ 的渐近形式进行检验, 其中对积分的主要贡献来自 $\pi/2$ 附近的值 θ, 表明方程也具有正确的渐近形式, 即 $U \to X^{-1}$. 这可以通过将方程中的积分变量从 θ 改变为 $\varphi = \pi/2 - \theta$ 来看出, 因此通过将被积函数近似为 $\exp\left(-\dfrac{X^2}{2}\sin\varphi\right) \approx \exp\left(-\dfrac{X^2}{2}\varphi\right)$ 来得到渐近形式. 如此详细地分析电阻层的目的是获得应用于 $x=0$ 左右电阻层解的正确边界条件. 从我们的电阻层方程中, 可以很容易地得到 $\dfrac{\partial B_x}{\partial x}$ 的跃迁, 例如, 通过积分

$$\left[\frac{\partial B_x}{\partial x}\right]_{x=0} = \frac{\mu_0}{\mathrm{i}\eta}\int(\mathrm{i}\gamma\bar{B}_x + kB'_{y0}xu_x)\mathrm{d}x \tag{9.2.37}$$

回归到我们的缩放变量 X 和 U, 并注意到方程中的积分极限可以在电阻层宽度的尺度上变成 $\pm\infty$, 即 X 的尺度, 我们得到

$$\frac{1}{\bar{B}_x}\left[\frac{\partial B_x}{\partial x}\right]_{x=0}=\frac{\gamma^{5/4}\rho_0^{1/4}\mu_0}{\eta^{3/4}(kB'_{y0})^{1/2}}\int_{-\infty}^{+\infty}(1+XU)\mathrm{d}X. \tag{9.2.38}$$

将 $U(X)$ 的解代入 (9.2.38) 式, 有

$$\begin{aligned}\int_{-\infty}^{+\infty}(1+XU)\mathrm{d}X&=\int_{-\infty}^{+\infty}\frac{1}{X}\frac{\partial^2 U}{\partial X^2}\\&=\frac{1}{2}\int_{-\infty}^{+\infty}\mathrm{d}X\int_0^{\pi/2}\exp\left(-\frac{1}{2}X^2\cos\theta\right)\sin^{1/2}\theta(3\cos\theta-X^2\cos^2\theta)\mathrm{d}\theta\\&=\frac{1}{2}\int_0^{\pi/2}\sin^{1/2}\theta\mathrm{d}\theta\int_{-\infty}^{+\infty}\exp\left(-\frac{1}{2}X^2\cos\theta\right)\left(3\cos\theta-X^2\cos^2\theta\right)\mathrm{d}X\\&=(\pi/2)^{1/2}\int_0^{\pi/2}\sin^{1/2}\theta(3\cos^{1/2}\theta-\cos^{1/2}\theta)\mathrm{d}\theta\\&=(2\pi)^{1/2}\int_0^{\pi/2}\sin^{1/2}\theta\cos^{1/2}\theta\mathrm{d}\theta=2\pi\frac{\Gamma(3/4)}{\Gamma(1/4)}\approx 2.12,\end{aligned} \tag{9.2.39}$$

其中对最终积分即伽马函数 $\Gamma(z)$ 进行了数值计算. 根据外区解定义为 $\varDelta'$, 然后就可得到电阻性撕裂不稳定性的增长率 γ 的表达式:

$$\gamma=0.55\varDelta'^{4/5}\eta^{3/5}(kB'_{y0})^{2/5}/\rho_0^{1/5}\mu_0^{4/5}. \tag{9.2.40}$$

通过定义不同的特征时间, 可以变得更加定量. 其中一个特征时间是波数 k 沿 y 方向传播的剪切 Alfvén 波的频率 ω_{A} 的倒数, 即几乎垂直于假定的非常强的磁场 B_z. 剪切 Alfvén 波频率 $\omega_{\mathrm{A}}=k_\parallel v_{\mathrm{A}}=(k_yB_{y0}/B_z)v_{\mathrm{A}}$, 因此特征时间 τ_{A} 定义为

$$\tau_{\mathrm{A}}=\omega_{\mathrm{A}}\approx(k_yB'_{y0}a/B_{z0})v_{\mathrm{A}}\approx k_yB'_{y0}a/(\rho_0\mu_0)^{1/2}. \tag{9.2.41}$$

第二个特征时间描述了场 B_{y0} 由于非零电阻率而向等离子体的扩散. 由于这个过程的 “扩散系数” 是 η/μ_0, 这次 τ_R 定义为

$$\tau_R=a^2\mu_0/\eta. \tag{9.2.42}$$

代入增长率 γ 的表达式中, 即

$$\gamma=\frac{0.55(\varDelta'a)^{4/5}}{\tau_{\mathrm{A}}^{2/5}\tau_R^{3/5}}. \tag{9.2.43}$$

上式表明, 电阻撕裂不稳定性增长的时间尺度介于非常短的 MHD 时间尺度 τ_{A} 和非常长的电阻时间尺度 τ_R 之间.

§9.3　导向场存在时的电阻撕裂模

现在分析托卡马克等离子体中的撕裂模. 在托卡马克中, 环向场分量是在外部产生的, 不直接参与磁场重联过程. 对于通常的托卡马克平衡, 极向场也不会改变符号. 然而, 由于磁场剪切作用, 在具有 $q = q_{\rm s}$ 的共振面附近磁场线具有不同的螺旋度, 因此, 磁场线随着相同的环向角增加, 其极向角滞后或超前共振面上的磁场线. 比如, 在 $q = 2$ 的面上沿着环向转了两圈之后, 外场线自身闭合; 而对于正剪切, 在 $r < r_{\rm s}$ (即 $q = q_{\rm s} - \epsilon$) 相邻磁面上的磁场线, 极向角的前进已经大于 2π, 而在 $q > 2$ 磁面上的磁场线则滞后于 2π. 因此, 存在一个与 $q = q_{\rm s}$ 磁面相关的场分量在 $q = q_{\rm s}$ 上改变符号. 这部分磁场称为螺旋磁场 B^*, 就像在平板位形电流片中一样, 很容易出现撕裂模不稳定性. 螺旋场 B^* 可以用螺旋磁通函数 Ψ^* 描述, 其中磁通积分是通过沿着平衡场线径向延伸的截面进行的 (见图 9.5).

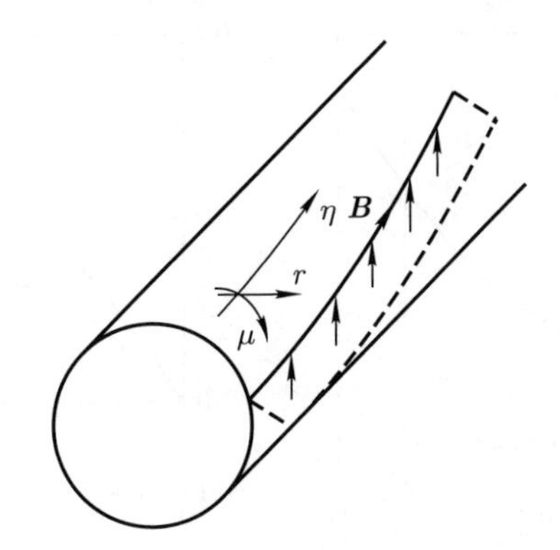

图 9.5　螺旋场 B^* 以及用于计算螺旋磁通函数 Ψ^* 的截面

(1) 螺旋坐标和螺旋场.

螺旋坐标系可由描述螺旋箍缩的小圆柱坐标系获得:

$$\hat{\boldsymbol{e}}_r = \hat{\boldsymbol{e}}_r, \tag{9.3.1}$$

$$\hat{\boldsymbol{e}}_\mu = \frac{1}{\sqrt{1+\left(\dfrac{r}{R_0}\dfrac{1}{q_{\rm s}}\right)^2}}\left(\hat{\boldsymbol{e}}_\theta - \frac{r}{R_0}\frac{1}{q_{\rm s}}\hat{\boldsymbol{e}}_z\right), \tag{9.3.2}$$

$$\hat{\boldsymbol{e}}_\eta = \frac{1}{\sqrt{1+\left(\dfrac{r}{R_0}\dfrac{1}{q_{\rm s}}\right)^2}}\left(\hat{\boldsymbol{e}}_z + \frac{r}{R_0}\frac{1}{q_{\rm s}}\hat{\boldsymbol{e}}_\theta\right), \tag{9.3.3}$$

其中该坐标系的 (恒定) 螺旋度是共振面上磁场线的螺旋度. 因此, $\hat{\boldsymbol{e}}_\eta$ 在共振面上与平衡磁场 $\boldsymbol{B}_0$ 平行, 但 $\hat{\boldsymbol{e}}_\mu$ 垂直于 $\hat{\boldsymbol{e}}_\eta$ 和 $\hat{\boldsymbol{e}}_r$, 这两个坐标系共享径向坐标.

根据定义, $B_{0\mu}^*$ 在共振面上消失 (见图 9.6):

$$B_{0\mu}^* = \boldsymbol{B}_0^* \cdot \hat{\boldsymbol{e}}_\mu = \frac{1}{\sqrt{1+\left(\dfrac{r}{R_0}\dfrac{1}{q_{\rm s}}\right)^2}}\left(B_{0\theta}(r) - B_{0\theta}(r_{\rm s})\frac{r}{r_{\rm s}}\right)$$

$$\approx B_{0\theta}(r) - B_{0\theta}(r_{\rm s})\frac{r}{r_{\rm s}} = B_{0\theta}(r)\left(1-\frac{q(r)}{q_{\rm s}}\right). \tag{9.3.4}$$

图 9.6 给出了一个典型平衡及其 $q=2$ 有理面所对应的螺旋磁场分量 $B_{0\mu}$ 的径向剖面. 根据平衡螺旋磁通的定义 $\varPsi_0^*$, 我们获得 $\varPsi_0^*$ 和 $B_{0\mu}^*$ 之间的关系

$$\boldsymbol{B}_0^* = \nabla\varPsi_0^* \times \hat{\boldsymbol{e}}_\eta \approx \nabla\varPsi_0^* \times \hat{\boldsymbol{e}}_z \to \frac{\mathrm{d}\varPsi_0^*}{\mathrm{d}r} = -B_{0\mu}^*, \tag{9.3.5}$$

$\varPsi^*$ 是螺旋方向每单位长度的磁通, 并且因为 $B_\phi \gg B_\theta$, 所以 $\hat{\boldsymbol{e}}_\eta$ 和 $\hat{\boldsymbol{e}}_z$ 近似平行.

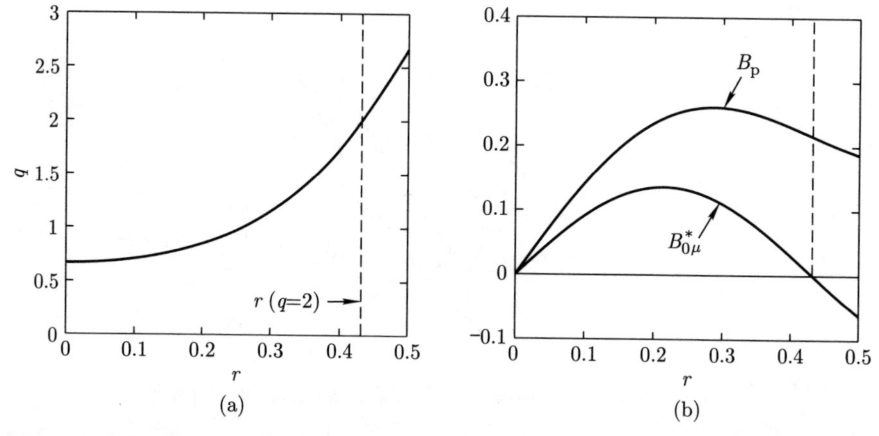

图 9.6 (a) 典型平衡 q 剖面, 及其所对应的 (b) 极向磁场 $B_{\rm p}$ 和由 $q=2$ 磁面定义的螺旋磁场 $B_{0\mu}^*$, 其符号在 $q=2$ 磁面发生改变

由以上两个方程, 我们得到

$$\left.\frac{\mathrm{d}^2\varPsi_0^*}{\mathrm{d}r^2}\right|_{r_{\rm s}} = -\left.\frac{\mathrm{d}B_{0\mu}^*}{\mathrm{d}r}\right|_{r_{\rm s}} = \left.B_{0\theta}\frac{q'}{q}\right|_{r_{\rm s}}. \tag{9.3.6}$$

从 (9.3.6) 式看到, $\varPsi_0^*$ 可以用 $q=2$ 磁面邻域的抛物线函数表示, 其曲率符号由该共振面上的磁场剪切 q' 决定. 假设平衡位形由一个周期性的螺旋箍缩来近似, 那么对于扰动螺旋磁通 $\varPsi_1^*$, 可以在两个独立坐标变量 θ 和 z/R_0 上做 Fourier 分解

$$\varPsi_1^* = \varPsi_1^*(r)\mathrm{e}^{\mathrm{i}\left(m\theta - n\frac{z}{R_0}\right)}. \tag{9.3.7}$$

(2) 电阻层外的理想磁流体区域.

在电阻层外, 磁面的螺旋形变可以用理想磁流体力学来描述. 由于理想磁流体时间尺度比撕裂模不稳定性发展的电阻性时间尺度要短得多, 我们可以假设等离子体经历一系列的理想磁流体平衡, 这些平衡是边缘性稳定的, 即由 $\boldsymbol{J}\times\boldsymbol{B}\approx\nabla p$ 所决定. 对于理想的磁流体扰动势能泛函, 这意味着 $\delta W\gtrsim 0$. 正如我们处理电流驱动模时一样, 我们使用 δW 的低 β 形式, 忽略等离子体外的扰动部分, 则有

$$\delta W=\delta W_2=\frac{2\pi^2B_z^2}{\mu_0R_0}\int_0^a\left[(r\xi')^2+\left(m^2-1\right)\xi^2\right]\left(\frac{n}{m}-\frac{1}{q}\right)^2r\mathrm{d}r, \tag{9.3.8}$$

其中 $\xi=\xi_r$.

类似于推导 Suydam 判据时使用的流程, 我们得到关于电阻层外理想磁流体区扰动位移的一个 Euler-Lagrange 方程

$$r\left(m^2-1\right)\left(\frac{n}{m}-\frac{1}{q}\right)^2\xi-\frac{\mathrm{d}}{\mathrm{d}r}\left(r^3\left(\frac{n}{m}-\frac{1}{q}\right)^2\frac{\mathrm{d}\xi}{\mathrm{d}r}\right)=0. \tag{9.3.9}$$

我们使用线性化了的磁流体运动方程 $\boldsymbol{B}_1=\nabla\times(\boldsymbol{\xi}\times\boldsymbol{B}_0)$ 将 $\boldsymbol{\xi}$ 和 $\boldsymbol{B}_1^*$ 联系起来, 并且使用 $\boldsymbol{B}_1^*=\nabla\Psi_1^*\times\boldsymbol{e}_z$ 将 $\boldsymbol{B}_1^*$ 联系到 Ψ_1^*, 可以获得

$$B_{1r}=\frac{B_{0\theta}}{r}\frac{\partial\xi_r}{\partial\theta}+B_{0z}\frac{\partial\xi_r}{\partial z}=\frac{\mathrm{i}}{r}(m-nq)B_{0\theta}\xi_r\Rightarrow\Psi_1^*=\left(1-\frac{nq}{m}\right)B_{0\theta}\xi_r. \tag{9.3.10}$$

将上述关系代入 Euler-Lagrange 方程 (9.3.9), 利用 Ampère 定律, 我们得到了撕裂模方程

$$\nabla^2\Psi_1^*-\frac{\mu_0\left(\mathrm{d}J_{0z}/\mathrm{d}r\right)}{B_{0\theta}(r)(1-q(r)n/m)}\Psi_1^*=0. \tag{9.3.11}$$

由于无力条件, 这个方程是 $(\boldsymbol{B}\cdot\nabla)J_{1z}=0$ 的线性化形式, 即扰动电流在扰动磁面上是均匀分布的磁面函数.

撕裂模方程 (9.3.11) 描述了等离子体作为理想磁流体所发生扰动形变的线性化近似. 由于我们没有对电阻层内的区域进行任何假设, 我们无法获得关于可能的撕裂模不稳定性增长率的参数依赖信息. 然而, 我们可以通过求解线性撕裂模方程 (9.3.11) 推断稳定性本身, 即对 $\delta\to 0$ 的情况进行积分. 注意到该方程在共振面处奇异, 这意味着我们可以从共振面两侧对其积分, 例如, 在适当的边界条件 $\mathrm{d}\Psi_1^*/\mathrm{d}r=0$ 下从 $r=0$ 到共振面. 这意味着靠近 $r=0$, 方程的解基本上近似是真空解. 同样的积分流程也可以从另一边进行, 例如假设 $r=r_\mathrm{w}$ 的地方存在一个理想导体壁. 图 9.7 显示了平衡电流剖面 $J_{0z}\propto\left(1-(r/a)^2\right)^3$ 情况下的撕裂模方程数值解示例. 对于振幅任意的齐次线性方程, 这两侧积分得到的解总是可以通过一个常数因子进行缩放, 以保证可以在 r_s 处连续. 然而, 这通常会导致 $\mathrm{d}\Psi_1^*/\mathrm{d}r=B_{1\mu}$ 在 $r=r_\mathrm{s}$ 处的跳变, 而这表明该处存在相应的扰动螺旋面电流.

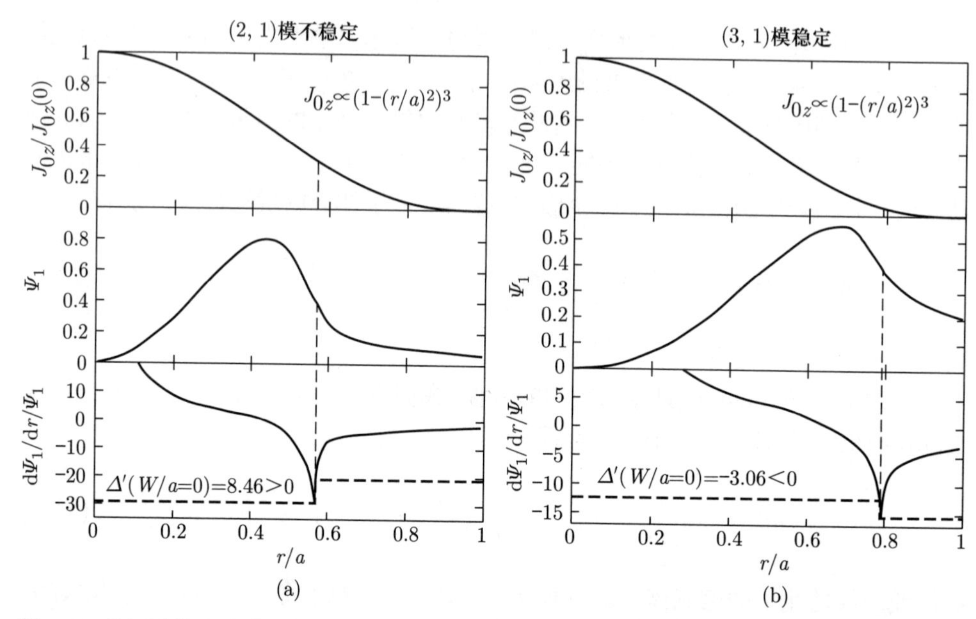

图 9.7　基于平衡电流密度剖面 $J_{0z}\propto(1-(r/a)^2)^3$ (上) 由撕裂模外区方程积分所得的扰动螺旋磁场通函数解 Ψ_1^* (中) 及其径向导数 $\mathrm{d}\Psi_1^*/\mathrm{d}r$ (下). 线性电阻撕裂模的稳定性由共振面 r_s 处径向导数 $\mathrm{d}\Psi_1^*/\mathrm{d}r$ 的不连续性决定, 从其在该处的跳变所决定的 Δ' 的正负号可以看出, (a) (2,1) 模是不稳定的, 而 (b) (3,1) 模是稳定的

(3) Δ' 与共振面处的面电流和撕裂模能量流.

共振面处扰动螺旋面电流的符号由 $B_{1\mu}^*$ 穿过 r_s 的跳变符号决定, 即通过 $\Psi_1^*(r_\mathrm{s})$ 的归一化, 有

$$\lim_{\epsilon\to 0}\frac{\Psi_1^{*\prime}(r_\mathrm{s}+\epsilon)-\Psi_1^{*\prime}(r_\mathrm{s}-\epsilon)}{\Psi_1^*(r_\mathrm{s})}=\Delta', \tag{9.3.12}$$

这与平板位形下 Δ' 的定义相当. 通过磁面扰动变形在 r_s 处产生的面电流方向, 即 Δ' 的正负号可以决定系统的稳定性: 如果它起到强化理想扰动的作用, 则该扰动是不稳定的, 而相反方向的扰动面电流意味着等离子体的反应抵抗磁场线撕裂的倾向. 对于大于零的 Δ', 电流将加强初始扰动, 因此在这种情况下撕裂模的稳定性判据与平板位形相同, 即 $\Delta'<0$ 意味着系统对于撕裂模扰动的稳定性.

扰动磁场的能量密度由下式给出:

$$W_\mathrm{mag}=\frac{1}{2\mu_0}\left(\left(\frac{\mathrm{d}\Psi_1^*}{\mathrm{d}r}\right)^2+\frac{m^2}{r^2}\Psi_1^{*2}\right). \tag{9.3.13}$$

将 Ψ_1^* 乘以撕裂模方程 (9.3.11) 得到

$$\frac{\mathrm{d}^2\Psi_1^*}{\mathrm{d}r^2}\Psi_1^* + \frac{1}{r}\frac{\mathrm{d}\Psi_1^*}{\mathrm{d}r}\Psi_1^* - \frac{m^2}{r^2}\Psi_1^{*2} - \frac{\mu_0 \mathrm{d}J_{0z}/\mathrm{d}r}{B_{0\theta}(1-n/mq(r))}\Psi_1^{*2} = 0. \tag{9.3.14}$$

整理后得到

$$-2\mu_0 W_{\mathrm{mag}} + \frac{1}{r}\frac{\partial}{\partial r}\left(r\Psi_1^*\frac{\mathrm{d}\Psi_1^*}{\mathrm{d}r}\right) = \frac{\mu_0 \mathrm{d}J_{0z}/\mathrm{d}r}{B_{0\theta}(1-n/mq(r))}\Psi_1^{*2}. \tag{9.3.15}$$

以上是径向能流功率平衡方程的时间积分: 第一项是扰动磁场能密度, 第二项是 $\Psi_1^*\Psi_1^{*\prime}$ (即电磁能流密度时间积分) 的径向散度, 并且等式右边的项是一个来自平衡平行电流梯度的局域源项, 该项为经典电阻撕裂模提供自由能.

利用 Poynting 通量 $\boldsymbol{S}$ 的定义, 可以看到

$$\boldsymbol{S} = \frac{1}{\mu_0}\boldsymbol{E}\times\boldsymbol{B} \Rightarrow S_r = \frac{1}{\mu_0}E_z B_\theta = \frac{1}{\mu_0}\frac{\partial\Psi_1^*}{\partial t}\frac{\partial\Psi_1^*}{\partial r}\cos^2(m\theta). \tag{9.3.16}$$

所以对于增长率为 γ 的指数增长扰动, $\gamma\Psi_1^*\Psi_1^{*\prime}/(2\mu_0)$ 是 Poynting 通量在极向角上平均后的径向分量 ($\cos^2(m\theta)$ 的极向角平均贡献了系数 1/2). 使用 Δ' 的定义, 给出 Poynting 通量跃变与 Δ' 的关系式

$$\frac{1}{\gamma}\Delta' S_r = \lim_{\epsilon\to 0}\frac{1}{2\mu_0}\Psi_1^*\left(\Psi_1^{*\prime}(r_{\mathrm{s}}+\epsilon) - \Psi_1^{*\prime}(r_{\mathrm{s}}-\epsilon)\right) = \frac{1}{2\mu_0}\Psi_1^{*2}\Delta'. \tag{9.3.17}$$

可以看到 Δ' 可以解释为 Poynting 通量通过理想磁流体区域进入或离开有理面时当地的能流源或汇, 源或汇取决于 Δ' 的符号.

如上所述, 撕裂模方程的求解通常需要在 $r = r_{\mathrm{s}}$ 两侧数值积分. 然而对于平衡平行电流为零的真空场区域, 由 $r = r_{\mathrm{s}}$ 处扰动面电流产生的扰动磁通解在其附近由 $(r/r_{\mathrm{s}})^m \mathrm{e}^{\mathrm{i}m\theta}$ 和 $(r/r_{\mathrm{s}})^{-m}\mathrm{e}^{\mathrm{i}m\theta}$ 给出. 对于这种情况, Δ' 可以被简单地推导为 $\Delta' = -2m/r_{\mathrm{s}}$, 因此正如所预期的那样, 真空场对于撕裂模是稳定的. 实际上, 此值有时用作在经典撕裂模稳定时 Δ' 的近似. 我们也可以看到对于更高的极向模数 m, 稳定的势能更大, 所以最低模数 (m, n) 的共振不稳定性通常在特定的有理面上发生, 其物理原因是这里扰动磁场线的曲率最小.

(4) “平顶帽” 电流剖面的线性撕裂模不稳定性.

对于非真空场平衡, 通过分析 “平顶帽” 电流剖面的线性撕裂模不稳定性, 可以获得更深入的理解 (见图 9.8). 因为在半径 r_j 内 $J_{0z} = J_0$, 外部为 0, 因此 $\mathrm{d}J_{0z}/\mathrm{d}r = 0$ 除了在 $r = r_j$ 之外处处成立, 可以由 δ 函数描述:

$$\frac{\mathrm{d}J_{0z}}{\mathrm{d}r} = -\frac{2B_{0\theta}(r)}{\mu_0 r}\delta(r - r_j). \tag{9.3.18}$$

上面还使用了柱位形假设, 即对于当前考虑的电流剖面, 在 $r < r_j$ 处 $B_\theta = \mu_0 J_{0z} r/2$. 撕裂模方程于是写为

$$\frac{1}{r}\frac{\mathrm{d}}{\mathrm{d}r}\left(r\frac{\mathrm{d}\Psi_1^*}{\mathrm{d}r}\right) - \frac{m^2}{r^2}\Psi_1^* + \frac{2}{r}\frac{\delta\left(r-r_j\right)}{1-nq/m}\Psi_1^* = 0. \tag{9.3.19}$$

在一个通过 r_j 的领域积分, 只有奇异项保留下来, 得到

$$\lim_{\epsilon\to 0}\left(r\frac{\mathrm{d}\Psi_1^*}{\mathrm{d}r}\right)_{r_j-\epsilon}^{r_j+\epsilon} + \frac{2}{1-nq\left(r_j\right)/m}\Psi_1^*\left(r_j\right) = 0. \tag{9.3.20}$$

因为在 $r \neq r_j$ 的其他区域中 $\Delta\Psi_1^* = 0$, 所以解是真空解, 即对于 $r < r_j$ 有形式 $\propto r^m$, 对于 $r \to \infty$, 解具有形式 $\propto r^{-m}$. 然而, 与在电阻壁模讨论中表面电流的跃变条件不同, 上述情况一般不能与通过匹配穿过 r_j 两侧 Ψ_1^* 解的连续条件同时满足. 因此, 我们在分析中还必须包括在 $r = r_{\mathrm{s}}$ 处共振面的连接匹配条件.

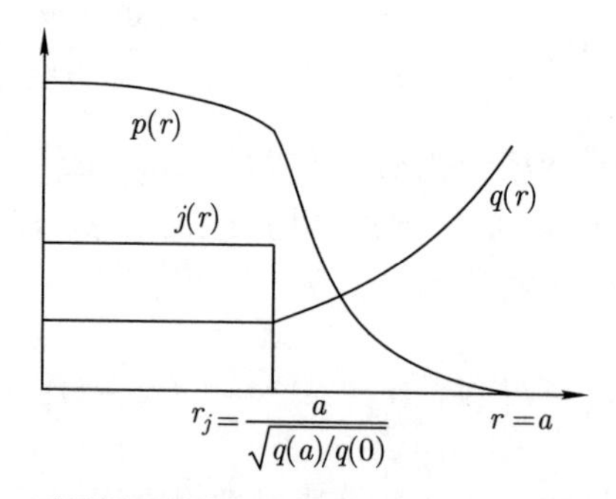

图 9.8　“平顶帽” 平衡的电流、压强和安全因子径向剖面

(5) “平顶帽” 电流剖面撕裂模解和匹配条件.

假设 $r_j < r_{\mathrm{s}}$, Ψ_1^* 在三个分离的区域分别具有如下形式:

$$\Psi_1^* = c_1 r^m, \quad 当 r < r_j, \tag{9.3.21}$$

$$\Psi_1^* = c_2 r^m + c_3 r^{-m}, \quad 当 r_j < r < r_{\mathrm{s}}, \tag{9.3.22}$$

$$\Psi_1^* = c_4 r^{-m}, \quad 当 r > r_{\mathrm{s}}. \tag{9.3.23}$$

根据 Ψ_1^* 在 r_j 和 r_{s} 处的连续性条件, 得到

$$c_1 r_j^m = c_2 r_j^m + c_3 r_j^{-m}, \tag{9.3.24}$$

$$c_4 r_{\mathrm{s}}^{-m} = c_2 r_{\mathrm{s}}^m + c_3 r_{\mathrm{s}}^{-m}. \tag{9.3.25}$$

另外, 在方程 (9.3.20) 中的跃变条件给出了在 r_j 处的另一个参数关系

$$m\left(c_2 r_j^m - c_3 r_j^{-m} - c_1 r_j^m\right) + \frac{2}{1-nq\left(r_j\right)}\left(c_2 r_j^m + c_3 r_j^{-m}\right) = 0. \tag{9.3.26}$$

因此, 我们有一个区别于电阻壁模导体壁屏蔽情况的, 具有四个待定系数的三个线性方程组. 因为从齐次撕裂模方程中得到的 Ψ_1^* 幅值是任意的, 在这个问题中保留了一个自由的系数. 如果, 例如, 我们选择 c_1 使得 Ψ_1^* 无量纲, 并且用其最大值归一化, 可以得到

$$c_1 = \frac{1}{r_j^m}, \tag{9.3.27}$$

$$c_2 = \frac{1}{r_j^m} \frac{m - nq(r_j) - 1}{m - nq(r_j)}, \tag{9.3.28}$$

$$c_3 = \frac{r_j^m}{m - nq(r_j)}, \tag{9.3.29}$$

$$c_4 = \frac{(m - nq(r_j) - 1)(r_\mathrm{s}/r_j)^{2m} + 1}{m - nq(r_j)} r_j^m. \tag{9.3.30}$$

共振面处的 Δ' 可以从上述线性解中计算出来:

$$\begin{aligned}\Delta' &= -\frac{2m}{r_\mathrm{s}} \frac{m - nq(r_j) - 1}{m - nq(r_j) - 1 + \left(\dfrac{r_j}{r_\mathrm{s}}\right)^{2m}} \\ &= -\frac{2m}{r_\mathrm{s}} \frac{m\left(1 - \left(\dfrac{r_j}{r_\mathrm{s}}\right)^2\right) - 1}{m\left(1 - \left(\dfrac{r_j}{r_\mathrm{s}}\right)^2\right) - 1 + \left(\dfrac{r_j}{r_\mathrm{s}}\right)^{2m}},\end{aligned} \tag{9.3.31}$$

在最后一步中, 使用了 “平顶帽” 电流剖面相应的 $q(r)$ 剖面, 在 $r \geqslant r_j$ 的区域, 满足 $q(r) = q(a)(r/a)^2$. 图 9.9(a) 中分别画出了以上解析公式所确定的稳定和不稳定线性撕裂模的剖面. 虽然 (9.3.31) 式中这一结果不适用于实际托卡马克平衡电阻撕裂模稳定性的定量描述, 但这一结果对于讨论托卡马克等离子体撕裂模稳定性的基础知识具有一定的指导意义.

(6) “平顶帽” 电流剖面撕裂模不稳定性窗口.

首先, 注意到如果共振面远离平衡电流梯度位置, 即 $r_j/r_\mathrm{s} \to 0$, (9.3.31) 式所表示的 Δ' 结果和稳定的真空情况 $\Delta' = -2m/r_\mathrm{s}$ 一致. 之后, 如果 $m(1-(r_j/r_\mathrm{s})^2)-1 > 0$, 撕裂模稳定性参数 Δ' 将总是一个负数, 意味着系统对于撕裂模稳定. 相反地, 如果

$$m\left(1 - \left(\frac{r_j}{r_\mathrm{s}}\right)^2\right) - 1 < 0 \Rightarrow \frac{r_j}{r_\mathrm{s}} > \sqrt{1 - \frac{1}{m}}, \tag{9.3.32}$$

系统总是不稳定的. 为了验证这一说法, 可以展示在这种情况下, (9.3.31) 式中的分母在 $m > 1$ 时总是正的, 它从在 $r_j/r_\mathrm{s} = 0$ 处的 $m - 1$ 单调下降到 $r_j/r_\mathrm{s} = 1$ 处的

0. 对于 $m=1$, 不存在稳定窗口, 因为对于所有的 r_j/r_s, $\Delta' \to \infty$. 对于 $m>1$, 在 $r_j/r_s=0$ (无穷远处的共振面) 到 $r_j/r_s=1$ (共振面和平衡电流梯度面重合) 的范围内存在不稳定窗口 (见图 9.9(b)). 物理上, 这意味着把共振面移向电流梯度面将会使 Δ' 从初始的负值增加, 直到系统变得不稳定, 此时满足 (9.3.32) 式. 对于更高的 m, 不稳定区域变得更小, 和之前的低模数撕裂模趋向于更不稳定的结论相符.

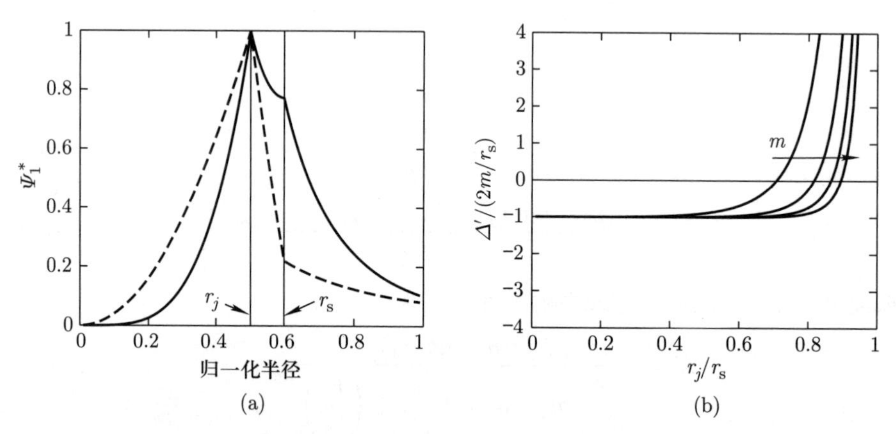

图 9.9 (a) 线性撕裂模解 Ψ_1^* 剖面, 其中实线: $\Delta'<0$, $r_j/r_s=5/6$, $m=4$; 虚线: $\Delta'>0$, $r_j/r_s=5/6$, $m=2$. (b) 用真空解值归一化的线性撕裂模稳定性指标 Δ', 对于不同 m 模数随 r_j/r_s 变化的函数

§9.4 托卡马克中的磁岛

以上所讨论的线性稳定性判据, 对无穷小的撕裂层宽度有效. 对于撕裂模的非线性发展阶段, 需要明确考虑磁岛的形成, 并在磁岛分界线上与外区的理想解匹配.

(1) 磁岛的螺旋磁通函数.

首先讨论平衡螺旋磁通 Ψ_0^* 和扰动螺旋磁通 Ψ_1^* 叠加而形成的磁岛结构, 分析存在由撕裂模不稳定性产生的正弦调制电流片时, 平衡螺旋磁通表面的拓扑结构是如何变化的. 这两个量必须根据平衡螺旋磁通的定义和扰动磁通的撕裂模方程计算, 但很明显, 一般来说, 这只能通过数值方法来实现. 一种可以解析处理的情况是利用之前提到的事实, 即 Ψ_0^* 在靠近共振面的地方可以近似为抛物线函数. 更进一步, 我们假设 Ψ_1^* 在磁岛上具有恒定幅值 $\bar{\Psi}_1^*$. 这通常称为常数 Ψ^* 近似, 并且在 $m>1$ 且磁岛不太大的时候是合理的 (见图 9.10). 对于 $m=1$ 的情况, 这通常并不是一个好的近似. 于是, 托卡马克磁岛位形的总螺旋通量

$$\Psi^* = \Psi_0^*(r_s) + \frac{1}{2}\Psi_0^{*\prime\prime}(r-r_s)^2 + \bar{\Psi}_1^*\cos(m\zeta), \tag{9.4.1}$$

其中坐标 $\zeta=\theta-nz/(mR_0)$ 是沿着平衡磁场线为常数的螺旋角. 该函数可以反求得到作为 $\Psi^*=$ 常数等值线的磁通面, 即磁岛位形方程

$$r-r_{\rm s}=\sqrt{\frac{2}{\Psi_0^{*\prime\prime}}\left(\Psi^*-\Psi_0^*(r_s)-\bar{\Psi}_1^*\cos(m\zeta)\right)}. \tag{9.4.2}$$

在扰动通量最小的螺旋角处, 磁岛结构达到其最大径向宽度 W, 这个点通常叫作磁岛的 O 点. 相反地, 在 $\zeta=0$ 处, 扰动磁通有最大值且磁岛的分离面具有 X 点. 这些条件适用于 $\Psi_0^{*\prime\prime}>0$, 即曲率为正的抛物线函数. 如果我们改变曲率的符号, 之前的情形就会反转. 因为正曲率意味着 $q'>0$, 即正的磁剪切 $s>0$. 在这种情况下, 通过分析磁岛分界线方程, 可以得到一个简单的磁岛宽度公式.

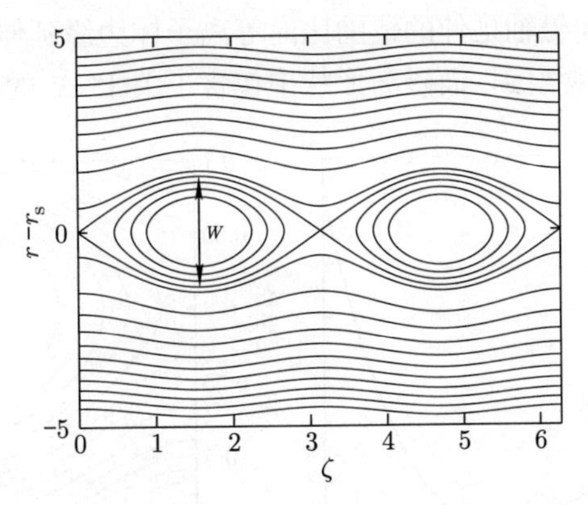

图 9.10　在一个抛物线函数的平衡通量 Ψ_0^* 上叠加在 r-ζ 平面具有径向恒定、螺旋角上按模数 $m=2$ 正弦变化的螺旋磁通 Ψ_1^* 所形成的磁岛螺旋磁通等值线

(2) 磁岛的分界面和宽度.

不失一般性, 设定 $\Psi_0^*(r_{\rm s})=0$. 在 X 点, $\zeta=0$, 分界面穿过 $r-r_{\rm s}=0$, 分界面上的磁通为 $\Psi_{\rm sep}^*=\bar{\Psi}_1^*$. 在 O 点, $\zeta=\pi$, 分界面的径向偏移为 $W/2$, 该处分界面上的磁通

$$\Psi_{\rm sep}^*=\frac{1}{2}\Psi_0^{*\prime\prime}\left(\frac{W}{2}\right)^2-\bar{\Psi}_1^*. \tag{9.4.3}$$

这里使用了这样一个事实, 即在这个对称的几何位形中, 磁岛宽度 W 是 O 点处磁面径向偏移的两倍. 代入 X 点的磁通关系式, 得到磁岛宽度的公式

$$W=4\sqrt{\frac{\bar{\Psi}_1^*}{\Psi_0^{*\prime\prime}}}=4\sqrt{\frac{B_{1r}r_{\rm s}q}{mq'B_{0\theta}}}=4\sqrt{\frac{B_{1r}}{msB_{0\theta}}}, \tag{9.4.4}$$

其中最后一步用径向扰动磁场表示扰动磁通, 并使用了平衡磁通的关系式 $\Psi_0^{*\prime\prime}$.

(3) 跨越电流片的非对称磁岛结构.

托卡马克放电过程中产生的磁岛通常相对于共振面是不对称的, 这是平衡通量偏离抛物线形式和扰动磁通随半径变化的结果. 这些影响可以通过对先前假设做简单扩展而演示. 对于平衡磁通, 当从共振面向磁轴方向移动时, 由于 $B^*(r=0)=0$, Ψ_0^* 的一阶导数在该处必须为 0, 磁通的增长小于抛物线. 比如, 当电流剖面具有形式 $J_{0z}=J_0\left(1-(r/a)^2\right)^{\mu}$, 其中 $\mu=1$ 时, 我们有

$$\Psi_0^*(r)=\frac{\mu_0 I_\mathrm{p}}{8\pi}\left(\left(\frac{r}{a}\right)^2-\left(\frac{r_\mathrm{s}}{a}\right)^2\right)^2. \tag{9.4.5}$$

使用上述的 $\Psi_0^*(r)$ 和常数 $\bar{\Psi}_1^*$, 所得到的磁面等高线如图 9.11 所示. 可以看出, 这里的磁岛是不对称的, 向磁轴延伸的范围比向等离子体边缘延伸的程度更远. 这种不对称性也在实验中被观察到, 而磁岛形状中包含了关于 Δ' 的信息.

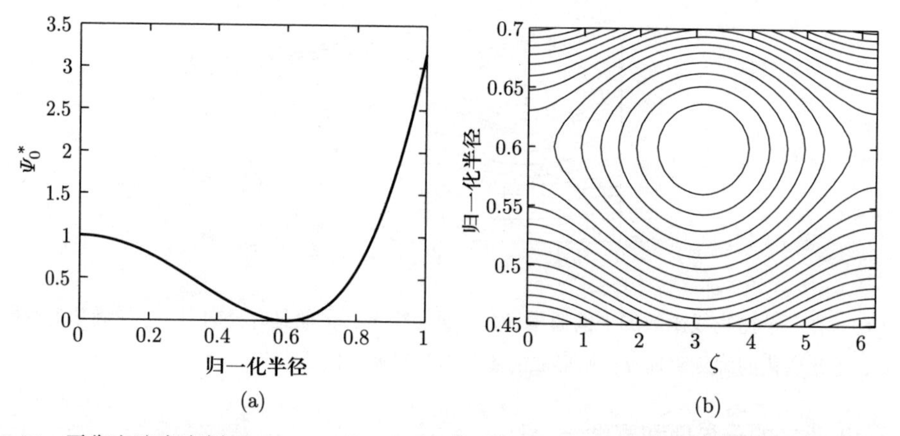

图 9.11 平衡电流密度剖面 $J_{0z}=J_0(1-(r/a)^2)$ 所对应的 (a) 平衡螺旋磁通函数, 和 (b) 叠加扰动螺旋磁通 $\Psi_1^*(r)\cos\xi$ 后的非对称磁岛结构

§9.5 Rutherford 方程: 磁岛的非线性演化

在线性演化假设中, 扰动电流在宽度为 δ 的范围内流动并且具有面电流密度 $J=j\delta$. 当 $W>\delta$ 时, 则需要考虑在扰动磁通面上电流的均化分布, 而这会导致电流密度的空间分布发生改变以及磁岛进一步非线性演化. 这个问题可以在恒定扰动磁通振幅 $\bar{\Psi}_1^*$ 和抛物型平衡磁通 Ψ_0^* 的限制下自洽地解析处理. 注意到对于典型的聚变等离子体参数, δ 将会非常小, 约为离子 Larmor 半径的数量级, 因此 $W>\delta$ 是通常的情况. 比如, 将 $n_i=1\times10^{20}\ \mathrm{m}^{-3}$, $m=m_\mathrm{H}$, $L=1\ \mathrm{m}$, $k=2\pi/L$,

$\Delta' = 1\ \mathrm{m}^{-1}$, $\eta = \eta\,(T_\mathrm{e} = 1\ \mathrm{keV})$, 和 $B_{0y} = 0.1$ T 代入 δ 的公式 (9.1.15), 可以得到 $\delta \approx 1$ mm.

(1) 扰动磁面上 Ohm 定律的平均.

当 $W > \delta$ 时, 惯性效应不再起作用, 其演化主要受电阻扩散控制. 这导致 $\boldsymbol{B}\cdot\nabla J_z = 0$, 即环向电流密度是一个磁通函数. 因此, Ohm 定律可以写为

$$\langle E_{1z}\rangle_\Omega = \frac{\mathrm{d}\bar{\Psi}_1^*}{\mathrm{d}t}\langle\cos\zeta\rangle_\Omega = \eta\,\langle J_{1z} - J_{1z,\mathrm{ni}}\rangle_\Omega = \eta\,(J_{1z}(\Omega) - J_{1z,\mathrm{ni}}(\Omega)), \quad (9.5.1)$$

其中 $\langle\cdots\rangle_\Omega$ 表示磁面平均, 磁面用 Ω 标记, 并且 $J_{1z,\mathrm{ni}}$ 是扰动电流的非感应部分, 即不会产生环电压的电流, 例如靴带电流或由外部系统驱动的辅助电流. 对于以上具体所考虑的磁岛几何形状, 磁面标记或者坐标 Ω 可以通过归一化的螺旋磁通来定义:

$$\Omega = \frac{\Psi^*}{\Psi_1^*} = 8\frac{x^2}{W^2} + \cos\zeta, \quad (9.5.2)$$

其中 $x = r - r_\mathrm{s}$, 并且只考虑一个磁岛即 $m = 1$, 但类似的推导方法对其他 $m > 1$ 的磁岛也适用. 在这个磁面坐标 Ω 的定义下, O 点对应于 $\Omega = -1$, 并且磁岛分界线由 $\Omega = +1$ 描述. 方程 $f(\Omega,\zeta)$ 的磁面平均通过体积分计算:

$$\langle f\rangle_\Omega = \frac{\displaystyle\int \mathrm{d}\boldsymbol{x}' f(\boldsymbol{x}')\,\delta\,(\Omega - \Omega')}{\displaystyle\int \mathrm{d}\boldsymbol{x}'\delta\,(\Omega - \Omega')} = \frac{\displaystyle\int \frac{\mathrm{d}\zeta}{\mathcal{J}} f}{\displaystyle\int \frac{\mathrm{d}\zeta}{\mathcal{J}}}, \quad (9.5.3)$$

其中第二步假设了 z 是一个可忽略坐标, 并且 $\mathcal{J}$ 是从 r,ζ 变换到 Ω,ζ 的 Jacobi 矩阵. 使用 Ω 的定义计算 Jacobi 矩阵, 磁岛面平均计算可以具体化为

$$\langle f\rangle_\Omega = \frac{\displaystyle\oint \frac{\mathrm{d}\zeta}{2\pi}\frac{f(\Omega,\zeta)}{\sqrt{\Omega - \cos\zeta}}}{\displaystyle\oint \frac{\mathrm{d}\zeta}{2\pi}\frac{1}{\sqrt{\Omega - \cos\zeta}}}. \quad (9.5.4)$$

磁岛分界线内的积分覆盖了 ζ 的定义范围, 即从 $\arccos\Omega$ 到 $2\pi - \arccos\Omega$, 而在分界线外部, ζ 积分覆盖了从 0 到 2π 的范围.

对于非线性阶段的撕裂模, Δ' 可以定义为在撕裂层外的 Ψ_1^* 导数的变化, 这与流进撕裂层的 $\cos\zeta$ 螺旋电流分量相关. 在线性情况下, 撕裂层任意小, 并且匹配发生在 $r_\mathrm{s} \pm \epsilon$ 处, $\epsilon \to 0$. 对于一个有限宽度的磁岛, 匹配应该在离磁岛足够远的半径处进行, 以至于该处扰动磁通的非线性效应不再重要. 这个过程与 Ψ_1^* 径向为常数的假设是一致的, 这也意味着, 磁岛内和更重要的围绕磁岛分离面的细微非线性物

理被忽略了. 假设径向积分快速收敛, 则积分范围可以扩展到 $\pm\infty$, 从而避免了确定应该在哪里进行匹配. 因此 Δ' 可以根据以下 Ampère 定律的积分表达式计算:

$$\Delta' = \frac{2\mu_0}{\Psi_1^*}\int_{r=-\infty}^{\infty}\mathrm{d}r\oint\frac{\mathrm{d}\zeta}{2\pi}J_{1z}\cos\zeta, \tag{9.5.5}$$

其中系数 2 来自对于电流密度的一个纯余弦分量, 其余弦 Fourier 积分变换将导致 1/2.

(2) 修正 Rutherford 方程.

使用磁面坐标 Ω, 以上关于电流密度的积分可以重写为扰动磁面上的积分:

$$\Delta' = \frac{\mu_0 W}{\sqrt{2}\bar{\Psi}_1^*}\int_{\Omega=-1}^{\infty}\mathrm{d}\Omega\oint\frac{\mathrm{d}\zeta}{2\pi}\frac{J_{1z}(\Omega)\cos\zeta}{\sqrt{\Omega-\cos\zeta}}, \tag{9.5.6}$$

其中使用了 $\mathrm{d}x = [W/(4\sqrt{2}\sqrt{\Omega-\cos\zeta})]\mathrm{d}\Omega$. 由于磁岛的对称性, 积分只覆盖一半的径向宽度, 而这带来额外的系数 2. 代入 $J_{1z}(\Omega)$ 的 Ohm 定律表达式 (9.5.1) 并使用 $\bar{\Psi}_1^*$ 和 W 之间的关系式 (9.4.4), 可以得到

$$\begin{aligned}\Delta' = &\frac{\mu_0}{\eta}\frac{\mathrm{d}W}{\mathrm{d}t}\sqrt{2}\int_{\Omega=-1}^{\infty}\mathrm{d}\Omega\oint\frac{\mathrm{d}\zeta}{2\pi}\frac{\langle\cos\zeta\rangle_\Omega\cos\zeta}{\sqrt{\Omega-\cos\zeta}}\\ &+\left.\frac{16q}{\sqrt{2}Wq'B_{0\theta}}\right|_{r_\mathrm{s}}\int_{\Omega=-1}^{\infty}\mathrm{d}\Omega\oint\frac{\mathrm{d}\zeta}{2\pi}\frac{\langle\mu_0 J_{1z,\mathrm{ni}}\rangle_\Omega\cos\zeta}{\sqrt{\Omega-\cos\zeta}},\end{aligned} \tag{9.5.7}$$

其中等号右边第一项的积分可以在 ζ 上解析地进行, 导致包含关于 Ω 的椭圆函数的表达式, 而对 Ω 的积分需要通过数值方法, 最终求得

$$\int_{\Omega=-1}^{\infty}\mathrm{d}\Omega\oint\frac{\mathrm{d}\zeta}{2\pi}\frac{\langle\cos\zeta\rangle_\Omega\cos\zeta}{\sqrt{\Omega-\cos\zeta}} = 0.582. \tag{9.5.8}$$

如果积分上限只到磁岛分界面 ($\Omega = 1$) 将会导致 0.5 的数值结果, 从而验证了积分上限扩展到 ∞ 的合理性. 最后, 如果忽略电流的非感应部分 $J_{1z,\mathrm{ni}}$, 非线性磁岛的演化由 Rutherford 方程给出[4]:

$$\frac{\tau_R}{r_\mathrm{s}}\frac{\mathrm{d}W}{\mathrm{d}t} = r_\mathrm{s}\Delta'. \tag{9.5.9}$$

这里已经重新定义了包括数值系数的电阻时间尺度

$$\tau_R = 0.82\frac{\mu_0}{\eta}r_\mathrm{s}^2. \tag{9.5.10}$$

如果只考虑感应电流的贡献, 以上 Rutherford 方程适用于磁岛宽度的演化. 与线性阶段类似, 稳定性判据是 $\Delta' < 0$, 但这里的 Δ' 由 (9.5.5) 式中的非线性定义给出. 如果这里有其他的非感应电流, (9.5.7) 式右边的第二项也需要保留和计算, 这时的磁岛方程通常称为修正的 Rutherford 方程, 其中可以包括驱动新经典撕裂模 (NTM) 的有限 β 效应, 也可以包括作为一种控制撕裂模方法的、由电子回旋波电流驱动 (ECCD) 的外部电流影响.

§9.6 Rutherford 方程的原始数学推导

这里介绍 Rutherford 方程的原始数学推导[4,5]. 从最简单的平板位形开始, 假设平衡磁场 $\boldsymbol{B}_0 = B_{0y}(x)\hat{\boldsymbol{e}}_y$ 且无导向磁场 $B_{0z} = 0$,

$$B_{0y}(x) = \begin{cases} B'_{y0}x, & -a < x < a, \\ B'_{y0}a, & x > a, \\ -B'_{y0}a, & x < -a. \end{cases}$$

将磁通 $\psi = \int \boldsymbol{B} \cdot \hat{\boldsymbol{e}}_y \mathrm{d}x$ 代入 Faraday 定律和 Ohm 定律 $\partial \boldsymbol{B}/\partial t = \nabla\left(\boldsymbol{v} \times \boldsymbol{B} - \eta \boldsymbol{J}\right)$, 并假设电阻 η 为常数, 得到

$$\frac{\partial \psi}{\partial t} + \boldsymbol{v} \cdot \nabla \psi = \eta J_z, \tag{9.6.1}$$

其中 $B_x = -\partial\psi/\partial y, B_y = \partial\psi/\partial x$, 且根据 Ampère 定律, $\mu_0 J_z = \nabla^2 \psi$. 对动量方程 $\mathrm{d}\left(\rho \boldsymbol{v}\right)/\mathrm{d}t = \boldsymbol{J} \times \boldsymbol{B} - \nabla p$ 进行 $\hat{\boldsymbol{e}}_z \cdot \nabla \times$ 的操作, 并引入流函数 $\boldsymbol{v} = \hat{\boldsymbol{e}}_z \times \nabla \varphi$, 再假设密度 ρ 为常数, 得到动量方程

$$\rho\left(\frac{\partial w_z}{\partial t} + \left(\boldsymbol{v} \cdot \nabla\right) w_z\right) = \boldsymbol{B} \cdot \nabla J_z, \tag{9.6.2}$$

其中 w_z 为 $\hat{\boldsymbol{e}}_z$ 方程分量的涡旋 $w_z = \hat{\boldsymbol{e}}_z \cdot \left(\nabla \times \boldsymbol{v}\right) = \nabla^2 \varphi$.

假设扰动磁场和扰动磁通为

$$\boldsymbol{B}_1 = \left(B_{1x}\sin(ky)\mathrm{e}^{\gamma t}, 0, 0\right), \quad \tilde{\psi}(y,t) = \frac{B_{1x}}{k}\cos(ky)\mathrm{e}^{\gamma t}, \tag{9.6.3}$$

总磁通为

$$\psi(x,y,t) = \psi_0(x) + \tilde{\psi}(y,t) = B'_{0y}\frac{x^2}{2} + \frac{B_{1x}}{k}\cos(ky)\mathrm{e}^{\gamma t}. \tag{9.6.4}$$

假设在电阻层附近 $B_y \approx B'_{0y}x$, 通过积分磁场线方程 $\mathrm{d}x/\mathrm{d}y = B_x/B_y$ 可以得到

$$B'_{0y}\frac{x^2}{2} + \frac{B_{1x}}{k}\cos(ky)\mathrm{e}^{\gamma t} = \text{常数}. \tag{9.6.5}$$

方程 (9.6.5) 如图 9.12 所示, 由于磁扰动 B_x 的出现使得磁拓扑改变, 方程 (9.6.5) 的每个常数都代表一个磁面, 在 $x = 0, y = 0$ 或 2π 等位置处磁场为 0, 由此位置临近出发的磁场线将等离子体分割形成局域的磁岛结构, 与外侧略微扭曲但并未发生重联的磁场线分隔开, 此为磁岛结构的边界 (separatrix). $x = 0, y = 0/2\pi$ 的位置被称为 X 点, 磁岛内磁场线发生重联并完全约束在磁岛结构内, $x = 0, y = \pi$ 的位置

被称为 O 点. 磁岛的宽度由边界确定, $x=0, y=0$ 与 $x=W/2, y=\pi$ 两点位于同一磁面, 可以得到磁岛宽度 W 为

$$\frac{B_{1x}}{k}=B_{0y}'\frac{W^2}{8}-\frac{B_{1x}}{k}\rightarrow W=4\sqrt{\frac{B_{1x}}{kB_{0y}'}}. \tag{9.6.6}$$

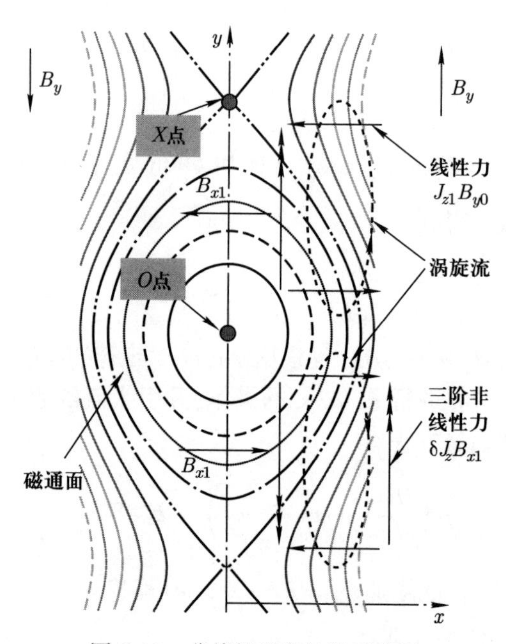

图 9.12 非线性磁岛结构示意图

扰动磁场 $B_{1x}\sin(ky)$ 以增长率 γ 增长激发了扰动电场 $\partial B_{1x}/\partial t=-\partial E_{1z}/\partial y$, 即 $E_{1z}=\dfrac{\gamma B_{1x}}{k}\cos(ky)\mathrm{e}^{\gamma t}$, 其中 $\partial/\partial z\rightarrow 0$, 因此在 $x=0$ 处电阻出现时感应了一面电流 $E_{1z}+v_xB_{0y}=\eta J_{1z}\rightarrow J_{1z}=\dfrac{\gamma B_{1x}}{\eta k}\cos(ky)\mathrm{e}^{\gamma t}$, 其中 $B_{0y}(x=0)=0$. 由此产生 $\hat{\boldsymbol{e}}_x$ 方向的一阶线性力 $F_{1x}=-J_{1z}B_{0y}'x$ 驱动涡流促进撕裂模不稳定性的发展. 在远离电阻层的区域感应电场产生流 $\eta\rightarrow 0, v_x=-E_{1z}/B_{0y}=-\dfrac{\gamma B_{1x}}{kB_{0y}'x}\cos(ky)\mathrm{e}^{\gamma t}$, 不可压缩条件致使在 $x\sim x_{\mathrm{T}}$ 层内产生很强的剪切流 (下标 T 表示撕裂层):

$$kv_y\sim -v_x/x_{\mathrm{T}},\quad v_y\sim -v_x/kx_{\mathrm{T}}\sim \gamma B_{1x}/\left(B_{0y}'k^2x_{\mathrm{T}}^2\right). \tag{9.6.7}$$

由一阶线性力 F_{1x} 驱动的此剪切流可以建立力矩平衡, 得到

$$x_{\mathrm{T}}J_{1z}B_{0y}'x_{\mathrm{T}}=\gamma\rho v_y/k\Rightarrow x_{\mathrm{T}}^4=\frac{\gamma^2\rho B_{1x}}{J_{1z}k^3B_{0y}'^2}=\frac{\gamma\rho\eta}{\left(kB_{0y}'^2\right)^2}, \tag{9.6.8}$$

其中 $J_{1z}=E_{1z}/\eta=\gamma B_{1x}/\eta k$, 从而决定了涡流扰动的宽度 x_{T}, 这便是线性撕裂模不稳定性呈指数增长的模式. 1973 年, Rutherford 建立了理论模型用以描述撕裂模磁岛宽度较小情况下的非线性效应, 磁岛宽度演化会由指数增长转变为代数增长[4]. 假设奇异层内的感应电流 J_{1z} 会通过电阻扩散快速衰减 (因为线性撕裂模的增长率比奇异层内面电流的电阻扩散更慢, $\partial/\partial t\ll\eta/\left(\mu_0x_{\mathrm{T}}^2\right)$), 因此由涡旋感应出二阶的扰动涡流 $\delta J_z=-v_yB_{1x}/\eta\sim\gamma B_{1x}^2/\left(B_{0y}'\eta k^2x_{\mathrm{T}}^2\right)$, 由此产生 $\hat{\boldsymbol{e}}_y$ 方向的三阶非线性力 δJ_zB_{1x} 而导致一个反作用抑制涡旋 v_y 的力矩, 并随着扰动的增长而增长, 且逐渐取代惯性的驱动而抑制模式的增长, 一阶线性力产生的力矩与此三阶非线性力产生的力矩平衡得到关系 $kJ_{1z}B_{0y}'x_{\mathrm{T}}\sim\delta J_zB_{1x}/x_{\mathrm{T}}\sim\gamma B_{1x}^3/\left(k^2B_{0y}'\eta x_{\mathrm{T}}^3\right)$. 在非线性增长区, 奇异层的宽度 $x_{\mathrm{T}}\sim\left(B_{1x}/kB_{0y}'\right)^{1/2}$ 逐渐接近磁岛宽度.

假设在电阻层附近 $B_{0y}(x)=B_{0y}'x$, 且采用扰动磁通幅度在磁岛区域沿 x 方向没有变化的常用假设 $\psi_1=$ 常数, 扰动磁通形式可写成 $\tilde{\psi}=\psi_1(t)\cos(ky)$ 并只考虑一阶扰动, 总磁通为

$$\psi(x,y,t)=\psi_0(x)+\psi_1(t)\cos(ky). \tag{9.6.9}$$

假设在非线性区域撕裂模的增长时间也远比电阻趋肤时间 (resistive skin time) 慢, 由此平衡磁通可以表达为 $\psi_0(x)=B_{0y}'x^2/2$. 将磁通 $\psi(x,y,t)$ 代入方程 (9.6.1) 得到

$$\frac{\partial\tilde{\psi}}{\partial t}-\left(\frac{\partial\varphi}{\partial y}\right)_{\psi}B_{0y}'x=\eta J_z-\eta_0J_{0z}=\eta\left(J-J_{0z}\right), \tag{9.6.10}$$

其中 $\eta_0J_{0z}=\partial\psi_0/\partial t, -\partial\varphi/\partial y=v_x$. 为简化推导, 假设 J_{0z} 和 $\eta_0=\eta$ 为常数, 忽略掉高阶非线性项 $\boldsymbol{v}\cdot\nabla\tilde{\psi}$ 项, 方程 (9.6.10) 在形式上仍保持为线性的扰动方程. 忽略动量方程 (9.6.2) 中的惯性项得到 $\boldsymbol{B}\cdot\nabla J_z=0$, 电流 J_z 为磁面函数

$$J_z=J_z(\psi). \tag{9.6.11}$$

方程 (9.6.10) 为线性方程, 为了消除 φ 以及构造非线性, 根据磁通有 $x=[2(\psi-\tilde{\psi})/B_{0y}']^{1/2}$, 将方程 (9.6.10) 同除以 x 变量, 再在磁面 ψ 做平均, 得到方程

$$\left\langle\frac{\partial\tilde{\psi}/\partial t}{x}\right\rangle_y-B_{0y}'\left\langle\left(\frac{\partial\varphi}{\partial y}\right)\right\rangle_y=\eta\frac{J_z-J_{0z}}{x}, \tag{9.6.12}$$

其中 $\langle f\rangle_y=\int_0^{2\pi}f\mathrm{d}y/2\pi$, $\mu_0\left(J_z-J_{0z}\right)=\nabla^2\tilde{\psi}$, 扰动项 $\partial\varphi/\partial y$ 在 $\hat{\boldsymbol{e}}_y$ 方向上为周期函数而被消除, 由此得到非线性方程

$$J_z(\psi)=J_{0z}+\eta^{-1}\left\langle\frac{\partial\tilde{\psi}/\partial t}{\left(\psi-\tilde{\psi}\right)^{1/2}}\right\rangle_y\left\langle\left(\psi-\tilde{\psi}\right)^{-1/2}\right\rangle_y^{-1}. \tag{9.6.13}$$

为了得到外区与内区的渐近匹配解 $\Delta' = [\partial \ln \tilde{\psi}/\partial x]_{0^-}^{0^+}$, 根据 Ampère 定律

$$\nabla^2 \tilde{\psi} = \mu_0 (J_z - J_{0z}),$$

并假设奇异层内 $\nabla^2 \tilde{\psi} \approx \partial^2 \tilde{\psi}/\partial x^2$, 得到

$$\Delta' \tilde{\psi} = 2\mu_0 \left\langle \cos(ky) \int_{-\infty}^{+\infty} (J_z - J_{0z})\, \mathrm{d}x \right\rangle_y, \quad \mathrm{d}x = \left(\frac{1}{2B'_{0y}} \right)^{1/2} \frac{\mathrm{d}\psi}{\left(\psi - \tilde{\psi}\right)^{1/2}}, \tag{9.6.14}$$

其中 $2\langle\cos(ky)\rangle_y$ 因子是通过 Fourier 变换得到的对应 $n = 1$ 的模式, 如果磁扰动 $\tilde{\psi} = \sum\limits_n \psi_n(t)\cos(nky)$ 包含更多模式, 也可以通过上式得到对应模式的 $\Delta'_n \psi_n$ 值, $\int_{-\infty}^{\infty} \mathrm{d}x$ 积分上下限由 $\mathrm{d}x \sim \left(\psi - \tilde{\psi}\right)^{-1/2} \sim \left(B'_{0y} x^2/2\right)^{-1/2}$ 在接近 $x = 0$ 的左右两侧确定, 将方程 (9.6.13) 代入, 得到

$$\begin{aligned}
\Delta' \tilde{\psi} &= \frac{2\mu_0}{\eta \left(2B'_{0y}\right)^{1/2}} \int_{-\infty}^{\infty} \left\langle \frac{\partial \tilde{\psi}/\partial t}{\left(\psi - \tilde{\psi}\right)^{1/2}} \right\rangle_y \left\langle \left(\psi - \tilde{\psi}\right)^{-1/2} \right\rangle_y^{-1} \times \left\langle \frac{\cos(ky)}{\left(\psi - \tilde{\psi}\right)^{1/2}} \right\rangle_y \mathrm{d}\psi \\
&= \frac{4\mu_0}{\eta \left(2B'_{0y}\right)^{1/2}} \int_{\psi_{\min}}^{\infty} \frac{\partial \psi_1}{\partial t} \left\langle \frac{\cos(ky)}{\left(\psi - \tilde{\psi}\right)^{1/2}} \right\rangle_y \left\langle \left(\psi - \tilde{\psi}\right)^{-1/2} \right\rangle_y^{-1} \left\langle \frac{\cos(ky)}{\left(\psi - \tilde{\psi}\right)^{1/2}} \right\rangle_y \mathrm{d}\psi,
\end{aligned} \tag{9.6.15}$$

其中

$$\begin{aligned}
&\int \mathrm{d}\psi \left\langle \frac{\cos(ky)}{\left(\psi - \tilde{\psi}\right)^{1/2}} \right\rangle_y^2 \frac{1}{\left\langle \left(\psi - \tilde{\psi}\right)^{-1/2} \right\rangle} \\
&= \int \left\langle \frac{\cos(ky)}{(W - \cos(ky))^{1/2}} \right\rangle_y^2 \frac{\mathrm{d}W \psi_1^{1/2}}{\left\langle (W - \cos(ky))^{-1/2} \right\rangle} \\
&= A\psi_1^{1/2}, \quad W = \frac{\psi}{\psi_1}, \quad A \approx 0.7.
\end{aligned} \tag{9.6.16}$$

由此得到 Rutherford 方程

$$\frac{\partial}{\partial t} \psi_1^{1/2} = \frac{\eta \left(2B'_{0y}\right)^{1/2}}{8\mu_0 A} \Delta'_1. \tag{9.6.17}$$

根据 (9.6.6) 式磁岛宽度 $W=4\left(\psi_1/B'_{0y}\right)^{1/2}$, 可以得到

$$\frac{\mathrm{d}W}{\mathrm{d}t}=\frac{1}{2^{1/2}A}\frac{\eta}{\mu_0}\Delta'\approx\frac{\eta}{\mu_0}\Delta'\Rightarrow\tau_R\frac{\mathrm{d}}{\mathrm{d}t}\frac{W}{r_{\mathrm{s}}}=\Delta' r_{\mathrm{s}},\quad \tau_R=\frac{\mu_0 r_{\mathrm{s}}^2}{\eta}.\tag{9.6.18}$$

可以看出磁岛宽度几乎随时间呈线性增长, 扰动 $\psi_1\sim t^2$ 呈代数增长, 此非线性区间的撕裂模增长率通常也被称为 Rutherford 区域 (Rutherford regime). 另一方面, 由于一开始 Faraday 定律与 Ohm 定律的方程中涡旋项通过磁面平均消除掉了, 所以 Rutherford 模型难以描述剪切流效应、撕裂模间的非线性耦合等问题.

§9.7 磁岛增长的非线性饱和

对于足够宽的磁岛, 可以预期撕裂模所引起的平衡温度剖面展平效应. 这将使得撕裂模增长发生与线性增长率的偏差, 因为温度剖面的平坦化将减小驱动撕裂模不稳定性的平衡剖面梯度, 从而最终导致撕裂模的增长饱和. 因此, 该效果应导致 $\Delta'(W)$ 随着 W 的增加而减少. 在简化的图像中, 可以认为撕裂模方程解 $\Psi_1^*(r)$ 在 $W\to 0$ 时, 在有限宽度磁岛的左、右边界, 即 $r_{\mathrm{s}}\pm W/2$ 处匹配到相同常量 $\overline{\Psi}_1^*$, 而 $\Delta'(W)$ 可通过下式近似计算 (见图 9.13):

$$\Delta'(W)=\frac{\Psi_1^{*\prime}\left(r_{\mathrm{s}}+W/2\right)-\Psi_1^{*\prime}\left(r_{\mathrm{s}}-W/2\right)}{\Psi_1^*\left(r_{\mathrm{s}}\right)}.\tag{9.7.1}$$

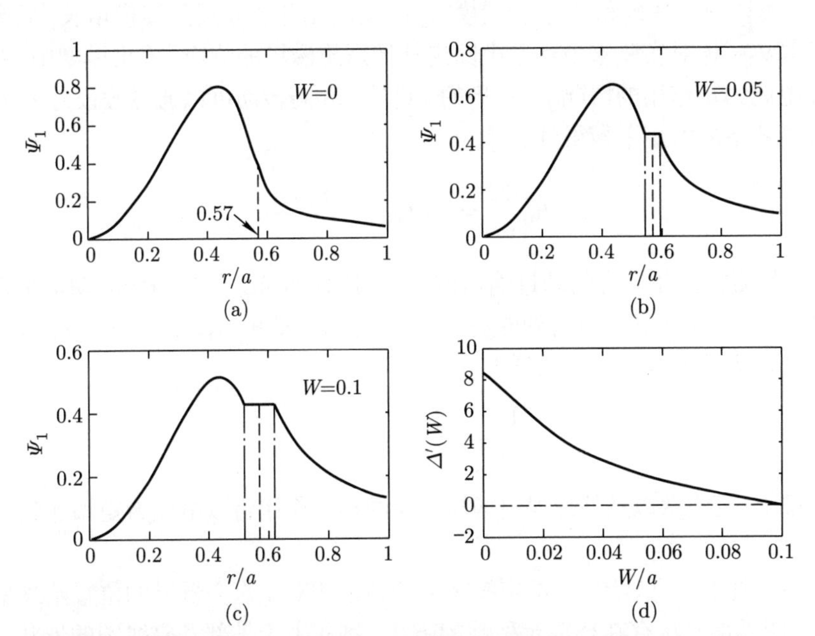

图 9.13 (a)~(c) 三种不同磁岛宽度所对应的撕裂模扰动螺旋磁通剖面; (d) 根据 (9.7.1) 式计算所得撕裂模稳定性指标 $\Delta'(W)$ 与磁岛宽度 W 的依赖关系

更具体的计算表明, 这种依赖关系可以粗略地近似为

$$\Delta'(W)=\Delta'(0)\left(1-\frac{W}{W_{\text{sat}}}\right), \tag{9.7.2}$$

其中 $\Delta'(0)$ 是在磁岛宽度 $W\to 0$ 极限下计算的线性撕裂模稳定性指标. 将 $\Delta'(W)$ 的关系代入 Rutherford 方程, 可以得到电阻撕裂模磁岛宽度趋向饱和的非线性演化

$$W(t)=W_{\text{sat}}\left[1-\exp\left(-t\frac{r^2\Delta'(0)}{\tau_R W_{\text{sat}}}\right)\right]. \tag{9.7.3}$$

进入饱和状态后, $\Delta'\left(W_{\text{sat}}\right)=0$, 表示磁岛内部没有螺旋电流, 磁岛区域达到一个新的三维平衡. 有时可以通过实验观察到这种单螺旋饱和电流驱动的撕裂模, 但它们在托卡马克中并不起主要作用. 相反, 电流驱动的磁岛最重要的作用是它们对导致破坏性不稳定性的非线性过程的贡献, 这其中包括撕裂模的旋转和锁定.

§9.8 撕裂模旋转锁定和锁模不稳定性

在实验室坐标系中, 经常能够观察到托卡马克中磁流体模式的转动. 在下文中, 我们描述托卡马克中磁岛的转动, 包括由于与真空壁和外部螺旋磁场的电磁相互作用, 撕裂模转动的减慢和锁定 (“锁模”), 以及从无开始发展的锁模增长, 后者可以认为是等离子体对实验室坐标系中固定外加螺旋磁场的响应. 零维模型中, 在不存在直接电磁力矩作用的情况下, 磁岛的 “自然” 环向转动可以通过假设外力 F_{ext} 作用下该模式下的力矩平衡得到:

$$m_{\text{p}}R_0^2\frac{\mathrm{d}\omega}{\mathrm{d}t}=R_0F_{\text{ext}}-\frac{m_{\text{p}}R_0^2}{\tau_{\text{M}}}\omega, \tag{9.8.1}$$

其中 τ_{M} 是表征黏滞效应的动量输运或约束时间, 而 m_{p} 是参与磁岛动量平衡的等离子体质量. 由定态解可以得到磁岛 “自然” 环向转动角速度 $\omega_0=F_{\text{ext}}\tau_{\text{M}}/\left(m_pR_0\right)$, 相应的环向力矩平衡可以写成形式

$$\frac{\mathrm{d}\omega}{\mathrm{d}t}=\frac{1}{\tau_{\text{M}}}\left(\omega_0-\omega\right). \tag{9.8.2}$$

在此基础上, 真空壁以及外部误差场与磁岛的相互作用将以电磁力矩添加到上述方程中.

在许多托卡马克装置中, 给定螺旋度的锁模相对于真空器壁的位置始终是相同的, 这表明外部磁场存在环轴对称性的破坏, 例如由于外部励磁线圈的形状、位置等缺陷造成的误差场. 由于等离子体不能以任何显著的速度流过较大宽度的磁岛,

因此锁模还导致等离子体在共振表面附近的转动停止, 并且由于黏滞力的耦合而在整体上明显降低等离子体的转动速度. 如果撕裂模增长到较大幅度, 通常会观察到锁模. 其重要性在于, 锁模通常在破裂之前发生, 而一般认为这是由于在不同共振面处撕裂模之间的相互作用而导致的磁场线随机化, 只有在各处撕裂模彼此相位锁定在一起时才能发生 (见图 9.14).

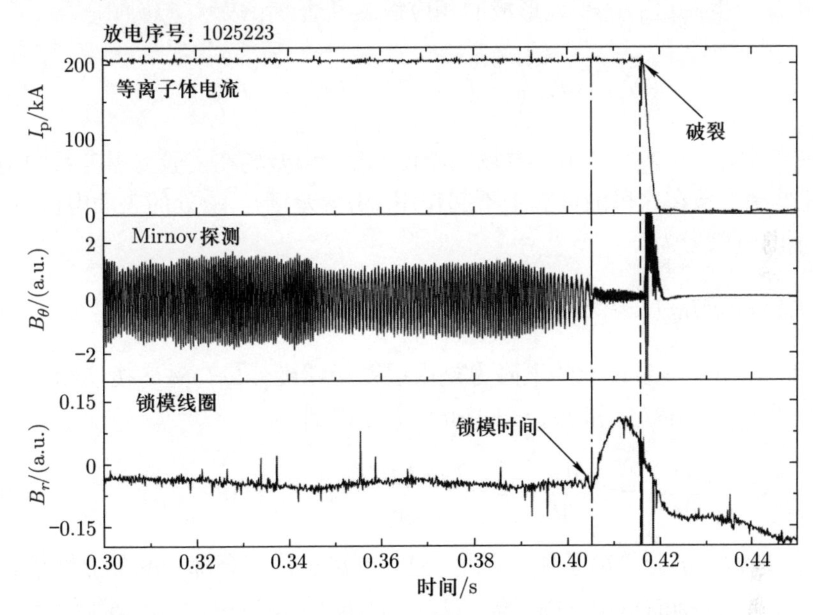

图 9.14 J-TEXT 装置锁模 – 破裂实验中的测量时序信号[6]

有限宽度磁岛所受到的来自电阻器壁的电磁拖拽力可以通过计算磁岛反作用于电阻壁中涡旋电流上的 Lorentz 力 $\boldsymbol{J}\times\boldsymbol{B}$ 的有限相位平均得到. 为了评估垂直于平衡磁场方向的力 (即在 μ 或 θ 方向上), 我们需要对 $j_{\rm w}B_r$ 进行相位平均. 可以方便地表示为 $\langle\mathrm{Re}\,(j_{\rm w})\,\mathrm{Re}\,(B_r)\rangle = j_{\rm w}\,(B_r)^*\,/2$, 其中 Re 表示实部, $()^*$ 表示复共轭. 使用器壁处的 B_r 和 Ψ^* 并乘以作用力所作用的体积 $4\pi^2 r_{\rm w}\mathrm{d}R_0$, 可以得到

$$F_{\rm w} = -4\pi^2\frac{R_0 m^2}{\mu_0 r_{\rm s}}\omega\tau_{\rm w}\Psi^*\left(\Psi^*\right)^*. \tag{9.8.3}$$

根据磁岛与器壁涡旋电流之间的 "作用力 = 反作用力", 得到共振面上磁岛受力为 $F_{\rm w}\left(r_{\rm s}\right) = \left(r_{\rm w}/r_{\rm s}\right)F_{\rm w}\left(r_{\rm w}\right)$. 代入电阻壁内螺旋通量的表达式 (参见电阻壁模推导), 由于与壁相互作用而在有理面撕裂模上产生的力变为

$$F_{\rm w} = 4\pi^2 R_0\frac{\left(m\bar{\Psi}^*\right)^2}{\mu_0 r_{\rm s}}\left(\frac{r_{\rm s}}{r_{\rm w}}\right)^{2m}\frac{\omega\tau_{\rm w}}{1+\left(\omega\tau_{\rm w}\right)^2}. \tag{9.8.4}$$

对于理想壁, $\omega\tau_{\mathrm{w}} \to \infty$, 磁岛不会受到阻力, 这是因为导体壁中的径向场为零. 另一方面, 如果没有旋转 ($\omega\tau_{\mathrm{w}} \to 0$), 则没有感应电流, 磁岛也不会受到阻力. 在两种情况之间, 当撕裂模以等于电阻壁扩散时间倒数的频率旋转, 即 $\omega\tau_{\mathrm{w}} = 1$ 时, 磁岛受到的阻力最大.

由外部误差场产生的力是根据真空磁场计算的, 该真空场可由位于 r_{ef} 的静态误差场电流产生, 并由在 r_{s} 处形成的相应螺旋磁通 $\bar{\Psi}_{\mathrm{ef}}^*$ 表示:

$$\Psi_{\mathrm{ef}}^* = \bar{\Psi}_{\mathrm{ef}}^* \left(\frac{r}{r_{\mathrm{s}}}\right)^m \mathrm{e}^{\mathrm{i}m\theta_0}, \quad 当 \quad r < r_{\mathrm{ef}}, \tag{9.8.5}$$

其中 θ_0 表示实验室参考系中误差场的相位. 由于误差场在实验室参考系中是静态的, 因此器壁屏蔽在这里的计算中不起作用. 由误差场与 r_{s} 处的表面电流 J_{s} 相互作用产生的电磁力为

$$F_{\mathrm{ef}} = 4\pi^2 R_0 J_{\mathrm{s}} m \bar{\Psi}_{\mathrm{ef}}^* \mathrm{Re}\left(\mathrm{i}\mathrm{e}^{\mathrm{i}m(\theta-\theta_0)}\right) = -4\pi^2 R_0 J_{\mathrm{s}} m \overline{\Psi}_{\mathrm{ef}}^* \sin m\left(\theta - \theta_0\right). \tag{9.8.6}$$

可以看到, 作用在撕裂模上的电磁力是由误差场螺旋分量与磁岛扰动相位差引起的. 进而通过 $\omega = \mathrm{d}\theta/\mathrm{d}t$ 和 $m_{\mathrm{isl}} r_{\mathrm{s}} \mathrm{d}\omega/\mathrm{d}t = F_{\mathrm{ef}}$, 得到

$$\frac{\mathrm{d}\left(\omega^2\right)}{\mathrm{d}t} = 2\omega\frac{\mathrm{d}\omega}{\mathrm{d}t} = -8\pi^2 \frac{m J_{\mathrm{s}} R_0}{m_{\mathrm{isl}} r_{\mathrm{s}}} \bar{\Psi}_{\mathrm{ef}}^* \omega \sin\left(m\left(\theta - \theta_0\right)\right), \tag{9.8.7}$$

其中 m_{isl} 是磁岛部分等离子体的质量, 而与等离子体其余部分的黏滞性耦合已被忽略. 从关系式 $\omega \sin\left(m\left(\theta-\theta_0\right)\right) = -(1/m)\mathrm{d}\left(\cos\left(m\left(\theta-\theta_0\right)\right)\right)/\mathrm{d}t$, 求解得到

$$\omega^2 = \omega_0^2 + \omega_{\mathrm{ef}}^2 \cos\left(m\left(\theta - \theta_0\right)\right), \tag{9.8.8}$$

其中 $\omega_{\mathrm{ef}}^2 = 8\pi^2 \dfrac{J_{\mathrm{s}} R_0}{m_{\mathrm{isl}} r_{\mathrm{s}}} \bar{\Psi}_{\mathrm{ef}}^*$ 表明误差场作用于磁岛导致磁岛旋转角速度的周期性调制. 根据 (9.8.8) 式, 当 $\omega_0 > \omega_{\mathrm{ef}}$ 时, 时间平均的角速度没有减小, 但是瞬时角速度围绕初始值 ω_0 被误差场调制. 对于 $\omega_0^2 < \omega_{\mathrm{ef}}^2$ 的情况, 磁岛模式会被误差场捕获从而停止旋转, 即所谓 "锁定" 到误差场. 力学上一个类似的情形是在周期性外势场中运动的质点, 取决于其初始速度大小, 该质点将或者以变化的速度运动, 或者被捕获在外势场中.

因此, 锁模过程可以解释如下: 当磁岛宽度较小时, 即对应于较小的 $\bar{\Psi}$, 在电磁和黏滞力矩的平衡驱动下, 磁岛保持旋转. 对于当今的托卡马克, 通常固有误差场幅度的量级为 $B_r/B_{\mathrm{t}} \leqslant 10^{-4}$. 相比而言, "自然" 旋转频率很高, 以至于 $\omega_0 \gg \omega_{\mathrm{ef}}$ 和 $\omega_0 \gg \tau_{\mathrm{w}}^{-1}$, 这样磁岛就以近乎恒定的角速度转动. 随着磁岛宽度的增长, 磁岛通过与电阻壁或者误差场线圈相互作用而受到的电磁力矩变大, 导致磁岛旋转减慢, 进而使得电磁力矩进一步增加. 取决于具体参数, 这可能会发展成 "失控" 的情况,

从而引起磁岛旋转的突然制动减速. 最终, 磁岛旋转角速度从 ω_0 下降到约为 $\omega_{\rm ef}$ 的量级, 而这一过程通过 $\bar{J}_{\rm s}$ 也会增加磁岛宽度, 转动变得非常不具有简谐性, 直到最后该磁岛被锁定在误差场的相位上.

(1) 从头开始发生的等离子体响应和锁模.

考虑一个模型, 其中假定共振面外部的等离子体没有电流, 也就是说, 在没有误差场的情况下, 我们有 $\Psi^* \propto r^{-m}$. 对于 $\Psi_{\rm i}^*(r)$ 共振面内部, 解的形式仍然是通过将撕裂模方程在边界条件 $\Psi_{\rm i}^*(0)=0$ 基础上积分获得. 这样, 撕裂模螺旋通量函数可以分区间写成[7]

$$
\begin{aligned}
&\Psi^*(r,\theta)=\Psi_{\rm i}^*(r){\rm e}^{{\rm i}m\theta}, \quad 在区间 \quad 0<r<r_{\rm s},\\
&\Psi^*(r,\theta)=\left(\Psi_{\rm i}^*\left(r_{\rm s}\right){\rm e}^{{\rm i}m\theta}-\bar{\Psi}_{\rm ef}^*{\rm e}^{{\rm i}m\theta_0}\right)\left(\frac{r_{\rm s}}{r}\right)^m, \quad 在区间\ r_{\rm s}<r<r_{\rm ef}+\bar{\Psi}_{\rm ef}^*\left(\frac{r}{r_s}\right)^m{\rm e}^{{\rm i}m\theta_0}.
\end{aligned}
\tag{9.8.9}
$$

以上解在共振面 $r_{\rm s}$ 上连续, 而一阶导数不一定连续. 可以看出, 在以上模型中, 在共振面以内, 即 $r\leqslant r_{\rm s}$ 处, 误差场被屏蔽, 就如同等离子体是理想导体一样.

由以上撕裂模的解, 可以按照通常的方式计算 Δ' 并获得

$$
\Delta'=\Delta_0'+\frac{2m}{r_{\rm s}}\frac{\bar{\Psi}_{\rm ef}^*}{\Psi_{\rm i}^*\left(r_{\rm s}\right)}{\rm Re}\left({\rm e}^{{\rm i}m(\theta_0-\theta)}\right)=\Delta_0'+\frac{2m}{r_{\rm s}}\frac{\bar{\Psi}_{\rm ef}^*}{\Psi_{\rm i}^*\left(r_{\rm s}\right)}\cos m\left(\theta-\theta_0\right), \tag{9.8.10}
$$

其中 Δ_0' 是在没有误差场情况下根据线性撕裂模得到的稳定性指标. 可以看到, 误差场对稳定性的影响与磁岛相位相同的分量有关. 相比之下, 误差场引起的电磁力矩是由误差场与磁岛相位相异的分量引起的. 对于 $\theta=\theta_0$, 可以获得最不稳定的情况, 这意味着在这种情况下, $\Psi_{\rm i}^*\left(r_{\rm s}\right)$ 将增长, 并且磁岛将发展, 从而减少 Δ'. 此过程也称为 “误差场的渗透” .

$\Psi_{\rm i}^*\left(r_{\rm s}\right)$ 的增加引起的磁岛增长由 Rutherford 方程描述, 而 (9.8.10) 式可以通过使用依赖 W 的 Δ' 定义以及用 W 表示的共振面处螺旋通量而转化为色散关系:

$$
\Delta'(W)=\Delta_{\rm w/o}'(W)+\frac{2m}{r_{\rm s}}\left(\frac{W_{\rm ef}}{W}\right)^2\cos m\left(\theta-\theta_0\right), \tag{9.8.11}
$$

其中 $W_{\rm ef}$ 是误差场幅度所等效的磁岛宽度, $\Delta_{\rm w/o}'(W)$ 是没有误差场时的非线性磁岛宽度. 对于不稳定的撕裂模, 即 $(\Delta_0'>0)$, 在 $\theta=\theta_0$ 的情况下, 由于 (9.8.11) 式第二项所添加的正数, 饱和磁岛宽度将比不存在误差场时更大.

当等离子体在撕裂模扰动下稳定且无误差场时, 可以根据 $\Delta'(W)=0$ 计算出 $\theta=\theta_0$ 的饱和磁岛宽度为

$$
W=\sqrt{\frac{2m}{r_{\rm s}\left(-\Delta_0'\right)}}W_{\rm ef}, \tag{9.8.12}
$$

其中对于真空场 $\Delta_0' = -2m/r_\mathrm{s}$, 从而得到 $W = W_\mathrm{ef}$. 在存在等离子体的情况下, (9.8.12) 式显示了 "误差场放大" 效应, 即如果 $(-\Delta_0') < 2m/r_\mathrm{s}$, 则饱和磁岛宽度大于真空场情况下的响应磁岛宽度 W_ef. 在以上讨论中, 假设了该响应磁岛与误差场同相, $\theta = \theta_0$. 如果相位差是有限的, 例如由于作用在磁岛区域等离子体上的外部电磁力矩, 则饱和磁岛的宽度会更小, 最终的演化甚至可以保持稳定.

(2) 磁岛旋转导致的误差场穿透阈值.

在没有旋转的情况下, 方程 (9.8.11) 预测对于任意小幅度的误差场, 都会导致与误差场同相位 (即 $\theta = \theta_0$) 的响应磁岛增长和不稳定性, 这意味着任何小的误差场都会生成一个磁岛. 然而在托卡马克实验中通常不会观察到这一点, 而是表明误差场在完全渗透发生之前存在一个阈值幅度 $\bar{\Psi}_\mathrm{ef}^*$. 由于外线圈系统不可避免地缺乏完美对称性, 总会有残余的误差场, 因此了解此阈值非常重要, 因为它将确定线圈系统所需的精度, 以避免发生从头开始增长的锁模不稳定性.

导致锁模阈值行为的一个因素是等离子体转动. 托卡马克等离子体通常在实验室坐标系中旋转, 因此发生重联的磁通与误差场磁通之间的相位差将不断变化. 对于旋转的磁岛, 根据相位差, 误差场的作用实际上在解稳和致稳之间交替变化. 因此, 对于更高的转速, 随着磁岛模式在解稳区域中移动时速度更快, 时间的推移积分就会产生净余的稳定效果.

(3) 等离子体旋转下误差场穿透的 Rutherford 方程.

之前用于计算电阻壁阻力引起的电磁转矩的理论形式可以类似地应用于讨论误差场锁模问题. 假设在共振面电阻层中的典型重联时间为 τ_R, 因此对于处于 r_s 处的屏蔽电流, 联合运用 Ohm 定律和 Faraday 定律可以得到

$$\begin{aligned}\frac{m}{r_\mathrm{s}}\Psi_\mathrm{i}^*(r_\mathrm{s}) &= -\frac{\mathrm{i}}{2\omega\tau_R}\left(\Psi^{*\prime}\big|_{r_\mathrm{s}+} - \Psi^{*\prime}\big|_{r_\mathrm{s}-}\right) \\ &= -\frac{\mathrm{i}}{2\omega\tau_R}\left(\Delta_0'\Psi_\mathrm{i}^*(r_\mathrm{s}) + \frac{2m}{r_\mathrm{s}}\bar{\Psi}_\mathrm{ef}^*\mathrm{e}^{\mathrm{i}m(\theta-\theta_0)}\right).\end{aligned} \tag{9.8.13}$$

这实质上是误差场模式穿透的 Rutherford 方程. 由此可以得到稳态旋转等离子体对误差场响应的重联磁通表达式

$$\Psi_\mathrm{i}^*(r_\mathrm{s}) = \frac{\bar{\Psi}_\mathrm{ef}^*\mathrm{e}^{\mathrm{i}m(\theta-\theta_0)}}{-\dfrac{\Delta_0' r_\mathrm{s}}{2m} + \mathrm{i}\omega\tau_R}. \tag{9.8.14}$$

因此, 如果等离子体旋转速度比典型重联速率快得多, 那么等离子体重联响应可能会消失, 这是具有快速旋转且无磁岛形成, 即对误差场完全屏蔽的等离子体响应解. 另一方面, 如果没有旋转, 则锁模位置将接近 $\theta = \theta_0$, 并且在完全穿透的情况下会出现宽度较宽的磁岛. 可以将误差场穿透与电阻壁锁模过程做类比, 其中的旋转解对应于 $\omega\tau_\mathrm{w} \gg 1$ (即电阻壁中感应产生完全屏蔽效应的电流), 而锁模解对应于

$\omega\tau_{\rm w} \ll 1$ (即电阻壁中没有产生感应屏蔽电流). 随着磁场扰动幅度的增加, 两种状态之间会发生过渡和转变.

(4) 存在误差场时旋转磁岛的力矩平衡.

可以进而通过计算电磁力 $J_{\rm s}B_r$ 的时间和极向平均得出共振面上磁岛受到的净阻力为

$$F_{\rm s} = 4\pi^2 R_0 \frac{\left(m^2 \bar{\varPsi}_{\rm ef}^*\right)^2}{\mu_0 r_{\rm s}} \frac{\omega\tau_R}{\left(\dfrac{-\varDelta_0' r_{\rm s}}{2m}\right)^2 + (\omega\tau_R)^2}. \tag{9.8.15}$$

如果将共振面处的磁场视作真空场, 即 $\varDelta_0' = -2m/r_{\rm s}$, 则以上电磁力的结构确实与电阻壁对等离子体所施加的阻力形式相同. 其中, 旋转解 $\omega\tau_R \to \infty$ 对应于 $\bar{\varPsi}_{\rm i}^*(r_{\rm s}) = 0$, 这对应没有发生重联的磁通, 而锁模解 $\omega\tau_R \to 0$ 对应于发生了完全磁场重联的状态.

通过其他外部转矩, 例如中性束注入 (NBI) 和黏滞阻力来平衡该电磁转矩, 则误差场作用所导致的转动方程为

$$\frac{{\rm d}\omega}{{\rm d}t} = \frac{1}{\tau_{\rm M}}(\omega_0 - \omega) + \frac{1}{m_{\rm p} r_{\rm s}} F_{\rm s}. \tag{9.8.16}$$

在 (9.8.16) 式中使用了等离子体的总质量, 这是基于假设在共振面上的局部力通过黏滞耦合使整个等离子体转动变慢. 当误差场幅度超过阈值时, 上面的转动方程允许分岔解, 可以用于模拟旋转和锁模状态之间的突然转变.

如图 9.15 所示, 在没有误差场的情况下, 在高旋转速度 $\omega = \omega_0$ 处存在一个稳态 (即 ${\rm d}\omega/{\rm d}t = 0$)). 随着 $\bar{\varPsi}_{\rm ef}^*$ 的增加, 在较低的旋转状态下会出现另外两个定态, 这可以在图 9.15 中插入的放大小图所示的较小 ω 区域内看到. 最后, 当 $\bar{\varPsi}_{\rm ef}^*$ 继续增加, 仅存在低速旋转的定态. 因此, 如果我们从较大 ω、较小 $\bar{\varPsi}_{\rm ef}^*$ 的高旋转等离子体, 小幅度误差场状态开始并增加误差场, 等离子体转动将相应减少, 直到快速切换到低旋转状态. 从图 9.15 中的放大插图可以看到, 这个低旋转状态的角速度值 ω 是如此之低, 以至于由于误差场产生的电磁力矩通常会导致等离子体在这种状态下陷入锁模模式, 因此图 9.15 中演示的转动解确实显示了以上提及的分岔特征行为. 代入转动方程 (9.8.16) 而得到的图 9.15 中数值解的参数, 对应于中型托卡马克中性束注入加热实验的典型值, 即 $n_{\rm e} = 0.5 \times 10^{20}\ {\rm m}^{-3}, \tau_{\rm M} = 0.1\ {\rm s}, r_{\rm s} = 0.3\ {\rm m}, F_{\rm NBI} = 0.5\ {\rm N}$. 该数值解预测发生锁模所需的螺旋磁场量级为 $B_{r,{\rm ef}}/B_{\rm t} \approx 10^{-3}$, 与实验观察值非常吻合.

对于低 β 等离子体, 以上误差场穿透和锁模模型可以很好地描述基本物理原理, 但是很难对可容忍的误差场进行定量估测, 因为后者依赖于对等离子体旋转的预测和关于磁场重联时间 τ_R 的定量信息. 例如, 实验上观察到的误差场穿透阈值

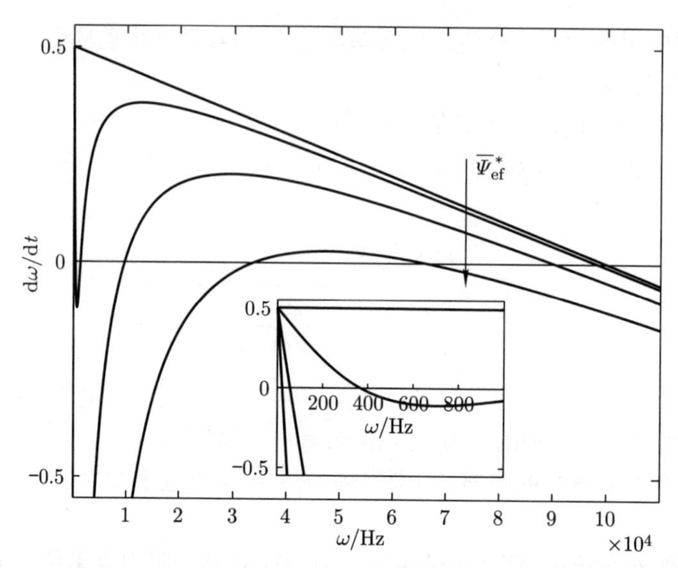

图 9.15 在误差场幅度 $\bar{\Psi}^*_{\rm ef}$ 增加的情况下, 总转矩与旋转频率 ω 的函数关系

对于密度的依赖性可能与磁岛的抗磁转动有关. 最后, 前面的讨论没有考虑有限 β 的影响. 在等离子体比压接近外扭曲模的无壁 β 极限时, 电阻壁模的物理特性变得很重要, 并且误差场穿透的阈值可能降低, 实验已经观察到这种行为. 有限 β 也可能导致新经典撕裂模 (NTM) 和新经典环向黏滞 (NTV) 扭矩的出现.

小 结

本章主要讨论了以下内容:

(1) 电流片的稳定性.

(i) Lundquist 数 S;

(ii) 线性撕裂模增长率尺度 $\gamma\tau_{\rm A} \propto S^{-3/5}$ (小 Δ' 参数区域);

(iii) 线性撕裂模理论推导.

(2) 存在导向场时的磁重联.

(i) 线性撕裂模外区方程;

(ii) "平顶帽" 电流剖面的 Δ'.

(3) 托卡马克中的磁岛: 磁岛等高线方程和宽度 W.

(4) Rutherford 方程.

(i) 常数 Ψ^* 近似;

(ii) 扰动磁面上的平均.

(5) 磁岛饱和: Δ' 用于非线性撕裂模式.

(6) 旋转磁岛的锁模: 导体壁上涡流和误差场引起的磁岛扭矩.

(7) 等离子体对误差场的响应 (RMP).

(i) 在共振面重联磁通对于误差场的响应;

(ii) 误差场增加导致旋转速度的分岔.

习 题

1. 对于 Sweet-Parker 重联, 证明重联率满足 $u_{\mathrm{i}}/u_{\mathrm{A}} \propto S^{-1/2}$, 其中 u_{i} 是流入速度, u_{A} 是 Alfvén 速度, 并且 S 是 Lundquist 数, 均在流入区测量.
2. 推导在 "平顶帽" 电流剖面条件下 r_{s} 处的 Δ', 其中 $q_0 > 1$, $r_j < r_{\mathrm{s}}$.
3. 使用 (9.8.16) 式, 估计在 J-TEXT 装置上将在 $r_{\mathrm{s}} = 0.5a$ 共振面处旋转磁岛锁模的误差场阈值, 其中 r_{s} 是磁岛的位置, a 是托卡马克的小半径.
4. 阅读并自学参考书与文献中关于托卡马克锯齿不稳定性的理论和实验研究.

参 考 文 献

[1] Furth H P, Killeen J, and Rosenbluth M N. Finite-resistivity instabilities of a sheet pinch. The Physics of Fluids, 1963, 6(4): 459.

[2] Ortolani S and Schnack D D. Magnetohydrodynamics of Plasma Relaxation. World Scientific, 1993.

[3] Goldston R J and Rutherford P H. Introduction to Plasma Physics. CRC Press, 1995.

[4] Rutherford P H. Nonlinear growth of the tearing mode. The Physics of Fluids, 1973, 16(11): 1903.

[5] 曾市勇. 托卡马克等离子体破裂过程中电阻撕裂模的杂质辐射激发及驱动机制. 中国科学技术大学, 2024.

[6] Ding Y H, Jin X S, Chen Z Z, and Zhuang G. Neural network prediction of disruptions caused by locked modes on J-TEXT tokamak. Plasma Science and Technology, 2013, 15(11): 1154.

[7] Fitzpatrick R. Interaction of tearing modes with external structures in cylindrical geometry (plasma). Nuclear Fusion, 1993, 33(7): 1049.

第十章　有限比压区域的电阻撕裂模

本章首先介绍了有限比压托卡马克中的线性撕裂模, 之后分析了非线性撕裂模对温度分布的影响. 接下来, 我们介绍了有限比压托卡马克中的新经典撕裂模, 并推导了小纵横比托卡马克新经典撕裂模的理论.

§10.1　有限比压托卡马克中的线性撕裂模

Furth[1] 和 Wesson[2] 等人在之前的经典电阻撕裂模分析中忽略了有限压强效应. 这是由于当压强梯度效应存在时, 在模式有理面出现分数类幂指数的奇点. 此外, 在有理面附近大解和小解的分离也遇到了困难[3]. 这里首先讨论在柱位形几何、有限比压情况下线性电阻撕裂模的剖面结构以及 Δ' 的计算[1]. 这些计算结果在零压强情况下, 将重现 Furth 等人的结果.

10.1.1　柱位形公式与计算方法的回顾

本节简要回顾外区基本模型方程及典型解[1]. 方程采用柱坐标系, 其中 r 为小半径, θ 为极向角, z 为环形方向坐标. 结合动量平衡方程、Faraday 定律、Ohm 定律和圆柱几何中的等离子体不可压缩性, 可以得到 Newcomb 方程[1,5]

$$\frac{\mathrm{d}^2\psi}{\mathrm{d}r^2}+\frac{1}{H}\frac{\mathrm{d}H}{\mathrm{d}r}\frac{\mathrm{d}\psi}{\mathrm{d}r}-\frac{1}{H}\left[\frac{g}{F^2}+\frac{1}{F}\frac{\mathrm{d}}{\mathrm{d}r}\left(H\frac{\mathrm{d}F}{\mathrm{d}r}\right)\right]\psi=0, \tag{10.1.1}$$

其中

$$F\equiv\boldsymbol{k}\cdot\boldsymbol{B}=kB_z+(m/r)B_\theta=\frac{B_z}{R}(1-m/q), \tag{10.1.2}$$

$$H\equiv\frac{r^3}{k^2r^2+m^2}, \tag{10.1.3}$$

$$g\equiv\frac{\left(m^2-1\right)rF^2}{k^2r^2+m^2}+\frac{k^2r^2}{k^2r^2+m^2}\left(rF^2+F\frac{2\left(krB_z-mB_\theta\right)}{k^2r^2+m^2}+2\mu_0\frac{\mathrm{d}P}{\mathrm{d}r}\right). \tag{10.1.4}$$

需要注意, 以下推导中的环向模数均为 $n=1$. 使用 $x=r/r_\mathrm{s}$ (r_s 是模式有理曲面半径), $b=B_\theta/B_z$, $p\equiv P/P_0=2\mu_0P/B_z^2\beta$, $\beta=2\mu_0P_0/B_z^2$, P_0 是压强剖面峰值, 归一化后的方程变为

$$\psi''+g_2(x)\psi'-g_1(x)\psi=0, \tag{10.1.5}$$

其中

$$g_1(x) \equiv \frac{1}{H}\left(\frac{g}{F^2} + \frac{1}{F}\left(HF'\right)'\right), \tag{10.1.6}$$

$$g_2(x) \equiv \frac{H'}{H}. \tag{10.1.7}$$

上述公式中, 撇表示对 x 的导数. 这里具体考虑以下极向磁场和安全系数的峰化剖面[1]:

$$b(x) = \frac{x}{(1+x^2)}, \tag{10.1.8}$$

$$q(x) = q_0\left(1+x^2\right). \tag{10.1.9}$$

等离子体边界位于 $x_b = 2$, 而与模式共振的有理面位置可以通过改变 q_0 值而调整. 零 β 平衡情况下的压强分布为 $p = 0$, 而有限 β 情况下的压强剖面分布为 $p(x) = 1-(x/x_b)^2$.

考虑没有等离子体压强 ($\beta = 0$) 的情况下, 在有理面附近, 方程 (10.1.5) 简化为如下形式:

$$\frac{\mathrm{d}^2\psi}{\mathrm{d}\mathscr{X}^2} - \frac{\kappa}{\mathscr{X}}\psi = 0, \tag{10.1.10}$$

其中 $\mathscr{X} = x - x_\mathrm{s}$, $\kappa = g_1(x_\mathrm{s})$. 以上外区方程在内区的两个渐近解极限为

$$\begin{aligned}\psi_{\mathrm{I,III}} = &\left(1 + \kappa\mathscr{X}\ln|\mathscr{X}| + \frac{1}{2}\kappa^2\mathscr{X}^2\ln|\mathscr{X}| - \frac{3}{4}\kappa^2\mathscr{X}^2 + \cdots\right)\\ &+ A_{\mathrm{I,III}}\left(\mathscr{X} + \frac{1}{2}\kappa\mathscr{X}^2 + \frac{1}{12}\kappa^2\mathscr{X}^3 + \cdots\right),\end{aligned} \tag{10.1.11}$$

在有理面附近 $\mathscr{X} = \pm\delta$ 处应该匹配. 这里, 下标 I 和 III 表示模式在有理面 x_s 两侧的外部区域, 即 $0 \leqslant x \leqslant x_\mathrm{s}$ 和 $x_\mathrm{s} \leqslant x \leqslant x_b$. 定义 $\boldsymbol{Y} = (y_1, y_2, y_3, y_4) = (\psi, \psi', \partial\psi/\partial A_{\mathrm{I,III}}, \partial\psi'/\partial A_{\mathrm{I,III}})$, 方程 (10.1.5) 简化为一个联立常微分方程组

$$\frac{\mathrm{d}\boldsymbol{Y}}{\mathrm{d}x} = \begin{pmatrix} y_1' \\ y_2' \\ y_3' \\ y_4' \end{pmatrix} = \begin{pmatrix} y_2 \\ -g_2(x)y_2 + g_1(x)y_1 \\ y_4 \\ -g_4(x)y_2 + g_3(x)y_1 \end{pmatrix}. \tag{10.1.12}$$

在边界 $x = x_{\rm s} \pm \delta$ 处,

$$\begin{pmatrix} y_1 \\ y_2 \\ y_3 \\ y_4 \end{pmatrix} = \begin{pmatrix} \left(1 + \kappa\delta\ln|\delta| + \frac{1}{2}\kappa^2\delta^2\ln|\delta| - \frac{3}{4}\kappa^2\delta^2\right) + A_{\rm I,III}\left(\delta + \frac{1}{2}\kappa\delta^2 + \frac{1}{12}\kappa^2\delta^3\right) \\ \kappa(\ln\delta + 1) + \kappa^2(\delta\ln|\delta| - \delta) + A_{\rm I,III}\left(1 + \kappa\delta + \frac{1}{4}\kappa^2\delta^2\right) \\ \delta + \frac{1}{2}\kappa\delta^2 + \frac{1}{12}\kappa^2\delta^3 \\ 1 + \kappa\delta + \frac{1}{4}\kappa^2\delta^2 \end{pmatrix}, \tag{10.1.13}$$

其中, 常系数 $A_{\rm I}$ 和 $A_{\rm III}$ 由 $x = 0$ 和 $x = x_b$ 处的边界条件确定. $\varDelta'$ 的值可以由下式通过常系数 $A_{\rm I}$ 和 $A_{\rm III}$ 计算:

$$\varDelta' = \frac{\psi'_{\rm III}(x_{\rm s} + \delta) - \psi'_{\rm I}(x_{\rm s} - \delta)}{\psi(x_{\rm s})} = A_{\rm III} - A_{\rm I}. \tag{10.1.14}$$

为了与文献 [1] 的计算进行比较, 这里也取极向/环向模数为 $m/n = 2/1$, 而大纵横比近似通过 $kr_0 = 0.05$ 体现. 具体计算结果及其与文献 [1] 的比较如图 10.1 所示.

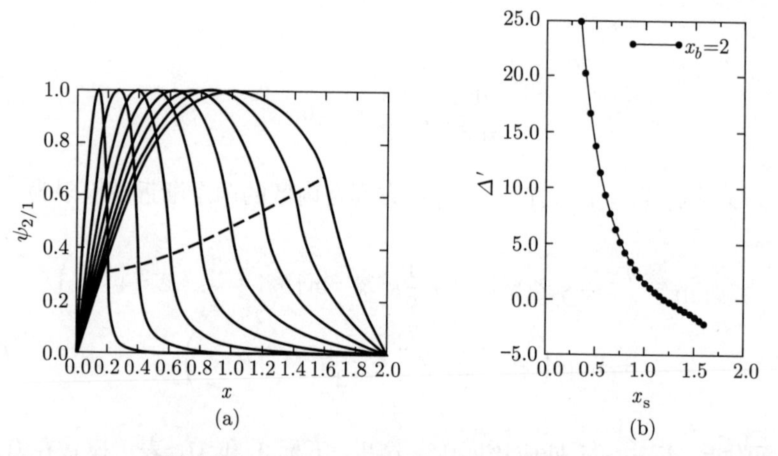

图 10.1 (a) $m/n = 2/1$ 模式的径向剖面. 用虚线表示的是不同模式有理面 $x_{\rm s}$ 的位置. 这些结果与文献 [1] 中的图 2 相一致. (b) $\varDelta'$ 的值作为有理面 $x_{\rm s}$ 的函数, 与文献 [1] 中的图 1 吻合, 表明当模式有理面更接近等离子体边界时, 撕裂模相对更加稳定

10.1.2 有限压强情况下的撕裂模解

在考虑有限压强效应的情况下, 外区方程 (10.1.5) 在强奇点附近的两个独立解分别称为大解 (主导解) 和小解 (次主导解), 它们在奇点附近有着不同的分数幂指

数渐近行为. 其中, 在区域 I, 解具有形式

$$\psi = A_{\rm I}|\mathscr{X}|^{h+1} - B_{\rm I}|\mathscr{X}|^{-h}, \tag{10.1.15}$$

在区域 III, 解具有形式

$$\psi = A_{\rm III}|\mathscr{X}|^{h+1} + B_{\rm III}|\mathscr{X}|^{-h}, \tag{10.1.16}$$

这里 $h = -\dfrac{1}{2} + \dfrac{1}{2}\sqrt{1-4D_{\rm s}}, D_{\rm s} \equiv \beta\left(-2q^2/q'^2B_z^2x\right)({\rm d}p/{\rm d}x)\big|_{x=x_{\rm s}}$, 以及如之前一样, $\mathscr{X} = x - x_{\rm s}$[3]. 在 $h=0$ 的极限下, 这会约化为与零比压情况相同的形式. 在 $\beta = 0$ 的情况下, 渐近解 (10.1.15) 和 (10.1.16) 在共振面与数值解相匹配.

定义

$$\boldsymbol{Y} = (y_1, y_2, y_3, y_4, y_5, y_6) = (\psi, \psi', \partial\psi/\partial A\ \partial\psi'/\partial A, \partial\psi/\partial B, \partial\psi'/\partial B),$$

则外区方程 (10.1.5) 可以写成以下方程组:

$$\frac{{\rm d}\boldsymbol{Y}}{{\rm d}x} = \begin{pmatrix} y_1' \\ y_2' \\ y_3' \\ y_4' \\ y_5' \\ y_6' \end{pmatrix} = \begin{pmatrix} y_2 \\ -y_2g_2(x) + g_1(x)y_1 \\ y_4 \\ -y_4g_2(x) + g_1(x)y_3 \\ y_6 \\ -y_6g_2(x) + g_1(x)y_5 \end{pmatrix}. \tag{10.1.17}$$

以上方程组在 $x = x_{\rm s} \pm \delta$ 处的渐近边界条件为

$$\begin{pmatrix} y_1 \\ y_2 \\ y_3 \\ y_4 \\ y_5 \\ y_6 \end{pmatrix} = \begin{pmatrix} A|\delta|^{h+1} \pm B|\delta|^{-h} \\ A(h+1)|\delta|^h \mp Bh|\delta|^{-h-1} \\ |\delta|^{h+1} \\ (h+1)|\delta|^h \\ \pm|\delta|^{-h} \\ \mp h|\delta|^{-h-1} \end{pmatrix}. \tag{10.1.18}$$

与 $x=0$ 和 $x=x_b$ 处的边界条件共同决定常系数 A 和 B. 这种情况下, $\varDelta'$ 的值可以由这些常系数计算得到:

$$\varDelta' \equiv \frac{A_{\rm III}}{B_{\rm III}} - \frac{A_{\rm I}}{B_{\rm I}}. \tag{10.1.19}$$

因为在 $x = x_{\rm s} \pm \delta$ 处有两个未知系数 A 和 B, 所以需要在 $x=0$ 和 $x=x_b$ 处添加关于 ψ' 的额外边界条件. 然而, $\varDelta'$ 的值与这些附加的边界条件无关, 因为只

需要每个区域 I 和 III 的 A/B 比值就可以得到 Δ'. 可以看到, 通过设置 $B=1$ 和 $h=0$, (10.1.17) 和 (10.1.18) 式简化为 (10.1.12) 和 (10.1.13) 式. 图 10.2(a) 显示了 $\beta=0.07(h=-0.076)$ 情况下 $m/n=2/1$ 模的本征函数, 它在模式共振面附近具有奇异行为. 这里选取了 $x_{\rm s}=1$ 和 $x_b=2$. 图 10.2(b) 展示了 $x_{\rm s}$ 附近的奇异行为. 解析解 (实线) 由 (10.1.15) 和 (10.1.16) 式给出, 已成功匹配到数值解 (虚线). 图 10.2(c) 显示 Δ' 与 β 的关系, 其中撕裂层宽度设置为 $\delta=10^{-7}$. 可以看到, 有限压强的影响降低了 Δ' 值, 从而稳定了撕裂模, 即使在圆柱形托卡马克模型中也是如此. 注意, 在圆柱体中 $D_{\rm s}\geqslant 0$ $(h\leqslant 0)$, 而在环形几何中 $q>1$ 的磁面上, $D_{\rm s}\leqslant 0$ $(h\geqslant 0)$[6]. 在 $\beta\to 0$ 极限下, Δ' 值降至无压强情况 $\Delta'=1.54$ (图 10.1(b)), 方程 (10.1.15) 和 (10.1.16) 中的第二项变成常数, 并还原为 (10.1.11) 式的形式. 在图 10.2(c) 中, 给出了相对较高 β 参数 $(\beta\geqslant 0.07)$ 区域的 Δ' 计算值. 当

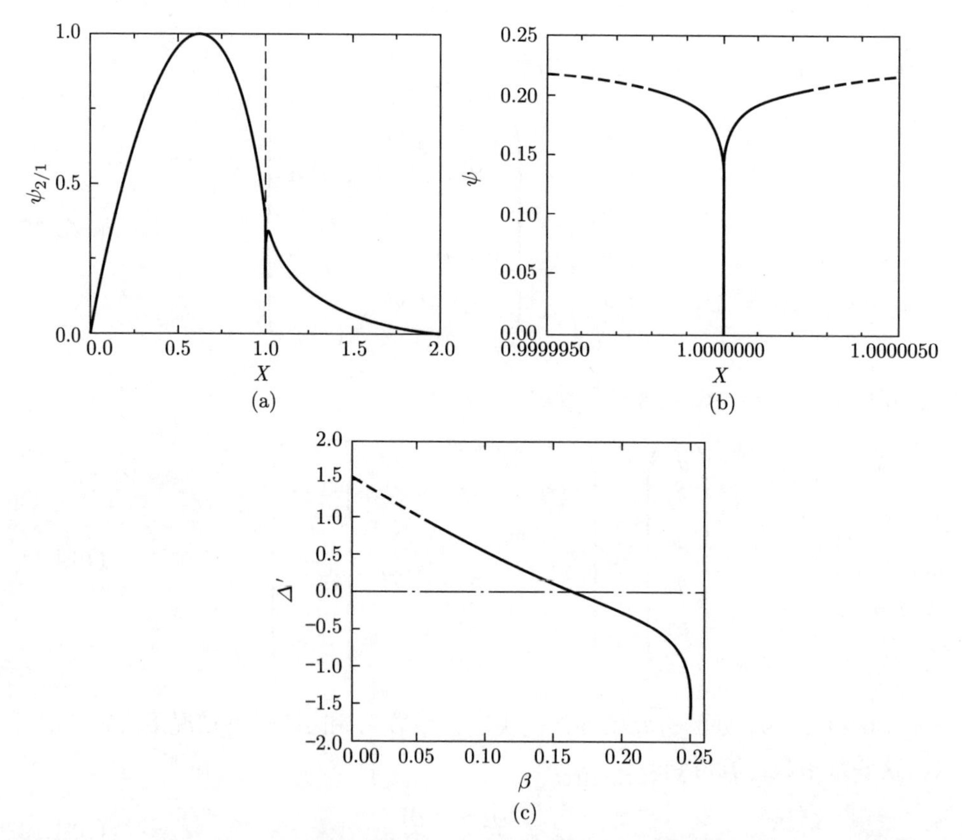

图 10.2 (a) $m/n=2/1$ 模的本征模剖面. (b) 在 $x_{\rm s}$ 附近本征函数行为的展开, 其中解析解是实线, 数值解是虚线. (c) $\beta\geqslant 0.07$ 情况下 Δ' 与 β 的关系, 其中虚线表示施加了撕裂层宽度大于物理宽度 $(\delta\sim {\rm e}^{1/h})$ 条件的参数区域

D_s 接近 1/4 时, Δ' 的值接近 -2, 其中大解和小解变得具有可比性. 这一特征可以通过 (10.1.19) 式进行分析预测: $A_{\text{III}}/B_{\text{III}} - A_{\text{I}}/B_{\text{I}} = -1 - 1 = -2$. 在 $\beta \to 0$ 极限下, 压强效应的特征层尺度宽度 $\delta \sim e^{1/h}$ 几乎变为无穷小的. 例如, $\beta = 0.01$ 时, $\delta \sim 10^{-44}$; $\beta = 0.07$ 时, $\delta \sim 10^{-6}$. 与此同时, 压强效应也变得可以忽略不计. 此外, $0 \leqslant \beta \leqslant 0.07$ 的范围内, 可以推测 Δ' 的值与在 $\beta = 0$ 时的 $\Delta' = 1.54$, 以及图 10.2(c) 中曲线 $\beta \geqslant 0.07$ 的部分光滑匹配.

10.1.3 环位形几何中的本征模

在环位形平衡中, 直线磁场线具有形式

$$B = I(\rho)\nabla\zeta + \nabla\zeta \times \nabla\psi_{\text{eq}}(\rho) = \nabla\psi_{\text{eq}}(\rho) \times \nabla[q(\rho)\theta - \zeta], \tag{10.1.20}$$

其中 ζ 是环向角, ρ 是平衡磁面的标记. 根据 $\partial\psi_{\text{eq}}/\partial\rho = I\rho/q$, 在环形几何中, 磁面平均的外区方程简化为[7]

$$\frac{1}{x}\frac{\partial}{\partial x}x\left\langle g^{\rho\rho}\right\rangle\frac{\partial\psi}{\partial x} - \frac{m^2}{x^2}\left\langle g^{\theta\theta}\right\rangle\psi - \frac{mq}{x(m-nq)}\frac{\mathrm{d}j}{\mathrm{d}x}\psi - \beta\frac{n^2q^2}{x^2(m-nq)^2}\frac{\mathrm{d}p}{\mathrm{d}x}\frac{\mathrm{d}\left\langle R^2\right\rangle}{\mathrm{d}x}\psi = 0. \tag{10.1.21}$$

这里出于简单起见, 假设反向纵横比 $\epsilon \ll 1$ 和 $I =$ 常量, 其中 θ 为极向角, $j(x)$ 代表环向电流密度, $R = R(\rho, \theta)$ 代表大半径. 这里的 $\langle\rangle$ 代表磁面平均, 磁阱近似为 $(-x)\left(\mathrm{d}\left\langle R^2\right\rangle/\mathrm{d}x\right)$[7,8]. 对压强项进行更仔细的推导, 就得到了 Glasser, Greene 和 Johnson 所得到的 "$E + F + H$" 项[6]. 值得注意, 在电流密度单调递减的圆柱形等离子体中 $\mathrm{d}\left\langle R^2\right\rangle/\mathrm{d}x \geqslant 0$, 而 $\mathrm{d}\left\langle R^2\right\rangle/\mathrm{d}x \leqslant 0$ 可以发生在环位形中, 这是因为在 $q > 1$ 托卡马克中存在一个好曲率 (即磁阱) 区域[9]. 从数学角度来看, 除了包含环向效应的径向函数 $\langle g^{\rho\rho}\rangle, \langle g^{\theta\theta}\rangle$ (度规因子), 和 $\left\langle R^2\right\rangle$ 与小半径有关外, 这个二阶常微分方程给出了一个与圆柱位形方程相似的一阶方程组. 在 $\langle g^{\rho\rho}\rangle = \langle g^{\theta\theta}\rangle = 1$ 的极限下, 该方程可以简化为圆柱位形外区的 Newcomb 方程[2].

以图 10.3(a) 展示的直磁场线 PEST 坐标网格上[10] 的环位形托卡马克平衡为例讨论方程 (10.1.21) 的解. 该平衡所选取的安全系数为 $q(x) = 1 + x^2$, 因此 $m/n = 2/1$ 模式有理面位于 $x_s = 1.0$ (等离子体边界位于 $x_b = 2.0$). 在图 10.3(b) 的本征模剖面中, 为了显示 Shafranov 位移的环几何效应, 方程 (10.1.1) 和 (10.1.21) 中的比压 β 取为零. 图 10.4(a) 中的虚线 (其中 S 代表 Shafranov 位移) 显示了 Δ' 的值作为 β 的函数. 由 Shafranov 位移效应引起的磁面变形通过方程 (10.1.21) 的第一项和第二项显著地促进 Δ' 的降低.

通过考虑方程 (10.1.21) 中 $\beta \neq 0$ 的曲率项考察曲率效应. 在环形几何中,

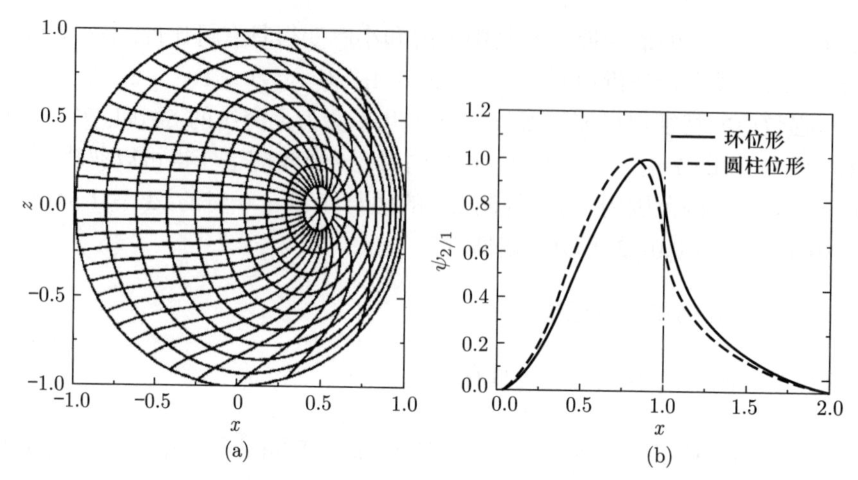

图 10.3 (a) 在 $\beta = 0.1$ 时环位形平衡的磁面与极向角 θ 等高线所构成的网格, 其中横坐标 $x = (R-1)/\epsilon$ 和纵坐标 z 是水平和垂直无量纲小半径坐标, 每个网格的面积表示体积元 $\nabla\rho \times \nabla\theta \cdot \nabla\zeta = R^{-2}(\rho, \theta)$. (b) 2/1 本征模 $\psi_{2/1}$ 的剖面, 实线是环位形, 虚线是圆柱位形极限 (两种情况均未考虑本征模方程中的压力梯度驱动项)

(10.1.15) 式里的 D_{s} 值被下式取代:

$$D_{\mathrm{s}} \equiv \beta \left(\frac{-q^2}{q'^2 x^2}\right)\left(\frac{\mathrm{d}p}{\mathrm{d}x}\right)\left(\frac{1}{\langle g^{\rho\rho}\rangle}\frac{\mathrm{d}\left\langle R^2\right\rangle}{\mathrm{d}x}\right)\Bigg|_{x=x_{\mathrm{s}}} \approx \beta\left(\frac{-2q^2}{q'^2 x}\right)\left(\frac{\mathrm{d}p}{\mathrm{d}x}\right)(1-q^2)\Bigg|_{x=x_{\mathrm{s}}}, \tag{10.1.22}$$

其中最后一步关系是在大纵横比极限下给出的. 因此, 当 $q > 1$ 时, 环形系统中的 D_{s} 值可以是负的 (即 h 可以是正的). 如果是正的, 则由 (10.1.15) 和 (10.1.16) 式给出的渐近解在 $\mathscr{X} \to 0$ 处产生一个类似于 $\mathscr{X}^{-h}$ 的奇点 ($\psi \to \infty$). 图 10.4(b) 显示了在 $\beta = 0.07$ 的环位形中 $m/n = 2/1$ 模式的本征模函数, 在模共振面附近有一个正的峰值. 这是从 (10.1.15) 和 (10.1.16) 式中分析得到的. 图 10.4(c) 显示了 x_{s} 附近奇异行为的细节, 其中 (10.1.15) 和 (10.1.16) 式代表的解析解 (实线) 已成功匹配到数值解 (虚线).

图 10.4(a) 中的点 – 虚线显示了考虑压强项 (这里 C 代表曲率效应), 但不考虑环几何效应时 Δ' 的值作为 β 的函数, 实线显示了在这两种效应同时存在时的情形. 从图 10.4(a) 中三条曲线的差异可以看出, 对于典型的托卡马克 q 分布和压强分布, 即使在低 β 参数区域, 在曲率效应 (如 C 曲线所示) 开始起作用之前, 环几何效应 (如 S 曲线所示) 可以显著稳定撕裂模式. 相比之下, 曲率效应一般是有限的, 除非进入一个极高的 β 区域, 或极低的磁剪切区域, 其中 D_{s} 中的 $1/q'^2$ 变得有较大影响. 值得注意的是, 曲率效应是一个局部磁面的性质, 而 Shafranov 位移是通

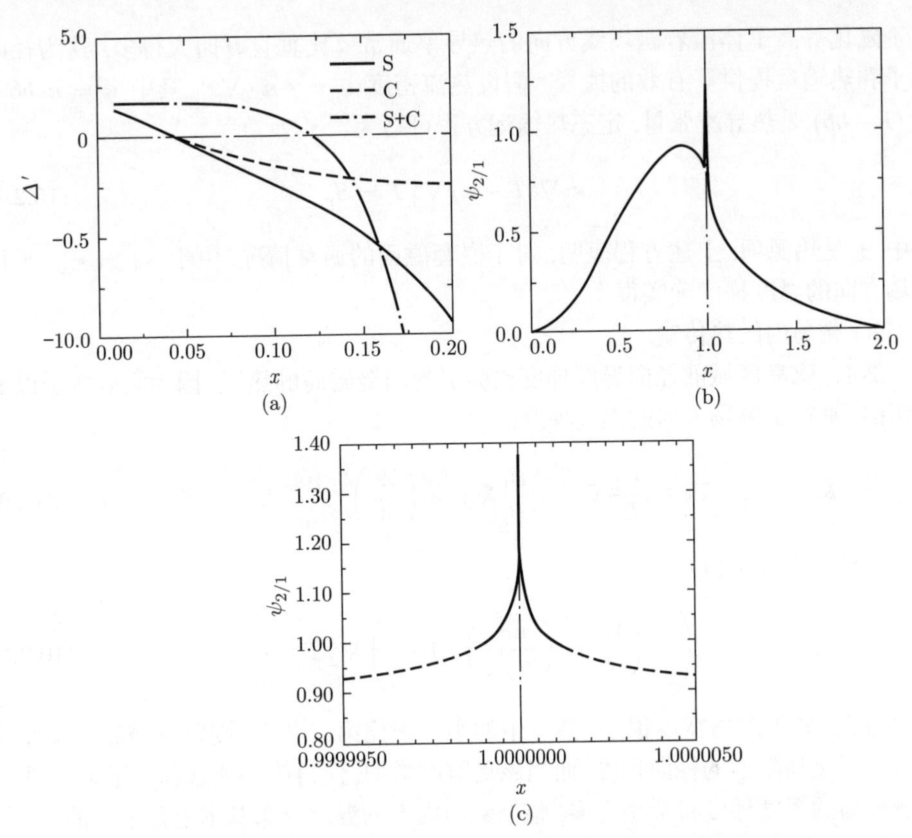

图 10.4 (a) Δ' 关于 β 的函数 (其中 S (Shafranov) 表示在环位形中没有压强梯度驱动项的情况, C (曲率) 存在压强梯度驱动项, 但没有环几何效应的情况 ($\langle g^{\rho\rho}\rangle = \langle g^{\theta\theta}\rangle = 1$), 和 S + C 代表环位形和压强梯度驱动效应均存在时的情形). (b) $\beta = 7\%$ 情况下 $m/n = 2/1$ 模式的本征模式剖面. (c) 在 x_s 附近 2/1 本征模解析解 (实线) 和数值解 (虚线) 的放大剖面

过度规因子获得的全局效应.

综上所示, 在环形几何中, 通过比较 Δ' 随比压 β 的变化, 表明较大的 Shafranov 位移所导致的磁面扭曲这种宏观效应, 即使在接近比压极限的低 β 区域, 磁阱效应发挥作用之前, 就已经显著稳定了撕裂模式. 因此, 为了估计在线性阶段的 Δ', 压强项可以被忽略, 除非进入一个极高的 β 区域, 或一个极低的磁剪切区域. 考虑压强梯度项的效应仅仅使撕裂模态稳定性的分析预测变得复杂.

§10.2 非线性撕裂模对温度分布的影响

在有限大小的磁岛区域, 等离子体能够沿着磁场线连接磁岛的不同径向区域.

由于磁化等离子体沿着磁场线方向的热导率通常要比垂直方向大得多, 这为径向粒子和热输运提供了有效的捷径. 假设热流密度 $\boldsymbol{q} = -\boldsymbol{\kappa}\cdot\nabla T$, 其中 $\boldsymbol{\kappa} = \kappa_\parallel \boldsymbol{bb} + \kappa_\perp(\boldsymbol{I} - \boldsymbol{bb})$ 是热导率张量, 定态热输运方程可写为

$$-\kappa_\parallel \nabla_\parallel^2 T - \kappa_\perp \nabla_\perp^2 T = S, \tag{10.2.1}$$

其中 S 是热源项. 上述方程表明, 对于嵌套磁面的通常情况, 由于 $\kappa_\parallel \gg \kappa_\perp$, 平行磁场方向的温度梯度确实很小.

(1) 磁岛内的热传输.

然而, 磁岛区域的径向温度梯度也会引起围绕磁岛的热流, 因为它等效于以下量级的, 平行于磁场方向的温度梯度:

$$\nabla_\parallel \approx \frac{L_\perp}{L_\parallel}\nabla_\perp \approx \frac{B_r}{B_z}\nabla_\perp = \left(\frac{W}{4}\right)^2 \frac{ns_\mathrm{s}}{R_0 r_\mathrm{s}}\nabla_\perp, \tag{10.2.2}$$

从而热传导方程可以写成

$$\left(\kappa_\parallel \left(\frac{W}{4}\right)^4 \left(\frac{ns_\mathrm{s}}{R_0 r_\mathrm{s}}\right)^2 + \kappa_\perp\right)\nabla_\perp^2 T = 0. \tag{10.2.3}$$

可以看到, 如果磁岛宽度很小, 括号中的第一项比第二项小, 则跨越磁岛的温度梯度将接近磁岛附近的径向梯度. 而当磁岛宽度增加, 使得第一项远远大于第二项时, 跨越磁岛的温度梯度将会小得多, 整个磁岛内部的温度分布基本上是平坦的.

(2) 温度分布平坦化判据.

考虑到精确的磁岛几何形状, 从 (10.2.3) 式中可以获得一个与之前提出的简单参数相比稍有不同的数值因子, 相应磁岛内部温度剖面展平的判据变为[11]

$$W > W_0 = 5.1\left(\frac{\kappa_\perp}{\kappa_\parallel}\right)^{1/4}\left(\frac{R_0 r_\mathrm{s}}{ns_\mathrm{s}}\right)^{1/2}. \tag{10.2.4}$$

对于热核聚变等离子体中平行与垂直磁场方向热导率比例 $\kappa_\perp/\kappa_\parallel$ 的典型数值范围, W_0 小于饱和磁岛宽度, 因此可以通过实验观察到由磁岛引起的温度剖面变平, 例如图 10.5 显示了实验上测量的磁岛内外温度剖面.

由于有限宽度磁岛内部等离子体剖面变平, 可以导致存储热能减少. 当存在非线性撕裂模时, 假设磁岛外等离子体的输运系数不因磁岛的存在而改变, 则可以通过将磁岛当作极向面内多条具有平坦温度分布剖面的带状区域来计算这种储能的减少. 在均匀密度剖面、恒定热源和热导率的情况下, 由于存在宽度为 W_sat 的饱和磁岛区域, 所减少的存储内能 δW_kin 可以大约计算为[13]

$$\delta W_\mathrm{kin} \approx -4W_{\mathrm{kin},0}\frac{W_\mathrm{sat}}{a}\left(\frac{r_\mathrm{s}}{a}\right)^3. \tag{10.2.5}$$

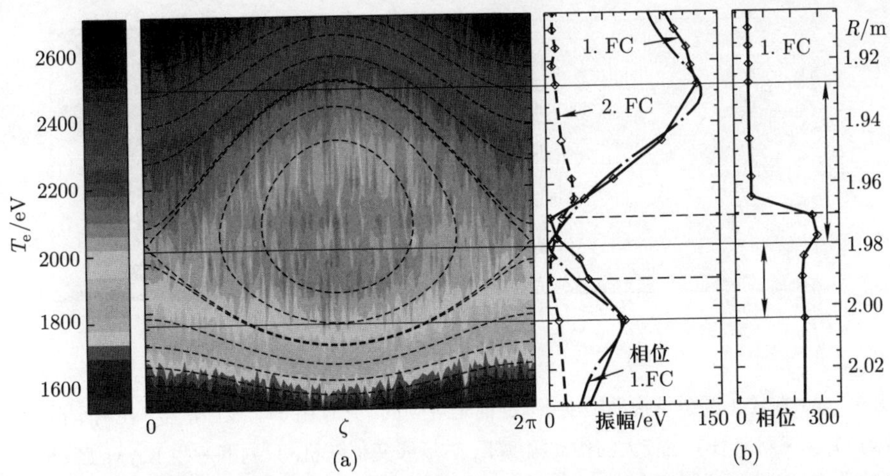

图 10.5 (a) 实验测量温度等高线与模型计算所得不对称磁岛磁面磁场线的重叠. (b) 通过扰动温度第一和第二 Fourier 分量 (FC) 的曲线确定磁岛结构, 由相位特征跃变给出磁岛中心 r_s 的位置[12]

对位于更靠近外部边界的磁岛, 这种储能的减少更为明显, 这通常在实验中可以观察到, (2,1) 模式比诸如 (3,2) 模式等更多位于中心的模式具有更大的影响.

(3) 磁岛重叠的 Chirikov 判据.

如果存在多个撕裂模式, 则可能会期望温度剖面在多个径向位置变平, 并可以根据多个 "带" 状结构计算存储能量的减少. 但是, 当这些磁岛的大小可以沿径向重叠时, 就会出现一种新的现象, 即所谓的磁场线随机化. 这些磁岛重叠的准则也称为 Chirikov 判据. 在这种情况下, 磁场线通常不再形成闭合的磁面, 而是随机地填充两个谐振磁面之间的区域. 可以证明, 根据 Kolmogorov-Arnold-Moser (KAM) 定理, 仍然存在一些孤立的磁岛, 但是这些孤岛不能有效地阻隔径向热输运. 例如, 图 10.6 给出了在存在 (4,3) 和 (3,2) 磁岛带情况下磁场线的 Poincaré 图.

(4) 随机磁场线上的有效热导率 (Rechester-Rosenbluth 或 RR 热导率).

从图 10.6 中可以看出, 在随机化的情况下, 磁场线在径向方向上 "扩散", 并且进行适当的平均可以得到有效的径向分量 δB_r. 就像在无碰撞等离子体中一样, 条件 $\lambda_{\mathrm{mf}} \gg L$ 成立, 电子基本上可以沿着环绕圆环的随机化磁场线自由移动, 由此导致的有效垂直热导率 $\kappa_{\perp\mathrm{eff}}$ 可以估计为[15]

$$\kappa_{\perp\mathrm{eff}} \approx \pi R_0 \left(\frac{\delta B_r}{B_0}\right)^2 v_{\mathrm{th,e}}. \tag{10.2.6}$$

由于电子热速度 $v_{\mathrm{th,e}}$ 具有较大值, 即使对于较小幅度的径向磁场扰动 δB_r, 所导致的有效垂直热导率 $\kappa_{\perp\mathrm{eff}}$ 也已经很重要了. 而对于由较大磁岛造成的随机化磁场, $\kappa_{\perp\mathrm{eff}}$ 将变得比通常值大得多, 从而导致受影响区域的能量可以完全损失.

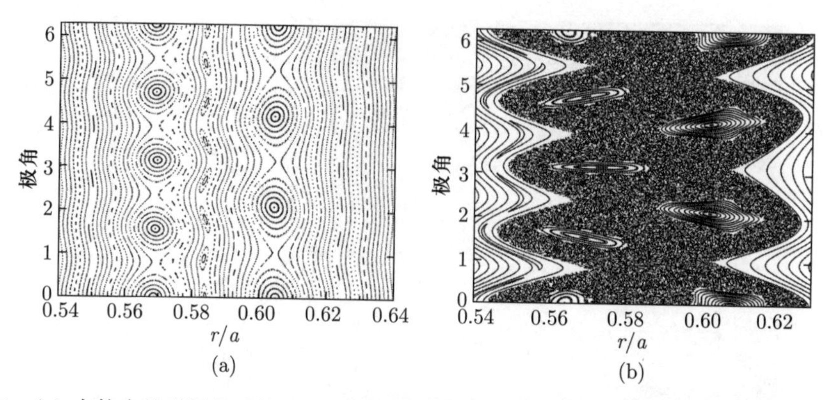

图 10.6 (a) 在较小的磁场扰动幅度下, 磁面是规则的, 并且由于非线性耦合, 在两个链之间可以看到 (7,5) 磁岛. (b) 在较大的扰动幅度下, 磁场线变得随机, 只剩下一些 KAM 岛[14]

§10.3 有限比压托卡马克中的新经典撕裂模

(1) 有限 β 托卡马克中的内禀非感应电流 (大宽度磁岛).

如果考虑有限 β 和环形效应, 在修正 Rutherford 方程的推导中必须包含以下非感应电流成分:

(i) 由捕获粒子形成的压强梯度而产生的自举电流会贡献通行电子所携带的大部分环向电流:

$$J_{\mathrm{bs}} \propto \sqrt{\frac{r}{R_0}} \frac{\nabla p}{B_\theta} \approx -\sqrt{\frac{r}{R_0}} \frac{1}{L_p} \frac{p}{B_\theta}, \tag{10.3.1}$$

其中 $L_p = -p(\mathrm{d}p/\mathrm{d}r)^{-1}$.

(ii) Pfirsch-Schlüter 电流可确保环形等离子体中的 $\nabla \cdot \boldsymbol{J} = 0$, 其自身导致无力电流. 在撕裂模理论中, 该电流对 Rutherford 方程的修正项通常称为 Glasser-Greene-Johnson (GGJ) 效应[17,18]:

$$J_{\mathrm{GGJ}} \propto \frac{r}{R_0^2} \left(1 - \frac{1}{q^2}\right) \frac{L_q}{L_p} \frac{p}{B_\theta}, \tag{10.3.2}$$

其中 $L_q = -q/(\mathrm{d}q/\mathrm{d}r)$.

(2) 有限 β 托卡马克中的内禀非感应电流 (小宽度磁岛).

来自磁岛旋转 $u_{\mathrm{NTM}} = \omega_{\mathrm{NTM}} R$ 的时变电场引起的新经典极化电流[19]:

$$J_{\mathrm{pol}} \propto \left(\frac{r}{R_0}\right)^{3/2} \frac{L_q}{L_p^2} \frac{p}{B_\theta} \frac{\omega_{\mathrm{NTM}} \left(\omega_{\mathrm{NTM}} - \omega_{\mathrm{i}}^* \left(1 + \dfrac{L_{\mathrm{n}}}{L_{T_{\mathrm{i}}}}\right)\right)}{\omega_{\mathrm{i}}^{*2}} \left(\frac{\rho_{\theta\mathrm{i}}}{W}\right)^2, \tag{10.3.3}$$

其中 $\omega_{\rm i}^*$ 是离子抗磁漂移频率. 对于小宽度磁岛内部的自举电流, 还需要考虑磁岛内部的温度剖面缺乏完全的展平, 以及香蕉轨道宽度与磁岛宽度相当时所产生的非局域影响.

(3) 修正的 Rutherford 方程.

将这些非感应电流影响包括到非线性 Δ' 的公式中, 可以得出修正的 Rutherford 方程[20]

$$\frac{\tau_R}{r_{\rm res}}\frac{{\rm d}W}{{\rm d}t} = r_{\rm res}\Delta'(W) + r_{\rm res}\beta_{\rm p}\frac{L_q}{L_p}\left(c_{\rm sat}f_{\rm GGJ}\sqrt{\frac{r_{\rm res}}{R_0}}\frac{W}{W_0^2+W^2} - c_{\rm pol}\left(\frac{r_{\rm res}}{R_0}\right)^{3/2}\frac{L_q}{L_p}\frac{\rho_{\theta{\rm i}}^2}{W^3}\right), \tag{10.3.4}$$

其中 $\beta_{\rm p}$ 代表与极向磁场分量对应的比压, 此外假设了 $\omega_{\rm NTM} \approx \omega_{\rm e}^*$ 和 $W_0 = 1.8W_{\rm c}$, 并且

$$f_{\rm GGJ} = 1 - c_{\rm GGJ}\frac{r^{1/2}}{R_0^{3/2}}\left(1-\frac{1}{q^2}\right)L_q. \tag{10.3.5}$$

新经典撕裂模式 (NTM) 的基本机制可以理解为: 假设最初的扰动导致有理面上的一个小磁岛, 由于磁岛中温度剖面的展平, 自举电流密度将在磁岛中减小, 从而在共振面处的自举电流中有效地产生一个螺旋电流的缺失, 即等价于负的螺旋电流扰动. 对于正的磁剪切, 该螺旋电流扰动将增加磁岛宽度, 这反过来又增加了自举电流以螺旋扰动方式的缺失. 在某种意义上, 这可以看作压强梯度驱动的撕裂模式, 因为自举电流缺失是由共振面处有限压强梯度引起的. 这一发现提醒我们, 对于正磁剪切, 产生磁岛的电流与磁岛 O 点处的平衡等离子体电流反平行. 对于负磁剪切, 情况相反, 因此起到稳定作用.

(4) NTM 的饱和岛宽.

NTM 通常会增长到饱和状态, 这只有在 Δ' 为负值时才有可能, 也就是说 NTM 能够发展的等离子体对于电流梯度驱动的经典撕裂模扰动稳定. 然后由 ${\rm d}W/{\rm d}t = 0$, 可以给出 NTM 饱和磁岛宽度 $W_{\rm sat}$ (见图 10.7):

$$W_{\rm sat} = c_{\rm sat}f_{\rm GGJ}\sqrt{\frac{r_{\rm res}}{R_0}}\frac{L_q}{L_{\rm p}}\frac{\beta_{\rm p}}{(-\Delta')}. \tag{10.3.6}$$

在托卡马克实验中经常会在足够高的 $\beta_{\rm N}$ 参数区域观察到 NTM, 并且该 $\beta_{\rm N}$ 区域可能会远低于理想 Troyon 极限, 从而导致实际的 β 极限. 在该极限附近等离子体约束性能下降, 因此为了达到更高的 $\beta_{\rm N}$, 需要与没有 NTM 情况相比大得多的加热功率. 此外, 大型 $(2,1)$ NTM 的出现会导致锁模和破裂, 在这种情况下的 $\beta_{\rm N}$ 参数

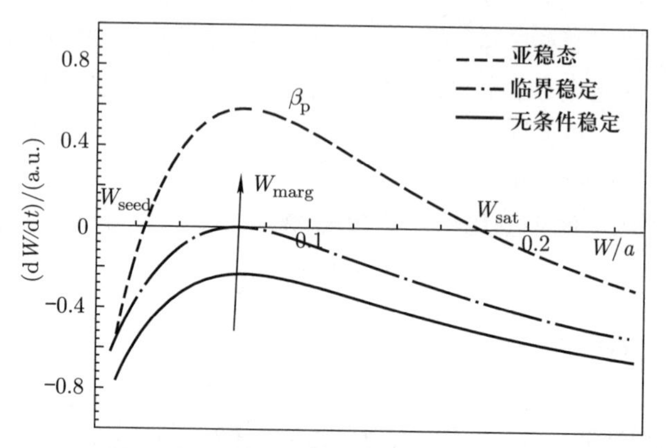

图 10.7 分别存在无条件稳定性 (无固定点)、临界稳定性 (一个固定点) 和亚稳定性 (两个固定点, 其中仅 W_{sat} 是稳定的) 时 NTM 磁岛增长率与磁岛宽度的关系. 为简单起见, 在此图中仅包含由 W_0 所代表的小宽度磁岛效应

代表着更为严格的 "硬" 极限. 如图 10.8 所示, 以上 NTM 理论在早期 TFTR 实验中得到证实.

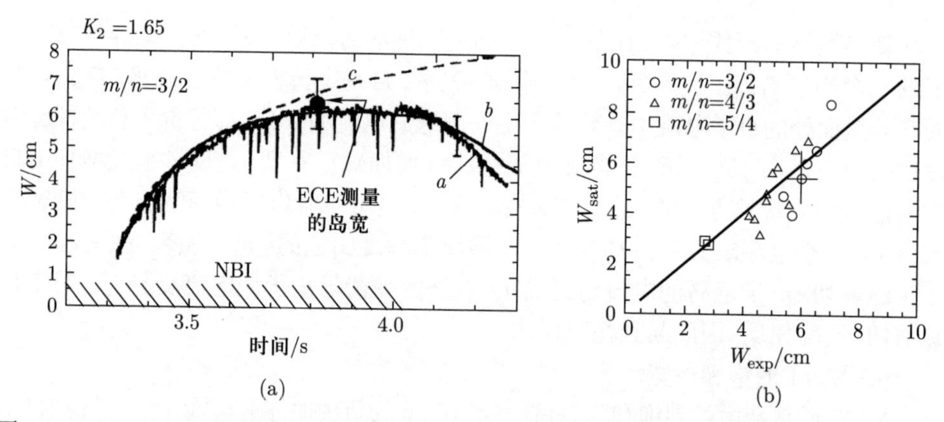

图 10.8 (a) TFTR 实验中 NTM 磁岛宽度 W 的典型演变时间轨迹 (实验数据由 "a" 标记), 以及使用修正 Rutherford 方程计算所得的 NTM 磁岛演变 (标记为 "b" 和 "c" 的曲线, 其中 "b" 考虑了测量的 β_p 对于时间的依赖性). (b) 理论预测和实验观测的不同情况下的 NTM 饱和岛宽的比较[21]

(5) 触发 NTM 的 β 阈值定标律.

原则上, 可以通过修正 Rutherford 方程推导出触发 NTM 的 β 阈值定标律. 如图 10.9 所示, $\beta_{p,marg}$ 与离子回旋半径 $\rho_{\theta i}$ 呈线性比例关系, 而这的确可以从离子极化电流模型推出. 具体而言, 如果暂时忽略 W_0, 磁岛临界稳定性判据可以给出 β 阈

值[22]:

$$\beta_{\mathrm{p,marg}} = \frac{3\sqrt{3}}{2} \frac{\sqrt{c_{\mathrm{pol}}}\,(-\Delta')\,\rho_{\theta\mathrm{i}}}{(c_{\mathrm{sat}} f_{\mathrm{GGJ}})^{3/2}} \sqrt{\frac{L_p}{L_q}}. \tag{10.3.7}$$

另一方面, 忽略极化电流, 仅保持 W_0 会导致

$$\beta_{\mathrm{p,marg}} = 2W_0 \sqrt{\frac{R_0}{r_{\mathrm{res}}} \frac{L_q}{L_p} \frac{(-\Delta')}{c_{\mathrm{sat}} f_{\mathrm{GGJ}}}}. \tag{10.3.8}$$

为了继续通过上式推导 $\beta_{\mathrm{p,marg}}$ 定标律, 必须对磁岛中垂直和平行于磁场方向热导率的参数依赖性进行假设, 因此在这种情况下, 触发 NTM 的 β 阈值定标律取决于输运过程的定标律. 假定垂直磁场方向的输运过程主要遵循反常回旋 - Bohm 定标律, $\kappa_\perp \sim T^{3/2}/B^2$. 只要等离子体处于碰撞参数区域, 也就是说, 平均自由程比连接长度短, 就可以假定平行磁场方向的输运满足 Spitzer 平行热导定标律 $\kappa_\parallel \sim T^{5/2}/n$. 对于相反的极限, 热输运将主要受到电子沿着磁场线自由流动的限制, 相应的定标律将变为 $\kappa_\parallel \sim T^{1/2}$, 这导致

$$W_0 \propto \left(\frac{\kappa_\perp}{\kappa_\parallel}\right)^{1/4} \propto \left(\frac{T}{B^2}\right)^{1/4} \propto \sqrt{\rho_{\theta\mathrm{i}}}. \tag{10.3.9}$$

从该表达式获得的 $\beta_{\mathrm{p,marg}}$ 定标律比实验观察到的要弱.

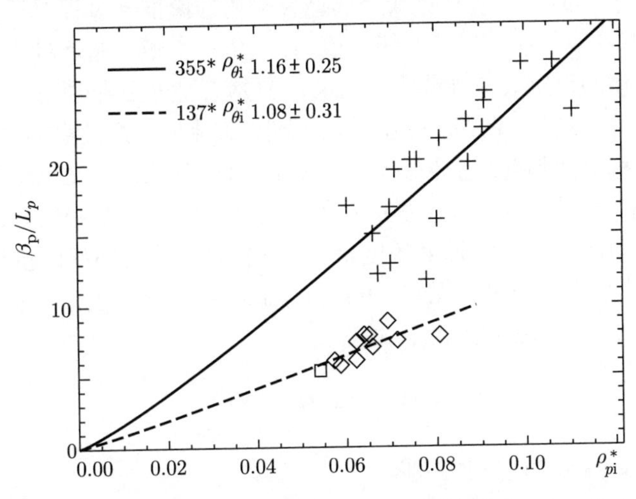

图 10.9 在 ASDEX-U 实验中, 针对 H 模式放电中 (3,2) 螺旋模式 NTM 的 $\beta_{\mathrm{p,onset}}$ 和 $\beta_{\mathrm{p,marg}}$ 的测量结果. β 值已通过压强剖面特征长度 L_p 归一化[23]

(6) NTM 种子磁岛定标律.

从图 10.7 可以看出, 种子磁岛宽度会随着 β_{p} 的增加而减小. 这一种子磁岛定标律可以通过忽略极化电流但保留 W_0 而得出. 具体而言, 对于 $W_0 \ll W_{\mathrm{sat}}$, 这会导致

$$W_{\mathrm{seed}} \approx \frac{W_0^2}{W_{\mathrm{sat}}} = W_0^2 \frac{(-\Delta')}{\beta_{\mathrm{p}} c_{\mathrm{sat}} f_{\mathrm{GGJ}}} \sqrt{\frac{R_0}{r_{\mathrm{res}}}} \frac{L_p}{L_q} = \frac{W_0}{2} \frac{\beta_{\mathrm{p,marg}}}{\beta_{\mathrm{p}}}. \tag{10.3.10}$$

相反, 仅保留极化电流所推导得到的 W_{seed} 表达式为

$$W_{\mathrm{seed}} = \rho_{\theta \mathrm{i}} \sqrt{\frac{r_{\mathrm{res}}}{R_0} \frac{L_q}{L_p} \frac{c_{\mathrm{pol}}}{c_{\mathrm{sat}} f_{\mathrm{GGJ}}}}. \tag{10.3.11}$$

(10.3.11) 式不依赖于 β_{p}, 这意味着只要 $\beta_{\mathrm{p}} > \beta_{\mathrm{p,marg}}$, 就会触发 NTM. 这与通常在实验中观察到的种子磁岛 β 和临界 β 之间的宽幅度的回滞现象, 以及较大的种子磁岛在较低的 β_{p} 触发 NTM 的观察结果不一致. 因此, 不能轻易确定一个可以解释所有实验观察结果的小种子磁岛机制, 而是可能有几种小种子磁岛机制在其与 β_{p} 的依赖关系中起作用.

§10.4 小纵横比托卡马克新经典撕裂模的理论推导

本节讨论小纵横比托卡马克新经典撕裂模的理论推导过程[17,25]. 在电阻性磁流体中, 压强和曲率效应可以改变撕裂模动力学. 平均磁场曲率对托卡马克等离子体中线性撕裂模的稳定效应被称为 "Glasser 效应", 它最初是通过一个线性撕裂层物理模型推导出来的[17], 在那里也推导出了理想磁流体交换模稳定性的 Mercier 判据和电阻交换稳定性判据. 在环形等离子体中, 这些判据是由文献 [17] 中最初定义的函数 E, F 和 H 来估算的, 这些量的表达式在 10.4.5 小节中给出. 粗略地说, E 是磁面平均法向曲率和压强梯度的度量, F 项包含对法向曲率的抗磁修正和测地线曲率的影响, H 是环向耦合导致 Pfirsch–Schlüter 电流的度量. 理想交换模式的线性稳定条件即 Mercier 判据由下式表示:

$$D_{\mathrm{I}} = E + F + H - 1/4 < 0, \tag{10.4.1}$$

而对于电阻性交换模式的判据, 则有

$$D_R = E + F + H^2 = D_{\mathrm{I}} + (1/2 - H)^2 < 0. \tag{10.4.2}$$

可以看到, 电阻性判据比 Mercier 判据更为严苛. 在低 β、大纵横比近似下, E, F 和 H 都是小量, 涉及 H 的项对电阻稳定性的作用很小, 因此 $D_R \approx E + F$. 此外, 电

阻交换效应改变了线性电阻撕裂模的稳定性阈值. 在零 β 时, 撕裂模不稳定性的阈值条件为渐近匹配参数 Δ' 为正[26,27]. 而在有限 β, 电阻交换模是稳定 (即 $D_R < 0$) 的托卡马克中, 撕裂模不稳定性的阈值条件是 Δ' 必须超过 $\Delta'_{\text{crit}} = C\,|D_R|^{5/6}$ 给出的临界值, 其中 C 随着等离子体变得更接近理想导体而上升, $C \sim \eta^{-1/3}$, η 是等离子体电阻率. 对于足够小的电阻率, 线性撕裂模可以被有限 β 所稳定.

由于小纵横比托卡马克在高温下有望有显著的自举电流, 新经典效应也可能在限制等离子体比压方面发挥作用. 在高压强下, 非线性磁岛理论的另一个复杂性是曲率项的影响. 正如在线性理论中一样, 这种效应对于托卡马克中的非线性磁岛是起稳定作用的. 在大纵横比托卡马克中, 曲率项的大小低于新经典效应, 因此预计不会发挥重要作用. 然而, 在小纵横比托卡马克中, 这两种效应是具有可比性的, 这意味着稳定曲率效应可以抵消新经典效应的失稳作用[28]. Kotschenreuther 等人[29] 的解析计算, 虽然包含了相关的物理, 但是依赖于使用 β 和反向纵横比都为小量的渐近展开技术, 因此对小纵横比中曲率对非线性磁岛生长的影响是无法定量估计的.

在本节中所介绍的推导方法, 将文献 [17] 中的线性撕裂层结果推广到非线性 Rutherford 参数区域[30], 而不依赖于之前基于低 β 和小反纵横比的渐近展开[29,31]. 在此推导中, 首先考虑轴对称平衡, 并在其周围引入了产生磁岛的扰动. 进而利用磁流体力平衡推导关于磁岛平衡的 Grad–Shafarnov 方程. 然后采用 Ohm 定律, 以及与外区域解的渐近匹配方法, 可以得到一个包含新经典撕裂模效应的非线性磁岛演化方程. 为简单起见, 这里假设磁岛宽度足够大, 因此暂且不需要考虑种子磁岛和非线性磁岛宽度阈值物理问题.

10.4.1 轴对称平衡

在本推导计算中所使用的微扰理论, 在其最低阶形式上将等离子体位形视作轴对称平衡. 在无显著等离子体流动的情况下的磁流体平衡条件为

$$\boldsymbol{J}_{\text{o}} \times \boldsymbol{B}_{\text{o}} = \nabla p_{\text{o}}, \tag{10.4.3}$$

其中下标 o 是用来标记轴对称量的. 轴对称磁场可以表示为

$$\boldsymbol{B}_{\text{o}} = I(\psi)\nabla\zeta + \nabla\zeta \times \nabla\psi, \tag{10.4.4}$$

其中 ζ 为环向角, ψ 为磁面标记, 压力分布满足 $p_{\text{o}} = p_{\text{o}}(\psi)$, 大半径为 $R = |\nabla\zeta|^{-1}$. 引入一个直线场极向角 θ, 从而可以写出最低阶平衡场

$$\boldsymbol{B}_{\text{o}} = \nabla\psi \times \nabla(q\theta - \zeta), \tag{10.4.5}$$

其中安全系数为 $q=q(\psi)$. 该平衡相应的电流密度可表示为

$$\boldsymbol{J}_{\rm o}=Q_{\rm o}\boldsymbol{B}_{\rm o}+\frac{\boldsymbol{B}_{\rm o}\times\nabla p}{B_{\rm o}^2}, \tag{10.4.6}$$

其中 $Q_{\rm o}=-I'-Ip_{\rm o}'/B_{\rm o}^2$ 为平衡平行电流.

考虑一个磁场扰动, 它在磁面 $\psi_{\rm o}$ 处有一个共振分量, 其中 $q(\psi_{\rm o})=q_{\rm o}=m/n$, m 和 n 是整数. 定义与共振扰动的螺旋角对应的角度坐标 $\alpha=\zeta-q_{\rm o}\theta$, 这样所有物理量可以写成 (ψ,θ,α) 的函数. 任意标量场沿轴对称平衡磁场方向的梯度由下式计算:

$$\boldsymbol{B}_{\rm o}\cdot\nabla f=\frac{1}{\sqrt{g}}\left[\frac{\partial f}{\partial\theta}+(q-q_{\rm o})\frac{\partial f}{\partial\alpha}\right], \tag{10.4.7}$$

其中的 Jacobi 因子

$$\sqrt{g}=\frac{1}{\nabla\psi\times\nabla\theta\cdot\nabla\alpha} \tag{10.4.8}$$

在有理面附近, 可以近似得到 $q-q_0\approx q'x$, 其中 $x=\psi-\psi_{\rm o}$ 是磁面坐标偏离有理面的距离, 而 $q'=\mathrm{d}q/\mathrm{d}\psi$.

以下讨论中, 将用上划线表示在固定 ψ 和 α 处的极向角平均值, $\overline{f}\equiv\oint\mathrm{d}\theta f(\psi,\theta,\alpha)/2\pi$, $\tilde{f}=f-\overline{f}$. 由于轴对称平衡独立于 α, $\overline{f_{\rm o}}=\overline{f_{\rm o}}(\psi)$. 可以在有理曲面附近, 对轴对称量做 Taylor 展开, $\overline{f_{\rm o}}=\overline{f_{\rm o}}(\psi_{\rm o})+x\overline{f_{\rm o}'}(\psi_{\rm o})+\cdots$. 在磁流体力学研究中通常还用 $\int\mathrm{d}l/B$ 定义轴对称磁面上的平均:

$$\langle f\rangle x=\frac{\int(\mathrm{d}l/B)f}{\int(\mathrm{d}l/B)}=\frac{\overline{\sqrt{g}f}}{V'}, \tag{10.4.9}$$

其中量 $V'=\sqrt{g}$ 是关于 ψ 的单变量函数, V 是磁面内的体积. 通常的极向角选择是 PEST 坐标[10]. 虽然极向角的选择不是唯一的, 但轴对称量的 $\int\mathrm{d}l/B$ 平均值并不依赖于坐标系的选择. 此外, 这里的推导还引入一个对易括号符号来表示垂直于 $\nabla\theta$ 平面上的导数算子:

$$[f,g]=\frac{\partial f}{\partial\psi}\frac{\partial g}{\partial\alpha}-\frac{\partial g}{\partial\psi}\frac{\partial f}{\partial\alpha}. \tag{10.4.10}$$

使用这个括号, 沿平衡磁场方向的导数是 $\boldsymbol{B}_{\rm o}\cdot\nabla f=(\partial f/\partial\theta+[q-q_{\rm o},f])/\sqrt{g}$.

10.4.2 磁岛扰动

在以下计算中, 假设在有理面 $q=q_{\mathrm{o}}$ 上存在对应于一个薄磁岛的平衡量扰动. 力平衡、准中性条件和 Ampère 定律的磁流体方程约束了各扰动量之间的关系. 理论上的处理依赖于对包含有理面的奇异层在磁岛宽度尺度上的渐近分析, 即奇异层内部解与外部区域解渐近匹配. 外部区域的特征是在最低阶轴对称磁流体平衡上加一个小扰动. 外部区域扰动的径向结构由临界稳定的线性理想磁流体方程控制, 该方程在接近有理面时是奇异的. 在匹配过程中所涉及的一个重要渐近匹配参数是 $\varDelta'$, 它度量了可用于电阻重联过程的自由能[1,27]. 非线性磁岛演化理论的相关处理来自 Rutherford[30] 的工作, 其中指出, 当线性撕裂模的磁岛宽度超过线性撕裂层宽度时, 非线性 $\boldsymbol{J}\times\boldsymbol{B}$ 力超过等离子体惯性项. 磁岛增长随后处于准平衡状态, 直到模式随着扰动电流剖面的变化发生自洽的准线性饱和[32,33,34].

所有的量都以 $f=f_{\mathrm{o}}+\delta f$ 的形式表示, 其中 f_{o} 描述了上一小节轴对称平衡中的量, δf 是扰动. 最基本的量阶顺序是岛的宽度 W 服从不等式 $\delta_{\mathrm{res}}\ll W\ll a$, 其中 δ_{res} 是线性撕裂模理论中的电阻层宽度, a 是平衡态的典型特征尺度大小. 第一个不等式的成立使得 Rutherford 的准平衡理论适用. 之后将通过考虑包括压强驱动效应来修改原始 Rutherford 理论中磁岛的增长. 这里的推导和之前的处理方式[3] 之间的一个重要区别是, 压强效应是在不使用小 β 或大纵横比假设的情况下考虑的. 这些结果应该适用于任何产生较小磁岛 $(W\ll a)$ 的扰动. 第二个不等式是小磁岛宽度假设, 它用小参数 $\delta=W/a$ 进行量化. 假设扰动量的径向导数很大, $\partial\delta f/\partial\psi\sim\delta f/\delta$, 而因为我们对低模数扰动感兴趣, 极向角和螺旋角的导数被认为是量阶为一的, 即 $\partial\delta f/\partial\alpha\sim\partial\delta f/\partial\theta\sim\delta f$. 平衡量的导数也是量阶为一的. 扰动磁场的径向分量是 $\delta B_r/B_{\mathrm{o}}\sim\delta^2$, 符合磁岛宽度公式的预期. 扰动的磁场也会改变压强剖面. 我们引入了磁岛附近满足 $\nabla\delta p\sim\nabla p_{\mathrm{o}}$ 的量阶关系 $\delta p/p_{\mathrm{o}}\sim\delta$. 扰动电流的量阶为一, 特别是平行电流 $Q=\boldsymbol{J}\cdot\boldsymbol{B}/B^2$ 的量阶为 $\delta Q/Q_{\mathrm{o}}\sim 1$. 利用这些量阶关系, 将压强和电流密度按照 δ 的幂级数展开, 即 $p=p_{\mathrm{o}}(\psi_{\mathrm{o}})+\sum\limits_n\delta^{n+1}p^n$ 和 $Q=\sum\limits_n\delta^nQ^n$. 轴对称量也可以同样展开, 即 $p_{\mathrm{o}}=p_{\mathrm{o}}(\psi_{\mathrm{o}})+xp_{\mathrm{o}}'(\psi_{\mathrm{o}})+\cdots$, 其中第一项量阶为 $\delta^0=1$, 第二项量阶为 $\delta^1=\delta$ 等等.

不失一般性, 可以利用以下形式的矢势来引入磁扰动:

$$\delta\boldsymbol{A}=A\nabla\theta-\chi\nabla\alpha, \tag{10.4.11}$$

其中 A 和 χ 的量阶都是 δ^2, 而通过适当选择, 可以将 $\delta\boldsymbol{A}$ 在 $\nabla\psi$ 方向上的分量消除. 磁扰动的共振分量 $\overline{A}$ 在 $q=q_{\mathrm{o}}$ 处产生一个磁岛. 磁扰动的非共振部分 $\tilde{A}$ 和 $\tilde{\chi}$ 是由于压强梯度和环位形几何的结合而产生的. 形式上, 矢势也应该以 δ 的幂级数展开, 然而实际上只有 $\delta\boldsymbol{A}$ 的主导量阶项进入力平衡关系, 因此为了方便符号标记, 以下取消了其上标.

10.4.3 磁岛平衡

在下面的推导中, 将使用径向力平衡、平行动量平衡、准中性条件和 Ampère 定律来自洽计算得到 Rutherford 区域磁岛长时间尺度演化所需要的关系. 这将导致磁岛附近螺旋磁面结构所满足的、类似 Grad–Shafarnov 的准平衡关系, 进而将该准平衡关系与 Ohm 定律耦合, 并且利用撕裂模理论的渐近匹配, 最终导出磁岛演化方程.

(1) 径向力平衡.

与非线性磁岛增长的 Rutherford 假设相一致, 由于与等离子体惯性相关的效应比静磁场力要小, 等离子体位形可以认为处于准平衡状态. 因此, 最低阶的径向力平衡由 $\boldsymbol{J}\times\boldsymbol{B}=\nabla p$ 给出. 从这个方程中减去 (10.4.3) 式得到了扰动量的最低阶力平衡方程

$$\delta\boldsymbol{J}^0\times\boldsymbol{B}_{\rm o}=\nabla\delta p^0, \tag{10.4.12}$$

也可以写作 $\nabla\left(\delta p^0+\delta\boldsymbol{B}\cdot\boldsymbol{B}_{\rm o}\right)=0$, (10.4.12) 式的量阶为 $O\left(\delta^0\right)$, 代表了从磁岛产生的扰动对压强梯度和电流密度的零阶修正 (即 $\delta^0\sim1$). 而 $\boldsymbol{J}_0\times\delta\boldsymbol{B}$ 项则以 δ 的更高量阶进入方程. 使用方程 (10.4.11), 则得到最低阶关系

$$\frac{1}{B_{\rm o}^2}\frac{\partial\delta p^0}{\partial\psi}=-\left(\frac{\partial^2\chi}{\partial\psi^2}+\frac{1}{q_{\rm o}}\frac{\partial^2A}{\partial\psi^2}\right)-\frac{\delta Q^0}{I}, \tag{10.4.13}$$

其中主导量阶的扰动平行电流用 Ampère 定律表示为

$$\delta Q^0=\frac{\delta\boldsymbol{J}\cdot\boldsymbol{B}_{\rm o}}{B_{\rm o}^2}=-\frac{\partial^2A}{\partial\psi^2}\frac{1}{G}, \tag{10.4.14}$$

函数 G 为

$$G=\frac{\sqrt{g}B_{\rm o}^2}{|\nabla\psi|^2}. \tag{10.4.15}$$

在 $q=q_{\rm o}$ 处, (10.4.13) 式约束矢势、压强和平行电流之间的关系.

(2) 平行方向动量平衡.

力平衡关系沿磁场方向的投影给出了总压强剖面与磁场之间的关系

$$\boldsymbol{B}\cdot\nabla p=0. \tag{10.4.16}$$

使用 (10.4.7), (10.4.10), (10.4.11) 式, 压强分布遵守

$$\frac{\partial p}{\partial\theta}+[\varPsi_*,p]+\frac{\partial\chi}{\partial\psi}\frac{\partial p}{\partial\theta}-\frac{\partial\chi}{\partial\theta}\frac{\partial p}{\partial\psi}=0, \tag{10.4.17}$$

其中螺旋通量函数 Ψ_* 的定义为

$$\Psi_* = \frac{q'x^2}{2} + A. \tag{10.4.18}$$

如果 A 由单个谐波主导, 则螺旋通量函数 $\Psi_* = q'x^2/2 + A_{\mathrm{c}}\cos(n\alpha)$, 与标准的谐振子势类似.

在主导量阶上, 平行方向动量平衡由 $\partial p^0/\partial\theta = 0$ 给出, 从而得到 $p^0 = \overline{p^0}$, 即在最低量阶, 压强沿主导量阶的平衡磁场均匀分布. 展开方程至下一阶得到

$$\frac{\partial p^1}{\partial\theta} + \left[\Psi_*, \overline{p^0}\right] - \frac{\partial\chi}{\partial\theta}\frac{\partial\overline{p^0}}{\partial\psi} = 0. \tag{10.4.19}$$

对以上方程 (10.4.19) 做极向角平均, 可以消去等号左边的第一和第三项, 并得到表达式 $\left[\overline{\Psi_*}, \overline{p^0}\right] = 0$. 该方程可以通过要求最低阶压强剖面为常数 $\overline{\Psi_*}$ 来求解, 即 $\overline{p^0} = p(\overline{\Psi})$. 对压强剖面的下一阶修正是

$$p^1 = -\left[\int \mathrm{d}\theta\widetilde{A}, \overline{p^0}\right] + \tilde{\chi}\frac{\partial\overline{p^0}}{\partial\psi} + \overline{p^1}. \tag{10.4.20}$$

磁扰动的共振分量产生了由 (10.4.18) 式中给出的类谐振子势所描述的磁位形拓扑变化. 磁扰动的非共振分量引起压强分布与螺旋磁面上的小偏差 ($\sim\delta^2$). 由于压强沿磁场方向的快速平衡匀化, 首阶的压强均匀分布在给定 $\overline{\Psi_*}$ 的螺旋磁面上, 非共振扰动效应进入高阶平衡. 首阶的扰动压强由 $\delta p^0 = p^0(\overline{\Psi_*}) - xp'_{\mathrm{o}}$ 给出, 量化了总压 p^0 与轴对称平衡压强分布的偏差.

(3) 准中性条件.

为方便起见, 考虑力平衡方程旋度的平行分量, 这等价于磁流体的准中性条件, $\nabla\cdot\boldsymbol{J} = 0$. 由于等离子体惯性效应很小, 准中性条件可以由下式给出:

$$\boldsymbol{B}\cdot\nabla Q = -\boldsymbol{B}\times\nabla p\cdot\nabla\frac{1}{B^2}. \tag{10.4.21}$$

在主导的量阶, 准中性条件就变成

$$\frac{\partial Q^0}{\partial\theta} = -I\left(\psi_{\mathrm{o}}\right)\frac{\partial p^0}{\partial\psi}\frac{\partial}{\partial\theta}\frac{1}{B_{\mathrm{o}}^2}. \tag{10.4.22}$$

以上描述了在环位形平衡中最低阶的 Pfirsch–Schlüter 电流密度, 其中 B_{o}^2 在磁面 $q = q_{\mathrm{o}}$ 处计算. 这里为了方便, 使用记号 $I = I\left(\psi_{\mathrm{o}}\right)$. 由于 p^0 与 θ 无关, 所以可以将这个方程积分到关于 ψ 和 α 的任意函数. 引入主导量阶平行电流的以下形式会很方便:

$$Q^0 = -I\frac{\partial p^0}{\partial\psi}\frac{1}{B_{\mathrm{o}}^2} + I\frac{\partial p^0}{\partial\psi}\frac{V'}{\sqrt{g}B_{\mathrm{o}}^2} + \overline{\sigma}, \tag{10.4.23}$$

这里 $\overline{\sigma} = \overline{\sqrt{g}Q^0 B_\mathrm{o}^2}/\overline{\sqrt{g}B_\mathrm{o}^2} = \langle \boldsymbol{J} \cdot \boldsymbol{B}_\mathrm{o} \rangle_X / \langle B_\mathrm{o}^2 \rangle_X$.

对于 δ 的下一阶, 准中性条件由以下形式给出:

$$
\begin{aligned}
&\frac{\partial Q^1}{\partial \theta} + \left[\varPsi_*, Q^0\right] + \frac{\partial \chi}{\partial \psi}\frac{\partial Q^0}{\partial \theta} - \frac{\partial \chi}{\partial \theta}\frac{\partial Q^0}{\partial \psi} \\
&\quad = -xI_\mathrm{o}'\frac{\partial p^0}{\partial \psi}\frac{\partial}{\partial \theta}\frac{1}{B_\mathrm{o}^2} - \delta \boldsymbol{B} \cdot \boldsymbol{e}_\alpha \frac{\partial p^0}{\partial \psi}\frac{\partial}{\partial \theta}\frac{1}{B_o^2} - I\frac{\partial p^1}{\partial \psi}\frac{\partial}{\partial \theta}\frac{1}{B_\mathrm{o}^2} \\
&\quad\quad -I\frac{\partial p^0}{\partial \psi}\frac{\partial}{\partial \theta}\left(\frac{2\delta p}{B_\mathrm{o}^4} + x\frac{\partial}{\partial \psi}\frac{1}{B_\mathrm{o}^2}\right) + \frac{\partial p^0}{\partial \alpha}K,
\end{aligned}
\tag{10.4.24}
$$

其中, 左边的项描述电流密度沿扰动磁场方向均匀化的过程, 右边的前两项代表量阶为 $O(\delta)$ 的对 $\boldsymbol{B} \cdot \boldsymbol{e}_\alpha$ 的修正 (这里 $\boldsymbol{e}_\alpha = \partial \boldsymbol{x}/\partial \alpha = \sqrt{g}\nabla\psi \times \nabla\theta$ 是一个逆变的基向量), 右边的第三项描述了对压强剖面的下一阶修正, 第四项使用 $\delta p^0 = -\delta \boldsymbol{B} \cdot \boldsymbol{B}_0$ 计入了 B^2 的变化, 最后一项引入了与正常曲率相关的参数 K (见 10.4.5 小节), 其具有以下形式:

$$
K = \frac{\boldsymbol{B}_\mathrm{o} \cdot \boldsymbol{e}_\theta}{B_\mathrm{o}^4}\left(\frac{\partial B_\mathrm{o}^2}{\partial \psi} + 2p_\mathrm{o}'\right) + \boldsymbol{B} \cdot \boldsymbol{e}_\psi \frac{\partial}{\partial \theta}\frac{1}{B_\mathrm{o}^2},
\tag{10.4.25}
$$

其中 $\boldsymbol{e}_\theta = \partial \boldsymbol{x}/\partial \theta = \sqrt{g}\nabla\alpha \times \nabla\psi$, $\boldsymbol{e}_\psi = \partial \boldsymbol{x}/\partial \psi = \sqrt{g}\nabla\theta \times \nabla\alpha$. 参量 K 仅是轴对称平衡量的函数, 因此不依赖 α, 并且在磁岛区域随 ψ 缓慢变化. (10.4.23) 式关于极向角 θ 的平均给出

$$
\begin{aligned}
&\left[\overline{\varPsi_*}, \overline{Q^0}\right] + \left[\overline{\widetilde{A}, \widetilde{Q}^0}\right] + \overline{\frac{\partial \chi}{\partial \psi}\frac{\partial Q^0}{\partial \theta}} - \overline{\frac{\partial \chi}{\partial \theta}\frac{\partial Q^0}{\partial \psi}} \\
&\quad = -\frac{\partial p^0}{\partial \psi}\overline{\delta \boldsymbol{B} \cdot \boldsymbol{e}_\alpha \frac{\partial}{\partial \theta}\frac{1}{B_\mathrm{o}^2}} - I\overline{\frac{\partial p^1}{\partial \psi}\frac{\partial}{\partial \theta}\frac{1}{B_\mathrm{o}^2}} + \frac{\partial p^0}{\partial \alpha}\overline{K},
\end{aligned}
\tag{10.4.26}
$$

其中第一项表示沿螺旋磁通函数最低阶谐振分量的共振平行电流分布均匀化, 最后一项表示压强梯度和法向曲率的影响, 其余的项代表磁扰动和 Pfirsch–Schlüter 电流的非共振分量. 这些术语可以通过使用 $\delta \boldsymbol{B} \cdot \boldsymbol{e}_\alpha = I(q_\mathrm{o}^{-1}\partial A/\partial \psi + \partial \chi/\partial \psi)$, 以及 (10.4.13), (10.4.20) 和 (10.4.22) 式来简化. 极向角平均的准中性方程因此简化为

$$
\left[\overline{\varPsi_*}, \overline{Q^0}\right] = -\left[\overline{\frac{\partial \tilde{A}}{\partial \psi}\frac{I}{B_\mathrm{o}^2}}, p^0\right] + \frac{\partial p^0}{\partial \alpha}\overline{K}.
\tag{10.4.27}
$$

考虑到 K 不依赖 α, 以及 $p^0 = p^0(\overline{\varPsi_*})$, 可以对以上关系进行积分得到

$$
\overline{Q^0} = \frac{\mathrm{d}p^0}{\mathrm{d}\overline{\varPsi_*}}\left(-\overline{K}x + \overline{\frac{\partial \tilde{A}I}{\partial \psi}\frac{I}{B_\mathrm{o}^2}}\right) + f\left(\overline{\varPsi_*}\right),
\tag{10.4.28}
$$

其中 f 是积分产生的关于 $\overline{\varPsi_*}$ 的一个常数函数. 在这个待定函数之外, 共振平行电流是由压强和非共振分量扰动的场线曲率所驱动的. 为了计算第二项的贡献, 需要考虑 Ampère 定律, 这将在下一步中完成.

(4) Ampère 定律.

利用 Ampère 定律, 可以得到平行电流与磁扰动之间的关系. 由于只需要最低阶的平行电流和压强效应来计算磁岛动力学, 因此去掉 Q 和 p 的上标, 并使用 $p = p(\overline{\Psi_*})$. 通过 (10.4.14) 式, $G\delta Q = -\partial^2 A/\partial\psi^2$, 则给出极向角平均的平行方向 Ampère 定律

$$\frac{\partial^2 \overline{A}}{\partial\psi^2} = -\overline{\delta Q}\,\overline{G} - \overline{\widetilde{\delta Q}\widetilde{G}}. \tag{10.4.29}$$

从非平均的方程中减去方程 (10.4.29), 得到

$$\frac{\partial^2 \tilde{A}}{\partial\psi^2} = -\overline{\delta Q}\widetilde{G} - \widetilde{\delta Q}\overline{G} - \widetilde{\delta Q}\widetilde{G} + \overline{\widetilde{\delta Q}\widetilde{G}}. \tag{10.4.30}$$

运用 (10.4.22) 和 (10.4.29) 式, (10.4.30) 式可以通过对 ψ 积分一次得到:

$$\frac{\partial\widetilde{A}}{\partial\psi} = \frac{\widetilde{G}}{\overline{\overline{G}}}\frac{\partial\overline{A}}{\partial\psi} + I\delta p\left(\overline{G}\widetilde{B}_{\mathrm{o}}^{-2} - \frac{\widetilde{G}}{\overline{\overline{G}}}\overline{\widetilde{G}\widetilde{B}_{\mathrm{o}}^{-2}} + \widetilde{G}\widetilde{B}_{\mathrm{o}}^{-2} - \overline{\widetilde{G}\widetilde{B}_{\mathrm{o}}^{-2}}\right), \tag{10.4.31}$$

其中积分常数因为不进入后续的推导而被忽略. 将 (10.4.31) 式代入 (10.4.28) 式, 极向角平均后的平行电流变成

$$\begin{aligned}\bar{Q} = \frac{\mathrm{d}p}{\mathrm{d}\overline{\Psi*}}\Bigg\{ &- x\bar{K} - xp'_{\mathrm{o}}I^2\left[\overline{G}\overline{\left(\widetilde{B}_{\mathrm{o}}^{-2}\right)^2} + \overline{\widetilde{G}\left(\widetilde{B}_{\mathrm{o}}^{-2}\right)^2}\right. \\ &\left. - \frac{\overline{\left(\widetilde{G}\widetilde{B}_{\mathrm{o}}^{-2}\right)}^2}{\bar{G}}\right] + I\frac{\partial\bar{A}}{\partial\psi}\frac{\overline{\widetilde{G}\widetilde{B}_o^{-2}}}{\bar{G}}\Bigg\} + \varPhi(\overline{\Psi*}),\end{aligned} \tag{10.4.32}$$

其中用到了关系 $\delta p = p(\overline{\Psi_*}) - xp'_{\mathrm{o}}$, 而 $\varPhi$ 是一个关于 $\overline{\Psi_*}$ 的未确定函数. 10.4.5 小节和 (10.4.23) 式表明, $\overline{\sigma} = \overline{Q} + I(\partial p/\partial\psi)(\overline{B_{\mathrm{o}}^{-2}} - V'/\overline{\sqrt{g}B_{\mathrm{o}}^2})$, (10.4.32) 式简化为

$$\overline{\sigma} = \frac{1}{\overline{G}}\frac{q'_{\mathrm{o}}}{p'_{\mathrm{o}}}\frac{\mathrm{d}p}{\mathrm{d}\overline{\Psi_*}}\left[-xq'_{\mathrm{o}}(E+F) + H\frac{\partial\overline{A}}{\partial\psi}\right] + \varPhi(\overline{\Psi_*}), \tag{10.4.33}$$

其中参数 E, F 和 H 是交换不稳定性物理的标准度量[17], G 在 (10.4.15) 式中定义. (10.4.29) 式也可以用 $\delta\sigma$ 来重新表达:

$$\frac{\partial^2\overline{A}}{\partial\psi^2} = -\delta\overline{\sigma}\overline{G} + H\frac{q'_{\mathrm{o}}}{p'_{\mathrm{o}}}\frac{\partial\delta p}{\partial\psi}, \tag{10.4.34}$$

其中 $\delta\overline{\sigma} = \overline{\sigma} - \overline{\sigma}_{\mathrm{o}}$, 而 $\overline{\sigma}_{\mathrm{o}} = \overline{\sqrt{g}B_{\mathrm{o}}^2Q_{\mathrm{o}}}/\overline{\sqrt{g}B_{\mathrm{o}}^2}$ 的定义类比于 (10.4.23) 式. 轴对称量 $\overline{\sigma}_{\mathrm{o}}$ 在计算中到这阶为止都是常数, 因为它独立于 α.

(10.4.33) 和 (10.4.34) 式构成磁岛附近的磁流体平衡条件, 通过两个函数 $p(\overline{\Psi_*})$ 和 $\varPhi(\overline{\Psi_*})$ 可以自洽地得到当前的磁扰动, 其中 $\overline{\Psi_*} = q'_{\mathrm{o}}x^2 + \overline{A}$. 文献 [29] 中推导了这些关系的低 β 版本. 在下一步的推导中, 将使用 Ohm 定律来确定函数 $\varPhi$.

10.4.4 Ohm 定律与非线性磁岛演化

在上一步推导中，利用理想磁流体平衡条件构造了有理面附近的电流和磁扰动所遵循的方程. 到目前为止，适用于非线性 Rutherford 参数区域的磁流体模型已经被用来描述等离子体. 在本步推导中，将利用包括电阻磁流体效应和新经典效应修正的 Ohm 定律，进一步约束磁岛附近的平衡条件. 相应的扰动解随后被渐近匹配到撕裂层的外部区域.

(1) Ohm 定律.

之前磁岛附近的平行电流剖面，确定到一个螺旋通量函数 $\overline{\Psi_*}$ 的待定函数范围内. 以下的推导可以得到 (10.4.33) 式中这一待定函数 Φ. Ohm 定律沿磁场方向的分量由下式给出:

$$-\boldsymbol{B}\cdot\frac{\partial \boldsymbol{A}}{\partial t}-\boldsymbol{B}\cdot\nabla\phi=\eta Q B^2-\boldsymbol{B}\cdot\nabla\cdot\Pi\frac{1}{ne}, \tag{10.4.35}$$

其中，左边前两项为平行电场 $\boldsymbol{E}\cdot\boldsymbol{B}$, ϕ 为静电势, η 为等离子体电阻率, Π 为电子黏性应力张量.

在考虑磁岛平衡对应的解之前，先讨论轴对称情况下的 Ohm 定律解. 下式给出了轴对称平衡对应的磁面平均 Ohm 定律:

$$\frac{\overline{\sqrt{g}\boldsymbol{E}_{\rm o}\cdot\boldsymbol{B}_{\rm o}}}{\overline{\sqrt{g}B_{\rm o}^2}}=\eta\overline{\sigma}_{\rm o}-\frac{\overline{\sqrt{g}\boldsymbol{B}_{\rm o}\cdot\nabla\cdot\Pi_{\rm o}}}{n_{\rm o}e\overline{\sqrt{g}B_{\rm o}^2}}, \tag{10.4.36}$$

其中等号左边第一项描述驱动感应电场，右边最后一项描述电子流体的黏性阻尼. 利用轴对称等离子体的新经典封闭关系，黏性力描述了极向电子流的阻尼. 假设极向离子流可以忽略，黏性项的轴对称形式可以写成

$$\frac{\overline{\sqrt{g}\boldsymbol{B}_{\rm o}\cdot\nabla\cdot\Pi_{\rm o}}}{n_{\rm o}e\overline{\sqrt{g}B_{\rm o}^2}}=-\frac{\mu_{\rm e}}{\nu_{\rm e}}\eta\left(\overline{\sigma}_{\rm o}+\frac{Ip_{\rm o}'V'}{\overline{\sqrt{g}B_{\rm o}^2}}\right), \tag{10.4.37}$$

其中 $\mu_{\rm e}/\nu_{\rm e}$ 为极向电子流阻尼率与电子碰撞频率的比值，在小碰撞频率极限下与捕获粒子成分占比成正比. (10.4.37) 式右边括号内的第一项描述了平行电流在极向方向上的投影，并导致对电阻率的新经典效应修正. 最后一项描述了自举电流，即被黏滞阻尼的抗磁电流极向分量. 在这个表达式中忽略了极向电子热流效应. 这些效应只是增加了电子温度梯度驱动，但并没有实质上改变自举电流的结构.

与压强和电流分布剖面一样，静电势 ϕ 也按照 δ 展开. 主导量阶的电势量级为 $\phi^0\sim\eta\delta^{-1}$. 对于最低阶，平行方向的 Ohm 定律由 $\partial\phi^0/\partial\theta=0$ 给出，与 $\phi^0=\overline{\phi^0}$ 一致. 对于下一个量阶，极向角平均后的平行方向 Ohm 定律可以写为

$$-\overline{\sqrt{g}\boldsymbol{B}\cdot\frac{\partial \boldsymbol{A}}{\partial t}}-\left[\overline{\Psi_*},\overline{\phi^0}\right]=\eta\overline{\sigma}\overline{\sqrt{g}B_{\rm o}^2}-\overline{\sqrt{g}\boldsymbol{B}\cdot\nabla\cdot\Pi}\frac{1}{ne}. \tag{10.4.38}$$

由于所考虑的磁岛幅度很小, $\delta\boldsymbol{B}\cdot\boldsymbol{B}_{\rm o}$ 远小于磁面内轴对称平衡的 $|B_{\rm o}|^2$ 变化, 因此扰动磁场不应该显著改变新经典极向流阻尼率. 更为仔细的动理学分析表明, 对新经典项最显著的修改来自压强剖面的变形[19,35,36]. (10.4.38) 式可以重写成

$$-\overline{\sqrt{g}\boldsymbol{B}_{\rm o}\cdot\frac{\partial\boldsymbol{A}_{\rm o}}{\partial t}}-\frac{\partial\overline{A}}{\partial t}-\left[\overline{\Psi}_*,\overline{\phi^0}\right]=\eta_{\rm nc}\left(\overline{\sigma\sqrt{g}B_{\rm o}^2}+\frac{\partial p}{\partial\psi}\frac{\mu_{\rm e}}{\nu_{\rm e}+\mu_{\rm e}}IV'\right),\tag{10.4.39}$$

其中第一项是轴对称平衡的感应电场, 第二项是不断增长的磁扰动感应电场, 新经典电阻率由 $\eta_{\rm nc}=\eta\left(1+\mu_{\rm e}/\nu_{\rm e}\right)$ 给出.

为了推导得到函数 $\Phi(\overline{\Psi_*})$, 引入了一个湮灭算子. 在螺旋磁面上的平均值定义为

$$\langle\overline{f}\rangle_*=\frac{\oint{\rm d}\alpha\overline{f}(\overline{\Psi_*},\alpha)(1/\partial\overline{\Psi_*}/\partial\psi)}{\oint{\rm d}\alpha(1/\partial\overline{\Psi_*}/\partial\psi)},\tag{10.4.40}$$

其中积分是对于固定的 $\overline{\Psi_*}$ 进行的, 而 $\left[\overline{\Psi}_*,\langle\overline{f}\rangle_*\right]=0$. 应用于 (10.4.39) 式, 得到以下螺旋磁面平均的平行电流分布

$$\langle\overline{\sigma}\rangle_*=\overline{\sigma_{\rm o}}-\frac{1}{\eta_{\rm nc}\sqrt{gB_{\rm o}^2}}\left\langle\frac{\partial\overline{A}}{\partial t}\right\rangle_*-\left\langle\frac{\partial\delta p}{\partial\psi}\right\rangle_*\frac{\mu_{\rm e}}{\nu_{\rm e}+\mu_{\rm e}}\frac{IV'}{\sqrt{gB_{\rm o}^2}},\tag{10.4.41}$$

其中使用了 (10.4.36) 式来表示 $\overline{\boldsymbol{\sigma}_{\rm o}}$. 需要注意的是, 这个螺旋磁面平均算子与只需要极向角平均的轴对称系统磁面平均算子不同.

使用方程 (10.4.33) 和 (10.4.41), 可以推导出函数 Φ, 并最终得到平行电流剖面的表达式

$$\overline{\sigma}=\frac{1}{\overline{G}}\frac{q_{\rm o}'}{p_{\rm o}'}\frac{{\rm d}p}{{\rm d}\overline{\Psi}_*}\left[(E+F)q_{\rm o}'\left(\langle x\rangle_*-x\right)+H\left(\frac{\partial\overline{A}}{\partial\psi}-\left\langle\frac{\partial\overline{A}}{\partial\psi}\right\rangle_*\right)\right]+\langle\overline{\sigma}\rangle_*.\tag{10.4.42}$$

上式右端第一项表现为在螺旋磁面内变化的 Pfirsch-Schlüter 电流, 由 E,F 和 H 所描述的交换物理机制驱动, 最后一项是由 Ohm 定律得到的磁面平均平行电流.

(2) 渐近匹配.

方程 (10.4.34), (10.4.41) 和 (10.4.42) 构成了包含磁岛区域的临界层平衡条件, 这些解渐近地匹配到远离有理面的外部区域. 方程 (10.4.34) 和 (10.4.42) 在大 $|x|$ 极限所得到的 $\overline{A}$ 的线性方程为

$$\frac{\partial^2\overline{A}}{\partial x^2}+\frac{E+F+H}{x^2}\overline{A}=0,\tag{10.4.43}$$

其中 $x=\psi-\psi_{\rm o}$, 以及由 $\boldsymbol{B}\cdot\nabla p=0$ 在大 $|x|$ 极限下的极向角平均得到其渐近行为 $\partial\delta p/\partial\psi=(p_o'/q_o')\left(\partial/\partial\psi\right)(\overline{A}/x)$. 方程 (10.4.43) 有两个线性独立的解

$$\overline{A}\approx A_l|x|^{\alpha_l}+A_s|x|^{\alpha_s}.\tag{10.4.44}$$

这里的系数 A_l 和 A_s 可以通过调整与外区域解匹配, Mercier 指数定义为

$$\alpha_{l,s} = \frac{1}{2} \mp \sqrt{-D_{\rm I}} \tag{10.4.45}$$

其中 $\mp$ 区分 "大" 幅度解 "l" 和 "小" 幅度解 "s". $a_{l,s}$ 是实数, 而 Mercier 判据 $D_{\rm I} < 0$ 是解在 $|x|$ 变大时非振荡的条件. 如果违反了这一判据, 则表明会发生快速增长的理想交换不稳定性.

(10.4.44) 式表示的两个解有合适的形式以匹配外部区域解, 其在磁轴和导电壁处的边界条件决定该本征函数的剖面形状. 在形式上, 外部区域解可以通过共振谐模 $\overline{A} = \sum\limits_k \overline{A_k}(\psi)\cos(kn\alpha)$ 进行展开. 外部解的每个共振谐模可由在磁岛区域两侧小幅度解与大幅度解的比率来表征, 其中每个谐波的相关匹配数据由下式给出:

$$\varDelta_k' = \frac{A_{k,s+}}{A_{k,l+}} + \frac{A_{k,s-}}{A_{k,l-}}. \tag{10.4.46}$$

一个常用的假设是, 外部解由一个单一谐波 $\overline{A} \approx \overline{A}(\psi)\cos(n\alpha)$ 主导, 这样只需一个单一参数 $\varDelta'$ 在有理面 $q = q_{\rm o}$ 处进行匹配. 在零 β 的极限下, 大幅度解指数和小幅度解指数分别变为 0 和 1, $\varDelta'$ 简化为 $\overline{A}$ 在有理面上的不连续跃变. 在 $|x| \sim 1$ 区域的外部解, 小幅度解和大幅度解具有相当幅度的大小, $\varDelta'$ 可被视为一个量级为 1 的零阶量.

在继续讨论通解之前, 这里简要地讨论小 β 极限. 从撕裂层方程 (10.4.34) 和 (10.4.42) 可以看出, 如果有一个附加的小参数量阶关系 $\epsilon \sim E \sim F \sim H \ll 1$, 则磁岛区域的主导量阶解可由方程 $\partial^2\overline{A}/\partial x^2 = 0$ 给出, 相关的解 $\overline{A}$ 到 ϵ 的主导量阶与 x 无关, 并且撕裂模理论的 "常数 $\varPsi$" 近似是合适的. 如果将解 $\overline{A}$ 写成形式 $\overline{A} = \overline{A_{\rm o}} + \delta A$, 其中 $\overline{A_{\rm o}}$ 是独立于 x 的主导量阶解, 而 $\overline{\delta A/A_{\rm o}} \sim \epsilon$, 那么对 (10.4.34) 和 (10.4.42) 式的下一阶修正可由下式给出:

$$\frac{\partial^2\overline{\delta A}}{\partial x^2} = \frac{q_{\rm o}'}{p_{\rm o}'}\frac{{\rm d}p}{{\rm d}\overline{\varPsi}_*}(E+F)q_{\rm o}'\left(x - \langle x\rangle_*\right) - \overline{G}\left(\langle\overline{\sigma}\rangle_* - \overline{\sigma_{\rm o}}\right) + H\frac{q_0'}{p_{\rm o}'}\frac{\partial\delta p}{\partial x}. \tag{10.4.47}$$

在 (10.4.42) 式中与 H 成正比的项在这个量阶上消失. 该解随后可以与 (10.4.46) 式计算的外部区域解数值进行匹配, 而在 (10.4.47) 式中与 H 成正比的项对匹配没有贡献. 在这个小的 β 极限下, 压强和曲率对非线性磁岛动力学的影响由第一项来表征, 与 $E+F$ 成正比, 这也就是低 β 参数区域电阻交换模稳定性的判据.

上一段中概述的依赖于常数 $\varPsi$ 近似的求解过程与先前计算中使用的相同[29,31]. 其中文献 [29] 中的求解过程是文献 [17] 附录中常数 $\varPsi$ 近似考虑电阻交换效应判据 $D_R \approx E+F$ 的线性解的非线性类比. 在 H 为非零的一般情况下, 常数 $\varPsi$ 近似是

无效的, 需要一个不同的求解方法. 对于线性撕裂模式, 在文献 [17] 中给出了相应的适当理论, 而以下的计算将该理论推广到非线性 Rutherford 区域.

为了进一步研究一般情况, 可以利用 Δ' 是一个量级为 1 的零阶量这一事实. 通过以下定义来引入函数 T:

$$\frac{\partial T}{\partial x}=\frac{\partial \overline{A}}{\partial x}-\alpha_l\frac{q_{\rm o}'}{p_{\rm o}'}\delta p, \tag{10.4.48}$$

其中 α_l 是大幅度解的 Mercier 指数. 利用在 (10.4.44) 式中给出的渐近形式, 可以注意到 $\partial T/\partial x$ 满足条件

$$\begin{aligned}\lim_{x\to\infty}\frac{\partial T}{\partial x}\bigg|_{-x}^{+x}&=\lim_{x\to\infty}A_{s\pm}(\alpha_s-\alpha_l)|x|^{-\alpha_l}\bigg|_{-x}^{+x}\\&=(\alpha_s-\alpha_l)\left|\frac{w}{2}\right|^{-\alpha_l}\sum_k\Delta_k'A_{k,l}\cos(kn\alpha),\end{aligned} \tag{10.4.49}$$

其中使用了连续性条件 $A_{l+}=A_{l-}$, 并且将匹配条件即 (10.4.46) 式应用于磁岛的分隔线. 利用 $\partial\overline{A}/\partial x\sim\alpha_l\overline{A}/x$ 以及 (10.4.49) 式中 $\partial T/\partial x$ 给出的特征缩放关系在磁岛区域保持不变, 可得到这二者的比例:

$$\frac{\partial T}{\partial x}\bigg/\frac{\partial \overline{A}}{\partial x}\sim\Delta'|x|^{\sqrt{-4D_{\rm I}}}\frac{\alpha_s-\alpha_l}{\alpha_l}\sim\delta^{\sqrt{-4D_{\rm I}}}\ll 1, \tag{10.4.50}$$

其中取 α_l 的量阶为 1, 并满足 Mercier 稳定性判据 $D_{\rm I}<0$. 为了取得进一步的分析进展, 使用 (10.4.50) 式中由比例 $\partial T/\partial x$ 所蕴涵的量阶关系, 可以相对于 $\partial\overline{A}/\partial x$, 省略 $\partial T/\partial x$ 量阶的项.

使用 (10.4.48) 式引入 $\partial T/\partial x$, 磁岛平衡方程 (10.4.34) 和 (10.4.41) 可以写成

$$\frac{\partial^2 T}{\partial x^2}=-\delta\overline{\sigma}\overline{G}-\frac{D_R}{\alpha_s-H}\frac{q_{\rm o}'}{p_{\rm o}'}\frac{\partial\delta p}{\partial x}, \tag{10.4.51}$$

$$\begin{aligned}\delta\overline{\sigma}=&-\frac{1}{\eta_{nc}\overline{\sqrt{g}B_{\rm o}^2}}\left\langle\frac{\partial\overline{A}}{\partial t}\right\rangle_*-\left\langle\frac{\partial\delta p}{\partial\psi}\right\rangle_*\frac{\mu_{\rm e}}{\nu_{\rm e}+\mu_{\rm e}}\frac{IV'}{\overline{\sqrt{g}B_{\rm o}^2}}\\&+\frac{1}{\overline{G}}\frac{q_{\rm o}'}{p_{\rm o}'}\left[\left\langle\frac{\partial\delta p}{\partial x}\right\rangle_*-\frac{\partial\delta p}{\partial x}\right]\frac{D_R}{\alpha_s-H},\end{aligned} \tag{10.4.52}$$

其中使用了 (10.4.41) 式表示 $\langle\overline{\sigma}\rangle$, 而基于量阶关系 (10.4.50), (10.4.52) 式右端与 $\partial T/\partial x$ 成正比的项已被忽略. 压强曲率项由量 $D_R/(\alpha_s-H)$ 刻画, 当 $H<1/2$ 时其正负号由 D_R 决定, 这是与线性电阻磁流体交换不稳定性情形一样的关键参数[17].

在 (10.4.49) 式中代入 (10.4.51) 和 (10.4.52) 式, 可以给出与外部区域的渐近匹

配:

$$
\lim_{x'\to\infty}\int_{-x'}^{x'}\mathrm{d}x\oint\frac{\mathrm{d}\alpha}{\pi}\cos(n\alpha)\left[\frac{\overline{G}}{\eta_{\mathrm{nc}}\overline{\sqrt{g}B_{\mathrm{o}}^2}}\left\langle\frac{\partial\overline{A}}{\partial t}\right\rangle_*\right.
$$

$$
\left.-\frac{q_{\mathrm{o}}'}{p_{\mathrm{o}}'}\left\langle\frac{\partial\delta p}{\partial x}\right\rangle_*\left(D_{\mathrm{nc}}+\frac{D_R}{\alpha_s-H}\right)\right]
$$

$$
=\Delta' A_l\sqrt{-4D_{\mathrm{I}}}|w/2|^{-\alpha_l}, \tag{10.4.53}
$$

其中通过螺旋角 α 上的平均得到了单谐波近似中的主导谐波, 无量纲参数 D_{nc} 是新经典自举电流效应的度量, 其形式为

$$
\begin{aligned}
D_{\mathrm{nc}}&=-\frac{p_{\mathrm{o}}'}{q_{\mathrm{o}}'}\frac{\overline{G}IV'}{\overline{\sqrt{g}B_o^2}}\frac{\mu_{\mathrm{e}}}{\nu_{\mathrm{e}}+\mu_{\mathrm{e}}}\\
&=-\frac{p_{\mathrm{o}}'q_{\mathrm{o}}}{q_{\mathrm{o}}'}\frac{\mu_{\mathrm{e}}}{\nu_{\mathrm{e}}+\mu_{\mathrm{e}}}\frac{\overline{R^2}\left\langle\left(B_{\mathrm{o}}^2/|\nabla\psi|^2\right)\right\rangle_X}{\langle B_{\mathrm{o}}^2\rangle_X}.
\end{aligned} \tag{10.4.54}
$$

在大纵横比近似展开中, D_{nc} 与极向 β 和捕获粒子占比的乘积成正比. 方程 (10.4.53) 可以通过将磁势表示为 $\overline{A}=\Psi_{sx}(t)\overline{a}(\psi,\alpha)$ 来写成磁岛宽度的演化方程, 其中 Ψ_{sx} 是 (10.4.18) 式中螺旋通量函数分隔线 x 点处的磁势值, 量级为 1 的无量纲函数 $\overline{a}$ 描述了磁扰动的空间依赖性. 利用这种形式, 磁岛宽度 W 在螺旋磁通空间的全部范围可由下式表示:

$$
W=4\sqrt{\left|\frac{\Psi_{sx}}{q_{\mathrm{o}}'}\right|}, \tag{10.4.55}
$$

方程 (10.4.53) 因此可以写成磁岛宽度的演化方程

$$
\frac{k_0}{\eta_*}\frac{\mathrm{d}W}{\mathrm{d}t}=\Delta_*+\frac{k_1}{W}\left(D_{\mathrm{nc}}+\frac{D_R}{\alpha_s-H}\right), \tag{10.4.56}
$$

其中 $\eta_*=\eta_{\mathrm{nc}}\overline{\sqrt{g}B_{\mathrm{o}}^2}/\overline{G}$ 是磁通坐标空间里的电阻扩散系数, $\Delta_*=\Delta'|W/2|^{-2\alpha_l}\sqrt{-4D_{\mathrm{I}}}$ 在比压 β 趋向零时退化为 Δ', 正的无量纲系数 k_0 和 k_1 表示为以下对螺旋磁通函数 $\overline{\Psi_*}$ 的积分形式:

$$
k_0=2\sqrt{\left|\frac{q_o'}{\Psi_{sx}}\right|}\int_{-\Psi_{sx}}^{\infty}\mathrm{d}\overline{\Psi}_*\frac{\langle\cos(n\alpha)\rangle_*\langle\overline{a}\rangle_*}{\langle\partial\overline{\Psi}_*/\partial x\rangle_*}, \tag{10.4.57}
$$

$$
k_1=16\sqrt{\left|\frac{q_o'}{\Psi_{sx}}\right|}\int_{\Psi_{sx}}^{\infty}\mathrm{d}\overline{\Psi}_*\langle\cos(n\alpha)\rangle_*\frac{1}{p_{\mathrm{o}}'}\frac{\mathrm{d}p}{\mathrm{d}\overline{\Psi}_*}. \tag{10.4.58}
$$

积分 k_1 的计算需要压强剖面的函数形式, 这个剖面可以通过假设和计算磁岛区域外的等离子体和压强源导致的扩散过程来获得. 由于与扩散过程相比, 磁岛生长缓

慢, 因此可以在假设热流满足连续性条件的情况下构建压强分布[37,29]:

$$\begin{aligned}\frac{1}{p'_{\rm o}}\frac{{\rm d}p}{{\rm d}\overline{\Psi_*}}&=\frac{\Theta\left[\operatorname{sgn}\left(q'_{\rm o}\right)\left(\overline{\Psi_*}-\Psi_{sx}\right)\right]}{\oint({\rm d}\alpha/2\pi)(\partial\overline{\Psi_*}/\partial x)}\\&=\Theta\left[\operatorname{sgn}\left(q'_{\rm o}\right)\left(\overline{\Psi_*}-\Psi_{sx}\right)\right]\frac{\langle\partial\overline{\Psi_*}/\partial x\rangle_*}{\left\langle(\partial\overline{\Psi_*}/\partial x)^2\right\rangle_*},\end{aligned}\tag{10.4.59}$$

其中 Θ 是阶梯函数, 对于 $q'_{\rm o}>0$ (或 <0) 分别有 $\operatorname{sgn}(q'_{\rm o})=1$ (或 $=-1$), 这里关于 $\partial\overline{\Psi_*}/\partial x$ 的积分是在固定的 $\overline{\Psi_*}$ 进行的. 以上方程的解给出磁岛分隔线内部压强剖面展平, 外部压强梯度非零的结果. 由于等压面自洽地根据磁岛分隔线发生形变, k_1 中的积分非零, 因此压强梯度项对磁岛非线性演化有贡献.

因此, 方程 (10.4.56) 描述了压强驱动存在时的磁岛演化特性, 是以上推导的主要结果, 其中参数 $D_{\rm nc}$ 和 $D_R/\left(\alpha_s-H\right)$ 分别给出了新经典和电阻交换效应的正确定量量度. 这两项的和决定了在种子磁岛宽度阈值以上, 压强驱动磁岛的稳定条件. 然而需要注意的是, 在推导磁岛平衡条件的形式小量量阶关系中, $\varDelta_*$ 项小于 (10.4.56) 式中的最后一项. 因此, 在早期非线性阶段, $\varDelta_*$ 没有发挥任何作用, 当压强驱动项起到不稳定作用时, 磁岛宽度以 $W\sim t^{1/2}\sqrt{D_{\rm nc}+D_R/\left(\alpha_s-H\right)}$ 的速度增长. 这个极限情况相当于忽略 (10.4.51) 式中的 $\partial^2T/\partial x^2$. 在这种情况下, $\overline{A}$ 在螺旋磁面上的平均满足以下演化方程:

$$\left\langle\frac{\partial\overline{A}}{\partial t}\right\rangle_*=\eta_*\frac{q'_{\rm o}}{p'_{\rm o}}\left\langle\frac{\partial\delta p}{\partial x}\right\rangle_*\left(D_{\rm nc}+\frac{D_R}{\alpha_s-H}\right).\tag{10.4.60}$$

10.4.5 交换模稳定性参数

环位形的交换稳定性判据由一组磁面平均平衡量表示. 磁通表面平均通常用括号表示, 由下式给出:

$$\langle f\rangle_X=\frac{1}{V'}\frac{\rm d}{{\rm d}\psi}\int{\rm d}V f,\tag{10.4.61}$$

其中下标 X 表示轴对称、拓扑为环形的磁面平均值, 这与 (10.4.40) 式中的螺旋磁面平均算子不同, $V'(\psi)={\rm d}V/{\rm d}\psi$ 为磁面内所封闭的体积. 如 (10.4.9) 式所示, 以上磁面平均相当于特定极向角上的平均, 即 $\langle f\rangle_X=\overline{\sqrt{g}f}/V'$. 环位形交换稳定性判据

是通过文献 [17] 中定义的参数 E, F 和 H 来表示, 这些参数具有以下形式:

$$
\begin{aligned}
E &= \frac{p_\mathrm{o}' V'}{q_\mathrm{o}'^2} \left\langle \frac{B_\mathrm{o}^2}{|\nabla\psi|^2} \right\rangle_X \left(-V'' + \frac{q_\mathrm{o}' I}{\langle B_\mathrm{o}^2 \rangle_X} \right), \\
F &= \frac{p_\mathrm{o}'^2 V'^2}{q_\mathrm{o}'^2} \left\langle \frac{B_\mathrm{o}^2}{|\nabla\psi|^2} \right\rangle_X \left(\left\langle \frac{1}{B_\mathrm{o}^2} \right\rangle_X + \left\langle \frac{I^2}{B_\mathrm{o}^2 |\nabla\psi|^2} \right\rangle_X \right. \\
&\quad \left. - \frac{\left(\langle (I/|\nabla\psi|^2) \rangle_X \right)^2}{\langle (B_\mathrm{o}^2/|\nabla\psi|^2) \rangle_X} \right), \\
H &= \frac{p_\mathrm{o}' V' I}{q_\mathrm{o}'} \left\langle \frac{B_\mathrm{o}^2}{|\nabla\psi|^2} \right\rangle_X \left(\frac{\langle (1/|\nabla\psi|^2) \rangle_X}{\langle (B_\mathrm{o}^2/|\nabla\psi|^2) \rangle_X} - \frac{1}{\langle B_\mathrm{o}^2 \rangle_X} \right),
\end{aligned}
\tag{10.4.62}
$$

其中利用了平行方向电流的形式 $Q_\mathrm{o} = -I' - I p_\mathrm{o}'/B_\mathrm{o}^2$. 利用方程 (10.4.15) 中定义的函数 G, 轴对称磁面平均量可以用上划线重新表示:

$$
\begin{aligned}
&\overline{G} = V' \left\langle \frac{B_\mathrm{o}^2}{|\nabla\psi|^2} \right\rangle_X, \\
&\overline{\sqrt{g} B_\mathrm{o}^2} = V' \langle B_\mathrm{o}^2 \rangle_X, \quad \overline{\sqrt{g} B_\mathrm{o}^{-2}} = V' \langle B_\mathrm{o}^{-2} \rangle_X, \\
&\overline{G B_\mathrm{o}^{-2}} = V' \left\langle \frac{1}{|\nabla\psi|^2} \right\rangle_X, \quad \overline{G B_\mathrm{o}^{-4}} = V' \left\langle \frac{1}{B_\mathrm{o}^2 |\nabla\psi|^2} \right\rangle_X.
\end{aligned}
\tag{10.4.63}
$$

通过展开 $G = \overline{G} + \widetilde{G}$ 和 $B_\mathrm{o}^{-2} = \overline{B_\mathrm{o}^{-2}} + \widetilde{B}_\mathrm{o}^{-2}$, 可以将 E, F 和 H 重写为

$$
\begin{aligned}
E &= \frac{p_\mathrm{o}'}{q_\mathrm{o}'^2} \overline{G} \left(-V'' + \frac{q_\mathrm{o}' I V'}{\overline{\sqrt{g} B_\mathrm{o}^2}} \right), \\
F &= \frac{p_\mathrm{o}'^2}{q_\mathrm{o}'^2} \overline{G} \left\{ \overline{\sqrt{g} B_\mathrm{o}^{-2}} + I^2 \left[\overline{\overline{G} \left(\widetilde{B}_\mathrm{o}^{-2} \right)^2} + \overline{\widetilde{G} \left(\widetilde{B}_\mathrm{o}^{-2} \right)^2} - \frac{\overline{\left(\widetilde{G} \widetilde{B}_\mathrm{o}^{-2} \right)}^2}{\overline{G}} \right] \right\}, \\
H &= \frac{p_\mathrm{o}'}{q_\mathrm{o}'} I \overline{G} \left(\overline{B_\mathrm{o}^{-2}} - \frac{V'}{\overline{\sqrt{g} B_\mathrm{o}^2}} + \frac{\overline{\widetilde{G} \widetilde{B}_\mathrm{o}^{-2}}}{\overline{G}} \right).
\end{aligned}
\tag{10.4.64}
$$

使用 $p = p(\overline{\Psi *})$, 以及 (10.4.23) 式的 $\overline{\sigma}$ 定义, 可以得到

$$
\begin{aligned}
\delta\overline{\sigma} &= \delta\overline{Q} + I \frac{\partial \delta p}{\partial \psi} \left(\overline{B_\mathrm{o}^{-2}} - \frac{V'}{\overline{\sqrt{g} B_\mathrm{o}^2}} \right), \\
\overline{\widetilde{G} \delta \widetilde{Q}} &= -\frac{\partial \delta p}{\partial \psi} \overline{I \widetilde{G} \widetilde{B}_\mathrm{o}^{-2}}.
\end{aligned}
\tag{10.4.65}
$$

这些关系式和方程 (10.4.29) 进而可以推导出磁岛平衡方程 (10.4.34).

为了推导出 E 和 F 的具体形式, 需要考虑参数 $\overline{K}$. 在 δ 的最低量阶上, 方程 (10.4.4) 的轴对称场可以使用协变基写成

$$\boldsymbol{B}_{\mathrm{o}} = I\nabla\alpha + \sqrt{g}B_{\mathrm{o}}^2\nabla\theta - \frac{q_{\mathrm{o}}}{I}g^{\psi\theta}\nabla\psi + O(\delta), \tag{10.4.66}$$

其中 $g^{\psi\theta} = \nabla\psi \cdot \nabla\theta$. 使用以上形式和 (10.4.25) 式, K 可由下式给出:

$$K = \frac{\sqrt{g}}{B_{\mathrm{o}}^2}\frac{\partial}{\partial\psi}\left(B_{\mathrm{o}}^2 + 2p_0\right) - \frac{q_{\mathrm{o}}}{I}g^{\psi\theta}\frac{\partial}{\partial\theta}\frac{1}{B_{\mathrm{o}}^2}. \tag{10.4.67}$$

利用关系 $\sqrt{g} = qR^2/I$, $B_{\mathrm{o}}^2 = \left(I^2 + |\nabla\psi|^2\right)/R^2$ 和轴对称的 Grad–Shafarnov 方程形式

$$\frac{I}{g}\frac{\partial}{\partial\psi}\left(\frac{q}{I}|\nabla\psi|^2\right) + \frac{\partial}{\partial\theta}g^{\psi\theta} = -p_{\mathrm{o}}'R^2 - II', \tag{10.4.68}$$

K 可以写成

$$K = p_{\mathrm{o}}'\frac{\sqrt{g}}{B_{\mathrm{o}}^2} + q'\frac{I}{B_{\mathrm{o}}^2} - \frac{\partial\sqrt{g}}{\partial\psi} - \frac{\partial}{\partial\theta}\left(\frac{q}{IB_{\mathrm{o}}^2}g^{\psi\theta}\right). \tag{10.4.69}$$

考虑到 $V' = \overline{\sqrt{g}}$, K 的极向角平均为

$$\overline{K} = -V'' + p_{\mathrm{o}}'\overline{\sqrt{g}B_{\mathrm{o}}^{-2}} + q'I\overline{B_{\mathrm{o}}^{-2}}. \tag{10.4.70}$$

利用 (10.4.23), (10.4.28), (10.4.31), (10.4.32) 式以及 E 和 F 的表达式, 可以推导出磁岛平衡方程 (10.4.33).

小 结

本章主要讨论了以下内容:

(1) 有限比压对线性电阻撕裂模的影响.

(2) 有限宽度的磁岛对温度剖面的影响.

(i) 磁岛宽度导致的温度曲线展平;

(ii) RR (Rechester-Rosenbluth) 随机磁场热导率.

(3) 新经典撕裂模 (NTM).

(i) 修正的 Rutherford 方程 (MRE);

(ii) β 阈值、种子磁岛和饱和磁岛;

(iii) NTM 实验及其含义.

习 题

1. 推导 Δ' 表达式 (10.1.14) 和 (10.1.19).
2. 根据 J-TEXT 和 ITER 典型参数, 估算触发 NTM 的 β 阈值, 和 NTM 的种子、临界及饱和磁岛宽度.
3. 阅读并自学参考书与文献中关于托卡马克外部电流驱动控制电阻撕裂模的理论和实验研究.

参 考 文 献

[1] Furth H P, Rutherford P H, and Selberg H. Tearing mode in the cylindrical tokamak. The Physics of Fluids, 1973, 16(7): 1054.

[2] Wesson J. Tokamaks. 4th ed. Oxford University Press, 2011.

[3] Johnson J L, Greene J M, and Coppi B. Effect of resistivity on hydromagnetic instabilities in multipolar systems. The Physics of Fluids, 1963, 6(8): 1169.

[4] Nishimura Y, Callen J D, and Hegna C C. Tearing mode analysis in tokamaks, revisited. Physics of Plasmas, 1998, 5(12): 4292.

[5] Newcomb W A. Hydromagnetic stability of a diffuse linear pinch. Annals of Physics, 1960, 10(2): 232.

[6] Glasser A H, Greene J M, and Johnson J L. Resistive instabilities in a tokamak. The Physics of Fluids, 1976, 19(4): 567.

[7] Hegna C C and Callen J D. Stability of tearing modes in tokamak plasmas. Physics of Plasmas, 1994, 1(7): 2308.

[8] Greene J M. A brief review of magnetic wells. Comments on Plasma Physics and Controlled Fusion, 1997, 17: 389.

[9] Shafranov V D and Yurchenko E I. Condition for flute instability of a toroidal geometry plasma. Soviet Physics JETP, 1968, 26: 682.

[10] Grimm R C, Greene J M, and Johnson J L. Computation of the magneto-hydrodynamic spectrum in axisymmetric toroidal confinement systems//Controlled Fusion. Elsevier, 1976.

[11] Fitzpatrick R. Helical temperature perturbations associated with tearing modes in tokamak plasmas. Physics of Plasmas, 1995, 2(3): 825.

[12] Meskat J P, Zohm H, Gantenbein G, et al. Analysis of the structure of neoclassical tearing modes in ASDEX Upgrade. Plasma Physics and Controlled Fusion, 2001, 43(10): 1325.

[13] Chang Z and Callen J D. Global energy confinement degradation due to macroscopic phenomena in tokamaks. Nuclear Fusion, 1990, 30(2): 219.

[14] Yu Q. Numerical modeling of diffusive heat transport across magnetic islands and local stochastic field. Physics of Plasmas, 2006, 13(6): 062310.

[15] Rechester A B and Rosenbluth M N. Electron heat transport in a tokamak with destroyed magnetic surfaces. Physical Review Letters, 1978, 40: 38.

[16] Suttrop W, Buchl K, Fuchs J C, et al. Tearing mode formation and radiative edge cooling prior to density limit disruptions in ASDEX Upgrade. Nuclear Fusion, 1997, 37(1): 119.

[17] Glasser A H, Greene J M, and Johnson J L. Resistive instabilities in general toroidal plasma configurations. The Physics of Fluids, 1975, 18(7): 875.

[18] Lütjens H, Luciani J F, and Garbet X. Curvature effects on the dynamics of tearing modes in tokamaks. Physics of Plasmas, 2001, 8(10): 4267.

[19] Wilson H R, Connor J W, Hastie R J, and Hegna C C. Threshold for neoclassical magnetic islands in a low collision frequency tokamak. Physics of Plasmas, 1996, 3(1): 248.

[20] Poli E, Peeters A G, Bergmann A, et al. Reduction of the ion drive and ρ_θ^* scaling of the neoclassical tearing mode. Physical Review Letters, 2002, 88: 075001.

[21] Chang Z, Callen J D, Fredrickson E D, et al. Observation of nonlinear neoclassical pressure gradient driven tearing modes in TFTR. Physical Review Letters, 1995, 74: 4663.

[22] Ginter S, Gude A, Maraschek M, et al. β scaling for the onset of neoclassical tearing modes at ASDEX Upgrade. Nuclear Fusion, 1998, 38(10): 1431.

[23] Maraschek M, Sauter O, Giinter S, et al. Scaling of the marginal β_p of neoclassical tearing modes during power ramp-down experiments in ASDEX Upgrade. Plasma Physics and Controlled Fusion, 2003, 45(7): 1369.

[24] Fietz S, Maraschek M, Zohm H, et al. Influence of rotation on the $(m, n) = (3, 2)$ neoclassical tearing mode threshold in the ASDEX Upgrade. Plasma Physics and Controlled Fusion, 2013, 55(8): 085010.

[25] Hegna C C. Nonlinear dynamics of pressure driven magnetic islands in low aspect ratio tokamaks. Physics of Plasmas, 1999, 6(10): 3980.

[26] Furth H P, Killeen J, and Rosenbluth M N. Finite-resistivity instabilities of a sheet pinch. The Physics of Fluids, 1963, 6(4): 459.

[27] Coppi B, Greene J M, and Johnson J L. Resistive instabilities in a diffuse linear pinch. Nuclear Fusion, 1966, 6(2): 101.

[28] Kruger S E, Hegna C C, and Callen J D. Geometrical influences on neoclassical magneto-hydrodynamic tearing modes. Physics of Plasmas, 1998, 5(2): 455.

[29] Kotschenreuther M, Hazeltine R D, and Morrison P J. Nonlinear dynamics of magnetic islands with curvature and pressure. The Physics of Fluids, 1985, 28(1): 294.

[30] Rutherford P H. Nonlinear growth of the tearing mode. The Physics of Fluids, 1973, 16(11): 1903.

[31] Hegna C C and Bhattacharjee A. Magnetic island formation in three-dimensional plasma equilibria. Physics of Fluids B: Plasma Physics, 1989, 1(2): 392.

[32] White R B, Monticello D A, Rosenbluth M N, and Waddell B V. Saturation of the tearing mode. The Physics of Fluids, 1977, 20(5): 800.

[33] Carreras B, Waddell B V, and Hicks H R. Poloidal magnetic field fluctuations. Nuclear Fusion, 1979, 19(11): 1423.

[34] Thyagaraja A. Perturbation analysis of a simple model of magnetic island structures. The Physics of Fluids, 1981, 24(9): 1716.

[35] Carrera R, Hazeltine R D, and Kotschenreuther M. Island bootstrap current modification of the nonlinear dynamics of the tearing mode. The Physics of Fluids, 1986, 29(4): 899.

[36] Hegna C C and Callen J D. Interaction of bootstrap current driven magnetic islands. Physics of Fluids B: Plasma Physics, 1992, 4(7): 1855.

[37] Hegna C C. The physics of neoclassical magneto-hydrodynamic tearing modes. Physics of Plasmas, 1998, 5(5): 1767.

第十一章　混合动理学 – 磁流体力学不稳定性

本章首先介绍混合动理学 – 磁流体力学模型. 接下来, 我们将依次讨论高能量粒子驱动的 TAE 理论、高能量粒子驱动的内扭曲模 – 鱼骨模理论、含高能量粒子效应的气球模理论, 以及含捕获粒子效应的电阻壁模理论.

§11.1　混合动理学 – 磁流体力学模型

11.1.1　流体模型的封闭问题

为讨论完整起见, 这里首先简要回顾等离子体流体模型的封闭问题[1]. 等离子体的完整数学描述是基于动理学 Boltzmann 方程与 Maxwell 方程的耦合:

$$\frac{\partial f_j}{\partial t}+\boldsymbol{v}\cdot\nabla f_j+\frac{q_j}{m_j}(\boldsymbol{E}+\boldsymbol{v}\times\boldsymbol{B})\cdot\frac{\partial f_j}{\partial \boldsymbol{v}}=\left(\frac{\partial f_j}{\partial t}\right)_{\text{coll}}, \tag{11.1.1}$$

其中 $f_j(\boldsymbol{r},\boldsymbol{v},t)$ 是第 j 种带电粒子的分布函数, $j=\mathrm{e},\mathrm{i},\cdots$, $(\partial f_j/\partial t)_{\text{coll}}$ 是碰撞项. 根据 f_j, 可以得到电荷密度 $\rho_q(\boldsymbol{r},t)$ 和电流密度 $\boldsymbol{J}(\boldsymbol{r},t)$:

$$\rho_q(\boldsymbol{r},t)=\sum_j q_j\int f_j\mathrm{d}\boldsymbol{v}=\sum_j q_jn_j(\boldsymbol{r},t), \tag{11.1.2}$$

$$\boldsymbol{J}(\boldsymbol{r},t)=\sum_j q_j\int \boldsymbol{v}f_j\mathrm{d}\boldsymbol{v}=\sum_j q_jn_j(\boldsymbol{r},t)\boldsymbol{u}_j(\boldsymbol{r},t). \tag{11.1.3}$$

Maxwell 方程组为

$$\nabla\times\boldsymbol{B}=\frac{4\pi}{c}\boldsymbol{J}+\frac{1}{c}\frac{\partial \boldsymbol{E}}{\partial t}, \tag{11.1.4}$$

$$\nabla\cdot\boldsymbol{B}=0, \tag{11.1.5}$$

$$\nabla\times\boldsymbol{E}=-\frac{1}{c}\frac{\partial \boldsymbol{B}}{\partial t}, \tag{11.1.6}$$

$$\nabla\cdot\boldsymbol{E}=4\pi\rho_q. \tag{11.1.7}$$

这是等离子体动理学描述的基础. 从数学角度来看, Maxwell-Boltzmann 动理学描述通常非常复杂, 因此, 人们希望寻求简化的描述方法. 流体描述就是其中一种简化方法, 然而它有其局限性, 并不总是适用. 为了构建等离子体的流体描述, 我们考虑 Boltzmann 方程 (B. E.) 的低阶矩, 这对应于一系列守恒定律:

零阶矩 $\left(\sum_j m_j \int \mathrm{d}\boldsymbol{v}\{\mathrm{B.E.}\}_j\right)$

$$\frac{\partial \rho_m}{\partial t} + \nabla \cdot (\rho_m \boldsymbol{u}) = 0; \tag{11.1.8}$$

一阶矩 $\left(\sum_j m_j \int \mathrm{d}\boldsymbol{v}\boldsymbol{v}\{\mathrm{B.E.}\}_j\right)$

$$\rho_m \frac{\mathrm{d}\boldsymbol{u}}{\mathrm{d}t} = -\nabla \cdot \boldsymbol{P} + \frac{1}{c}\boldsymbol{J} \times \boldsymbol{B} + \rho_q \boldsymbol{E}; \tag{11.1.9}$$

二阶矩 $\left(\sum_j \frac{1}{2} m_j \int \mathrm{d}\boldsymbol{v}\boldsymbol{v}^2\{\mathrm{B.E.}\}_j\right)$

$$\frac{\mathrm{d}}{\mathrm{d}t}\left(\frac{p}{\rho_{\boldsymbol{m}}^{\Gamma}}\right) = \text{涉及热流、压强张量等项}. \tag{11.1.10}$$

这组方程未知量的数目多于方程数目, 需要进行封闭处理.

11.1.2 理想磁流体力学方程组的封闭方案

磁流体封闭是分布函数的矩之间的局部关系, 例如绝热模型忽略热流项时, ρ_m, $\boldsymbol{u}, p$ 之间满足

$$\left(\frac{\partial}{\partial t} + \boldsymbol{u} \cdot \nabla\right) \frac{p}{\rho_m^{\Gamma}} = 0. \tag{11.1.11}$$

为了得到这样的流体封闭, 首先必须确保可以定义流体元, 使得其尺度 ℓ 相对于其他宏观尺度 L 很小, 即 $\ell \ll L$, $k\ell \gg 1$, 并且流体元在时间尺度上保持一致, 远远超过相关时间尺度. 在中性气体中, 碰撞确保了流体元的一致性. 粒子通过与邻近粒子的碰撞来限制其运动. 因此, 它们倾向于聚在一起, 它们的运动可以表示为局部质点运动的叠加, 再加上一个各向同性的速度分布. 这些特性赋予 $\boldsymbol{u}$ 以流体速度的物理意义, 并将 $\boldsymbol{P}$ 简化为标量压强 $p\boldsymbol{I}$. 对于一个已知电磁场中运动的单流体, 连续性方程和运动方程只包含未知量 $\rho_m, \boldsymbol{u}$ 和 p, 并且附加的状态方程连接 $\rho_m, \boldsymbol{u}$ 和 p 使得系统可以求解.

碰撞的特征是碰撞平均自由程 λ_{mfp} 和碰撞时间 τ_{coll}. 如果我们可以选择流体元的尺度 ℓ, 使得 $\lambda_{\mathrm{mfp}} \ll \ell \ll L$, 并且满足 $k\lambda_{\mathrm{mfp}} \ll 1$ 和 $\omega\tau_{\mathrm{coll}} \gg 1$, 则可以实现碰撞流体封闭. 在一个弱碰撞等离子体中, $\lambda_{\mathrm{mfp}} \sim L$, 而在典型的托卡马克等离子体中, 平行磁场方向的 λ_{mfp} 甚至可以达到 10^4 倍装置特征长度的量级. 如果 Lorentz 半径 ρ_{L} 足够小, 则在垂直于磁场的平面上, 流体元的一致性是可以得到保证的:

$$\rho_{\mathrm{L}} \ll a, \quad k_\perp \rho_\perp \ll 1. \tag{11.1.12}$$

在这种情况下, 人们将 Lorentz 回旋轨道视为系统中的基本 “准粒子”. Lorentz 半径 $\rho_{\rm L}$ 的小尺度与磁矩守恒有关:

$$\mu_\perp = \frac{mv_\perp^2}{2B} \quad (\text{第一绝热不变量}). \tag{11.1.13}$$

Larmor 轨道是一种周期性运动, 其频率为 $\Omega_{\rm c} = qB/mc$. 横向磁矩 $\mu_\perp$ 的守恒要求

$$k_\perp \rho_\perp \ll 1, \quad \Omega_c/\omega \gg 1. \tag{11.1.14}$$

当磁化等离子体中横向磁矩 $\mu_\perp$ 保持守恒时, 流体封闭导致了 CGL 封闭, 其中

$$\boldsymbol{P} = p_\perp \boldsymbol{I} + \left(p_\parallel - p_\perp\right) \boldsymbol{e}_\parallel \boldsymbol{e}_\parallel, \tag{11.1.15}$$

$$\frac{\rm d}{{\rm d}t}\left(\frac{p_\perp}{\rho_m B}\right) = 0, \tag{11.1.16}$$

$$\frac{\rm d}{{\rm d}t}\left(\frac{p_\perp^2 p_\parallel}{\rho_m^5}\right) = 0. \tag{11.1.17}$$

$\mu_\perp \propto$ 穿过 Larmor 轨道的磁通, 因此 $\mu_\perp$ 守恒 $\Longleftrightarrow$ 磁通守恒.

11.1.3 混合动理学 – 磁流体模型方程

一般情况下, 如果等离子体中存在高能量粒子, 磁流体封闭的近似方法就不再有效. 问题在于, 无法找到适用于高能量粒子的磁流体封闭模型以替代理想磁流体封闭模型, 主要有两个原因:

(1) 第一个原因是磁流体扰动与快粒子之间的共振可能非常重要, 例如

$$\begin{aligned} &\omega = \omega_{\rm D} = \frac{\mu_{\rm tot}}{m\Omega Rr}, && \text{对于鱼骨模}, \\ &\omega = k_{||} u_{\rm A}, && \text{对于 TAE}. \end{aligned}$$

(2) 第二个更根本的原因是快粒子还可以致稳, 即使模 – 粒子共振不再重要.

为简单起见, 这里先考虑包含高能量粒子效应的混合动理学 – 磁流体模型方程:

$$\frac{\partial \rho_m}{\partial t} + \nabla \cdot (\rho_m \boldsymbol{u}) = 0, \tag{11.1.18}$$

$$\rho_m \frac{{\rm d}\boldsymbol{u}}{{\rm d}t} = -\nabla p_{\rm c} - \nabla \cdot \boldsymbol{P}_{\rm h} + \frac{1}{c}\boldsymbol{J} \times \boldsymbol{B}, \tag{11.1.19}$$

$$\boldsymbol{P}_{\rm h} = p_{\perp \rm h} \boldsymbol{I} + \left(p_\parallel - p_\perp\right)_{\rm h} \boldsymbol{e}_\parallel \boldsymbol{e}_\parallel, \tag{11.1.20}$$

$$\frac{\rm d}{{\rm d}t}\left(\frac{p_{\rm c}}{\rho_m^\Gamma}\right) = 0, \tag{11.1.21}$$

其中

$$p_{\perp\mathrm{h}} = m_{\mathrm{h}} \int \mathrm{d}\boldsymbol{v} \frac{v_{\perp}^2}{2} f_{\mathrm{h}}, \tag{11.1.22}$$

$$p_{\parallel\mathrm{h}} = m_{\mathrm{h}} \int \mathrm{d}\boldsymbol{v} v_{\parallel}^2 f_{\mathrm{h}}. \tag{11.1.23}$$

分布函数 f_{h} 满足

$$\frac{\partial f_{\mathrm{h}}}{\partial t} + \boldsymbol{v} \cdot \nabla f_{\mathrm{h}} + \frac{q_{\mathrm{h}}}{m_{\mathrm{h}}} \left(\boldsymbol{E} + \frac{1}{c} \boldsymbol{v} \times \boldsymbol{B} \right) \cdot \frac{\partial f_{\mathrm{h}}}{\partial \boldsymbol{v}} = 0. \tag{11.1.24}$$

磁场满足

$$\frac{\partial \boldsymbol{B}}{\partial t} = \nabla \times (\boldsymbol{u} \times \boldsymbol{B}), \tag{11.1.25}$$

$$\nabla \times \boldsymbol{B} = \frac{4\pi}{c} \boldsymbol{J}. \tag{11.1.26}$$

11.1.4 漂移动理学

如果我们考虑满足以下条件的扰动, 可以简化快粒子的 Vlasov 方程:

$$k_{\perp} \rho_{\mathrm{h}} \ll 1, \quad \omega / \Omega_{\mathrm{h}} \ll 1. \tag{11.1.27}$$

我们还假设 $\boldsymbol{E} \times \boldsymbol{B}$ 漂移和磁场梯度以及曲率漂移的数量级相同. 这可以通过设

$$\frac{E}{B} = O\left(\frac{\rho_{\mathrm{h}}}{R_0} \right) \tag{11.1.28}$$

得到. 因此, 我们引入一个很小的参数展开

$$\delta = \frac{\rho_{\mathrm{h}}}{R_0} \ll 1. \tag{11.1.29}$$

在 δ 的一阶修正下, 导心速度为

$$\begin{aligned} \dot{\boldsymbol{R}} &= v_{\parallel} \boldsymbol{e}_{\parallel} + \frac{1}{m\Omega} \boldsymbol{e}_{\parallel} \left(\mu \nabla B + m v_{\parallel}^2 \boldsymbol{\kappa} - Ze\boldsymbol{E} \right) \\ &= v_{\parallel} \boldsymbol{e}_{\parallel} + \boldsymbol{v}_{\mathrm{D}} + \boldsymbol{v}_{\boldsymbol{E}\times\boldsymbol{B}}, \end{aligned} \tag{11.1.30}$$

其中 $\boldsymbol{R}$ 表示导心位置, $\mu = m v_{\perp}^2 / 2B$. 被忽略的 $O(\delta^2)$ 项包括极化漂移和漂移 $(v_{\parallel}/\Omega)\boldsymbol{e}_{\parallel}\boldsymbol{e}_{\parallel}\times (\partial \boldsymbol{e}_{\parallel}/\partial t)$. $O(\delta)$ 中平行加速度为

$$m\dot{v}_{\parallel} = -\mu \boldsymbol{e}_{\parallel} \cdot \nabla B + Ze\boldsymbol{e}_{\parallel} \cdot \boldsymbol{E} + m v_{\parallel} \boldsymbol{\kappa} \cdot \dot{\boldsymbol{R}}. \tag{11.1.31}$$

标记热粒子的下标 “h” 被省略.

$\dot{\boldsymbol{R}}$ 和 $\dot{v}_{\parallel}$ 的方程与 Littlejohn 的导心 Lagrange 自洽:

$$\mathcal{L}=\left(\frac{Ze}{c}\boldsymbol{A}+mv_{\parallel}\boldsymbol{e}_{\parallel}\right)\cdot\dot{\boldsymbol{R}}+\frac{1}{\Omega}y\dot{\alpha}-\frac{1}{2}mv_{\parallel}^{2}-y-Ze\phi, \tag{11.1.32}$$

其中 $y=\mu B=\dfrac{1}{2}mv_{\perp}^{2}$, α 是速度空间中的回旋角[2]. $\mathcal{L}$ 明显写出变量为

$$\mathcal{L}(\underbrace{\boldsymbol{R},v_{\parallel},y,\alpha;}_{q_i}\underbrace{\dot{\boldsymbol{R}},\dot{v}_{\parallel},\dot{y},\dot{\alpha}}_{\dot{q}_i};t), \tag{11.1.33}$$

实际上其中不包含 $\alpha,\dot{v}_{\parallel}$ 和 $\dot{y}$. 可以很容易从其满足的 Euler-Lagrange 方程

$$\frac{\mathrm{d}}{\mathrm{d}t}\left(\frac{\partial\mathcal{L}}{\partial\dot{q}_i}\right)=\frac{\partial\mathcal{L}}{\partial q_i}, \tag{11.1.34}$$

精确到 δ 阶, 得到 $\dot{\boldsymbol{R}}$ 和 $\dot{v}_{\parallel}$ 的方程 (11.1.30) $\sim$ (11.1.31). 此外

$$\frac{\mathrm{d}}{\mathrm{d}t}\left(\frac{\partial\mathcal{L}}{\partial\dot{\alpha}}\right)=\frac{\partial\mathcal{L}}{\partial\alpha}\Rightarrow\frac{\mathrm{d}}{\mathrm{d}t}\left(\frac{y}{B}\right)=\frac{\mathrm{d}\mu}{\mathrm{d}t}=0, \tag{11.1.35}$$

$$\frac{\mathrm{d}}{\mathrm{d}t}\left(\frac{\partial\mathcal{L}}{\partial\dot{y}}\right)=\frac{\partial\mathcal{L}}{\partial y}=0\Rightarrow\dot{\alpha}=\Omega. \tag{11.1.36}$$

现在让我们再考虑 Vlasov 方程

$$\frac{\partial f}{\partial t}+\sum_{i=1}^{6}\dot{q}_i\frac{\partial f}{\partial q_i}=0. \tag{11.1.37}$$

使用 Littlejohn 的 Lagrange 表示法, 可以得到

$$\frac{\partial f}{\partial t}+\dot{\boldsymbol{R}}\cdot\nabla f+\dot{v}_{\parallel}\frac{\partial f}{\partial v_{\parallel}}+\dot{y}\frac{\partial f}{\partial y}+\dot{\alpha}\frac{\partial f}{\partial\alpha}, \tag{11.1.38}$$

其中 $f=f\left(\boldsymbol{R},v_{\parallel},y,\alpha;t\right)$. 通过忽略 $O(\delta)$, 这个方程可以简化. 首先, 我们注意到 $\partial f/\partial\alpha$ 是所有项中最大的. 假设 $f=f_0+f_1+\cdots,f_1/f_0=O(\delta)$. 保留主导量阶项, 有

$$\dot{\alpha}\frac{\partial f_0}{\partial\alpha}=0\Rightarrow f_0\text{不依赖 }\alpha. \tag{11.1.39}$$

保留一阶, 有

$$\frac{\partial f_0}{\partial t}+\dot{\boldsymbol{R}}\cdot\nabla f_0+\dot{v}_{\parallel}\frac{\partial f_0}{\partial v_{\parallel}}+\dot{y}\frac{\partial f_0}{\partial y}+\dot{\alpha}\frac{\partial f_1}{\partial\alpha}=0. \tag{11.1.40}$$

我们可以对 α 进行平均 $\oint\mathrm{d}\alpha(\cdots)$. 由于其具有周期性, 所以平均后为

$$\dot{\alpha}\oint\frac{\partial f_1}{\partial\alpha}\mathrm{d}\alpha=0. \tag{11.1.41}$$

由于 Littlejohn 的 Lagrange 表示法所给出的 $\dot{\boldsymbol{R}}, v_{\parallel}$ 和 $\dot{y}$ 在 δ 的一阶项中不依赖于 α, 因此对其他项进行 α 平均是简单的, 所以我们得到了无碰撞漂移动理学方程

$$\frac{\partial f_0}{\partial t} + \dot{\boldsymbol{R}} \cdot \nabla f_0 + \dot{v}_{\parallel} \frac{\partial f_0}{\partial v_{\parallel}} + \dot{y} \frac{\partial f_0}{\partial y} = 0. \tag{11.1.42}$$

我们在接下来的内容中省略下标 "0".

11.1.5 动理学 – 磁流体力学平衡

考虑一个轴对称平衡, 其中 $\partial/\partial t = \partial/\partial\varphi = 0$. 在平衡中 $f = F$. 平衡分布函数一般是粒子运动三个不变量的函数:

$$F = F\left(\varepsilon, \mu, P_{\varphi}; \sigma\right), \tag{11.1.43}$$

其中

$$P_{\varphi} = \frac{\partial \mathcal{L}}{\partial \dot{\varphi}} = \frac{Ze}{c}\psi + mRv_{\parallel}\frac{B_{\varphi}}{B}. \tag{11.1.44}$$

(11.1.44) 式中 $\psi = A_{\varphi}$ 是极向磁通函数, $R = |\boldsymbol{R}|$ 是导心与托卡马克环对称轴之间的距离,

$$\varepsilon = \frac{1}{2}mv_{\parallel}^2 + y + Ze\phi(\boldsymbol{R}) \tag{11.1.45}$$

和

$$\mu = y/B(\boldsymbol{R}). \tag{11.1.46}$$

有一些 $(\varepsilon, \mu, P_{\varphi})$, 可能存在两个轨道, 并且对于相同的 $(\varepsilon, \mu, P_{\varphi})$, F 也可能有两个不同的值. 参数 σ 可以区分这两个值 (在极限 $\delta_b/r \ll 1$ 下, 我们可以选择 $\sigma = \operatorname{sgn} v_{\parallel}$). 此外, 在极限 $\delta/r \to 0$ 下, 我们可以近似地将 P_{φ} 近似为 $\dfrac{Ze}{c}\psi$, 且 $F = F(\varepsilon, \mu, \psi; \sigma)$.

11.1.6 托卡马克磁场中的粒子轨道

在托卡马克平衡中, 粒子导心所遵循的轨迹, 由以下方程描述:

$$\dot{\boldsymbol{R}} = v_{\parallel}\boldsymbol{e}_{\parallel} + \frac{mc}{qB}\left(\frac{v_{\perp}^2}{v_{\parallel}^2}\right)\boldsymbol{e}_{\parallel} \times \frac{\nabla B}{B} = v_{\parallel}\boldsymbol{e}_{\parallel} + \boldsymbol{v}_{\mathrm{D}}. \tag{11.1.47}$$

使用小圆柱坐标 r, θ, φ, 磁场 $\boldsymbol{B}$ 的 $O(\epsilon)$ 阶近似为

$$\boldsymbol{B}(r, \theta) = \frac{1}{h}\left[B_{\varphi_0}(r)\boldsymbol{e}_{\varphi} + B_{\theta_0}(r)\boldsymbol{e}_{\theta}\right], \tag{11.1.48}$$

其中 $\epsilon = r/R_0$,

$$h(r,\theta) = \frac{R}{R_0} = 1 + \epsilon\cos\theta, \tag{11.1.49}$$

$$\frac{\nabla B}{B} \approx -\frac{B}{R}\boldsymbol{e}_R. \tag{11.1.50}$$

因此, $\boldsymbol{v}_D$ 主要沿垂直方向. 对于大多数质子, $q = +e$, 导心运动的投影如图 11.1 所示.

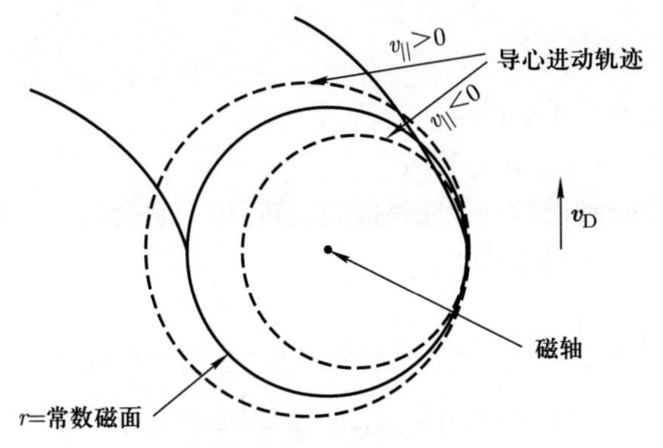

图 11.1 粒子导心进动运动

然而, 对于满足 $v_\parallel^2 \lesssim \epsilon v_\perp^2$ 的粒子, 沿 $v_\parallel$ 方向上的轨迹会改变为香蕉轨道. 我们可以取近似 $B = (B_{\varphi_0}/h)\left(1 + O\left(\epsilon^2\right)\right)$, 其中 $B_{\varphi_0} =$ 常数. 在托卡马克内侧沿着磁场线移动的粒子感受到的磁场比外侧更强. 这种差值是 ϵ 量级的 (见图 11.2):

$$B_{\max} - B_{\min} = B(\theta = \pi) - B(\theta = 0) = 2\epsilon B_{\varphi_0} + O\left(\epsilon^2\right). \tag{11.1.51}$$

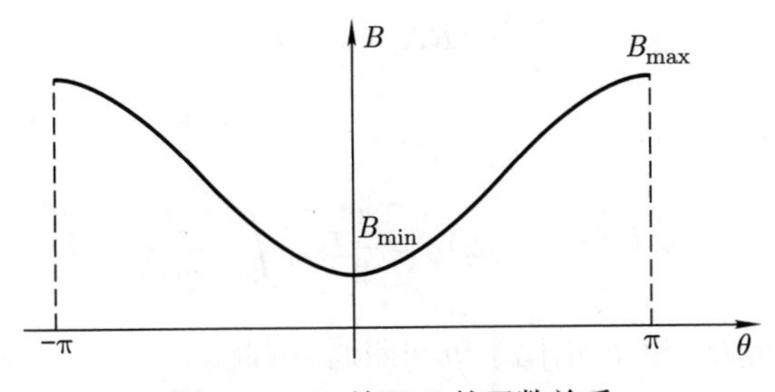

图 11.2 B 关于 θ 的函数关系

我们引入参数

$$\varLambda = \frac{\mu B_{\varphi_0}}{\varepsilon} = \frac{v_\perp^2}{v^2} h(r,\theta), \tag{11.1.52}$$

其中 $\mu=mv_{\perp}^{2}/2B$ 是磁矩, $\varepsilon=mv^{2}/2$ 是动能. 因此, Λ 是描述粒子运动的一个常数. Λ 取值区间为

$$0\leqslant\Lambda\leqslant1+\epsilon. \tag{11.1.53}$$

下面我们考虑 $v_{\|}$ 的表达式

$$v_{\|}=\pm v\left(1-\frac{v_{\perp}^{2}}{v^{2}}\right)^{1/2}=v\left(1-\frac{\Lambda}{h}\right)^{1/2}, \tag{11.1.54}$$

可以分为两类:

(1) 通行粒子: $0\leqslant\Lambda\leqslant1-\epsilon$,

(2) 捕获粒子: $1-\epsilon\leqslant\Lambda\leqslant1+\epsilon$.

捕获粒子无法围绕磁轴进行一个完整极向旋转, 因为它会有一个最大 θ 值, 即反弹角 θ_{b}, 满足 $v_{\|}\left(\theta_{\mathrm{b}}\right)=0$, 或者说

$$1-\frac{\Lambda}{h}=0\rightarrow h-\Lambda=0\Rightarrow1-\Lambda+\epsilon\cos\theta_{\mathrm{b}}=0, \tag{11.1.55}$$

$$-1\leqslant\cos\theta_{\mathrm{b}}=-\frac{1-\Lambda}{\epsilon}\leqslant1. \tag{11.1.56}$$

到目前为止, 我们假设导心轨道在给定的磁面 $r=r_0$ 上的径向偏移很小: $r(t)=r_0\delta r(t)$, 其中 $|\delta r|\ll r_0$. 让我们估计一下 δr. 由于轴对称性, 环向正则动量是一个常数:

$$P_{\varphi}=\frac{q}{c}RA_{\varphi}+mRv_{\varphi}, \tag{11.1.57}$$

其中

$$\frac{1}{R}\frac{\partial}{\partial r}\left(RA_{\varphi}\right)=-B_{\theta}. \tag{11.1.58}$$

让我们设

$$\Psi\left(r^{2}\right)\equiv-RA_{\varphi}=\frac{1}{2}B_{\varphi0}\int_{0}^{r^{2}}\frac{\mathrm{d}\hat{r}^{2}}{q(\hat{r})}, \tag{11.1.59}$$

其中 $q(r)\approx rB_{\varphi}/R_0B_{\theta}$ 和 Ψ 正比于极向磁通. 因此

$$-\frac{c}{q}P_{\varphi}=\Psi-\frac{mc}{q}Rv_{\|}=\text{常数}, \tag{11.1.60}$$

其中我们设 $v_{\|}=v_{\varphi}\left(1+O\left(\epsilon^{2}\right)\right)$. 为了简化计算, 让我们考虑一个几乎不变的 q 剖面, 即 $q(r)\approx q_b$, 这样 $\Psi\left(r^{2}\right)\approx r^{2}B_{\varphi_0}/2q_{\mathrm{b}}$.

对于捕获粒子, 我们可以引入 $r_{\mathrm{b}}: v_{\|}(r_{\mathrm{b}},\theta_{\mathrm{b}})=0$, 这样

$$\frac{Rv_{\|}}{\Omega}=\frac{1}{2q_0}\left(r^2-r_{\mathrm{b}}^2\right). \tag{11.1.61}$$

我们可以很容易地估计一个捕获粒子轨道的径向宽度, 其中 $\Lambda=1\to\theta_{\mathrm{b}}=\pi/2$. 在这种情况下,

$$v_{\|}=\pm\frac{v}{h^{1/2}}\left(\frac{r}{R}\cos\theta\right)^{1/2}. \tag{11.1.62}$$

设 $r=r_{\mathrm{b}}+\delta r(\theta), |\delta r|\ll r_{\mathrm{b}}$, 我们得到

$$\pm\frac{Rv}{\Omega}\left(\frac{r_{\mathrm{b}}}{R}\cos\theta\right)^{1/2}\approx\frac{1}{q_{\mathrm{b}}}r_{\mathrm{b}}\delta r(\theta), \tag{11.1.63}$$

其中 $q_{\mathrm{b}}=q(r_{\mathrm{b}})$. 最大径向偏移量 (香蕉轨道宽度) 是 $\delta b=2\delta r(0)$ (见图 11.3):

$$\delta b=2q_{\mathrm{b}}\rho_{\mathrm{L}}\left(\frac{R}{r_{\mathrm{b}}}\right)^{1/2}\Rightarrow\delta b\ll r_{\mathrm{b}}\Rightarrow q_{\mathrm{b}}\frac{\rho_{\mathrm{L}}}{R}\ll\left(\frac{r_{\mathrm{b}}}{R}\right)^{3/2}. \tag{11.1.64}$$

当 $q_{\mathrm{b}}\rho_{\mathrm{L}}/R\sim(r_{\mathrm{b}}/R)^{3/2}$ 时, 香蕉轨道会变为土豆轨道.

对于一个通行轨道 (见图 11.4), 假设当 $\theta=0$ 时, 导心位于磁通面 $r=r_{\mathrm{c}}$ 上, 此时

$$r^2-2q_{\mathrm{c}}\frac{R}{\Omega}v_{\|}=r_{\mathrm{c}}^2-2q_{\mathrm{c}}\frac{R}{\Omega}v_{\|}(0). \tag{11.1.65}$$

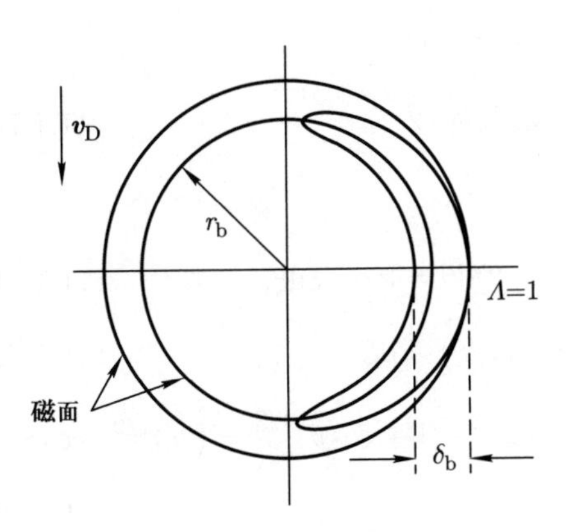

图 11.3 香蕉轨道

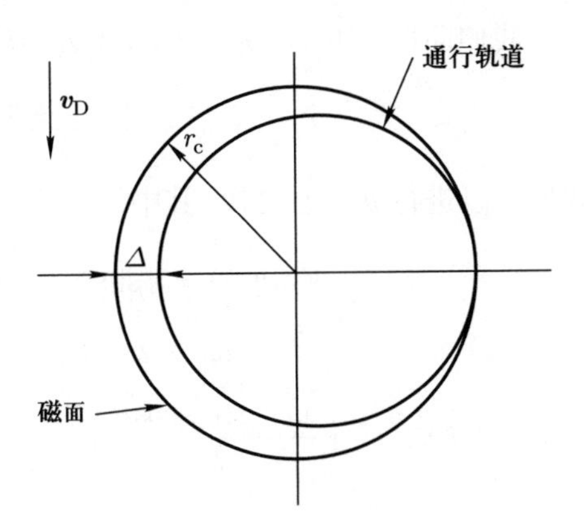

图 11.4 通行轨道

设 $r=r_{\mathrm{c}}-\Delta, \Delta\ll r_{\mathrm{c}}$, 我们发现, Δ/r_{c} 中主导量阶为

$$\Delta\approx\frac{R}{r_{\mathrm{c}}}\frac{q_{\mathrm{c}}}{\Omega}\left[v_{\|}(0)-v_{\|}(\pi)\right]. \tag{11.1.66}$$

对于 $\Lambda<1, \Delta\approx q_{\mathrm{c}}\rho_{\mathrm{L}}\Lambda$.

11.1.7 香蕉粒子的反弹时间

反弹时间

$$\tau_{\mathrm{b}} = \oint \mathrm{d}\tau = \oint \frac{\mathrm{d}\ell}{v_{\parallel}} \left(1 + O\left(\frac{v_{\mathrm{D}}}{v_{\parallel}}\right)\right), \tag{11.1.67}$$

其中

$$\frac{r\mathrm{d}\theta}{B_\theta} = \frac{R\mathrm{d}\varphi}{B_\varphi} = \frac{\mathrm{d}\ell}{B} \Rightarrow \mathrm{d}\ell = \frac{rB}{B_\theta}\mathrm{d}\theta \approx R_0 q(r)\mathrm{d}\theta. \tag{11.1.68}$$

积分路径是一个封闭的香蕉轨道. 我们在 $\tau_{\mathrm{b}}/r \ll 1$ 的极限下计算 τ_{b}. 在轨道上, $q(r)$ 几乎是常数, 因此

$$\tau_{\mathrm{b}} \approx R_0 q \oint \frac{\mathrm{d}\theta}{v_{\parallel}} = \frac{4R_0 q}{v} \int_0^{\theta_{\mathrm{b}}} \frac{\mathrm{d}\theta}{(1 - \Lambda/h)^{1/2}}. \tag{11.1.69}$$

由于 $\Lambda - 1 = O(\epsilon)$, 我们可以期望得到以下类型的结果:

$$\tau_{\mathrm{b}} = \alpha\left(\theta_{\mathrm{b}}\right) \frac{R_0 q}{v\epsilon^{1/2}}, \tag{11.1.70}$$

其中 $\alpha\left(\theta_{\mathrm{b}}\right) = O(1)$. 为了计算 $\alpha\left(\theta_{\mathrm{b}}\right)$, 引入参数 κ:

$$\kappa^2 = \frac{1}{2} + \frac{1}{2\epsilon}(1 - \Lambda), \tag{11.1.71}$$

$$1 - \epsilon \leqslant \Lambda \leqslant 1 + \epsilon \Rightarrow 1 \geqslant \kappa^2 \geqslant 0. \tag{11.1.72}$$

我们回忆一下 $\cos\theta_{\mathrm{b}} = (\Lambda - 1)/\epsilon$, 从中可以得到

$$\kappa^2 = \frac{1 - \cos\theta_{\mathrm{b}}}{2} = \sin^2\left(\theta_{\mathrm{b}}/2\right). \tag{11.1.73}$$

我们可以进行 $\theta \to \xi$ 变换, 其中

$$\sin(\theta/2) = \kappa \sin\xi \Rightarrow \frac{1}{2}\cos(\theta/2)\mathrm{d}\theta = \kappa\cos\xi\mathrm{d}\xi, \tag{11.1.74}$$

$$\mathrm{d}\theta = 2\kappa\cos\xi\left(1 - \kappa^2\sin^2\xi\right)^{-1}\mathrm{d}\xi, \tag{11.1.75}$$

$$(1 - \Lambda/h)^{1/2} = \left(\frac{1 - \Lambda + \epsilon\cos\theta}{h}\right)^{1/2} \approx \epsilon^{1/2}\left(2\kappa^2 - 1 + \cos\theta\right)^{1/2} = (2\epsilon)^{1/2}\kappa\cos\xi. \tag{11.1.76}$$

因此

$$\int_0^{\theta_b} \frac{\mathrm{d}\theta}{(1 - \Lambda/h)^{1/2}} \approx \left(\frac{2}{\epsilon}\right)^{1/2} \int_0^{\pi/2} \frac{\mathrm{d}\xi}{\left(1 - \kappa\sin^2\xi\right)^{1/2}} = \left(\frac{2}{\epsilon}\right)^{1/2} \mathcal{K}\left(\kappa^2\right), \tag{11.1.77}$$

其中 $\mathcal{K}(x)$ 是 “第一类完全椭圆积分” (见图 11.5).

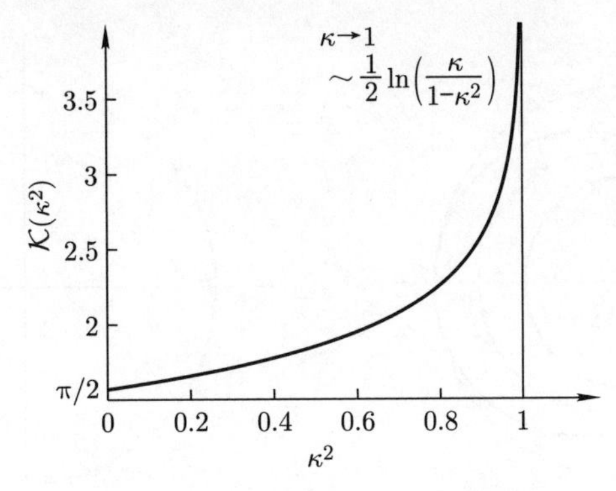

图 11.5 $\mathcal{K}\left(\kappa^2\right)$ 关于 κ^2 的函数关系

因此, 我们可以得到反弹时间的表达式

$$\tau_{\mathrm{b}} = 8\mathcal{K}\left(\kappa^2\right)\frac{qR_0}{(2\epsilon)^{1/2}v}, \tag{11.1.78}$$

则反弹频率可表示为

$$\omega_{\mathrm{b}} \equiv \frac{2\pi}{\tau_{\mathrm{b}}} = \frac{v}{2qR_0}(2\epsilon)^{1/2}\left[\frac{\pi}{2\mathcal{K}\left(\kappa^2\right)}\right]. \tag{11.1.79}$$

对于 $\Lambda = 1$, 我们有 $\kappa^2 = \dfrac{1}{2}, \mathcal{K}\left(\dfrac{1}{2}\right) = 1.85$. 使用典型的 JET 参数, $R_0 = 3$ m, $v = v_{\mathrm{thi}} = (T_{\mathrm{i}}/m_{\mathrm{i}})^{1/2}$, $T_{\mathrm{i}} = 10$ keV 和 $r = 0.5$ m, $q = 2$, $m_{\mathrm{i}} = m_{\mathrm{H}}$, 我们得到

$$\tau_{\mathrm{b}} \sim 200\ \mu\mathrm{s}. \tag{11.1.80}$$

注意, 当 $\kappa \to 1$(捕获粒子) 时, $\tau_{\mathrm{b}} \to \infty$. 此轨道在 $\theta = \pi$ 处的"夹点"是一个停滞点 (见图 11.6), 即在 $r = r_{\mathrm{p}}, \theta = \pi, \Lambda = 1 - \epsilon$ 处, 有 $\dot{\theta} = 0$, $\dot{r} = 0$. 它对应于一个不稳定的 X 点平衡.

由于 $\tau_{\mathrm{b}} \to \infty$, 这条轨道容易受到碰撞的干扰. 然而, τ_{b} 随着 $\kappa^2 - 1$ 的发散呈对数型变化, 因此对于略小于 1 的 κ^2, τ_{b} 是有限的, 通常远小于 τ_{coll}. 另外, $\kappa^2 = 0$ (深度捕获轨道, 见图 11.7) 的轨道是一个停滞点, 即稳定的 O 点类型. 在这条轨道上, τ_{b} 仍然是有限的.

11.1.8 香蕉粒子的进动时间

香蕉轨道在环向上会发生进动运动. 这种进动是由香蕉轨道的有限径向宽度引起的. 回顾表达式 $v_{\|} = \pm h^{-1/2}v\left[1 - \Lambda + r(\theta)\cos\theta/R_0\right]^{1/2}$, 我们发现对于香蕉轨道的一部分, 当 $r > r_{\mathrm{b}}$ 时, $v_{\|}$ 更大; 而当 $r < r_{\mathrm{b}}$ 时, $v_{\|}$ 是负值且绝对值较小 (在 $r = r_{\mathrm{b}}$ 处有 $v_{\|} = 0$). 因此, 当 $r > r_{\mathrm{b}}$ 时, 粒子在每次反弹时移动的距离较大; 而当 $r < r_{\mathrm{b}}$

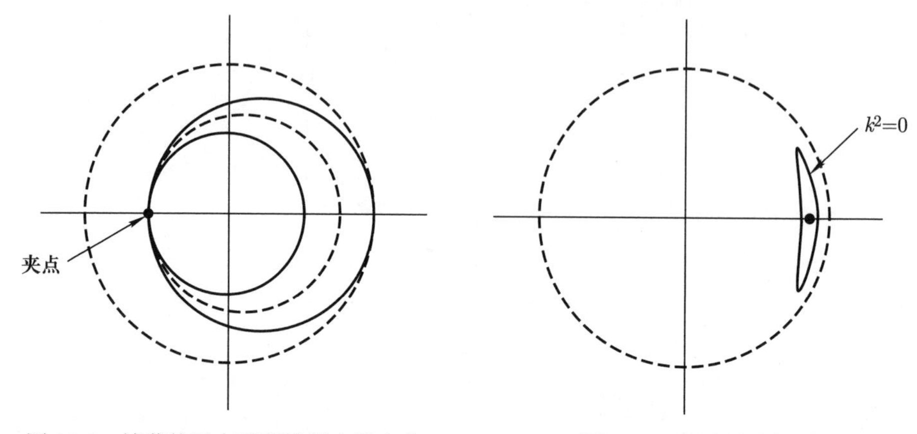

图 11.6　捕获粒子在香蕉轨道中的夹点　　　　图 11.7　深度捕获轨道

时, 粒子在每次反弹时移动的距离是负值. 总地平均下来后, 粒子每次反弹时都会在环向上移动一个角度 $\Delta\varphi$ (见图 11.8). 这个角度可以表示为

$$\Delta\varphi = \frac{1}{R}\int_0^{\tau_b} v_\parallel \mathrm{d}\tau \equiv \frac{\tau_b}{r}\left\langle v_\parallel \right\rangle. \tag{11.1.81}$$

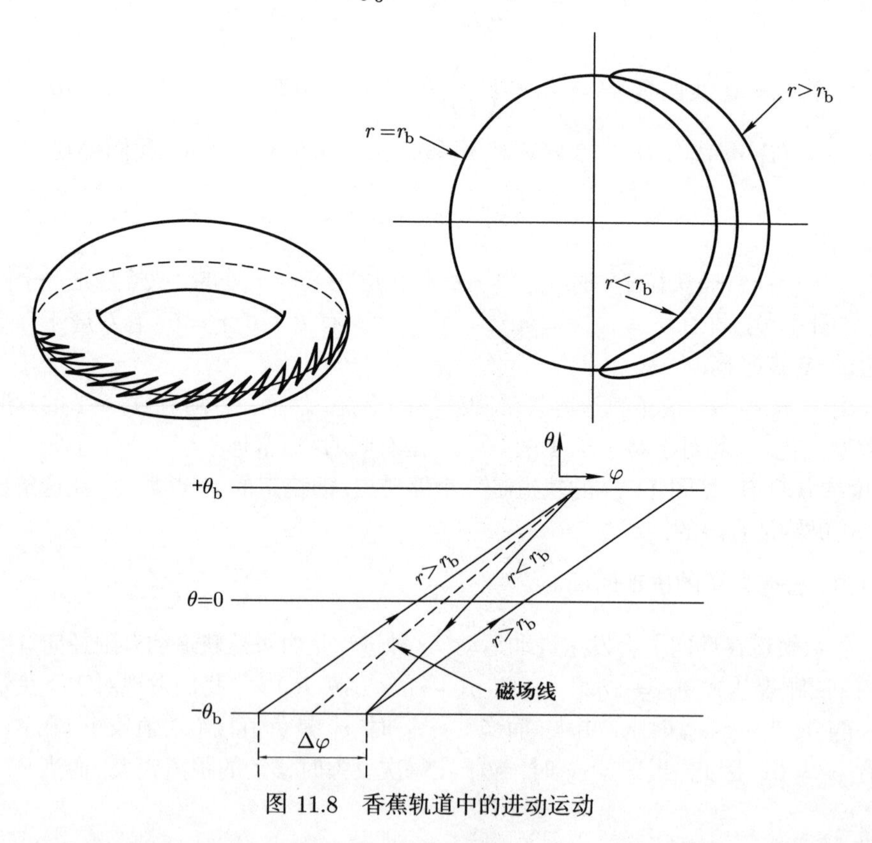

图 11.8　香蕉轨道中的进动运动

设 τ_{D} 为进动时间, 即香蕉轨道完成一次环向旋转所需的时间, 那么

$$\Delta\varphi/\tau_{\mathrm{b}} = 2\pi/\tau_{\mathrm{D}} \tag{11.1.82}$$

和

$$\tau_{\mathrm{D}} = \frac{2\pi R_0}{\langle v_\parallel \rangle} \Rightarrow \omega_{\mathrm{D}} = \frac{2\pi}{\tau_{\mathrm{D}}} = \frac{\langle v_\parallel \rangle}{R_0}. \tag{11.1.83}$$

注意平均反弹平行速度 $\langle v_\parallel \rangle$ 与 $\langle v_{\mathrm{D}\varphi} \rangle$ 是不同的, 其中 $v_{\mathrm{D}\varphi} = \boldsymbol{v}_{\mathrm{D}} \cdot \boldsymbol{e}_\varphi$.

接下来可以计算 $\langle v_\parallel \rangle$. 考虑一个捕获轨道, 其中 $\Lambda = 1$, $\theta_{\mathrm{b}} = \pi/2$, 以及 $v_\parallel(\theta) = \pm v[\epsilon(\theta)\cos\theta]^{1/2}$, 那么

$$\langle v_\parallel \rangle \to \frac{1}{\pi} \oint v_\parallel(\theta) \mathrm{d}\theta. \tag{11.1.84}$$

设 $\epsilon(\theta) = \dfrac{r_{\mathrm{b}} + \delta r(\theta)}{R_0} \cos\theta$, 忽略 $O\left((\delta r)^2/r_{\mathrm{b}}^2\right)$, 有

$$\begin{aligned}
\langle v_\parallel \rangle &\approx \frac{v}{\pi} \int_{-\pi/2}^{\pi/2} \left[\left(\frac{r_{\mathrm{b}} + \delta r}{R_0} \right)^{1/2} - \left(\frac{r_{\mathrm{b}} - \delta r}{R_0} \right)^{1/2} \right] (\cos\theta)^{1/2} \mathrm{d}\theta \\
&\approx \frac{2v}{\pi} \int_0^{\pi} \left(\frac{r_{\mathrm{b}}}{R_0} \right) \left(1 + \frac{\delta r}{2R_0} - 1 + \frac{\delta r}{2R_0} \right) (\cos\theta)^{1/2} \mathrm{d}\theta \\
&\sim \alpha v \frac{r_{\mathrm{b}}}{R_0}^{1/2} \left(\frac{\delta b}{r_{\mathrm{b}}} \right),
\end{aligned} \tag{11.1.85}$$

其中 $\alpha = O(1)$. 因此

$$\omega_{\mathrm{D}} \sim \alpha' \frac{q v_\perp^2}{\Omega R_0 r}. \tag{11.1.86}$$

下面对 ω_{D} 进行更准确的计算. 考虑

$$r \frac{\mathrm{d}\theta}{\mathrm{d}\tau} = \frac{B_\theta}{B} v_\parallel + v_{\mathrm{D}\theta}, \tag{11.1.87}$$

则

$$\mathrm{d}\tau = \frac{\mathrm{d}\theta}{(v_\parallel/R_0 q) + v_{\mathrm{D}\theta}/r} = \frac{Rq\mathrm{d}\theta}{v_\parallel} \left(1 - \frac{R_0 q}{r} \frac{v_{\mathrm{D}\theta}}{v_\parallel} \right), \tag{11.1.88}$$

所以

$$\langle v_\parallel \rangle = \oint \frac{R_0 q}{\tau_b} \mathrm{d}\theta \left(1 - \frac{R_0 q}{r} \frac{v_{\mathrm{D}\theta}}{v_\parallel} \right) \approx -\frac{Rq}{r} \langle v_{\mathrm{D}\theta} \rangle \omega\omega_{\mathrm{D}} = -\frac{q}{r} \langle v_{\mathrm{D}\theta} \rangle. \tag{11.1.89}$$

由于 $v_{\mathrm{D}\varphi} \sim \epsilon v_{\mathrm{D}\theta}$, 我们看到 $\langle v_{\mathrm{D}\varphi} \rangle \sim \epsilon^2 \langle v_\parallel \rangle$. 此时, 有

$$v_{\mathrm{D}\theta} = \frac{v_\perp^2}{2\Omega} \boldsymbol{e}_\theta \cdot \boldsymbol{e}_\parallel \times \frac{\nabla B}{B} = -\frac{v_\perp^2}{2\Omega R_0} \cos\theta (1 + O(\epsilon)), \tag{11.1.90}$$

因此

$$\omega_{\mathrm{D}}=\frac{qv_{\perp}^{2}}{2\Omega R_{0}r}\langle\cos\theta\rangle. \tag{11.1.91}$$

为了计算 $\langle\cos\theta\rangle$, 让我们再次使用替换

$$\cos\theta=2\left(1-\kappa^{2}\sin^{2}\xi\right)-1, \tag{11.1.92}$$

则

$$\langle\cos\theta\rangle=\frac{2\mathcal{E}\left(\kappa^{2}\right)}{\mathcal{K}\left(\kappa^{2}\right)}-1=\mathcal{H}(\kappa), \tag{11.1.93}$$

其中

$$\mathcal{E}\left(\kappa^{2}\right)=\int_{0}^{\pi/2}\mathrm{d}\xi\left(1-\kappa^{2}\sin^{2}\xi\right)^{1/2} \tag{11.1.94}$$

是第二类完全椭圆积分 (见图 11.9). 因此, 进动频率等于

$$\omega_{\mathrm{D}}=\frac{qv_{\perp}^{2}}{2\Omega R_{0}r}\mathcal{H}\left(\kappa^{2}\right), \tag{11.1.95}$$

$\mathcal{H}(\kappa^2)$ 关于 κ^2 的函数关系如图 11.10 所示. 值得注意的是, $\kappa^2\to 1$ 时 ω_{D} 改变了符号, 对应于晃动离子 (sloshing ion). 如果 q 不是常数, ω_{D} 还包括一个与磁剪切 $s=(r/q)(\mathrm{d}q/\mathrm{d}r)$ 成比例的项.

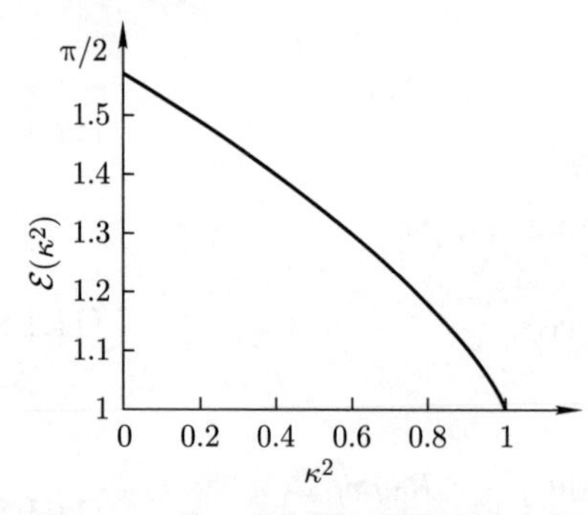

图 11.9 第二类完全椭圆积分 $\mathcal{E}(\kappa^2)$

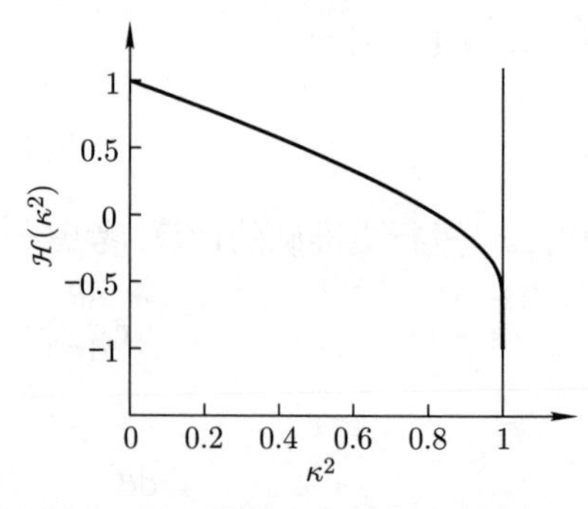

图 11.10 $\mathcal{H}\left(\kappa^2\right)$ 关于 κ^2 的函数关系

总地来说, 托卡马克中捕获的香蕉粒子的运动具有三个周期性, 以及三个相关联的本征频率:

(1) 回旋频率 Ω_{c};

(2) 反弹频率 ω_{b};

(3) 进动频率 ω_{D}.

通常来说, $\Omega_{\mathrm{c}}\gg\omega_{\mathrm{b}}\gg\omega_{\mathrm{D}}$ (对于土豆轨道, $\omega_{\mathrm{b}}\sim\omega_{\mathrm{D}}$).

11.1.9 线性漂移动理学方程的解

设 $f=F+f^{(1)}$, 那么

$$\frac{\mathrm{d}}{\mathrm{d}t}f^{(1)}+\dot{\boldsymbol{R}}^{(1)}\cdot\nabla F+\dot{v}_{\|}^{(1)}\frac{\partial F}{\partial v_{\|}}+\dot{y}^{(1)}\frac{\partial F}{\partial y}=0. \tag{11.1.96}$$

利用 $F=F\left(P_{\varphi},\varepsilon,\mu\right)$, 有

$$\begin{aligned}&\frac{\mathrm{d}f^{(1)}}{\mathrm{d}t}+\left(\dot{\boldsymbol{R}}^{(1)}\cdot\nabla P_{\varphi}+\dot{v}_{\|}^{(1)}\frac{\partial P_{\varphi}}{\partial v_{\|}}\right)\frac{\partial F}{\partial P_{\varphi}}+\left(Ze\boldsymbol{R}^{(1)}\cdot\nabla\phi+m\dot{v}_{\|}^{(1)}v_{\|}+\dot{y}^{(1)}\right)\frac{\partial F}{\partial\varepsilon}\\&\quad+\left(\frac{\dot{y}^{(1)}}{B}-\frac{y}{B}\dot{\boldsymbol{R}}^{(1)}\cdot\nabla B\right)\frac{\partial F}{\partial\mu}=0.\end{aligned} \tag{11.1.97}$$

经过简单的代数运算, 涉及 F 导数的项的系数可以用扰动的 Lagrange 量来表示:

$$\begin{aligned}&\frac{\mathrm{d}f^{(1)}}{\mathrm{d}t}+\left(\frac{\partial\mathcal{L}^{(1)}}{\partial\varphi}-\frac{\partial P_{\varphi}^{(1)}}{\mathrm{d}t}\right)\frac{\partial F}{\partial P_{\varphi}}-\left(\frac{\partial\mathcal{L}^{(1)}}{\partial t}+Ze\frac{\mathrm{d}\phi^{(1)}}{\mathrm{d}t}\right)\frac{\partial F}{\partial\varepsilon}\\&\quad+\mu\left(\frac{\mathrm{d}}{\mathrm{d}t}\frac{B^{(1)}}{B}\right)\frac{\partial F}{\partial\mu}=0.\end{aligned} \tag{11.1.98}$$

因此, 我们可以写为

$$f^{(1)}=P_{\varphi}^{(1)}\frac{\partial F}{\partial P_{\varphi}}+Ze\phi^{(1)}\frac{\partial F}{\partial\varepsilon}-\mu\frac{B^{(1)}}{B}\frac{\partial F}{\partial\mu}+h^{(1)}=0, \tag{11.1.99}$$

其中 $h^{(1)}$ 是 $f^{(1)}$ 的 “非绝热” 部分, 满足

$$\frac{\mathrm{d}h^{(1)}}{\mathrm{d}t}=\frac{\partial F}{\partial\varepsilon}\frac{\partial\mathcal{L}^{(1)}}{\partial t}-\frac{\partial F}{\partial P_{\varphi}}\frac{\partial\mathcal{L}^{(1)}}{\partial\varphi}. \tag{11.1.100}$$

为了求解 $h^{(1)}$, 我们引入坐标系 $\boldsymbol{R}\to(\psi,\theta,\varphi)$ 并假设扰动 Lagrange 函数的形式为

$$\mathcal{L}^{(1)}(\boldsymbol{R},t)=\hat{\mathcal{L}}^{(1)}(\psi,\theta)\exp(-\mathrm{i}\omega t-\mathrm{i}n\varphi), \tag{11.1.101}$$

那么

$$\frac{\mathrm{d}h^{(1)}}{\mathrm{d}t}=-\mathrm{i}\left(\omega-n\omega_{*}\right)\frac{\partial F}{\partial\varepsilon}\mathcal{L}^{(1)}, \tag{11.1.102}$$

其中

$$\omega_{*}=\frac{\partial F/\partial P_{\varphi}}{\partial F/\partial\varepsilon} \tag{11.1.103}$$

是无扰动运动的常数. ω_* 的定义完全由平衡分布函数决定, 并不像文献中有时出现的那样通过对扰动量进行操作的梯度来表示. $h^{(1)}$ 方程的形式解为

$$h^{(1)} = -\mathrm{i}\left(\omega - n\omega_*\right)\frac{\partial F}{\partial \varepsilon}\int_{-\infty}^{t}\mathcal{L}^{(1)}\mathrm{d}\tau, \tag{11.1.104}$$

其中

$$\mathcal{L}^{(1)}(\tau) = \hat{\mathcal{L}}^{(1)}[\psi(\tau),\theta(\tau)]\exp[-\mathrm{i}\omega\tau - \mathrm{i}n\varphi(\tau)]. \tag{11.1.105}$$

ψ,θ,φ 对 τ 的依赖性是通过导心方程

$$\dot{\psi} = \dot{\boldsymbol{R}}\cdot\nabla\psi, \quad \dot{\theta} = \dot{\boldsymbol{R}}\cdot\nabla\theta, \quad \dot{\varphi} = \dot{\boldsymbol{R}}\cdot\nabla\varphi. \tag{11.1.106}$$

我们使用了因果性规定来设置积分的下限. 让我们将 $\varphi(\tau)$ 分解为稳定和振荡部分:

$$\varphi(\tau) = \langle\dot{\varphi}\rangle\tau + \widetilde{\varphi}(\tau), \tag{11.1.107}$$

其中括号表示反弹平均值:

$$\langle X\rangle = \frac{1}{\tau_{\mathrm{b}}}\oint X\mathrm{d}\tau. \tag{11.1.108}$$

$\widetilde{\mathcal{L}}^{(1)} = \hat{\mathcal{L}}^{(1)}\exp(-\mathrm{i}n\varphi)$ 是 τ 的周期函数, 可以展开为 Fourier 级数:

$$\widetilde{\mathcal{L}}^{(1)}(\tau) = \sum_{-\infty}^{\infty}\Upsilon_{\mathrm{p}}\left(\epsilon,\mu,P_{\varphi};\sigma\right)\exp\left(-\mathrm{i}p\omega_{\mathrm{b}}\tau\right), \tag{11.1.109}$$

其中 $\omega_{\mathrm{b}} = 2\pi/\tau_{\mathrm{b}}$. Fourier 系数可以表示为

$$\Upsilon_{\mathrm{p}}\left(\varepsilon,\mu,P_{\varphi},\sigma\right) = \oint\frac{\mathrm{d}\tau}{\tau_{\mathrm{b}}}\widetilde{\mathcal{L}}^{(1)}\exp\left(\mathrm{i}p\omega_{\mathrm{b}}\tau\right). \tag{11.1.110}$$

代回到 $h^{(1)}$, 有

$$\begin{aligned} h^{(1)} &= -\mathrm{i}\left(\omega - n\omega_*\right)\frac{\partial F}{\partial\varepsilon}\sum_{-\infty}^{\infty}\Upsilon_{\mathrm{p}}\int_{-\infty}^{t}\exp\left[-\mathrm{i}\left(\omega + n\langle\dot{\varphi}\rangle + p\omega_{\mathrm{b}}\right)\tau\right] \\ &= \left(\omega - n\omega_*\right)\frac{\partial F}{\partial\varepsilon}\sum_{-\infty}^{\infty}\Upsilon_{\mathrm{p}}\frac{\exp\left[-\mathrm{i}\left(\omega + n\langle\dot{\varphi}\rangle + p\omega_{\mathrm{b}}\right)\tau\right]}{\omega + n\langle\dot{\varphi}\rangle + p\omega_{\mathrm{b}}}. \end{aligned} \tag{11.1.111}$$

$h^{(1)}$ 的这个表达式包含了模与粒子的共振条件:

$$\omega + n\langle\dot{\varphi}\rangle + p\omega_{\mathrm{b}} = 0, \quad p = 0,\pm1,\pm2. \tag{11.1.112}$$

这适用于香蕉轨道或通行轨道. 在标准香蕉轨道的情况下, $\delta_{\mathrm{b}}/r < 1$,

$$\langle\dot{\varphi}\rangle \to \omega_{\mathrm{D}}. \tag{11.1.113}$$

对于 $\delta = \rho_{\mathrm{L}}/R$ 中的主导量阶, 扰动 Lagrange 量为

$$\mathcal{L}^{(1)} = \frac{Ze}{c}\boldsymbol{A}^{(1)}\cdot\dot{\boldsymbol{R}} - Ze\phi^{(1)} - \mu B^{(1)} + O(\delta). \tag{11.1.114}$$

11.1.10 理想磁流体力学扰动

理想磁流体力学扰动满足约束

$$\boldsymbol{B}^{(1)} = \nabla \times (\boldsymbol{\xi}_{\perp} \times \boldsymbol{B}). \tag{11.1.115}$$

对于有理面附近引起磁重联的模式, 这个约束在“外部”区域是有效的, 即核心等离子体适用理想磁流体力学近似. 引入磁矢势

$$\boldsymbol{A}^{(1)} = \boldsymbol{\xi}_{\perp} \times \boldsymbol{B}, \tag{11.1.116}$$

扰动的 Lagrange 量的形式为[1]

$$\mathcal{L}^{(1)} = -mv_{\parallel}\boldsymbol{\xi}_{\perp}\kappa - \left(B^{(1)} + \boldsymbol{\xi}_{\perp} \cdot \nabla B\right)\mu - \left(\phi^{(1)} + \boldsymbol{\xi}_{\perp} \cdot \nabla\phi\right) Ze + O(\delta). \tag{11.1.117}$$

如果我们现在假设 $\phi = 0$ 处于平衡状态, 则可以从 $\boldsymbol{A}^{(1)} = \boldsymbol{\xi}_{\perp} \times \boldsymbol{B}$ 和 $E_{\parallel}^{(1)} = 0$ 得出 $\phi^{(1)} = 0$, 以及

$$\boldsymbol{E}^{(1)} = (\mathrm{i}\omega/c)\boldsymbol{\xi}_{\perp} \times \boldsymbol{B}. \tag{11.1.118}$$

通过 $\boldsymbol{B}^{(1)} = \nabla \times (\boldsymbol{\xi} \times \boldsymbol{B})$ 消除 $B_{\parallel}^{(1)}$, 我们得到

$$\mathcal{L}^{(1)} = -\left(mv_{\parallel}^2 - \mu B\right)\boldsymbol{\xi}_{\perp} \cdot \boldsymbol{\kappa} + \mu B \nabla \cdot \boldsymbol{\xi}_{\perp}. \tag{11.1.119}$$

平衡场可以表示为

$$\boldsymbol{B} = \nabla\psi \times \nabla\varphi + I(\psi)\nabla\varphi, \tag{11.1.120}$$

那么

$$P_{\varphi}^{(1)} = \frac{Ze}{c}R^2\boldsymbol{A}^{(1)} \cdot \nabla\varphi + mv_{\parallel}R^2\boldsymbol{e}_{\parallel} \cdot \nabla\varphi = -\frac{Ze}{c}\boldsymbol{\xi}_{\perp} \cdot \nabla\psi + O(\delta), \tag{11.1.121}$$

扰动分布函数变为

$$f^{(1)} = -\frac{Ze}{c}\boldsymbol{\xi}_{\perp} \cdot \nabla\psi\frac{\partial F}{\partial P_{\varphi}} - \mu\frac{B_{\parallel}^{(1)}}{B}\frac{\partial F}{\partial \mu} + (\omega - n\omega_*)\frac{\partial F}{\partial \varepsilon}\sum_{-\infty}^{\infty}\Upsilon_{\mathrm{p}}\frac{\exp[-\mathrm{i}(\cdots)\tau]}{(\cdots)}, \tag{11.1.122}$$

其中 $(\cdots) = \omega + n\langle\dot{\varphi}\rangle + p\omega_{\mathrm{b}}$. 注意, 在窄香蕉轨道极限下, $\delta_{\mathrm{b}}/r \to 0$, $P_{\varphi} \approx \dfrac{Z_{\mathrm{c}}}{c}\psi$, 并且

$$-\frac{Ze}{c}\boldsymbol{\xi}_{\perp} \cdot \nabla\psi\frac{\partial F}{\partial P_{\varphi}} \to \boldsymbol{\xi}_{\perp} \cdot \nabla F. \tag{11.1.123}$$

11.1.11 快粒子能量积分

让我们考虑根据混合动理学 – 磁流体模型得出的线性运动方程:

$$-\rho_m\omega^2\boldsymbol{\xi} = -\nabla p_{\mathrm{c}}^{(1)} + \frac{1}{c}(\boldsymbol{J}\times\boldsymbol{B})^{(1)} - \nabla\cdot\boldsymbol{P}_{\mathrm{h}}. \tag{11.1.124}$$

类似于 δW_{MHD}, 我们可以构建一个快粒子的能量积分, 代表了核心等离子体扰动对快粒子压力所做的功:

$$\delta W_{\mathrm{h}}(\omega) = \frac{1}{2}\int \mathrm{d}\boldsymbol{x}\boldsymbol{\xi}^*\cdot\nabla\cdot\boldsymbol{P}_{\mathrm{h}}^{(1)}. \tag{11.1.125}$$

$\delta W_{\mathrm{MHD}} + \delta W_{\mathrm{h}}$ 的减少遵循一个标准的过程, 例如在文献 [10] 中有详细介绍 (也可以参见文献 [11]). 这里我们只概述主要步骤.

当平衡快粒子压强是各向异性时, 与一般各向同性情况在概念上类似, 但会产生更多的项, 并且最终结果显示各向同性和各向异性情况之间存在重要差异, 如 Porcelli 在 1991 年的文章中讨论的那样[12]. 在这里, 为了简化起见, 我们专注于快粒子平衡为标量的各向同性情况, 即 $\boldsymbol{P}_{\mathrm{h,eq}} = p_{\mathrm{h,eq}}\boldsymbol{I}$. 然而, 扰动快粒子压强保持各向异性:

$$\boldsymbol{P}_{\mathrm{h}}^{(1)} = p_\perp^{(1)}\boldsymbol{I} + \left(p_\parallel^{(1)} - p_\perp^{(1)}\right)\boldsymbol{e}_\parallel\boldsymbol{e}_\parallel, \tag{11.1.126}$$

其中

$$\begin{pmatrix} p_\perp^{(1)} \\ p_\parallel^{(1)} \end{pmatrix} = \int \mathrm{d}\boldsymbol{v}\begin{pmatrix} \mu B \\ m v_\parallel^2 \end{pmatrix} f^{(1)}. \tag{11.1.127}$$

各向同性情况与香蕉轨道宽度可以忽略不计的极限, 即 $\delta_{\mathrm{b}}/r \to 0$ 相关, 例如托卡马克中由聚变反应产生的 MeV 的 α 粒子情况. 在接下来的讨论中, 我们将考虑这种极限.

我们可以将 $f^{(1)}$ 的表达式简化如下: 我们考虑具有 $\nabla\cdot\boldsymbol{\xi}_\perp + 2\boldsymbol{\xi}_\perp\cdot\boldsymbol{\kappa} = O\left(\epsilon\xi_\perp/R\right)$ 的扰动, 这最小化了 δW_{MHD} 中的磁压缩项. 然后, 根据 $\boldsymbol{B}^{(1)} = \nabla\times(\boldsymbol{\xi}_\perp\times\boldsymbol{B})$, 可以得到 $B^{(1)}/B = O(\epsilon\xi_\perp/R)$, 并且可以在 $f^{(1)}$ 中忽略, 因此 $f^{(1)}$ 可以写成

$$f^{(1)} = f_{\mathrm{ad}}^{(1)} + f_{\mathrm{nad}}^{(1)} = -\boldsymbol{\xi}_\perp\cdot\nabla F - \mathrm{i}\left(\omega - n\omega_*\right)\frac{\partial F}{\partial\varepsilon}\int_{-\infty}^{t}\mathcal{L}^{(1)}\mathrm{d}\tau. \tag{11.1.128}$$

同样地, δW_{h} 可以分解为绝热部分和非绝热部分:

$$\delta W_{\mathrm{h}} = \delta W_{\mathrm{h}}^{\mathrm{ad}} + \delta W_{\mathrm{h}}^{\mathrm{nad}}, \tag{11.1.129}$$

其中

$$\delta W_{\mathrm{h}}^{\mathrm{ad}}=-\frac{1}{2}\int \mathrm{d}\boldsymbol{x}\mathrm{d}\boldsymbol{v}\mathcal{L}^{(1)*}\boldsymbol{\xi}_{\perp}\cdot\nabla F, \tag{11.1.130}$$

$$\delta W_{\mathrm{h}}^{\mathrm{nad}}=-\frac{1}{2}\int \mathrm{d}\boldsymbol{x}\mathrm{d}\boldsymbol{v}\left(\omega-n\omega_*\right)\frac{\partial F}{\partial\varepsilon}\mathcal{L}^{(1)*}\int_{-\infty}^{t}\mathcal{L}^{(1)}\mathrm{d}\tau. \tag{11.1.131}$$

代入

$$\mathcal{L}^{(1)}=\sum_{p=-\infty}^{\infty}\Upsilon_p\left(\varepsilon,\mu,P_\varphi,\sigma\right)\mathrm{e}^{-\mathrm{i}p\omega_{\mathrm{b}}\tau}, \tag{11.1.132}$$

得到

$$\delta W_{\mathrm{h}}^{\mathrm{nad}}=-\frac{1}{2}\int \mathrm{d}\boldsymbol{x}\mathrm{d}\boldsymbol{v}\left(\omega-n\omega_*\right)\frac{\partial F}{\partial\varepsilon}\sum_{l=-\infty}^{\infty}\Upsilon_\ell^*\mathrm{e}^{+\mathrm{i}\ell\omega_{\mathrm{b}}\tau}\sum_{p=-\infty}^{\infty}\frac{\Upsilon_p\mathrm{e}^{-\mathrm{i}p\omega_{\mathrm{b}}\tau}}{\omega+n\langle\dot{\varphi}\rangle+p\omega_{\mathrm{b}}}. \tag{11.1.133}$$

通过变换 $(\boldsymbol{x},\boldsymbol{v})\rightarrow(P_\varphi,\varphi,\varepsilon,\tau,\mu,\alpha)$, 相空间积分的 Jacobi 行列式变得非常简单:

$$\mathrm{d}\boldsymbol{x}\mathrm{d}\boldsymbol{v}=\frac{c}{Zem^2}\sum_{\sigma}\mathrm{d}P_\varphi\mathrm{d}\varepsilon\mathrm{d}\mu\mathrm{d}\tau\mathrm{d}\varphi\mathrm{d}\alpha. \tag{11.1.134}$$

对 τ,φ,α 进行积分, 我们得到

$$\delta W_{\mathrm{h}}^{\mathrm{nad}}=-\frac{2\pi^2c}{Zem^2}\sum_{\sigma}\int \mathrm{d}P_\varphi\mathrm{d}\varepsilon\mathrm{d}\mu\tau_{\mathrm{b}}\left(\omega-n\omega_*\right)\frac{\partial F}{\partial\varepsilon}\sum_{-\infty}^{\infty}p\frac{|\Upsilon_p^2|}{\omega+n\langle\dot{\varphi}\rangle+p\omega_{\mathrm{b}}}. \tag{11.1.135}$$

在窄香蕉极限下, $\delta_{\mathrm{b}}/r\ll 1$, 我们可以进一步简化这个表达式. 注意到

$$\frac{\langle\dot{\varphi}\rangle}{\omega_{\mathrm{b}}}\sim\frac{\delta_{\mathrm{b}}}{r},\quad \langle\dot{\varphi}\rangle=\omega_{\mathrm{D}}, \tag{11.1.136}$$

我们假设频率的量阶关系为

$$\omega\leqslant\omega_{\mathrm{D}}\leqslant\omega_{\mathrm{b}}, \tag{11.1.137}$$

那么

$$\frac{|\Upsilon_0|^2}{\omega+n\omega_{\mathrm{D}}}\Big/\left(\frac{|\Upsilon_p|^2}{\omega+n\omega_{\mathrm{D}}+p\omega_{\mathrm{b}}}\right)_{p\neq 0}\sim\frac{p\omega_{\mathrm{b}}}{\omega+n\omega_{\mathrm{D}}}\gg 1. \tag{11.1.138}$$

换句话说, 级数中的 $p=0$ 项远大于 $p\neq 0$ 的项, 因此可以忽略 $p\neq 0$ 的项. 我们还观察到

$$\frac{\omega}{\omega_*}\lesssim\frac{\omega_{\mathrm{D}}}{\omega_*}\sim\frac{r}{R}<1, \tag{11.1.139}$$

所以我们可以设 $\omega - n\omega_* \approx -n\omega_*$, 则

$$\delta W_{\rm h}^{\rm nad} = \frac{2\pi^2 c}{Zem^2}\sum_{\sigma}\int {\rm d}P_\varphi {\rm d}\varepsilon {\rm d}\mu\tau_{\rm b}\frac{\partial F}{\partial P_\varphi}\frac{n|\Upsilon|^2}{\omega + n\omega_{\rm D}}. \tag{11.1.140}$$

这个积分是在所有 $\Lambda = \mu B_0/\varepsilon$ 的值上进行的, 但实际上最大的贡献来自捕获粒子. 在计算这个贡献时, 发现我们可以将 Υ_0 表达式中的 $\hat{\mathcal{L}}^{(1)}$ 近似为 $\mathcal{L}^{(1)} \approx -\mu B\boldsymbol{\xi}_\perp\cdot\boldsymbol{\kappa}$. 此外, 对于平衡中具有各向同性压强的快粒子而言, $\delta W_{\rm h}^{\rm ad}$ 与 $\delta W_{\rm h}^{\rm nad}$ 相比可以忽略不计.

关于各向同性 α 粒子慢化分布函数 $\delta W_{\rm h}^{\rm nad}$ 的计算过程在 Coppi 等人 1990 年的文章中有详细阐述[11]:

$$F_\alpha \sim \mathcal{C}\frac{P_\alpha(r)}{\varepsilon_\alpha}\frac{H\left(\varepsilon_\alpha - \varepsilon\right)}{\varepsilon_{\rm c}^{3/2} + \varepsilon^{3/2}} = F_\alpha(r,\varepsilon), \tag{11.1.141}$$

其中对于 $\delta_{\rm b\alpha}/r \to 0$, $P_\varphi \to \psi \to r$, 而 $\varepsilon_\alpha = 3.5$ MeV,

$$\varepsilon_{\rm c}(r) = \left(\frac{3\sqrt{\pi}}{4}\right)^{2/3}\frac{m_\alpha}{m_{\rm i}}\frac{m_{\rm i}}{m_{\rm c}}^{1/3}T_{\rm e}(r) \tag{11.1.142}$$

是 α 粒子传递相同能量给本底离子和电子的临界能量. 注意 α 粒子压强的定标为

$$p_\alpha \sim T_{\rm e}^{3/2}n_{\rm i}\left\langle\sigma_{\rm F}v\right\rangle, \tag{11.1.143}$$

其中聚变反应速率 $\langle\sigma_{\rm F}v\rangle$ 依赖于离子温度. 因此, p_α/p 仅取决于等离子体的平均温度. 假设 $T_{\rm e} = T_{\rm i}$, 我们发现对于 $T \lesssim 20$ keV, 有 $p_\alpha/p \sim T^{5/2}$. 在 $T = T_{\rm e} = T_{\rm i} = 20$ keV 时, 我们发现 $p_\alpha/p \sim 0.26$. 假设 $n_{\rm i} = n_{\rm i0}\left(1 - r^2/a^2\right)^{\sigma_n}$ 和 $T = T_0\left(1 - r^2/a^2\right)^{\sigma_T}$, α 粒子的压强分布非常峰化:

$$p_\alpha(r) = p_{\alpha 0}\left(1 - r^2/a^2\right)^{\sigma_\alpha}, \quad \sigma_\alpha \leqslant \frac{7\sigma_T}{2} + \sigma_n. \tag{11.1.144}$$

在此处, 等号适用于 α 粒子生成时的情况.

§11.2 高能量粒子驱动的 TAE 理论

在发生反应的氘 - 氚托卡马克等离子体中, 聚变产物 α 粒子初始能量为 3.52 MeV, 密度在中心达到峰值. 因此, 以粒子密度不均匀性作为自由能的源, 可以发生漂移型不稳定性[3,4,5]. 特别是, 剪切 Alfvén 波可以通过逆 Landau 阻尼与通行的 α 粒子共振相互作用, 从而利用这种自由能的源并变得不稳定. 最近, Li, Mahajan 和

Ross[6] 发现柱位形中的全局 Alfvén 本征模(GAE) 可以以这种方式不稳定. 然而最近人们发现, 当考虑到环效应时, GAE 模式可以很容易地稳定下来[7,8].

本节考虑另一种低模数全局 Alfvén 波的可能性, 称为环效应引起的 Alfvén 本征模 (TAE)[9], 其频率位于 Alfvén 频率连续谱的间隙内. 简单地说, TAE 模是一种只能存在于环位形中的剪切 Alfvén 波. 例如, 如果柱位形对应于环向和极向模数 (n,m) 和 $(n,m+1)$ 的模的 Alfvén 连续谱相交于 $r=r_0$, $q(r_0)=(m+1/2)/n$, 那么环效应通过 "间隙" 解决了在耦合的环向连续谱中的简并度. 在这个间隙内的频率是禁止的 (类似于周期晶格势中电子运动的 Brillouin 区), 除了一定的离散频率, 这构成了 TAE. 由于这是一个全局模式 (即径向非局域化), 它的稳定性可能是一个重要的问题. 在这里, 将展示高能量 α 粒子的存在, 就好比在点火状态的托卡马克等离子体中那样, 可以强烈地激发 TAE[8]. 这一结果与未来点火实验中的等离子体约束有关.

这种物理过程在低 β、大纵横比、圆磁面托卡马克的平衡情况下容易发展解析理论. 在 Rosenbluth 和 Rutherford 的研究基础上[4], 使用线性化漂移动理学方程来描述带有 α 粒子的剪切 Alfvén 波的动力学, 使用静电势 ϕ_1 和平行矢势 $A_{\|1}$ 来表示扰动的电磁场 (这意味着 $B_{\|1}=0$, 其中是 $B_{\|}$ 平行磁场). 对线性化漂移动理学方程在速度空间积分, 乘以电荷 e, 并对所有粒子种类 (用 "s" 标记) 求和, 从而得到扰动电流密度的矩方程:

$$\boldsymbol{b}\cdot\nabla j_{\|1}+\boldsymbol{b}_1\cdot\nabla j_{\|}+\sum_s e_s\int \mathrm{d}\boldsymbol{v}\boldsymbol{v}_{\mathrm{d}s}\cdot\nabla f_{1s}=-\nabla\cdot\left(\frac{\mathrm{i}\omega c^2}{4\pi v_{\mathrm{A}}^2}\nabla_{\perp}\phi_1\right), \tag{11.2.1}$$

这里 e_s 是粒子电荷, f_{1s} 是扰动分布函数, $v_{\mathrm{A}}=B/(4\pi n_{\mathrm{i}}m_{\mathrm{i}})^{\frac{1}{2}}$ 是 Alfvén 速度, $\boldsymbol{v}_{\mathrm{d}s}=m_s c(\mu B+v_{\|}^2)/(e_s B^2)\boldsymbol{b}\times\nabla B$ 是在低比压极限的磁曲率漂移速度, 磁矩 $\mu=v_{\perp}^2/2B$, 由于规定 $n_{\alpha}\ll n_{\mathrm{i}}$ 和 $\beta_{\alpha}\ll\beta_{\mathrm{i}}$, α 粒子对极化电流的贡献已经被忽略. 然而, 由于 α 粒子携带的高能量, 平衡磁场梯度和曲率引起的 α 粒子漂移速度所导致的扰动电流被保留. 扰动的电子漂移电流也会被保留, 而因为 $v_{\mathrm{i}}\ll v_{\mathrm{A}}$, 等离子体离子的漂移电流可以忽略, 其中 $v_{\mathrm{i}}=(2T_{\mathrm{i}}/m_{\mathrm{i}})^{1/2}$ 为离子热速度. 借助 Ampère 定律, 并利用准中性条件用 ϕ_1 来消除 $A_{\|1}$, 可以重写 (11.2.1) 式如下:

$$\begin{aligned}\boldsymbol{b}\cdot\nabla\nabla_{\perp}^2\boldsymbol{b}\cdot\nabla\phi_1-\frac{\boldsymbol{b}\times\nabla(\boldsymbol{b}\cdot\nabla\phi_1)}{\boldsymbol{B}}\cdot\nabla\left(\frac{4\pi}{c}j_{\|}\right)+\nabla\cdot\frac{\omega^2}{v_{\mathrm{A}}^2}\nabla_{\perp}\phi_1\\=\sum_s\frac{\mathrm{i}4\pi\omega}{c^2}e_s\int\mathrm{d}\boldsymbol{v}\boldsymbol{v}_{\mathrm{d}s}\cdot\nabla f_{1s}.\end{aligned} \tag{11.2.2}$$

为简单起见, 假设是同心磁面. 将环效应展开到一阶反纵横比 $a/R<1$, 然后, 仅保留两个占主导的极向模数的 TAE, 得到两个关于极向电场 $E\propto\phi_1/r$ 的二阶耦

合本征模方程:

$$\left[\frac{\mathrm{d}}{\mathrm{d}r}r^3\left(\frac{\omega^2}{v_{\mathrm{A}}^2}-k_{\|m}^2+\sum_s A_{s,m}\right)\frac{\mathrm{d}}{\mathrm{d}r}-(m^2-1)r\left(\frac{\omega^2}{v_{\mathrm{A}}^2}-k_{\|m}^2+\sum_s A_{s,m}\right)\right.$$
$$\left.+\left(\frac{\omega^2}{v_{\mathrm{A}}^2}\right)'r^2+\sum_s mB'_{s,m}r^2\right]E_m+\left(\epsilon\frac{\mathrm{d}}{\mathrm{d}r}\frac{\omega^2}{v_{\mathrm{A}}^2}\frac{r^4}{a}\frac{\mathrm{d}}{\mathrm{d}r}\right)E_{m+1}=0, \tag{11.2.3}$$

$$\left[\frac{\mathrm{d}}{\mathrm{d}r}r^3\left(\frac{\omega^2}{v_{\mathrm{A}}^2}-k_{\|m+1}^2+\sum_s A_{s,m+1}\right)\frac{\mathrm{d}}{\mathrm{d}r}-\left[(m+1)^2-1\right]r\left(\frac{\omega^2}{v_{\mathrm{A}}^2}-k_{\|m+1}^2+\sum_s A_{s,m+1}\right)\right.$$
$$\left.+\left(\frac{\omega^2}{v_{\mathrm{A}}^2}\right)'r^2+\sum_s (m+1)B'_{s,m+1}r^2\right]E_{m+1}+\left(\epsilon\frac{\mathrm{d}}{\mathrm{d}r}\frac{\omega^2}{v_{\mathrm{A}}^2}\frac{r^4}{a}\frac{\mathrm{d}}{\mathrm{d}r}\right)E_m=0, \tag{11.2.4}$$

其中 $\epsilon=3a/2R$, 撇表示径向微分, 下标 m 和 $m+1$ 为两个主导的极向模数. 此外, 平行于磁场方向的波数 $k_{\|m}=(n-m/q)/R$, 其中 R 为大半径, q 为安全因子. 参数 $A_{s,m}=Q_{s,m-1}+Q_{s,m+1}$,$B_{s,m}=Q_{s,m-1}-Q_{s,m+1}$ 都是从线性化的漂移动理学方程推导出的, 并表示由极向模数为 m 的扰动电场引起的粒子 s 曲率漂移从而引起的动理学响应, 其中

$$Q_{s,m\pm1}=-\mathrm{i}\frac{\beta_s}{2R^2}\left(P_{s,m\pm1}-\frac{\omega_{*s,m}}{\omega}R_{s,m\pm1}\right), \tag{11.2.5}$$

$$P_{s,m\pm1}=\frac{\pi\omega}{v_s^4}\int\mathrm{d}\boldsymbol{v}\left(\frac{v_\perp^2}{2}+v_\|^2\right)^2\left(-T_s\frac{\partial f_s}{\partial\varepsilon}\right)\delta\left(\omega-k_{\|_{m\pm1}}v_\|\right), \tag{11.2.6}$$

$$R_{s,m\pm1}=\frac{\pi\omega}{v_s^4}\int\mathrm{d}\boldsymbol{v}\left(\frac{v_\perp^2}{2}+v_\|^2\right)^2 f_s\delta\left(\omega-k_{\|_{m\pm1}}v_\|\right). \tag{11.2.7}$$

这里, β_s 是粒子 s 的 β 值, $\omega_{*s,m}$ 是抗磁漂移频率, $v_s=(2T_s/m_s)^{1/2}$ 是热速度. 首先, 考虑方程的理想磁流体力学极限. 暂时去掉动理学项 A_s,B_s. 在圆柱几何 ($\epsilon=0$) 中, 两个极向模 E_m 和 E_{m+1} 解耦, 这样方程 (11.2.3) 和 (11.2.4) 在 $\omega_1^2=k_{\|m}^2v_{\mathrm{A}}^2$ 和 $\omega_2^2=k_{\|m+1}^2v_{\mathrm{A}}^2$ 处均为奇异的, 给出了两个柱位形下的剪切 Alfvén 连续谱. 在托卡马克位形中方程 (11.2.3) 和 (11.2.4) 由于有限的环效应而被耦合, 而极向模数不再是好量子数. 通过将二阶导数项的系数行列式设为零, 可以得到环位形下剪切 Alfvén 连续谱, 得到以下两个分支:

$$\omega_\pm^2=\frac{k_{\|m}^2v_{\mathrm{A}}^2+k_{\|m+1}^2v_{\mathrm{A}}^2\pm\sqrt{\left(k_{\|m}^2v_{\mathrm{A}}^2-k_{\|m+1}^2v_{\mathrm{A}}^2\right)^2+4\epsilon^2x^2k_{\|m}^2v_{\mathrm{A}}^2k_{\|m+1}^2v_{\mathrm{A}}^2}}{2\left(1-\epsilon^2x^2\right)}, \tag{11.2.8}$$

其中 $x=r/a$ 是归一化半径. 特别是, 在两个柱位形连续谱的交叉点 $k_{\parallel m}=-k_{\parallel m+1}$ 或者 $q=(2m+1)/2n$, 出现了一个间隙, 其宽度为 $\delta\omega=\omega_+-\omega_-\approx 2\epsilon x|k_{\parallel m}v_{\mathrm{A}}|$. 图 11.11 展示了由 (11.2.8) 式给出的一个环位形连续谱 (实线), 和柱位形连续谱 (虚线) 特例, 相应的 TAE 模结构如图 11.12 所示, 其本征频率 $\omega=0.93(|k_{\parallel m}v_{\mathrm{A}}|)_{q=1.5}$ 在连续谱间隙内. 通过打靶法数值求解方程 (11.2.3) 和 (11.2.4), 得到了本征模. 注意, 模式在间隙的位置达到峰值, 即在柱位形连续谱的交叉点附近.

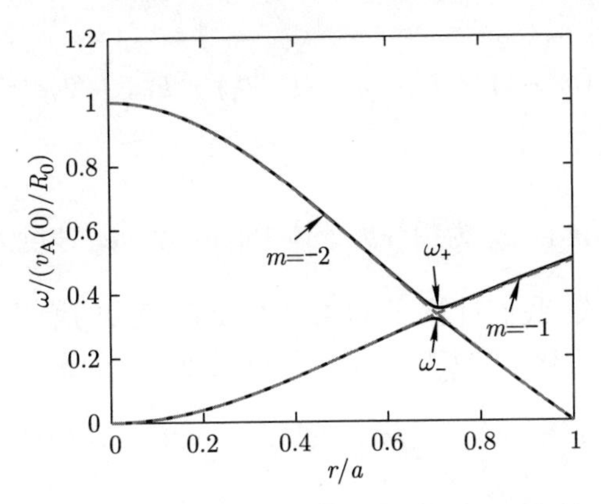

图 11.11 具有安全因子剖面 $q=1+(r/a)^2$ 和恒定数密度的平衡所对应的带间隙环位形 (实线) 和柱位形 (虚线) 剪切 Alfvén 连续谱, 其中 $m=-1, n=-1$ 和 $m=-2, n=-1$ 的柱位形连续谱在 $q=1.5$ 的磁面处相交, 而相应的环位形连续谱在该处产生间隙. 这里 $\epsilon=0.375$

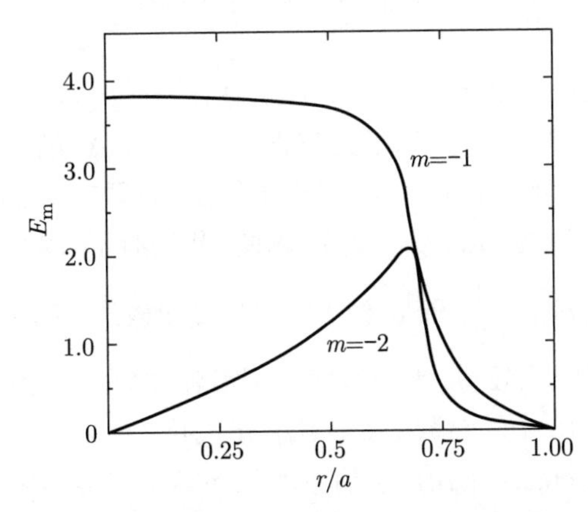

图 11.12 与图 11.11 中相同平衡的 TAE$(n=-1)$ 主要极向谐波的径向分布

接下来我们考虑 α 粒子和电子对 TAE 的动理学效应. 通过假设频率的虚部比实部要小, 可以用微扰表示快粒子的共振贡献. 首先, 我们展开方程 (11.2.3) 和 (11.2.4) 的解为 $E_m=E_{0,m}+\delta E_m$ 和 $\omega=\omega_0+\delta\omega$, 其中 $E_{0,m}$ 和 ω_0 分别为磁流体本征函数和本征频率. 我们将耦合方程扩展到 β_s 一阶 (假设 $\beta_s < \epsilon$). 利用耦合方程的自伴性, 我们得到了由动理学项引起的频率变化:

$$\frac{\delta\omega}{\omega_0} = -\frac{v_{\mathrm{A}_0}^2}{2\omega_0^2}$$

$$\frac{\sum\limits_{m,s}\left\langle r^3 E_{0,m}'^2 A_{s,m} + \left[\left(m^2-1\right) r A_{s,m} - r^2 A_{s,m}' - m r^2 B_{s,m}'\right] E_{0,m}^2\right\rangle}{\left\langle \sum\limits_{m}\left[\left(r^3/\tilde{v}_{\mathrm{A}}^2\right) E_{0,m}'^2 + \left(m^2-1\right)\left(r/\tilde{v}_{\mathrm{A}}^2\right) E_{0,m}'^2 - \left(1/\tilde{v}_{\mathrm{A}}^2\right)' r^2 E_{0,m}^2\right] + 2q\epsilon\left(r^4/a\tilde{v}_{\mathrm{A}}^2\right) E_{0,m}' E_{0,m+1}'\right\rangle}, \tag{11.2.9}$$

其中 $\langle\cdots\rangle = \int(\cdots)\mathrm{d}r$ 且 $\tilde{v}_{\mathrm{A}}$ 为用等离子体中心的 Alfvén 速度无量纲化后的 Alfvén 速度. 利用 (11.2.9) 式, 我们计算图 11.12 中 TAE 模式的增长率. 图 11.13 显示了增长率 (用实频无量纲化) 作为粒子密度尺度长度 L_α 的函数, 对于典型的点火托卡马克参数, 分别为 $a/R = \dfrac{1}{4}$, $\rho_{\alpha0}/a = 0.05$, $v_{\alpha0} = 2v_{\mathrm{A}}$, $\beta_{\mathrm{e}}(0) = 6\%$, $\beta_\alpha(0) = 3\%$, 对于剖面 $\beta_\alpha = \beta_\alpha(0)\exp(-r^2/L_\alpha^2)$ 以及 $\beta_e = \beta_{\mathrm{e}}(0)\exp(1-r^2/a^2)^3$ 在 $L_\alpha = 0.5a$ 时增长率达到最大值 $(\gamma/\omega_0)_{\max} = 2.5\times10^{-2}$. 当 $L_\alpha < 0.87a$ 时, TAE 是不稳定的,

$$\frac{\gamma}{\omega_0} \approx \frac{9}{4}\left[\beta_\alpha\left(\frac{\omega_{*,\alpha}}{\omega_0} - \frac{1}{2}\right)F - \beta_{\mathrm{e}}\frac{v_{\mathrm{A}}}{v_{\mathrm{e}}}\right], \tag{11.2.10}$$

其中 $F(x) = x(1+2x^2+2x^4)\mathrm{e}^{-x^2}$, $x = v_{\mathrm{A}}/v_\alpha$ (注意 $P_{\alpha0}, v_{\alpha0}$ 的值对应于 α 粒子 3.5 MeV 的初始能量, 而 $\omega_{*,\alpha}$ 和 v_α 是根据 $T_\alpha = 1$ MeV 的 "平均" 能量计算的), (11.2.10) 式右边的第一项来自 α 粒子, 可以不稳定, 而第二项是由于电子 Landau 阻尼, 并且总是稳定的, 因为 $|\omega_{*,\mathrm{e}}/\omega_0| \ll 1$. 因此, 我们有了 TAE 不稳定的两个条件. 第一个条件要求 $\omega_{*,\alpha}/\omega_0 > \dfrac{1}{2}$, 即 α 粒子密度尺度足够小. 第二个条件要求 α 粒子的不稳定性克服电子阻尼效应. 平衡这两项可得到 TAE 不稳定性的临界 α 粒子 β 值. 特别是对于图 11.13 中的参数 (除了 β_α), 最大化 (11.2.10) 中的解析表达式得到模式增长最强的 $L_\alpha = 0.59a$ 的值, 然后令增长率等于零得到阈值 $\beta_{\alpha,\mathrm{crit}}(0) = 0.3\%$. 接下来, 对于 $\beta_\alpha(0) = 3\%$, 如图 11.13 所示, 我们从 (11.2.10) 式估计了增长率应为 $(\gamma/\omega_0)_{\max} = 2.6\times10^{-2}$, 与数值结果吻合较好. 可以得出结论, 低 n 环型 Alfvén 本征模 (TAE) 可以被点燃的托卡马克等离子体中产生的聚变 α 粒子解稳. 关于它们对等离子体约束可能产生的有害影响, 需要对 TAE 模式进行非线性研究.

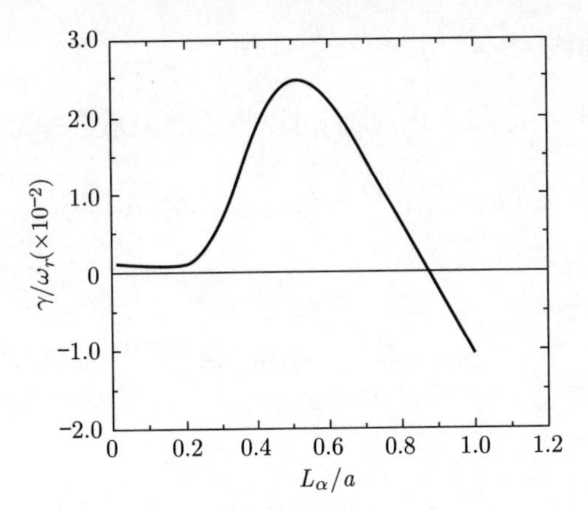

图 11.13 $n = -1$ 的 TAE 增长率 (已通过频率 ω_r 无量纲化) 作为 α 粒子密度梯度尺度的函数

§11.3 高能量粒子驱动的内扭曲模 – 鱼骨模理论

11.3.1 快离子存在下的内扭曲模色散关系

考虑离子有限 Larmor 半径 (FLR) 和逆磁漂移效应后, 内扭曲模色散关系可以写作

$$[\omega(\omega - \omega_{*\mathrm{i}})]^{1/2} = \mathrm{i}\omega_\mathrm{A}[\lambda_\mathrm{H} + \lambda_\mathrm{K}(\omega)], \tag{11.3.1}$$

其中 $\lambda_\mathrm{H} \propto -\delta W_\mathrm{MHD}, \lambda_\mathrm{K} \propto -\delta W_\mathrm{h}(\omega)$. 这个色散关系在 $\lambda_\mathrm{H} + \mathrm{Re}\,\lambda_\mathrm{K} \geqslant 0$ 时成立. 当这个不等式不满足时, 必须考虑电阻效应. 对于 λ_H, 根据 Bussac 等人的工作[13], 我们可以采用以下模型:

$$\lambda_\mathrm{H} \approx c_\mathrm{H}\epsilon_1^2\left(\beta_\mathrm{p1}^2 - \beta_\mathrm{p,crit}^2\right). \tag{11.3.2}$$

对于 λ_K, 根据 Coppi 等人的工作 [11], 我们可以采用以下模型:

$$\lambda_\mathrm{K} \approx c_\mathrm{K}\epsilon_1^{3/2}\beta_{\mathrm{p}\alpha}\Lambda_\mathrm{K}(\omega/\bar{\omega}_{\mathrm{D}\alpha}), \tag{11.3.3}$$

其中

$$\beta_{\mathrm{p}\alpha} = -\frac{8\pi}{B_\mathrm{p}^2(r_1)}\int_0^1 \mathrm{d}x x^{3/2}\frac{\mathrm{d}p_\alpha}{\mathrm{d}x}, \quad x = \frac{r}{r_1}, \quad q(r_1) = 1. \tag{11.3.4}$$

因此

$$\bar{\omega}_{\mathrm{D}\alpha} = \frac{c\varepsilon_\alpha}{2eBR_0r_1}. \tag{11.3.5}$$

这是深度捕获粒子 ($\Lambda = 1 + \epsilon$) 的进动频率, $\varepsilon = \varepsilon_\alpha = 3.5$ MeV.

11.3.2 临界稳定曲线

将所有频率关于 $\bar{\omega}_{\mathrm{D\alpha}}$ 归一化, 我们可以将色散关系重写为

$$[\hat{\omega}(\hat{\omega}-\hat{\omega}_{*\mathrm{i}})]^{1/2}=\mathrm{i}\hat{\gamma}_{\mathrm{MHD}}+\mathrm{i}\hat{\beta}_{\mathrm{p\alpha}}\Lambda_{\mathrm{K}}(\omega), \tag{11.3.6}$$

其中

$$\hat{\omega}=\frac{\omega}{\bar{\omega}_{\mathrm{D\alpha}}},\quad \hat{\omega}_{*\mathrm{i}}=\frac{\omega_{*\mathrm{i}}}{\bar{\omega}_{\mathrm{D\alpha}}},\quad \hat{\gamma}_{\mathrm{MHD}}=\frac{\gamma_{\mathrm{MHD}}}{\bar{\omega}_{\mathrm{D\alpha}}}=\frac{\omega_{\mathrm{A}}}{\bar{\omega}_{\mathrm{D\alpha}}}\lambda_{\mathrm{H}}, \tag{11.3.7}$$

以及

$$\hat{\beta}_{\mathrm{p\alpha}}=\frac{\omega_{\mathrm{A}}}{\omega_{\mathrm{D\alpha}}}c_{\mathrm{K}}\epsilon_1^{3/2}\beta_{\mathrm{p\alpha}}. \tag{11.3.8}$$

如果我们设 $\hat{\omega}=\omega_{\mathrm{R}}+\mathrm{i}\hat{\gamma}$, 那么当 $\hat{\omega}_{*\mathrm{i}}/2\leqslant\hat{\omega}_{\mathrm{R}}\leqslant\hat{\omega}_{*\mathrm{i}}$ 且 $\hat{\beta}_{\mathrm{p\alpha}}=0$ 时, 可以实现临界稳定 ($\hat{\gamma}=0$). 当 $\hat{\omega}\geqslant\hat{\omega}_{*\mathrm{i}}$ 且 $\hat{\beta}_{\mathrm{p\alpha}}>0$ 时, 临界稳定曲线可由以下方程得到:

$$\begin{cases}[\hat{\omega}_{\mathrm{R}}(\hat{\omega}_{\mathrm{R}}-\hat{\omega}_{*\mathrm{i}})]^{1/2}=-\beta_{\mathrm{p\alpha}}\Lambda_{\mathrm{KI}}(\hat{\omega}_{\mathrm{R}}),\\ \hat{\gamma}_{\mathrm{MHD}}+\hat{\beta}_{\mathrm{p\alpha}}\Lambda_{\mathrm{KR}}(\hat{\omega}_{\mathrm{R}})=0,\end{cases} \tag{11.3.9}$$

其中

$$\Lambda_{\mathrm{K}}=\Lambda_{\mathrm{KR}}+\mathrm{i}\Lambda_{\mathrm{KI}}. \tag{11.3.10}$$

图 11.14 给出了 Λ_{K} 的实部和虚部的曲线, 而图 11.15 ~ 11.20 给出了方程 (11.3.39) 的一些典型特解.

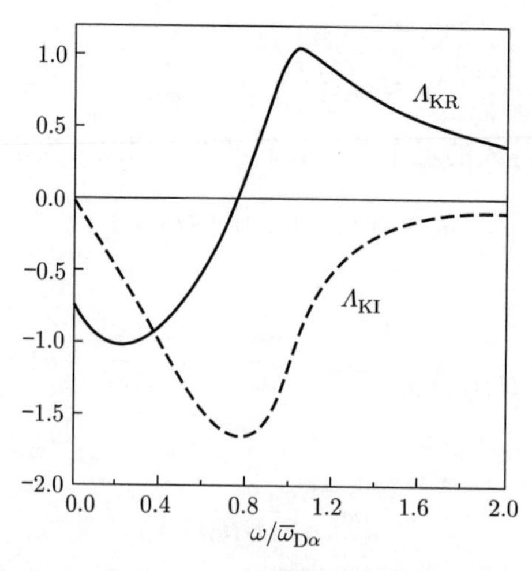

图 11.14 Λ_{K} 的实部和虚部

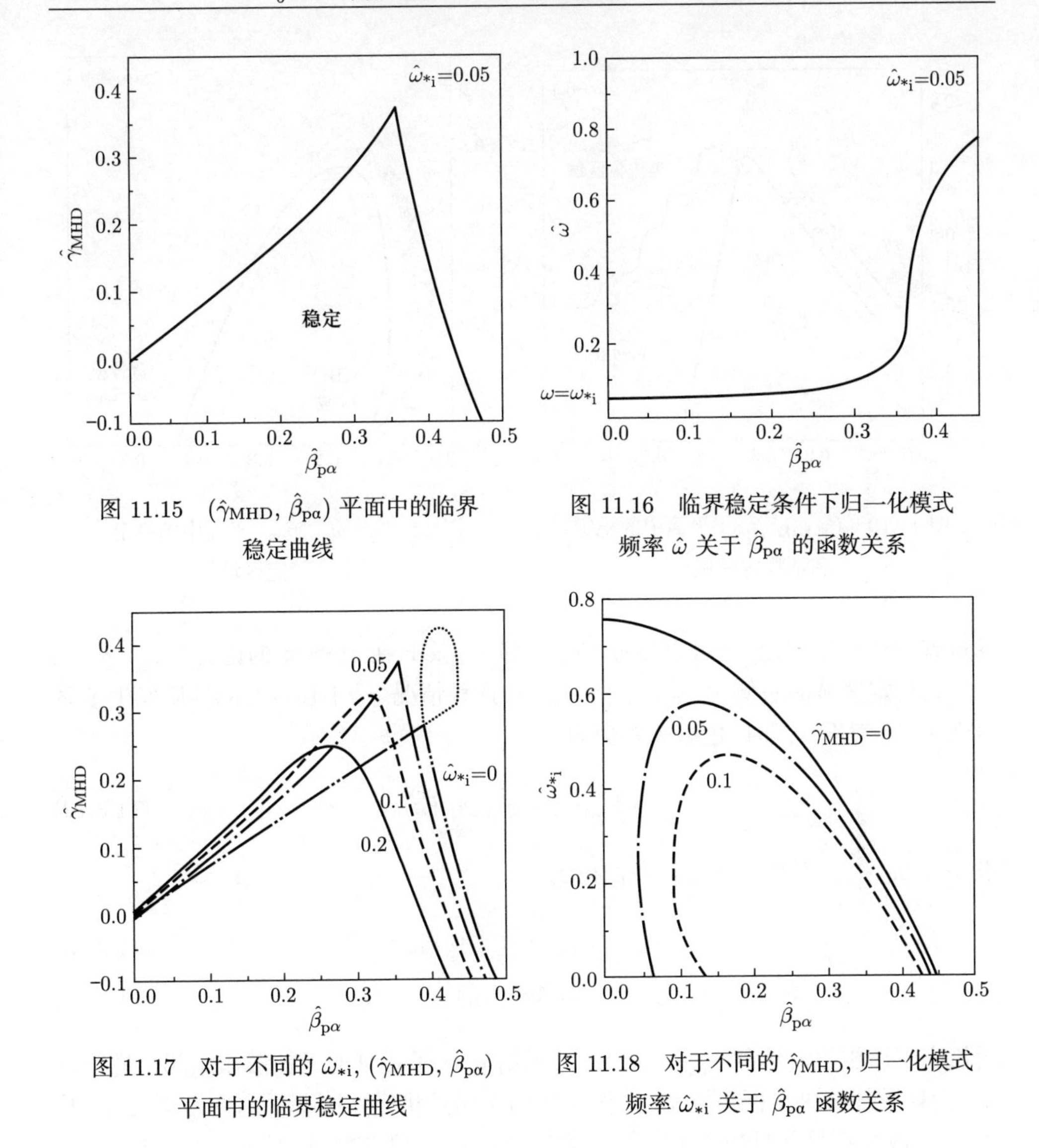

图 11.15 $(\hat{\gamma}_{\mathrm{MHD}}, \hat{\beta}_{\mathrm{p}\alpha})$ 平面中的临界稳定曲线

图 11.16 临界稳定条件下归一化模式频率 $\hat{\omega}$ 关于 $\hat{\beta}_{\mathrm{p}\alpha}$ 的函数关系

图 11.17 对于不同的 $\hat{\omega}_{*\mathrm{i}}$, $(\hat{\gamma}_{\mathrm{MHD}}, \hat{\beta}_{\mathrm{p}\alpha})$ 平面中的临界稳定曲线

图 11.18 对于不同的 $\hat{\gamma}_{\mathrm{MHD}}$, 归一化模式频率 $\hat{\omega}_{*\mathrm{i}}$ 关于 $\hat{\beta}_{\mathrm{p}\alpha}$ 函数关系

11.3.3 不稳定区域

在 $(\hat{\gamma}_{\mathrm{MHD}}, \hat{\beta}_{\mathrm{p}\alpha})$ 平面的稳定区域左侧, 频率 $\hat{\omega} \approx \hat{\omega}_{*\mathrm{i}}$. 我们可以通过微扰求解色散关系, 假设 $\hat{\omega} = \hat{\omega}_{*\mathrm{i}} + \delta\hat{\omega}$, $|\delta\hat{\omega}| < \hat{\omega}_{*\mathrm{i}}$. 我们得到模式增长率

$$\hat{\gamma} = \operatorname{Im} \delta\hat{\omega} \approx 2\hat{\beta}_{\mathrm{p}\alpha} \left| \varLambda_{\mathrm{KI}} \left(\hat{\omega}_{*\mathrm{i}} \right) / \hat{\omega}_{*\mathrm{i}} \right| \left(\hat{\gamma}_{\mathrm{MHD}} - \beta \left| \varLambda \left(\hat{\omega}_{*\mathrm{i}} \right) \right| \right). \tag{11.3.11}$$

在这个区域内, 增长率由 $\varLambda_{\mathrm{K}}$ 的共振 (即虚部) 决定 (见图 11.19). 这个区域对应着 Coppi 和 Porcelli 在 1986 年首次讨论的抗磁性鱼骨模区域[14]. 此外, 有关 α 粒子

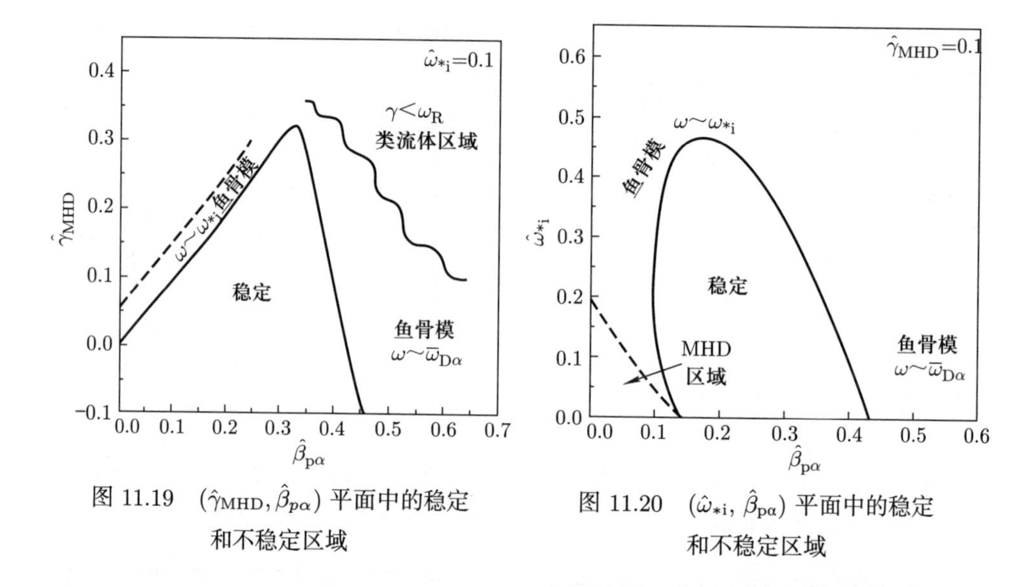

图 11.19 $(\hat{\gamma}_{MHD},\hat{\beta}_{p\alpha})$ 平面中的稳定和不稳定区域

图 11.20 $(\hat{\omega}_{*i},\hat{\beta}_{p\alpha})$ 平面中的稳定和不稳定区域

的抗磁性鱼骨模讨论, 还可以参考 Coppi 和 Porcelli 在 1988 年的论文[15].

在稳定区域的右侧, $\hat{\omega}\sim\bar{\omega}_{D\alpha}\gg\hat{\omega}_{*i}$. 在这种情况下, 不稳定性的性质发生了显著变化. 不考虑 $\hat{\omega}_{*i}$ 时, 色散关系变为

$$\hat{\omega}=\mathrm{i}\hat{\gamma}_{MHD}+\mathrm{i}\widehat{\beta}_{p\alpha}\Lambda_K(\hat{\omega}). \tag{11.3.12}$$

设 $\hat{\omega}=\hat{\omega}_R+\mathrm{i}\hat{\gamma}$, 其中 $\hat{\gamma}<\hat{\omega}_R$, 我们得到

$$\hat{\gamma}=\hat{\gamma}_{MHD}+\hat{\beta}_{p\alpha}\Lambda_{KR}(\hat{\omega}), \tag{11.3.13}$$

$$\hat{\omega}_R=-\hat{\beta}_{p\alpha}\Lambda_{KI}\left(\hat{\omega}_R\right). \tag{11.3.14}$$

增长率由理想磁流体的 $\hat{\gamma}_{MHD}$ 给出, 并根据 α 粒子贡献的无耗散作用部分进行修正, 而耗散部分决定振荡频率. 共振效应的作用是将模式频率提高到 $\omega\gtrsim\bar{\omega}_{D\alpha}$, 其中 Λ_{KR} 改变符号并且快离子变得不稳定. 当 $\hat{\gamma}_{MHD}$ 可忽略时, 对于 $\beta_{p\alpha}>\beta_{p\alpha,crit}=-\hat{\omega}_0/\Lambda_{KI}\left(\hat{\omega}_0\right)$, 这种不稳定模式完全由快离子驱动, 其中 $\Lambda_{KR}\left(\hat{\omega}_0\right)=0$. 在这种情况下, 增长率可以近似为

$$\hat{\gamma}\approx\hat{\omega}_0\left(\frac{\partial\Lambda_{KR}}{\partial\hat{\omega}}\right)_{\hat{\omega}_0}\left(\hat{\beta}_{p\alpha}-\hat{\beta}_{p\alpha,crit}\right). \tag{11.3.15}$$

这个区域对应于 Chen, White 和 Rosenbluth 在 1984 年的文章[16] 提到的进动性鱼骨模区域 $(\omega_{*i}\ll\bar{\omega}_{D\alpha})$. 当 $\omega_{*i}\sim\bar{\omega}_{D\alpha}$ 时, 例如, 如果考虑的是中性束注入 (NBI) 离子, 抗磁和进动鱼骨模没有差别.

§11.4 含高能量粒子效应的气球模理论

在 Astron、离子环装置以及 ELMO 凹凸环中, 已经提出并分析了高能量粒子成分对等离子体的稳定作用[17,18]. 在后者中, 热电子环为环形芯部等离子体提供稳定性. 由于这些热电子的进程如此之快, 它们相对于通常的 $\boldsymbol{E}\times\boldsymbol{B}$ 流体位移而言往往是刚性的, 因此创造了一个稳定的抗磁阱. 在本节中我们讨论如果将高能量粒子引入托卡马克, 也有类似的价值. 虽然连续引入热粒子对于凹凸环的稳定性至关重要, 但在托卡马克中, 可能只需要引入热粒子直到等离子体达到第二稳定区域[19,20], 其中稳定性可能随着 β 值的增加而提高, 至少在气球模和内扭曲模中已经证明了这一点. 快粒子的稳定性影响目前已经被 Connor 等人提出. 他们分析了各向同性的通行粒子在零反弹频率极限下的稳定性. 各向异性托卡马克的气球稳定性也得到了研究, 在那些研究中不考虑动理学效应但考虑了有限回旋半径[21,22].

这里分析当各向异性高能量粒子群被磁镜效应捕获在托卡马克坏曲率侧时的理想磁流体气球模稳定性[23]. 这些粒子被假定为径向漂移过场线: $\bar{\omega}_{\mathrm{dh}}\gg|\omega|$, 其中 $\bar{\omega}_{\mathrm{dh}}$ 是其反弹平均磁漂移频率, ω 是感兴趣的扰动频率 (或增长率). 另外, 由于它们被捕获在外侧, 可以假设 $\omega_{*_{\mathrm{h}}}/\bar{\omega}_{\mathrm{dh}}>0$, $\omega_{*_{\mathrm{h}}}$ 为其抗磁漂移频率.

在这些假设下, 可以通过低频动理学能量原理来研究线性稳定性[24], 即 $\delta W=\delta W_{\mathrm{f}}+\delta W_{\mathrm{k}}$, 其中流体项为

$$\begin{aligned}\delta W_{\mathrm{f}}=\frac{1}{2}\int(\mathrm{d}s/B)\Big\{&\sigma|\nabla S|^2(\hat{b}\cdot\nabla\Phi)^2+\tau\left[Q_{\parallel}-(\sigma/\tau)B\boldsymbol{e}\cdot\boldsymbol{\kappa}\Phi\right]^2\\&-(\boldsymbol{e}\cdot\boldsymbol{\kappa})\left[\boldsymbol{e}\cdot\tilde{\nabla}P_{\parallel}+(\sigma/\tau)\boldsymbol{e}\cdot\nabla P_{\perp}\right]\Phi^2\Big\},\end{aligned}\tag{11.4.1}$$

动理学项为

$$\delta W_{\mathrm{k}}=\frac{1}{2}\int\mathrm{d}E\mathrm{d}\mu\boldsymbol{e}\cdot\nabla F_{\mathrm{h}}\frac{\left[\int(\mathrm{d}s/v_{\parallel})\left(\mu Q_{\parallel}+v_{\parallel}^2\boldsymbol{e}\cdot\boldsymbol{\kappa}\Phi\right)\right]^2}{\int(\mathrm{d}s/v_{\parallel})\left(\mu\boldsymbol{e}\cdot\nabla B+v_{\parallel}^2\boldsymbol{e}\cdot\boldsymbol{\kappa}\right)}.\tag{11.4.2}$$

这里, $Q_{\parallel}$ 是平行于平衡磁场 $\boldsymbol{B}=\hat{b}B$ 的 (Lagrange) 磁场扰动分量, Φ 是扰动的静电势, $P_{\perp,\parallel}$ 是总压强分量, s 是沿磁场线的弧长, $\widetilde{\nabla}=\nabla-(\nabla B)\partial/\partial B,\sigma=1+\left(P_{\perp}-P_{\parallel}\right)/B^2,\tau=1+(\partial P_{\perp}/B\partial B),\boldsymbol{\kappa}=(\hat{b}\cdot\nabla)\hat{b},\mu=v_{\perp}^2/2B,E=v_{\parallel}^2/2+\mu B$. 这里关注高模数的交换气球模, 其程函 S 主要在横向变化, 其中 $\hat{b}\cdot\nabla S=0,\boldsymbol{e}=\boldsymbol{B}\times\nabla S/B^2$. 方程 (11.4.2) 涉及高反弹频率极限, 适合于捕获的快粒子, 其中它们的分布函数 F_{h} 在沿磁场线方向上是常数. 捕获在托卡马克外部的热粒子通过 δW_{k} 起稳定作用, 但在 δW_{f} 中的效应是不稳定的.

为了简化分析 δW_{k}, 我们引用 Schwarz 不等式来得到一个下限: $\delta W_{\mathrm{k}} \geqslant \delta W_1$, 其中

$$\delta W_1{}^{(j)} = \frac{1}{2} \frac{\left\{\displaystyle\int (\mathrm{d}s/B) \left[(Q_\parallel/B)\, \boldsymbol{e} \cdot \tilde{\nabla} P_{\perp \mathrm{h}} + (\boldsymbol{e} \cdot \boldsymbol{\kappa}) \left(\boldsymbol{e} \cdot \tilde{\nabla} P_{\parallel \mathrm{h}}\right) \Phi\right]\right\}^2}{\displaystyle\int (\mathrm{d}s/B) \left[B^{-1} (\boldsymbol{e} \cdot \nabla B) \left(\boldsymbol{e} \cdot \tilde{\nabla} P_{\perp \mathrm{h}}\right) + (\boldsymbol{e} \cdot \boldsymbol{\kappa}) \left(\boldsymbol{e} \cdot \tilde{\nabla} P_{\parallel \mathrm{h}}\right)\right]}. \tag{11.4.3}$$

稳定性的估计可以通过最小化 $\delta W_{\mathrm{f}} + \delta W_1$ 来得到, 首先有

$$Q_\parallel = (\sigma/\tau) B \Phi (\boldsymbol{e} \cdot \boldsymbol{\kappa}) - (1/\tau B) \left(\boldsymbol{e} \cdot \tilde{\nabla} P_{\perp \mathrm{h}}\right) \Lambda \tag{11.4.4}$$

以及

$$\Lambda^{(j)} = \frac{\displaystyle\int (\mathrm{d}s/B) (\boldsymbol{e} \cdot \boldsymbol{\kappa}) \left[\boldsymbol{e} \cdot \tilde{\nabla} P_{\parallel \mathrm{h}} + (\sigma/\tau) \boldsymbol{e} \cdot \tilde{\nabla} P_{\perp \mathrm{h}}\right] \Phi}{\displaystyle\int (\mathrm{d}s/B) \left\{(\boldsymbol{e} \cdot \boldsymbol{\kappa}) \left[\boldsymbol{e} \cdot \tilde{\nabla} P_{\parallel \mathrm{h}} + (\sigma/\tau) \boldsymbol{e} \cdot \tilde{\nabla} P_{\perp \mathrm{h}}\right] - \left(1/\tau B^2\right) \left(\boldsymbol{e} \cdot \tilde{\nabla} P_{\perp \mathrm{h}}\right) (\boldsymbol{e} \cdot \nabla P_{\mathrm{c}})\right\}}, \tag{11.4.5}$$

其中 $P_{\perp \mathrm{h}}$ 和 P_{c} 分别是热粒子和 (各向同性的) 芯部等离子体压强. (11.4.3) 和 (11.4.5) 式中的线积分将在第 j 个捕获粒子区域进行. 接下来, 我们相对于 Φ 的变化, 得到积分 – 微分气球模方程

$$\begin{aligned} &\boldsymbol{B} \cdot \nabla \left[\left(\sigma |\nabla S|^2 / B^2\right) \boldsymbol{B} \cdot \nabla \Phi\right] + (\boldsymbol{e} \cdot \boldsymbol{\kappa}) \left[\boldsymbol{e} \cdot \tilde{\nabla} P_\parallel + (\sigma/\tau) \boldsymbol{e} \cdot \tilde{\nabla} P_\perp\right] \Phi \\ &\quad = (\boldsymbol{e} \cdot \boldsymbol{\kappa}) \left[\boldsymbol{e} \cdot \tilde{\nabla} P_{\parallel \mathrm{h}} + (\sigma/\tau) \boldsymbol{e} \cdot \tilde{\nabla} P_{\perp \mathrm{h}}\right] \Lambda. \end{aligned} \tag{11.4.6}$$

(11.4.6) 式的一般解是 $\Phi = \Phi_0 + c\Phi_1$, 其中 Φ_0 是通解, Φ_1 是 $\Lambda = 1$ 的特解, 然后 c 由 (11.4.5) 式决定. 解是通过在每个捕获/非捕获区域求解 Φ_0 和 Φ_1 而连续生成的. 如果 Φ 在无穷大时有解, 并且在 $|s| < \infty$ 时不改变符号, 则平衡是稳定的. 注意, 对于小的芯部等离子体 β, (11.4.6) 式的右边可以扩展以表明气球模不稳定只由芯部压强梯度所驱动, 其中热粒子贡献出一个稳定的抗磁阱. 对于较大的 β_{c}, Λ 分母中的积分可以忽略, 这与凹凸环的芯部 β 极限有关, 但对这里的问题来说, 它发生在漂移逆转之后[25].

为了将方程 (11.4.6) 应用到我们的稳定性问题中, 我们首先要得到一个类似的平衡. 在 Clebsch 格式下, $\boldsymbol{B} = \nabla \psi \times \nabla \beta$, 极向磁通 ψ 需要满足各向异性 GS 方程[26]:

$$\left(\frac{\partial^2}{\partial R^2} - \frac{1}{R} \frac{\partial}{\partial R} + \frac{\partial^2}{\partial Z^2}\right) \psi + \nabla \psi \cdot \nabla \ln \sigma = -\frac{1}{\sigma^2} \frac{\partial G}{\partial \psi} - \frac{R^2}{\sigma} \frac{\partial P_\parallel}{\partial \psi}, \tag{11.4.7}$$

其中 $G(\psi)=\dfrac{1}{2}(\sigma RB_{\mathrm{T}})^2$, $B_{\mathrm{T}}=R\boldsymbol{B}\cdot\nabla\varphi$ 为环向场, φ 为环向角, R 和 Z 为主半径和对称轴坐标. 平行压强平衡要求 $\hat{b}\cdot\nabla\left(P_{\|}/B\right)=-\left(P_{\perp}/B^2\right)\hat{b}\cdot\nabla B$. 我们考虑高环向模数气球模, 取 $\partial S/\partial\psi=0$, 并求解 $\nabla\beta=\boldsymbol{B}\times\nabla\psi/|\nabla\psi|^2+\lambda\nabla\psi$. 它在磁面的协变分量 λ 是局部剪切, 并且满足 $\boldsymbol{B}_{\mathrm{p}}\cdot\nabla\lambda=\nabla\cdot\left(\nabla\psi B_T/R|\nabla\psi|^2\right)$, $\boldsymbol{B}_{\mathrm{p}}=\nabla\varphi\times\nabla\psi$ 为极向磁场.

接下来, 考虑大环径比的平衡[27], 磁面为有位移的圆形, 等离子体 β 较小, 但是在一个薄层的径向局部存在一有限梯度. 并且, 对于 $|\theta|\leqslant\theta_0$, 我们取 $P_{\perp\mathrm{h}}=$ 常数, 其他地方取零. 对于这里感兴趣的 β 值, 我们令 $\sigma=\tau=1$. 严格地说, 我们为了方便而采取的尖锐的 $P_{\perp\mathrm{h}}$ 分布会使 τ 在 $|\tilde{\theta}|=\theta_0$ 时 <0. 因此, 以下代表一个稍微平滑的分布所得到的结果. 在这个模型中, 平衡方程可以被处理成 $\nabla\beta=(q/r)[\hat{\theta}+\hat{r}h(\theta)]$, 其中

$$h(\theta)=S\left(\theta-\theta_k\right)-\alpha_{\mathrm{c}}\left(\sin\theta-\sin\theta_k\right)-\frac{1}{2}\alpha_{\mathrm{h}}\left[g(\theta)-g\left(\theta_k\right)\right], \tag{11.4.8}$$

k 表示波数, c 表示芯部, h 表示快粒子, 以及

$$g(\theta)=\begin{cases}\sin\theta-(\tilde{\theta}/\pi)\left[\sin\theta_0+(\pi-\theta_0)\cos\theta_0\right], & 0\leqslant\tilde{\theta}\leqslant\theta_0,\\ (1-\tilde{\theta}/\pi)\left(\sin\theta_0-\theta_0\cos\theta_0\right), & \theta_0\leqslant\tilde{\theta}\leqslant 2\pi-\theta_0,\\ \sin\theta-(\tilde{\theta}/\pi-2)\left[\sin\theta_0+(\pi-\theta_0)\cos\theta_0\right], & 2\pi-\theta_0\leqslant\tilde{\theta}\leqslant 2\pi.\end{cases} \tag{11.4.9}$$

这里, $S=rq'/q, q=rB_{\mathrm{T}}/RB_{\mathrm{p}}$, $\alpha=-2Rq^2P'/B_{\mathrm{T}}^2$, 撇为 $\partial/\partial r$. 另外, θ 是用来描述气球模的拓展极坐标, $\tilde{\theta}$ 是它的值, 模数为 2π, θ_k (径向波数与切向波数之比) 是 0 和 2π 之间的一个常数. 气球模方程 (11.4.6) 变为

$$\frac{\mathrm{d}}{\mathrm{d}\theta}\left[1+h^2(\theta)\right]\frac{\mathrm{d}\Phi}{\mathrm{d}\theta}+\left(\alpha_{\mathrm{c}}+\frac{1}{2}\alpha_{\mathrm{h}}\right)D(\theta)\Phi=\frac{1}{2}\alpha_{\mathrm{h}}D(\theta)\frac{\displaystyle\int\mathrm{d}\theta\Phi D(\theta)}{\displaystyle\int\mathrm{d}\theta\left[D(\theta)-\alpha_{\mathrm{c}}/2q^2\right]}, \tag{11.4.10}$$

以及 $D(\theta)=\cos\theta+h(\theta)\sin\theta$. 图 11.21 显示了剪切 S 和芯部 β 值 α_{c} 的各种稳定性边界, 热粒子的 β 值 α_{h} 和它们的局域角度 θ_0 作为参数, 条件是 $q=2$ 和 $\theta_k=0$. 两条虚线显示了众所周知的第一和第二气球模稳定性的边界 (没有热粒子). 虚线表示根据条件 $\bar{\omega}_{\mathrm{dh}}(\theta_0)=0$ 在零 α_{h} 处发生漂移逆转, 这很容易用椭圆积分表示. 因此, 使用 Schwarz 不等式将稳定性分析的有效性限制在给定的 θ_0 的虚线左侧. 图 11.21 中的实心曲线是热粒子存在时的稳定性边界. 在这些曲线上的每一点, α_{h} 被选择为条件 $\bar{\omega}_{\mathrm{dh}}\omega_{*\mathrm{h}}>0$ 所允许的最大值.

尽管这个过程低估了稳定性, 但图 11.21 中的结果还是表明, 例如, 被困在 $\theta=\pm\pi/4$ 之间的高能量粒子能够在剪切达到 $S=0.9$ 和芯部 β 值达到并超过第二个稳

定性阈值时稳定气球模. 随着 θ_0 的增加, 可以引入的稳定的高能量等离子体的数量也会增加, 但漂移 – 非逆转条件变得更加严格. 因此, 最佳稳定性发生在 $\theta_0 \approx \pi/4$ 的中间值. 对于 $q = 4$ 和 $\theta_0 = \pi/4$, 稳定化延伸到 $S = 1.9$, 相当于在等离子体边缘附近. 此外, θ_k 的值也是不同的, 以考虑到在中平面以外达到峰值的模式. 当 $q = 4$ 和 $\theta_0 = \pi/4$, $\theta_k = 3\pi/8$ 的稳定性边界实际上与在 $\theta_k = 0$、$S = 0.9$ 时有相同的最小值, 但在第二个稳定性和漂移逆转边界的交汇处突然下降到 $S = 0.6$.

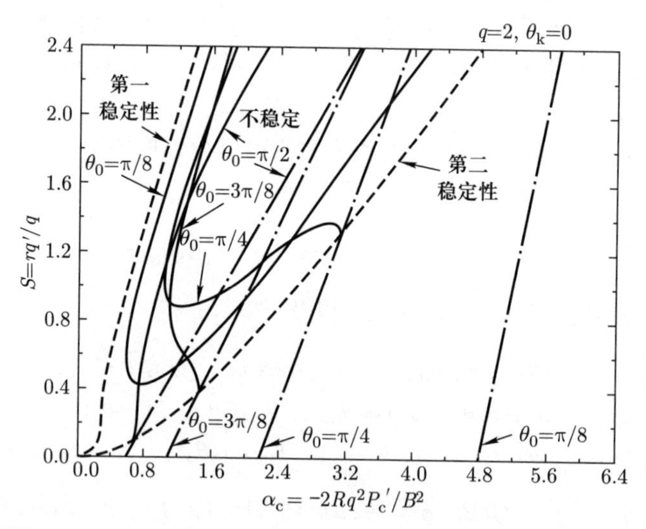

图 11.21 关于剪切 S 以及归一化芯部比压 α_c 的边缘稳定性边界, 给定最大的热比压以及不同的局域角度 θ_0

可以得到的结论是, 有可能通过高能量粒子连接第一和第二稳定性区间的气球模间隙, 在达到第二稳定性之后就不再需要这种粒子了. 据推测, 同样的方案可以用于其他装置, 正如 Furth 和 Boozer 对 Heliac 的建议. 注入或加热热粒子的技术要求, 以及它们的功率平衡, 值得进一步研究. 如下文所示, 这需要相当高的能量. 微观不稳定性, 如哨声波或接近离子回旋频率的模式, 是可能发生的. 另一方面, 热粒子的有限回旋半径和香蕉宽度可以提高稳定性, 而它们的减速部分可能是漂移 – 共振的不稳定因素. 此外, 本节描述的相同理论可以应用于 “晃动离子” (sloshing ion), 即具有 $\bar{\omega}_{\mathrm{dh}}\omega_{*\mathrm{h}} < 0$ 的情况, 它提供了稳定托卡马克的另一种手段. 尽管难以产生, 但它们不会导致残余共振失稳.

最后注意到, 当高能量粒子的进动漂移不足以使其衰减时, 边缘稳定会以接近 $\bar{\omega}_{\mathrm{dh}}$ 的实际频率发生. 对有限频率的简单讨论可以基于将能量 $\delta W = -\omega^2\delta W_{\mathrm{i}} + \delta W_{\mathrm{fc}} + \delta W_{\mathrm{fh}} + \delta W_{\mathrm{kh}}$ 分解为芯部和热粒子流体能和动理学能量, 其中 δW_{i} 为离子惯性. 让 ω'^2 决定低频 $(\omega/\bar{\omega}_{\mathrm{dh}} \to 0)$ 稳定性, 如前所述, 并让 $\omega_{\mathrm{MHD}}^2 = \omega'^2 - \gamma_{\mathrm{h}}^2$ 确定

流体稳定性, 其中 γ_h 是由热压梯度驱动的不稳定增长率. 对于单能量的热粒子, 动理学分量可以近似为

$$\delta W_\mathrm{kh} \propto \gamma_\mathrm{h}{}^2 \left(\bar{\omega}_\mathrm{dh}/\omega_{*\mathrm{h}}\right)\left(\omega-\omega_{*\mathrm{h}}\right)/\left(\omega-\bar{\omega}_\mathrm{dh}\right). \tag{11.4.11}$$

对于 $\omega, \bar{\omega}_\mathrm{dh} < \omega_{*\mathrm{h}}$, 我们因此得到一个三维色散关系: $\omega^3-\omega^2\omega_\mathrm{dh}-\omega_\mathrm{MHD}^2+\omega'^2\bar{\omega}_\mathrm{dh}=0$. 在通常的小 $\bar{\omega}_\mathrm{dh}$ 的磁流体极限中, 预期的根是 $\omega^2=\omega_\mathrm{MHD}^2$, 一小实根为 $\omega=\bar{\omega}_\mathrm{dh}\left(\omega'/\omega_\mathrm{MHD}\right)^2$. 在前面分析的大 $\bar{\omega}_\mathrm{dh}$ 的解耦热等离子体极限中, 发现 $\omega^2=\omega'^2$, 在 $\omega=\bar{\omega}_\mathrm{dh}$ 处有一个实根. 对于有限的 $\bar{\omega}_\mathrm{dh}$, 稳定性需要

$$\left[1+3\left(\omega_\mathrm{MHD}/\bar{\omega}_\mathrm{dh}\right)^2\right]^3 > \left[1+9\left(\omega_\mathrm{MHD}^2-3\omega'^2\right)/2\bar{\omega}_\mathrm{dh}^2\right]^2. \tag{11.4.12}$$

因此, 先前的分析所依据的条件 $\omega'^2>0$, 实际上只有在 $\gamma_\mathrm{h}/\bar{\omega}_\mathrm{dh}<0.5$ 的情况下才是有效的稳定性充分条件, 这需要有足够热的粒子才能达到稳定的目的. 例如, 如果估计 $\gamma_\mathrm{h}\approx 0.25\times\left(N_\mathrm{h}T_\mathrm{h}/N_\mathrm{i}M_\mathrm{i}rR\right)^{1/2}$ 适用于 $m\geqslant 2$ 和 $\beta_{\perp\mathrm{h}}\approx\beta_\mathrm{i}$, T_h 和 N_h 为热粒子温度和密度. 这个条件变成 $T_\mathrm{h}/T_\mathrm{i}>(rR)^{1/2}/2m\rho_\mathrm{i}$, 其中 T_i 和 ρ_i 是等离子体离子温度和回旋半径, m 是极向模数. 对于类似 DT 反应的参数 $(r=1.5\ \mathrm{m}, R=5\ \mathrm{m}, B=5\ \mathrm{T},\ T_\mathrm{i}=10\ \mathrm{keV})$, $m=2$ 时需要 $T_\mathrm{h}\gtrsim 2.1\ \mathrm{MeV}$. 还会发现, 不稳定性会在 $\bar{\omega}_\mathrm{dh}$ 的有限频率下出现. 例如, 如果 γ_h^2 非常小, 当 $\omega_\mathrm{MHD}^2\approx\bar{\omega}_\mathrm{dh}^2$ 时发生共振, 在 $\omega\approx\bar{\omega}_\mathrm{dh}$ 时不稳定性发生. 对内扭曲情况的详细评估也预测了类似的起始点. 这一结果被认为是对最近在 PDX 托卡马克上观察到的所谓鱼骨振荡的一种解释, 这种振荡大约以注入的束粒子的进动速率旋转[28].

§11.5 含捕获粒子效应的电阻壁模理论

电阻壁模 (RWM) 是托卡马克等离子体的一种宏观不稳定性, 它限制了可实现的最大 β 值, 定义为等离子体压强与磁压之比 $\left(\beta=2\mu_0 p/B^2\right)$. RWM 由等离子体柱周围的金属容器 (壁) 的有限电阻率驱动, 当 β 值超过一个临界值时, 由等离子体压强驱动. 这样一个临界值 (β_∞) 对应于没有壁的情况下的 β 极限, 通常用所谓的归一化 β 定义为 $\beta_\mathrm{N}=\beta[\%]a[\mathrm{m}]B[\mathrm{T}]/I[\mathrm{MA}]$. 根据标准的磁流体力学理论, 当 $\beta_\mathrm{N}>\beta_\mathrm{N}^\infty\approx 2\sim 3$ 时, RWM 是不稳定的. 其增长速度与电阻壁磁扩散时间 τ_w 成反比. 对于理想的导体壁, RWM 是稳定的, β 的限制是由理想外扭曲模设定的, 当归一化的 β 值超过一个较高的临界值 (β_N^b) 时, 就会变得不稳定, 这取决于壁的半径 b. 然而, 由于壁的电阻率是有限的, RWM 阻止等离子体达到壁稳定区域的更高 β 值. 由于聚变功率密度随着等离子体 β 值的增加而迅速增加, 因此对于聚变反应堆和未来的燃烧等离子体托卡马克实验来说, 能够在 RWM 被稳定的 $\beta_\mathrm{N}^b>\beta_\mathrm{N}>\beta_\mathrm{N}^\infty$ 区域中运行是非常有益的. DIII-D 托卡马克和 NSTX 球形环的一些实验表明, 在快速

旋转的等离子体中, RWM 可以被完全抑制[29,30,31]. 快速环向旋转是由中性束注入引起的, 其转速是声速的一个显著比例. 理论上表明, 有限的等离子体耗散和快速等离子体旋转的结合导致 RWM 被抑制[32,33,34,35]. 然而, 大型反应堆规模的等离子体, 如 ITER (国际热核实验反应堆) 中的中性束可能没有足够的力量来诱发快速环向旋转. 由于这个原因, 一些研究人员目前正在开发主动反馈稳定方案, 即使在没有旋转稳定的情况下, 也可能缓解 ITER 中 RWM 的增长[36,37]. 然而, ITER 的反馈线圈是在第一壁和真空容器的外部, 不可能完全抑制 RWM[37]. 因此, 如果壁模式能够通过被动的物理效应 (如这里提出的那些) 来稳定, 将有利于 ITER 的高 β 运行.

在本节中, 我们对大环径比、环位形、无碰撞等离子体的简化模型进行了 RWM 的稳定性分析[38,39], 并表明 RWM 可能被与准稳态等离子体中的热捕获粒子有关的动理学效应完全抑制, 其中旋转频率小于离子逆磁漂移频率 $\left(|\varOmega_{\rm rot}| < \omega_{*\rm p}^{\rm i}\right)$. 捕获粒子通过共振和非共振贡献于 RWM 的色散关系. 相关的共振相互作用发生在 RWM 和捕获粒子香蕉轨道的进动漂移频率之间. 离子或电子的进动漂移频率有两个组成部分:

$$\omega_{\rm D}^{\rm i,e} = \omega_E + \omega_B^{\rm i,e},$$

其中 $\omega_E = -{\rm d}\varPhi/{\rm d}\varPsi$ 表示 $\boldsymbol{E}\times\boldsymbol{B}$ 漂移频率 (这里 $\varPhi$ 是静电势, $\varPsi$ 是极向磁通), ω_B 代表磁漂移频率. 对于大环径比的托卡马克, 磁漂移频率可以写成以下形式:

$$\omega_B \approx \bar{\omega}_B \hat{v}^2 H(u), \quad \bar{\omega}_B = \frac{q v_{\rm th}^2}{\varOmega_{\rm c} R r}, \tag{11.5.1}$$

$$H(u) = (2s+1)\frac{E(u)}{K(u)} + 2s(u-1) - \frac{1}{2}, \tag{11.5.2}$$

其中 q 是安全因子, $v_{\rm th}$ 是热速度, $\hat{v} = v/v_{\rm th}$, $\varOmega_{\rm c}$ 是回旋频率, R 是等离子体主半径, r 是极向径向位置, s 是磁剪切, K 和 E 是第一和第二类完全椭圆积分. 变量 u 通过 $u = 1 + (R/r)(1-\varLambda)$ 定义, $\varLambda = \mu B/\varepsilon$ 是俯仰角. 对 ω_B 的有限 β 修正被忽略了, 因为它们在具有圆形截面的大环径比环位形中通常很小. 这些修正可能在现实的高 β 托卡马克几何中变得非常重要, 然而, 它们并没有改变本节的定性结论. 由于 RWM 是一个频率很低的模式, 其增长速度为电阻壁磁扩散时间的倒数 $(\omega \sim \tau_{\rm w}^{-1} \ll \{\omega_B, \omega_E\})$, 当 $\omega_{\rm D} - \omega \approx \omega_{\rm D} \approx 0$ 时, 该模式与进动漂移频率之间会发生共振作用. 根据电场的方向 (即 ω_E 的符号), 如果 $\omega_E < 0$, 共振可以与离子发生, 如果 $\omega_E > 0$, 共振可以与电子发生. 对于一个类似 ITER 的等离子体来说, 忽略 RWM 频率与 ω_B 的关系似乎是合适的, 该等离子体的大半径为 $R \approx 6$ m, 小半径为 $a \approx 2$ m, 环向场为 $B \approx 5$ T, 平均电子或离子温度为 $\bar{T}_{\rm i,e} \approx 10$ keV, 以及密度 $N \approx 10^{20}$ m^{-3}. 等离子体被一个很近的电阻壁所包围, 壁时间 $\tau_{\rm w} \approx 0.2$ s.

RWM 增长率的大小随 β 变化, 在 RWM 变成理想扭曲模之前, 从 $\tau_{\mathrm{w}}^{-1} \sim 10\ \mathrm{s}^{-1}$ 到 $\tau_{\mathrm{w}}^{-1} \sim 10^2\ \mathrm{s}^{-1}$. 由于对于类似 ITER 的等离子体来说, $\bar{\omega}_B \sim 10^3\ \mathrm{s}^{-1}$, 那么只要 β 值不是太接近壁极限, 忽略 $\omega \ll \omega_B$ 就是合适的. 这里使用的一个关键假设是无碰撞等离子体的假设, 要求 $\omega_B^{\mathrm{i,e}} > \nu_{\mathrm{eff}}^{\mathrm{i,e}}$, 其中 $\nu_{\mathrm{eff}} \sim \nu/\epsilon$. 对于类似于 ITER 的参数, 这样的条件在离子温度高于 5 keV 和电子温度高于 35 keV 时得到满足. 因此, 虽然离子可以被认为是无碰撞的, 但电子即使在聚变反应堆的热核中也仍然是碰撞的. 因而, 为了将无碰撞理论应用于 ITER, 我们需要只保留离子项而忽略所有电子动理学项.

为了发展对 RWM 色散关系的定性理解, 我们通过能量原理的动理学分量 (众所周知的 δW_{K}) 包括捕获粒子的贡献:

$$\delta W_{\mathrm{K}} = \frac{1}{2} \sum_{j=\mathrm{i,e}} \int \mathrm{d}\boldsymbol{r} \left(\tilde{\boldsymbol{\xi}}_{\perp}^{*} \cdot \boldsymbol{\kappa} \right) \tilde{p}_j^{\mathrm{K}}, \tag{11.5.3}$$

其中 $\tilde{\boldsymbol{\xi}}$ 是等离子体位移, $\boldsymbol{\kappa}$ 是磁场曲率, $\tilde{p}_j^{\mathrm{K}}$ 是扰动的捕获粒子压强的非流体部分. $\tilde{p}_j^{\mathrm{K}} = \sum_m \tilde{p}_j^m \mathrm{e}^{\mathrm{i}m\theta}$ 的极向谐波可以从 $\omega \approx 0$ 导致漂移动理学方程的标准解中推导出

$$\tilde{p}_j^m = \frac{2^{5/2}\epsilon^{1/2}}{5\pi^{3/2}} \int_0^{\infty} \mathrm{d}\hat{v}\hat{v}^5 \mathrm{e}^{-\hat{v}^2} \int_0^1 \mathrm{d}u K(u) \Pi_j \sigma_m \sum_{\ell=-\infty}^{+\infty} \sigma_\ell \Upsilon_\ell^j, \tag{11.5.4}$$

$$\Pi_j = p_j \frac{\omega_E + \omega_{*\mathrm{N}}^j + \left(\hat{v}^2 - 3/2\right) \omega_{*T}^j}{\omega_E + \omega_B^j}, \tag{11.5.5}$$

$$\sigma_m = \int_0^{\pi/2} \mathrm{d}\chi \frac{\cos[2(m-q)\arcsin(\sqrt{u}\sin\chi)]}{K(u)\sqrt{1-u\sin^2\chi}}, \tag{11.5.6}$$

$$\Upsilon_\ell^j = \int_{-\pi}^{\pi} \frac{\mathrm{d}\theta}{2\pi} \mathrm{e}^{-\mathrm{i}\ell\theta} \left(\hat{v}^2 \tilde{\boldsymbol{\xi}}_{\perp} \cdot \kappa + \frac{Z_j e}{T_j} \tilde{Z} \right). \tag{11.5.7}$$

在这里, $\tilde{Z} \equiv \tilde{\Phi} + \tilde{\boldsymbol{\xi}}_{\perp} \cdot \nabla\Phi$ 代表静电修正, 这可以从准中性条件中得到. 保留静电项是很重要的, 因为它们增强了动理学效应.

模式 - 粒子共振引起 δW_{K} 的虚分量, 从根本上改变了 RWM 的稳定性特征. 以 δW 为变量的 RWM 色散关系可以被重写以包括动理学效应[40]:

$$\gamma\tau_{\mathrm{w}} \approx -\frac{\delta W_{\infty} + \delta W_{\mathrm{K}}}{\delta W_b + \delta W_{\mathrm{K}}}, \tag{11.5.8}$$

其中 $\delta W_{\infty} < 0$ 是没有壁的流体能量, 而 $\delta W_b > 0$ 是存在半径为 b 的理想壁时的流体能量. $\delta W_{\infty/b}$ 的相反符号表明, 等离子体处于壁稳定的理想扭曲模和不稳定的 RWM 区域中. 通过分离共振 (虚数) 和非共振 (实数) 对 δW_{K} 的贡献, 可以直接确定 RWM 的以下不稳定条件:

$$(-\delta W_{\infty})\,\delta W_b > |\delta W_{\mathrm{K}}|^2 + \delta W_{\mathrm{K}}^{\mathrm{R}}\,(\delta W_b + \delta W_{\infty})\,. \tag{11.5.9}$$

需要注意的是, $\delta W_{\mathrm{K}}^{\mathrm{I}}$ 项总是稳定的, 而 $\delta W_{\mathrm{K}}^{\mathrm{R}}$ 可以是稳定的, 也可以是不稳定的. 对于慢速旋转 $\left(|\Omega_{\mathrm{rot}}| < \omega_{*\mathrm{p}}^{\mathrm{i}}\right)$ 和低模式频率, 由模式 – 粒子相互作用引起的耗散 $\left(\delta W_{\mathrm{K}}^{\mathrm{I}}\right)$ 要比典型的由声波或 Alfvén 波引起的连续体阻尼大得多. 在标准无壁极限附近 $\delta W_\infty \approx 0$, 如果 $\delta W_{\mathrm{K}}^{\mathrm{R}} > 0$, 实部是稳定的, 而在 $\delta W_b \approx 0$ 的壁极限附近, 情况则相反. 由于无壁极限设定托卡马克中可实现的最大 β 值, 我们得出结论, 正的 $\delta W_{\mathrm{K}}^{\mathrm{R}}$ 是可取的. 如果 $\delta W_{\mathrm{K}}^{\mathrm{R}} < 0$, 在壁极限附近就会出现一个稳定窗口, 但是对于低于无壁极限的 β, RWM 会变得不稳定, 而且完全抑制所需的 $\delta W_{\mathrm{K}}^{\mathrm{I}}$ 的大小会增加. 完全抑制 RWM 所需的动理学项的大小可以通过在 (11.5.9) 式中替代 $\delta W_\infty \sim (\beta_\infty - \beta)$, $\delta W_b \sim (\beta_b - \beta)$ 和 $\delta W_{\mathrm{K}} \sim \beta(x + \mathrm{i}y)$ 来估计, 并提取代表非共振和共振粒子贡献大小的系数 x, y 的稳定条件. 一个简单的计算表明, 在图 11.22 的区域 I 中, 当

$$x\,(y < y_b) > 0.5\left[1 - \hat{\beta} + \sqrt{(1-\hat{\beta})^2 - 4y^2}\right], \tag{11.5.10}$$

$$x\,(y > y_b) > 1 - 2|y|\sqrt{\hat{\beta}}/(1-\hat{\beta}) \tag{11.5.11}$$

(其中 $\hat{\beta} \equiv \beta_\infty/\beta_b$ 和 $y_b \equiv (1-\hat{\beta})\sqrt{\hat{\beta}}/(1+\hat{\beta})$) 时, RWM 被完全抑制. 注意, (11.5.10) 和 (11.5.11) 式表明, 虚部 $|y|$ 越大, 实部 x 就越小, 以实现对 RWM 的完全抑制. 对于 $\hat{\beta} \approx 0.5$ 的典型情况, 稳定性条件 (11.5.10) 和 (11.5.11) 要求 $x(y < 0.24) > 0.25 + \sqrt{0.06 - y^2}$ 和 $x(y > 0.24) > 1 - 2.8|y|$. 对实部大小的最严格的条件发生在 $y = 0$ 时, 当 $x > 0.5$ 时, 需要进行完全的 RWM 抑制. 图 11.22 显示了在 x-y 平面的不同区域 (大图) 中 RWM 增长率与 β 的行为 (小图). 完全的 RWM 抑制只发生在

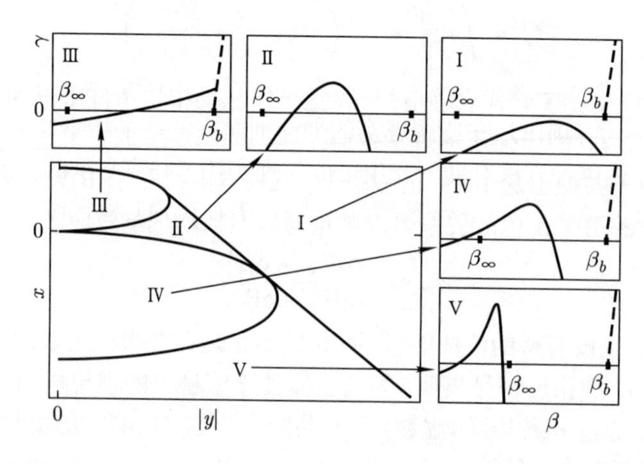

图 11.22 x-y 平面不同区域 (大图) 中的 RWM 增长率 (小图中的实线). 虚线是理想扭曲模增长率

区域 I, 而有限的稳定区域在区域 II-V. 值得注意的是, 稳定性驱动项 (即 (11.5.9) 式的左手边) 在壁和无壁限制下都消失. 只要 $(\beta_b-\beta_\infty)\lesssim\beta_\infty$, 驱动项的这种约束就有助于保持其数值上较小. 因此, 将不稳定驱动力 $-\delta W_\infty\delta W_b$ 近似为 $\epsilon\delta W_{\rm F}^2$ 是合适的, 其中 $\delta W_{\rm F}$ 是等离子体流体能量, $\epsilon<1$ 是反环径比. 使用 (11.5.3) 式, 很容易看出非共振动理学分量项 $\delta W_{\rm K}^{\rm R}$ 的尺度为 $\sqrt{\epsilon}$ 或 $\epsilon^{3/2}\delta W_{\rm F}$, 取决于平衡电场的大小, 因此它对 (11.5.9) 式的贡献与驱动项的阶次相同. 由于 (11.5.4) 式中的指数函数, $\delta W_{\rm K}^{\rm I}$ 没有简单阶次. 然而, 对基于 ω_E 真实值的简单分析表明, $\max\left[\delta W_{\rm K}^{\rm I}\right]\sim\max\left[\delta W_{\rm K}^{\rm R}\right]$, 从而意味着 (11.5.9) 式中的所有项都可以是同阶的, RWM 的稳定性可以受到动理学效应的显著影响.

为了对捕获粒子的影响进行定量分析, 我们需要解决完整的本征值问题. 已有工作描述的环形等离子体简单模型, 具有平坦的压强和电流曲线, 已经成功地用于解决 RWM 的本征值问题. 我们采用这种方法, 发现在仔细分析了动理学压强方程 (11.5.4)~(11.5.7) 中的项后, 可以很容易地包括动理学贡献. 需要注意的是, 在现实的有限长宽比扩散托卡马克平衡中, (11.5.5) 式中的所有频率都可能具有相似的大小, 应该全部保留. 它们的相对大小对于确定 $\tilde{p}^{\rm K}$ 和 $\delta W_{\rm K}$ 的符号和大小很重要. 然而, 在尖锐边界模型中, 三个频率 ω_{*N},ω_{*T} 和 ω_E 是 δ 函数, $\tilde{p}^{\rm K}$ 的符号是不确定的, 不能与现实平衡的实际值相关. 为了抓住现实平衡的基本物理特性, 我们将 (11.5.5) 式改写为以下形式:

$$\varPi_j=-N_j\frac{R}{2}\frac{{\rm d}T_j}{{\rm d}r}\frac{\hat{v}^2-\dfrac{3}{2}+\dfrac{\ell_{T_j}}{\ell_{N_j}}+2\dfrac{\ell_{T_j}}{R}w_E^j}{w_E^j+\hat{v}^2H(u)},\tag{11.5.12}$$

其中 $w_E^j=\omega_E/\bar{\omega}_B^j,\ell_{T_j}=-T_j/\left({\rm d}T_j/{\rm d}r\right),\ell_{N_j}=-N_j/\left({\rm d}N_j/{\rm d}r\right)$. 温度曲线的阶梯函数只包括在右侧的 ${\rm d}T/{\rm d}r$ 项中, 得到 ${\rm d}T/{\rm d}r=-T\delta(a-r)$. 所有包含 ℓ_T 和 ℓ_N 的其他项都被认为是有限的, 并使用现实的平衡剖面在一些平均半径上进行评估. 虽然是启发式的, 但这种方法有助于产生可能与现实托卡马克平衡的情况在数量上一致的结果. 由于扰动热压的 δ 函数特性 (通过 $\varPi_j$), RWM 稳定性分析与之前工作中进行的分析相同. 除了等离子体 – 真空界面的边界条件外, 包括以下的动理学效应:

$$\left[\left|p^{\rm F}+B^2/2\right|\right]_a=-\boldsymbol{\kappa}\cdot\hat{n}\int_{a-}^{a+}{\rm d}r\tilde{p}^{\rm K},\tag{11.5.13}$$

其中 $p^{\rm F}$ 是定义的流体压强. 由此可见, RWM 的本征值条件可以通过在等离子体 – 真空界面上将等离子体与真空加电阻壁的解决方案相匹配来获得:

$$\left(\langle q_{\mathrm{V}a}^{-2}\rangle - q_a^{-2}\right) m\tilde{\psi}_m/h_m - h_m a\tilde{\psi}_m'/m + \underbrace{\frac{3}{2}\frac{\beta}{\epsilon}\left(\frac{m+1}{h_{m+1}}\tilde{\psi}_{m+1} + \frac{m-1}{h_{m-1}}\tilde{\psi}_{m-1}\right)}_{\text{流体不稳定驱动}} + K.T.$$

$$= \sum_k \delta_{mk}\left(\gamma\tau_{\mathrm{w}}\right)\tilde{\psi}_k, \tag{11.5.14}$$

其中 $K.T.$ 是动理学项, q_a 是等离子体侧边界安全因子, $h_m = 1 - m/q_a, \tilde{\psi}_m = rh_m B\tilde{\xi}_m(a)/m$, $q_{\mathrm{V}a}$ 是真空侧的安全因子. 电阻壁定义的为 δ_{mk} 进入方程. (11.5.14) 式中的动理学项通过将 (11.5.4) 式代入 (11.5.13) 式得到, 结果是

$$K.T. = -\frac{1}{2\sqrt{2}\pi}\frac{\beta}{\sqrt{\epsilon_a}}\sum_k\left[\mathcal{K}_{mk}^{-} r\partial_r + k\mathcal{K}_{mk}^{+} + \sum_{l,p}\Delta_{ml}\left(\mathcal{A}^{-1}\right)_{lp}\left(\mathcal{B}_{pk}^{-} r\partial_r + k\mathcal{B}_{pk}^{+}\right)\right]\frac{\tilde{\psi}_k}{h_k}, \tag{11.5.15}$$

$$\begin{aligned}
\mathcal{B}_{pk}^{\pm} &= \sum_j Z_j \frac{r}{\ell_{T_j}}\int_0^1 \mathrm{d}u U_2^j \sigma_p \sigma_k^{\pm}, \\
\mathcal{A}_{lp} &= \sum_j \frac{T_{\mathrm{tot}}}{T_j}\left(\frac{\pi\sqrt{\epsilon_r}}{2\sqrt{2}}\hat{\delta}_{lp} - \frac{r}{\ell_{T_j}}\int_0^1 \mathrm{d}u U_1^j \sigma_l \sigma_p\right), \\
\Delta_{ml} &= \sum_j Z_j \hat{\theta}_j \int_0^1 \mathrm{d}u U_2^j \sigma_m^{+}\sigma_l, \\
\mathcal{K}_{ml}^{\pm} &= \sum_j \frac{T_j}{T_{\mathrm{tot}}}\hat{\theta}_j \int_0^1 \mathrm{d}u U_3^j \sigma_m^{+}\sigma_l^{\pm}, \\
U_k^j &= \frac{K(u)}{H(u)}\left[V_{k+1}\left(w_E^j\right) + \left(\frac{\ell_{T_j}}{\ell_{N_j}} - \frac{3}{2} + 2\frac{\ell_{T_j}}{R}w_E^j\right)V_k\left(w_E^j\right)\right], \\
V_k(w) &= \frac{1}{2\sqrt{\pi}}\int_0^\infty \mathrm{d}z\frac{\mathrm{e}^{-z}z^{k-1/2}}{z + w/H(u)},
\end{aligned} \tag{11.5.16}$$

其中 $\sigma_m^{\pm} = \sigma_{m-1} \pm \sigma_{m+1}, T_{\mathrm{tot}} = \sum_j T_j$, $\hat{\theta}_j = 1\left(1 + \ell_{T_j}/\ell_{N_j}\right), \epsilon_r = r/R$, $\hat{\delta}_{lp}$ 是 Kronecker δ 符号.

RWM 增长率是通过将 (11.5.14) 式的行列式设为零来确定的. 我们使用与 ITER 先进托卡马克方案有关的参数, 其特点是在 70% 的等离子体区有一个相当平坦的 q 剖面 $q \approx 2 \sim 2.5$, 在等离子体 - 真空界面上急剧上升到 $q \approx 7$, 在真空侧有一个分离面 $(q \to \infty)$. 在我们的简单托卡马克模型中, 类似 ITER 的 q 剖面从芯部的 $q_0 = 2.1$ 到等离子体 - 真空表面处的 $q_a = 2.5$, 以及等离子体 - 真空界面处真空侧的 $q \to \infty$ 变化. 这样的 q 剖面产生了 $\beta_{\mathrm{N}}^{\infty} \approx 2.5$, 与参考文献一致. 在 $b \approx 1.2a$ 处的近似理想壁 (模拟 ITER 真空容器和包层模块的影响) 产生了 $\beta_{\mathrm{N}}^{b} \approx 4.5$ 的理想壁极限, 与参考文献中的极限接近. 电阻壁时间为 $\tau_{\mathrm{w}} \approx 0.2$ s,

$\omega_A \tau_w = 2.4 \times 10^5$. 密度和温度剖面分别被假定为平坦和抛物线. 动理项中的梯度长度 ℓ_T 是在 $\hat{r} = r/a = 0.7$ 时计算的, 此时 RWM 本征函数很大, 离子仍然无碰撞. 边缘的平均长宽比是以 $\kappa \approx 1.8$ 的椭圆截面计算的, 导致 $\epsilon_a = a\sqrt{\kappa}/R_0 \approx 0.45$. 保留了九个谐波 $m = 1, 2, \cdots, 9$, 以捕捉基本模式 $m = 3$ 的所有重要边带. 对于静态等离子体 ($\Omega_{\rm rot} = 0$), 平衡电场是由离子平衡方程在没有流动的情况下计算出来的, 导致 $\omega_E = -\omega_{*\rm p}^{\rm i}$ 和 $w_E^{\rm i} = -\epsilon_r^{-1}\hat{r}^2/\left(1 - \hat{r}^2\right)$. 只有离子具有动理学效应, (11.5.14) 式中的动理学项被乘以系数 $\Theta \leqslant 1$, 以研究在不同 Θ 时对 RWM 稳定性的影响. 当 $\Theta = 0$ 时, 流体结果被重复, 而当 $\Theta = 1$ 时, 动理学效应被完全包括. 图 11.23 显示了不同 Θ 值下的 RWM 增长率, RWM 被 $\geqslant 70\%$ 的捕获离子贡献完全抑制.

这一重要结果表明, 即使在没有等离子体旋转的情况下, ITER 中的 RWM 也可以被抑制. 对 ITER, 共振条件和离子力平衡表明, 当等离子体旋转小于 $\omega_{*\rm p}^{\rm i}$ 时, 模式 – 粒子共振的稳定作用是显著的, 并在 $\Omega_{\rm rot} \approx \omega_{*\rm p}^{\rm i}/2$, 对应的流速约为 40 km/s 时达到峰值. 如果在准稳态等离子体中达到高 β, 这些稳定效应也可能在 DIII-D 和 NSTX 的稳定性中发挥作用. 然而, 在较小的托卡马克中, 稳定作用可能较弱, 因为壁时间较短, 而且在较小的 β 范围内满足 $\omega < \omega_B$ 的条件. 此外, 快速旋转会导致大的电场, $\omega_E \sim \Omega_{\rm rot} \gg \omega_{*\rm p}^{\rm i}$, 因此减少了捕获粒子的动理学效应. 虽然这里使用的简单模型包括了所有相关的物理学知识, 但是对于所提出的稳定机制, 应该通过修改现有的磁流体稳定性代码来对现实的平衡进行更精确的评估.

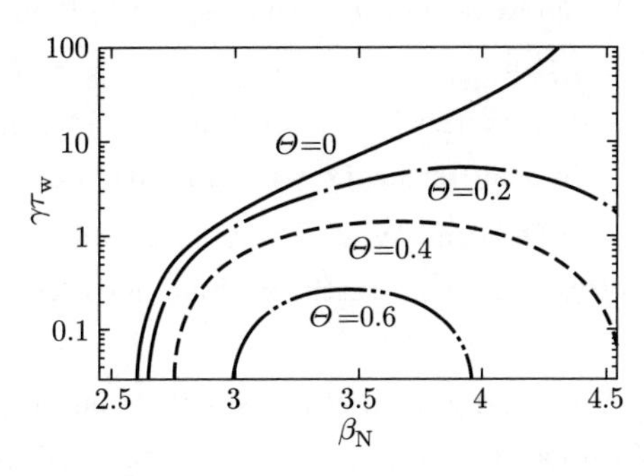

图 11.23　不同的约化因子 $\Theta = 0, 0.2, 0.4, 0.6$ 下 RWM 增长率随 $\beta_{\rm N}$ 的关系

小　　结

本章主要讨论了以下内容:

(1) 混合动理学 – 磁流体力学模型.

(i) 磁流体模型的封闭方案;

(ii) 混合漂移动理学 – 磁流体模型.

(2) 高能量粒子的动理学效应.

(i) 高能量粒子驱动的 TAE 理论;

(ii) 高能量粒子驱动的内扭曲模 – 鱼骨模理论;

(iii) 含高能量粒子效应的气球模理论.

(3) 本底热粒子的动理学效应: 含捕获粒子效应的电阻壁模理论.

习 题

1. 推导托卡马克中单粒子导心运动的通行频率、反弹频率, 以及进动频率表达式.
2. 推导环位形下剪切 Alfvén 连续谱色散关系 (11.2.8).
3. 推导快离子存在下的内扭曲模色散关系 (11.3.1).

参 考 文 献

[1] Porcelli F. Lecture notes on theory of tokamak plasmas. 2016. (未出版讲义)

[2] Littlejohn R G. Variational principles of guiding centre motion. Journal of Plasma Physics, 1983, 29(1): 111.

[3] Mikhailovskii A and Pokhotelov O. Influence of whistlers and ion cyclotron waves on the growth of Alfven waves in the magnetospheric plasma. Sov. J. Plasma Phys. (Engl. Transl.), 1975, 1: 6.

[4] Rosenbluth M N and Rutherford P H. Excitation of Alfvén waves by high-energy ions in a tokamak. Physical Review Letters, 1975, 34: 1428.

[5] Tsang K T K, Sigmar D J, and Whitson J C. Destabilization of low mode number Alfvén modes in a tokamak by energetic or alpha particles. Physics of Fluids, 1981, 24: 1508.

[6] Li Y M, Mahajan S M, and Ross D W. Destabilization of global Alfvén eigenmode and kinetic Alfvén waves by alpha particles in a tokamak plasma. The Physics of Fluids, 1987, 30(5): 1466.

[7] Fu G Y. Topics in stability and transport in tokamaks: dynamic transition to second stability with auxiliary heating; stability of global Alfvén waves in an ignited plasma. The University of Texas at Austin, 1988.

[8] Fu G Y and Van Dam J W. Excitation of the toroidicity-induced shear Alfvén eigenmode by fusion alpha particles in an ignited tokamak. Physics of Fluids B: Plasma Physics, 1989, 1(10): 1949.

[9] Cheng C Z and Chance M S. Low-n shear Alfvén spectra in axisymmetric toroidal plasmas. The Physics of Fluids, 1986, 29(11): 3695.

[10] Porcelli F, Stankiewicz R, Kerner W, and Berk H L. Solution of the drift kinetic equation for global plasma modes and finite particle orbit widths. Physics of Plasmas, 1994, 1(3): 470.

[11] Coppi B, Migliuolo S, Pegoraro F, and Porcelli F. Global modes and high-energy particles in ignited plasmas. Physics of Fluids B: Plasma Physics, 1990, 2(5): 927.

[12] Porcelli F. Fast particle stabilization. Plasma Physics and Controlled Fusion, 1991, 33(13): 1601.

[13] Bussac M N, Pellat R, Edery D, and Soule J L. Internal kink modes in toroidal plasmas with circular cross sections. Physical Review Letters, 1975, 35: 1638.

[14] Coppi B and Porcelli F. Theoretical model of fishbone oscillations in magnetically confined plasmas. Physical Review Letters, 1986, 57: 2272.

[15] Coppi B and Porcelli F. Plasma oscillation bursts and scattering of intermediate energy alpha particles. Fusion Technology, 1988, 13(3): 447.

[16] Chen L, White R B, and Rosenbluth M N. Excitation of internal kink modes by trapped energetic beam ions. Physical Review Letters, 1984, 52: 1122.

[17] Sudan R N and Ott E. Magnetic compression of intense ion rings. Physical Review Letters, 1974, 33: 355.

[18] Fleischmann H H. High-energy electron and ion rings for plasma confinement. Annals of the New York Academy of Sciences, 1975, 251: 472.

[19] Coppi B, Ferreira A, Mark J W K, and Ramos J J. Ideal MHD stability of finite-beta plasmas. Nuclear Fusion, 1979, 19(6): 715.

[20] Greene J M and Chance M S. The second region of stability against ballooning modes. Nuclear Fusion, 1981, 21(4): 453.

[21] Fielding P J and Haas F A. Stability of an anisotropic high-β tokamak to ballooning modes. Physical Review Letters, 1978, 41: 801.

[22] Cooper W A. Kinetic and fluid ballooning stability in anisotropic ion tokamaks. The Physics of Fluids, 1983, 26(7): 1830.

[23] Rosenbluth M N, Tsai S T, Van Dam J M, et al. Energetic particle stabilitization of ballooning modes in tokamaks. Physical Review Letters, 1983, 51(21): 1967.

[24] Antonsen Jr. T M and Lee Y C. Electrostatic modification of variational principles for anisotropic plasmas. The Physics of Fluids, 1982, 25(1): 132.

[25] Van Dam J W, Rosenbluth M N, and Lee Y C. A generalized kinetic energy principle. The Physics of Fluids, 1982, 25(8): 1349.

[26] Grad H. Toroidal containment of a plasma. The Physics of Fluids, 1967, 10(1): 137.

[27] Connor J W, Hastie R J, and Taylor J B. Shear, periodicity, and plasma ballooning modes. Physical Review Letters, 1978, 40: 396.

[28] McGuire K, Goldston R, Bell M, et al. Study of high-beta magneto-hydrodynamic modes and fast-ion losses in PDX. Physical Review Letters, 1983, 50: 891.

[29] Strait E J, Taylor T S, Turnbull A D, et al. Wall stabilization of high beta tokamak discharges in DIII-D. Physical Review Letters, 1995, 74: 2483.

[30] Garofalo A M, Turnbull A D, Austin M E, et al. Direct observation of the resistive wall mode in a tokamak and its interaction with plasma rotation. Physical Review Letters, 1999, 82: 3811.

[31] Sabbagh S A, Bell R E, Bell M G, et al. Beta-limiting instabilities and global mode stabilization in the National Spherical Torus Experiment. Physics of Plasmas, 2002, 9(5): 2085.

[32] Bondeson A and Ward D J. Stabilization of external modes in tokamaks by resistive walls and plasma rotation. Physical Review Letters, 1994, 72: 2709.

[33] Betti R and Freidberg J P. Stability analysis of resistive wall kink modes in rotating plasmas. Physical Review Letters, 1995, 74: 2949.

[34] Finn J M. Stabilization of ideal plasma resistive wall modes in cylindrical geometry: the effect of resistive layers. Physics of Plasmas, 1995, 2(10): 3782.

[35] Fitzpatrick R and Aydemir A Y. Stabilization of the resistive shell mode in tokamaks. Nuclear Fusion, 1996, 36(1): 11.

[36] Chu M S, Chan V S, Chance M S, et al. Modelling of feedback and rotation stabilization of the resistive wall mode in tokamaks. Nuclear Fusion, 2003, 43(3): 196.

[37] Liu Y Q, Bondeson A, Gribov Y, and Polevoi A. Stabilization of resistive wall modes in ITER by active feedback and toroidal rotation. Nuclear Fusion, 2004, 44: 232.

[38] Betti R. Beta limits for the $n = 1$ mode in rotating toroidal resistive plasmas surrounded by a resistive wall. Physics of Plasmas, 1998, 5(10): 3615.

[39] Hu B and Betti R. Resistive wall mode in collisionless quasistationary plasmas. Physical Review Letters, 2004, 93(10): 105002.

[40] Haney S W and Freidberg J P. Variational methods for studying tokamak stability in the presence of a thin resistive wall. Physics of Fluids B: Plasma Physics, 1989, 1(8): 1637.

索　引